环境暴露与健康效应

江桂斌 宋茂勇 等 著

科学出版社
北京

内 容 简 介

本书主要介绍典型污染物的环境暴露与健康危害机制，以及针对环境与健康研究领域科学前沿而发展的新型研究手段和分析方法，反映了该研究领域近年来的新成果、新观点与研究方向。全书共22章，系统介绍了以下四方面内容：典型污染物的外暴露与内暴露（第1~6章）；污染物的生成、环境过程与生物有效性（第7~11章）；污染物与生物分子交互作用机制（第12~15章）；污染物的毒性与健康危害机制（第16~22章）。

本书可供高等院校环境科学、环境毒理学、生命科学、环境流行病学等专业的高年级本科生、研究生以及相关领域的科研人员阅读参考。

图书在版编目（**CIP**）数据

环境暴露与健康效应/江桂斌，宋茂勇等著. —北京：科学出版社，2020.2
ISBN 978-7-03-063357-6

Ⅰ.①环… Ⅱ.①江…②宋… Ⅲ.①污染物-环境污染-研究②污染物-影响-健康-风险分析 Ⅳ.①X503

中国版本图书馆CIP数据核字（2019）第256320号

责任编辑：朱 丽　郭允允/责任校对：何艳萍
责任印制：吴兆东/封面设计：图阅盛世

科学出版社出版
北京东黄城根北街16号
邮政编码：100717
http://www.sciencep.com

北京建宏印刷有限公司 印刷
科学出版社发行　各地新华书店经销

*

2020年2月第 一 版　开本：787×1092　1/16
2022年4月第二次印刷　印张：30
字数：694 000

定价：198.00元
（如有印装质量问题，我社负责调换）

序　言

　　改革开放 40 年来，我国社会经济面貌发生了翻天覆地的变化。在工业领域，煤炭、钢铁、造船、汽车、水泥在内的多种工业品产量位居世界第一；在农业领域，粮食、蔬菜、肉禽类、水产品、水果等产量位居世界第一；在智能手机、新能源汽车、工业机器人等一些新兴工业产品市场规模也位居世界前列；新能源、桥梁建设、航天航空设备、交通运输网和超级计算机是近年来中国制造业的巨大成就；我国目前在大数据、人工智能、5G 通讯领域也处于世界领先地位。然而，我国若干工业行业的发展在过去一定时期内呈现出高投入、高能耗、高排放、低效率的特点，经济发展与环境保护之间存在着不协调、不平衡的情况。2018 年，我国钢铁、水泥的总产量分别占世界总产量的 51% 和 57%，而 GDP 仅占世界的 17% 左右；我国煤炭消费高达 37 亿吨标煤，占全球的 47%，而发电量仅占全球的 25%；机动车保有量高达 3.3 亿辆，年产销居世界第一，且家用小汽车的增长，还将随着我国城乡经济的发展呈现出更快的增长速度。工业生产、交通运输等所产生的环境问题将是我国污染治理长期需要面对的挑战。最近几年，全国地表水水质逐步得到改善，2018 年，Ⅰ～Ⅲ类水体占到 71.0%，劣Ⅴ类水体降至 6.7%。然而，各地黑臭水体控制、工业废水处理、地下水污染、海洋污染、饮用水安全等问题依然比较突出。我国近几年在控制和降低大气污染方面取得了显著进展，2018 年全国平均 $PM_{2.5}$ 浓度由 2013 年的 $72\mu g \cdot m^{-3}$ 降低到 $39\mu g \cdot m^{-3}$，但离 WHO 推荐的二级空气质量标准还有一定差距。我国还有不少城市面临着 $PM_{2.5}$ 污染与臭氧增加的双重压力，经常出现重雾霾天气，污染机理不清，控制难度大。

　　当前，我国的环境污染治理整体呈现出新的发展态势。从管理层面，全球化学品登记与使用的速度呈现爆炸式增加。2013 年以前，全球登记的化学品只有 7000 万；到 2019 年上半年，全球登记化学品已经增加到 1.5 亿，短短的几年间就翻了一番，平均每天增加约 4 万种，每年增加 20% 左右。工业生产与日常生活中使用的化学品，在生产、储运、使用到环境排放的整个链条中，各国对使用的化学品的毒性知之甚少。大量未经严格环境风险与健康风险评估而使用的化学品造成了环境保护的盲动性与被动性。

　　更为重要的是，由环境污染所造成的健康问题日趋严重。据 WHO 报告，全球 70% 的疾病和 40% 的死亡人数与环境污染因素密切相关。联合国发布最新一期《全球环境展望》报告指出，全球 1/4 的过早死亡和重大疾病都是人为污染和环境破坏所致，空气污染是导致全球疾病负担的主要环境因素，每年造成数百万人过早死亡。我国与环境污染相关的疾病近年来呈现显著上升态势。根据《2017 年中国城市癌症最新数据报告》，中国癌症死亡率高于世界平均水平，也高于较发达国家水平和欠发达国家水平，约占全球癌症发病数的 27%，每天约有 1 万人被确诊为癌症。根据最新研究结果显示，环境风险因素，特别是空气和水污染，是中国肿瘤发病率高的重要原因。

　　环境污染与疾病高发之间存在着显著的相关性，但在时间尺度上存在着滞后性，在因果关系上存在着高度不确定性。1973~1975 年，云南宣威肺癌死亡率为 23.1/10 万，男、女死亡率分别为全国平均水平的 4 倍和 8 倍。经过 20 年的改炉改灶、环境治理，宣威的环境质量得到很大改善，其中室内空气中多环芳烃含量从 1988 年的 5060ng·m^{-3} 降至 2008 年的 96ng·m^{-3}。然而，2004~2005 年，该地区肺癌死亡率却又上升至 91.1/10 万，男、女死亡率分别为全国平均水平的 3 倍和 6 倍，而且发病年龄较全国平均水平提前 15~20 岁左右。此外，淮河流域肿瘤高发的原因与当地的水污染密切相关，污染最严重、持续时间最长的地区，恰恰是消化道肿瘤死亡上升幅度最高的地区。然而，水环境污染如何导致肿瘤，其中存在的内在联系并不清楚。

针对环境污染与健康领域的重大科学问题与民生需求，美国 20 世纪 60 年代就成立了国家环境健康科学研究所（National Institute of Environmental Health Sciences），德国也在同时期成立了"国家环境与健康研究中心"（National Research Center for Environment and Health）。1971 年，尼克松总统批准 "National Cancer Program"。早期研究认为肿瘤、代谢性疾病与基因有关，基因组可基本解决有关病因学的问题。随后 40 年，美国连续投入大量研究经费资助国家环境健康科学研究所等机构的工作。尽管人类基因组测序工作的完成为人类疾病研究的基本构架提供了新的思路，全基因组关联认识论方面的巨大进步在疾病产生机制研究中得以大展身手。但是到目前为止，科学家们仍然无法找到环境污染导致的长期健康危害结局的直接关联。目前环境与健康领域的大量工作只是提供了环境污染与暴露其中的人群健康指标之间的相互统计证据。WHO 和世界癌症组织通过流行病学统计研究表明，70%~90% 的疾病源于环境污染暴露的差异而非基因的差异，污染与健康直接关联的具体因果关系仍然是世界性难题，也是目前环境健康研究的瓶颈问题。

随着美国发布《21 世纪毒性检测愿景与战略》以及暴露组概念和环境关联研究方法等的提出，环境与健康研究正处于一个全面方法学革新、重视分子毒理学及疾病机理研究的重要时期。首先是暴露组学研究。暴露组学研究不同于医学接触研究，具有深远的环境意义与特色。我国人群面临的是传统与现代环境风险因子暴露的双重挑战，目前亟需将 EWAS 和 GWAS 结合，以 EWAS 弥补 GWAS 的不足，深入剖析基因与环境间的相互作用。其次，污染与生物分子的交互作用及其分子毒理的研究亟需方法学创新。污染的健康危害是其与多种生物分子相互识别与作用的复合效应，污染对毒性通路的扰动机制极其复杂。认识污染的健康危害应以污染与生物分子选择性识别为切入点，分析分子作用机制及其引发的级联响应模式，解析污染引发的自由基形成及核酸氧化损伤机制，揭示污染物诱发遗传与表观遗传变化的分子机制。在污染的健康危害机制方面，污染的健康危害与其对机体呼吸系统、代谢、内分泌、神经、免疫等系统功能的干扰存在紧密联系，其研究重点在于机体损伤的分子毒理学基础与病因学。分子环境流行病学则侧重区域污染相关的健康危害，方法瓶颈在于如何科学运用大数据，将分子生物学、毒理学乃至分子流行病学等信息相结合，以探寻导致疾病的环境污染因素。环境污染的复杂性使得完全依赖实验来评价其毒理效应很难得以实现，以大数据解析为核心的系统生物学特别是计算毒理将是污染毒理评价的有力工具。

新中国成立伊始，我国确立了"预防为主"的卫生工作方针，整治环境卫生，为预防传染病发生和流行、保护人民身体健康发挥了积极而不可替代的作用。20 世纪 80 年代初以来我国政府一直将"环境保护"作为一项基本国策，合理开发利用自然资源，努力控制环境污染和生态破坏，防止环境质量恶化，保障经济社会持续发展。2007 年由 13 个部委共同发布的《国家环境与健康行动计划（2007—2015）》，这份行动计划的重点是建立健全环境与健康法律法规标准体系、环境与健康监测网络、环境与健康风险预警和突发事件应急处置工作、环境与健康信息共享与服务系统、环境与健康技术支撑建设和国家环境与健康组织协调机构。

到目前为止，我国在环境与健康科学研究领域尚缺乏足够的基础研究计划与国家项目支持。2018 年的《政府工作报告》指出"国家科技投入要向民生领域倾斜，加强雾霾治理研究，推进癌症等重大疾病防治攻关，使科技更好造福人民"。这预示着环境污染与健康这一重要的关乎民生福祉的研究将会更加得到国家的重视。

2014 年底，国家自然科学基金委员会正式启动了"大气细颗粒物的毒理与健康效应"重大研究计划。时至今日，"大气细颗粒物的毒理与健康效应"计划已执行近 5 年，来自不同背景的多学科专家参加到这一研究计划中，针对有限目标，强化学科交叉，创新研究思路，联合协同攻关，取得了显著进展。在大气细颗粒物毒性组分的来源、演化与甄别，大气细颗粒物的暴露组学，大气细颗粒物污染人群健康危害的流行病学研究和大气细颗粒物组分的分子毒理与健康危害机制等方面取得了若干重大突破。

同年，我们提出的"典型污染物的环境暴露与健康效应"得到中国科学院先导科技项目（B 类）的支持。项目针对污染物环境暴露与机体损伤这一核心科学问题，在瞄准国际前沿的同时紧密结合我国实际，从污染与生物分子交互作用及其与机体特定损伤的关系为切入点，在环境污染与健康损害间搭建桥梁，重点在污染物环境与人群暴露、污染物-生物分子作用及其对机体毒性作用路径的干扰机制和污染所致健康效应的可遗传与可继承性等学科前沿开展前瞻性研究。

经过 5 年的研究，项目在典型污染物的外暴露与内暴露、污染物的环境过程与生物有效性、污染物与生物分子交互作用机制以及污染物的毒性与健康危害机制等方面获得突破并取得了系统的成果。例如，项目基于生物效应导向的组分分选、高分辨质谱非目标筛查等先进分析手段的整合和运用，先后在我国实际环境样品中发现了 20 大类 146 种新型污染物，引领了若干新分子结构污染物的深入研究。利用硅、氧双同位素指纹和机器学习，成功实现了 SiO_2 颗粒的来源区分，为更准确的颗粒物健康风险评价和污染控制提供技术手段。针对典型环境污染物的毒性效应，发展了一系列表观遗传分析技术与方法，证明了高等生物基因组 6mA 的存在，是表观遗传领域的重要突破。系统研究了 RNA 修饰对 RNA 加工代谢、多种生物学过程及应对污染物暴露的功能调控，基于干细胞毒理学研究了多种环境污染物对人体健康影响的机制，为进一步揭示污染物对机体的表观损伤和健康影响提供了重要基础。此外，项目以纳米二氧化钛净水材料创新为基础，开发了高效、经济、稳定的砷去除技术，推动了地砷病防治与健康保障技术的创新与发展。

本书是学科交叉、协同攻关、集体努力的结果。然而，受时间限制以及学识水平之局限，作者在撰稿和修改过程中难免有失偏颇，出现不同学术观点甚至不确切的结论。环境污染与健康研究在我国刚刚起步，围绕民生福祉的重大需求，我们一直坚持在不断的学习中努力提高，有所发现、有所创新、理论联系实际、实验结合现场的理念。而科学的发展是永无止境的，人们对环境健康问题规律的认识也会随着时间的推移而不断深入。我们希望本书能够对广大环境科学、毒理学、公共卫生、预防医学和临床医学工作者、研究生及环境健康管理专家有所帮助，对读者了解并把握环境健康研究的热点和前沿领域起到抛砖引玉作用，引起广大读者的广泛兴趣、讨论、争论和批评指正，都是我们期待和深感欣慰之处。

2019年初秋于北京

前　言

除去遗传性疾病，环境污染是造成人类健康危害的最主要因素。根据世界银行和 WHO 有关统计数据，全球 70%的疾病和 40%的死亡人数与环境污染因素有关。环境污染对人体健康的危害主要体现在急性危害、慢性危害和远期危害三个方面。当前我国环境污染呈现出复合型和压缩型特点，发达国家工业化中后期出现的污染导致的健康问题已在我国集中显现。而根据我国自身污染特征，污染的环境暴露与健康危害的机制与发达国家差异显著，无法照搬国外研究模式与结论。污染暴露所产生的健康危害研究缺乏有效的理论和方法，污染暴露的途径和暴露剂量不清，污染物与生物分子交互作用的毒性通路干扰机制研究急需新方法与新模型的支撑。

基于上述背景，我们在中国科学院"B 类先导专项"的支持下，承担了"典型污染物的环境暴露与健康危害机制"专项，目的是针对典型污染物的环境暴露与健康危害机制这一核心科学问题，通过交叉合作研究，揭示区域环境污染的人群暴露机制，在暴露与效应生物标志物、毒性通路干扰和表观遗传等污染所致健康危害的分子机理上取得原创性成果，为我国区域疾病高发的环境污染寻因和健康保障技术的研发奠定理论与方法基础。通过这个先导专项，我们形成了一支学科互补、紧密合作、团结进取的研究团队，主要成员来自中国科学院生态环境研究中心、化学研究所、动物研究所、水生生物研究所、广州地球化学研究所、沈阳应用生态研究所、合肥物质科学研究院、北京基因组研究所及中国科学院大学。国家食品安全风险评估中心、天津医科大学、山东大学、江汉大学以及多家医院也参与了专项的研究工作。本书由这些单位的研究团队共同撰写，结合国内外相关领域的研究动态和我们取得的研究进展，进行了系统总结、全面梳理和整体分析。

本书由宋茂勇等撰写和统稿，江桂斌修改和定稿。书中较为全面地介绍了典型污染物的环境暴露和健康危害机制，以及针对环境与健康研究领域科学前沿而发展的新型研究手段和分析方法，反映了该领域近几年来的新成果、新观点和研究方向。全书共 22 章，主要包括以下四方面内容，典型污染物的外暴露与内暴露（第 1~6 章）；污染物的生成、环境过程与生物有效性（第 7~11 章）；污染物与生物分子交互作用机制（第 12~15 章）；污染物的毒性与健康危害机制（第 16~22 章）。第 1 章由史亚利、蔡亚岐撰写，第 2 章由王亚韡、高伟撰写，第 3 章由蔡亚岐、徐琳撰写，第 4 章由张庆华、张巍巍撰写，第 5 章由杨莉莉、刘国瑞、郑明辉撰写，第 6 章由刘倩、杨学志、陆达伟、江桂斌撰写，第 7 章由刘景富、郝智能撰写，第 8 章由张淑贞、黄红林撰写，第 9 章由罗孝俊、刘煜撰写，第 10 章由刘国瑞、杨莉莉、郑明辉、胡吉成撰写，第 11 章由景传勇、阎莉撰写，第 12 章由黄春华、毛莉、邵杰、朱本占撰写，第 13 章由郭彩霞、贾艳撰写，第 14 章由赵斌、谢群慧、徐丽撰写，第 15 章由汪海林、杨运桂、孙宝发、刘保东、杨莹、陈宇晟、尹俊发撰写，第 16 章由高明、徐明、张志宏、刘思金撰写，第 17 章由郭良宏、周炳升、秦占芬撰写，第 18 章由王建设、戴家银撰写，第 19 章由刘伟、申心铭、刘思金撰写，第 20 章由徐汉卿、刘娜、晋小婷、杨瑞强、周群芳、江桂斌撰写，第 21 章由柳鑫、张磊、李敬光、吴永宁撰写，第 22 章由 Francesco Faiola、殷诺雅、杨仁君、梁小星撰写。本书的大部分数据和图表来自"典型污染物的环境暴露与健康危害机制"专项的研究成果。本书的出版是参与项目人员长期研究和协同攻关的成果。感谢在编写过程中负责作者联系、文稿整理以及校对工作的李英明、杜晶晶、尹俊发、徐明等，也特别感谢科学出版社朱丽编辑在整个出版过程中专业的指导和一丝不苟的编校工作。

本书可供高等院校环境科学、环境毒理学、生命科学、环境流行病学、临床医学等专业的高年级本科生、研究生以及相关领域的科研人员和管理人员阅读参考。

环境污染与健康的研究事关人类命运和社会经济的可持续发展。中国科学院"典型污染物的环境暴露与健康危害机制"专项的设立，特别是前五年的积极探索与阶段性突破，为这一牵扯民生福祉的重大研究方向的起步注入了强大的动力，为未来的大规模深入研究奠定了坚实基础。本书所总结的成果是作者研究团队前期研究工作的初步体会，限于环境污染健康问题的复杂性和每个人研究领域及知识水平的局限性，书中存在的疏漏之处或认知偏颇，敬请专家和读者批评指正。

作 者

2020 年 1 月

目 录

序言
前言

第一篇 典型污染物的外暴露与内暴露

第1章 新型全氟/多氟化合物的识别及环境归趋 ··· 3
 1.1 新型全氟/多氟化合物的识别 ··· 3
 1.2 新型全氟/多氟化合物的环境分布和行为 ··· 8
 1.3 新型全氟/多氟化合物的生物富集和人体暴露 ··· 11
 参考文献 ··· 15

第2章 氯化石蜡的外暴露途径和内暴露 ··· 18
 2.1 氯化石蜡外暴露和内暴露概述 ··· 18
 2.2 通过膳食外暴露氯化石蜡的情况 ··· 19
 2.3 室内环境中氯化石蜡的外暴露情况 ··· 24
 2.4 塑胶运动场中氯化石蜡的外暴露情况 ··· 29
 2.5 胎盘母乳中的氯化石蜡内暴露水平 ··· 35
 参考文献 ··· 40

第3章 有机硅化学品的环境归趋和人体负荷 ··· 45
 3.1 甲基硅氧烷简介 ··· 45
 3.2 硅氧烷的环境行为 ··· 46
 3.3 甲基硅氧烷的人群暴露研究 ··· 54
 参考文献 ··· 57

第4章 京津冀大气细颗粒物中新型阻燃剂的外暴露 ··· 60
 4.1 新型阻燃剂介绍 ··· 60
 4.2 新型溴代阻燃剂的外暴露 ··· 62
 4.3 有机磷酸酯的外暴露 ··· 66
 参考文献 ··· 71

第5章 大气颗粒物中长寿命自由基的污染特征 ··· 74
 5.1 长寿命自由基的污染特征 ··· 74
 5.2 金属氧化物在环境持久性自由基生成过程中的作用 ··· 75
 5.3 EPFRs半衰期的计算 ··· 79
 参考文献 ··· 80

第6章 基于稳定同位素分馏的颗粒污染物行为和来源示踪方法 ··· 83

6.1	稳定同位素技术理论基础及典型环境应用	83
6.2	基于硅稳定同位素的大气污染成因和来源解析	86
6.3	硅/氧双同位素指纹示踪 SiO_2 颗粒物的来源	90
6.4	银同位素分馏在纳米银转化机制及溯源研究中的应用	92

参考文献 98

第二篇 污染物的生成、环境过程与生物有效性

第7章 卤代污染物的环境生成 107
7.1 光照水体中碘代有机物的环境生成 108
7.2 光芬顿体系中卤代有机物的环境生成 111
7.3 光催化体系中卤代有机物的环境生成 115
7.4 非光照水体中碘代有机物的环境生成 120
7.5 消毒体系中溴代有机物的环境生成 122
参考文献 124

第8章 卤代污染物的植物累积与转化 131
8.1 有机污染物植物吸收与转化概述 131
8.2 溴代有机污染物植物吸收与累积 133
8.3 溴代有机污染物在植物体内的代谢与转化 136
8.4 溴代有机污染物及其代谢产物的植物毒性效应 145
参考文献 150

第9章 卤代污染物的食物链传递 152
9.1 样品基本信息及稳定碳、氮同位素组成 152
9.2 卤代有机污染物在昆虫中的污染特征 154
9.3 昆虫对卤代有机污染物的生物富集与放大 160
9.4 昆虫变态发育对卤代有机污染物的调控 161
9.5 水生、两栖和陆生生物卤代有机污染物的污染特征 165
9.6 卤代有机污染物在中国水蛇体内的子代传递 170
9.7 昆虫介导的卤代有机污染物的食物链传递 172
参考文献 177

第10章 卤代污染物的职业暴露健康风险 181
10.1 金属冶炼厂区空气典型 POPs 的污染特征和源分析 181
10.2 金属冶炼车间空气污染特征及摄入量评估 188
10.3 车间空气中非故意生成持久性有机污染物的职业暴露剂量评估 ... 191
10.4 车间空气中非故意生成持久性有机污染物的来源分析 194
10.5 金属冶炼厂周边环境大气中非故意生成持久性有机污染物的水平与污染特征 ... 195
参考文献 202

第11章 重金属砷的暴露健康风险与控制 207
11.1 砷暴露水平 207

11.2 砷暴露导致的健康效应···210
11.3 砷暴露干预手段···219
参考文献···221

第三篇 污染物与生物分子交互作用机制

第12章 卤代醌介导的自由基分子机理研究·····································229
12.1 不依赖过渡金属离子由卤代醌介导的有机过氧化氢分解及烷氧自由基的形成机制···230
12.2 一种新型的以碳为中心的醌酮自由基的检测和鉴定·······················233
12.3 醌酮自由基加合物自由基形式的纯化与确证································233
12.4 致癌性卤代醌介导的脂质氢过氧化物分解的分子机制····················236
参考文献···238

第13章 典型污染物引发的基因组损伤与应答反应·······························242
13.1 污染物暴露后跨损伤DNA聚合酶Polη到损伤位点招募和移除的调控·····242
13.2 跨损伤聚合酶REV1在DNA损伤修复中的机制研究························244
13.3 去泛素化酶ATX3调控DNA损伤检验点的机制研究························246
13.4 渐冻症相关的RNA结合蛋白RBM45调控DNA双链断裂修复·············247
参考文献···248

第14章 典型污染物的生物作用靶点及效应的关联机制··························250
14.1 典型污染物新型蛋白作用靶点研究系统的建立·····························250
14.2 二噁英类污染物的基因干扰作用研究·······································255
14.3 砷及卤代咔唑衍生物的生物标志物与作用靶点探索·······················265
14.4 典型污染物借助生物靶点对信号通路的扰动与其生物效应的关联机制·····268
参考文献···276

第15章 典型污染物的表观遗传毒理效应··279
15.1 典型污染物的影响DNA甲基化修饰···279
15.2 污染物的表观效应：调控RNA加工代谢····································285
15.3 污染物的表观遗传损伤对生物学功能的潜在影响··························290
15.4 表观遗传可作为污染物暴露的早期诊断标记物······························295
参考文献···296

第四篇 污染物的毒性与健康危害机制

第16章 重金属暴露的健康危害···303
16.1 镉的暴露与毒性机制···303
16.2 镉暴露健康危害的研究进展···304
16.3 砷的暴露与毒性机制···308
16.4 砷暴露健康危害的研究进展···309
16.5 铬的暴露与毒性机制···310

参考文献··312

第17章　典型污染物内分泌干扰效应与神经发育毒性分子机制··············316
17.1　内分泌干扰及神经发育毒性可能的作用机制······································316
17.2　有机磷阻燃剂的神经发育毒性及内分泌干扰作用机制······················317
17.3　复合暴露条件下持久性有机污染物的内分泌干扰及神经发育毒性及作用机制··322
17.4　双酚类物质及其衍生物的甲状腺干扰及发育毒性作用························325
17.5　典型污染物雌激素系统干扰效应新型分子机制研究····························331
参考文献··337

第18章　6∶2氯化全氟烷基醚磺酸在环境中的分布特征及其毒性············348
18.1　6∶2氯化全氟烷基醚磺酸的结构与应用··348
18.2　6∶2氯化全氟烷基醚磺酸在环境介质中的分布····································348
18.3　6∶2氯化全氟烷基醚磺酸在野生动物体内分布····································351
18.4　6∶2氯化全氟烷基醚磺酸在人体内的分布··354
18.5　6∶2氯化全氟烷基醚磺酸对哺乳动物的毒性研究································355
18.6　6∶2氯化全氟烷基醚磺酸对斑马鱼的毒性研究····································358
参考文献··361

第19章　持久性有机污染物肝脏毒性研究···365
19.1　持久性有机污染物的毒性与健康危害··365
19.2　持久性有机污染物的肝脏毒性研究进展··366
参考文献··374

第20章　甲状腺疾病环境污染病因研究···379
20.1　甲状腺疾病概况··379
20.2　甲状腺癌与环境污染物暴露··380
参考文献··395

第21章　典型持久性有机污染物内暴露与妊娠期糖尿病的关联··············407
21.1　持久性有机污染物暴露致糖尿病的可能机制··407
21.2　持久性有机污染物暴露与糖尿病的流行病学研究概述························410
21.3　非二噁英样多氯联苯暴露与妊娠糖尿病风险··418
21.4　多溴二苯醚暴露与妊娠糖尿病风险··422
21.5　全氟烷基酸类化合物暴露与妊娠糖尿病风险··428
参考文献··437

第22章　干细胞毒理学在典型环境污染物健康风险评估中的应用··········451
22.1　干细胞毒理学发展及简介··451
22.2　干细胞毒理学在环境污染物风险评估中的应用····································454
22.3　相关问题及发展趋势··463
参考文献··464

第一篇 典型污染物的外暴露与内暴露

本篇导读

- 概述新型全氟/多氟化合物的识别分析方法及其应用,并介绍其在我国典型区域的环境行为和生物富集。
- 概述我国普通居民的氯化石蜡的外暴露和内暴露情况,介绍氯化石蜡外暴露研究结果,包括通过膳食、室内环境、运动场所的暴露水平和暴露特征,评估了我国普通居民不同暴露途径的氯化石蜡暴露风险,进一步研究了我国普通居民通过胎盘、母乳暴露氯化石蜡水平。
- 介绍有机硅化学品(硅氧烷)在生活和工业区域环境介质中的排放、迁移与转化行为,重点揭示其在各类废水处理工艺中的水解、羟基化和氯转化机制;另外,也介绍了职业和普通人群血液中甲基硅氧烷的负荷水平及其衰减、累积趋势。
- 介绍大气细颗粒物中新型阻燃剂在京津冀典型城市的时空分布特征和呼吸暴露风险评价。
- 介绍大气细颗粒物中长寿命自由基的粒径分布特征和潜在风险,总结典型前驱体生成长寿命自由基的机理,讨论金属氧化物类别和形貌对长寿命自由基生成的影响规律。
- 介绍稳定同位素技术在颗粒污染物行为和来源示踪方面的典型应用,主要包括三个方面,分别为基于硅稳定同位素的大气污染成因和来源解析、基于硅/氧双同位素指纹的 SiO_2 细颗粒来源甄别和基于银同位素分馏的纳米银转化机制研究。

第1章 新型全氟/多氟化合物的识别及环境归趋

全氟/多氟化合物（PFASs）是指一类至少含有一个 CF 键的人工合成的有机化合物，由于其疏水疏油的特殊性而被广泛应用于各种工业和民用领域[1]，其中以全氟辛酸（PFOA）和全氟辛烷磺酸（PFOS）为代表的全氟烷基酸（PFAAs）是最受关注的一类 PFASs。由于具有环境持久性、生物累积性和毒性效应，长链 PFAAs（$CF_2>6$）的生产和使用受到了国际公约和有关国家政府机构的管理和限制[2,3]。因此 PFASs 研究受到越来越多的关注，经过二三十年的努力，对许多以 PFOS、PFOA、全氟辛基磺酰胺（FOSA）、调聚醇等中/长链 PFASs 为代表的 PFASs 环境行为和生物效应有了较多认识，这些 PFASs 通常被称为库存 PFASs（Legacy PFASs）[3]。然而有关报道认为工业生产或者使用的 PFASs 有 4700 多种[4]，这些 PFASs 在全球被大量生产和使用，因此其环境存在和效应是可以预期的。目前环境科学界对这一类 PFASs 认识远远不够，这一类未得到充分研究的 PFASs 被称为新型 PFASs（Emerging PFASs）[5]。近年来一些高分辨质谱（HRMS）仪器的出现为识别鉴定未知化合物打开了大门，许多研究者也利用这一技术研究了工业产品和环境样品中新型 PFASs 的存在及归趋。

1.1 新型全氟/多氟化合物的识别

高效液相色谱（HPLC）与 HRMS 的联用是新型 PFASs 识别和鉴定的有效技术手段，具体方法主要有三种：目标筛查（target screening）、可疑目标筛查（suspect screening）和非目标筛查（non-target screening）[6]。

目标筛查是指通过比对样品和标准品在 HPLC-HRMS 中的保留时间、母离子精确质量和特征碎片等信息识别并确认化合物的结构，随后建立准确定量方法，进而对环境样品中污染物进行分析。近几年来，研究者通过目标筛查方法识别和分析了多种新型 PFASs。

针对具有中国环境污染特点的新型 PFASs，许多研究者用目标筛查方法进行了探索。作为 PFOS 的替代品，氯代多氟醚磺酸（Cl-PFESA，商品名称 F-53B）的识别分析就是这方面的典型例子。有研究[7]利用 Orbitrap 高分辨质谱目标技术在我国多个城市污泥中识别鉴定了 Cl-PFESA 的四种同系物（C6、C8、C10 和 C12），该结果说明在我国环境中普遍存在 Cl-PFESAs 的污染。随后通过比对样品和 Cl-PFESAs 标准品的 HRMS 分子离子峰、二级特征碎片及保留时间，在采自山东小清河和武汉汤逊湖的野生鲫鱼[8]及人体血液、尿液[9]中识别鉴定出了 Cl-PFESAs 三种同系物（C8、C10、C12）的存在。全氟乙基环己烷磺酸（PFECHS）是一种新型环状 PFASs，通常作为添加剂用于航空液压油中，该物质于 2011 年首次在环境中检出，并被认为是一种与 PFOS 类似的具有环境持久性的污染物[10]，但其是否存在异构体以及各异构体是否具有各自不同的环境行为，目前未有研究。将基于氟氟亲和作用的高效色谱分离和 Orbitrap-HRMS 相结合，在标准品及首都机场附近环境中首次识别了 PFECHS 的五元环异构体（PFPCPeS）的存在，其结构和高分辨质谱的特征碎片信息如图 1-1 所示[11]。同样，通过对环境样品和标准品在 LC-HRMS 中产生的精确分子量、特征碎片、保留时间等信息进行比对（图 1-2），一种被忽视多年的含有苯环结构的 PFAS，全氟壬烯氧基苯磺酸（OBS）的环境存在得以揭示[12]。上述情况说明目标筛查是许多新型 PFASs 识别和环境行为研究的有力手段，然而对于环境中存在的结构复杂的成百上千的无标准品可用的新型 PFASs 的识别分析，这种依赖标准品进行的目标筛查方法就显得无能为力了。针对此情况，伴随着仪器性能和相关软件的进步，新型 PFASs 的可疑目标或非目标筛查研究就应运而生了。

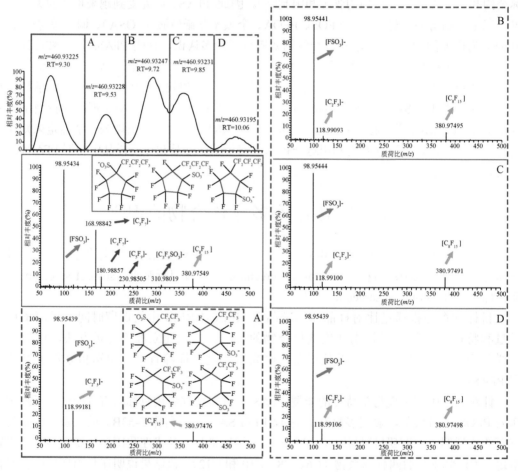

图 1-1　PFECHS 标准溶液的色谱分离及 HRMS 特征碎片图[11]

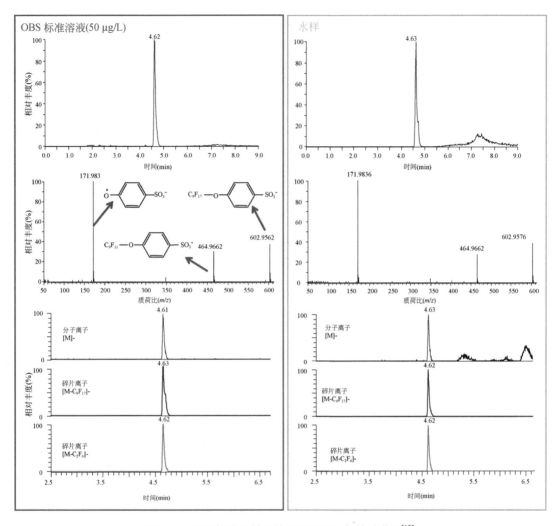

图 1-2 OBS 标准和样品的 LC-HRMS 色谱质谱图[12]

可疑目标筛查是根据文献、数据库等信息，建立要筛查的可疑目标的分子式和分子量列表，根据此列表对样品中可疑目标进行高分辨质谱筛查，确定样品中存在的可疑目标后再进行二级质谱碎片、同位素等信息的采集，最终推测可疑目标的结构，在此基础上建立分析方法。可疑目标筛查过程中支撑或拒绝某化合物鉴定的证据主要包括：①检出的一系列同系物的高分辨质谱精确质量数；②根据理化性质（如疏水性等）预期的化合物保留时间（RT，一般随链长增加而增加）；③同系物具有相似的色谱峰型；④同系物的响应强度分布合理；⑤同位素峰符合预期规律；⑥检出的二级碎片可以合理解释[13]。在这些信息的基础上，可以将化合物鉴定的置信水平分为五个等级[14]，等级 1 为最高置信水平，在该水平下的化合物的结构式可以被准确鉴定，因此需要有标准品进行比对，鉴定出的化合物与标准品具有匹配的分子离子峰、二级碎片和保留时间等信息；当鉴定出的可疑目标物没有标准品可用时，可根据文献或谱图数据库中的信息进行匹配，推断物质的结构式，对这类化合物识别的置信水平为第 2 个等级；对于无文献和谱库可比对的化合物,仅能根据 HRMS 中的分子离子峰及二级特征碎片信息推测其可能结构式,此种情况下识别的置信水平为 3;置信水平 4 和 5 的化合物则由于获取的鉴定信息有限,只能得到可能的分子式或其精确质量[14]。这种明确的置信水平分类体系为新型 PFASs 的鉴定与结构解析提供了统一的标准。

近年来利用可疑目标筛查技术,在工业园区及其相关环境区域中,研究者识别了多种新型 PFASs 的存在。将 HPLC 与 HRMS 结合,通过对采自山东小清河的地表水和底泥样品中 PFASs 的可疑目标进行筛查,识别鉴定 6 类 42 种新型 PFASs 的存在[15],其中六氟环氧丙烷的寡聚体(HFPO-DA,TrA 和 TeA)有标准品可以进行比对,对其识别置信水平处于最高等级;而其他化合物仅有文献报道的信息,通过比对相关信息对其结构进行了推测,其结构识别的置信水平处于第 3 个等级,最终确定的新型 PFASs 的信息及置信水平如表 1-1 所示。值得一提的是 HFPO-TeA、C9-C14 的 PFECAs 及 PFESAs 异构体均属于首次在环境中检出[15]。在该研究中同位素峰(^{13}C,^{37}Cl,^{13}C+^{37}Cl)、二聚加氢峰([2M+H]$^-$),二聚加钠峰([2M+Na]$^-$)以及二级碎片等信息在识别中起到了重要作用。

非目标筛查技术更加具有挑战性,涉及检测的样品中未知组分没有分子式或结构等信息,因而要通过数据解卷积、峰识别获得精确质量,再结合同位素分布、加合峰、特征碎片、保留时间和裂解规律等多种信息,对化合物进行鉴定和识别。作为筛查优先控制污染物的有效方法,非目标筛查方法可以对长期采集留存的人体血液样品中包括新型 PFASs 在内的有机污染物的时间变化趋势进行分析,进而筛选出在人体血液样品中浓度呈现上升趋势的重要污染物,作为优先研究的目标[16]。

表 1-1 检出的新型 PFASs 汇总[15]

质子化的分子式	地表水		底泥		置信等级
	测得分子量(m/z)	Δm	测得分子量(m/z)	Δm	
Cl-PFCAs					
$ClC_5HF_8O_2$	278.94657	0.445	278.94653	0.015	等级 3
$ClC_6HF_{10}O_2$	328.94336	0.449	328.94332	0.236	等级 3
$ClC_7HF_{12}O_2$	378.94018	−0.0230	378.94007	1.10	等级 3
$ClC_8HF_{14}O_2$	428.93707	0.454	428.93691	−0.0120	等级 3
$ClC_9HF_{16}O_2$	478.93374	0.122	478.93392	0.477	等级 3
$ClC_{10}HF_{18}O_2$	528.93047	−0.223	528.93069	0.382	等级 3
$ClC_{11}HF_{20}O_2$	ND	ND	578.92766	0.366	等级 3
$ClC_{12}HF_{22}O_2$	ND	ND	628.92440	0.476	等级 3
H-PFCAs					
$C_6H_2F_{10}O_2$	294.98232	−0.250	294.98222	−0.050	等级 3
$C_7H_2F_{12}O_2$	344.97919	0.432	344.97908	0.113	等级 3
$C_8H_2F_{14}O_2$	394.97597	0.310	394.97599	0.361	等级 3
$C_9H_2F_{16}O_2$	444.97244	−0.481	444.97257	−0.188	等级 3

续表

质子化的分子式	地表水		底泥		置信等级
	测得分子量（m/z）	Δm	测得分子量（m/z）	Δm	
H-PFCAs					
$C_{10}H_2F_{18}O_2$	494.96964	0.363	494.96957	0.222	等级3
$C_{11}H_2F_{20}O_2$	544.96642	0.281	544.96644	0.318	等级3
$C_{12}H_2F_{22}O_2$	ND	ND	594.96347	0.667	等级3
$C_{13}H_2F_{24}O_2$	ND	ND	644.96020	0.497	等级3
$C_{14}H_2F_{26}O_2$	ND	ND	694.95699	0.438	等级3
$C_{15}H_2F_{28}O_2$	ND	ND	744.95379	0.400	等级3
$C_{16}H_2F_{30}O_2$	ND	ND	794.95007	−0.288	等级3
$C_{17}H_2F_{32}O_2$	ND	ND	844.94730	0.231	等级3
x H-PFCAs					
$C_6H_6F_6O_2$	223.01985	−0.323	223.01977	−0.681	等级3
$C_{10}H_{10}F_{10}O_2$	351.04496	0.356	351.04488	0.129	等级3
$C_{12}H_{12}F_{12}O_2$	415.0575	0.503	415.05740	0.262	等级3
$C_{14}H_{14}F_{14}O_2$	479.06996	0.443	ND	ND	等级3
单醚 PFECAs					
$C_3HF_5O_3$	178.97719	−0.660	ND	ND	等级3
$C_4HF_7O_3$	228.97401	−0.457	ND	ND	等级3
$C_5HF_9O_3$	278.97092	−0.004	ND	ND	等级3
$C_7HF_{13}O_3$	378.96453	−0.010	ND	ND	等级3
$C_8HF_{15}O_3$	428.96149	0.349	428.96137	0.0690	等级3
$C_9HF_{17}O_3$	478.9581	0.349	478.95801	1.56	等级3
$C_{10}HF_{19}O_3$	ND	ND	528.95565	1.32	等级3
$C_{11}HF_{21}O_3$	ND	ND	578.95255	1.37	等级3
$C_{12}HF_{23}O_3$	ND	ND	628.94939	1.31	等级3
$C_{13}HF_{25}O_3$	ND	ND	678.94649	1.65	等级3
$C_{14}HF_{27}O_3$	ND	ND	728.94352	1.84	等级3
多醚 PFECAs					
$C_4HF_7O_4$	244.96896	−0.282	244.96898	−0.201	等级3
$C_5HF_9O_5$	310.9609	0.482	310.96081	0.192	等级3
$C_6HF_{11}O_6$	376.9526	0.342	376.95268	0.554	等级3
$C_7HF_{13}O_7$	442.94466	1.056	442.94469	1.12	等级3
HFPO 寡聚物					
$C_6HF_{11}O_3$	328.96796	0.707	328.96785	0.373	等级1
$C_9HF_{17}O_4$	494.95311	0.099	494.95256	−1.01	等级1
$C_{12}HF_{23}O_5$	ND	ND	184.98395*	−1.81	等级1

注：ND=未检出；等级1：确定的结构；等级3：初步检出。
* 代表碎片离子。

1.2 新型全氟/多氟化合物的环境分布和行为

经过近三十年的发展,库存 PFASs 环境行为研究取得了长足的进展,而新型 PFASs 的相关研究还处于起步阶段,取得了阶段性进展。由于新型 PFASs 往往作为库存 PFASs 的替代产品使用,因此具有库存 PFASs 高污染的如 PFASs 生产和使用企业等周边环境就成为新型 PFASs 研究的热点区域。

在武汉汤逊湖开展的短链 PFASs 的存在及迁移行为研究[17]表明,作为库存 PFASs 替代品使用的全氟丁酸(PFBA)和全氟丁基磺酸(PFBS)等短链 PFASs 是水体中最主要的 PFASs,其平均浓度分别为 4770 和 3660ng/L;而底泥中则以 PFOS 为主,平均浓度为 74.4ng/g,进一步对比各物质经有机碳含量校正后的底泥-水分配系数(K_{oc}),发现短链 PFASs 的 K_{oc} 值远低于长链 PFASs,说明短链 PFASs 在底泥中的吸附分配能力远低于长链 PFASs,更易随水流进行水平迁移,同时可垂直渗入更深的湖底沉积物,虽然其生物富集能力相对较低,但其日益增加的用量和废水排放及更易于远距离传输的性质引起的风险值得进一步关注[17]。氟聚合物(FP)的生产被认为是全球范围内全氟羧酸(PFCAs)的重要来源,相关区域是目前新型 PFASs 研究的热点区域。在中国最大的 FP 生产厂所在区域的山东小清河流域开展的相关研究[18]表明,受到 FP 生产的影响,小清河水体不仅含有极高浓度的 PFOA(最高可达 366000ng/L),同时也检出高浓度短链全氟羧酸(C4-C7 PFCAs),其最高浓度在 8900~37100ng/L。从空间分布来讲,在整个河流中 PFASs 浓度发生了几个数量级的变化(如图 1-3),但即使如此,水体中短链 PFASs 及 PFOA 异构体的组成却一直保持着与源头组成高度一致的特征,该结果为水体中短链 PFASs 及 PFOA 异构体组成作为溯源手段的使用提供了很好的数据支撑;同时还发现 PFOA 在水-底泥和生物体的环境过程中产生了明显的异构体分馏现象,该研究还根据理论模型对 PFOA 和短链 PFASs 的排放量进行估算,发现 PFOA 估算值与实际计算值一致,这表明该区域 PFOA 来源于其附近的氟聚合物生产厂。

3H-全氟-3-[(3-甲氧基-丙氧基)丙酸](商品名为 ADONA)和 GenX 分别是 3M/Dyneon 和杜邦公司生产的可以替代 PFOA 的产品,主要作为乳化剂用于氟聚合物的生产,而六氟环氧丙烷二聚体(HFPO-DA)是 GenX 的水解产物,那么我国 FP 生产中是否已有替代现象出现呢?一项在山东小清河的研究[19]不仅检出了 HFPO-DA 的存在,也检出了其同系物六氟环氧丙烷三聚体(HFPO-TrA),其浓度在小清河上游氟聚合物生产厂附近河流达到了极高的程度,为 5200~68500ng/L,该浓度是小清河下游的 120~1600 倍,估算其环境排放量为 4.6t/a,约占总 PFASs 排放量的 22%,这些结果充分说明该区域相关新型 PFASs 的替代效应已经显现。对该区域库存和新型 PFASs 的时空分布和环境归趋的研究[15]表明,HFPO-DA 和 HFPO-TrA 在地表水中的浓度虽然比 PFOA 低 1~2 个数量级,但其仍然处于很高水平,最高可分别达到 9350 和 78200ng/L,同时首次在该区域底泥中检出 HFPO 四聚体(TeA)的存在,其浓度最高可达 363ng/g 干重。对大部分缺乏人工合成标准品的新型 PFASs,通过峰面积的总和研究了其空间分布(图 1-4),发现新型 PFASs 与 PFCAs 及 HFPO-DA 和 TrA 在水样和底泥中具有相似的空间分布,进而说明:①该区域中检测到的 PFASs 均来源于小清河上游的某氟聚合物生产厂的排放;②对新型和传统 PFASs 而言,水流传输是其共同的主要传输途径；③在随水流传输的过程中，新型 PFASs 与传统 PFASs 均没有明显的降解。水样中主要新型 PFASs 与 PFCAs 的峰面积较强的相关性进一步验证了以上结论（图 1-5，$P<0.01$；2014 年：$P>0.85$；2016 年：$P>0.73$）

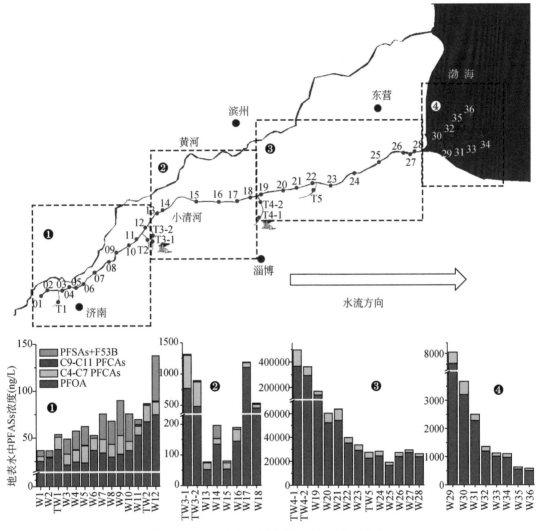

图 1-3　PFASs 在小清河水体中浓度的空间分布图

以上研究表明，在许多库存 PFASs 污染的典型区域，可以检测到较高浓度的新型 PFASs。那么这些新型 PFASs 的污染是否也具有一定的广泛性呢？有研究在采自中国、美国、英国、瑞典、德国、荷兰和韩国等多个国家的地表水中检出了多种新型 PFASs[20]，其中 HFPO-DA、HFPO-TrA 和 C8 Cl-PFESA 在所有样品中均有检出，其浓度中位值分别为 0.95、0.21 和 0.31ng/L，而且在采自中国的 95%地表水中还检测到氢代多氟醚磺酸（C8 H-PFESA），在德国的河水中也检测到较低浓度（0.013~1.5ng/L）的 ADONA，这些结果表明某些新型 PFASs 已逐渐成为全球普遍存在的污染物。另一项研究在北京城区地表水中检测到 C8 Cl-PFESA 的普遍存在[21]，其浓度为<MLQ~6.93ng/L，水体中以短链的 PFBA

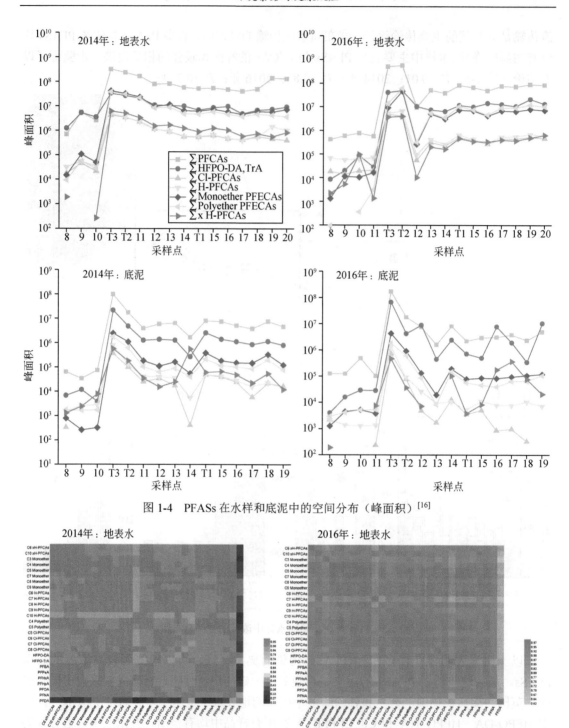

图 1-4 PFASs 在水样和底泥中的空间分布（峰面积）[16]

图 1-5 水样中 PFASs 峰面积的相关性分析[16]

和 PFPeA 等 PFASs 为主，平均浓度分别为 12.79 和 6.93ng/L，研究还发现 PFASs 的总浓度有季节性趋势，夏季最高冬季最低，而空间分布上则呈现出城区北部和东部较高的趋势。

目前针对一些新型 PFASs 的环境降解也有了初步的探索[22]，结果发现 Cl-PFSAs 在相关环境中可能存在降解为 H-PFESAs 的现象，其中 C8 1H-PFESA 的环境浓度占总 PFASs 的 1%，实验室模拟也支撑了 Cl-PFESAs 脱氯转化的可能性，用非目标筛查方法在转化产物中识别出了 H-PFESAs 的存在，并且以 1H 取代的 PFESA 为主。

1.3 新型全氟/多氟化合物的生物富集和人体暴露

亲脂性化合物的生物累积主要与其疏水性有关，因此通常用辛醇-水分配系数（K_{ow}）评估其在生物体内的富集能力。然而，与大多数传统的持久性有机污染物不同，PFASs 具有亲蛋白性而非亲脂性，因此传统的分配平衡方法无法很好的解释 PFASs 的富集趋势。研究指出 PFASs 的生物富集和化合物的碳氟链长直接相关，并且磺酸的富集能力强于羧酸，根据公布的生物富集范围"B"（1000～5000L/kg）的监管标准，短链的 PFCAs 被认为不具有生物累积性。在汤逊湖开展的研究[17]，根据短链 PFASs 在水生生物和水体中的浓度计算得出的生物富集因子（BCF）的 log 值均<1，表明短链 PFASs 在水生生物体内无富集能力，然而由于其污染的普遍性、长距离传输性及毒性数据的缺乏等，其对环境造成的风险还需进一步研究。随着科研工作者对新型 PFASs 研究的深入，其生物富集趋势也成为人们关注的焦点。有研究在采自汤逊湖（TL）和小清河（XR）的鲫鱼样品中识别出 F-53B 主要成分 C8 Cl-PFESA 及同系物的存在[8]，并对各个器官（肝脏、肾脏、性腺、鳃、心脏、脑、鳔和肌肉等）及体液（血液和胆汁）中 C8 Cl-PFESA 及 PFOS 浓度进行对比，结果表明采自小清河和汤逊湖的鲫鱼相关组织中含有较高且相似的 C8 Cl-PFESA 的污染，其血液浓度的中位值分别是 41.9 和 20.9ng/g。C8 Cl-PFESA 的组织/血液浓度比值（TBR）结果显示 C8 Cl-PFESA 主要分布在肾脏（TL：0.48，XR：0.54）、性腺（TL：0.36，XR：0.54）、肝脏（TL：0.38，XR：0.53）和心脏（TL：0.47，XR：0.47）中。但是鱼体总负荷则呈现不同的特点，肌肉样品所占负荷与血液和性腺负荷相似，均大于鱼体总负荷的 20%，三者负荷之和大于鱼体总负荷的 75%，而肝脏、心脏及肾脏等由于较小的净重，其负荷之和不超过鱼体总负荷的 10%（图 1-6）。C8 Cl-PFESA 的鱼体总生物累积因子 log $BAF_{whole\ body}$ 的中位值（XR：4.124，TL：4.322）明显高于 PFOS（XR：3.430，TL：3.279），也超过了衡量污染物生物累积性的标准值 5000L/kg（log 值 3.70）（图 1-7）。为了探究具有不同链长和官能团的 PFASs 及其异构体的器官分布特征和生物富集机理，相关研究[23]还计算了不同组织与血液中库存 PFASs 浓度的比值（TBRs）、相对身体负荷（relative body burden，RBBs）和 BAFs，发现血液、性腺和肌肉中 PFASs 占鱼体内 PFASs 总量的 90%以上；C8 Cl-PFESA 的生物富集能力符合库存 PFASs 的链长和官能团的一般规律，与链长相比官能团对 PFASs 器官分布的影响更为重要；尽管磷脂分配有助于解释一些器官中长链 PFASs 的累积，但 TBRs、RBBs 和 BAFs 的结果却更加符合 PFASs 的蛋白结合机制。关于新型 PFASs 生物放大的研究也有少量开展[24]，发现在 2010~2014 年采集的渤海生物样品中，虽然 Cl-PFESAs 浓度低于库存 PFASs，但是其检出率和检出浓度均随时间呈现逐年增加的趋势，并且与 PFOS 及长链 PFCAs 相似，具有一定的生物放大能力。环状全氟化合物-PFECHS 被认为具有与 PFOS 相似的环境持久性。围绕机场周围水环境中 PFECHS 生物富集能力的研究[11]，

在鱼体内均检出了 PFECHS 及其五元环异构体 PFPCPeS 的存在，从生物体内各组织与血液的浓度比值来看，二者均呈现与库存 PFASs 相似的特征，即肝脏、肾脏和鱼鳔与血液的浓度比值最高，肌肉与血液的浓度比值最低，同时脏器浓度与血液浓度比值均小于 1，说明它们在生物体内具有相似的器官分布特征。对比不同环境和生物介质的色谱图（图 1-8），可发现六元环中的异构体 B 在底泥中的峰明显高于 C，而在生物体内 B 却低于 C，说明 C 可能在生物体内具有强于 B 的生物富集能力，说明六元环的异构体可能具有不同的环境行为和生物富集能力。此外，将 PFPCPeS 和 PFECHS 的生物富集因子 BAF 与 PFOS 及 C8 Cl-PFESA 进行比较可以看出，不仅碳链长度会影响 PFASs 的生物富集能力，其结构的构型也是影响其生物富集能力的重要因素之一。

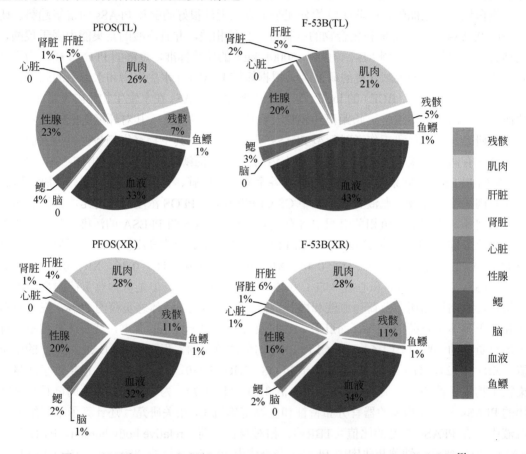

图 1-6 汤逊湖（TL）和小清河（XR）鲫鱼 PFOS 和 F-53B 的器官负荷分布图[8]

对其他新型 PFASs 生物富集的研究也有较少的报道。对野生鲫鱼血液、肝脏及肌肉进行的研究[19]，发现均可检出 HFPO-TrA，且与 PFOA 具有相似的组织分布特征，血液中浓度最高（中位值：1150ng/mL），其次是肝脏和肌肉（中位值：587 和 118ng/g 湿重）；HFPO-TrA 在血液中的生物浓缩因子（log BCF，2.18）高于 PFOA（1.93）。此外在受大规模氟化工企业影响的城市（江苏常熟和山东桓台）采集的两栖动物——黑斑蛙体内也存在 Cl-PFESA 和 HFPO-TrA[25]，两个地区检出的 PFASs 总浓度中位值分别为 54.3ng/g 和 31.2ng/g；而在

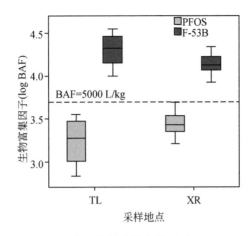

图1-7 F-53B 和 PFOS 在鱼体的生物富集因子（$BAF_{whole\ body}$）箱图[8]

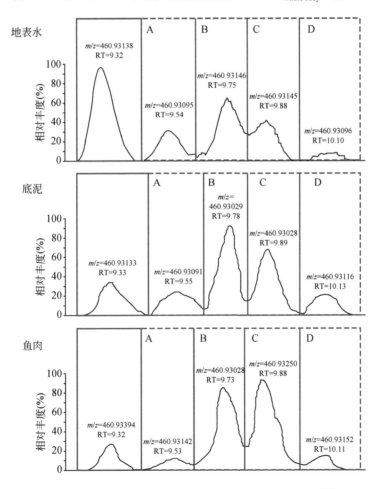

图1-8 PFPCPeS 和 PFECHS 在不同介质的色谱分离图[12]

没有相似企业的地区如浙江舟山和衢州，青蛙体内 ΣPFASs 的浓度中位值分别为 9.91ng/g 和 7.68ng/g；年长青蛙体内的 PFASs 水平较低；PFASs 在雌性青蛙体内的浓度显著低于雄性；雄性青蛙的皮肤、肝脏和肌肉中 C8 Cl-PFESA 的量占全身负荷的近 80%，而雌性青蛙仅卵巢中 C8 Cl-PFESA 的含量占据了全身负荷的 58.4%，这说明雌性体内的 C8 Cl-PFESA 大量转移到了幼卵中，可能会产生一定的发育毒性；在青蛙体内的 BAFs 表现出 C8 Cl-PFESA＞PFOS 和 HFPO-TrA＞PFOA 的趋势，说明新型 PFASs 替代物在黑斑蛙中具有更强的富集能力，其毒性和生态风险值得关注。综上所述，PFASs 尤其是碳氟链较长的 PFASs 在生物体内的富集能力较强，新型的 C8 Cl-PFESA 和 HFPO-TrA 等 PFASs 替代物表现出比 PFOS 和 PFOA 更高的生物富集趋势，这种情况需要引起高度重视。

在新型 PFASs 环境存在、生物累积研究的基础上，一些研究者也开始开展了相关人体暴露的研究。有研究[9]采集了对照人群（$n=8$）、高食鱼人群（$n=45$）和电镀厂工人（$n=19$）的成对血液和尿液样品，开展了典型人群对 F-53B 及其同系物的暴露和清除研究，结果表明 C8 Cl-PFESA 和 C10 Cl-PFESA 在血液中的检出率超过 98%，其血液浓度分别为 1.87～5040 和＜0.019～90.7ng/mL，其中高食鱼人群血液中 C8 Cl-PFESA 和 C10 Cl-PFESA 浓度中位值（93.7 和 1.6ng/mL）和电镀厂工人血液浓度中位值（51.5 和 1.6ng/mL）均显著高于对照人群血液中浓度中位值（4.8 和 0.08ng/mL）（$P<0.01$），但高食鱼人群和电镀厂工人血液浓度无明显差异（图 1-9）。将血液中检出的 PFASs 转化成有机氟浓度后，发现 Cl-PFESAs 在所有 PFASs 总有机氟浓度中占 0.26%～93.3%，其对人体血液中总有机氟的贡献不可忽视。另外，C8 Cl-PFESA 的肾清除半衰期在 7.1～4230a（中位值：280a），而总体半衰期则为 10.1～56.4a（中位值：15.3a），该值大于 PFOS 的半衰期（中位值：81.9 和 6.7a），说明 C8 Cl-PFESA 相对 PFOS 更易在人体内累积，另外肾清除半衰期和总体半衰期之间的较大差距说明，C8 Cl-PFESA 可能还有更为重要的其他清除途径。对人体成对指甲和血液中 C8 Cl-PFESA、PFHxS 的研究发现，C8 Cl-PFESA、PFHxS 在指甲和血液中的浓度均具有显著

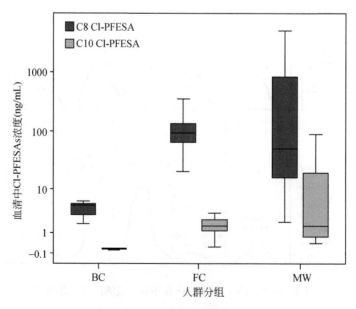

图 1-9 血液中 Cl-PFESA 浓度[9]

BC：背景人群；FC：高食鱼人群；MW：电镀工人

相关性，说明这些新型 PFASs 发生了具有明显剂量依赖性的从血清向指甲中的转移，指甲中二者的浓度可以在一定程度上反映人体的内暴露水平，而尿液却可以指示在血清中检出较少的短链 PFASs 的内暴露水平[26]。另外，在人体脑脊液中检出了以 C8 Cl-PFESA、PFOS 和 PFOA 为主的 PFASs[27]，其平均浓度分别为 0.051、0.028 和 0.078 ng/mL，C8 Cl-PFESA 占脑脊液中 PFASs 总负荷的 24%，说明 C8 Cl-PFESA 可以穿透血脑屏障进入脑脊液中，可能产生一定神经毒性，其环境和健康风险值得关注。

（撰稿人：史亚利　蔡亚岐）

参 考 文 献

[1] Buck R C, Franklin J, Berger U, Conder J M, Cousins I T, de Voogt P, Jensen A A, Kannan K, Mabury S A, van Leeuwen S P. Perfluoroalkyl and polyfluoroalkyl substances in the environment: Terminology, classification, and origins. Integrated Environmental Assessment and Management, 2011, 7(4): 513-541.

[2] Conder J M, Hoke R A, Wolf W D, Russell M H, Buck R C. Are PFCAs bioaccumulative? A critical review and comparison with regulatory criteria and persistent lipophilic compounds. Environmental Science & Technology, 2008, 42: 995-1003.

[3] Wang Z, Cousins I T, Scheringer M, Hungerbuehler K. Hazard assessment of fluorinated alternatives to long-chain perfluoroalkyl acids (PFAAs) and their precursors: Status quo, ongoing challenges and possible solutions. Environment International, 2015, 75: 172-179.

[4] OECD. Lists of Perfluorooctane sulfonate (PFOS), Perfluoroalkyl sulfonate (PFSAS), Perfluorooctanoic acid (PFOA), Perfluorocarboxylic Acid (PFCA), related Compounds and Chemicals. 2018: [2018-8-17] http://www.oecd.org/chemicalsafety/portal-perfluorinated-chemicals/.

[5] Wang Z, DeWitt J C, Higgins C P, Cousins I T. A never-ending story of per-and polyfluoroalkyl substances (PFASs)? Environmental Science & Technology, 2017, 51: 2508-2518.

[6] Krauss M, Singer H, Hollender J. LC-high resolution MS in environmental analysis: From target screening to the identification of unknowns. Analytical and Bioanalytical Chemistry, 2010, 397: 943-951.

[7] Ruan T, Lin Y, Wang T, Liu R, Jiang G. Identification of novel polyfluorinated ether sulfonates as PFOS alternatives in municipal sewage sludge in China. Environmental Science & Technology, 2015, 49: 6519-6527.

[8] Shi Y, Vestergren R, Zhou Z, Song X, Xu L, Liang Y, Cai Y. Tissue distribution and whole body burden of the chlorinated polyfluoroalkyl ether sulfonic acid F-53B in crucian carp (Carassius carassius): Evidence for a highly bioaccumulative contaminant of emerging concern. Environmental Science & Technology, 2015, 49: 14156-14165.

[9] Shi Y, Vestergren R, Xu L, Zhou Z, Li C, Liang Y, Cai Y. Human exposure and elimination kinetics of chlorinated polyfluoroalkyl ether sulfonic acids (Cl-PFESAs). Environmental Science & Technology, 2016, 50: 2396-2404.

[10] De Silva A O, Spencer C, Scott B F, Backus S, Muir D C. Detection of a cyclic perfluorinated acid, perfluoroethy lcyclohexane sulfonate, in the Great Lakes of North America. Environmental Science &

Technology, 2011, 45: 8060-8066.

[11] Wang Y, Vestergren R, Shi Y, Cao D, Xu L, Cai Y, Zhao X, Wu F. Identification, tissue distribution, and bioaccumulation potential of cyclic perfluorinated sulfonic acids isomers in an airport impacted ecosystem. Environmental Science & Technology, 2016, 50: 10923-10932.

[12] Xu L, Shi Y, Li C, Song X, Qin Z, Cao D, Cai Y. Discovery of a novel polyfluoroalkyl benzenesulfonic acid around oilfields in northern China. Environmental Science & Technology, 2017, 51: 14173-14181.

[13] Schymanski E L, Singer H P, Longrée P, Loos M, Ruff M, Stravs M A, Vidal C R, Hollender J. Strategies to characterize polar organic contamination in wastewater: Exploring the capability of high resolution mass spectrometry. Environmental Science & Technology, 2014, 48: 1811-1818.

[14] Schymanski E L, Jeon J, Gulde R, Fenner K, Ruff M, Singer H P, Hollender J. Identifying small molecules via high resolution mass spectrometry: Communicating confidence. Environmental Science & Technology, 2014, 48: 2097-2108.

[15] Song X, Vestergren R, Shi Y, Huang J, Cai Y. Emissions, transport, and fate of emerging per-and polyfluoroalkyl substances from one of the major fluoropolymer manufacturing facilities in China. Environmental Science & Technology, 2018, 52: 9694-9703.

[16] Plassmann M M, Fischer S, Benskin J P. Nontarget time trend screening in human blood. Environmental Science & Technology Letters, 2018, 5: 335-340.

[17] Zhou Z, Liang Y, Shi Y, Xu L, Cai, Y. Occurrence and transport of perfluoroalkyl acids (PFAAs), including short-chain PFAAs in Tangxun Lake, China. Environmental Science & Technology, 2013, 47: 9249-9257.

[18] Shi Y, Vestergren R, Xu L, Song X, Niu X, Zhang C, Cai Y. Characterizing direct emissions of perfluoroalkyl substances from ongoing fluoropolymer production sources: A spatial trend study of Xiaoqing River, China. Environmental Pollution, 2015, 206: 104-112.

[19] Pan Y, Zhang H, Cui Q, Sheng N, Yeung L W Y, Guo Y, Sun Y, Dai J. First report on the occurrence and bioaccumulation of hexafluoropropylene oxide trimer acid: An emerging concern. Environmental Science & Technology, 2017, 51: 9553-9560.

[20] Pan Y, Zhang H, Cui Q, Sheng N, Yeung L W Y, Sun Y, Guo Y, Dai J. Worldwide distribution of novel perfluoroether carboxylic and sulfonic acids in surface water. Environmental Science & Technology, 2018, 52: 7621-7629.

[21] Wang Y, Shi Y, Cai Y. Spatial distribution, seasonal variation and risks of legacy and emerging per-and polyfluoroalkyl substances in urban surface water in beijing, China. Science of the Total Environment, 2019, 673: 177-183.

[22] Lin Y, Ruan T, Liu A, Jiang G. Identification of novel hydrogen-substituted polyfluoroalkyl ether sulfonates in environmental matrices near metal-plating facilities. Environmental Science & Technology, 2017, 51: 11588-11596.

[23] Shi Y, Vestergren R, Nost T H, Zhou Z, Cai Y. Probing the differential tissue distribution and bioaccumulation behavior of per-and polyfluoroalkyl substances of varying chain-lengths, isomeric structures and functional groups in crucian carp. Environmental Science & Technology, 2018, 52:

4592-4600.

[24] Liu Y, Ruan T, Lin Y, Liu A, Yu M, Liu R, Meng M, Wang Y, Liu J, Jiang G. Chlorinated polyfluoroalkyl ether sulfonic acids in marine organisms from Bohai Sea, China: Occurrence, temporal variations, and trophic transfer behavior. Environmental Science & Technology, 2017, 51: 4407-4414.

[25] Cui Q, Pan Y, Zhang H, Sheng N, Wang J, Guo Y, Dai J. Occurrence and tissue distribution of novel perfluoroether carboxylic and sulfonic acids and legacy per/polyfluoroalkyl substances in black-spotted frog (Pelophylax nigromaculatus). Environmental Science & Technology, 2018, 52: 982-990.

[26] Wang Y, Shi Y, Vestergren R, Zhou Z, Liang Y, Cai Y. Using hair, nail and urine samples for human exposure assessment of legacy and emerging per-and polyfluoroalkyl substances. Science of the Total Environment, 2018, 636: 383-391.

[27] Wang J, Pan Y, Cui Q, Yao B, Wang J, Dai J. Penetration of PFASs across the blood cerebrospinal fluid barrier and its determinants in humans. Environmental Science & Technology, 2018, 52: 13553-13561.

第 2 章 氯化石蜡的外暴露途径和内暴露

氯化石蜡（CPs）作为一种新型有机污染物，具有持久性有机污染物（POPs）的特征，短链（C10-13）与中链（C14-17）氯化石蜡（分别缩写为 SCCPs 或 MCCPs）比长链氯化石蜡（LCCPs）具有更大的生物毒性和生物活性。其中 SCCPs 已被列入斯德哥尔摩公约附件 A 进行管控。该类物质作为廉价的化工产品（用于润滑剂、密封剂、阻燃剂、增塑剂和金属切削液），其生产使用量巨大，导致高的环境赋存水平和人体暴露风险，因此对其外暴露途径和内暴露风险需要予以密切关注。

2.1 氯化石蜡外暴露和内暴露概述

2.1.1 外暴露途径

人体外暴露的途径包括空气吸入、颗粒物吸入、灰尘摄入、饮食摄入、皮肤接触以及饮水摄入等[1]，对于非职业暴露的普通人群来说，膳食和灰尘是化合物暴露的重要途径。以氯化石蜡（CPs）为例，北京地区居民在 1993 到 2009 年的十几年间短链氯化石蜡（SCCPs）膳食暴露量增长超过 20 倍（36 和 390～1000ng/kg 体重/d）[2]。对来自中国 18 个省的水产食物中的 SCCPs 和中链氯化石蜡（MCCPs）进行了研究，发现其平均浓度在 1472 和 80.5ng/g 湿重[3]。对采集自中国 20 个省的肉类食物 CPs 进行分析，SCCPs 和 MCCPs 的含量在 129±4.1ng/g 湿重和 5.7±0.59ng/g 湿重，低于水产类食物中的 CPs 水平[4]。

灰尘和空气对幼儿暴露 CPs 贡献高于成人，在瑞典一项室内暴露 CPs 研究中，发现 1～2 岁幼儿的暴露 CPs 水平为 0.49μg/kg 体重/d，远高于成人（0.06μg/kg 体重/d）[5]。对北京地区室内外颗粒物进行了分粒径（PM_{10}、$PM_{2.5}$ 和 $PM_{1.0}$）采集，对颗粒物中的 SCCPs 和 MCCPs 进行了分析，结果表明室内 CPs 浓度高于室外，CPs 主要集中于粒径≤2.5μm 的颗粒物上[6]。

2.1.2 内暴露机制

研究者通常通过对一些无损的或者是比较容易获得的来自人体的样品来反映人体的化合物内暴露水平。

母乳既能反映母亲身体中 CPs 内暴露状况，又是婴幼儿的食物来源，可以反映婴幼儿外暴露 CPs 的风险。对英国母乳脂肪中的 SCCPs 进行了检测，其 SCCPs 和 MCCPs 的含量分别为 49～820ng/g（均值 180ng/g）和 6.2～320ng/g（均值 21ng/g）[7]。对东北亚三国（中国、韩国和日本）2007～2010 年收集的母乳样本进行分析，北京地区的 17 个母乳样本有 8 个可以检出 SCCPs，浓度在 ND～54ng/g 脂重，而在韩国和日本的母乳样本没有高于方法检出限的 SCCPs 的存在[8]。对 2007 和 2011 年采自中国农村和城市地区的母乳样本中的

SCCPs 和 MCCPs 进行分析，发现城市 SCCPs 和 MCCPs 的浓度水平高于农村，且 2011 年样本高于 2007 年样本。其中 2007 和 2011 年城市地区母乳中 SCCPs 的中值分别为 681 和 733ng/g 脂重，MCCPs 中值分别为 60.4 和 64.3ng/g 脂重[9]。对于农村地区的母乳样本，SCCPs 和 MCCPs 在 2007 年的样品中浓度分别为 303 和 35.7ng/g 脂重，2011 年的样本中分别为 360 和 45.4ng/g 脂重[10]。

血液是了解人体内暴露污染物情况的重要介质，同时也是比较容易取得和损伤较小的人体样本。Li 等人对 50 个人体血液样本中的 SCCPs、MCCPs 及 LCCPs 进行了分析，其浓度分别为 370～35000、130～3200 和 22～530ng/g 脂重。通过与血液样本提供者生活所在地的土壤/空气中的同族体组成的对比可以发现，SCCPs 更易被人体从环境中摄入并累积[11]。

2.2 通过膳食外暴露氯化石蜡的情况

膳食暴露是一般环境污染物人体外暴露的主要途径之一，比如文献报道的 PBDEs 类物质[12]。一般情况下，对于评估人体通过膳食暴露污染物的方法包括根据居民营养膳食结构调查和双份饭的方式进行。对于我国的传统的膳食摄入方式，而大部分食材是不能直接食用的，需要经历烹饪过程。传统的中式烹饪包括煎、炒、蒸、煮等烹饪过程。而 POPs 作为半挥发性物质，经历这些热过程会促进 POPs 物质挥发到空气中。另外，烹饪过程还会促进化合物的转化，例如在烹饪过程中类二噁英 PCBs 的生成[13]。为了全面地研究膳食暴露 CPs 的情况，科研人员采集了 2014～2016 年北京市场上的生鲜食材，对关注的生鲜食材进行了中式烹饪处理，此外对普通人群的双份饭样品进行了收集和分析。

2.2.1 生鲜食材

在所有北京市场上采集的生鲜食物中均有 SCCPs 检出（图 2-1），检出率为 100%，SCCPs 的浓度水平在 4.0～5000ng/g。不同种类食物中 SCCPs 浓度平均含量的顺序为：食用油（1615ng/g）＞海鲜类（330ng/g 干重）＞肉类（281ng/g 干重）＞鱼类（241ng/g 干重）＞水果（189ng/g 干重）＞蔬菜（136ng/g 干重）＞内脏（96ng/g 干重）。

总的来说，除了动物肝脏样品外，动物源食品由于具有较高的脂含量导致其 SCCPs 的含量较高。猪肝样品中 SCCPs 平均含量为 60ng/g 干重，鸡肝脏样品平均含量为 148ng/g 干重。SCCPs 在食用油中的含量从 16ng/g（玉米调和油）到 5 100ng/g（花生油）不等。除了油类外，海鲜类的 SCCPs 的含量最高，其次是肉类，肉类 SCCPs 含量为 281ng/g 干重，远高于日本 2005 年市场上肉类中 SCCPs 的值。水果类包含有北方常见水果，SCCPs 水平在苹果中为 270ng/g 干重，香蕉中为 179ng/g 干重，梨中为 142ng/g 干重。蔬菜类 SCCPs 含量在圆白菜中为 96ng/g 干重，在胡萝卜中为 211ng/g 干重，生菜中为 165ng/g 干重，土豆中 93ng/g 干重，番茄中为 150ng/g 干重。

对于食用油之前的一篇研究显示其 SCCPs 含量在 9.0～7500ng/g，这与食用油中测得的 SCCPs 含量相当。研究人员认为食用油中 SCCPs 可能来自加工过程和包装运输过程而不是其原料。对比渤海软体动物的研究显示软体动物体内 SCCPs 的含量很高（65～5510ng/g 干重）[14]，这与北京市场上海鲜中 SCCPs 的赋存情况一致。而对电子垃圾拆解地淡水鱼类

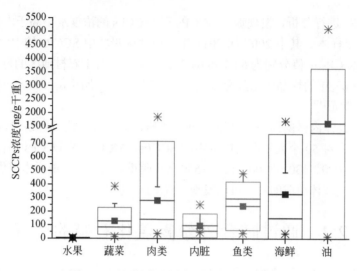

图 2-1 不同种类生鲜食材中 SCCPs 的浓度

中的 SCCPs 进行了分析,其 SCCPs 在 1940~4500ng/g 干重[15],高于 SCCPs 在鱼肉中的水平。整体来说,在北京市场上的生鲜食材中测得的 SCCPs 含量处于较高水平,远高于 2003 年日本市场上收集的生鲜食物中 SCCPs 的含量[16]。

同时研究了不同生鲜食材中 SCCPs 的同族体分布特征。如图 2-2 所示,C10 和 C11 是食物中的主要碳同族体,分别占总 SCCPs 总量的 34%和 30%。C12 和 C13 同族体处于同等水平,分别占总 SCCPs 的 18%和 17%。SCCPs 不同氯取代同族体的丰度顺序为:Cl7(33%)>Cl6(26%)>Cl8(21%)>Cl5(11%)>Cl9(6.1%)>Cl10(2.7%)。

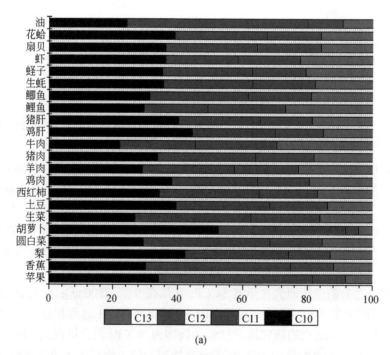

(a)

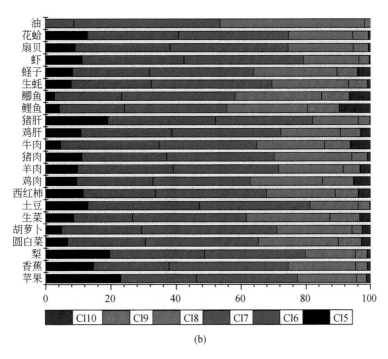

图 2-2 生鲜食材中 SCCPs 同族体分布百分比

(a) 不同的碳链同族体；(b) 不同氯取代同族体

2.2.2 双份饭样品

在全部 33 个双份饭样品中均可以检出 SCCPs 和 MCCPs，而在饮用水中仅可检出相对较低含量的 SCCPs，而 MCCPs 低于方法的检出限。在双份饭样品中 SCCPs 的含量在 24.4～546ng/g 干重（几何均值，GM=83.2ng/g 干重），MCCPs 在 17.3～384ng/g 干重（GM=55.5ng/g 干重）。双份饭样品中 SCCPs 的含量要高于文献报道的 2009 年北京地区的样品含量[2]。

对于双份饭中的 CPs 的同族体组成，SCCPs 中不同链长的丰度依次为 C13（35%）＞C11（31%）＞C12（23%）＞C10（12%），对于不同的氯取代同族体丰度顺序为 Cl7（36%）＞Cl8（33%）＞Cl9（17%）＞Cl6（9.7%）。C14-CPs 是主要的 MCCPs 的同族体，占到 $\sum$MCCPs 的 73%。Cl8-MCCPs 是主要的 MCCPs 氯取代同族体，其次是 Cl7 和 Cl9 取代的分别占到了 26% 和 21%。在 CPs 含量和脂含量之间没有发现显著的相关关系。

根据双份饭中 CPs 的含量结合其日均饮食摄入量计算得到的 1～2 岁幼儿通过膳食摄入的 SCCPs 的量为 439～1224ng/kg 体重/d（GM=734ng/kg 体重/d）。计算得到的成人 MCCPs 通过膳食摄入量在 153～1307ng/kg 体重/d，对于一到两岁的幼儿 MCCPs 的膳食摄入量为 164～1465ng/kg 体重/d（GM=705ng/kg 体重/d）。

2.2.3 烹饪对膳食中 CPs 含量的影响

以七种食物作为烹饪对象，分别对原材料和通过不同烹饪方式处理后的样品中的 SCCPs 含量水平和同族体组成进行分析可得到如下结果（图 2-3 所示）。生鲜食材中 SCCPs 的浓度在 4.00~142ng/g 干重,而在相应的烹饪过的食物中 SCCPs 浓度仅为 6.00~29.6ng/g 干重。马铃薯、卷心菜、猪肉、羊肉、对虾和鸡蛋等六个品种的食材在烹饪过后 SCCPs 有 5.3%~93%的消除,而对于大米 SCCPs 的含量则从 4.00±0.70ng/g 干重上升到 6.00±0.41ng/g 干重。在相对较低浓度的样品中(接近方法检出限),烹饪过程中的污染以及方法定量的不准确性都是造成这种现象的可能原因。

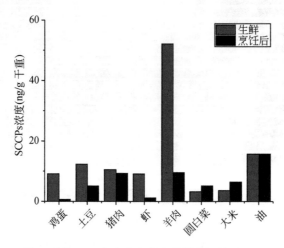

图 2-3　SCCPs 在食物中的含量的烹饪前后对比

生鲜食材中 SCCPs 含量高的食物经过烹饪过程后会有更高的 SCCPs 消除率。例如羊肉中 SCCPs 含量最高为 142ng/g,其经过爆炒后 SCCPs 消除率达到 82%。其可能的消除机制包括挥发,随油脂进入烹饪产生的汁液中等[17]。羊肉在爆炒过程中其脂肪含量由 49%下降到 28%,因此 SCCPs 高的消除率可能是多种机制叠加的结果。烹饪时间也是可能影响食物中 SCCPs 消除率的因素,鸡蛋在水煮和油煎两种烹饪方式烹饪后的消除率分别为 93%和 21%,而相应的烹饪时间分别为 15 和 2min。

研究人员在对烹饪前后食物中 SCCPs 同族体组成情况进行比较后,没有发现统一的变化规律。进一步对烹饪前后样本的同族体百分比组成进行主成分分析后,对于烹饪前后的样本不能进行有效分类,这表明烹饪前后同族体组成的差异不明显。造成这种不明显差异的可能原因之一是不同的食材种类和烹饪方式都可能造成同族体组成的差异。

2.2.4　膳食暴露风险评估

研究人员用两种不同的方法估算了每日膳食摄入 SCCPs 的情况。第一种方法,利用全国营养与健康调查数据中的人体平均体重和每日食物摄入量,使用公式(2-1)计算北京普通人群的每日总摄入量(EDI)。然后采用平均 SCCPs 含量 95th 的 SCCPs 量来评估 SCCPs 对人类的平均和高端膳食暴露风险。另一种估计方法是以七名参与烹饪个案研究的志愿者的双份饭方式即以参与者的平均食物摄入量为基础,根据参与者的体重来计算 SCCPs 的膳食暴露量。

$$\mathrm{EDI}_{\mathrm{diet}} = \frac{C_{\mathrm{diet}} \times M_{\mathrm{diet}}}{W_{\mathrm{t}}} \tag{2-1}$$

在图 2-4 中给出了利用膳食结构计算的不同年龄段的 SCCPs 膳食暴露量。研究人员比较了不同年龄组和性别的人的SCCPs膳食摄入水平。结果表明，年轻人由于体重较轻而有较高的单位体重膳食摄入量，导致其具有较高的通过膳食摄入SCCPs水平，而女性和男性则没有显著的差异。

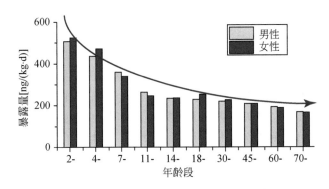

图2-4 不同年龄段和不同性别人群SCCPs膳食暴露量

鉴于食用油中SCCPs含量的不确定性，因此在比较不同类食物对SCCPs膳食贡献时选择SCCPs较低的食用油进行计算。

计算表明，烹饪案例研究志愿者每日通过两种不同方法（膳食结构调查和双份饭）计算得到的膳食暴露SCCPs的量分别为403和145ng/（kg·d）。双份饭方式计算的SCCPs的暴露量明显低于通过膳食结构计算出的膳食暴露SCCPs的量。如图2-5（a，b）所示，在通过膳食结构计算暴露量时，肉类是SCCPs摄入的主要来源。但在双份饭中，烹饪后肉类的SCCPs的贡献比例减少，这是因为肉类在烹饪过程中SCCPs具有较高的消除比例，而大米的贡献率明显增加，因为煮熟的米饭中SCCPs水平升高，而且食用量相对较高。以上对比研究表明，在计算通过膳食摄入SCCPs的外暴露风险时利用双份饭方式比采用膳食结构数据更为符合我国普通居民的传统饮食习惯。

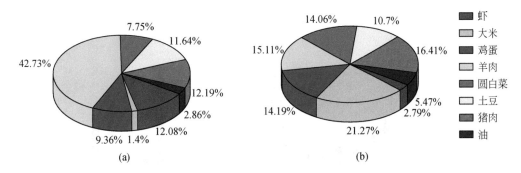

图2-5 不同种类食材烹饪前后对SCCPs膳食暴露的贡献率

文献报道SCCPs对哺乳动物的NOAEL估计为100mg/（kg·d），成人EDI的95th为3594ng/（kg·d）。根据公式（2-2）计算可得，MOE的值为2.78×10^4。MOE值大于1000表明没有造成暴露风险。北京居民通过饮食接触SCCPs的量目前尚不足以构成对人体的健康风险

$$MOE = \frac{NOAEL}{EDI(SCCPs)} \quad (2\text{-}2)$$

2.3 室内环境中氯化石蜡的外暴露情况

现代社会普通人有 90%的时间在室内场所中度过，因此室内环境中污染物的赋存状况对普通居民的污染物暴露至关重要。普通人群在室内环境中主要的暴露途径包括呼吸吸入、灰尘摄入和皮肤接触等。针对以上的几种暴露途径，研究人员对北京市室内环境中的玻璃表面有机膜、室内空气、室内灰尘进行了收集，分析其 SCCPs 和 MCCPs 的含量和组成，对 CPs 在室内环境多介质间的分配规律进行了探讨，并计算了普通人群室内环境中的 CPs 外暴露风险。

2.3.1 室内环境中 SCCPs 的浓度和同族体组成

在对建筑玻璃表面有机膜进行采样时，研究人员记录了采样的面积并对采样前后 KimWipes 重量差值进行了记录，由于测得的差重数值较小，为了避免较大偏差值，在数据报道时采用的是基于面积的浓度值。图 2-6 给出了北京地区 19 个样点的 SCCPs 平均浓度。室内侧 SCCPs 的浓度在 0.34～54μg/m²（GM=5.9μg/m²），相应的室外侧的浓度在 0.48～114μg/m²（GM=3.35g/m²）。总体来说，室内侧浓度高于室外侧，但由于室外侧有异常高值，因此差异不显著（P=0.06），如果去除掉异常值（S5、S7、S9 和 S10）则室内侧 SCCPs 浓度显著高于室外侧（P=0.02），这一结果和 PAHs 的结果是相反的[18, 19]，表明室内环境存在 SCCPs 释放源。

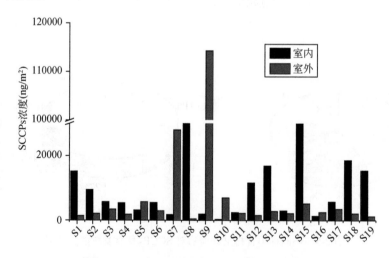

图 2-6 SCCPs 在室内外侧有机膜上的含量

S1：北京郊区背景点；S2-10：居民家庭采样点；S11-13：学生宿舍；S14-19：办公点

有机膜是通过大气颗粒物的沉降和气相的 S-VOCs 在其上面吸附而形成的[20]，因此，有机膜上的 TOC 含量和其上的 S-VOCs 含量具有显著相关性[18]。在该研究中，室内侧 TOC 的含量在 3.68~172mg/m² (GM=13.1mg/m²)，室外侧 TOC 含量在 0.37~95mg/m² (GM=15 mg/m²)，高于文献报道的广州和香港玻璃表面有机膜的 TOC 含量[19, 21]。相关分析表明，室内外侧 TOC 值与 SCCPs 含量具有显著线性相关关系（分别为 R=0.41，P=0.01 和 R=0.51，P=0.01），表明有机膜中的 TOC 对 SCCPs 的吸附具有重要影响。室内外侧 TOC 归一化 $\sum$SCCPs 的浓度分别为 63μg/g~5.24mg/g（GM=472μg/g）和 0.55~1.53mg/g（GM=0.19mg/g）。

图 2-7 为 SCCPs 同族体的分布情况。C10 和 C11 同族体是含量最高的碳同族体，占室内外玻璃表面有机膜 $\sum$SCCPs 的 70%。在室内的有机膜样品中 SCCPs 同族体的组成没有显著的差异，只是在室外侧样品中 C11 同族体的比例高于 C10 同族体，而在室内侧样品中 C11 和 C10 同族体的含量相当。在一些对于室内空气的研究中，C10 同族体也是比例最高的[22, 23]。对北京地区室外空气的研究发现 C10 同族体的比例占到总 SCCPs 的 70%[24]。对于氯取代同族体的组成，室内外两侧的样品中 Cl6 和 Cl7 是最主要的两种氯取代同族体。C11Cl7 是最主要的分子式同族体，占室内侧 $\sum$SCCPs 的 15%，而在室外侧 $\sum$SCCPs 的占比超过 20%。相对于室内结果，室外侧玻璃表面有机膜累积了更多的相对分子质量更大的 C11 同族体，而室内侧累积了更多的相对轻的 C10 同族体，对于氯取代同族体也有一致的规律。这种规律可能是由于室外侧具有更多的颗粒物沉降，而室内侧有相对更多的气态物质的吸附，这个结果与对 PAHs 的研究结果类似[21]。

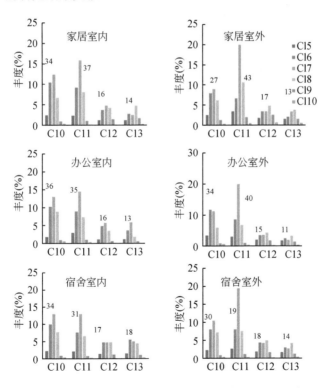

图 2-7 不同场所室内外 SCCPs 不同分子式同族体丰度

在 11 个样点采集的室内空气中均检测到 SCCPs 的存在，其含量在 0.06~1.35μg/m³（GM=0.23μg/m³），这一结果显著高于在北京城区室外检测到的 SCCPs 的浓度水平（室外冬季 SCCPs 浓度在 0.4～9.7ng/m³，夏季在 108～316ng/m³）[24]。这一结果表明室内空气中 SCCPs 除了来源于室外空气外还可能有额外的源。

2.3.2 不同场所的 SCCPs 浓度和同族体组成

有研究表明建筑本身的一些特征会影响玻璃表面有机膜的组成从而影响污染物在玻璃表面的累积[25]。研究结果也表明，在住宅小区、办公和宿舍三种场所的 SCCPs 的浓度和组成存在一定的差异性。对于室内侧的样品，办公室（GM=23.2μg/m²）＞宿舍（10.3μg/m²）＞住宅小区（3.1μg/m²）（图 2-8）。在室外侧样本中，住宅小区（3.6μg/m²）＞办公室（2.8μg/m²）＞宿舍（2.2μg/m²）。

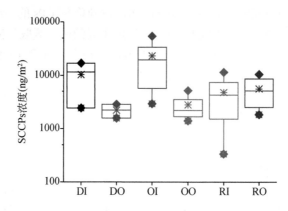

图 2-8 SCCPs 在不同类型采样点室内外有机膜上的分布箱式图

DI 代表宿舍室内侧；DO 代表宿舍室外侧；OI 代表办公点室内侧；OO 代表办公点室外侧；RI 代表家居室内侧；RO 代表家居室外侧。每个箱子的范围代表 25th 和 75th 百分位数，而菱形代表 10th 和 90th 百分位数，最高和最低值都标记为"x"

窗户的朝向和高度也是可能的影响因素，在采样点 S11、S12 和 S13 研究者采集了不同楼层的样品并记录了其高度，来考察窗户离地高度对 SCCPs 含量组成的影响。三个样点高度范围分别在 13.3～43.5m、13.3～35m 和 5.9～34m，结果没有发现 SCCPs 含量随高度的变化而变化趋势，这可能是由于采样的高度范围较窄。但是这一高度范围涵盖了大部分人在室内场所活动范围的高度。而对于不同朝向的玻璃窗表面样品也没有发现 SCCPs 含量的差异性。

2.3.3 SCCPs 在有机膜-空气界面的分配

有机物可以通过分配被吸附在有机膜上，因此有机膜上有机污染物的水平可以在一定程度上反映空气中污染物的水平。研究发现，有机物在有机膜上的富集会经过一个快速增长阶段，这一阶段的增长速率与污染物的 K_{oa} 密切相关[26, 27]。SCCPs 的 K_{oa} 值与 PBDEs 和 PCBs 等 POPs 相近，根据对于 PBDEs 等的研究，这一快速增长在 40～60d[26]，因此采样前三个月玻璃窗必须未经清洗，以确保采样期间 SCCPs 的富集处于平衡期[28]。根据有机膜-空气体系的平衡可以用公式（2-3）表示[29]。

$$\mathrm{PC_{air}} = \frac{C_{om}}{K_{(om\text{-}air)}} \qquad (2\text{-}3)$$

其中，$\mathrm{PC_{air}}$ 表示根据有机膜 SCCPs 预测的 SCCPs 在空气中的浓度，C_{om} 代表 SCCPs 在有机膜中的浓度，$K_{(om\text{-}air)}$ 代表 SCCPs 在有机膜-空气的分配系数。C_{om} 可以通过 TOC 标准化的 SCCPs 浓度乘以 1.6[26]，该系数根据有机气溶胶的平均分子量计算得到。$K_{(om\text{-}air)}$ 可以根据 SCCPs 的 K_{oa} 和 K_{ow} 计算得到，由于没有实验数值，SCCPs 的 K_{oa} 和 K_{ow} 可以通过 EPIsuite 软件计算得到。为了考察空气-有机膜的分配，研究人员绘制了有机膜（C_f）和空气浓度（C_a）（$\log_{C_f/C_a}$）与 $\log K_{oa}$ 的对数比，两者之间存在较强的线性关系（$R=0.67$，$P=0.01$）。根据 McLachlan 提出的三步理论，$\log K_{oa}$ 正斜率在 9~11，表明化合物处于动力学受限的沉降过程[30]。由于 $C_{10}C_{17}$ 分子式同族体在有机膜和空气中均具有较高的比例，选取该同族体进行有机膜-空气的预测。相关性分析表明，$C_{10}C_{17}$ 的有机膜浓度与空气浓度显著相关。

有机膜是亲脂性的介质，如果设定辛醇的密度为 $\rho=0.8275$，那么 298K 时有机质和水之间的分配系数可以用公式（2-4）来表示[31]；而 298K 时空气和有机质间的分配系数可以用公式（2-5）来表示。

$$\log K_{(om\text{-}water)} = \frac{0.91 \log K_{ow}}{\rho} + 0.5 \qquad (2\text{-}4)$$

$$K_{(om\text{-}air)} = \frac{K_{(om\text{-}water)}}{K_{aw}} \qquad (2\text{-}5)$$

根据公式（2-5），可以计算出空气中的 SCCPs 预测浓度 $\mathrm{PC_{air}}$。在选取的 11 个采样点，通过有机膜浓度预测出的空气浓度与实测浓度。可以看到预测 SCCPs 空气浓度均高于实测值，可能原因是此工作中选取的几种代表结构不能全面反映 SCCPs 每种分子式同族体的性质，另外一个可能原因是，有机膜除了吸附气态的 SCCPs 外还可以吸附含 SCCPs 的气溶胶和颗粒物。

2.3.4 室内灰尘中 SCCPs 与 MCCPs 的含量与同族体组成

在 115 个室内灰尘样本中，均有 SCCPs 和 MCCPs 的检出。其中∑SCCPs 含量在 5.35~1022μg/g（GM=92μg/g），∑MCCPs 含量在 2.1~725μg/g（GM=83μg/g）（表 2-1）。在该研究中灰尘 MCCPs 和 SCCPs 在灰尘中含量相当。而在之前德国一个针对室内灰尘的研究中，MCCPs 的含量远高于 SCCPs 的含量，SCCPs 和 MCCPs 的含量的中值分别为 6 和 176μg/g[32]，而该研究中相应的值分别为 98.7 和 89.8μg/g。这种差异的可能原因是欧盟国家早在 20 世纪 90 年代就开始对 SCCPs 的使用进行限制[33]，而目前中国对 SCCPs 还没有限制措施。在北京地区室内灰尘中∑（SCCPs+MCCPs）是瑞典室内灰尘检出含量的 10~100 倍[22]，比之前在购物商场中测得的结果稍低[34]。另外，灰尘中总的 CPs 的含量高于在中国检出的六溴环十二烷（hexabromocyclododecane，HBCD）等溴系阻燃剂 2~3 个数量级[35, 36]。这与 CPs 在国内的产使用量是一致的。

表 2-1　不同基质（室内灰尘、室内空气、膳食、奶粉、饮用水）中 SCCPs 与 MCCPs 的浓度检出情况

	有机污染物	均值	几何均值	中值	极小值	极大值	检出
室内灰尘（μg/g, n=115）	ΣSCCPs	148	92.0	98.7	5.35	1022	115
	ΣMCCPs	139	82.8	89.8	2.10	725	115
室内空气（ng/m³, n=39）	ΣSCCPs	181	80.1	71.9	9.77	966	39
	ΣMCCPs	41.9	3.36	3.47	< LOD	613	23
膳食（ng/g 干重，n=33）	ΣSCCPs	113	83.2	79.3	24.4	546	33
	ΣMCCPs	82.2	55.5	40.5	17.3	384	33
奶粉（ng/g 干重，n=6）	ΣSCCPs	18.3	18.2	18.1	16.2	20.5	6
	ΣMCCPs	14.2	8.87	17.6	1.70	23.3	6
饮用水（ng/L，n=4）	ΣSCCPs	23.0	22.9	23.0	20.0	26.0	4

2.3.5　室内空气中 SCCPs 与 MCCPs 的含量与同族体组成

39 个室内空气样品均检出 SCCPs 的浓度为 9.77～966ng/m³（GM=80ng/m³），而 MCCPs 仅在其中 23 个样本中被检出，其浓度范围为<LOD～613ng/m³。整体上 MCCPs 的浓度水平远低于 SCCPs，这可能是由于 MCCPs 蒸气压较低，更不易挥发到大气中。与室内空气状况不同，文献表明室外空气中 SCCPs 的浓度低于或与 MCCPs 浓度相当[37-41]。这可能是由于室内空气可能与室外空气的 CPs 的来源不同造成的。另外，在北京地区室内空气中检测到的 SCCPs 的浓度高于北京室外空气中 SCCPs 浓度一个数量级左右。这个结果与玻璃有机膜的结果类似。同族体特征分析表明室内空气中，C10 和 C11 的 SCCPs 同族体的丰度最高分别达到 61%和 29%。对于 MCCPs 来说，C14 和 C15 的丰度分别为 55%和 34%。Cl6-7-SCCPs 是丰度最高的氯取代同族体，分别占到总 SCCPs 的 48%和 38%，而 Cl5-MCCPs 丰度在 MCCPs 中最高，为 41%（图 2-9）。和 CP-52 产品的特征进行对比可以发现，空气中分子量较低的同族体，其占 CPs 的总量比例有所升高，这个原因可能是由于短链的 CPs 具有较高的蒸气压[42]，更容易挥发到空气中所致。

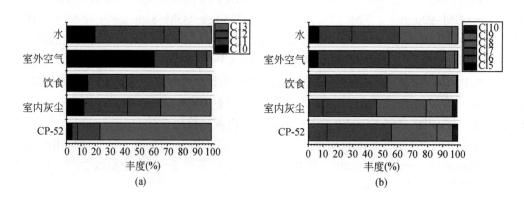

(a)　　　　　　　　　　　(b)

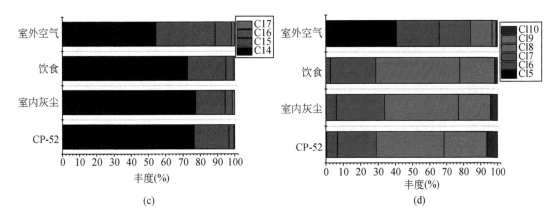

图 2-9 室内灰尘、室外空气、饮食、饮用水和 CP-52 产品的同族体组成

(a) SCCPs 不同碳链长同族体的丰度；(b) SCCPs 不同氯取代同族体的丰度；(c) MCCPs 不同碳链长同族体的丰度；(d) MCCPs 不同氯取代同族体的丰度

2.4 塑胶运动场中氯化石蜡的外暴露情况

近几十年来，塑胶运动场和人造草坪在体育设施中的应用日益广泛[43,44]。塑胶运动场和人造草坪具有减震、防滑、耐磨损等优点，降低了运动员受伤的可能性[43]。在塑胶运动场和人造草坪中再生废旧轮胎橡胶颗粒的使用可导致一系列有机污染物（如多环芳烃[44-48]、苯并噻唑[49]和重金属[50]）的引入。同时，由于阻燃性和耐老化性等的要求，会在塑胶运动场和人造草坪生产过程中人为添加增塑剂、阻燃剂、抗氧化剂和紫外线防晒剂。鉴于塑胶运动场和人造草坪使用的具体条件，如磨损、高温中午时最高可达 60℃[51]、阳光照射、冻融循环以及干湿循环，这些有机、无机污染物不可避免地释放到环境之中。

尽管在聚氨酯运动场地材料中人为添加 CPs 作为阻燃剂和增塑剂[52]，但迄今为止，未见塑胶运动场和人造草坪环境中 SCCPs 和 MCCPs 的赋存和人体暴露评价的报道。本章对北京 17 所学校的 159 份室内外塑胶运动场和人造草坪的灰尘样品进行了采集和 SCCPs、MCCPs 分析，以评价这些样品基质中 SCCPs、MCCPs 的环境赋存、单体分布特征和人体暴露水平。此外，还评价了普通人群在塑胶运动场和人造草坪环境中暴露 SCCPs、MCCPs 的可能风险。

2.4.1 塑胶跑道氯化石蜡的浓度水平和同族体组成

2015 年 2 月（冬季）和 8 月（夏季）采集了北京市 17 所高校的室外塑胶运动场（塑胶跑道、塑胶篮球场、塑胶网球场）和人造草坪的 148 个灰尘样品。此外，在冬季随机采集了 17 所大学中 11 个室内塑胶羽毛球场灰尘样品。为探讨塑胶跑道灰尘中 CPs 的来源，采集了 5 个塑胶跑道材料样品和 5 双运动鞋鞋底样品。为探讨塑胶跑道中 CPs 向周边环境的释放，随机选取 3 条塑胶跑道，采集 3 条塑胶跑道周围~3m 和~50m 距离处的道路尘土样品。

图 2-10 给出了塑胶运动场和人造草坪的 148 个室外灰尘样品以及来自室内塑胶羽毛球

场的 11 个灰尘样品中 SCCPs 和 MCCPs 的浓度。塑胶跑道、塑胶篮球场、塑胶网球场和人造草坪灰尘中 SCCPs 的几何平均浓度分别为 5429、5139、298 和 101μg/g，MCCPs 的几何平均浓度分别为 15157、11878、529 和 241μg/g。对灰尘样品中 CPs 浓度的单因素方差分析表明，塑胶跑道和塑胶篮球场灰尘中 SCCPs 和 MCCPs 浓度显著高于塑胶网球场和人造草坪灰尘（$P<0.05$）。此外，塑胶网球场与人造草坪的浓度也有显著性差异（$P<0.05$）。室内羽毛球场灰尘中 SCCPs 和 MCCPs 几何平均浓度分别为 1467 和 1836μg/g，显著高于塑胶网球场和人造草坪灰尘，但显著低于塑胶跑道和塑胶篮球场灰尘（$P<0.05$）（图 2-10）。因此，从塑胶跑道灰尘中 CPs 浓度最高，其次是塑胶篮球场、室内羽毛球场、塑胶网球场以及人造草坪。一般来说，塑胶跑道、塑胶篮球场、塑胶网球场和室内羽毛球场中塑胶的主要材料分别是聚氨酯、聚氨酯-乙丙二烯单体、丙烯酸涂层和聚氯乙烯。人造草坪叶片由尼龙或聚乙烯/尼龙组成，填充材料主要是橡胶颗粒和沙子[43, 53]。此外，在聚氨酯塑胶跑道等铺设材料中，CP-52 被广泛用作阻燃剂与增塑剂[52]。

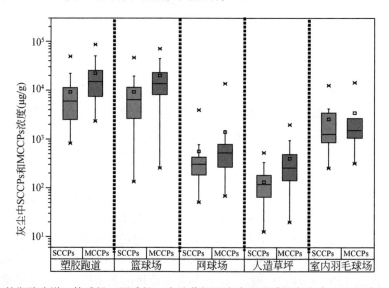

图 2-10　室外塑胶跑道、篮球场、网球场、人造草坪及室内羽毛球场灰尘中 SCCPs 与 MCCPs 浓度

表 2-2　塑胶跑道、人造草坪叶片以及运动鞋鞋底材料中 SCCPs 和 MCCPs 浓度

（单位：μg/g）

塑胶跑道材料		
	SCCPs	MCCPs
1#	56749	99803
2#	62423	177013
3#	11823	115095
4#	30119	169861
5#	44924	321656
几何均值	35536	161859

续表

人造草坪原材料		
	SCCPs	MCCPs
1#	394	616
2#	178	594
3#	252	691
几何均值	260	632
运动鞋鞋底材料		
	SCCPs	MCCPs
1#	637	1566
2#	2243	2552
3#	13889	18680
4#	807	1490
5#	16662	23882
几何均值	3057	4840

进一步对塑胶跑道和人造草坪叶片以及运动鞋鞋底的材料中的 CPs 进行了测定。塑胶跑道材料中 SCCPs 和 MCCPs 的算术平均浓度分别高达 35536 和 161859μg/g。SCCPs 在人造草坪叶片、运动鞋鞋底材料中的浓度分别为 260、3057μg/g，MCCPs 浓度分别为 632、4840μg/g（表 2-2）。这些结果表明，氯 CPs 浓度的差异可能是由于不同材料中添加量的不同造成的。CP-52 在聚氨酯塑胶跑道和篮球场上使用量较塑料网球场、羽毛球场和人造草坪更高，从而导致塑胶跑道和篮球场灰尘中 CPs 浓度较高。

夏季塑胶运动场和人造草坪灰尘中 SCCPs 和 MCCPs 浓度高于冬季（图 2-11）。夏季塑胶跑道和塑胶篮球场灰尘中 SCCPs 和 MCCPs 浓度显著高于冬季（$P<0.05$），而塑胶网球场和人造草坪 CPs 的季节变化不明显，无显著差异（$P>0.05$）。人为和环境因素（如夏季的高运动量加大了塑胶表面和运动鞋底之间的摩擦、夏季的高气温和强光照）可能加速塑胶运动场和人工草坪中 CPs 的释放。

一般来说，所有室内和室外灰尘样品中的 MCCPs 浓度都高于 SCCPs。塑胶跑道、塑胶篮球场、塑胶网球场和人工草坪灰尘中 MCCPs 与 SCCPs 的算术平均浓度比值分别为 2.8、2.3、1.8 和 2.4，均高于室内塑胶羽毛球场灰尘中 MCCPs：SCCPs 的比值（1.3）。此外，室外场地灰尘中的 MCCPs/CCPs 比值更接近商业 CP-52，这意味着室外塑胶运动场地和人造草坪灰尘样品中的 CP 可能受 CP-52 添加剂的影响更大。室内灰尘中 SCCPs 占比较高可能归因于组成材料中分子量较低的 SCCPs 同族体的挥发[34]。

塑胶运动场和塑胶篮球场灰尘中的 SCCPs 和 MCCPs 浓度比室内灰尘高 1~3 个数量级[22, 32, 34]。此外，塑胶网球场和人造草坪灰尘中 SCCPs 和 MCCPs 浓度与室内灰尘相当[32, 34]，或高 1~2 个数量级[22]；室内塑料羽毛球场灰尘中 SCCPs 和 MCCPs 浓度比室内灰尘高 1~2 个数量级[32, 34]。

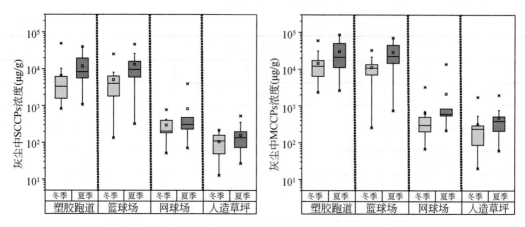

图 2-11 塑胶跑道、篮球场、网球场、人造草坪中 SCCPs 和 MCCPs 浓度的季节变化

图 2-12 给出了灰尘中 SCCPs 和 MCCPs 的同族体分布特征。C13-、C11-和 C12-CPs 分别占总 SCCPs 的 41%~54%、7.5%~24%和 12%~18%。C14、C15-和 C16-CPs 分别占总 MCCPs 含量的 47%~59%、20%~24%和 9.5%~12%。Cl7-和 Cl8-CPs 是丰度最高的含氯同族体，分别占 SCCPs 的 27%~38%和 29%~34%，以及 MCCPs 的 22%~28%和 37%~42%。这些灰尘样品中同族体的分布模式与商业 CP-52 相似，但与北京大气中 SCCPs 的同族体分布有很大不同[北京大气中短碳链（C10~11）和低氯（Cl5~7）同族体丰度更高[24]]，表明塑胶运动场和人工草坪灰尘中的 CPs 可能来源于 CP-52 添加剂，而非大气沉降。

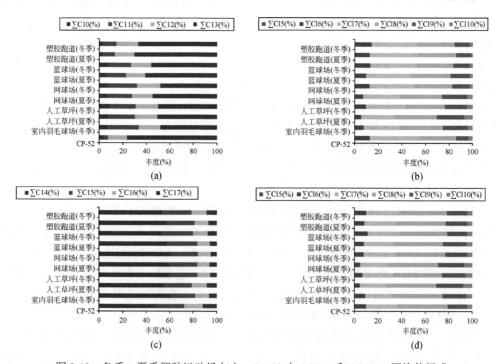

图 2-12 冬季、夏季塑胶运动场灰尘、CP-52 中 SCCPs 和 MCCPs 同族体组成

（a）SCCPs 碳链同族体（C10~C13）百分比几何均值；（b）SCCPs 氯同族体（Cl5~Cl10）百分比几何均值；（c）MCCPs 碳链同族体（C14~C17）百分比几何均值；（d）MCCPs 氯同族体（Cl5~Cl10）百分比几何均值

2.4.2 塑胶跑道氯化石蜡的来源

为了评价从塑胶跑道灰尘中 CPs 的来源,进一步研究了塑胶跑道材料和运动鞋底的 CPs 含量。塑胶跑道材料中 SCCPs 和 MCCPs 浓度是相应灰尘中的 6.5 倍和 11 倍,而运动鞋底中 SCCPs 和 MCCPs 浓度相对较低(分别为灰尘的 0.56 倍和 0.32 倍,如图 2-13)。

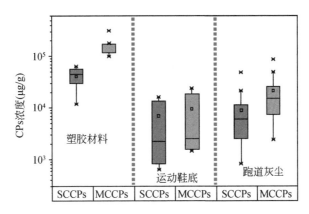

图 2-13 塑胶跑道材料、运动鞋底和灰尘中 SCCPs、MCCPs 浓度

塑胶跑道高 CPs 浓度可能意味着其是灰尘中 CPs 的重要来源。运动鞋底和塑胶跑道材料之间的摩擦将导致两种材料中橡胶的磨损和分解,加速 CPs 的释放,使其吸附于灰尘颗粒上。为了进一步评估塑胶跑道、运动鞋鞋底和灰尘样品之间可能的关系,从三个不同功能区(塑胶跑道、远处道路和室内)采集了灰尘样品,进行主成分分析,以研究 SCCPs 和 MCCPs 同族体主要特征(图 2-14)。

前两个主成分分别占 SCCPs 和 MCCPs 方差的 52% 和 69%。对于 SCCPs 来说,C10- 和 C12-CP 以及 C13- 和 C11-CP 分别是组分 1 和 2 贡献最高的同族体。对于 MCCPs 来说,C14- 和 C15-CP 以及 C14-、C16- 和 C17-CP 是对组分 1 和 2 贡献最高的同族体[图 2-14(a, c)]。得分图中样本组之间的重叠区域指示 SCCPs 和 MCCPs 同族体组成的相似性,暗示它们可能具有相同的来源。如得分图所示,根据其特性所有数据聚类为三组[图 2-14(b, d)]。对于 SCCPs,大部分塑胶跑道材料和运动鞋鞋底样品聚类,并与第三和第四象限的跑道灰尘相重叠;对于 MCCPs,这三组样品于第一和第二象限内聚类和重叠。这些结果表明,这三组样品中 SCCPs 和 MCCPs 的同族体分布特征相似,表明塑胶跑道和运动鞋底是灰尘中 CPs 的重要来源。对于 SCCPs,大部分道路灰尘(远)和室内灰尘样品分布在第一象限和第二象限;对于 MCCPs,两组样品分布于第三象限和第四象限,表明道路灰尘(远)和室内灰尘样品中的 CPs 来源不同。

由于塑胶跑道材料和灰尘中的 CPs 浓度很高,其很可能是周边环境的 CPs 来源。为了评估这一点,从不同距离的塑胶跑道周边区域收集道路灰尘样品(图 2-15)。塑胶跑道灰尘中SCCPs和MCCPs浓度比周围道路灰尘（~3m）高出约50倍。较远采样点（~50m）道路灰尘中SCCPs和MCCPs浓度比周围道路灰尘（~3m）低一个数量级，比塑胶跑道灰尘低2~3个数量级，该浓度低于[32,34]或相当于[22]室内灰尘。随着距塑胶跑道距离的增加，SCCPs和MCCPs浓度显著降低，表明塑胶跑道是CPs释放到周围环境的重要来源。对于SCCPs，道路灰尘（远）的同族体组成分布与室内灰尘和塑胶跑道灰尘不同，但是与SCCPs的室内灰尘相似（图2-15）。因此，道路灰尘（远）中的CPs可能来源于塑胶跑道、大气沉降等复合污染源，这与主成分分析的结果相一致。

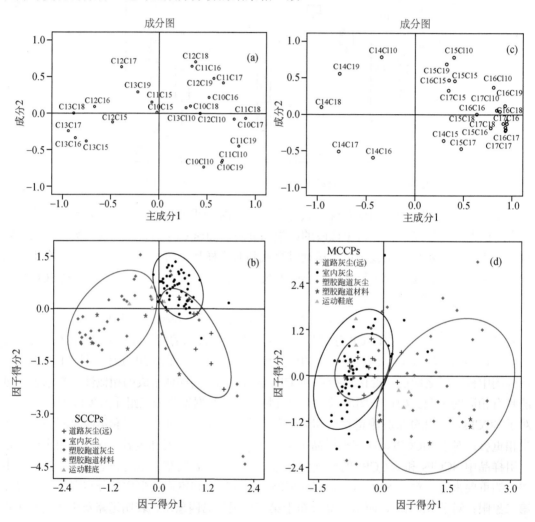

图2-14 塑胶跑道材料、运动鞋底、塑胶跑道灰尘、室内灰尘以及道路灰尘（远）中SCCPs和MCCPs的主成分分析载荷图（a）（c）和得分图（b）（d）

室内灰尘（n=57）引用的是文献[54]中SCCPs或MCCPs浓度在25th和75th之间的样品单体组成。塑胶跑道灰尘（n=38）、道路灰尘（远）（n=10）、运动鞋底（n=5）以及塑胶跑道材料（n=5）都来源于本研究

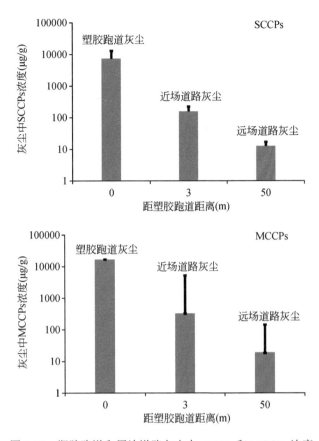

图 2-15　塑胶跑道和周边道路灰尘中 SCCPs 和 MCCPs 浓度

2.5　胎盘母乳中的氯化石蜡内暴露水平

氯化石蜡具有持久性、生物蓄积性及生态毒性，能通过食物链在生态系统中传递，且可能会造成动物及人体糖代谢、脂肪代谢、肝脏系统、甲状腺系统等的紊乱[55]，因此其对人类的健康危害值得关注。血液、尿液、母乳、胎盘经常被用来评估污染物在人体内的暴露水平，其中胎盘中污染物的浓度不仅能反映母体对该物质的产前暴露水平，同时也能在一定程度上评估其对下一代健康风险的大小。对于其他 POPs 在人体胎盘中的暴露水平已有报道，比如多溴联苯醚（PBDEs）[56]、多环芳烃（PAHs）[57]、多氯联苯（PCBs）[58]、德克隆（DP）[59]等。然而对于 CPs 在人体胎盘中的暴露水平目前还是个空白。目前，已报道数据表明 CPs 在环境介质中的浓度水平要远高于其他 POPs [PBDEs、HBCDs（六溴环十二烷）、全氟化合物等] [60]，因此，CPs 对人体的健康风险较其他 POPs 更加不容忽视。

本部分工作采集了我国 54 个普通居民的胎盘样品，测定其中 SCCPs 和 MCCPs 的含量，以评估我国普通人群胎盘中氯化石蜡的暴露水平以及单体赋存特征，进一步为 CPs 对人体的健康风险评价提供数据支持。

2.5.1 胎盘中 CPs 的浓度水平

如表 2-3 所示，SCCPs 在所有胎盘样品中均有检出，其浓度范围为 6.8～299ng/g 干重（98.5～3771ng/g 脂重），平均值为 38.2ng/g 干重（593ng/g 脂重）。MCCPs 在 54 个胎盘样品中有 38 个被检出，其浓度范围为：5.7～51.5ng/g 干重（80.8～954ng/g 脂重），平均值为 19.5ng/g 干重（316ng/g 脂重）。CPs 在胎盘中的高检出率说明母体在 CPs 中的暴露是普遍现象。CPs 有可能透过胎盘屏障进入胎盘，从而进入胎儿体内，对于 CPs 在母体和胎儿之间的转化机制及传递效率还需要进一步的研究。

表 2-3 我国河南 54 个胎盘样品中 SCCPs、MCCPs 及其同族体的含量

样品编号	脂重[a]	ΣSCCPs (ng/g 干重)	ΣSCCPs	ΣC10	ΣC11	ΣC12	ΣC13	ΣMCCPs (ng/g 干重)	ΣMCCPs	ΣC14	ΣC15	ΣC16	ΣC17
			(ng/g 脂重)						(ng/g 脂重)				
1	6.9	36.9	534.7	372.3	158.0	2.7	1.7	ND	ND	ND	ND	ND	ND
2	6.4	43.8	683.5	477.2	199.4	4.4	2.4	ND	ND	ND	ND	ND	ND
3	7.2	46.5	650.8	428.8	205.5	11.4	5.3	11.9	166.2	20.1	146.0	ND	ND
4	6.1	28.7	472.3	335.7	134.0	1.3	1.3	ND	ND	ND	ND	ND	ND
5	6.0	14.7	244.7	175.7	68.3	0.7	ND	7.8	130.5	51.7	78.8	ND	ND
6	6.2	24.8	399.9	273.2	117.4	1.3	8.0	7.9	128.0	36.6	91.4	ND	ND
7	4.9	20.0	407.3	289.8	114.9	1.2	1.4	27.0	549.9	2.1	547.8	ND	ND
8	5.8	38.0	654.0	373.5	197.1	30.1	53.4	30.0	516.4	382.4	133.9	ND	ND
9	6.1	19.0	309.4	227.6	80.2	0.3	1.4	7.0	114.0	28.87	85.14	ND	ND
10	6.8	16.8	246.8	185.2	60.7	0.5	0.5	ND	ND	ND	ND	ND	ND
11	5.7	50.0	877.2	540.4	295.7	20.2	21.1	10.8	189.2	81.0	108.2	ND	ND
12	7.9	27.7	351.8	247.5	98.0	ND	6.3	13.86	175.9	32.0	143.9	ND	ND
13	6.1	20.8	339.7	235.0	102.5	0.3	1.9	11.9	194.1	4.5	189.6	ND	ND
14	6.5	47.1	723.7	463.3	253.3	7.1	ND	ND	ND	ND	ND	ND	ND
15	6.5	24.8	380.8	240.3	118.2	6.9	15.4	ND	ND	ND	ND	ND	ND
16	5.1	26.5	516.0	309.0	203.9	1.8	1.3	6.9	133.8	0.6	133.1	ND	ND
17	5.0	8.4	169.9	54.9	102.5	ND	12.5	28.0	566.4	22.2	544.2	ND	ND
18	8.0	9.3	115.6	28.2	79.4	ND	8.0	21.3	265.9	21.8	244.1	ND	ND
19	5.8	9.0	155.4	109.4	41.7	ND	4.4	29.0	500.9	ND	500.9	ND	ND
20	7.2	11.9	164.8	57.8	101.3	ND	5.7	23.8	329.6	1.6	328.0	ND	ND
21	6.7	10.8	161.2	109.7	51.2	ND	0.3	28.4	425.0	3.2	421.8	ND	ND
22	7.1	37.1	525.4	306.7	204.5	9.9	3.9	5.7	80.8	12.2	68.6	ND	ND
23	7.9	299.0	3770.7	329.6	860.9	1188.9	1391.8	27.5	346.2	50.7	294.3	ND	1.1
24	7.3	24.0	329.7	206.5	120.0	2.3	0.9	13.0	178.6	2.5	169.3	ND	6.7
25	6.8	23.0	340.7	185.9	148.9	2.2	3.7	21.0	311.1	1.5	309.6	ND	ND
26	7.1	32.0	452.5	273.8	168.8	4.0	5.9	12.6	178.4	32.9	145.4	ND	ND
27	6.7	67.6	1017.2	340.4	360.3	157.4	159.2	14.7	221.1	10.4	210.7	ND	ND

续表

样品编号	脂重 [a]	ΣSCCPs (ng/g 干重)	ΣSCCPs	ΣC10	ΣC11	ΣC12	ΣC13	ΣMCCPs (ng/g 干重)	ΣMCCPs	ΣC14	ΣC15	ΣC16	ΣC17
			(ng/g 脂重)						(ng/g 脂重)				
28	6.9	19.8	285.7	174.7	93.0	2.3	15.7	18.8	271.5	36.3	235.2	ND	ND
29	5.5	68.6	1244.5	855.1	362.9	22.5	4.0	5.7	103.7	6.7	97.0	ND	ND
30	4.2	8.8	208.1	96.7	98.3	ND	13.0	5.9	138.7	26.6	112.1	ND	ND
31	5.8	68.3	1175.8	796.8	359.6	16.9	2.6	23.8	409.0	20.7	388.3	ND	ND
32	6.6	30.2	455.3	314.0	138.6	1.2	1.6	ND	ND	ND	ND	ND	ND
33	7.4	17.9	243.2	179.2	63.7	0.3	ND	ND	ND	ND	ND	ND	ND
34	7.4	22.5	306.0	211.8	93.3	0.9	ND	20.6	279.4	ND	279.4	ND	ND
35	7.5	9.0	119.8	52.8	62.1	ND	4.9	ND	ND	ND	ND	ND	ND
36	7.6	18.6	246.7	38.0	208.5	0.2	ND	25.5	337.6	4.3	227.5	105.8	ND
37	7.0	39.4	560.4	390.7	164.3	4.4	0.9	29.4	417.0	5.8	411.2	ND	ND
38	7.6	26.2	346.3	63.8	96.3	83.1	103.1	18.4	243.7	1.4	242.3	ND	ND
39	6.8	17.1	254.0	167.6	85.8	0.3	0.3	17.1	254.0	133.3	120.7	ND	ND
40	5.6	25.7	463.0	181.9	245.6	ND	35.5	17.8	320.5	ND	320.5	ND	ND
41	3.8	50.0	1305.5	864.4	428.6	10.7	1.8	36.5	954.0	7.3	946.8	ND	ND
42	7.0	26.5	377.1	230.7	142.4	2.7	1.2	ND	ND	ND	ND	ND	ND
43	6.9	23.8	344.4	259.8	83.4	0.3	0.8	ND	ND	ND	ND	ND	ND
44	5.6	37.6	666.9	414.0	248.6	0.8	3.5	7.3	130.1	1.8	128.3	ND	ND
45	7.1	214.9	3009.1	1272.0	1015.6	180.2	541.3	51.5	721.1	641.0	80.0	ND	ND
46	7.0	15.9	226.6	152.2	60.9	3.4	10.1	20.6	293.3	56.4	236.9	ND	ND
47	7.3	10.8	148.1	112.5	35.0	ND	0.6	20.6	282.8	5.3	277.5	ND	ND
48	6.4	33.0	513.2	319.6	184.7	2.4	6.5	ND	ND	ND	ND	ND	ND
49	8.0	46.6	583.3	378.9	197.8	6.4	0.2	ND	ND	ND	ND	ND	ND
50	5.6	6.8	122.0	73.4	47.0	ND	1.6	ND	ND	ND	ND	ND	ND
51	5.9	14.0	236.1	186.5	48.8	ND	0.8	ND	ND	ND	ND	ND	ND
52	5.0	30.5	614.4	389.7	219.2	3.4	2.1	11.4	230.4	27.7	202.7	ND	ND
53	5.3	152.9	2864.1	1234.4	1033.4	91.9	504.4	49.0	918.0	530.1	387.8	ND	ND
54	6.9	6.8	98.5	47.0	50.9	ND	0.7	ND	ND	ND	ND	ND	ND
最小值	3.8	6.8	98.5	28.2	35.0	0.2	0.2	5.7	80.8	0.6	68.6	—	1.1
最大值	8.0	299.0	3770.7	1272.0	1033.4	1188.9	1391.8	51.5	954.0	641.0	946.8	—	6.7
均值	6.5	38.2	592.9	308.1	194.7	46.1	60.7	19.5	316.0	65.8	252.3	—	3.9
中间值	6.7	25.2	378.9	243.9	127.0	2.7	3.7	18.6	268.7	20.7	219.1	—	3.9

注：ND 为未检出。
a 冷干样品中脂肪的百分含量。

由于对于胎盘中CPs的研究尚未有报道,该研究仅对胎盘中CPs与其他POPs物质的浓度进行对比。通过对比我国不同地区胎盘中其他POPs的数据,发现该研究中ΣCPs的浓度低于北京居民胎盘内ΣPAHs(890±330ng/g脂重)的浓度[57],而明显高于我国南方各省居民胎盘内ΣPBDEs(15.8±9.88ng/g脂重)[56],我国浙江居民胎盘内ΣDPs(0.92~197ng/g脂重)[59]以及浙江台州和临安居民胎盘内DDTs(122±109ng/g脂重和49.2±30.2ng/g脂重)的浓度[61]。这可能与CPs的大吨位生产和广泛的工业应用有关。

目前,国内外关于CPs对于人体暴露的研究甚少,仅有对母乳中CPs的相关报道。与母乳样品中CPs的含量相比,该研究胎盘样品中ΣSCCPs的含量要低于中国母乳中ΣSCCPs的含量(平均值:1861ng/g脂重)而远高于英国母乳中ΣSCCPs的含量(平均值:180ng/g脂重)。胎盘中ΣMCCPs的含量均高于中国(ΣMCCPs平均值:176ng/g脂重)及英国(ΣMCCPs平均值:21ng/g脂重)母乳中的含量(图2-16)[7,9,10]。这一方面可能是由于我国是全球第一CPs生产大国,其向环境中的释放必然高于其他国家,而且欧盟早在2000年时已经禁止生产和使用SCCPs[33],然而我国却没有这方面的控制措施,导致我国人体内CPs的暴露水平要高于其他国家;另一方面可能是CPs在母乳与胎盘中的迁移转化机制不同导致CPs在母乳与胎盘之间的分配不同。

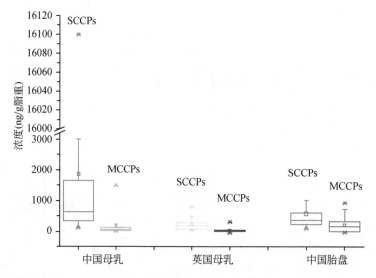

图2-16 中国母乳[9]、英国母乳[7]及中国胎盘(本研究)中SCCPs和MCCPs的浓度分布

总体而言,胎盘中ΣSCCPs的浓度要高于ΣMCCPs的浓度。这一方面可能与物质的物理化学性质和分子特性密切相关,通常小分子量的化合物比大分子量的化合物更容易穿透胎盘屏障[62,63];另一方面可能是由于相对于MCCPs而言,SCCPs的蒸汽压和水溶性都相对较高,因而其更容易向环境中释放所致[64]。然而在所研究的54个胎盘样品中也有少数胎盘中ΣMCCPs的浓度高于或相当于胎盘中ΣSCCPs的浓度,这也可能与居民的居住环境、职业、饮食习惯等因素有关。

2.5.2 胎盘中 CPs 同系物的组成分布

图 2-17 所示为胎盘样品中 SCCPs 和 MCCPs 的碳同族体和氯同族体的组成情况。其中（a）和（b）分别是 54 个胎盘样品中 SCCPs 各碳同族体和氯同族体的组成情况，（c）和（d）分别是 38 个已检出 MCCPs 的胎盘样品中各碳同族体和氯同族体的分配情况。从总体分布来看，SCCPs 和 MCCPs 同族体的分布模式在绝大部分胎盘样品相似，仅有个别样品的单体分布模式异常，这可能跟个体的居住环境、饮食习惯及 CPs 在不同个体之间的新陈代谢机制不同等有关。结合图 2-18，从碳链长度看，人体胎盘中总体的 SCCPs 同系物主要以 C10、C11 为主，其总体平均值分别为 59% 和 36%，显著高于 C12 和 C13 的含量。从氯取代数看，以 Cl 6、Cl 7 为主要的氯原子同族体，其总体平均值分别为 39% 和 52%。在 SCCPs 所有同系物中，$C_{10}H_{16}C_{17}$ 的含量最高，平均为 39%，其次为 $C_{10}H_{16}Cl_6$ 和 $C_{11}H_{18}Cl_6$，平均含量分别为 20% 和 19%。SCCPs 在胎盘中的单体同系物分布模式与我国母乳中相似[9]。对于已检出 MCCPs 的 38 个胎盘样品中，以 C15 和 Cl 7 为主要的碳链和氯原子同族体，$C_{15}H_{25}Cl_7$ 约占 ΣMCCPs 含量的 80% 左右，而 $C_{14}Cl_{7-8}$ 约占 ΣMCCPs 含量的 20% 左右，不同于我国母乳中 MCCPs 主要的单体同系物（$C_{14}Cl_{7-8}$）[9]。

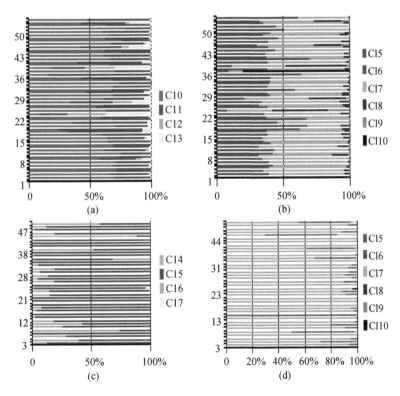

图 2-17 各可检出的胎盘样品中 SCCPs（a，b）和 MCCPs（c，d）的碳同族体和氯同族体的组成

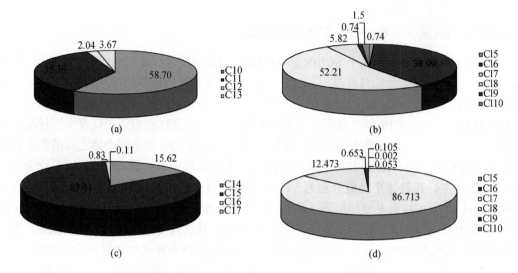

图 2-18　胎盘中 SCCPs（a，b）和 MCCPs（c，d）单体平均百分比（%）组成情况

（撰稿人：王亚韡　高　伟）

参 考 文 献

[1] Rappaport S M, Smith M T. Environment and Disease Risks. Science, 2010, 330 (6003): 460-461.

[2] Harada K H, Takasuga T, Hitomi T, Wang P Y, Matsukami H, Koizumi A. Dietary exposure to short-chain chlorinated paraffins has increased in Beijing, China. Environmental Science & Technology, 2011, 45 (16): 7019-7027.

[3] Wang R H, Gao L R, Zheng M H, Tian Y L, Li J G, Zhang L, Wu Y N, Huang H T, Qiao L, Liu W B, Su G J, Liu G R, Liu Y. Short-and medium-chain chlorinated paraffins in aquatic foods from 18 Chinese provinces: Occurrence, spatial distributions, and risk assessment. Science of the Total Environment, 2018, 615: 1199-1206.

[4] Huang H T, Gao L R, Zheng M H, Li J G, Zhang L, Wu Y N, Wang R H, Xia D, Qiao L, Cui L L, Su G J, Liu W B, Liu G R. Dietary exposure to short-and medium-chain chlorinated paraffins in meat and meat products from 20 provinces of China. Environmental Pollution, 2018, 233: 439-445.

[5] Fridén U E, Mclachlan M S, Berger U. Chlorinated paraffins in indoor air and dust: Concentrations, congener patterns, and human exposure. Environment International, 2011, 37 (7): 1169-1174.

[6] Huang H, Gao L, Xia D, Qiao L, Wang R H, Su G J, Liu W B, Liu G R, Zheng M H. Characterization of short-and medium-chain chlorinated paraffins in outdoor/indoor $PM_{10}/PM_{2.5}/PM_{1.0}$ in Beijing, China. Environmental Pollution, 2017, 225: 674-680.

[7] Thomas G O, Farrar D, Braekevelt E, Stern G, Kalantzia O I, Martin F L, Jones K C. Short and medium chain length chlorinated paraffins in UK human milk fat. Environment International, 2006, 32 (1): 34-40.

[8] Cao Y, Harada K H, Hitomi T, Niisoe T, Wang P Y, Shi Y H, Yang H R, Takasuga T, Koizumi A. Lactational exposure to short-chain chlorinated paraffins in China, Korea, and Japan. Chemosphere, 2017, 173: 43-48.

[9] Xia D, Gao L R, Zheng M H, Li J G, Zhang L, Wu Y N, Tian Q C, Huang H T, Qiao L. Human Exposure to Short-and Medium-Chain Chlorinated Paraffins via Mothers' Milk in Chinese Urban Population. Environmental Science & Technology, 2017, 51 (1): 608-615.

[10] Xia D, Gao L R, Zheng M H, Li J G, Zhang L, Wu Y N, Qiao L, Tian Q C, Huang H T, Liu W B, Su G J, Liu G R. Health risks posed to infants in rural China by exposure to short-and medium-chain chlorinated paraffins in breast milk. Environment International, 2017, 103: 1-7.

[11] Li T, Wan Y, Gao S X, Wang B L, Hu J Y. High-throughput determination and characterization of short-, medium-, and long-chain chlorinated paraffins in human blood. Environmental Science & Technology, 2017, 51 (6): 3346-3354.

[12] Wu N, Herrmann T, Paepke O, Tickner J, Hale R, Harvey E, La Guardia M, McClean M D, Webster T F. Human exposure to PBDEs: Associations of PBDE body burdens with food consumption and house dust concentrations. Environmental Science & Technology, 2007, 41 (5): 1584-1589.

[13] Dong S J, Wu J J, Liu G R, Zhang B, Zheng M H. Unintentionally produced dioxin-like polychlorinated biphenyls during cooking. Food Control, 2011, 22 (11): 1797-1802.

[14] Yuan B, Wang T, Zhu N L, Zhang K G, Zeng L X, Fu J J, Wang Y W, Jiang G B. Short chain chlorinated paraffins in mollusks from coastal waters in the Chinese Bohai Sea. Environmental Science & Technology, 2012, 46 (12): 6489-6496.

[15] Sun R X, Luo X J, Tang B, Chen L G, Liu Y, Mai B X. Bioaccumulation of short chain chlorinated paraffins in a typical freshwater food web contaminated by e-waste in south china: Bioaccumulation factors, tissue distribution, and trophic transfer. Environmental Pollution, 2017, 222: 165-174.

[16] Iino F, Takasuga T, Senthilkumar K, Nakamura N, Nakanishi J. Risk assessment of short-chain chlorinated paraffins in Japan based on the first market basket study and species sensitivity distributions. Environmental science & technology, 2005, 39 (3): 859-866.

[17] Moya J, Garrahan K G, Poston T M, Durell G S. Effects of cooking on levels of PCBs in the fillets of winter flounder. Bulletin of Environmental Contamination & Toxicology, 1998, 60 (6): 845-851.

[18] Unger M, Gustafsson O. PAHs in Stockholm window films: Evaluation of the utility of window film content as indicator of PAHs in urban air. Atmospheric Environment, 2008, 42 (22): 5550-5557.

[19] Butt C M, Diamond M L, Truong J, Ikonomou M G, ter Schure A F H. Spatial distribution of polybrominated diphenyl ethers in southern Ontario as measured in indoor and outdoor window organic films. Environmental Science & Technology, 2004, 38 (3): 724-731.

[20] Law N L, Diamond M L. The role of organic films and the effect on hydrophobic organic compounds in urban areas: An hypothesis. Chemosphere, 1998, 36 (12): 2607-2620.

[21] Pan S H, Li J, Lin T, Zhang G, Li X D, Yin H. Polycyclic aromatic hydrocarbons on indoor/outdoor glass window surfaces in Guangzhou and Hong Kong, South China. Environmental Pollution, 2012, 169 (15): 190-195.

[22] Fridén U E, Mclachlan M S, Berger U. Chlorinated paraffins in indoor air and dust: Concentrations, congener patterns, and human exposure. Environment International, 2011, 37 (7): 1169-1174.

[23] Peters A J, Tomy G T, Jones K C, Coleman P, Stern G A. Occurrence of C10-C13, polychlorinated n-alkanes

in the atmosphere of the United Kingdom. Atmospheric Environment, 2000, 34 (19): 3085-3090.

[24] Wang T, Han S L, Yuan B, Zeng L X, Li Y M, Wang Y W, Jiang G B. Summer-winter concentrations and gas-particle partitioning of short chain chlorinated paraffins in the atmosphere of an urban setting. Environmental Pollution, 2012, 171 (4): 38-45.

[25] Duigu J R, Ayoko G A, Kokot S. The relationship between building characteristics and the chemical composition of surface films found on glass windows in Brisbane, Australia. Building & Environment, 2009, 44 (11): 2228-2235.

[26] Li J, Lin T, Pan S H, Xu Y, Liu X, Zhang G, Li X D. Carbonaceous matter and PBDEs on indoor/outdoor glass window surfaces in Guangzhou and Hong Kong, South China. Atmospheric Environment, 2010, 44 (27): 3254-3260.

[27] Cetin B, Odabasi M. Polybrominated diphenyl ethers (PBDEs) in indoor and outdoor window organic films in Izmir, Turkey. Journal of Hazardous Materials, 2011, 185 (2-3): 784-791.

[28] Csiszar S A, Diamond M L, Thibodeaux L J. Modeling urban films using a dynamic multimedia fugacity model. Chemosphere, 2012, 87 (9): 1024-1031.

[29] Unger M, Gustafsson O. PAHs in Stockholm window films: Evaluation of the utility of window film content as indicator of PAHs in urban air. Atmospheric Environment, 2008, 42 (22): 5550-5557.

[30] Mclachlan M S. Framework for the Interpretation of Measurements of SOCs in Plants. Environmental Science & Technology, 1999, 33 (11): 1799-1804.

[31] Escher B I, Schwarzenbach R P, Westall J C. Evaluation of liposome-water partitioning of organic acids and bases. 1. Development of a sorption model. Environmental Science & Technology, 2000, 34 (18): 3954-3961.

[32] Hilger B, Fromme H, Völkel W, Coelhan M. Occurrence of chlorinated paraffins in house dust samples from Bavaria, Germany. Environmental Pollution, 2013, 175: 16-21.

[33] EC. European Union risk assessment report alkanes, C10-13, chloro. 2000[2019-09-06]. https://echa.europa.eu/documents/10162/c157d3ab-0ba7-4915-8f30-96427de56f84.

[34] Shi L M, Gao Y, Zhang H J, Geng N B, Xu J Z, Zhan F Q, Ni Y W, Hou X H, Chen J P. Concentrations of short-and medium-chain chlorinated paraffins in indoor dusts from malls in China: Implications for human exposure. Chemosphere, 2017, 172: 103-110.

[35] Cao Z G, Xu F C, Li W C, Sun J H, Shen M H, Su X F, Feng J L, Yu G, Covaci A. Seasonal and particle size-dependent variations of hexabromocyclododecanes in settled dust: Implications for sampling. Environmental Science & Technology, 2015, 49 (18): 11151-11157.

[36] Wong F, Suzuki G, Michinaka C, Yuan B, Takigami H, de Wit C A. Dioxin-like activities, halogenated flame retardants, organophosphate esters and chlorinated paraffins in dust from Australia, the United Kingdom, Canada, Sweden and China. Chemosphere, 2016, 168: 1248-1256.

[37] Barber J L, Sweetman A J, Thomas G O, Braekevelt E, Stern G A, Jones K C. Spatial and temporal variability in air concentrations of short-chain (C10-C13) and medium-chain (C14-C17) chlorinated n-alkanes measured in the U. K. atmosphere. Environmental Science & Technology, 2005, 39 (12): 4407-4415.

[38] Li Q, Li J, Wang Y, Xu Yu, Pan X H, Zhang G, Luo C L, Kobara Y, Nam J J, Jones K C. Atmospheric short-chain chlorinated paraffins in China, Japan, and South Korea. Environmental Science & Technology, 2012, 46 (21): 11948-11954.

[39] Wang Y, Li J, Cheng Z N, Li Q L, Pan X H, Zhang R J, Liu D, Luo C L, Liu X, Katsoyiannis A, Zhang G. Short-and medium-chain chlorinated paraffins in air and soil of subtropical terrestrial environment in the Pearl River delta, South China: Distribution, composition, atmospheric deposition fluxes, and environmental fate. Environmental Science & Technology, 2013, 47 (6): 2679-2687.

[40] Chaemfa C, Xu Y, Li J, Chakraborty P, Syed J H, Malik R N, Wang Y, Tian C G, Zhang G, Jones K C. Screening of atmospheric short-and medium-chain chlorinated paraffins in India and Pakistan using polyurethane foam based passive air sampler. Environmental Science & Technology, 2014, 48 (9): 4799-4808.

[41] Wang X T, Zhou J, Lei B L, Hu B P, Jia H H. Atmospheric occurrence, homologue patterns and source apportionment of short-and medium-chain chlorinated paraffins in Shanghai, China: Biomonitoring with Masson pine (Pinus massoniana L.) needles. Science of the Total Environment, 2016, 560-561: 92-100.

[42] Glüge J, Bogdal C, Scheringer M, Buser A M, Hungerbühler K. Calculation of Physicochemical Properties for Short-and Medium-Chain Chlorinated Paraffins. Journal of Physical & Chemical Reference Data, 2013, 42 (2): 83-106.

[43] Cheng H F, Hu Y N, Reinhard M. Environmental and health impacts of artificial turf: A Review. Environmental Science & Technology, 2014, 48 (4): 2114-2129.

[44] Fleming P R, Anderson L J, Ansarifar M A. The behaviour of recycled rubber shockpads for synthetic sports pitches (P150). ISEA 2008 Conference on Engineering of Sport 7, 2008, 2: 77-87.

[45] Ruffino B, Fiore S, Zanetti M C. Environmental-sanitary risk analysis procedure applied to artificial turf sports fields. Environment Science & Pollution Research. 2013, 20 (7): 4980-4992.

[46] Gomes J, Mota H, Bordado J, Cadete M, Sarmento G, Ribeiro A, Baiao M, Fernandes J, Pampulim V, Custódio M, Veloso I. Toxicological assessment of coated versus uncoated rubber granulates obtained from used tires for use in sport facilities. Journal of the Air & Waste Management Association, 2010, 60 (6): 741-746.

[47] van Rooij J G M, Jongeneelen F J. Hydroxypyrene in urine of football players after playing on artificial sports field with tire crumb infill. International Archives of Occupational & Environmental Health, 2010, 83 (1): 105-110.

[48] Ginsberg G, Toal B, Simcox N, Bracker A, Golembiewski B, Kurland T, Hedman C. Human health risk assessment of synthetic turf fields based upon investigation of five fields in Connecticut. Journal of Toxicological Environment Health, Part A, 2011, 74 (17): 1150-1174.

[49] Li X L, Berger W, Musante C, Mattina M I. Characterization of substances released from crumb rubber material used on artificial turf fields. Chemosphere,, 2010, 80 (3): 279-285.

[50] Kim S, Yang J Y, Kim H H, Yeo I Y, Shin D C, Lim Y W. Health risk assessment of lead ingestion exposure by particle sizes in crumb rubber on artificial turf considering bioavailability. Environment Health & Toxicology, 2012, 27: e2012005.

[51] Serensits T J, McNitt A S, Petrunak D M. Human health issues on synthetic turf in the USA. Proceedings of the Institution of Mechanical Engineers, Part P: Journal of Sports Engineering&Technology, 2011, 225 (3): 139-146.

[52] 陈强, 赵闰金. 氯化石蜡-52 在塑胶跑道铺面上的应用. 广东橡胶, 2005, 1: 9-11.

[53] 代奕. 新型球场材料-硅 PU 在运动球场面层的发展和运用: 第一届聚氨酯铺装材料科研、生产、技术交流会论文集, 2011: 48-57.

[54] Gao W, Cao D D, Wang Y J, Wu J, Wang Y, Wang Y W, Jiang G B. External exposure to short- and medium-chain chlorinated paraffins for the general population in Beijing, China. Environmental Science & Technology, 2018, 52 (1): 32-39.

[55] Geng N B, Zhang H J, Zhang B Q, Wu P, Wang F D, Yu Z K, Chen J P. Effects of short-chain chlorinated paraffins exposure on the viability and metabolism of human hepatoma HepG2 cells. Environmental Science & Technology, 2015, 49 (5): 3076-3083.

[56] Frederiksen M, Thomsen M, Vorkamp K, Knudsen L E. Patterns and concentration levels of polybrominated diphenyl ethers (PBDEs) in placental tissue of women in Denmark. Chemosphere, 2009, 76 (11): 1464-1469.

[57] Gladen B C, Zadorozhnaja T D, Chislovska N, Hryhorczuk D O, Kennicutt M C II, Little R E. Polycyclic aromatic hydrocarbons in placenta. Human & Experimental Toxicology, 2000, 19 (11): 597-603.

[58] Gómara B, Athanasiadou M, Quintanilla-López J E, González M J, Bergman Å. Polychlorinated biphenyls and their hydroxylated metabolites in placenta from Madrid mothers. Environmental Science&Pollution Research, 2012, 19 (1): 139-147.

[59] Ben Y J, Li X H, Yang Y L, Li L, Zheng M Y, Wang W Y, Xu X B. Placental Transfer of Dechlorane Plus in Mother-Infant Pairs in an E-Waste Recycling Area (Wenling, China). Environmental Science & Technology, 2014, 48 (9): 5187-5193.

[60] Li X M, Gao Y, Wang Y W, Pan Y Y. Emerging persistent organic pollutants in Chinese Bohai Sea and its coastal regions. The Scientific World Journal, 2014, 2014: 10.

[61] Man Y B, Chan J K Y, Wang H S, Wu S C, Wong M H. DDTs in mothers' milk, placenta and hair, and health risk assessment for infants at two coastal and inland cities in China. Environment International, 2014, 65: 73-82.

[62] Arnot J A, Arnot M I, Mackay D, Couillard Y, MacDonald D, Bonnell M, Doyle P. Molecular size cutoff criteria for screening bioaccumulation potential: Fact or fiction? Integrated Environmental Assessment&Management, 2010, 6 (2): 210-224.

[63] Giaginis C, Zira A, Theocharis S, Tsantili-Kakoulidou A. Application of quantitative structure-activity relationships for modeling drug and chemical transport across the human placenta barrier: A multivariate data analysis approach. Journal of Applied Toxicology, 2009, 29 (8): 724-733.

[64] Reth M, Zencak Z, Oehme M. First study of congener group patterns and concentrations of short-and medium-chain chlorinated paraffins in fish from the North and Baltic Sea. Chemosphere, 2005, 58 (7): 847-854.

第3章 有机硅化学品的环境归趋和人体负荷

甲基硅氧烷（methyl siloxane）由 Si-O-Si 构成主链，支链则由硅原子上连接的 CH3-键构成。甲基硅氧烷具有电绝缘性、热稳定性、疏水性、润滑性等多种优良性能，在工业生产和居民生产中作为绝缘剂、润滑剂、疏水剂、助溶剂、消泡剂等得到广泛应用[1-3]。据统计，我国目前硅氧烷主要用于电子产业（36%）和建筑业（25%），其次是纺织业（10%）、工业助剂（8%）、个人护理品（6%）[4]。

3.1 甲基硅氧烷简介

自 20 世纪 80 年代后期开始，全球范围内的甲基硅氧烷的生产及应用得到迅速发展。生产 PDMS（聚二甲基硅氧烷）的主要原料主要来自于环形挥发性类甲基硅氧烷（cyclic volatile methylsiloxanes，cVMS），包括甲基环四硅氧烷（D4）、十甲基环五硅氧烷（D5）、十二甲基环六硅氧烷（D6）。目前，全世界环形硅氧烷单体的产量为 200 多万吨/年。美国 D4 和 D5 的年产量均达到 20 万 t，D6 的年产量为 2 万 t[5]。近十年来，我国也进入了硅氧烷产业高速发展期，2009 年环硅氧烷产量达 10 万 t，到 2017 年迅速提高到 120 万 t，约占全球总产量的 50%[6]。

已有文献指出甲基硅氧烷可对动物的神经、生殖和免疫系统产生毒害作用，具有致癌和致突变性。毒性实验表明 D4 是一种内分泌干扰物，可通过与 α 受体结合对小鼠雌激素水平产生影响；高剂量的 D4 和 D5 可导致肝脏肥大、卵巢变小和子宫肿大；暴露于高浓度 D5 下的雌性大鼠患子宫肿瘤的概率显著增加。

2009 年《加拿大政府公报》先后将十个有机硅化合物列为"有生物积累性、对非人类生物有毒"的化学物质。其中线形十甲基四硅氧烷和线形八甲基三硅氧烷在鱼体内的 BCF 和 BAF 值均＞5000，EC50 和 LC50 也均＜1.0 mg/L。加拿大环境保护部认为进入环境水体的 D4 和 D5 可能对水生生物多样性产生立即或长久危害，属于典型的持久性有机污染物（persistent organic pollutants，POPs），建议用"生命周期法"减少或阻止其进入环境。2009 年，加拿大环保部认为浓度很低的 D4 和 D5 能对敏感的深海生物产生极高的急性和慢性毒性作用。2010 年《加拿大政府公报》将线形硅氧烷 L3 和 L4 列为"有生物积累性、对非人类生物有毒的化学物质"，美国环保署（EPA）同年也宣布要将硅氧烷列入"化学品行动计划"，要求有关公司提供能够证明此类化学品环境安全性的资料[7-10]。

3.2 硅氧烷的环境行为

3.2.1 生活区域

1. 大气

在含有硅氧烷的商品使用过程中，约有90% cVMS可排放到大气中。据统计，全球日常用品（如化妆品、护肤品等）平均每年向大气中释放约50~200t的硅氧烷气体。美国芝加哥市家庭室内空气中∑D4-D6浓度的中位值为2.2μg/m³[11]；欧洲地区，瑞典、意大利、英国居民家庭和学校等室内空气样品中∑D4-D6浓度分别高达100、820和940μg/m³[12, 13]。室内空气中的cVMS大部分可吸附到悬浮颗粒物中，然后通过干/湿沉降进入灰尘中。相关文献报道中国、美国等12个国家的室内灰尘样品中均检测到了cVMS，∑D4-D6浓度为33.5~42800ng/g[14]。在气相中，因硅氧烷可与氢氧自由基快速反应，所以其持久性较弱（$t_{1/2}$=10~30d）[15-17]。然而，硅氧烷在全球广泛而持续的使用和排放造成其在大气中具有"假持久性"特征，可随大气发生远距离迁移至人类活动影响较少的地区。例如，研究发现在人迹罕至的北极圈大气样品中检出了D5和D6，夏季平均浓度分别为0.73和0.23ng/m³，冬季平均浓度分别为2.94和0.45ng/m³[18]。

2. 污水处理厂

居民生活使用的个人护理和日化品中cVMS大约有10%进入污水处理系统[15-17]。因此，研究挥发性甲基硅氧烷在污水处理厂（WWTP）的排放、迁移、转化等一系列行为对了解甲基硅氧烷的归趋具有重要意义。由于有机碳-水分配系数（log K_{oc}=4.2~5.86）较高且不易被微生物降解[19, 20]，cVMS在污水处理系统中绝大部分吸附在活性污泥中。我国松花江流域8个污水处理厂活性污泥中cVMS总浓度为0.602~2.36μg/g，检出率为100%[21]；希腊Athens地区的某污水处理厂进水中的cVMS约有68%最终吸附于污泥中，其泥-水分配系数（log K_d）高达3.8，污泥中cVMS总浓度为21.1μg/g[22]。研究人员在加拿大11个污水处理厂检测到进水中D4、D5和D6的浓度分别为0.282~6.69、7.75~135和1.53~26.9μg/L，而出水中的最高浓度仅0.045、1.56和0.093μg/L，三者在污水处理中的去除率高达92%[23]。

相关研究[24]基于固相微萃取（SPE）提取-GC/MS联用技术检测了不同污水处理单元中污水和污泥样中挥发性硅氧烷的浓度，进而基于模拟实验阐明了几种硅氧烷在污水处理中的降解机制，系统分析了此类污染物在北京某污水厂二级处理中的迁移转化行为。总体来说，进水中环形硅氧烷D3、D4、D5、D6和线形硅氧烷L3、L4的年排放量为78.2~388kg，其在污水厂的总去除效率59.3%~92.7%。该研究系统考察生物处理过程中活性污泥吸附对硅氧烷去除的贡献，发现传统A²/O工艺（厌氧-缺氧-好氧）中污泥吸附对D3-D6去除的平均贡献率分别为8.3%、29.4%、38.1%和53.0%，倒置A²/O工艺（缺氧-厌氧-好氧）中分别为9.8%、19.0%、32.0%、40.2%。这主要是由于具有较高的辛醇-水分配系数（K_{ow}），在水相中环形甲基硅氧烷容易被富含有机质的污泥吸附。通过计算发现，该污水处理厂D3、D4、D5、D6的泥-水分配系数分别为142~1835、136~4869、162~4667和114~6814。在A²/O工艺的厌氧池中，D3~D6的去除效率占其总去除效率的44.4%~84.3%，而在缺氧池、好氧池、二沉池中的去除效率仅占其总去除效率的 6.3%～7.4%。在倒置 A^2/O 工艺厌氧池中，D3～D6 的去除效率占其总去除效率的 45.8%～77.1%，而在缺氧池、好氧池、二沉池中去除效率占其总去除效率的 12.7%～22.9%，如图 3-1 所示。在传统和倒置的 A^2/O 处理过程中，挥发性硅氧烷在厌氧池中去除的效果明显高于其他处理单元。通过厌氧降解实验发现，D3 和 D6 在活性污泥中难以降解，培养 60h 后其降解比例为 3.0%～18.1%，说明两者在厌氧池内的主要去除方式为挥发而非降解。D4 和 D5 在厌氧环境下 60h 后降解比例约为 44.4%～62.8%，其降解产物主要为甲基硅二醇 [$Me_2Si(OH)_2$ 及其同系物]。培养 60h 后，D4 和 D5 降解为甲基硅二醇的转化比例约为 21.4%～30.6%（图 3-2）。上述结果表明微生物催化水解可能是厌氧环境中 cVMS 重要的降解途径。

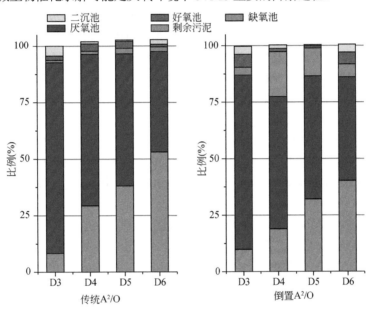

图 3-1 各流程甲基硅氧烷质量损失相对比例

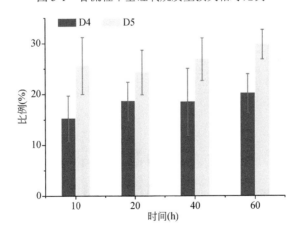

图 3-2 不同时间点降解的甲基硅氧烷转化为甲基硅二醇比例

3. 垃圾填埋场

黏合剂、密封剂和硅橡胶等 PDMS 产品中的 cVMS 在使用过程中少量可挥发进入大气，大部分残留在产品当中，最终随废弃产品一起作为生活垃圾处置[15-17]。在填埋、焚烧和堆肥三种主要的垃圾处理工艺中，填埋法最为普及。目前，全球95%以上的城市垃圾进入垃圾填埋场，我国也有90%以上的生活垃圾通过填埋处置[25]。据文献报道，1993年美国填埋的PDMS产品（70%为硅橡胶）约为12.6万t，2004年欧盟填埋的PDMS产品（89%为密封剂和硅橡胶）约为39.2万t[15-17]。据相关数据[26]，中国2015年填埋的PDMS产品（90%为硅橡胶）为80万t左右。垃圾填埋场中废弃的PDMS产品有可能释放cVMS进入生物气和渗滤液，再进一步扩散到填埋场周边水、大气和土壤等环境介质中。文献报道，德国两个垃圾填埋场生物气中均检出D4和D5，浓度分别为4.2~8.8mg/m³和0.4~1.1mg/m³[27]，瑞典的三个垃圾填埋场渗滤液中发现D4和D5，浓度分别为1~2μg/L、0.1~0.4μg/L[28]。以上文献仅报道了垃圾填埋场生物气和渗滤液中cVMS的残留水平，存在采样周期短或样品数有限的问题。而垃圾填埋场生物气和渗滤液中cVMS的长时间跨度排放通量及其时间变化规律和影响因素，及填埋场周边环境中cVMS的环境行为还没有得到深入研究。除此之外，大量文献已证实传统的污水生物处理法并不能有效去除cVMS，但垃圾渗滤液处理过程中经常是生物处理工艺联合深度处理技术，一般会选用能够产生羟基自由基的高级氧化技术[15-17]。鉴于大气中·OH可使cVMS发生羟基化反应，因此推测经高级氧化技术处理后的垃圾渗滤液中的cVMS有可能发生羟基化反应。同时，cVMS的羟基化产物的物化性质与母体不同，可能表现出不同的环境行为和生态健康效应，因此研究cVMS羟基化产物在填埋场周边环境介质（特别是在受纳水体中）中的归趋同样也具有重要的现实意义。

相关工作系统研究了cVMS在垃圾填埋场渗滤液和填埋气中的排放机制及其在渗滤液中的迁移转化[29]。2016年1~12月，每月两次采集了中国山东省某垃圾填埋场生物气和渗滤液样品，发现D4和D5在垃圾填埋气中的浓度为0.105~2.33mg/m³，没有检出D6，渗滤液储存池进/出水中均检出D4、D5、D6，浓度为<LOQ~30.5μg/L。经估算，D4~D6在垃圾填埋气和渗滤液进水中的质量负荷分别为591~6575mg/d和659~5760mg/d。受温度和渗滤液TOC的影响，两种介质中该类污染物的质量负荷夏季最高，春冬两季最低（如图3-3所示）。

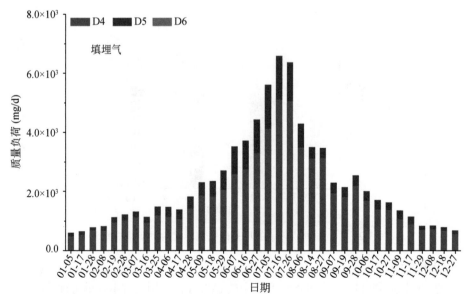

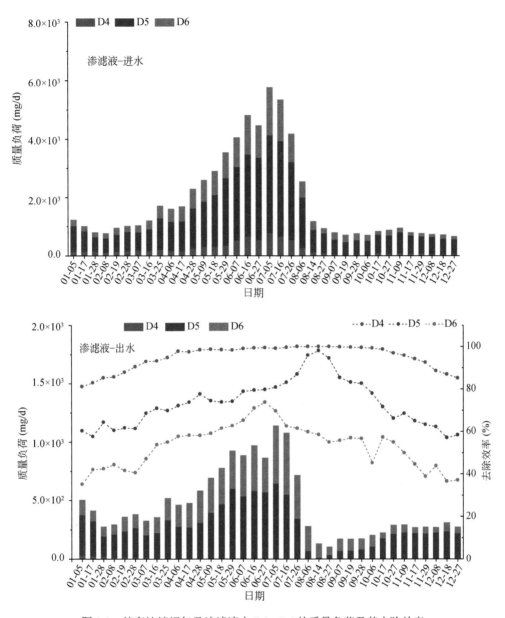

图 3-3 储存池填埋气及渗滤液中 D4～D6 的质量负荷及其去除效率

在垃圾渗滤液贮存池中，D4、D5、D6 的去除效率分别为 81.1%～100%、57.1%～98.1%、35.3%～73.7%。通过模拟实验发现，D4 和 D5 在渗滤液储存池中主要通过挥发和水解去除，其在 8 月份（温度最高，渗滤液 pH 最大）的去除效率可高达 94.5%～100%。而 D6 的主要去除方式则是由羟基自由基介导的间接光转化过程，其去除效率在全年光照强度最大的 6 月份达到最高（65.2%～73.7%）。使用 GC-QTOF/MS 技术发现，D4TOH 和 D5TOH 分别为 D5 和 D6 的主要光降解产物，两者在 5～7 月份的渗滤液出水中均能检出。由于羟基的亲水性强于甲基，两种羟基化产物的挥发半衰期分别比母体高 2.9 倍和 1.4 倍，而水解半衰期则分别比母体低 7.1 倍和 10 倍，详见表 3-1。

表 3-1 模拟渗滤液中各目标物的一级去除速率常数

	总去除率		挥发		水解		光转化	
	速率常数（d⁻¹）	半衰期（d）	速率常数（d⁻¹）	半衰期（d）	速率常数（d⁻¹）	半衰期（d）	速率常数（d⁻¹）	半衰期（d）
D4TOH	4.49×10^{-2}	6.66	3.49×10^{-3}	86.3	4.01×10^{-2}	7.50	1.30×10^{-3}	231
D5TOH	1.96×10^{-2}	15.4	1.70×10^{-3}	177	1.40×10^{-2}	21.5	3.87×10^{-3}	77.8
D5	1.88×10^{-2}	16.0	1.02×10^{-2}	29.4	5.62×10^{-3}	53.6	2.98×10^{-3}	101
D6	1.37×10^{-2}	22.0	2.33×10^{-3}	129	1.41×10^{-3}	214	9.96×10^{-3}	30.2

3.2.2 工业区域

1. 胜利油田氯代甲基硅氧烷在采油废水处理厂的产生及在周边土壤中的存在

甲基硅氧烷在工业领域的使用量比生活领域更为巨大：2010 年美国工业领域甲基硅氧烷使用量是生活领域的 1.4 倍[30]；2011 年我国建筑业、电子业、纺织业等工业领域中甲基硅氧烷的使用量约占其总使用量的 70%，居民日常通过个人护理品和日化用品消耗的甲基硅氧烷仅占 8.6%[31]。与生活区域相同，cVMS 在工业生产过程中会直接逸散到大气。同时，因传统水处理工艺并不能有效去除废水中的甲基硅氧烷，其残留可外排入周边水环境。然而，与普通生活区域的研究相比，目前有关工业区域硅氧烷的污染特征、迁移转化和源解析等研究很少。例如，原油开采过程中会使用大量含聚二甲基硅氧烷的破乳剂和消泡剂，其中小分子量的 cVMS 作为杂质会迁移至采油废水中。另外，原油生产废水中含有的高浓度氯离子在油田联合站的电化学氧化处理过程中会转化为游离氯或氯自由基，这就为甲基硅氧烷的氯化行为提供了条件。相关研究揭示了山东东营胜利油田采油污水处理站中氯代甲基硅氧烷的生成机制和该类污染物向周边大气颗粒物和土壤中的迁移行为，并考察了其在土壤中的挥发和降解机理[32]（图 3-4）。

该研究在两个采油废水处理站进水中的油相、水相及固相中检出了甲基硅氧烷 D4~D6，而氯代产物并没有检出，说明该油田开采原油过程中使用的助剂中并不含有氯代甲基硅氧烷。然而，在电化学氧化装置出水的油相、水相及固相中 D4、D5、D6 的单氯代产物 D3D(CH$_2$Cl)、D4D(CH$_2$Cl)和 D5D(CH$_2$Cl)均有检出，总浓度分别为 136~312μg/g、1.57~5.09μg/L 和 52.3~95.1μg/g。实际上，在电化学氧化装置的进水中并未检测到游离氯，出水中却含有高浓度的游离氯（4.55~9.44g/L），因此可推测游离氯来源于污水中的 Cl⁻经羟基自由基氧化过程。氯原子是 Cl⁻氧化成 Cl$_2$ 的中间产物，可以取代很多有机化合物的氢原子，因此可推测 Cl 原子同样也能将甲基硅氧烷氯化。

值得注意的是，在采油污水处理站最终出水中并未检测到氯代甲基硅氧烷，说明电化学氧化的后续处理单元能够有效去除该类污染物。通过质量平衡计算发现，废水处理站中氯代甲基硅氧烷的去除方式主要是剩余污泥/石油的吸附。在采油污水处理站周围的土壤样品中，D3D(CH$_2$Cl)、D4D(CH$_2$Cl)和 D5D(CH$_2$Cl)的浓度范围分别为<LOD~273ng/g 干重（检出频率，detection frequency，df=32.6%）、<LOD~524ng/g 干重（df=45.6%）和<LOD~586ng/g 干重（df=43.4%），D4 的二氯代产物 D3D(CHCl$_2$)、D3D(CH$_2$Cl)$_2$、D2[D(CH$_2$Cl)]$_2$ 和 DD(CH$_2$Cl)DD(CH$_2$Cl)的浓度范围分别为<LOD~24.02ng/g 干重（df=6.60%）、<LOD~

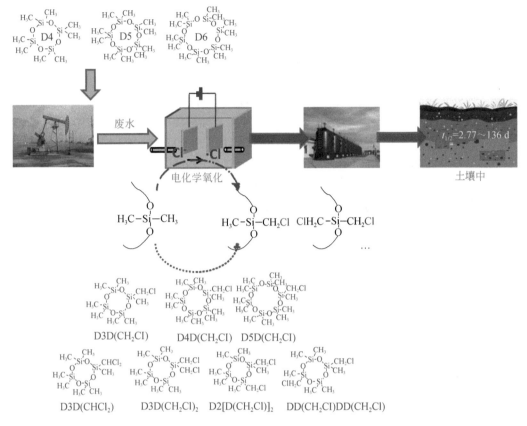

图 3-4 胜利油田氯代甲基硅氧烷的生成过程

78.0ng/g 干重（df=16.6%）、<LOD～53.2ng/g 干重（df=17.2%）和<LOD～35.1ng/g 干重（df=17.2%）。在距污水站较近的土壤样品（0.02～3km）中检出了目标化合物，且浓度随采样点距污水站距离的增加而下降，说明污水处理站是周边土壤中氯代甲基硅氧烷的主要污染来源。

在整个采样周期内（2008～2017 年），2008～2013 年土壤中氯代甲基硅氧烷的总平均浓度从 93.4ng/g 干重上升到 184ng/g 干重，但 2014～2017 年却逐渐减小到 48.0ng/g 干重。然而，污水站脱水污泥中目标物的浓度在十年间并没有下降趋势。因此，该地区土壤中氯代甲基硅氧烷浓度的下降可能是其他原因导致的，例如污水厂在 2014 年以机械脱水取代露天晾晒的污泥干燥方式，加快了干燥速度，明显减少了污泥中污染物的挥发和污泥粉尘的产生。

需要指出的是，土壤中氯代甲基硅氧烷浓度的逐渐下降，并不仅仅是污染源减排造成的，还可能其受目标物在土壤中的挥发和降解影响。因此，该研究根据封闭和开放系统相关模拟实验，系统地分析了氯代甲基硅氧烷在土壤中的去除机制（挥发和降解）。

在密闭土壤（TOC=10mg/g）系统中，氯代甲基硅氧烷在灭菌和非灭菌土壤中的半衰期并无统计学差异（$P>0.05$，T 检验），这说明与母体甲基硅氧烷相似，氯代甲基硅氧烷的非生物降解（开环水解）起主导作用。因—CH_2Cl 比—CH_3 的亲电性强，氯代甲基硅氧烷在碱性条件下（pH=7.4）的水解速度在理论上应该比甲基硅氧烷快。然而，一氯代甲基硅氧烷的降解半衰期[D5D(CH_2Cl)为 40.1～234d、D4D(CH_2Cl)为 14.7～65.9 d 和 D3D(CH_2Cl)为 6.92～26.8d]比其对应的母体化合物（5.64～151d）长 1.2～2.4 倍。这可能是由于其具有较高的 K_{oc} 值，土壤有机质对氯代甲基硅氧烷的吸附性较强，从而削弱黏土矿物对其的催化水解。另外，一氯代 D4 的降解速率比二氯代 D4 快 1.12～4.66 倍，同样也是因土壤有机质对二氯代 D4 的吸附性较强。二氯代 D4 的四种同分异构体中，D3D($CHCl_2$)（$t_{1/2}$=7.75～33.8d）的半衰期最短，之后分别是 D3D(CH_2Cl)$_2$（$t_{1/2}$=9.38～48.1d）、D2[D(CH_2Cl)]$_2$（$t_{1/2}$=10.3～73.9d）和 DD(CH_2Cl)DD(CH_2Cl)（$t_{1/2}$=12.0～99.9d）。需要指出的是，虽然此顺序与其 K_{oc} 值顺序一致，但化合物的极性差异同样也可能影响其水解速率。具体来说，D3D(CH_2Cl)$_2$ 和 D3D($CHCl_2$)的氯代基团都连接在一个 Si 原子上，而 DD(CH_2Cl)DD(CH_2Cl)和 D2[D(CH_2Cl)]$_2$ 的氯代基团则连在不同的 Si 原子上，这就导致了前者的极性较大，因而其水解速度较快。

通过比较开放和密闭系统衰减速度的差异，计算发现 D5D(CH_2Cl)、D4D(CH_2Cl)和 D3D(CH_2Cl)的挥发半衰期分别为 83.6～325d、13.8～40.0d 和 4.62～17.3d，比其对应的母体化合物要长 1.1～2.0 倍。甲基硅氧烷在发生氯化反应后，氯原子取代氢原子导致分子质量变大，从而导致其蒸气压下降。一氯代 D4 比二氯代 D4 的挥发速率快 15.7～41.9 倍。在二氯代 D4 的四种同分异构体当中，DD(CH_2Cl)DD(CH_2Cl)（$t_{1/2}$=194～461d）的挥发速率最慢，其次分别是 D2[D(CH_2Cl)]$_2$（$t_{1/2}$=183～385d）、D3D(CH_2Cl)$_2$（$t_{1/2}$=178～380d）和 D3D($CHCl_2$)（$t_{1/2}$=135～271d）。

2. 造纸工业中氯代甲基硅氧烷的生成及其在污水处理过程中的归趋

在造纸工业中，PDMS 作为消泡剂被大量应用在制浆、漂白和脱水等工艺阶段。至今为止，中国仍然是造纸产量最大的国家，年产量可达上亿吨。虽然近年来发达国家已逐渐淘汰了传统的纸浆氯气漂白工艺，但是该方法在中国很多造纸厂仍然沿用。这就意味着纸浆漂白工艺中作为 PDMS 消泡剂的杂质存在的挥发性甲基硅氧烷与氯气可能共存，从而发生氯代反应生成氯代产物。

大气中的 cVMS 能够被羟基自由基、臭氧、氯原子和 NO_3 自由基氧化，文献报道氯原子氧化六甲基二硅氧烷的双分子速率常数比羟基自由基快十倍。如果在纸浆氯气漂白工艺中甲基硅氧烷可以发生氯化反应，其氯代产物将进入造纸污水中，那么就有释放到环境水体中的可能性。有机物的氯代产物往往具有比母体更强的生物毒性和累积性，氯代甲基硅氧烷对环境和生态系统的危害可能强于甲基硅氧烷。因此，造纸工业中甲基硅氧烷的氯转化行为需要引起重视。

相关工作探究了使用 PDMS 作为消泡剂和 Cl_2 作为漂白剂的造纸漂白过程中 cVMS 的氯代反应[33]。首先在实验室条件下将 D4、D5、D6 的水溶液与氯气反应，使用四级杆飞行时间气质联用仪（Q-TOF GC/MS）的全扫描模式识别三者的一氯代和二氯代产物（图 3-5）。随后，在山东省某造纸工厂生产过程的水样和固体样品中检出了 D4、D5 和 D6 的一氯代产物为 D3D(CH_2Cl)、D4D(CH_2Cl)和 D5D(CH_2Cl)，平均总浓度范围分别为 0.0430～287μg/L 和 0.0329～270μg/g。

该研究还采集了造纸厂内污水处理工艺各单元的进出水样和纸浆/污泥混合样品。其中，在水样中的 D3D(CH_2Cl)、D4D(CH_2Cl)和 D5D(CH_2Cl)的浓度范围为 0.113～8.68μg/L，纸浆/污泥固体样品中三类目标化合物的浓度范围为 0.888～26.2μg/g，固水分配比为 468～3982L/kg。D3D(CH_2Cl)-D5D(CH_2Cl)在污水处理系统中的总去除效率为 77.1%～81.6%，起主导去除作用的是污泥吸附（占 35.7%～74.1%）及在初沉池中的水解（占 7.19%～32.5%，图 3-6）。与母体甲基硅氧烷相似，氯代硅氧烷在污泥好氧处理过程中很难被微生物降解。

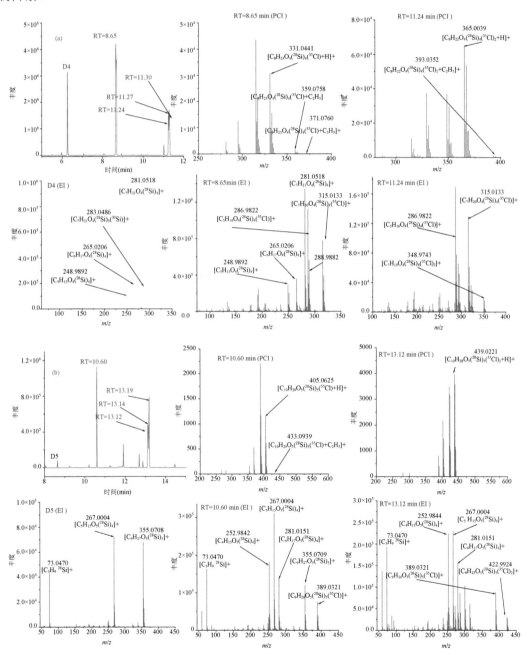

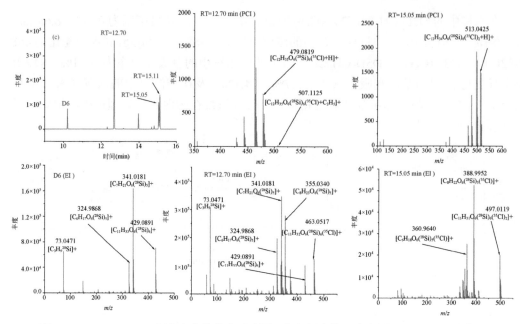

图 3-5 D4-D6（A-C）氯代产物的总离子流图（每幅图中第一个小图）和 EI/PCI 质谱图

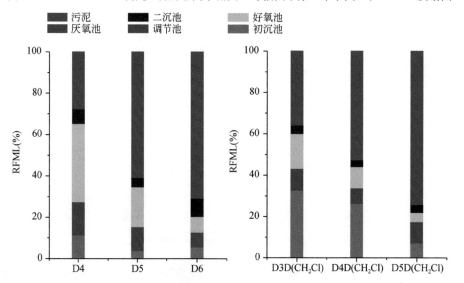

图 3-6 传统造纸工艺中（氯漂白），甲基硅氧烷及其一氯代产物在各工艺中的质量损失相对分数（RFML）

3.3 甲基硅氧烷的人群暴露研究

3.3.1 生产硅氧烷的工厂中人群暴露情况

由于硅氧烷在工业生产和居民生活的各个领域广泛使用，其在工业区域和生活区域的人群暴露风险值得人们注意，但目前还十分缺乏相关研究。有研究在挪威女性血液样本中发现 D4 最高浓度为 12.7ng/mL，D5 和 D6 在绝大多数血液样本中未检出，但是该研究认为血液中目标化合物的浓度水平与护理品使用量间没有明显关系[34]。

相关工作考察山东省某有机硅生产工厂周边室内/外空气、灰尘和土壤等环境介质中甲基硅氧烷的分布特征，同时也研究了该厂在职工人血液中甲基硅氧烷浓度与暴露水平和暴露时间之间的关系[35]。另外，还通过拟合离职工人血液中甲基硅氧烷浓度的时间变化曲线，估算了甲基硅氧烷在人体血液中的衰减速度。17种甲基硅氧烷（D4~D6，L3~L16）在6个生产车间的室内空气样品中均有检出，且D4~D6的平均浓度为 $34\mu g/m^3$~$2.7mg/m^3$，比普通家庭室内高2~4个数量级。在该厂区下风向的大气样品中，挥发性甲基硅氧烷（D4~D6，L3~L6）总浓度随着距离的增加以指数形式呈下降趋势。在7种挥发性的甲基硅氧烷中，环形硅氧烷（D4~D6）可能比线形（L3~L6）更容易长距离迁移。同时发现，甲基硅氧烷在硅氧烷工厂车间（A区）室内灰尘中的浓度比对照区高1~5个数量级。在B区（处于硅氧烷的下风向）的居民区的室内灰尘和空气样中未有甲基硅氧烷检出。受工厂的影响，D4~D6在B区的室外大气和土壤样品中的浓度比对照区高1~3个数量级。总而言之，工厂周边区域的人群甲基硅氧烷暴露水平比对照区C区高2~4个数量级。

硅氧烷生产工厂周边人群血浆中甲基硅氧烷浓度水平和检出频率明显高于对照区域（图3-7）：工厂在职工人（$n=72$）血浆中D4~D6的平均浓度88.7~215ng/g，且其检出率均为100%。在职工人血浆中线形硅氧烷（L3~L16，L4除外）的平均浓度5.62~451ng/g（df=80.5%~100%）。D4、D5和D6在B区血浆样本（$n=14$）的平均浓度分别为13.5、57.8和4.56ng/g（df=36%~100%）。该研究还采集了已离职的32个工人（离职时间3~320d，没有在B区域居住）的57个血浆样本。总的来说，随离职时间的增加，甲基硅氧烷在离职工人血浆中的浓度呈降低趋势，在离职时间>85d的工人血浆样本中未有甲基硅氧烷检出（如图3-8所示）。基于这一数据，采用一室衰减模型估算甲基硅氧烷在血浆中的半衰期，发现在人体血浆中甲基硅氧烷的半衰期（2.34~9.64d）要比典型的POPs低。

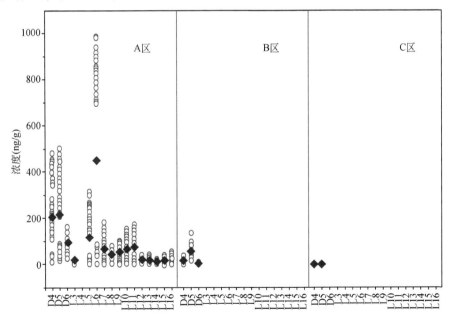

图3-7 不同离职时间工人血浆中环形/线形硅氧烷浓度

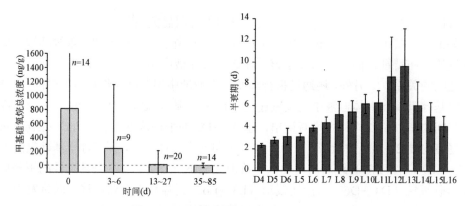

图 3-8 研究人群血浆中甲基硅氧烷分布

通过对甲基硅氧烷在硅氧烷工厂周边环境中的环境行为及人体暴露情况研究发现：硅氧烷工厂在生产过程中不可避免的会对周边环境造成一定硅氧烷的污染。由于缺乏职业卫生防护措施，职业暴露导致甲基硅氧烷在工人血浆中的浓度明显高于普通人群。且在人体血浆中的甲基硅氧烷不易累积，半衰期比较短。但因其具有亲脂性结构，容易在人体脂肪和器官中积累。

3.3.2 硅氧烷使用工厂人群暴露

相关工作研究了在我国普通人群和建筑、汽车制造、和纺织产业的职业人群中甲基硅氧烷的暴露水平[36]。经计算发现，在我国上述三类工业生产中的工人人均甲基硅氧烷消耗水平要比普通人群高 2～5 个数量级。甲基硅氧烷在工业室内空气和灰尘中的浓度比生活区域的高 1～3 个数量级。D4～D6 和 L5～L16 在 528 个工人血液中均有检出，浓度范围在 1.00～252ng/mL（检出率为 3.7%～71%），而普通人群血液中仅检出了 D4～D6，其浓度范围为 1.10～7.50ng/mL，且检出率仅为 1.7%～3.7%。甲基硅氧烷（D4～D6，L6～L11）的脂肪-血液分配系数约为 5.3～241mL/g。线形硅氧烷在人体脂肪内的累积趋势比环形甲基硅氧烷明显。其中，L8～L10 在普通人群脂肪中的半衰期约为 1.49～1.80a（图 3-9）。

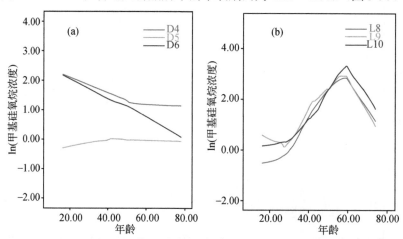

图 3-9 甲基硅氧烷在不同年龄段的普通人群脂肪中的分布

（撰稿人：蔡亚岐 徐 琳）

参 考 文 献

[1] Silicones Environmental. Health and Safety Council of North America（SEHSC）. Science, health and safety-decamethylcyclopentasiloxane (D5). 2010[2012-06-20]. http://www. sehsc. com/d5.asp.

[2] Horii Y，Kannan K. Survey of organosilicones compounds，including cyclic and linear siloxanes，in personal-care and household products. Archives of Environmental Contamination and Toxicology，2008，55: 701-710.

[3] Lassen C，Hansen C L，Mikkelsen S H，Maag J. Siloxanes-consumption，toxicity and alternatives. Environmental Project No. 1031. Copenhagen：Danish Ministry of the Environment，2005.

[4] 加文. 有机硅市场调研报告.2012[2012-06-20]. http://www. giawin. com/show_news. asp?newsid=46.

[5] US EPA. Non-confidential 2006 IUR company/chemical records. 2006[2013-07-15]. http://cfpub.epa.gov/iursearch/index.cfm?err=t#chemical.

[6] 孟宾. 国内外有机硅市场发展现状及趋势. 化工新型材料, 2012，40（8）: 1-4.

[7] McKim J M，Wilga P C，Breslin W J，Plotzke K P，Gallavan R H，Meeks RG. Potential estrogenic and antiestrogenic activity of the cyclic siloxane octamethylcyclotetrasiloxane（D4）and the linear siloxane hexamethyldisiloxane（HMDS）in immature rats using the uterotrophic assay. Toxicological Sciences, 2001，63（1）: 37-46.

[8] Quinn A L，Dalu A，Meeker L S，Jean P A，Meeks R G，Crissman J W，Gallavan J R H，Plotzke K P. Effects of octamethylcyclotetrasiloxane（D4）on the luteinizing hormone（LH）surge and levels of various reproductive hormones in female Sprague-Dawley rats. Reproductive Toxicology, 2007，23（4）: 532-540.

[9] Quinn A L，Regan J M，Tobin J M，Marinik B J，McMahon J M，McNett D A，Sushynski C M，Crofoot S D，Jean P A，Plotzke K P. In vitro and in vivo evaluation of the estrogenic，androgenic，and progestagenic potential of two cyclic siloxanes. Toxicological Sciences，2007，96（1）: 145-153.

[10] Daly G L，Wania F. Organic contaminants in mountains. Environmental Science and Technology，2005，39: 385-398.

[11] Yucuis R A，Stanier C O，Hornbuckle K C. Cyclic siloxanes in air，including identification of high levels in Chicago and distinct diurnal variation. Chemosphere，2013，92: 905-910.

[12] Kaj L，Andersson J，Palm Cousins A，Schmidbauer N，Broström-Lundén E. Results from the Swedish National Screening Programme 2004，Subreport 4：Siloxanes. Stockholm：IVL，2005.

[13] Pieri F，Katsoyiannis A，Martellini T，Hughes D，Jones K C，Cincinelli A. Occurrence of linear and cyclic volatile methyl siloxanes in indoor air samples（UK and Italy）and their isotopic characterization. Environment International，2013，59: 363-371.

[14] Tran T M，Abualnaja K O，Asimakopoulos A G，Covaci A，Gevao B，Johnson-Restrepo B，Kumosani T A，Malarvannan G，Minh T B，Moon H B，Nakata H，Sinha R K，Kannan K. A survey of cyclic and linear siloxanes in indoor dust and their implications for human exposure in twelve countries. Environment International, 2015，78: 39-44.

[15] Brooke D N，Crookes M J，Gray D，Robertson S. Environmental Risk Assessment Report：Decamethylcyclopentasiloxane. Bristol：Environment Agency of England and Wales，2009.

[16] Brooke D N, Crookes M J, Gray D, Robertson S. Environmental Risk Assessment Report: Octamethylcyclotetrasiloxane. Bristol: Environment Agency of England and Wales, 2009.

[17] Brooke D N, Crookes M J, Gray D, Robertson S. Environmental Risk Assessment Report: Dodecamethylcyclohexasiloxane. Bristol: Environment Agency of England and Wales, 2009.

[18] Krogseth I S, Kierkegaard A, Mclachlan M S, Breivik K, Hansen K M, Schlabach M. Occurrence and Seasonality of Cyclic Volatile Methyl Siloxanes in Arctic Air. Environmental Science and Technology, 2013, 47: 502-509.

[19] Kozerski G E, Xu S, Miller J, Durham J. Determination of soil-water sorption coefficients of volatile methylsiloxanes. Environmental Toxicology and Chemistry, 2014, 33（9）: 1937-1945.

[20] Xu S, Kozerski G, Mackay D. Critical review and interpretation of environmental data for volatile methylsiloxanes: Partition properties. Environmental Science and Technology, 2014, 48(20): 11748-11759.

[21] Zhang Z F, Qi H, Ren N Q, Li Y F, Gao D W, Kannan K. Survey of cyclic and linear siloxanes in sediment from the Songhua River and in sewage sludge from sastewater treatment plants, Northeastern China. Archives of Environmental Contamination and Toxicology, 2011, 60: 204-211.

[22] Bletsou A A, Asimakopoulos A G, Stasinakis A S, Thomaidis N S, Kannan K. Mass loading and fate of linear and cyclic siloxanes in a wastewater treatment plant in Greece. Environmental Science and Technology, 2013, 47（4）: 1824-1832.

[23] Wang D G, Steer H, Tait T, Williams Z, Pacepavicius G, Young T, Ng T, Smyth S A, Kinsman L, Alaee M. Concentrations of cyclic volatile methylsiloxanes in biosolid amended soil, influent, effluent, receiving water, and sediment of wastewater treatment plants in Canada. Chemosphere, 2013, 96（5）: 766-773.

[24] Xu L, Shi Y, Cai Y Q. Occurrence and fate of volatile siloxanes in a municipal wastewater treatment plant of Beijing, China. Water Research, 2013, 47: 715-724.

[25] 代晋国, 宋乾武, 王红雨, 王艳捷. 我国垃圾渗滤液处理存在问题及对策分析. 环境工程, 2011, 29: 185-188.

[26] 赵德福. 2015年有机硅行业大数据分析及利润分析. (2016/02/03)[2017-08-16]. http://www.sci99.com/sdprice/20471787.html.

[27] Schweigkofler M, Niessner R. Determination of siloxanes and VOC in landfill gas and sewage gas by canister sampling and GC-MS/AES analysis. Environmental Science and Technology, 1999, 33: 3680-3685.

[28] Paxéus N. Organic compounds in municipal landfill leachates. Water Science and Technology, 2000, 42: 323-333.

[29] Xu L, Xu S, Zhi L Q, He X D, Zhang C H, Cai Y Q. Methylsiloxanes release from one landfill through yearly cycle and their removal mechanisms (especially hydroxylation) in leachates. Environmental Science and Technology, 2017, 51: 12337-12346.

[30] Joseph Chang. Silicones poised for rapid growth. (2006-06-04)[2017-08-16]. http://www.icis.com/resources/news/2006/06/03/2014560/silicones-poised-for-rapid-growth/.

[31] 中宝硅材料公司.有机硅的发展与前景.(2014-04-09)[2017-08-16].http://www.zhongbaohg.cpooo.com/news/

199388.html.

[32] Xu L, Xu S H, Zhang Q L, Zhang S X, Tian Y, Zhao Z S, Cai Y Q. Chlorinated-methylsiloxanes in Shengli Oilfield: Their generation in oil-production wastewater treatment plant and presence in the surrounding soils. Environmental Science and Technology, 2019, 53 (7): 3558-3567.

[33] Xu L, He X D, Zhi L Q, Zhang C H, Zeng T, Cai Y Q. Chlorinated methylsiloxanes generated in the papermaking process and their fate in wastewater treatment process. Environmental Science and Technology, 2016, 50 (23): 12732-12741.

[34] Hanssen L, Warner N A, Braathen T, Odland J, Lund E, Nieboer E, Sandanger T M. Plasma concentrations of cyclic volatile methylsiloxanes (cVMS) in pregnant and postmenopausal Norwegian women and self-reported use of personal care products (PCPs). Environment International, 2013, 51C: 82-87.

[35] Xu L, Shi Y L, Wang T, Dong Z R, Su W P, Cai Y Q. Methyl siloxanes in environmental matrices around a siloxanes production facility, and their distributional and elimination in plasma of exposed population. Environmental Science and Technology, 2012, 46 (21): 11718-11726.

[36] Xu L, Shi Y L, Liu N N, Cai Y Q. Methyl siloxanes in environmental matrices and human plasma/fat from both general industries and residential areas in China. Science of The Total Environment, 2015, 505 (1): 454-463.

第4章 京津冀大气细颗粒物中新型阻燃剂的外暴露

新型阻燃剂包括新型溴代阻燃剂（novel brominated flame retardants，NBFRs）和有机磷酸酯（organophosphate esters，OPEs）等，因其具有良好的阻燃性能，被大量应用在电子产品、纺织品、家具、建筑材料等领域。这些阻燃剂主要以掺杂的方式添加，容易通过磨损、挥发和浸出等途径进入环境。京津冀地区人口密集，经济发展较快，同时大气颗粒物污染问题突出，是开展新型阻燃剂在大气细颗粒物（$PM_{2.5}$）中的时空分布特征及人体呼吸暴露评价研究的典型区域。

4.1 新型阻燃剂介绍

NBFRs 作为传统被禁阻燃剂的可选替代品在世界范围内广泛使用。其中五溴苯（PBBz）、五溴甲苯（PBT）、五溴乙苯（PBEB）、2,3-二溴丙基-2,4,6-三溴苯氧基醚（TBP-DBPE）、六溴苯（HBB）、2-乙基己酯 2,3,4,5-四溴苯甲酸（EH-TBB）、双（2,4,6-三溴苯氧基）乙烷（BTBPE）、四溴邻苯二甲酸双（2-乙基己基）酯（BEH-TEBP）和十溴二苯基乙烷（DBDPE）是较为常用的 9 种新型溴代阻燃剂，结构式如图 4-1 所示。由于 C-Br

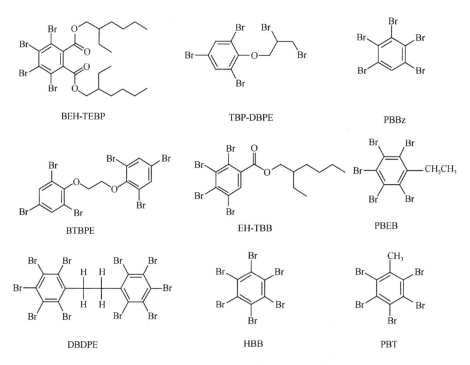

图 4-1 新型溴代阻燃剂化合物的结构示意图

键的键能较低，大部分溴代阻燃剂的分解温度在200～300℃，与各种高聚物材料的分解温度相匹配，因此能在最佳时刻于气相和凝聚相中同时起到阻燃作用[1]。其主要作用机理是溴代阻燃剂分解生成HBr，而HBr能捕获传递燃烧链式反应的活性自由基，生成活性较低的溴自由基，致使燃烧减慢或中止[2, 3]。此外，HBr为密度大的气体，并且难燃，它不仅可以稀释空气中的氧，同时还能覆盖于材料表面，替代空气，致使材料的燃烧速度降低或自熄。

OPEs主要用作阻燃剂和增塑剂添加到各类材料当中，其中磷酸三正丁酯（TBP）、磷酸三（2-氯）乙酯（TCEP）、磷酸三氯丙酯（TCPP）、磷酸三（1,3-二氯异丙基）酯（TDCIPP）、磷酸三丁氧基乙酯（TBEP）、磷酸三苯酯（TPP）、磷酸（2-乙基）己基二苯酯（EHDP）和磷酸三（2-乙基）己基酯（TEHP）等有机磷酸酯化合物较为常用，结构示意图如图4-2所示。OPEs同样是一类添加型阻燃剂，其作用机理是，在阻燃剂受热时能产生结构更趋稳定的交联状固体物质或碳化层。碳化层的形成一方面能阻止聚合物进一步热解，另一方面能阻止其内部的热分解产生物进入气相参与燃烧过程[4]。由于OPEs价格便宜，资源丰富，因此应用十分广泛，但同时也带来很多问题。

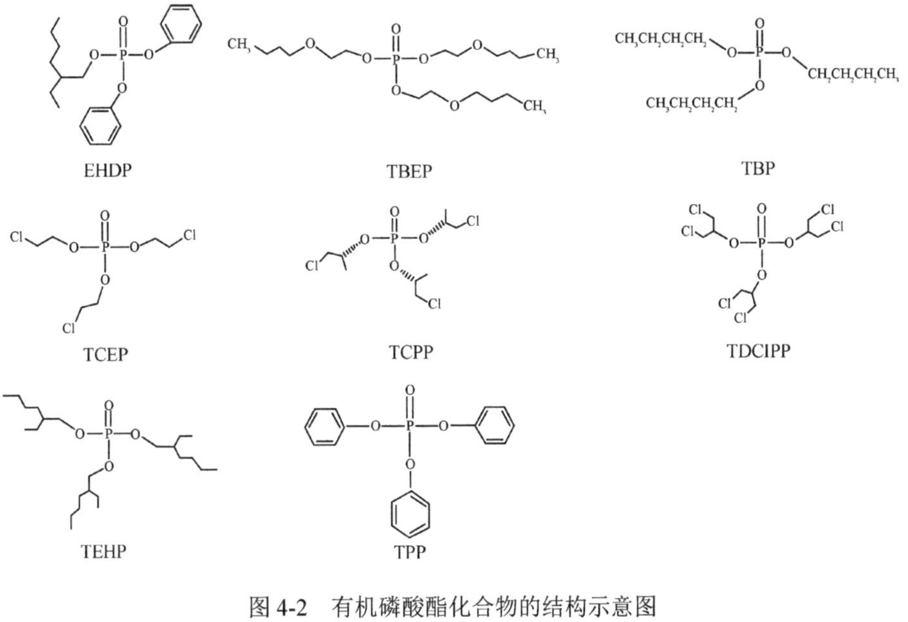

图4-2 有机磷酸酯化合物的结构示意图

虽然新型阻燃剂具有良好的阻燃性能，但其对环境和人体健康的负面影响却不容忽视。即使是在较少受人类活动影响的北极地区，海水和大气样品中也能观测到NBFRs[5]，这可能成为NBFRs具有长距离迁移特性的证据；同时有研究证实NBFRs具有生物毒性和持久性等与POPs类似的性质[6, 7]。此外，研究表明OPEs具有潜在的长距离迁移特性，在北极地区大气中已经观测到较高浓度水平的OPEs[8, 9]；并且该类化合物在食物链中有累积性[10]、持久性和潜在的致癌性[11]。OPEs的生物毒性还表现在OPEs可通过影响乙酰胆碱酯酶等受体活性产生神经毒性，同时还具有内分泌干扰效应，如F344大鼠长期暴露于TCEP可诱发癌症与大脑退化，同时TCEP也是γ-氨基丁酸抑制剂[12]。

4.2 新型溴代阻燃剂的外暴露

4.2.1 新型溴代阻燃剂赋存水平及空间分布特征

在京津冀大气 $PM_{2.5}$ 中 NBFRs 分布特征的研究中北京 1（BJ1）[13]，北京 2（BJ2），天津（TJ），石家庄（SJZ）和郊区点（RS）（采样点示意图如图 4-3 所示），收集的样品中均可检出 PBBz、PBT、HBB、BEH-TEBP 和 DBDPE。此外，EH-TBB、PBEB、TBP-DBPE 和 BTBPE 的检出率大于 90%。京津冀地区 $\sum_9$NBFRs（9 种 NBFRs 总浓度）浓度值范围为 0.63～104pg/m³。北京 1 采样点观测到 $\sum_9$NBFRs 浓度值的年度中值水平最高，为 12.7pg/m³，其余采样点的浓度水平由高到低依次为北京 2（10.8pg/m³）、石家庄（9.64pg/m³）、郊区点（9.15pg/m³）和天津（3.76pg/m³）。当地源排放（http://www.chyxx.com/minglu/ 110116/list_1.html）可能是导致郊区采样点（RS）观测到较高浓度水平 $\sum_9$NBFRs 的重要原因。京津冀大气 $PM_{2.5}$ 中 $\sum_9$NBFRs 的浓度水平与在我国东北地区大气（气相和颗粒相）中观测的 NBFRs 浓度相比处于较低水平。这可能有两方面的原因：一方面是因为样品类型不同，在东北大气的研究中，观测样品为气相和颗粒相的总浓度；另一方面，我国东北地区同样是长期受细颗粒物污染的区域[14, 15]。图 4-4 给出了 NBFRs 化合物在各采样点的分布情况。

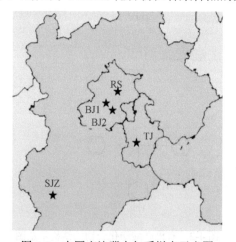

图 4-3 中国京津冀大气采样点示意图

BJ1 代表北京 1，BJ2 代表北京 2，TJ 代表天津，SJZ 代表石家庄，RS 代表郊区点 [13]

1. DBDPE

DBDPE 在世界范围内的多种环境介质（土壤、沉积物、灰尘和空气）中有不同浓度水平的检出[16-19]，它也是京津冀大气 $PM_{2.5}$ 样品中最重要的贡献化合物。$PM_{2.5}$ 中 DBDPE 在该区域大气中的年度中值为 7.34pg/m³，范围为 0.33～101pg/m³，该浓度低于我国华南地区观测到大气中 DBDPE 的赋存水平[20]，但是要高于在美国 Eagle Harbor 所观测到的相应结果[21]。在北京地区（北京 1、北京 2 和郊区点）大气 $PM_{2.5}$ 中观测到的 DBDPE 的浓度水平要高于天津和石家庄。北京相较于天津和石家庄具有较大的城市规模和人口数量以及较快的发展速度，DBDPE 的使用量相对较大，这可能是造成目前这种分布特征的重要原因[22, 23]。

2. HBB

在中国 HBB 生产于山东省，该化合物在京津冀大气 $PM_{2.5}$ 样品中广泛检出，年度中值为 $0.26pg/m^3$，观测到的浓度范围为 $0.02\sim19.6pg/m^3$。有关大气 $PM_{2.5}$ 中 HBB 浓度的报道相对匮乏。我国部分城市大气 $PM_{2.5}$ 中 HBB 的浓度为 $1.5pg/m^3$[24]高于京津冀大气 $PM_{2.5}$ 中 NBFRs 的研究观测值。与东北（$1.3pg/m^3$）[25]和华南（$4.49pg/m^3$）[13]大气中 HBB 的观测结果相比，京津冀大气 $PM_{2.5}$ 中 NBFRs 的观测值相对较低。

3. BEH-TEBP 与 EH-TBB

两种化合物是 Firemaster 550 和 Firemaster BZ-54 两种阻燃剂的主要组成成分。本研究检测到 BEH-TEBP 的浓度范围为 $0.003\sim6.28pg/m^3$（中位值：$0.39pg/m^3$），该水平低于在美国的 Chicago（$5.3pg/m^3$）观测值，与 Sleeping Bear Dunes 的浓度水平（$0.48pg/m^3$）相当[23]。EH-TBB 的浓度值为 $0.19pg/m^3$（中位值），低于 BEH-TEBP 的浓度水平。北京市区的灰尘样品中 EH-TBB 的浓度水平同样低于 BEH-TEBP[26]。

4. PBT

据世界卫生组织统计 PBT 每年在全球的产量稳定在 $1000\sim5000t$，其中来自中国的贡献量为 $600t$[22]。京津冀大气 $PM_{2.5}$ 中 PBT 的浓度范围为 $0.007\sim5.49pg/m^3$（中位值：$0.16pg/m^3$），与 EH-TBB 的浓度水平相当。在美国的五大湖区大气中观测的 PBT 浓度为 $0.36pg/m^3$，高于京津冀大气 $PM_{2.5}$[27]。

5. 其他 NBFRs 化合物

大气 $PM_{2.5}$ 样品中 BTBPE 的浓度水平为 $0.096pg/m^3$（中位值），浓度范围为 $0.006\sim3.78pg/m^3$，该浓度低于我国东北大气中 BTBPE 的浓度水平（$1.1pg/m^3$）[25]。PBBz 和 PBEB 均为单环溴化物，同样是添加型阻燃剂，它们的年度中位值浓度分别为 0.049 和 $0.037pg/m^3$，与 Eagle Harbor 观测到的 PBBz 和 Sleeping Bear Dunes 观测到的 PBEB 浓度水平相当[27]。TBP-DBPE 的浓度范围为 $ND\sim2.79pg/m^3$（中位值：$0.06pg/m^3$），该浓度要低于东北大气样品中 TBP-DBPE 的水平[25]。

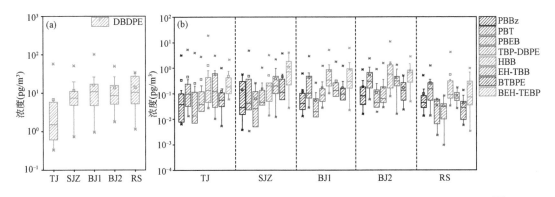

图 4-4 新型溴代阻燃剂化合物在大气 $PM_{2.5}$ 样品中的浓度水平及在不同采样点分布特征[28]

4.2.2 NBFRs 季节分布特征

如图 4-5 所示，采样期间（2016 年 4 月～2017 年 3 月）大气 $PM_{2.5}$ 中 NBFRs 的季节变

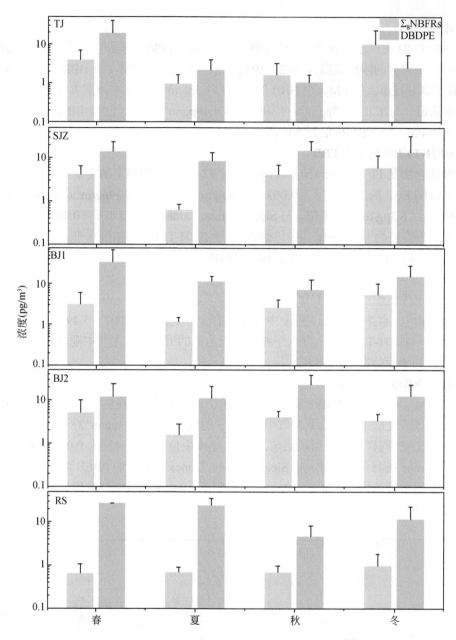

图 4-5　PM$_{2.5}$中新型溴代阻燃剂的季节变化特征[28]

化趋势。总体来说夏季观测的 NBFRs（除 DBDPE 外）化合物的浓度水平要低于其他 3 个季节，其中郊区点略有不同，该点 NBFRs 的浓度在冬季观测到的水平要略高于其他季节，并没有较为明显的季节分布特征。不同区域的季节分布特征显示出的差异可能与当地的 PM$_{2.5}$ 的污染程度有关[29]。DBDPE 是 NBFRs 的主要贡献化合物，在各采样点的四季中均能观测到，其浓度水平并没有明显的季节分布规律。这可能是由于 DBDPE 具有较高的辛醇-水分配系数和较低的蒸汽压，受温度的影响较小，更容易通过磨损的方式进入到环境中来[30]。

大气中 PM$_{2.5}$ 的浓度水平可能是影响 NBFRs 季节分布的主要影响因素[29]。进一步分析

PM$_{2.5}$ 的浓度与 NBFRs 化合物浓度之间的关系,从图 4-6 中可以看出 PBBz、PBT、PBEB、HBB、BTBPE 和 BEH-TBEP 六种化合物浓度的对数值与 PM$_{2.5}$ 的浓度之间呈显著的正相关关系。其中辛醇-气分配系数较高的化合物(如 BTBPE:logK_{oa}=15.7),其相应的相关关系则较弱。该结果可能反映出具有较低辛醇-气分配系数的化合物的释放机制,与较高辛醇-气分配系数的化合物相比,它们更可能通过挥发的方式进入到环境中来[30]。

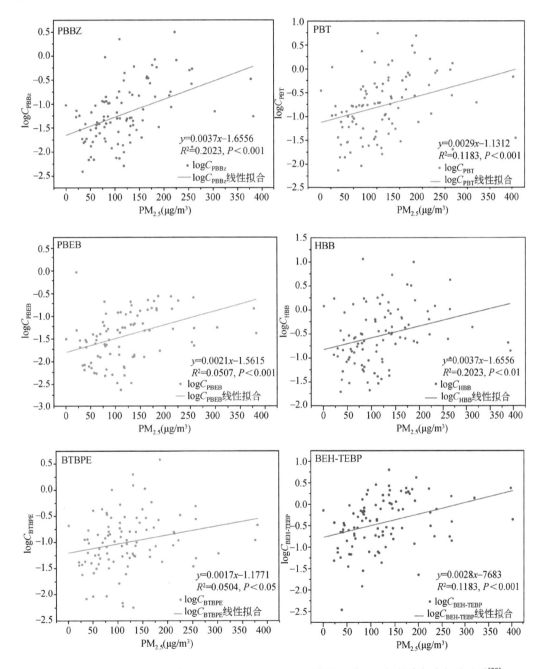

图 4-6 PM$_{2.5}$ 浓度与其所含新型溴代阻燃剂化合物浓度的对数值之间的皮尔森相关关系[28]

4.2.3 PM$_{2.5}$中NBFRs的呼吸暴露剂量

从成人呼吸暴露PM$_{2.5}$中$\sum_9$NBFRs的剂量来看,北京2采样点日暴露剂量(DED)的范围为0.04~6.94pg/kg体重/d(中位值:0.64pg/kg体重/d),在所有采样点中水平最高。其中NBFRs的主要贡献化合物DBDPE的DED值的范围为0.02~6.72pg/kg体重/d(中位值:0.49pg/kg体重/d)。与参考暴露剂量(RfDs,列于表4-1)相比,京津冀大气PM$_{2.5}$中EH-TBB、BTBPE、BEH-TEBP和DBDPE的DED值较低。由于儿童比成人有更高的呼吸速率,受到污染物的负面健康效应影响的可能性更高[31]。儿童通过呼吸暴露京津冀大气PM$_{2.5}$中NBFRs的日暴露剂量的范围为0.07~12.4pg/kg体重/d(中位值:1.14pg/kg体重/d),在北京1采样点儿童DBDPE的日暴露剂量最高为1.28pg/kg体重/d。在相同环境条件下,儿童暴露NBFRs的剂量约为成人的2倍。由于目前研究NBFRs在室外的呼吸暴露还较为匮乏,能够进行比较的数据也较少。

目前尚未有研究报道与呼吸暴露NBFRs化合物相关的毒性数据[24],而这些数据对于恰当的评估人体健康风险,甄别潜在污染源及减少当地居民的暴露风险有十分重要的意义。

表4-1 新型溴代阻燃剂化合物日暴露剂量(DED)的参考值(RfDs)

化合物	参考剂量值(ng/kg体重/d)[32]
PBBz	—
PBT	—
PBEB	—
TBP-DBPE	—
HBB	—
EH-TBB	20000
BTBPE	24000
BEH-TEBP	20000
DBDPE	330000

4.3 有机磷酸酯的外暴露

4.3.1 有机磷酸酯赋存水平及空间分布特征

在大气PM$_{2.5}$样品中,除TBEP外,所有OPEs化合物均能够检测出,TBEP的检出率为99%。北京2采样点$\sum_8$OPE的浓度水平最高,中位值为1067pg/m^3,其余由高到低依次为天津(746pg/m^3)、石家庄(724pg/m^3)、北京1(705pg/m^3)和郊区点(355pg/m^3)。该空间分布特征与TSP中OPEs的分布不同,这种差异可能是因为不同粒径颗粒物中OPEs

的来源不同造成[30]。京津冀大气 $PM_{2.5}$ 中 OPEs 浓度高于北隍城岛大气 TSP 样品中观测的 OPEs 的水平（中位值，170 pg/m^3）[32]；但是低于美国 Chicago（1390 pg/m^3）和 Cleveland（1306 pg/m^3）大气 TSP 样品中的 $\sum_{12}OPE$ 浓度[33]。

含氯有机磷酸酯化合物（Cl-OPEs：TCEP、TCPP 和 TCIPP）具有持久性和潜在的致癌性[11]。京津冀地区的 5 个采样点中，北京 2 采样点大气 $PM_{2.5}$ 中 $\sum_3Cl$-OPE 浓度最高，其次是天津（506 pg/m^3）、北京 1（457 pg/m^3）、石家庄（420 pg/m^3）和郊区点（228 pg/m^3）。文献报道的广州（720±380 pg/m^3）和太原（700±400 pg/m^3）城市大气 $PM_{2.5}$ 中 $\sum_3Cl$-OPE 的浓度与北京 2 采样点的水平相当。美国 Conroe（210±99 pg/m^3）和 Manvel Croix（150±31 pg/m^3）采样点[34]观测的大气 $PM_{2.5}$ 中 $\sum_3Cl$-OPE 的浓度则低于针对京津冀大气 $PM_{2.5}$ 中 OPEs 的观测结果。

北京 2 采样点非氯代 OPEs（$\sum_5nonCl$-OPE：TBP、TBEP、TPP、EHDP 和 TEHP）的浓度水平最高，年度中值为 333 pg/m^3，总体来讲与其他城市采样点的浓度水平相当。与美国 Moody Tower 大气 $PM_{2.5}$ 中 $\sum_4nonCl$-OPE（包括 TPP、TBP、EHDP 和 TEHP）的浓度相比水平较低[35]。

图 4-7 给出了京津冀大气 $PM_{2.5}$ 中 OPEs 化合物在各采样点的浓度水平及分布情况。在 3 种含氯 OPEs 中，TCPP 在郊区点、北京 1 和天津采样点是 $\sum_8OPE$ 总浓度的主要贡献化合物，贡献率分别为 61%±12%、34%±11% 和 30%±10%。TCEP 在北京 2 和石家庄两个采样点为主要的贡献化合物，贡献率分别为 47%±20% 和 32%±17%。研究表明，采样点附近环境中 OPEs 的来源和使用情况不同可能会导致大气 $PM_{2.5}$ 中的化合物分布特征不同[34]。在京津冀地区 5 个采样点中，TCEP 和 TCPP 两种化合物是主要的贡献化合物，这与美国五大湖区[31]以及全球大气[18]观测 OPEs 的结果一致。

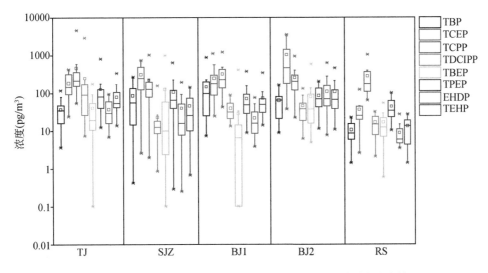

图 4-7 $PM_{2.5}$ 中有机磷酸酯化合物的浓度水平及在各采样点分布特征

4.3.2 OPEs 季节分布特征

京津冀大气 $PM_{2.5}$ 中 OPEs 的季节分布特征如图 4-8 所示。除石家庄采样点外，在京津冀地区其余 4 个采样点，含氯 OPEs 在夏季观测到的浓度水平较高，冬季较低。该季节分布特征与美国五大湖区[33]TSP 样品中观测到的 OPEs 的季节变化类似。在石家庄采样点春

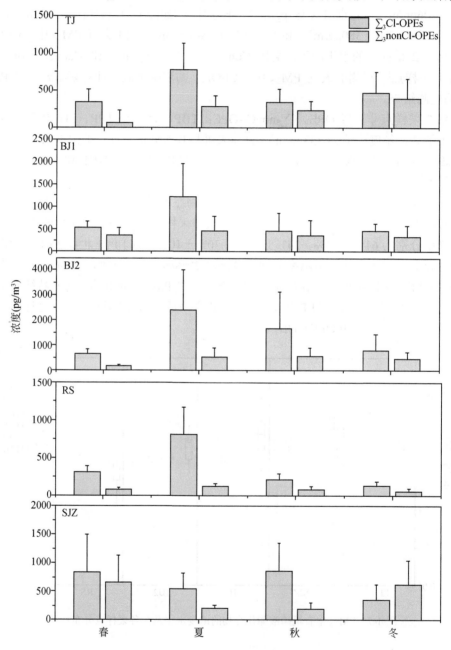

图 4-8　$PM_{2.5}$ 中有机磷酸酯的季节变化特征

季和秋季观测到含氯 OPEs 的浓度水平相对较高,与在我国新乡大气 $PM_{2.5}$ 的研究结果类似[24]。但是对于非氯代 OPEs 在各采样点并没有较为明显的季节分布规律。针对京津冀大气 $PM_{2.5}$ 中 OPEs 季节分布的因素做了进一步讨论,例如温度和相对湿度等气象和环境因素。

京津冀大气 $PM_{2.5}$ 中部分 OPEs 化合物(TBP、TCEP 和 TCPP)的浓度与温度之间存在显著的正向线性相关关系,如图 4-9a 所示。以上 3 种化合物具有相对较低的辛醇-气分配

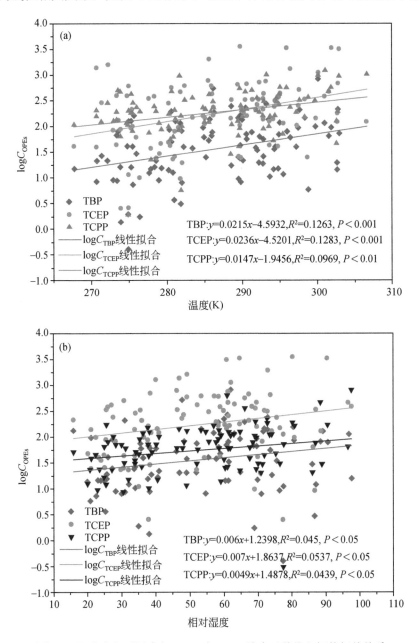

图 4-9 温度和相对湿度与 $PM_{2.5}$ 中 OPEs 浓度对数值之间的相关关系

系数值（logK_{oa}），在温暖的季节，较高的温度可能会促使它们从各类产品中释放到环境中[24]。但是温度对多数非氯代有机磷酸酯化合物的季节分布影响并不明显。相对湿度与 TBP、TCEP 和 TPP 的浓度呈显著正向相关关系，如图 4-9b 所示。也有研究表明气态 OPEs 化合物与相对湿度呈正相关关系[32]。

4.3.3　PM$_{2.5}$ 中 OPEs 的呼吸暴露风险

正如在上文中提到的 OPEs 容易附着在大气中更为细小的颗粒物中，比如 PM$_{2.5}$，并且在大气中停留的时间较长，难以去除。OPEs 化合物容易通过呼吸系统渗透到身体内部，造成更为严重的负面影响[35]。因此对于评价人体通过呼吸暴露 PM$_{2.5}$ 中 OPEs 的风险具有十分重要的意义。京津冀大气 PM$_{2.5}$ 中 OPEs 的呼吸暴露风险研究中，采用参考剂量（the oral reference doses，RfDs）计算的呼吸暴露 PM$_{2.5}$ 中 OPEs 的非癌症风险值 HQs 低于 1.6×10^{-4}（HQ<1）。当 HQ>1 时，认为会对健康产生不利影响[35]。在北京 2 采样点呼吸暴露 PM$_{2.5}$ 中 OPEs 的 HQs 值最高，其次是天津、石家庄、北京 1 和郊区点，如图 4-10 所示。儿童通过呼吸暴露 PM$_{2.5}$ 中 OPEs 的非癌症风险值比成人高约 1.6 倍。京津冀大气 PM$_{2.5}$ 中 OPEs 的呼吸暴露非癌症风险值与文献报道的传统溴代阻燃剂和德克隆的呼吸暴露非癌症风险值相比，相对较低。

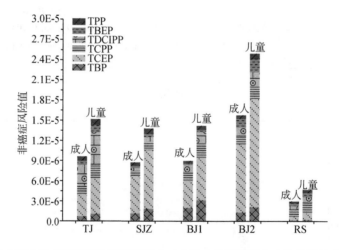

图 4-10　成人和儿童在京津冀地区各采样点对六种有机磷酸酯化合物暴露的非癌症风险值

目前能够计算癌症风险的化合物有 TBP、TCEP 和 TEHP，成人的暴露风险值分别为 1.82×10^{-11}（TBP）、1.80×10^{-10}（TCEP）和 7.25×10^{-12}（TEHP）；儿童的暴露风险值为 2.89×10^{-11}（TBP）、2.84×10^{-10}（TCEP）和 1.15×10^{-11}（TEHP）。本研究中通过呼吸暴露大气 PM$_{2.5}$ 中 OPEs 的癌症风险低于暴露湖水中 OPEs 化合物的研究[36]。当暴露大气 PM$_{2.5}$ 中 OPEs 的癌症风险值低于 1×10^{-6} 时将不会对健康造成不利影响。五个采样点成人和儿童暴露 PM$_{2.5}$ 中 OPEs 的癌症风险值如图 4-11 所示。

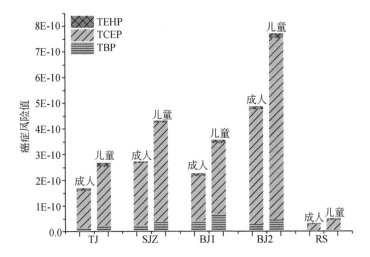

图 4-11　成人和儿童在京津冀地区各采样点对有机磷酸酯化合物暴露的癌症风险值

（撰稿人：张庆华　张巍巍）

参 考 文 献

[1] Watanabe I, Sakai S. Environmental release and behavior of brominated flame retardants. Environment International, 2003, 29(6): 665-682.

[2] 梁爵. 聚溴代苯乙烯及其单体的合成与性能研究: [硕士论文]. 大连：大连理工大学，2007.

[3] 张雨山，高春娟，蔡荣华. 溴系阻燃剂的应用研究及发展趋势. 化学工业与工程，2009（5）：460-466.

[4] 王晓英，毕成良，李俐俐，李宝贵. 新型环保阻燃剂的研究进展. 天津化工，2009, 23(01):8-11.

[5] Moller A, Xie Z Y, Sturm R, Ebinghaus R. Polybrominated diphenyl ethers (PBDEs) and alternative brominated flame retardants in air and seawater of the European Arctic. Environmental Pollution, 2011, 159(6): 1577-1583.

[6] Bearr J S, Stapleton H M, Mitchelmore C L. Accumulation and DNA damage in fathead minnows (Pimephales promelas) exposed to 2 brominated flame-retardant mixtures, Firemaster 550 and Firemaster BZ-54. Environmental Toxicology and Chemistry, 2010, 29(3): 722-729.

[7] Li W L, Liu L Y, Song W W, Zhang Z F, Qiao L N, Ma W L, Li Y F. Five-year trends of selected halogenated flame retardants in the atmosphere of Northeast China. Science of the Total Environment, 2016, 539: 286-293.

[8] Li J, Xie Z Y, Mi W Y, Lai S, Tian C, Emeis K C, Ebinghaus R. Organophosphate Esters in air, snow, and seawater in the North Atlantic and the Arctic. Environmental Science & Technology, 2017, 51(12): 6887-6896.

[9] Salamova A, Hermanson M H, Hites R A. Organophosphate and halogenated flame retardants in atmospheric particles from a European Arctic site. Environmental Science & Technology, 2014, 48(11): 6133-6140.

[10] van der Veen I, de Boer J. Phosphorus flame retardants: Properties, production, environmental occurrence, toxicity and analysis. Chemosphere, 2012, 88(10): 1119-1153.

[11] H Hoffman K, Lorenzo A, Butt C M, Hammel S C, Henderson B B, Roman S A, Scheri R P, Stapleton H

[12] 李富华. 典型有机磷酸酯阻燃剂的定量构效关系研究:[硕士论文]. 南京：南京大学，2011.

[13] Zhang W W, Wang P, Li Y M, Wang D, Matsiko J, Yang R Q, Sun H Z, Hao Y F, Zhang Q H, Jiang G B. Spatial and temporal distribution of organophosphate esters in the atmosphere of the Beijing-Tianjin-Hebei region, China. Environmental Pollution, 2019, 244: 182-189.

[14] Chen W W, Zhang S C, Tong Q S, Zhang X L, Zhao H M, Ma S Q, Xiu A J, He Y X. Regional characteristics and causes of haze events in Northeast China. Chinese Geographical Science, 2018, 28(5): 836-850.

[15] Li Y, Zhao H J, Wu Y F. Characteristics of particulate matter during haze and fog (pollution) episodes over Northeast China, autumn 2013. Aerosol and Air Quality Research, 2015, 15(3): 853-864.

[16] Cristale J, Aragao Bele T G, Lacorte S, de Marchi M M R. Occurrence and human exposure to brominated and organophosphorus flame retardants via indoor dust in a Brazilian city. Environmental Pollution, 2018, 237: 695-703.

[17] Li W L, Ma W L, Zhang Z F, Liu L Y, Song W W, Jia H L, Ding Y S, Nakata H, Minh N H, Sinha R K, Moon H B, Kannan K, Sverko E, Li Y F. Occurrence and source effect of novel brominated flame retardants (NBFRs) in soils from five Asian countries and their relationship with PBDEs. Environmental Science & Technology, 2017, 51(19): 11126-11135.

[18] Rauert C, Schuster J K, Eng A, Harner T. Global atmospheric concentrations of brominated and chlorinated flame retardants and organophosphate esters. Environmental Science & Technology, 2018, 52(5): 2777-2789.

[19] Zhen X M, Tang J H, Liu L, Wang X M, Li Y A, Xie Z Y. From headwaters to estuary: Distribution and fate of halogenated flame retardants (HFRs) in a river basin near the largest HFR manufacturing base in China. Science of the Total Environment, 2018, 621: 1370-1377.

[20] Tian M, Chen S J, Wang J, Zheng X B, Luo X J, Mai B X. Brominated flame retardants in the atmosphere of E-waste and rural sites in southern China: Seasonal variation, temperature dependence, and gas-particle partitioning. Environmental Science & Technology, 2011, 45(20): 8819-8825.

[21] Venier M, Hites R A. Flame retardants in the atmosphere near the Great Lakes. Environmental Science & Technology, 2008, 42(13): 4745-4751.

[22] Covaci A, Harrad S, Abdallah M A E, Ali N, Law R J, Herzke D, de Wit C A. Novel brominated flame retardants: A review of their analysis, environmental fate and behaviour. Environment International, 2011, 37(2): 532-556.

[23] Ma Y N, Salamova A, Venier M, Hites R A. Has the phase-out of PBDEs affected their atmospheric levels? Trends of PBDEs and their replacements in the Great Lakes atmosphere. Environmental Science & Technology, 2013, 47(20): 11457-11464.

[24] Liu D, Lin T, Shen K J, Li J, Yu Z Q, Zhang G. Occurrence and concentrations of halogenated flame retardants in the atmospheric fine particles in Chinese cities. Environmental Science & Technology, 2016, 50(18): 9846-9854.

[25] Qi H, Li W L, Liu L Y, Song W W, Ma W L, Li Y F. Brominated flame retardants in the urban atmosphere of Northeast China: Concentrations, temperature dependence and gas-particle partitioning. Science of the Total Environment, 2014, 491-492: 60-66.

[26] Cao Z G, Xu F C, Covaci A, Wu M, Wang H Z, Yu G, Wang B, Deng S B, Huang J, Wang X Y. Distribution patterns of brominated, chlorinated, and phosphorus flame retardants with particle size in indoor and outdoor dust and implications for human exposure. Environmental Science & Technology, 2014, 48(15): 8839-8846.

[27] Venier M, Ma Y, Hites R A. Bromobenzene flame retardants in the Great Lakes atmosphere. Environmental Science & Technology, 2012, 46(16): 8653-8660.

[28] Zhang W W, Wang P, Zhu Y, Yang R Q, Li Y M, Wang D, Matsiko J, Han X, Zhao J P, Zhang Q H, Zhang J Q, Jiang G B. Brominated flame retardants in atmospheric fine particles in the Beijing-Tianjin-Hebei region, China: Spatial and temporal distribution and human exposure assessment. Ecotoxicology and Environmental Safety, 2019, 171, 181-189.

[29] Wang P, Zhang Q H, Li Y M, Matsiko J, Zhang Y, Jiang G B. Airborne persistent toxic substances (PTSs) in China: Occurrence and its implication associated with air pollution. Environmental Science-Process & Impacts, 2017, 19(8): 983-999.

[30] Okonski K, Degrendele C, Melymuk L, Landlova L, Kukucka P, Vojta S, Kohoutek J, Cupr P, Klanova J. Particle size distribution of halogenated flame retardants and implications for atmospheric deposition and transport. Environmental Science & Technology, 2014, 48(24): 14426-14434.

[31] Rochester J R. Bisphenol A and human health: A review of the literature. Reproductive Toxicology, 2013, 42: 132-155.

[32] Li J, Tang J H, Mi W J, Tian C G, Emeis, K C, Ebinghaus R, Xie Z Y. Spatial distribution and seasonal variation of organophosphate esters in air above the Bohai and Yellow seas, China. Environmental Science & Technology, 2018, 52(1): 89-97.

[33] Salamova A, Ma Y N, Venier M, Hites R A. High levels of organophosphate flame retardants in the Great Lakes atmosphere. Environmental Science & Technology Letters, 2014, 1(1): 8-14

[34] Clark A E, Yoon S, Sheesley R J, Usenko S. Spatial and temporal distributions of organophosphate ester concentrations from atmospheric particulate matter samples collected across Houston, TX. Environmental Science & Technology, 2017, 51(8): 4239-4247.

[35] Deng W J, Zheng H L, Tsui A K, Chen X W. Measurement and health risk assessment of $PM_{2.5}$, flame retardants, carbonyls and black carbon in indoor and outdoor air in kindergartens in Hong Kong. Environment International, 2016, 96: 65-74.

[36] Xing L Q, Zhang Q, Sun X, Zhu H X, Zhang S H, Xu H Z. Occurrence, distribution and risk assessment of organophosphate esters in surface water and sediment from a shallow freshwater Lake, China. Science of the Total Environment, 2018, 636: 632-640.

第5章 大气颗粒物中长寿命自由基的污染特征

长寿命自由基（environmentally persistent free radicals，EPFRs）是一种新型环境污染物，是相对于传统关注的短寿命自由基提出的，EPFRs 相对稳定，在环境中的存在寿命明显较长[1-3]。研究表明，EPFRs 能够诱发有害活性氧（ROS）的产生，导致 DNA 氧化损伤[4]。EPFRs 根据其在大气颗粒物中的半衰期可大致分为三类：存在数天，存在数月以及在颗粒物内部长久存在的自由基[5,6]。鉴于 EPFRs 较长的寿命，其对人类健康可能具有长期的潜在危害[4,7]。因此，近年来 EPFRs 对人体健康的影响引起了越来越多的关注。

5.1 长寿命自由基的污染特征

不同粒径的大气颗粒物负载的污染物的种类和浓度不同[8,9]，能够进入人体呼吸系统的部位也不同[10,11]。研究大气颗粒物中 EPFRs 的分布特征对理解其环境影响和健康危害有重要意义。有研究利用分级采样器采集了雾霾天和非雾霾天不同粒径的大气颗粒物样品，分别为 $PM_{>10\mu m}$：$d_{ae}>10\mu m$；$PM_{2.5\sim10\mu m}$：$2.5\mu m<d_{ae}<10\mu m$；$PM_{1\sim2.5\mu m}$：$1\mu m<d_{ae}<2.5\mu m$；$PM_{<1\mu m}$：$d_{ae}<1\mu m$，分析了大气颗粒物中 EPFRs 的浓度水平和分布特征，并指出煤燃烧、生物质燃烧、废弃物焚烧、再生金属冶炼等是大气颗粒物中 EPFRs 的潜在来源[12]。根据 $PM_{<1\mu m}$ 颗粒物浓度将空气分为 A、B、C、D 四类，A 代表 $PM_{<1\mu m}$ 颗粒物浓度低于 $50\mu g/m^3$，B 代表大气颗粒物浓度在 $50\sim100\mu g/m^3$，C、D 分别代表大气颗粒物浓度在 $100\sim150\mu g/m^3$ 和 $150\sim200\mu g/m^{3[12]}$。表 5-1 为不同粒径颗粒物中 EPFRs 的浓度，由表 5-1 可以看出：EPFRs 主要存在粒径较小的颗粒物组分中。

表 5-1 北京大气颗粒物中 EPFRs 的浓度　　　　　　　　（单位：spins/m³）

颗粒物粒径	A	B		C					D			
	20161130	20161209	20161201	20161204	20161211	20161217	20161218	20161205	20161219	20161220	20161203	20161223
$PM_{1\mu m}$	ND	1.9×10^{16}	1.1×10^{16}	2.5×10^{15}	1.2×10^{16}	2.2×10^{16}	2.8×10^{16}	1.0×10^{16}	3.3×10^{16}	2.7×10^{16}	2.8×10^{16}	3.5×10^{16}
$PM_{1\sim2.5\mu m}$	ND	1.7×10^{15}	1.0×10^{16}	1.8×10^{15}	2.4×10^{15}	5.8×10^{15}	5.5×10^{15}	6.7×10^{15}	1.4×10^{16}	7.4×10^{15}	4.0×10^{15}	2.9×10^{15}
$PM_{2.5\sim10\mu m}$	ND	9.8×10^{13}	ND	ND	1.8×10^{14}	7.8×10^{14}	5.2×10^{14}	7.3×10^{13}	9.3×10^{14}	9.2×10^{14}	2.2×10^{15}	5.1×10^{14}
$PM_{>10\mu m}$	ND	ND	ND	ND	ND	ND	ND	ND	ND	ND	ND	ND

注：数据源自文献 [12]。

5.2 金属氧化物在环境持久性自由基生成过程中的作用

EPFRs 能够通过芳烃类有机污染物和金属氧化物相互作用产生[13-16]。废弃物焚烧、金属冶炼等工业热过程的烟气冷却区域含有较高浓度的芳烃化合物、细颗粒物和金属氧化物，容易产生 EPFRs，且由于 EPFRs 产生时温度相对较低（冷却区域），其能够在颗粒物表面稳定存在[17]。目前 EPFRs 对环境和人体健康危害已有研究[7, 18]。研究表明，环境空气中的 EPFRs 能够跟随细颗粒物进入人体产生活性氧自由基，从而造成人体 DNA 损伤[19, 20]。因此，为更深入地了解大气颗粒物的环境和人体危害，控制颗粒物表面吸附的 EPFRs 的生成和稳定化，对大气颗粒物中 EPFRs 的生成机理和影响因素的研究至关重要。

与金属氧化物-颗粒物结合的 EPFRs 能够稳定存在并在环境中长距离迁移[21]。研究表明氧化铁（Fe_2O_3）、氧化铜（CuO）颗粒物能够催化 EPFRs 的产生，且不同金属氧化物作用下 EPFRs 的种类、寿命不同，CuO 颗粒物更易催化氯酚前驱物产生氯代 EPFRs，而 Fe_2O_3 颗粒物作用下主要产生不含氯的 EPFRs[21]。在再生金属冶炼、铁矿石烧结、废弃物焚烧等工业热过程中产生的金属氧化物的种类和浓度具有较大差异[22-24]，因此，金属氧化物的种类和含量对 EPFRs 的影响应当引起关注。金属氧化物颗粒物能够聚合产生不同粒径的金属氧化物团簇[13]，进一步影响其催化活性和化学行为[25]，且由于细颗粒物具有较大的比表面积及较多的孔隙结构，EPFRs 更易吸附在细颗粒物上[26]。

对于以含氯取代和羟基取代的多环芳烃（PAHs）作为前驱物的研究还较少[27, 28]。PAHs 如芘、菲和萘等在热过程排放烟气中存在，具有高度离域的 π 键，能够与金属氧化物相互作用并发生电子转移，易于产生 EPFRs[27]。因此，采用含氯取代和羟基取代的 PAHs（2,4-二氯萘酚）作为前驱物[21, 29]，采用 EPR 波谱对热过程中产生的自由基中间体及反应后的 EPFRs 进行检测，研究热过程（298～573K）中不同种类金属氧化物颗粒物对以 2,4-二氯萘酚为前驱物生成的 EPFRs 的种类、寿命和产率的影响。

EPR 原位加热杜瓦管被用于原位检测升温过程中 2,4-二氯萘酚生成的自由基。研究探索了不同金属氧化物对自由基生成的促进作用。将 SiO_2 基质与金属氧化物充分混匀[17]，研究金属氧化物颗粒物对自由基生成的促进作用。向石英管（4mm i.d.，10cm）中加入高度约 1cm 的样品（2,4-二氯萘酚纯品或 2,4-二氯萘酚和金属氧化物/SiO_2 混合物），进行 EPR 原位加热检测，加热温度为 298～573K。EPR 波谱操作参数如下：中心磁场，3500G；微波频率：9.84GHz；功率，0.63mW；调制频率，100KHz；调制幅度，1.0G；扫场宽度，200G；接收增益，30dB。根据自旋定量理论，采用 Bruker Xenon 软件对样品中的自由基进行准确定量。金属氧化物和 SiO_2 混合物作为空白对照样品，结果表明反应过程中反应基质（金属氧化物和 SiO_2）不产生有机自由基。

研究人员对 PAHs 在不同金属氧化物颗粒物作用下产生的 EPFRs 进行一级动力学计算。原位加热后的样品降温至 298K，周期性检测样品中的 EPFRs，以计算固体样品中的 EPFRs 的半衰期[27,30]。EPFRs 的半衰期（$t_{1/e}$）计算公式如（5-1）和（5-2）[13,31,32]：

$$\ln(C/C_0) = -kt \tag{5-1}$$

$$t_{1/e} = 1/k \tag{5-2}$$

其中，k 是速率常数，C 为 EPFRs 的质量浓度。

已有研究提出了金属氧化物作用下 EPFRs 的生成机理[17, 21, 28, 33]，并通过分子轨道理论计算证明其合理性。如图 5-1 所示，前驱物（2,4-二氯萘酚）与金属氧化物形成弱的键合，通过去除 H_2O 或 HCl 分子，形成强的化学键。前驱物分子上的电子转移至金属氧化物上，产生 EPFRs。其中碳原子为中心的自由基能够发生电子转移生成氧原子为中心的自由基。为研究不同种类金属氧化物对 EPFRs 的促进作用，将 2,4-二氯萘酚与 5% CuO/SiO_2、Al_2O_3/SiO_2、ZnO/SiO_2 和 NiO/SiO_2 分别混合均匀，放入 EPR 石英样品管中原位加热检测其加热过程中产生的自由基。如表 5-2 所示，结果表明，不同金属氧化物颗粒物的催化活性不同，不同金属氧化物作用下 2,4-二氯萘酚前驱物产生的自由基呈现的信号不同。

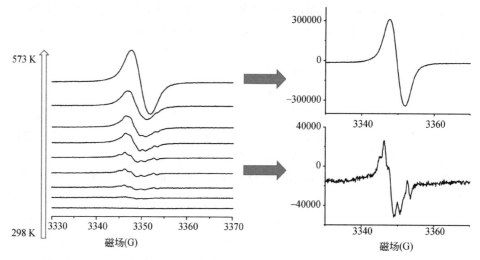

图 5-1 2,4-二氯萘酚和 CuO/SiO_2 混合物在升温过程中（298K-573K）产生的自由基的电子顺磁共振（EPR）谱[34]

表 5-2 热过程（573K）中 2,4-二氯萘酚在不同种类金属氧化物颗粒物作用下产生的 EPFRs 的电子顺磁共振谱图

反应物	EPR 谱（350K）	EPFR 浓度（spins/g, 598K）
2,4-二氯萘酚	2.0032	6.5×10^{20}
CuO	2.0034	2.38×10^{22}

续表

反应物	EPR 谱（350K）	EPFR 浓度（spins/g, 598K）
Al_2O_3	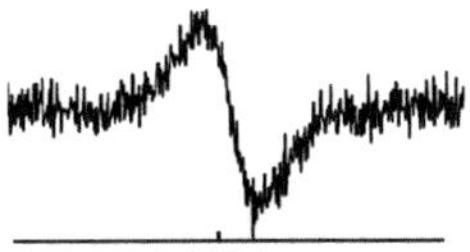 2.0036	5.82×10^{22}
ZnO	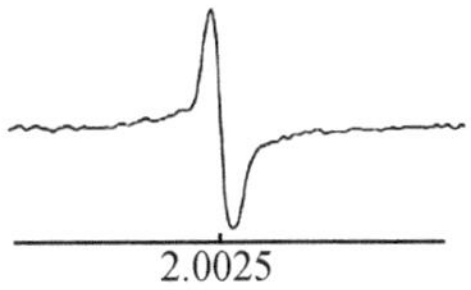 2.0025	5.42×10^{22}
NiO	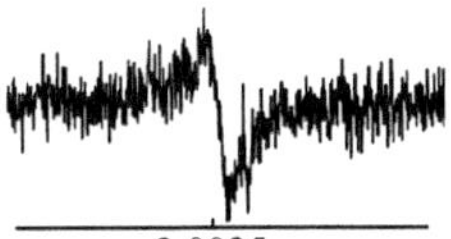 2.0035	3.72×10^{21}

注：数据源自文献 [34]。

在常温下，前驱物和金属氧化物混合物中没有自由基存在。图 5-1 所示为温度升高（298～573K）时，2, 4-二氯萘酚与 5% CuO/SiO_2 混合体系产生的自由基的动态变化谱图。在温度为 350K 左右时，含氯自由基能够在 CuO/SiO_2 作用下产生，表明在 CuO/SiO_2 作用下前驱物倾向于脱去 H_2O 分子生成含氯自由基。当温度进一步升高时，较高的反应热使得含氯自由基进一步脱去 H_2O 分子和 HCl 分子产生不含氯自由基。在 573K 温度下产生的自由基，峰宽为 4.17G。

由于不同的自由基自旋晶格弛豫会不同，从而在不同功率下会有不同的响应，饱和功率不同。因此，当体系中存在多种自由基时，随着功率的改变，不同自由基达到饱和的功率不同，信号会发生失真变形。而存在相同种类自由基的体系信号则不会产生明显变化，信号强度、宽度等会发生略微改变。观察体系中产生的自由基在不同功率时的信号，如图 5-2 所示，结果表明，除了信号强度和峰宽略微改变，谱图形状较为稳定，说明 573K 温度下生成的自由基是一类自由基。升温过程中，EPFRs 的形成是通过前驱物与相结合的金属氧化物发生电子转移产生的，实验通过光电子能谱（XPS）检测铜离子的价态对其进行了验证（如图 5-3 所示）。XPS 检测结果表明，原位热反应后，Cu（II）转化为 Cu（I），金属阳离子被还原。

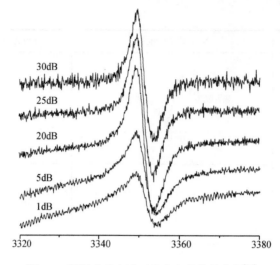

图 5-2　不同功率衰减下的自由基信号变化[34]

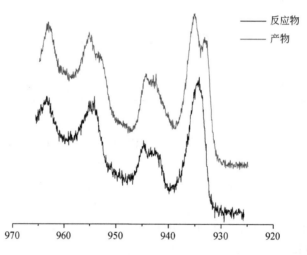

图 5-3　热反应前后 2, 4-二氯萘酚和 CuO/SiO$_2$ 混合物的光电子能谱[34]

升温过程中，2, 4-二氯萘酚在 5% Al$_2$O$_3$、ZnO 和 NiO/SiO$_2$ 作用下产生的 EPR 信号谱相似，不同于 CuO/SiO$_2$ 作用下产生的 EPR 信号（如表 5-2 所示）。Al$_2$O$_3$ 颗粒物作用下所得到的 EPR 谱图为不对称信号谱，表明体系中同时存在多种自由基。如图 5-1 所示，g 值结果表明体系中的自由基为典型的芳烃类自由基[17, 28]。Al$_2$O$_3$ 颗粒物作用下产生的自由基 g 值高于 ZnO 和 NiO 颗粒物，表明 Al$_2$O$_3$ 颗粒物作用下更易产生以氧原子为中心或邻位具有氯原子的自由基，而 ZnO 和 NiO 颗粒物作用下产生的自由基 g 值略小，主要是以碳原子为中心的自由基[14]。与前人报道的以 1, 2-二氯苯和一氯苯前驱物在 Fe$_2$O$_3$ 颗粒物作用下产生的自由基相似[21]，含氯自由基的精细分裂峰未检测到，这可能是因为在 ZnO、NiO 和 Fe$_2$O$_3$ 作用下，体系中产生次氯酸盐[15, 21, 35]，次氯酸盐作为一种强氧化剂能够使吸附在颗粒物上的芳烃类有机自由基迅速降解。

原位加热过程中，2,4-二氯萘酚在 CuO/SiO_2 作用下产生的 EPR 谱呈现出含氯自由基的精细分裂峰，而该过程中产生氯代酚氧自由基的 C-O 耦合是热过程中二噁英的主要生成路径[16]。已有研究表明，氧化铜是目前公认的对 PCDD/Fs 催化能力最强的催化剂。这一观点也进一步验证了 CuO 主要催化含氯芳烃自由基的产生。Al_2O_3 等主要催化不含氯的芳烃类自由基的产生[29]，因此 Al_2O_3 颗粒物等催化作用下产生的 PCDD/Fs 浓度低于 CuO 颗粒物。不同金属氧化物对 EPFRs 的催化作用不同，通过对体系中产生的自由电子数的定量对不同种类金属氧化物的催化作用进行评估，发现前驱物在不同金属氧化物作用下产生自旋电子浓度顺序为 Al_2O_3＞ZnO＞CuO＞NiO（图5-4）。Al_2O_3 和 ZnO 作用下产生的自旋电子浓度是 CuO 作用下的 2 倍，是 NiO 作用下的 20 倍。金属氧化物对自由基的催化能力与其对应简单阳离子的氧化性一致。铝（III）和锌（II）比铜（II）和镍（II）氧化性强，更容易获得电子，产生自由基。

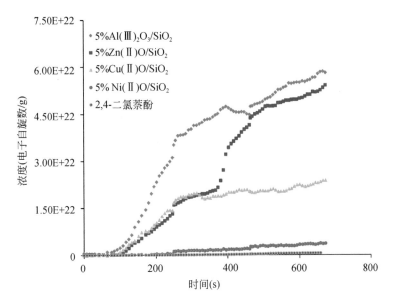

图 5-4　升温过程（298～573K）中，2,4-二氯萘酚在不同种类金属氧化物颗粒物作用下产生的自旋电子数[34]

5.3　EPFRs 半衰期的计算

如图 5-5 所示，一级动力学计算结果表明，自由基在 Al_2O_3、ZnO、CuO 和 NiO 颗粒物表面的半衰期分别为 108、68、81 和 86d。表明 PAHs 衍生物在金属氧化物颗粒物催化作用下产生的 EPFRs 较为稳定。因此，空气中的 Al_2O_3 颗粒物是 EPFRs 催化和稳定化的重要基质。目前研究者们主要关注 CuO 和 $CuCl_2$ 等对 PCDD/Fs 等有机污染物的催化作用，然而 Al_2O_3 等对 EPFRs 具有显著促进作用的金属氧化物也应当引起关注。

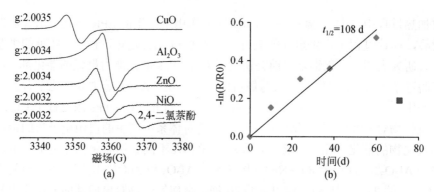

图 5-5 （a）2,4-二氯萘酚在不同种类金属氧化物颗粒物作用下产生的自由基信号谱；（b）2,4-二氯萘酚在 Al_2O_3 颗粒物作用下产生的 EPFRs 的一级动力学拟合曲线[34]

（撰稿人：杨莉莉 刘国瑞 郑明辉）

参 考 文 献

[1] Mas-Torrent M, Crivillers N, Rovira C, Veciana J. Attaching persistent organic free radicals to surfaces: How and why. Chemical Reviews, 2012, 112: 2506-2527.

[2] Lomnicki S, Truong H, VejeranoV E, Dellinger B. Copper oxide-based model of persistent free radical formation on combustion-derived particulate matter. Environmental Science & Technology, 2008, 42: 4982-4988.

[3] Dellinger B, Lomnicki S, Khachatryan L, Maskos Z, Hall R W, Adounkpe J, McFerrin C, Truong H. Formation and stabilization of persistent free radicals, Proceedings of the Combustion Institute. International Symposium on Combustion, 2007, 31: 521-528.

[4] Khachatryan L, Vejerano E, Lomnicki S, Dellinger B. Environmentally persistent free radicals(EPFRs).1. Generation of reactive oxygen species in aqueous solutions. Environmental Science & Technology, 2011, 45: 8559-8566.

[5] Gehling W, Khachatryan L, Dellinger B. Hydroxyl radical generation from environmentally persistent free radicals(EPFRs) in $PM_{2.5}$. Environmental Science & Technology, 2014, 48: 4266-4272.

[6] Gehling W, Dellinger B. Environmentally persistent free radicals and their lifetimes in $PM_{2.5}$. Environmental Science & Technology, 2013, 47: 8172-8178.

[7] Lubick N. Persistent free radicals: Discovery and mechanisms for health impacts. Environmental Science & Technology, 2008, 42: 8178.

[8] Zhu Q Q, Zhang X, Dong S J, Gao L R, Liu G R, Zheng M H. Gas and particle size distributions of polychlorinated naphthalenes in the atmosphere of Beijing, China. Environmental Pollution, 2016, 212: 128-134.

[9] Zhang X, Zheng M H, Liang Y, Liu G R, Zhu Q Q, Gao L R, Liu W B, Xiao K, Sun X. Particle size distributions and gas-particle partitioning of polychlorinated dibenzo-p-dioxins and dibenzofurans in ambient air during haze days and normal days. The Science of the Total Environment, 2016, 573: 876-882.

[10] Hoek G, Raaschou-Nielsen O. Impact of fine particles in ambient air on lung cancer. Chinese Journal of

[11] Tillett T. Hearts over time: Cardiovascular mortality risk linked to long-term $PM_{2.5}$ exposure. Environmental Health Perspectives, 2012, 120: A205.

[12] Yang L L, Liu G R, Zheng M H, Jin R, Zhu Q Q, Zhao Y Y, Wu X L, Xu Y. Highly elevated levels and particle-size distributions of environmentally persistent free radicals in haze-associated atmosphere. Environmental Science & Technology, 2017, 51: 7936-7944.

[13] Kiruri L W, Khachatryan L, Dellinger B, Lomnicki S. Effect of copper oxide concentration on the formation and persistency of environmentally persistent free radicals(EPFRs) in particulates, Environmental Science & Technology, 2014, 48: 2212-2217.

[14] Dellinger B, Lomnicki S, Khachatryan L, Maskos Z, Hall R W, Adounkpe J, McFerrin C, Truong H. Formation and stabilization of persistent free radicals. Proceedings of the Combustion Institute, 2007, 31: 521-528.

[15] Lomnicki S, Dellinger B. A detailed mechanism of the surface-mediated formation of PCDD/F from the oxidation of 2-chlorophenol on a CuO/silica surface. The Journal of Physical Chemistry A, 2003, 107: 4387-4395.

[16] Yang L L, Liu G R, Zheng M H, Zhao Y Y, Jin R, Wu X L, Xu Y. Molecular mechanism of dioxin formation from chlorophenol based on electron paramagnetic resonance spectroscopy. Environmental Science & Technology, 2017, 51: 4999-5007.

[17] Lomnicki S, Truong H, Vejerano E, Dellinger B. Copper oxide-based model of persistent free radical formation on combustion-derived particulate matter. Environmental Science & Technology, 2008, 42: 4982-4988.

[18] Mahne S, Ghuang G C, Pankey E, Kiruri L, Kadowitz P J, Dellinger B, Varner K J. Environmentally persistent free radicals decrease cardiac function and increase pulmonary artery pressure. American Journal of Physiology-heart and Circulatory Physiology, 2012, 303: 1135-1142.

[19] Khachatryan L, Dellinger B. Environmentally persistent free radicals(EPFRs)-2. Are free hydroxyl radicals generated in aqueous solutions? Environmental Science & Technology, 2011, 45: 9232-9239.

[20] Balakrishna S, Lomnicki S, McAvey K M, Cole R B, Dellinger B, Cormier S A. Environmentally persistent free radicals amplify ultrafine particle mediated cellular oxidative stress and cytotoxicity. Particle and Fibre Toxicology, 2009, 6: 11.

[21] Vejerano E, Lomnicki S, Dellinger B. Formation and stabilization of combustion-generated environmentally persistent free radicals on an Fe(III)(2)O-3/silica surface. Environmental Science & Technology, 2011, 45: 589-594.

[22] Liu G R, Zhan J Y, Zheng M H, Li L, Li C, Jiang X X, Wang M, Zhao Y Y, Jin R. Field pilot study on emissions, formations and distributions of PCDD/Fs from cement kiln co-processing fly ash from municipal solid waste incinerations. Journal of Hazardous Materials, 2015, 299: 471-478.

[23] Liu G R, Lv P, Jiang X X, Nie Z Q, Zheng M H. Identifying iron foundries as a new source of unintentional polychlorinated naphthalenes and characterizing their emission profiles. Environmental Science & Technology, 2014, 48: 13165-13172.

[24] Dreher K L, Jaskot R H, Lehmann J R, Richards J H, McGee J K, Costa D L. Soluble transition metals mediate residual oil fly ash induced acute lung injury. Journal of Toxicology and Environmental Health, 1997, 50: 285-305.

[25] Zhou X C, Xu W L, Liu G K, Panda D, Chen P. Size-dependent catalytic activity and dynamics of gold nanoparticles at the single-molecule level. Journal of the American Chemical Society, 2010, 132: 138-146.

[26] Liu C, Shi S S, Weschler C, Zhao B, Zhang Y P. Analysis of the dynamic interaction between SVOCs and airborne particles. Aerosol Science and Technology, 2013, 47: 125-136.

[27] Qu X L, Wang X R, Zhu D Q. The partitioning of PAHs to egg phospholipids facilitated by copper and proton binding via cation-pi interactions. Environmental Science & Technology, 2007, 41: 8321-8327.

[28] Patterson M C, Keilbart N D, Kiruri L W, Thibodeaux C A, Lomnicki S, Kurtz R L, Poliakoff E D, Dellinger B, Sprunger P T. EPFR formation from phenol adsorption on Al_2O and TiO: EPR and EELS studies. Chemical Physics, 2013, 422: 277-282.

[29] Froese K L, Hutzinger O. Mechanisms of the formation of polychlorinated benzenes and phenols by heterogeneous reactions of C-2 aliphatics. Environmental Science & Technology, 1997, 31: 542-547.

[30] Jia H Z, Nulaji G, Gao H W, Wang F, Zhu Y Q, Wang C Y. Formation and stabilization of environmentally persistent free radicals induced by the interaction of anthracene with Fe(III)-modified clays. Environmental Science & Technology, 2016, 50: 6310-6319.

[31] Nwosu U G, Khachatryan L, Youm S G, Roy A, Dela Cruz A L N, Nesterov E E, Dellinger B, Cook R L. Model system study of environmentally persistent free radicals formation in a semiconducting polymer modified copper clay system at ambient temperature. RSC Advances, 2016, 6: 43453-43462.

[32] Jia H Z, Zhao S, Nulaji G, Tao K L, Wang F, Sharma V K, Wang C Y. Environmentally persistent free radicals in soils of past coking sites: Distribution and stabilization. Environmental Science & Technology, 2017, 51 (11): 6000-6008.

[33] Vejerano E, Lomnicki S M, Dellinger B. Formation and stabilization of combustion-generated, environmentally persistent radicals on Ni(II)O supported on a silica surface. Environmental Science & Technology, 2012, 46: 9406-9411.

[34] Yang L L, Liu G R, Zheng M H, Jin R, Zhao Y Y, Wu X L, Xu Y. Pivotal roles of metal oxides in the formation of environmentally persistent free radicals. Environmental Science & Technology, 2017, 51: 12329-12336.

[35] Farquar G R, Alderman S L, Poliakoff E D, Dellinger B. X-ray spectroscopic studies of the high temperature reduction of Cu(II)O by 2-chlorophenol on a simulated fly ash surface. Environmental Science & Technology, 2003, 37: 931-935.

第6章 基于稳定同位素分馏的颗粒污染物行为和来源示踪方法

在自然环境中，物质的同位素组成记录了物质的来源和经历的某些环境过程，是自然界中物质的天然指纹。稳定同位素技术是基于物质的稳定同位素组成和同位素分馏机理去追溯物质的来源和某些特定环境过程的技术。随着同位素分析技术的不断发展，尤其是多接收器电感耦合等离子体质谱（MC-ICP-MS）的发明应用，越来越多的同位素可以被准确测量，同时，稳定同位素分馏理论也逐渐完善，促使稳定同位素技术在环境地球化学领域进入了飞速发展时期。本章主要介绍了稳定同位素技术的理论基础，以及稳定同位素技术在颗粒污染物溯源应用中的若干研究进展[1-5]。

6.1 稳定同位素技术理论基础及典型环境应用

稳定同位素技术的发展已经经历了一百多年的历史。早在1913年，Thomas等用磁分析器分离出质量数为20和22的两种氖元素的同位素，首次证实了同位素的存在。1932年，Urey等发现了氘同位素[6]，并因此获得了诺贝尔奖。在20世纪40年代，稳定同位素理论得到了开拓性研究，例如Urey提出了一些同位素分馏的理论和"同位素古温度"的概念[7,8]，大大促进了稳定同位素理论的发展。到了近代，Walder等于1993年首次开发了基于多接收器电感耦合等离子体质谱（MC-ICP-MS）的同位素分析方法[9,10]。自此，更多的金属类同位素进入人们的视野，进而促使同位素技术在地质学、生态学和环境化学等领域进入了快速发展的时期。同时，随着同位素技术的不断发展，稳定同位素理论逐渐完善，包括基本概念和同位素分馏理论等。

6.1.1 同位素理论基本概念

原子是由质子、中子和核外电子组成。具有相同质子数、不同中子数的一组原子称为同位素，它们处于元素周期表的同一位置，但却具有不同的质量数，详细信息见图6-1[11]。同位素之间虽然具有相似的物理化学性质，但其反应活性和理化性质也会因质量数的不同而存在轻微的差异，导致反应前后"同位素分馏"的发生（在"稳定同位素分馏"部分详细介绍）。同位素可分为两大类：放射性同位素和稳定同位素，是以是否存在放射性行为进行区分的。其中，大部分稳定同位素是天然存在的，也有一小部分是由放射性同位素经过放射性衰变而来，例如放射性元素^{87}Rb可以衰变为稳定元素^{87}Sr。目前，氢（H）、碳（C）、氮（N）、氧（O）、硫（S）等轻质量数元素已经开展了数十年的研究，建立了成熟的同位素分析方法，通常被人们称为传统稳定同位素。近些年，同位素分析技术得到了快速发展，更多元素的同位素组成可以被准确测量，因此人们又提出了"非传统稳定同位素"这一概念，用来代表传统稳定同位素（H、C、O、N 和 S）之外的其他元素，例如过渡元素和重金属元素等同位素[12]。

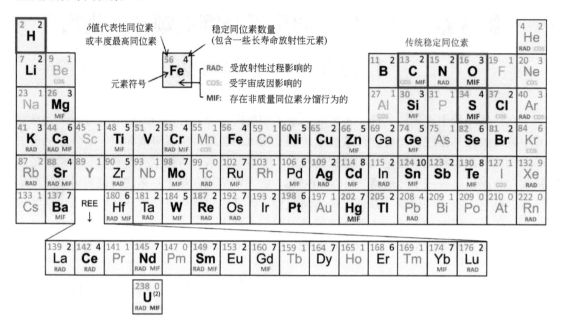

图 6-1　包含与稳定同位素研究相关内容的元素周期表[11]

6.1.2　稳定同位素分馏

由于存在微小的物理化学性质差异，不同质量数的同位素在反应中具有不同的反应速度，进而导致它们以不同比例分配到不同物质或物相中，这一现象即为稳定同位素分馏。根据反应机理的不同，稳定同位素分馏可以分为动力学分馏和热力学分馏。动力学分馏一般发生在未达到浓度平衡的反应过程中，例如：蒸发、冷凝、扩散和各种生物化学反应等过程。在反应中，由于具有较低的零点能，轻同位素具有较快的反应速度，因此优先富集在产物中。热力学分馏又称为热力学平衡分馏，通常发生在平衡反应中，主要受到系统中热力学因素的驱动，例如熵、焓和内能等。发生热力学分馏时，重同位素优先富集在"更强的成键环境中"，例如更高的氧化态、更低的配位数和更短的键长等。动力学分馏和热力学分馏一般都符合质量依赖效应，称为质量依赖分馏（MDF）。但一些特殊的效应，例如核体积效应和磁效应，可以导致稳定同位素分馏偏离质量依赖效应，即发生非质量依赖分馏（MIF）。目前，稳定同位素分馏被视为一种高精准的示踪工具，已经被广泛应用于地质学、生态学和环境化学等领域的研究中。

6.1.3　稳定同位素的描述

物质的同位素组成可以用同位素比率 R（重同位素丰度/轻同位素丰度）来表示，但为了更直观地反映同位素组成的微小变化，同时为了便于比较，物质的同位素组成更常用 δ

值（参比于同位素标准物质的相对千分差）表示，即

$$\delta^x E = \left(\frac{(^xE/^yE)_{样品}}{(^xE/^yE)_{标准物质}} - 1 \right) \times 1000‰ \quad (6\text{-}1)$$

其中，E 代表某种化学元素，x 和 y 分别代表该元素两种同位素的质量数。此外，非质量依赖分馏的程度是以物质的同位素组成偏离质量分馏线的大小来表示，即

$$\Delta^y E = \delta^{x/y} E - \beta_{MDF} \times \delta^{y/z} E \quad (6\text{-}2)$$

其中，Δ 表示该元素的质量依赖分馏和非质量依赖分馏之间的偏差，E 代表某种化学元素，δ 表示该元素相对于标准参考物质的同位素组成，y 代表该元素存在非质量分馏的同位素，x 和 z 代表该元素描述质量分馏线的两种同位素，β_{MDF} 代表该元素质量分馏线的斜率。

6.1.4 稳定同位素技术在环境地球化学研究中的典型应用

稳定同位素技术在环境地球化学研究中显示出广阔的应用前景。在天然存在的稳定元素中，大部分元素都具有两种以上的同位素，这些元素都适合进行稳定同位素技术研究。其中，氢、碳、氮、氧、硫等轻质量数元素开发最早，被称为传统稳定同位素。经过数十年的发展，传统稳定同位素已经建立了成熟的分析方法，较为系统的理论体系，并在环境地球化学研究中得到了广泛应用，例如在生态学领域，传统稳定同位素技术可以研究动植物对全球变化和环境胁迫的响应以及重建古气候和古生态过程等[13-18]。然而由于分析手段的限制，长期以来，其他元素（汞、铅、锂、镁、钙、硅、铁、铜、锌等）的同位素组成很难测准，无法反映其同位素组成的自然变化，这些元素通常被称为非传统稳定同位素。近年来，随着 MC-ICP-MS 的发明应用，更多的非传统稳定同位素组成可以被准确测量。同时，非传统稳定同位素分馏机理研究和环境储库同位素组成的调查也不断获得新的进展[19]，有力地推动了稳定同位素技术在各个环境地球化学领域的快速发展，例如在地质学领域，天体、大气圈、岩石圈和海洋中各种元素的稳定同位素组成和变化规律已经被广泛研究，使稳定同位素技术成为示踪元素地球化学循环的重要手段[19-23]；在环境化学领域，铅、汞、锌、镉等非传统稳定同位素本身就是典型的环境重金属污染物，因此稳定同位素技术在示踪典型环境污染物来源方面具有独特的优势，并得到了快速应用和发展[24-33]。

稳定同位素技术在环境地球化学示踪研究中有两方面的典型应用，分别是来源示踪和过程示踪[11]。来源示踪依据的是不同储库具有不同的同位素组成特征。如果两个不同储库的同位素组成具有一定的差异，混合后，可通过二元同位素混合模型定量估算他们对未知样品的贡献大小，如下所示：

$$\delta_{sample} = \delta_{pool\text{-}A} \times f_{pool\text{-}A} + \delta_{pool\text{-}B} \times f_{pool\text{-}B} \quad (6\text{-}3)$$

$$f_{pool\text{-}A} + f_{pool\text{-}B} = 1 \quad (6\text{-}4)$$

其中，δ 代表同位素组成，f 代表不同储库的贡献比重因子。如果未知样品有多个来源，则需要相应的多元同位素混合模型进行定量计算。需要注意的是，在应用同位素混合模型前，

需要评估同位素分馏效应对样品同位素组成的影响。同位素混合模型的应用已经非常广泛，例如基于同位素混合模型定量推算法国塞纳河中锌污染的来源[34]，基于汞同位素混合模型研究大气中汞的来源和迁移转化[35, 36]。

过程示踪指的是基于同位素分馏特征来反推发生的物理化学过程，主要依据的是不同过程对应着不同的同位素分馏规律，比如动力学过程中，产物优先富集轻同位素；在平衡反应中，重同位素优先富集在"更强的成键环境中"等。有研究人员基于银纳米颗粒在不同环境过程中的同位素分馏效应，揭示了银纳米颗粒在自然水体中的转化途径与机理[2]。此外，基于稳定同位素技术的过程示踪可以排除过程中发生的浓度稀释效应，比如地下水中镉浓度减低，可能是被未污染的地下水稀释了或是污染源排放发生了变化，通过测定地下水的镉同位素组成，可以准确判断地下水中镉浓度降低的原因[37]。进一步，结合瑞利分馏模型，可以定量计算反应过程进行的程度，如下所示：

$$\delta_{\text{reactant}} = \delta_0 + \varepsilon \ln f \tag{6-5}$$

$$\delta_{\text{cum.product}} = \delta_0 + \varepsilon \ln f - \frac{\varepsilon \ln f}{1-f} \tag{6-6}$$

其中，δ_0、δ_{reactant} 和 $\delta_{\text{cum.product}}$ 分别代表初始反应物、剩余反应物和累积产物的同位素组成，ε 代表同位素分馏系数，f 代表剩余反应比例。因此，通过测量实验中初始反应物和反应产物的同位素组成（δ_0 和 $\delta_{\text{cum.product}}$），然后根据对应过程的同位素分馏系数（$\varepsilon$），就可以推算出反应发生的程度（$1-f$）。但是，目前很多重要过程的同位素分馏系数依然缺乏，因此需要更多的实验室工作去测量不同元素在不同过程中的同位素分馏系数，以满足复杂实际环境中过程示踪的需要。

6.2 基于硅稳定同位素的大气污染成因和来源解析

随着城镇化和经济的快速发展，我国出现了严重的大气污染问题[38, 39]。大气细颗粒物（$PM_{2.5}$）是造成大气污染的主要因素，对环境和人体健康都有显著的负面影响[40-43]。大气颗粒物可以由一次污染源直接排放（一次颗粒物）或二次前体物（二氧化硫、氮氧化物、氨气和挥发性有机物等）经过复杂的大气光化学过程转化而来（二次颗粒物）[44, 45]。大气细颗粒物的成因和来源非常复杂，导致目前对我国区域性重度雾霾的成因解析仍然存在诸多争议。目前，硅稳定同位素在硅元素地球化学循环研究中得到了广泛应用[19, 46]，然而其他应用却鲜有报道。中科院生态环境研究中心首次将硅稳定同位素作为一种新型大气污染示踪剂应用于 $PM_{2.5}$ 的成因和来源研究中[1, 3]。

6.2.1 硅稳定同位素指纹示踪大气细颗粒物的一次来源

1. $PM_{2.5}$ 中硅元素的浓度和同位素组成

研究人员采集了2003和2013年北京地区的 $PM_{2.5}$ 样品，系统研究了不同季节 $PM_{2.5}$ 中硅元素的浓度和同位素组成。2013年北京地区经历了非常严重的大气污染，平均 $PM_{2.5}$ 浓度为106.4μg/m³，峰值浓度达到了530μg/m³。其中，相比于夏季和秋季，春季和冬季雾霾发生的频率更高，这可能与北方地区供暖季的供暖活动有关。此外，硅元素广泛存在于大气颗粒物中，其浓度一般可以达到 1.0μg/m³ 以上。与 PM$_{2.5}$ 浓度不同的是，硅浓度和硅丰度（硅元素的质量占 PM$_{2.5}$ 质量的百分比）并没有出现明显的季节性变化特征。而对于硅同位素而言，2003 和 2013 年都出现了相同的季节性变化规律，即相对于夏季和秋季，春季和冬季 PM$_{2.5}$ 中的硅元素显著富集轻同位素。

2. PM$_{2.5}$ 主要污染源中硅元素的浓度和同位素组成

为了通过硅元素将 PM$_{2.5}$ 与污染源联系起来，研究人员从北京周边地区采集了 7 种主要的 PM$_{2.5}$ 一次污染源样品，并分析了其中硅元素的浓度和同位素组成。结果显示，硅元素广泛存在于各个一次污染源样品中，但其丰度在不同污染源中差异很大（图 6-2a）。土壤尘、建筑尘和城市扬尘属于高丰度污染源，硅丰度超过 10%。燃煤粉尘中硅含量稍低，达到 8.1%。而生物质燃烧源、工业排放源和汽车尾气源属于低丰度污染源，硅丰度小于 1%。

更重要的是，这些污染源都具有不同的硅同位素组成特征，满足基于硅同位素示踪 PM$_{2.5}$ 来源的前提条件。如图 6-2b 所示，燃煤排放源和工业排放源显著富集轻同位素，δ^{30}Si 分别为-0.9‰～-1.8‰（n=11）和-1.2‰～-3.4‰（n=8）。土壤尘、建筑尘和城市扬尘中硅同位素组成居中，δ^{30}Si 的分布范围为-1.0‰～0.5‰（n=64）。此外，生物质燃烧源也有类似的 δ^{30}Si 分布（-0.9‰～0.1‰，n=10）。而汽车尾气排放的颗粒物中 δ^{30}Si 值最大（0.8‰～1.2‰，n=3），显著富集重同位素。

此外，硅稳定同位素在大气传输过程中不易发生同位素分馏，能够保留一次污染源的同位素指纹信息。污染源排放的一次颗粒物进入到大气中，会经过复杂的大气化学过程[39, 47]。在这个过程中，碳、氢、氧、氮等传统稳定同位素由于具有较高的反应活性，很容易发生同位素分馏，从而丢失一次污染源的同位素指纹信息。与传统稳定同位素不同的是，以往的研究证明硅同位素在这一方面具有一定的优势：一方面由于硅元素在大自然只有一个价态（+4），成键环境单一（硅氧四面体），不利于同位素分馏的发生[46]；另一方面，硅元素具有较低的反应活性。因此，理论上硅稳定同位素能够较好地保留一次污染源的同位素指纹信息。

3. 硅稳定同位素示踪 PM$_{2.5}$ 的一次来源

由于各类污染源具有不同的硅同位素指纹特征，且在大气传输过程中硅同位素不易发生同位素分馏，因此 PM$_{2.5}$ 中的硅同位素组成可以直接反映一次污染源的变化。2003 和 2013 年，相比于夏季和秋季，春季和冬季 PM$_{2.5}$ 中硅同位素组成显著偏负（期间所有的月均 δ^{30}Si<-1.0‰），说明在春季和冬季，燃煤排放源（-1.2‰～-3.4‰，图 6-2b）和工业排放源（-0.9‰～-1.8‰，图 6-2b）的贡献比重明显增加。此外，考虑到工业源的四季排放相对稳定，所以燃煤排放源可能是春季和冬季雾霾频发的主要贡献源，这也与北方供暖季供暖导致燃煤需求量激增的情况相符。

此外，硅丰度和硅同位素组成与 PM$_{2.5}$ 浓度之间存在一定的相关性。PM$_{2.5}$ 中硅丰度与 PM$_{2.5}$ 浓度存在明显的负相关关系。如果将污染分为三个等级（PM$_{2.5}$<100μg/m³，100～200μg/m³，和>200μg/m³），可以清楚地发现，重度雾霾期间（PM$_{2.5}$>200μg/m³），硅丰度显著降低。同样地，δ^{30}Si 也随着 PM$_{2.5}$ 浓度增加而减小。此外，在重度雾霾期间，δ^{30}Si 明显变小，说明贫 ^{30}Si 的污染源贡献比重增加，例如燃煤排放源（-1.2‰～-3.4‰，图 6-2b）

和工业排放源（-0.9‰~-1.8‰，图 6-2b）。

进一步，根据硅丰度和硅同位素组成的协同变化可以解析典型雾霾事件的成因。在 2013 年 2 月 23~25 日，34h 内北京市 $PM_{2.5}$ 浓度从 42.7μg/m³ 迅速飙升到 401.4μg/m³，属于一起典型的雾霾爆发性增长事件。然而在这个过程中，硅丰度和硅同位素组成却没有出现显著变化，说明 $PM_{2.5}$ 的一次污染源并没有发生显著变化，进而可以推断二次颗粒物爆发性增长可能是这次雾霾事件的主要成因。在第二起典型雾霾事件中（5 月 6~7 日），硅丰度急剧增加，硅同位素组成迅速接近几类天然源的同位素组成（土壤尘、建筑尘和城市扬尘），说明这一阶段的大气颗粒物可能主要来自于这些高硅丰度的一次污染源。

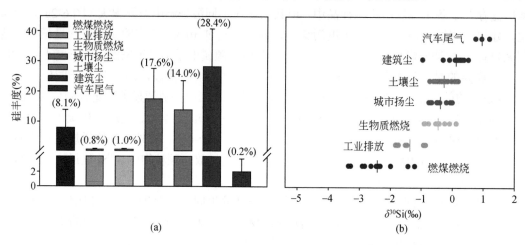

图 6-2　$PM_{2.5}$ 各个一次污染源的硅丰度（a）和稳定同位素组成（b）[1]

6.2.2　硅元素用于评估细颗粒物中二次源贡献

1. 硅在颗粒物二次生成中的化学惰性

目前，大气污染中二次颗粒物的贡献比重很大[38]，但由于分析手段的限制，对二次颗粒物的评估主要依赖于对铵盐、硝酸盐、硫酸盐和二次有机碳等主要二次组分的分析，定量误差较大[48,49]。研究人员发现，作为一种气溶胶化学研究中的新型惰性示踪剂，硅元素可以用于定量评估二次颗粒物贡献，从而为大气二次污染的研究提供一种新的手段[3]。

硅元素在自然界中只有一个价态（+4），成键环境单一（硅氧四面体），因此本身具有较高的化学惰性。此外，在雾霾爆发性增长阶段存在明显的硅稀释效应，即硅丰度随着 $PM_{2.5}$ 浓度增加而急剧降低，如示意图 6-3a 所示。因此，作为一种惰性示踪剂，硅元素可以通过其在雾霾期伴生的稀释效应来定量评估二次颗粒物贡献。该方法成立的前提是 $PM_{2.5}$ 中硅元素全部来自于一次颗粒物，且大气环境中的有机硅转化和干沉降对 $PM_{2.5}$ 中硅丰度的影响可以忽略。为了证明以上观点，研究人员首先分析了 2013 年北京地区 $PM_{2.5}$ 中的硅浓度与二次气溶胶的主要组分（SO_4^{2-}、NO_3^-、NH_4^+ 和 SOC）和二次前体物（SO_2、NO_2）的相关性，发现它们之间并没有相关性，证明了 $PM_{2.5}$ 中的硅浓度并没有受到二次气溶胶生成的影响，即 $PM_{2.5}$ 中的硅元素主要来自于一次颗粒物。

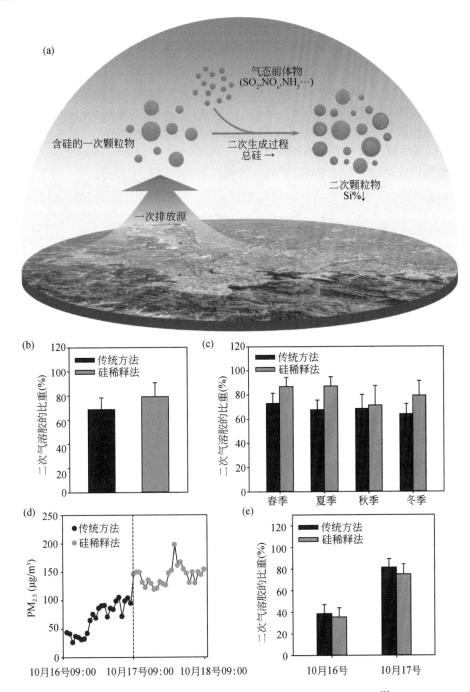

图 6-3 硅稀释法和传统方法估算二次污染比重结果对比[3]

(a) 含硅元素的二次生成过程示意图;(b) 2013 年北京地区二次气溶胶年平均贡献对比;(c) 2013 年北京地区二次气溶胶四季平均贡献对比;(d, e), 典型雾霾事件二次气溶胶贡献对比

此外,有研究报道了大气中的气态有机硅可以通过羟基自由基氧化转化成二次颗粒物[50, 51],进而影响到 $PM_{2.5}$ 中的硅丰度。需要指出的是,气态有机硅转化需要气态有机硅

和羟基自由基的同时参与[52]。而在华北地区，已有研究表明大气中羟基自由基的浓度极低[53]，因此，可以推测在北京地区气态有机硅转化为二次含硅颗粒的可能性极低。干沉降存在明显的粒径依赖效应，即大气中粗颗粒的沉降速度要比细颗粒的快。但有报道指出，在大气颗粒物粒径小于 2.5μm 范围内，硅丰度并未随着粒径变化而发生明显变化[54]，说明干沉降并不会影响 $PM_{2.5}$ 中的硅丰度。综上，有机硅转化和干沉降均不会显著影响 $PM_{2.5}$ 中的硅丰度，从而证明了硅稀释效应可以用于定量估算二次颗粒物贡献。

2. 硅稀释法估算二次气溶胶的计算

在二次颗粒物生成过程中 $PM_{2.5}$ 中硅丰度保持不变的情形下，有：

$$m_{PM_{2.5}} = m_{pri} + m_s \tag{6-7}$$

$$Si_{PM_{2.5}} = m_{PM_{2.5}} \times C_{PM_{2.5}} = m_{pri} \times C_{pri} \tag{6-8}$$

其中，$m_{PM_{2.5}}$、m_{pri} 和 m_s 分别代表 $PM_{2.5}$、一次颗粒物和二次颗粒物的质量。$Si_{PM_{2.5}}$ 代表 $PM_{2.5}$ 中硅元素的质量，$C_{PM_{2.5}}$ 和 C_{pri} 分别代表 $PM_{2.5}$ 和一次颗粒物中的硅丰度。因此，二次气溶胶占 $PM_{2.5}$ 的比重（f_s）可以计算出：

$$f_s = \frac{m_s}{m_{PM_{2.5}}} = 1 - \frac{C_{PM_{2.5}}}{C_{pri}} \tag{6-9}$$

其中，$C_{PM_{2.5}}$ 可以由采集的 $PM_{2.5}$ 样品直接测量得出。C_{pri} 可以由各个污染源的硅丰度和对应污染源的排放量计算得到，其中部分污染源的排放量是通过中国多尺度排放清单模型（Multi-Resolution Emission Inventory for China，MEIC）获得，而其他两类排放源（生物质燃烧源和城市尘源）需要进一步结合同位素平衡模型计算得到。在该研究中，$PM_{2.5}$ 中年平均硅丰度（$C_{PM_{2.5}}$）为 1.56%。理论上排放源的平均硅丰度（C_{pri}）为 7.51%，因此计算得到 2013 年二次气溶胶占 $PM_{2.5}$ 的平均比重为 79.2%（图 6-3b）。此外，通过比较发现，硅稀释法获得的二次气溶胶比重与传统方法得到的结果非常接近 [图 6-3（b~e）]，进一步证明了这一方法的可靠性。

准确识别 $PM_{2.5}$ 的来源是大气颗粒物污染控制的前提。硅稳定同位素作为一种新型溯源手段，被首次报道可以用于识别 $PM_{2.5}$ 的来源。研究发现各类一次污染源具有不同的硅同位素组成指纹特征，此外，在大气传输过程中，硅同位素不易发生同位素分馏，能够较好地保留一次污染源的同位素指纹信息，因此 $PM_{2.5}$ 中硅同位素组成变化可以直接反映一次污染源的变化。此外，二次颗粒物的生成可以产生显著的硅稀释效应，基于此，可以定量评价二次颗粒物贡献，这一方法为大气二次污染提供了一种新的研究手段。研究显示，燃煤燃烧源和二次污染是造成北京地区雾霾频发的重要原因，应进行优先管控。

6.3 硅/氧双同位素指纹示踪 SiO_2 颗粒物的来源

随着纳米材料的广泛应用，越来越多的纳米材料将会进入到自然环境中，对人体健康和生态环境造成一定的潜在危害[55]。同时，自然环境中存在着大量的天然纳米颗粒物[56]。人工合成的纳米颗粒与天然纳米颗粒具有高度的相似性，因此很难进行来源甄别[57-59]。由于分析方法的限制，目前细颗粒的来源甄别主要依赖形貌和元素组成表征，尚未建立明确的判别标准。中科院生态环境研究中心基于硅/氧双同位素指纹，建立了一种甄别不同来源 SiO_2 颗粒的方法，从而为复杂环境中细颗粒的溯源提供了一种新的手段[4]。

6.3.1 不同来源 SiO_2 颗粒的表征

目前，SiO_2 是全球生产量最大的纳米材料，作为添加剂广泛应用于食品、医药和材料等领域，其毒理学效应也逐渐引起人们的关注。另外，自然界中存在大量的天然二氧化硅颗粒，主要是以石英晶体和各种生物来源组分的形势存在。研究人员推测，SiO_2 纳米颗粒的工业合成过程可能导致同位素分馏效应，进而改变人为源 SiO_2 的同位素组成，基于此，可以实现二氧化硅的来源甄别。为了验证这个假设，研究人员选择了石英颗粒（地质源）和硅藻土颗粒（生物源）作为天然源 SiO_2 的典型代表，3 种不同方法合成的工程 SiO_2 纳米颗粒（沉淀法、凝胶法和气相法）作为人为源 SiO_2 的典型代表进行实验。研究人员首先对不同来源的 SiO_2 进行了物化性质表征，结果显示由于高度相似性，形貌表征（SEM 和 TEM）、晶体结构表征（XRD）和元素组成表征（SEM-EDX）均无法用于甄别天然来源和人为来源的 SiO_2 颗粒。

6.3.2 不同来源 SiO_2 颗粒中硅和氧稳定同位素组成

相对于石英颗粒和硅藻土颗粒，工程 SiO_2 纳米颗粒的硅同位素组成明显偏负，且具有较宽的分布范围（图 6-4a）。对于氧同位素组成而言，工程 SiO_2 纳米颗粒处于石英颗粒和硅藻土颗粒之间。尽管天然源和人为源 SiO_2 的硅和氧同位素组成具有一定的差异，但也存在较大的重叠区间。进一步，研究人员建立了硅/氧二维同位素指纹识别图谱 [图 6-4（e, f）]，发现石英颗粒、硅藻土颗粒和工程 SiO_2 纳米颗粒可以被划分到 3 个独立的区域（以 $\delta^{18}O=13‰$ 和 $\delta^{30}Si=0.1‰$ 为界），从而实现人为源和天然源 SiO_2 颗粒的甄别。此外，不同合成方法和厂家来源的工程 SiO_2 纳米颗粒中硅和氧同位素组成也存在一定的差异，说明基于硅/氧二维同位素指纹可以进一步识别工程 SiO_2 纳米颗粒的不同合成方法和生产厂家。

为了实现定量分析，研究人员基于机器学习（latent Dirichlet allocation，LDA）模型计算了每一个样品的归一化来源判别概率 [图 6-4（g, h）]，并根据最大判别概率值对样品进行来源归类。结果显示，LDA 模型对人为源和天然源 SiO_2 颗粒判别正确率达到了 93.3%，说明该方法在甄别人为源和天然源 SiO_2 颗粒上具有显著的优势。

进一步，研究人员分析了人为源和天然源 SiO_2 颗粒同位素组成出现差异的原因。工程 SiO_2 纳米颗粒的合成工艺涉及复杂的物理化学过程，包含单质硅、硅酸钠、正硅酸乙酯等多个重要反应中间体，但原材料主要是天然源石英颗粒。对于硅同位素而言，产物相对于原材料优先富集轻同位素，说明合成过程伴生的动力学分馏是导致同位素变化的主要原因。与硅同位素不同的是，相比于原材料，产物的氧同位素显著富集重同位素，可能是由于部分工业中间体的使用（如氢氧化钠、乙醇和氧气等）引入了外源氧原子造成的。

准确识别环境中细颗粒来源是进行细颗粒毒理学评价的重要前提。研究结果显示，基于硅/氧二维同位素指纹可以甄别人为源和天然源 SiO_2 颗粒。此外，硅/氧二维同位素指纹可以进一步识别工程 SiO_2 颗粒的合成方法和厂家来源。通过对工程 SiO_2 颗粒合成工艺的研究，可以推断动力学分馏和工艺中间体的差异可能是导致人为源和天然源 SiO_2 同位素组成出现差异的原因。该方法首次证明了天然同位素指纹可以识别纳米颗粒物的来源，从而为复杂环境中纳米颗粒物的溯源研究提供了强有力的工具。

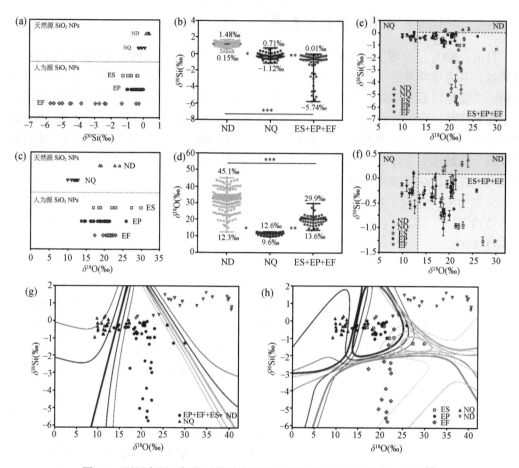

图 6-4　不同来源二氧化硅的硅和氧稳定同位素组成和机器学习模型[4]

(a~d)，不同来源二氧化硅组分的硅和氧同位素组成，其中 (b) 和 (d) 中包含文献中的数据；(e, f)，硅和氧二维同位素指纹图谱，其中 (f) 是 (e) 的细节放大图；(g, h)，机器模型分类图：三类 (g) 和五类 (h)。EP、EF 和 ES 分别代表沉淀法、气相法和凝胶法合成的工程二氧化硅，NQ 和 ND 分别代表天然石英晶体和天然硅藻土，*$P<0.05$，**$P<0.01$，*$P<0.001$

6.4　银同位素分馏在纳米银转化机制及溯源研究中的应用

纳米银独有的杀菌作用，使其成为应用最广的纳米颗粒物[60]。随着使用量的增加，更多的纳米银将会进入到环境中。此外，很多研究报道了天然纳米银的生成过程，即银离子可被自然水体中的溶解性有机物（dissolved organic matter，DOM）还原成零价的纳米银[61, 62]。目前，已经有证据表明纳米银对人体健康和生态系统功能具有一定的潜在危害[61, 63]。但是，由于受到分析手段的限制，目前针对纳米银的研究主要依赖于浓度和粒径表征，很难准确示踪纳米银在自然环境中的迁移转化过程。中科院生态环境研究中心发现了纳米银在自然水体中的转化过程伴随着显著的同位素分馏效应，并进一步将银同位素分馏应用于自然水体中纳米银的转化机制及溯源研究[2, 5]。

6.4.1 银同位素分馏示踪纳米银转化过程的实验设计

目前，纳米材料在自然环境中的来源与归趋研究主要依赖于粒径、浓度和元素组成表征，研究手段相对缺乏，很难准确示踪纳米材料在自然界中的迁移转化过程。对于纳米银而言，一方面自然界中银同位素组成存在微小的变化[64]；另一方面，作为一种典型纳米材料，纳米银在环境中存在多种转化过程[65, 66]。基于此，研究人员提出假设：纳米银在自然界中的转化过程会造成同位素分馏效应，进一步基于银同位素分馏可以示踪纳米银的环境过程。如图 6-5 所示，为了验证这个假设，研究人员研究了纳米银在自然水体中的两个可逆过程：银离子被 DOM 还原成纳米银和纳米银溶解释放银离子。同时，还研究了两个共存过程：纳米银物理吸附银离子和银离子还原成零价银沉淀（银盐光解）。基于这些过程中发生的银同位素分馏效应，可以示踪纳米银在自然水体中发生的转化过程。

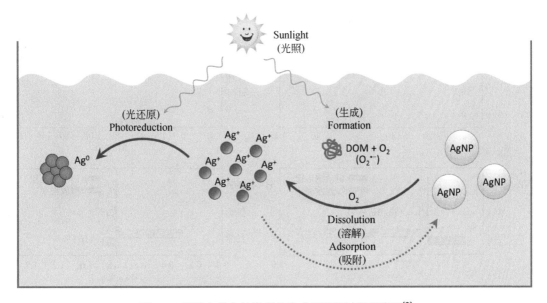

图 6-5　天然水体中纳米银的生成和溶解过程示意图[2]

6.4.2 自然水体中纳米银转化过程伴随的银同位素分馏效应

纳米银在自然水体中存在两个可逆过程：纳米银的生成和溶解，但这两个过程出现了不同的同位素分馏效应。在自然水体中，银离子可以被 DOM 快速还原成纳米银，值得一提的是，该实验证明了真实环境浓度（nmol）的银离子也可以发生转化。具体地，纳米银可在不同腐殖酸（humic acid，HA）浓度下转化为球形的纳米银，且 HA 浓度越高，转化率越高。没有 HA 时，银离子转化率为零，说明了 DOM 的存在是银离子转化为纳米银的必要条件。尽管不同 HA 浓度下纳米银的产率不同，但同位素分馏效应是相同的，即相比于溶液中剩余的银离子,生成的纳米银一致富集重同位素 ^{109}Ag。此外,研究人员发现,一些其他条件并不会显著改变纳米银生成过程中发生的同位素分馏效应,例如光照和黑暗、反应物的差异(AgClO$_4$ 和 AgNO$_3$)等。

其次,纳米银在自然水体中会发生溶解释放出银离子,这一过程同样伴随着显著的同位素分馏效应。如[图 6-6(a,b)]所示,大约 48h 内纳米银的溶解过程即可达到平衡,其中,不同包裹剂[聚乙烯吡咯烷酮(polyvinyl pyrrolidone,PVP)和腐殖酸(HA)]、光照和黑暗等条件都会对纳米银的溶解率产生影响,说明这些因素都会影响纳米银的溶解过程。研究人员进一步研究了这些因素对该过程中银同位素分馏的影响。如图 6-6(c,d)所示,一方面,在黑暗条件下,PVP 和 HA 包裹的纳米银在溶解过程中并未发生显著的同位素分馏现象,说明黑暗条件并未影响溶解过程的同位素分馏效应;另一方面,在光照条件下,PVP 和 HA 包裹的纳米银在溶解过程中出现了不同的同位素分馏方向,即 PVP 包裹的纳米银倾向于释放重同位素 ^{109}Ag,而 HA 包裹的纳米银更倾向释放轻同位素 ^{107}Ag。

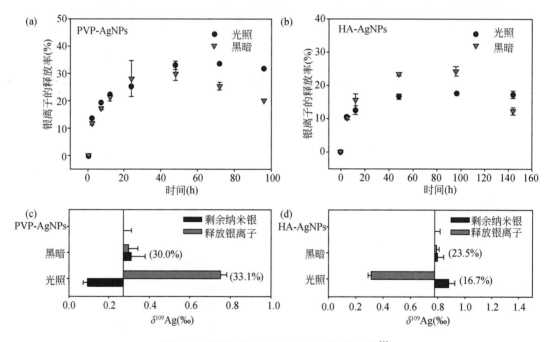

图 6-6 纳米银溶解过程中的银同位素分馏[2]

PVP 包裹纳米银(a)和 HA 包裹纳米银(b)的溶解动力学过程;PVP 包裹纳米银(c)和 HA 包裹纳米银(d)溶解释放银离子过程中伴随的银同位素分馏

此外,在纳米银的转化过程中,伴随着两个共存过程:纳米银物理吸附银离子和银盐光解过程。因此,研究人员进一步研究了这两个共存过程中伴随的银同位素分馏效应。无论是人工合成 PVP 包裹的纳米银还是天然 HA 包裹的纳米银,都会物理吸附溶液中的银离子。这个过程主要由纳米银表面 PVP 和 HA 的吸附性能导致的。研究结果显示,在溶液中 PVP 和 HA 可以在 2h 内吸附 80% 以上的游离银离子,快速达到吸附平衡。在这一过程中,相对于溶液中游离的银离子,PVP 和 HA 吸附的银离子呈现富集重同位素 ^{109}Ag 的趋势,符合热力学平衡同位素分馏理论,即重同位素倾向富集在"更强的成键环境中"[11]。第二个伴生过程为"银盐光解"过程,即在 HA 存在的情况下,银离子在光照下可以被还原成零价银沉淀。同样地,这个过程也导致产物零价银沉淀富集重同位素 ^{109}Ag。

6.4.3 银同位素分馏揭示纳米银的转化机制

银同位素分馏可以用于示踪纳米银的生成过程。在自然水体中,HA 还原生成的纳米银相对于游离的银离子富集重同位素 ^{109}Ag,与腐殖酸吸附银离子的过程一致,说明腐殖酸吸附银离子是纳米银生成的重要过程。同时,腐殖酸可以产生 O_2^- 自由基,具有较高的还原能力,导致吸附的银离子可以不断地催化还原成纳米银[66]。此外,相比于黑暗条件,在光照条件下生成的纳米银具有更小的同位素分馏,且同位素分馏差异程度与"银盐光解"过程相近,说明在光照条件下,银离子被 HA 还原成纳米银的过程中可能同时伴随着银离子被还原成零价银沉淀的过程。

此外,银同位素分馏可以揭示纳米银的溶解途径。在光照情况下,PVP 包裹的纳米银在溶解过程中倾向释放重同位素 ^{109}Ag(图 6-6c),符合热力学平衡分馏规律,暗示着纳米银释放过程可能有 Ag_2O 作为氧化中间体(氧化态银离子比零价银更容易富集重同位素)[11, 67]。值得注意的是,光照下 HA 包裹纳米银释放的银离子显著富集轻同位素 ^{107}Ag(图 6-6d),与 PVP 包裹纳米银的释放规律刚好相反,暗示着该过程可能包含其他反应途径。研究人员进一步分析发现,纳米银溶解释放游离的银离子,可能导致纳米银的二次生成过程,即游离的银离子被纳米银表面 HA 还原成二次纳米银。在纳米银的二次生成过程中,重同位素 ^{109}Ag 优先被还原成纳米银,进而导致溶液中游离的银离子富集轻同位素 ^{107}Ag,说明这一反应途径可能是导致 HA 包裹纳米银释放的银离子富集轻同位素 ^{107}Ag 的原因。此外,HA 包裹的纳米银比 PVP 包裹的纳米银具有更低的溶解率[图 6-6(a, b)],也可能是由于天然纳米银表面包裹的 HA 将银离子或 Ag_2O(氧化中间体)还原成二次纳米银,从而降低了纳米银的溶解率,而 PVP 在温和的自然条件下很难将银离子还原成二次纳米银。而在黑暗条件下,PVP 和 HA 包裹的纳米银在溶解过程中并没有发生稳定同位素分馏[图 6-6(c, d)],说明溶解途径可能是零价银被直接氧化释放银离子,并无氧化中间体(Ag_2O)的参与。综上,银同位素分馏可以揭示纳米银的溶解机制(图 6-7)。

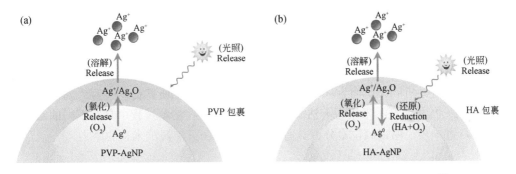

图 6-7 PVP 包裹纳米银(a)和 HA 包裹纳米银(b)的溶解机制示意图[2]

6.4.4 银同位素分馏示踪纳米银的来源

研究结果显示，天然源纳米银（HA 包裹）和人为源纳米银（PVP 包裹）具有相似的同位素分布范围（δ^{109}Ag），分别为 0.29‰～0.97‰和 0.25‰～0.65‰，因此很难直接从银同位素组成特征上进行来源判断。但是，天然 HA 包裹纳米银与人为源 PVP 包裹纳米银在溶解过程中具有相反的同位素分馏方向［图 6-6（c，d）］，因此银同位素分馏具有甄别天然源和人为源纳米银的潜力。尽管如此，未来还需要更多工作去验证银同位素分馏作为纳米银溯源手段的可行性。

6.4.5 银同位素分馏揭示纳米银在实际水体中的稳定机制

自然水体中无处不在的 HA 会显著影响纳米银在自然水体中的转化与归趋，为了进一步探究纳米银在实际自然水体中的稳定机制，研究人员以 PVP 包裹的纳米银（17.0±4.2nm）为模型，基于紫外光谱（UV-vis）、动态光散射（DLS）、电镜（TEM）、电感耦合等离子体质谱（ICP-MS）和多接收器电感耦合等离子体（MC-ICP-MS）等表征和测量手段研究了光照下纳米银在不同浓度 HA 溶液中的溶解转化机制。HA 的浓度设置为 0，1 和 17ppm，分别代表极低、较低和较高的天然有机质浓度。时间周期为 14d，通过间断采样进行相关分析。

其中，银同位素分馏为纳米银在自然水体中的溶解机制提供了更为直接的证据。具体地，当 HA 浓度极低时（0ppm），纳米银释放的银离子显著富集重同位素 ^{109}Ag，说明溶解过程可能有氧化中间体（Ag_2O）的生成[2]，因为依据热力学分馏原理，氧化态元素更倾向于富集重同位素[11]。当 HA 浓度较低时（1ppm），6h 后，纳米银释放的银离子显著富集重同位素 ^{109}Ag，但在 96h 后，银离子的同位素组成（δ^{109}Ag）迅速变小，说明银离子在 6～96h 的溶解过程中存在重同位素 ^{109}Ag 的损失。这种同位素变化趋势恰好与银离子被 HA 还原成纳米银的过程一致[2]，进一步证明了 HA 介导生成了二次纳米银。当 HA 浓度较高时（17ppm），纳米银在 168h 后仅溶解了 4.8%，溶解率极低；同时，释放的银离子同位素组成并没有发生显著变化，进一步证明了纳米银在高浓度 HA 溶液中并未发生转化，因此可以长期稳定存在。综上，银同位素分馏实验证明（图 6-8），光照下纳米银在极低、较低和较高浓度的 HA 溶液中具有不同的溶解转化机制。值得注意的是，即使在较低浓度 HA（1ppm）水体中，纳米银也可通过二次转化机制长期稳定存在。

准确示踪纳米银在自然水体中的迁移转化是评价其毒理学效应的前提。纳米银的生成和溶解过程可以导致不同的银同位素分馏特征，因此银同位素分馏可以用于揭示纳米银在自然水体中的转化机制，从而为环境中纳米材料的迁移转化研究提供了有力的示踪工具。此外，人为源 PVP 包裹纳米银与天然源 HA 包裹纳米银在溶解过程中具有不同的银同位素分馏效应，进一步说明银同位素分馏具有甄别人为源和天然源纳米银的潜力。

（撰稿人：刘　倩　杨学志　陆达伟　江桂斌）

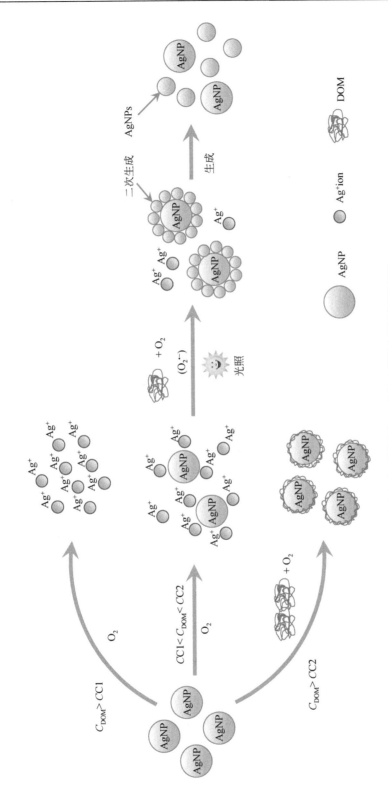

图6-8 纳米银在不同浓度HA水体中的溶解机制示意图[5]

C_{DOM}：有机质浓度；CC1：第一个临界浓度；CC2：第二个临界浓度

参 考 文 献

[1] Lu D W, Liu Q, Yu M, Yang X Z, Fu Q, Zhang X, Mu Y J, Jiang G B. Natural silicon isotopic signatures reveal the sources of airborne fine particulate matter. Environmental Science & Technology, 2018, 52 (3): 1088-1095.

[2] Lu D W, Liu Q, Zhang T Y, Cai Y, Yin Y G, Jiang G B. Stable silver isotope fractionation in the natural transformation process of silver nanoparticles. Nature Nanotechnology, 2016, 11 (8): 682-687.

[3] Lu D W, Tan J H, Yang X Z, Sun X, Liu Q, Jiang G B. Unraveling the role of silicon in atmospheric aerosol secondary formation: A new conservative tracer for aerosol chemistry. Atmospheric Chemistry and Physics, 2019, 19 (5): 2861-2870.

[4] Yang X Z, Liu X, Zhang A Q, Lu D W, Li G, Zhang Q H, Liu Q, Jiang G B. Distinguishing the sources of silica nanoparticles by dual isotopic fingerprinting and machine learning. Nature Communications, 2019, 10 (1): 1620-1628.

[5] Zhang T Y, Lu D W, Zeng L X, Yin Y G, He Y, Liu Q, Jiang G B. Role of secondary particle formation in the persistence of silver nanoparticles in humic acid containing water under light irradiation. Environmental Science & Technology, 2017, 51 (24): 14164-14172.

[6] Urey H C, Brickwedde F G, Murphy G M. A hydrogen isotope of mass 2. Physical Review, 1932, 39 (1): 164.

[7] Urey H C. The thermodynamic properties of isotopic substances. Journal of the Chemical Society, 1947: 562-581.

[8] Urey H C, Lowenstam H A, Epstein S, McKinney C. Measurement of paleotemperatures and temperatures of the Upper Cretaceous of England, Denmark, and the southeastern United States. Geological Society of America Bulletin, 1951, 62 (4): 399-416.

[9] Walder A J, Freedman P A. Isotopic ratio measurement using a double focusing magnetic sector mass analyser with an inductively coupled plasma as an ion source. Journal of Analytical Atomic Spectrometry, 1992, 7 (3): 571-575.

[10] Walder A J, Platzner I, Freedman P A. Isotope ratio measurement of lead, neodymium and neodymium-samarium mixtures, hafnium and hafnium-lutetium mixtures with a double focusing multiple collector inductively coupled plasma mass spectrometer. Journal of Analytical Atomic Spectrometry, 1993, 8 (1): 19-23.

[11] Wiederhold J G. Metal stable isotope signatures as tracers in environmental geochemistry. Environmental Science & Technology, 2015, 49 (5): 2606-2624.

[12] Lu D W, Zhang T Y, Yang X Z, Su P, Liu Q, Jiang G B. Recent advances in the analysis of non-traditional stable isotopes by multi-collector inductively coupled plasma mass spectrometry. Journal of Analytical Atomic Spectrometry, 2017, 32 (10): 1848-1861.

[13] Farquhar G D, Lloyd J, Taylor J A, Flanagan L B, Syvertsen J P, Hubick K T, Wong S C, Ehleringer J R. Vegetation effects on the isotope composition of oxygen in atmospheric CO_2. Nature, 1993, 363 (6428): 439.

[14] Farquhar G D, O'Leary M H, Berry J A. On the relationship between carbon isotope discrimination and the intercellular carbon dioxide concentration in leaves. Functional Plant Biology, 1982, 9 (2): 121-137.

[15] Farquhar G D, Richards R A. Isotopic composition of plant carbon correlates with water-use efficiency of wheat genotypes. Functional Plant Biology, 1984, 11 (6): 539-552.

[16] Fritz P, Fontes J C. Handbook of environmental isotope geochemistry. Amsterdam, New York: Elsevier Science Publisher, 1989.

[17] Flanagan L B, Brooks J R, Varney G T, Berry S C, Ehleringer J R. Carbon isotope discrimination during photosynthesis and the isotope ratio of respired CO_2 in boreal forest ecosystems. Global Biogeochemical Cycles, 1996, 10 (4): 629-640.

[18] Valentini R, Matteucci G, Dolman A, Schulze E-D, Rebmann C, Moors E, Granier A, Gross P, Jensen N, Pilegaard K J N. Respiration as the main determinant of carbon balance in European forests. Nature, 2000, 404 (6780): 861.

[19] Basile D I, Meunier J D, Parron C. Another continental pool in the terrestrial silicon cycle. Nature, 2005, 433: 399-402.

[20] Basile D I. Si stable isotopes in the Earth's surface: A review. Journal of Geochemical Exploration, 2006, 88 (1): 252-256.

[21] Beard B L, Johnson C M, Von Damm K L, Poulson R L. Iron isotope constraints on Fe cycling and mass balance in oxygenated Earth oceans. Geology, 2003, 31 (7): 629-632.

[22] Dawson T E, Siegwolf R T W, Using stable isotopes as indicators, tracers, and recorders of ecological change: Some context and background. In Terrestrial Ecology, 2007, 1: 1-18.

[23] Irrgeher J, Prohaska T. Application of non-traditional stable isotopes in analytical ecogeochemistry assessed by MC ICP-MS-A critical review. Analytical and Bioanalytical Chemistry, 2016, 408 (2): 369-385.

[24] Gioia S, Weiss D, Coles B, Arnold T, Babinski M. Accurate and precise measurements of Zn isotopes in aerosols. Analytical Chemistry, 2008, 80: 9776-9780.

[25] Zhang L Y, Hou X L, Xu S. Speciation analysis of ^{129}I and ^{127}I in aerosols using sequential extraction and mass spectrometry detection. Analytical Chemistry, 2015, 87 (13): 6937-6944.

[26] Schleicher N J, Schäfer J, Blanc G, Chen Y, Chai F, Cen K, Norra S. Atmospheric particulate mercury in the megacity Beijing: Spatio-temporal variations and source apportionment. Atmospheric Environment, 2015, 109: 251-261.

[27] Widory D, Liu X D, Dong S P. Isotopes as tracers of sources of lead and strontium in aerosols (TSP & $PM_{2.5}$) in Beijing. Atmospheric Environment, 2010, 44 (30): 3679-3687.

[28] Hyeong K, Kim J, Pettke T, Yoo C M, Hur S. Lead, Nd and Sr isotope records of pelagic dust: Source indication versus the effects of dust extraction procedures and authigenic mineral growth. Chemical Geology, 2011, 286 (3-4): 240-251.

[29] Maréchal C N, Télouk P, Albarède F. Precise analysis of copper and zinc isotopic compositions by plasma-source mass spectrometry. Chemical Geology, 1999, 156 (1): 251-273.

[30] Sivry Y, Riotte J, Sonke J E, Audry S, Schäfer J, Viers J, Blanc G, Freydier R, Dupré B. Zn isotopes as tracers of anthropogenic pollution from Zn-ore smelters The Riou Mort-Lot River system. Chemical

Geology, 2008, 255 (3): 295-304.

[31] Flament P, Mattielli N, Aimoz L, Choël M, Deboudt K, Jong J D, Rimetz P J, Weis D. Iron isotopic fractionation in industrial emissions and urban aerosols. Chemosphere, 2008, 73 (11): 1793-1798.

[32] Majestic B J, Anbar A D, Herckes P. Elemental and iron isotopic composition of aerosols collected in a parking structure. Science of the Total Environment, 2009, 407 (18): 5104-5109.

[33] Souto O C E, Babinski M, Araújo D F, Andrade M F. Multi-isotopic fingerprints (Pb, Zn, Cu) applied for urban aerosol source apportionment and discrimination. Science of the Total Environment, 2018, 626: 1350-1366.

[34] Chen J B, Gaillardet J, Louvat P. Zinc isotopes in the Seine River waters, France: A probe of anthropogenic contamination. Environmental Science & Technology, 2008, 42 (17): 6494-6501.

[35] Estrade N, Carignan J, Donard O F X. Isotope tracing of atmospheric mercury sources in an urban area of northeastern france. Environmental Science & Technology, 2010, 44 (16): 6062-6067.

[36] Enrico M, Le Roux G, Marusczak N, Heimbuerger L E, Claustres A, Fu X, Sun R, Sonke J E. Atmospheric mercury transfer topeat bogs dominated by gaseous elemental mercury dry deposition. Environmental Science & Technology, 2016, 50 (5): 2405-2412.

[37] Berna E C, Johnson T M, Makdisi R S, Basui A. Cr stable isotopes as indicators of Cr (VI) reduction in groundwater: a detailed time-series study of a point-source plume. Environmental Science & Technology, 2010, 44 (3): 1043-1048.

[38] Huang R J, Zhang Y L, Bozzetti C, Ho K F, Cao J J, Han Y, Daellenbach K R, Slowik J G, Platt S M, Canonaco F J N. High secondary aerosol contribution to particulate pollution during haze events in China. Nature, 2014, 514 (7521): 218.

[39] Guo S, Hu M, Zamora M L, Peng J, Shang D, Zheng J, Du Z, Wu Z, Shao M, Zeng L, Molina M J, Zhang R. Elucidating severe urban haze formation in China. Proceedings of the National Academy of Sciences of the United States of America, 2014, 111 (49): 17373-17378.

[40] Lim S S, Vos T, Flaxman A D, Danaei G, Shibuya K, Adair R H, Amann M, Anderson H R, Andrews K G, Aryee M, Atkinson C, Bacchus L J, Bahalim A N, Balakrishnan K, Balmes J, Barker C S, Baxter A, Bell M L, Blore J D, Blyth F, Bonner C, Borges G, Bourne R, Boussinesq M, Brauer M, Brooks P, Bruce N G, Brunekreef B, Bryan H C, Bucello C, Buchbinder R, Bull F, Burnett R T, Byers T E, Calabria B, Carapetis J, Carnahan E, Chafe Z, Charlson F, Chen H, Chen J S, Cheng A T A, Child J C, Cohen A, Colson K E, Cowie B C, Darby S, Darling S, Davis A, Degenhardt L, Dentener F, Des Jarlais D C, Devries K, Dherani M, Ding E L, Dorsey E R, Driscoll T, Edmond K, Ali S E, Engell R E, Erwin P J, Fahimi S, Falder G, Farzadfar F, Ferrari A, Finucane M M, Flaxman S, Fowkes F G R, Freedman G, Freeman M K, Gakidou E, Ghosh S, Giovannucci E, Gmel G, Graham K, Grainger R, Grant B, Gunnell D, Gutierrez H R, Hall W, Hoek H W, Hogan A, Hosgood H D, III, Hoy D, Hu H, Hubbell B J, Hutchings S J, Ibeanusi S E, Jacklyn G L, Jasrasaria R, Jonas J B, Kan H, Kanis J A, Kassebaum N, Kawakami N, Khang Y H, Khatibzadeh S, Khoo J-P, Kok C, Laden F, Lalloo R, Lan Q, Lathlean T, Leasher J L, Leigh J, Li Y, Lin J K, Lipshultz S E, London S, Lozano R, Lu Y, Mak J, Malekzadeh R, Mallinger L, Marcenes W, March L, Marks R, Martin R, McGale P, McGrath

J, Mehta S, Mensah G A, Merriman T R, Micha R, Michaud C, Mishra V, Hanafiah K M, Mokdad A A, Morawska L, Mozaffarian D, Murphy T, Naghavi M, Neal B, Nelson P K, Miquel Nolla J, Norman R, Olives C, Omer S B, Orchard J, Osborne R, Ostro B, Page A, Pandey K D, Parry C D H, Passmore E, Patra J, Pearce N, Pelizzari P M, Petzold M, Phillips M R, Pope D, Pope C A, III, Powles J, Rao M, Razavi H, Rehfuess E A, Rehm J T, Ritz B, Rivara F P, Roberts T, Robinson C, Rodriguez P J A, Romieu I, Room R, Rosenfeld L C, Roy A, Rushton L, Salomon J A, Sampson U, Sanchez R L, Sanman E, Sapkota A, Seedat S, Shi P, Shield K, Shivakoti R, Singh G M, Sleet D A, Smith E, Smith K R, Stapelberg N J C, Steenland K, Stoeckl H, Stovner L J, Straif K, Straney L, Thurston G D, Tran J H, Van Dingenen R, van Donkelaar A, Veerman J L, Vijayakumar L, Weintraub R, Weissman M M, White R A, Whiteford H, Wiersma S T, Wilkinson J D, Williams H C, Williams W, Wilson N, Woolf A D, Yip P, Zielinski J M, Lopez A D, Murray C J L, Ezzati M. A comparative risk assessment of burden of disease and injury attributable to 67 risk factors and risk factor clusters in 21 regions, 1990-2010: A systematic analysis for the Global Burden of Disease Study 2010. The Lancet, 2012, 380 (9859): 2224-2260.

[41] Chen G B, Li S S, Zhang Y M, Zhang W, Li D, Wei X, He Y, Bell M L, Williams G, Marks G B, Jalaludin B, Abramson M J, Guo Y. Effects of ambient PM1 air pollution on daily emergency hospital visits in China: An epidemiological study. The Lancet. Planetary Health, 2017, 1 (6): e221-e229.

[42] Oberdörster G, Sharp Z, Atudorei V, Elder A, Gelein R, Kreyling W, Cox C J I T. Translocation of inhaled ultrafine particles to the brain. Inhalation Toxicology, 2004, 16 (6-7): 437-445.

[43] Jin X T, Ma Q C, Sun Z D, Yang X Z, Zhou Q, Qu G, Liu Q, Liao C, Li Z, Jiang G B. Airborne fine particles induce hematological effects through regulating the crosstalk of the Kallikrein-Kinin, complement, and coagulation systems. Environmental Science & Technology, 2019, 53 (5): 2840-2851.

[44] Zhang R Y, Wang G H, Guo S, Zamora M L, Ying Q, Lin Y, Wang W, Hu M, Wang Y. Formation of urban fine particulate matter. Chemical Reviews, 2015, 115 (10): 3803-3855.

[45] Zhang R Y, Khalizov A, Wang L, Hu M, Xu W. Nucleation and growth of nanoparticles in the atmosphere. Chemical Reviews, 2012, 112 (3): 1957-2011.

[46] Savage P S, Armytage R M G, Georg R B, Halliday A N. High temperature silicon isotope geochemistry. Lithos, 2014, 190-191: 500-519.

[47] Zhang Q, Xu Y F, Jia L. Secondary organic aerosol formation from OH-initiated oxidation of m-xylene: Effects of relative humidity on yield and chemical composition. Atmospheric Chemistry and Physics Discussion, 2019, 2019: 1-22.

[48] Watson J G. Summary of organic and elemental carbon/black carbon analysis methods and interconparisons. Aerosol and Air Quality, 2005, 5: 65-102.

[49] Schmid H, Laskus L, Abraham H J, Baltensperger U, Lavanchy V, Bizjak M, Burba P, Cachier H, Crow D, Chow J, Gnauk T, Even A, ten Brink H M, Giesen K P, Hitzenberger R, Hueglin C, Maenhaut W, Pio C, Carvalho A, Putaud J P, Toom-Sauntry D, Puxbaum H. Results of the "carbon conference" international aerosol carbon round robin test stage I. Atmospheric Environment, 2001, 35(12): 2111-2121.

[50] Ahrens L, Harner T, Shoeib M. Temporal variations of cyclic and linear volatile methylsiloxanes in the

atmosphere using passive samplers and high-volume air samplers. Environmental Science & Technology, 2014, 48 (16): 9374-9381.

[51] Xu L, Shi Y L, Wang T, Dong Z, Su W, Cai Y. Methyl siloxanes in environmental matrices around a siloxane production facility, and their distribution and elimination in plasma of exposed population. Environmental Science & Technology, 2012, 46 (21): 11718-11726.

[52] Wu Y, Johnston M V. Aerosol formation from OH oxidation of the volatile cyclic methyl siloxane (cVMS) decamethylcyclopentasiloxane. Environmental Science & Technology, 2017, 51 (8): 4445-4451.

[53] Tan Z F, Fuchs H, Lu K D, Hofzumahaus A, Bohn B, Broch S, Dong H, Gomm S, Haeseler R, He L, Holland F, Li X, Liu Y, Lu S, Rohrer F, Shao M, Wang B, Wang M, Wu Y, Zeng L, Zhang Y, Wahner A, Zhang Y. Radical chemistry at a rural site (Wangdu) in the North China Plain: Observation and model calculations of OH, HO_2 and RO_2 radicals. Atmospheric Chemistry and Physics, 2017, 17 (1): 663-690.

[54] Tan J H, Duan J C, Zhen N J, He K, Hao J. Chemical characteristics and source of size-fractionated atmospheric particle in haze episode in Beijing. Atmospheric Research, 2016, 167: 24-33.

[55] Brar S K, Verma M, Tyagi R D, Surampalli R Y. Engineered nanoparticles in wastewater and wastewater sludge-Evidence and impacts. Waste Management, 2010, 30 (3): 504-520.

[56] Lead J R, Batley G E, Alvarez P J J, Croteau M N, Handy R D, McLaughlin M J, Judy J D, Schirmer K. Nanomaterials in the environment: Behavior, fate, bioavailability, and effects: An updated review. Environmental Toxicology and Chemistry, 2018, 37 (8): 2029-2063.

[57] Bandala E R, Berli M. Engineered nanomaterials (ENMs) and their role at the nexus of food, energy, and water. Materials Science for Energy Technologies, 2019, 2 (1): 29-40.

[58] Praetorius A, GundlachG A, Goldberg E, Fabienke W, Navratilova J, Gondikas A, Kaegi R, Günther D, Hofmann T, Kammer F. Single-particle multi-element fingerprinting (spMEF) using inductively-coupled plasma time-of-flight mass spectrometry (ICP-TOFMS) to identify engineered nanoparticles against the elevated natural background in soils. Environmental Science: Nano, 2017, 4 (2): 307-314.

[59] Gondikas A, Kammer F, Kaegi R, Borovinskaya O, Neubauer E, Navratilova J, Praetorius A, Cornelis G, Hofmann T. Where is the nano? Analytical approaches for the detection and quantification of TiO_2 engineered nanoparticles in surface waters. Environmental Science: Nano, 2018, 5 (2): 313-326.

[60] Nowack B, Krug H F, Height M. 120 years of nanosilver history: Implications for policy makers. Environmental Science & Technology, 2011, 45 (4): 1177-1183.

[61] Fabrega J L, Luoma S N, Tyler C R, Galloway T S, Lead J R. Silver nanoparticles: Behaviour and effects in the aquatic environment. Environment International, 2011, 37 (2): 517-531.

[62] Akaighe N, MacCuspie R I, Navarro D A, Aga D S, Banerjee S, Sohn M, Sharma V K. Humic Acid-induced silver nanoparticle formation under environmentally relevant conditions. Environmental Science & Technology, 2011, 45 (9): 3895-3901.

[63] Pradhan A, Seena S, Pascoal C, Cassio F. Can metal nanoparticles be a threat to microbial decomposers of plant litter in streams? Microbial Ecology, 2011, 62 (1): 58-68.

[64] Luo Y, Dabek Z E, Celo V, Muir D C G, Yang L. Accurate and precise determination of silver isotope

fractionation in environmental samples by multicollector-ICPMS. Analytical Chemistry, 2010, 82 (9): 3922-3928.

[65] Adegboyega N F, Sharma V K, Siskova K, Zboril R, Sohn M, Schultz B J, Banerjee S. Interactions of aqueous Ag^+ with fulvic acids: Mechanisms of silver nanoparticle formation and investigation of stability. Environmental Science & Technology, 2013, 47 (2): 757-764.

[66] Yin Y G, Liu J F, Jiang G B. Sunlight-induced reduction of ionic Ag and Au to metallic nanoparticles by dissolved organic matter. ACS Nano, 2012, 6 (9): 7910-7919.

[67] Grillet N, Manchon D, Cottancin E, Bertorelle F, Bonnet C, Broyer M, Lerme J, Pellarin M. Photo-Oxidation of individual silver nanoparticles: A real-time tracking of optical and morphological changes. The Journal of Physical Chemistry C, 2013, 117 (5): 2274-2282.

第二篇 污染物的生成、环境过程与生物有效性

本篇导读

- 介绍卤代污染物的环境生成机理，总结了水体中 DOM 在光照、纳米二氧化钛和二氧化锰等条件介导下的卤化过程与机制，以及在养殖海水消毒过程中卤代污染物的环境生成、环境转化产物及其生物效应。
- 介绍土壤中卤代污染物的植物吸收、植物吸收的关键影响因素，以及植物体内的卤代污染物脱卤、羟基化、甲氧基化代谢行为和植物毒性效应，并系统总结了专项在卤代污染物土壤-植物系统迁移转化方面的研究进展。
- 介绍卤代污染物的生物效应与食物链传递过程，以清远实际污染场地为研究区域，介绍了卤代污染物在不同种类昆虫中的富集特征、昆虫变态发育过程中污染物的迁移转化规律以及昆虫介导的卤代污染物食物链传递过程。
- 通过分析研究铁矿石烧结和再生金属冶炼工厂的烟气和周边大气样品中卤代污染物排放水平和污染特征，评估了烟气对周边空气的影响以及冶炼车间工人对卤代污染物的呼吸暴露剂量，为降低卤代污染物职业暴露剂量提供了有价值的信息。
- 介绍砷污染区域的居民砷暴露水平与健康效应，并从固液界面反应的分子机制入手，基于自主研发的二氧化钛吸附材料，表述水体砷污染的高效处理技术，为环境水体污染削减提供了科学依据与综合解决方案。

第二篇 污染物的生物效应与生物监测

第7章 卤代污染物的环境生成

环境中的卤代有机物（organohalogen compounds，OHCs），如含氯、含溴、含碘和含氟等化合物，主要来自于人工合成。这些具有不同用途的 OHCs 随着其大量使用，被释放到环境中，并在多种环境介质中广泛分布，导致了严重的环境污染，因此受到人们的广泛关注。近年来的研究表明，环境中存在的部分 OHCs 可追溯到工业革命之前[1]。截至 2015 年，环境中发现的来自于生物和非生物自然过程的 OHCs 已超过 5000 种，主要为含氯和含溴有机物，也有部分化合物含碘和氟[2]。这些在环境中非人为生成的 OHCs 也被称为天然 OHCs[2,3]，他们在全球卤代产物总量和卤素循环中起着重要作用。研究表明，部分 OHCs 具有致突变、致癌和致畸性。也有研究表明，许多 OHCs 还具有异常的生物活性，例如具有抗癌、抗病毒以及抗细菌等作用[2,4]。由此可知，环境中生成 OHCs 许多可能具有潜在毒性，给环境和人类健康带来威胁。因此，研究 OHCs 的环境生成尤其是非生物过程，对于探究卤素的地球化学循环以及其生态效应具有重要的环境学意义。

溶解性有机质（DOM）是指能够通过 0.1~0.7μm 滤膜的有机质组分，是一类具有复杂组分和性质的非均质有机化合物，其结构上的特点是含有大量苯环、羧基、醇羟基和酚羟基等，分子量在 100~300000Da 之间。DOM 在环境水体中广泛存在，对污染物在环境中的迁移转化有着重要影响。DOM 作为反应物，由于其含有大量苯环以及酚羟基、醇羟基、羧基、烷氧基、酯基等多种官能团，使其易与多种物质发生反应。在这些反应中，以 DOM 为前体物的 OHCs 生成目前得到了广泛关注。

对 DOM 卤化关注最多的是在消毒过程中生成的消毒副产物（DBPs）。氯气（Cl_2）、氯胺、次氯酸钙等消毒剂常被用于饮用水、游泳水等水体消毒，其在水中水解生成 HOCl 和 OCl^-[5]，与 DOM 发生反应生成氯代消毒副产物。当水中存在 Br^-/I^- 时，HOCl/OCl^-能进一步氧化 Br^-/I^-生成活性溴/碘物质，并与 DOM 反应生成溴代消毒副产物/碘代消毒副产物[6]。目前在水体中检测到将近 700 种 DBPs，大部分为具有半挥发性/挥发性的低分子质量物质[7,8]。常见的有机 DBPs 主要包括三卤甲烷、卤乙酸、卤乙腈、卤代酮、卤代酚、卤代硝基苯、卤化氰、三氯硝基甲烷和卤化呋喃酮等。在众多 DBPs 中，仅有四种三卤甲烷（三氯甲烷、一溴二氯甲烷、二溴一氯甲烷、三溴甲烷）、五种卤乙酸（一氯乙酸、一溴乙酸、二氯乙酸、二溴乙酸、三氯乙酸）、溴酸盐和亚氯酸盐总共 11 种被列入美国环保署的管控名单[9]。根据消毒水体中总有机卤的含量，目前识别出的 DBPs 仅占总 DBPs 的 30%，其中列入美国环保署管控名单的四种三卤甲烷和五种卤乙酸的含量分别约为总有机卤含量的 10%。这也就意味着消毒水体中生成 DBPs 数量远超过 1000 种，绝大部分为有机 DBPs，因此识别未知的新 DBPs 仍是一个很大的挑战。

除了关注 DOM 在水体消毒过程中生成 DBPs 外，DOM 在天然环境过程中的卤化也取得了一些进展。表层海水经光照后可生成溴代有机物（OBCs）和碘代有机物（OICs），被认为是海洋环境中 OHCs 重要而广谱的来源，其含量分别为 19～160nmol Br L^{-1} 和 6～36nmol I L^{-1}[10]。水体中存在的二氧化锰（MnO_2）可导致 I$^-$氧化生成 I_2/HOI，并进一步与 DOM 反应生成碘甲烷[11]。海洋表面的 O_3 可通过氧化 I$^-$生成 HOI/I_2，然后与 DOM 发生反应，生成二碘甲烷、三碘甲烷和二碘氯甲烷[12]。高分辨质谱的出现推动了 DOM 在不同环境条件下卤化的研究，并检测到大量卤代产物[13-16]。

环境中生成的 OHCs，除部分由含卤有机物转化生成外，其余都需与活性卤物质（RHS）发生反应才能生成 OHCs，这意味着无论是生物卤化过程还是非生物卤化过程，X$^-$转化为 RHS 是环境中 OHCs 生成的关键步骤。

RHS 是一类由卤素组成，具有较高活性物质的总称。RHS 主要分为两类，即自由基型和非自由基型。自由基型 RHS 主要包括 X·、$X_2^{·-}$、XY$^{·-}$等；非自由基型 RHS 主要包括 X_2、XY、HOX 等，其中 X 和 Y 代表氯、溴或碘。RHS 是水体环境中的重要物种，能参与水环境中的多种环境过程，对卤素的地球化学循环，以及环境水体和水处理系统中的有机物转化有着重要影响。在富含 X$^-$的河口以及沿海水域，卤素自由基的浓度可能比其他自由基如羟基自由基（·OH）高一个数量级，并驱动光化学反应[17, 18]。在 X$^-$含量低的区域，也可生成 RHS 进而影响污染物的转化。通常 RHS 的环境生成途径主要包括生物途径和非生物途径。生物途径主要涉及酶主导的生物卤化，包括氯、溴和碘过氧酶等，能将 X$^-$氧化生成 RHS。非生物途径主要涉及 X$^-$被环境中存在的氧化剂氧化，或者存在的卤化物分解生成 RHS，然后与前体有机物发生反应生成 OHCs。

由于 DOM 在环境水体中广泛存在且极易与 RHS 反应生成 OHCs，因此以 DOM 为前体物质的 OHCs 的环境生成引起了研究者们的极大兴趣。目前环境水体中 DOM 的非生物卤化研究相对缺乏，部分原因在于 DOM 及其卤化物组分复杂且难以分离。高分辨质谱技术具有强大的质量分辨率和超高的质量精确度，可提供分子离子的准确质量和碎片信息，结合物理有机化学原理，可确定未知化合物的分子结构。常见高分辨质谱有飞行时间质谱、离子阱质谱、离子阱轨道质谱和傅里叶变换离子回旋共振质谱（FT-ICR MS）。其中以 FT-ICR MS 的分辨率和质量精度最高，分别可达 450000～600000 和小于 1ppm。本节以具有超高分辨率和质量精度的 FT-ICR MS 为分析手段，总结了水体中 DOM 在光照、纳米二氧化钛（TiO_2 纳米颗粒）和 MnO_2 等条件下，以及在养殖海水消毒过程卤代有机物的环境生成。

7.1 光照水体中碘代有机物的环境生成

DOM 的光化学卤化被认为是表层水环境中天然 OHCs 的重要生成途径。在光照条件下，DOM 中由芳香环、—COOH 和—OH 等官能团组成的生色团能够直接吸收太阳光，生成活性氧物质（ROS）和 ^{3}DOM*并通过氧化水体中的 X$^-$生成 RHS。例如海水中在光照下产生的·OH 能够氧化海水中的 Cl$^-$/Br$^-$生成 Cl·和 Br·[18-20]，^{3}DOM*可与 Cl$^-$和 Br$^-$发生反应生成 $Cl_2^{·-}$和 $Br_2^{·-}$等 RHS[21, 22]。海水中含有大量的 Cl$^-$，Br·可与其反应生成 BrCl$^{·-}$，并被认为是海水中重要的混合型 RHS[18]。此外,海水中的碘酸根可被胡敏酸还原生成单质碘[23]。这些生成的 RHS 可与 DOM 发生取代反应（SR）或者加成反应（AR）生成卤化产物[24]。富里酸在光照下可被溴化和碘化,以 FT-ICR MS 为分析手段检测出了大量的 OBCs 和 OICs,海水中生成的 OHCs 数量高于淡水,推测可能是因为海水高含量 Cl^- 的参与生成了混合 RHS 所致,同样 OBCs 和 OICs 的分子组成分布、反应途径也有明显差异,从分子水平证实了富里酸在环境水体中的卤化[14]。

本节以天然有机质（Suwannee River natural organic matter, SRNOM）为模型 DOM, 利用 FT-ICR MS 研究了含 I^- 水样中的 DOM 在模拟太阳光下的光化学碘化产物,并分析了其组分、反应类型等。

光照实验在 SN500 光照箱中进行,模拟太阳光源为三支 2500W 氙灯,光照强度为 550W/m^2,波长小于 290nm 的光被高硼硅玻璃过滤掉。光化学碘化实验在 550mL 的磨口塞石英瓶中进行,石英瓶含 500mL 的人工淡水（AFW）和人工海水（ASW）,DOM 含量为 3mg C/L, I^- 浓度为 1μmol/L。AFW 的 pH 用磷酸缓冲盐溶液调至 pH 7.2,磷酸盐浓度为 5mmol/L,ASW 的 pH 为 8.0。实验温度用恒温循环水机恒温在 25℃。光照时间为 7d。黑暗对照实验除了用锡箔纸包裹石英瓶,其他条件与光化学碘化实验相同。DOM 光化学卤化样品采用固相萃取法[10, 14]进行前处理。反应完成后,用盐酸调节水样至 pH 2.0,以保证 DOM 呈电中性,能最大程度地被富集在固相萃取柱上。酸化后的水样用 BondElut PPL 固相萃取柱（6mL, 1g）进行富集,富集样品先分别用 12mL 甲醇和 pH 为 2.0 的超纯水活化 PPL 柱,样品富集速度为~5mL/min。样品全部通过 PPL 柱后,用两体积 pH 2.0 的超纯水淋洗 PPL 柱去除无机离子。随后富集样品的 PPL 柱经 N_2 吹干后用 12mL 甲醇洗脱。洗脱液经冷冻干燥后保存在-20℃冰箱中,测定前将样品溶解于 1mL 体积比为 1：1 的甲醇水溶液并稀释至约 100mg C/L。

FT-ICR MS 具有超高质量精度和分辨率,因此如果有新的 OHCs 生成,就会在谱图上观察到新的质谱峰。图 7-1 显示了 SRNOM 在模拟光照下的碘化样品 PPL 提取物的全扫描宽谱 FT-ICR MS 图,并示例性地显示了整数质量数 m/z 为 363 上新生成的化合物。由图可见,光照下淡水和海水中都有 OICs 生成,说明光照能够使含 I^- 水样中的 DOM 发生光化学碘化,这与 I^- 的低氧化还原电位密切相关 [$E(I_2/I^-)$ =0.54V],使得 DOM 在光照下产生的 ROS 或者 $^3DOM^*$ 能氧化 I^- 生成活性碘物质（RIS）,进而与 DOM 发生反应生成 OICs[10, 25, 26]。最终光照 7d 后,在淡水和海水中分别检测出了 56 种和 132 种 OICs,且都为一碘化合物（OICs-I）。海水中 OICs 的数量和峰强都明显高于淡水中的 OICs,这可能与海水中的高 Cl^- 含量有关,RIS 可与 Cl^- 反应生成 $ICl^{·-}$ 进而促进 DOM 的碘化[19]。

以 O/C 值为横坐标,H/C 值为纵坐标组成的 van Krevelen 图（VK 图）能够可视化显示 DOM 及其卤化物组成和分布特征[27-29],其不同区域对应着不同物质。根据 O/C 值和 H/C 值,DOM 及其卤化产物可分为五类[27-29]：木质素（H/C 1~1.5, O/C 0.3~0.5）；单宁酸（H/C 0.75~1.4, O/C 0.35~0.85）；碳水化合物（H/C 1.5~2.0, O/C 0.5~1）；脂质类物质（H/C 1.75~2.25, O/C 0.02~0.15）；多肽类物质（H/C 1.6~1.8, O/C 0.35~0.5）。

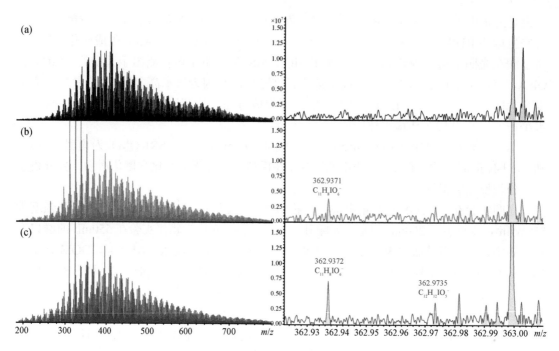

图 7-1 模拟光照下 NOM 的光化学碘化 PPL 提取物的 ESI 负离子全扫描以及整数质量数为 363 的
FT-ICR MS 图（[I⁻]₀ 1μmol/L）

(a) 黑暗对照；(b) AFW；(c) ASW

芳香指数（modified aromaticity index，AI_mod）可用于判断物质的芳香度[30]，其计算公式如下：

$$AI\_mod = (1+C-0.5O-S-0.5H)/(C-0.5O-S-N-P) \quad (7-1)$$

根据计算的 AI_mod 值，可将物质分为稠环类物质（AI_mod≥0.67）、苯环类物质（0.5＜AI_mod＜0.67）和脂肪类物质（AI_mod≤0.5）。

进一步结合 AI_mod 值和 H/C 值可将 DOM 及其卤化产物分为五类[31,32]：组分 1：多环类物质（AI_mod≥0.67）；组分 2：多酚类物质（0.5＜AI_mod＜0.67）；组分 3：酚类和高度不饱和类物质（AI_mod≤0.5，H/C＜1.5）；组分 4：不饱和脂肪类物质（1.5≤H/C＜2.0）；组分 5：饱和类脂肪和碳水化合物（H/C≥2.0 或者 O/C≥0.9）。

由图 7-2 可见，淡水中生成的 OICs 主要分布在 H/C 值为 0.75~1.3，O/C 值为 0.45~0.7。海水中生成的 OICs 的分布范围更广，主要分布在 H/C 值为 0.5~1.3，O/C 值为 0.4~0.75。生成的 OICs 主要属于含多羧基和酚羟基的木质素和单宁酸类物质[33]，绝大多数为不饱和类和酚类物质，分别占淡水和海水中 OICs 总数的 87.5% 和 76.5%，表明该区域的物质可能更易于与 RIS 发生反应生成 OICs，这与前期研究结果一致[34]，RIS 更易与苯环上带有能活化苯环的给电基团类的物质发生反应，这些官能团主要为酚羟基，其他还有酯基、酰胺基、氨基等官能团。对 OICs 的反应类型进行分析发现，OICs 主要来自 SR 和 AR，淡水中通过 SR 和 AR 生成的 OICs 比例高达 96%。

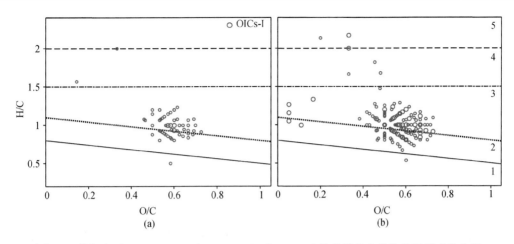

图 7-2 模拟光照下 AFW（a）和 ASW（b）中 NOM 光化学碘化产物的分子组成分布图

[I⁻]$_0$ 1μmol/L；图中圆圈大小表示 OICs 相对峰强，1~5 分别代表组分 1~组分 5

7.2 光芬顿体系中卤代有机物的环境生成

铁是地壳中含量第四丰富的元素，在许多化学和生物过程中起着重要作用。水体环境中主要以 Fe（II）和 Fe（III）的价态存在。水体中铁的主要存在形态有：溶解态、颗粒态和胶体态。水体中溶解态铁的浓度为 0.1~100μmol/L。正常天然水的 pH 值约为 5.0~9.0，铁通常以水合氧化铁 Fe（III）或者 Fe（II）的形式存在。在 DOM 存在的条件下，Fe 可与 DOM 结合形成络合物，影响 Fe 的溶解性及迁移性[35]。由于 DOM 在环境中广泛存在，因此水体中 DOM 和 Fe 的光化学氧化和还原是 Fe 在环境中重要的转化行为。Fe（III）可以通过以下四种途径还原[36, 37]：①光照产生的超氧负离子（$O_2^{\cdot-}$）和过氧羟基自由基（$HO_2\cdot$）等；②光活化 Fe（III）配合物中配体-金属之间的电荷转移；③由给电子物质的激发态到 Fe（III）之间的直接电子转移；④直接由氢醌和或者半醌类物质还原 Fe（III）。Fe（II）同样可以被氧化为 Fe（III），主要涉及三重态氧，过氧化氢（H_2O_2）以及醌类物质[38]。在上述过程中，Fe 和 DOM 在光照下的光芬顿反应能够产生强氧化性的·OH，H_2O_2，$HO_2\cdot$ 等 ROS，可显著影响环境水体中污染物的迁移转化[37-39]。当水体中存在 X⁻ 时，这些 ROS 能氧化 Cl⁻、Br⁻和 I⁻生成 RHS，并与 DOM 发生反应生成 OHCs。因此，环境表层水体中的光芬顿反应引发的 DOM 卤化也可能是 OHCs 重要的生成途径。

该节工作以 SRNOM 作为 DOM，进行铁离子（Fe（II）和 Fe（III））存在条件下 DOM 的光化学卤化实验，并利用 FT-ICR MS 研究 DOM 在 Fe（II）和 Fe（III）的水体中的光化学溴化和碘化产物，分析其组分和反应类型。光化学反应仪及光照条件同 DOM 的光化学碘化。光照实验在 550mL 磨口塞石英瓶中进行，溶液体积为 500mL，含 SRNOM（3mg C L⁻¹）和 NaClO$_4$（1mmol/L）。DOM 光化学溴化溶液中 Br⁻浓度为 25μmol/L，Fe（II）和 Fe（III）浓度为 1μmol/L 和 5μmol/L。DOM 光化学碘化溶液中 I⁻浓度设置为 1μmol/L，Fe（II）和 Fe（III）浓度为 1μmol/L。溶液 pH 用 HClO$_4$ 和 NaOH 溶解调节至 4.0、5.0 和 6.0。石英瓶置于恒温水浴中，实验温度保持为 25℃。光照时间设定为 4d。对照在没有光照或者没有

Fe（II）/Fe（III）存在条件进行，其他条件与光照实验相同。样品用固相萃取法浓缩富集后，以电喷雾（ESI）作为离子源用 FT-ICR MS 在负离子模式进行测样。

光照 4d 后，当加入 Fe（II）和 Fe（III）浓度为 5μmol/L 时，在 pH 4.0 的水体中分别检出了 158 种和 122 种 OBCs，主要为一溴溴化物（OBCs-Br）（82.3%、97.5%），在 pH 5.0 的水体中分别检出了 49 种和 30 种 OBCs，除了有 2 种二溴化合物（OBCs-2Br），其余全是 OBCs-Br。其他条件未检测出 OBCs。这说明水体中 Fe（II）和 Fe（III）产生了 HO· 等 ROS，进而氧化 Br^- 生成活性溴物质（RBrS）。由于 Br^- 的氧化还原电位较高，且光芬顿反应在低 pH 条件下更易产生 HO·，因此导致 Br^- 氧化和 DOM 溴化的 ROS 主要为 HO·[37, 40]。相同条件下，加入 Fe（II）生成的 OBCs 多于 Fe（III）中生成的 OBCs，这可能与在实验条件下，Fe 主要以溶解态 Fe(II)存在，更有利于光芬顿反应的发生，从而生成更多的 HO· 以及 RBrS 和 OBCs[37]。当 pH 为 4.0 时，Fe（II）和 Fe（III）存在条件下检测出的 OBCs 中，以不含杂原子的 OBCs 为主（CHOBrs，60.8%和 56.6%），其次是含 S 的 OBCs（CHOSBrs），分别占 24.1%和 23%，含 N 的 OBCs（CHONBrs）分别占 11.4%和 13.1%。当 pH 为 5.0 时，生成的 OBCs 主要是 CHONBrs 和 CHOSBrs，其次才是 CHOBrs。

光芬顿体系下生成的 OBCs 的分子组成和分布见图 7-3。由图可见，Fe（II）和 Fe（III）存在条件下生成的 CHOBrs 和 CHOSBrs 主要分布于 H/C 0.5~1，O/C 0.4~0.8 的区域，该区域物质属于典型的木质素和单宁酸类物质。CHONBrs 主要分布于低 O/C 的区域，说明含 N 前体物的氧含量低，与 RBrS 的反应活性较高。由于含 N 有机物例如胺、酰胺、杂环、腈类等化合物的离子化在 ESI 负离子模式下会被抑制[41, 42]，光芬顿体系可能有更多 CHONBrs 生成。部分 OBCs 分布于 H/C 1.2~2，O/C 0~0.4 的区域，该区域对应的是脂质类物质，说明脂类物质与 RBrS 的反应活性也较高。结合 AI_mod 值和 H/C 值对其组分进行划分，生成的 OBCs 主要属于多酚类、高度不饱和类和酚类物质。上述结果说明，RBrS 与不饱和烯烃类、酚类，以及含 N 类物质的反应活性较高[43]。

Fe(II)和 Fe(III)存在条件下 DOM 的溴化主要通过其他反应[44]（SR and AR accompanied by other reactions，SAOR，48.0%~98.0%），且主要属于不饱和碳氢化合物和脂质类物质。其次是 SR（2.0%~50.4%）。说明光芬顿体系中发生溴化的前体物质或者生成的 OBCs 发生了转化，这与之前文献报道具有脂质类结构的溴化物不稳定，易发生光化学转化相一致[44, 45]。属于木质素和单宁酸类物质的 OBCs，由于其属于富含酚羟基和多羧基的脂环类物质，结构比较稳定，不易发生转化[46]，因此主要来源于 SR。值得一提的是，NOM 的原始谱图中，由于含 N 有机物等的离子化在 ESI 负离子扫描模式下会受到抑制[41, 42]，使得其检出较少。因此，许多检出的含杂原子 OBCs 在原始谱图中并没有对应的物质，故检出的 CHONBrs、CHOSBrs 大部分来源于 SAOR，实际上可能有更多的 CHONBrs、CHOSBrs 来自 SR。

同系物分析结果显示，OBCs 分子质量主要分布于 200~600Da，由一系列同系物组成，主要以—CH_2、—C_2H_2O 和—C_2H_4O 为骨架，并富含—COOH，—OH 和—CO—等官能团。

与 DOM 在含铁水体中的光化学溴化相比，无论有无铁离子的存在，都检测到了 OICs 的生成，但加入 Fe（II）或者 Fe（III）后，生成的 OICs 明显增多，其相对强度也明显上升，这说明 Fe（II）/Fe（III）的存在能明显促进 DOM 的碘化。由于 DOM 碘化产物中含

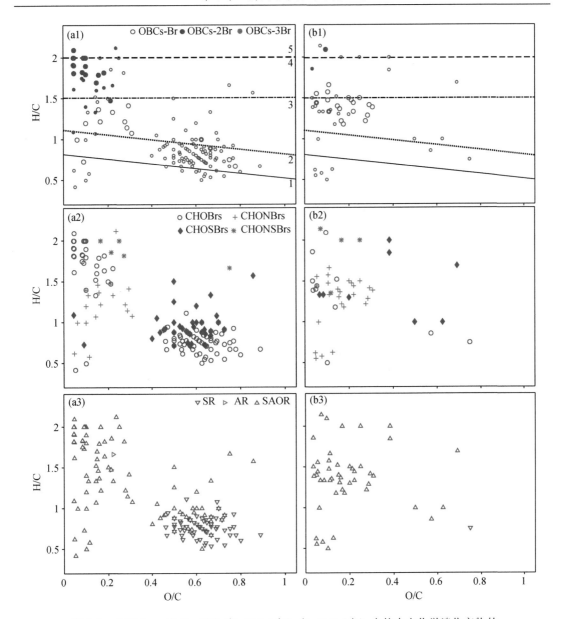

图 7-3 含有 5μmol/L Fe（II）在 pH 4（左）和 pH 5（右）水体中光化学溴化产物的组成分布和反应类型图

（a1）和（b1）中圆圈大小表示产物相对峰强，1~5 分别代表组分 1~组分 5

有杂原子的组分很少（<5%），因此仅识别不包含杂原子的 OICs。不含铁的水体中，在 pH 为 4.0、5.0 和 6.0 的条件下分别检测出了 252 种、95 种和 55 种 OICs，绝大多数为 OICs-I（99.5%~100%）。该数据说明，光照下 DOM 碘化产物的生成与 pH 值有关。这可能与 DOM 在不同 pH 值下的光氧化或者漂白作用有关，pH 较高下，有利于 DOM 的舒展，更多物质会暴露在光照下，增加了吸光度，从而加速了 DOM 的光转化过程，减少了 ROS 和 RIS 的生成，随之减少了 OICs 的生成[47, 48]。该工作还需继续深入，以探究 pH 值对 DOM 卤化的

影响。加入 1μmol/L Fe（II）光照 4d 后，在 pH 4.0、5.0 和 6.0 分别检测到了 543 种、644 种和 554 种 OICs，主要为 OICs-I（99.6%、99.1%和 99.5%），仅有少量 OICs-2I 生成。加入 1μmol/L Fe（III）光照 4d 后，在 pH 4.0、5.0 和 6.0 下分别检测到了 604 种、654 种和 607 种 OICs，同样主要为 OICs-I。上述结果说明，铁离子的存在能够显著促进 OICs 的生成。整体上，pH 5.0 条件下生成的 OICs 最多，其次是 pH 6.0 和 pH 4.0，这可能与 Fe 在不同 pH 下的溶解度以及 OICs 的降解有关，在 pH 值为 6.0 时，铁的溶解性相较于 pH 4.0 和 5.0 会下降，整体参与 OICs 生成的 Fe 离子会减少，因此使得生成的 OICs 总数量会减少[35]。在 pH 值为 4.0 时，由于不含铁离子已然能够生成大量的 OICs，说明铁离子存在条件下会生成较多 HO· 降解 OICs[37, 40, 49, 50]。Fe（III）存在条件下生成的 OICs 多于 Fe（II）存在条件下生成的 OICs，这可能与 Fe（III）本身能够氧化 I$^-$ 有关，暗反应实验中检测到的 OICs 很少，说明该过程比较缓慢，其对 OICs 的生成贡献很少。主要原因可能由于 Fe（III）能够与 DOM 结合形成络合物，Fe（III）及其络合物在光照下的转化过程会生成一系列 ROS，这些 ROS 包括醌类和半醌类自由基、$HO_2·$、$RO_2·$ 和 H_2O_2 等，甚至该过程还会出现 Fe（IV）物质，这些 ROS 及高价 Fe 离子都有利于 RIS 和 OICs 的生成[37, 50]。

水体中不含铁以及存在 Fe（II）和 Fe（III）生成的 OICs 的分子组成分布相似（图 7-4），以光照含 Fe（II）的水体中 DOM 碘化产物为例，OICs 主要分布在 H/C 0.3~1.5 和 O/C 0.3~0.9 的区域，属于典型的木质素和单宁酸类物质。由于该区域典型结构为富含羧基和酚羟基的脂环类物质，使得易与 RIS 发生反应且不易发生转化[34, 51]，因此 OICs 的生成主要来自于 SR（87.5%~94.1%）。AI_mod 和 H/C 结合分组的结果也说明，OICs 主要属于高度不饱和类、酚类和多酚类物质。光芬顿体系下 OICs 同样由多种同系物组成，主要为 —CH_2、—C_2H_2O 和 —C_2H_4O，同样富含 —COOH，—OH 及 —CO— 等官能团。

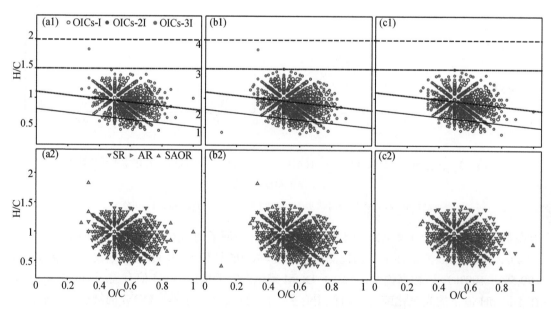

图 7-4　含 Fe（II）的水体中 DOM 的 OICs 的组成分布和反应类型图

pH 4.0（左），pH 5.0（中），pH 6.0（右），(a1)、(b1) 和 (c1) 中圆圈大小表示产物相对峰强，1~4 分别代表组分 1~组分 4

7.3 光催化体系中卤代有机物的环境生成

随着纳米材料的大量生产和广泛使用，其不可避免地会被释放到环境中，给人类和环境带来潜在风险[52]。TiO_2纳米颗粒作为一种重要的光催化材料，是世界范围内生产最多的纳米材料，被广泛用于油漆、太阳能电池、食物添加剂和牙膏等产品中，或者作为防晒霜和涂层用于吸收紫外线。大量的生产和使用使得其被释放到水体环境中。例如，在自然风化条件下，TiO_2纳米颗粒能从外墙表面油漆释放到表面水体中，部分浓度甚至高达1mg/L[53]。在水洗针织品过程中，也能检测到TiO_2纳米颗粒的释放，最高浓度可达8.3mg/L[54]。含有TiO_2纳米颗粒的产品例如防晒霜等，会向游泳池和表面水体中释放TiO_2纳米颗粒[55-57]。根据先前文献报道，地表水体中TiO_2纳米颗粒的浓度在0.01~10mg/L之间[58]。TiO_2纳米颗粒在光照下能够产生包括·OH和H_2O_2等ROS[56,59]，因此，释放到环境水体中的TiO_2纳米颗粒对环境中物质的迁移转化有着重要影响，并对有机体和人类产生潜在危害。先前有研究报道，在消毒过程或者高级氧化过程中，X^-尤其是Br^-和I^-能迅速被HOCl、·OH、SO_4^-和O_3等氧化生成RHS，进而与DOM发生反应生成OHCs[60-62]。考虑到TiO_2纳米颗粒的使用量在不断增加，表层环境水体中由TiO_2纳米颗粒引起的OHCs的生成可能在卤素生物地球化学循环中起着重要作用。

该节工作以SRNOM作为DOM进行TiO_2纳米颗粒（P25）存在条件下DOM的光化学卤化实验，并利用FT-ICR MS研究DOM在Fe（II）和Fe（III）的水体中的光化学溴化和碘化产物，分析其组分和反应类型。光化学反应仪及DOM的光化学碘化实验。TiO_2纳米颗粒引起的DOM的光化学卤化实验在550mL的磨口塞石英瓶中进行，石英瓶置于带有磁力搅拌器的恒温水浴中持续进行磁力搅拌。石英瓶含500mL的AFW和ASW，SRNOM的浓度为3mg C/L。TiO_2纳米颗粒浓度1mg/L和10mg/L，AFW的Br^-和I^-浓度分别为25μmol/L和1μmol/L，ASW的Br^-和I^-浓度分别为0.8mmol/L和1μmol/L。AFW的pH用磷酸缓冲盐溶液调至pH 7.2，磷酸盐浓度为5mmol/L，ASW的pH约为8.1。对照在没有光照或者不含TiO_2纳米颗粒条件下进行，其他条件与光照实验相同。样品经0.45μm醋酸纤维滤膜过滤后，用固相萃取法浓缩富集，然后用FT-ICR MS在ESI负离子模式进行测样。

模拟淡水在加入1mg/L TiO_2纳米颗粒光照24h没有检测到OBCs，说明低含量的TiO_2纳米颗粒短时间内不能促进DOM的溴化。这与TiO_2纳米颗粒和Br^-的含量有关，低浓度的TiO_2纳米颗粒生成的·OH数量有限，不利于淡水中低含量的Br^-夺取·OH等ROS生成RBrS和DOM的溴化。

模拟淡水加入10mg/L TiO_2纳米颗粒光照12h和24h后，分别检测到166种OBCs和607种OBCs，其中OBCs-Br分别有156种和332种，OBCs-2Br分别有8种和212种，三溴化合物（OBCs-3Br）分别有2种和63种。大量OBCs的检出说明高浓度TiO_2纳米颗粒在光照条件下能生成大量的·OH等ROS，不仅可以直接与DOM发生反应，同时还能氧化Br^-生成RBrS，进而与DOM发生反应生成OBCs。光照24h后OBCs数量的显著增多说明随着光照时间的增长，OBCs的生成数量会显著增多。光照24h后，CHONBrs的数量由

12h 的 61 种减少到 13 种，CHOSBrs 的数量由 12h 的 28 种增加到 336 种，说明生成的含 N 的 OBCs 容易发生转化，大量含 S 组分的检出可能与含硫有机物与 RBrS 的反应以及 DOM 的矿化导致的离子抑制率减少有关。

光照 12h 生成的 OBCs 分布在 H/C 为 0.6～2.25 和 O/C 为 0.05～1（图 7-5），属于酚类、不饱和碳氢化合物以及脂肪类物质[33]，说明 RBrS 容易与该类物质发生反应。光照 24h 生成 OBCs 的分布范围较 12h 更广（H/C 0.33～2.25，O/C 0.05～1）。与 12h 的产物形成鲜明对比的是，OBCs-2Br 和 OBCs-3Br 主要分布于 H/C 0.7～1.5，O/C 0.1～0.4 的区域，属于不饱和碳氢类化合物，该区域的物质具有苯环或者多苯环结构[63]，说明 12h 生成的具有脂质结构的 OBCs-2Br 容易发生转化，而具有苯环结构的 OBCs-2Br 的稳定性较高[44, 45]。OBCs-Br 主要为高不饱和类和酚类物质（组分 3）以及脂肪类物质（组分 4），说明这两类物质更容易与 RBrS 发生反应[43]。CHOSBrs 大部分分布于 H/C 0.6～1.5 和 O/C 0.05～0.5 的区域，该区域属于典型的木质素类和不饱和的碳氢化合物类物质，说明 DOM 中能与 RBrS 发生反应的含 S 组分属于不饱和的碳氢化合物和木质素类物质[43]。

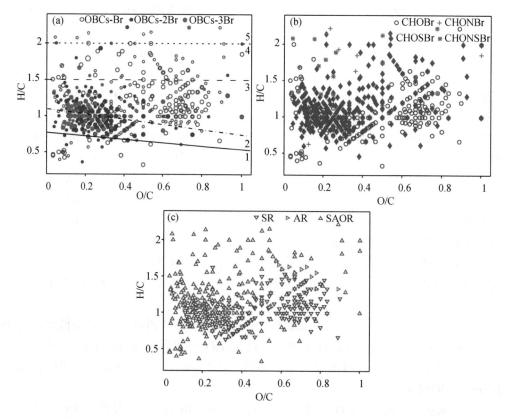

图 7-5 模拟含 Br⁻淡水水体在 TiO$_2$ 纳米颗粒（10mg/L）存在下光照 12h（上）和 24h（下）后生成 OBCs 的组成分布和反应类型图[15]

（a）和（b）中圆圈大小表示产物相对峰强，1～5 分别代表组分 1～组分 5

TiO$_2$ 纳米颗粒存在下 DOM 的光化学溴化主要通过 SR（56.0%～65.3%）和 SAOR

（30.6%～41.3%）生成。通过 SR 生成的 OBCs 主要属于木质素和单宁酸类物质，稳定性较高，不易发生转化，通过 SAOR 生成的 OBCs 主要属于脂质类物质或者苯环上带有酯基等官能团，在 TiO_2 纳米颗粒光催化体系下易发生转化。

与淡水不同的是，海水中存在 1mg/L TiO_2 纳米颗粒光照 12h 共检测到 161 种 OBCs，其中 160 种为 OBCs-Br，唯一的 OBCs-2Br 是 $C_{15}H_{25}Br_2O_2^-$，说明低浓度 TiO_2 纳米颗粒能引起海水 DOM 的溴化。这与海水中 X^- 的浓度有关，海水中的 Br^- 含量约为 65mg/L，远高于对应的淡水水体，同时 Br^- 能有效猝灭·OH 生成 $Br·$[19, 64]，且易与海水中高浓度 Cl^- 继续反应生成 $Br·$，使得低浓度 TiO_2 纳米颗粒也能导致 DOM 的溴化，进一步说明了海水中高卤素浓度在海水中 OHCs 生成的作用。24h 总共检出 236 种 OBCs，其中 226 为 OBCs-Br，唯一的 OBCs-2Br 是二溴乙酸 $C_2H_2Br_2O_2$。

10mg/L TiO_2 纳米颗粒存在条件下，光照 12h 和 24h 海水中分别检出 443 种和 684 种 OBCs，OBCs-Br 分别有 286 种和 477 种，OBCs-2Br 分别有 153 种和 205 种，OBCs-3Br 分别有 4 种和 2 种。其中 $C_5Br_3O_3^-$ 的可能结构为 2，2，4-三溴-5-羟基-4-环戊烯-1，3-二酮，与氯代消毒副产物（2，2，4-三氯-5-甲氧基-4-环戊烯-1，3-二酮）类似[65, 66]。高浓度 TiO_2 纳米颗粒条件下生成的 OBCs-Br 和 OBCs-2Br 更多，说明高浓度 TiO_2 纳米颗粒在光照下产生了更多的 RBrS 和 OBCs。

低浓度 TiO_2 纳米颗粒（1mg/L）存在条件下生成的 OBCs 主要分布于 H/C 0.5～1.5 和 O/C 0.35～0.85 的区域（图 7-6），属于木质素和单宁酸类物质，典型特征是含有较多羧基和酚羟基的脂环类物质，稳定性较好[46, 67]。与淡水中 RBrS 更易于与 DOM 中的脂质类物质发生反应相反，海水中 DOM 的溴化产物含有脂质类的组分较少，这可能与在海水高盐条件下，TiO_2 纳米颗粒表面吸附的组分不同和脂质类物质的溶解度下降有关[68]。根据元素组成，OBCs 主要以 CHOBrs 和 CHOSBrs 为主，分别占 12h 和 24h 生成总 OBCs 数量的 61.5%和 69.9%，34.2%和 27.1%。与 CHOBrs 相比，CHOSBrs 的平均 H/C 较高、O/C 较小，说明其比 CHOBrs 的饱和度更高，含有更多的脂质类结构[28]。反应生成的 OBCs 同样主要属于多酚类、高度不饱和类和酚类物质，这说明该类物质与 RBrS 的反应活性高[43]，且其属于水溶性物质，有利于其在海水中的扩散和与 RBrS 发生反应。

高浓度 TiO_2 纳米颗粒（10mg/L）存在条件下 OBCs 主要分布于 H/C 0.5～2，O/C 0.1～0.9 的区域，属于木质素和单宁类物质，少部分为不饱和的低氧脂质类物质。OBCs-Br 和 OBCs-2Br 的分布区域显著不同，前者主要分布于 H/C 值较低的区域，后者主要分布于 H/C 值较高的区域，且多为 CHOSBrs，说明 DOM 中含 S 组分可能更易与 RBrS 生成 OBCs-2Br，但需 DOM 发生一定的矿化。CHOSBrs 主要分布于 H/C 1～2，O/C 0.4～0.8 的区域，其比 CHOBrs 类物质的 H 含量更高，说明其含有更多的脂质类结构，饱和度更高。

对产物进行反应类型分析，结果表明（图 7-6），DOM 与 RBrS 反应主要通过 SR 生成，所占比例在 85.5%～92.8%，说明 TiO_2 纳米颗粒条件下海水中生成的 OBCs 的稳定性较高，这可能与以下两方面原因有关：一方面由于海水的高盐对·OH 的淬灭，可以起到保护 OBCs 的作用，同时有利于酚类和不饱和类物质与 RBrS 发生反应；另一方面，海水中生成的 OBCs 属于富含羧基和酚羟基的脂环类物质，具有较高的稳定性，不利于发生转化[63, 67]。

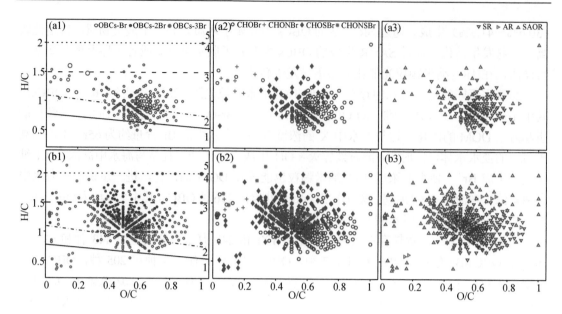

图 7-6 模拟含 Br⁻海水在 1mg/L TiO₂ 纳米颗粒（上）和 10mg/L TiO₂ 纳米颗粒（下）存在下光照 24h 后生成 OBCs 的组成分布和反应类型图[15]

(a1) 和 (b1) 中圆圈大小表示产物相对峰强, 1～5 分别代表组分 1～组分 5

与淡水在 1mg/L TiO₂ 纳米颗粒存在下 DOM 溴化相似，1mg/L TiO₂ 纳米颗粒光照 24h 后没能检测到 DOM 的碘化产物，说明低浓度 TiO₂ 纳米颗粒条件下，淡水中 DOM 不易发生碘化。这与低浓度 TiO₂ 纳米颗粒产生的 ROS 以及存在其他还原性组分竞争 ROS 有关。

淡水中加入高浓度 TiO₂ 纳米颗粒（10mg/L）光照 12h 和 24h 分别检测到了 74 种和 169 种 OICs，OICs-I 分别有 73 种和 149 种，除了 24h 检测到 1 种三碘化合物（OICs-3I），其余全为二碘化合物（OICs-2I）。OICs 主要以不含杂原子例如 N、S 等物质为主（CHOIs），占总产物的 82.4%和 90.5%。这与 NOM 的溴化明显不同，说明 RIS 物质更易于与 NOM 中不含杂原子的组分（主要为酚类或者多酚类物质）发生反应。12h 生成的 OICs 主要分布于 H/C 0.7～2.0，O/C 0.5～0.8 的区域，该区域主要是 CHOIs（图 7-7），对应的物质主要是单宁酸类物质，属于含有多个羟基或者羧基的脂环类物质，与 RIS 的反应活性较高[34, 51]。含杂原子的 OICs 则分布于其他区域。24h 生成的 OICs 主要分布于两个区域（图 7-7），一是 H/C 0.7～1.4 和 O/C 0.5～0.9 的区域，对应的是单宁酸类物质，另一区域是 VK 图左上角区域，对应的是低 O/C 的脂质类物质。该区域物质可能含有酯化的基团，能够增加 π 键体系的电子云密度，从而有利于与 RIS 发生反应[51]。另外该类物质由于含氧量低，疏水性强，不利于其在环境中迁移[51]。OICs-2I 也主要分布在该区域。

淡水 DOM 在 10mg/L TiO₂ 纳米颗粒存在条件下生成的 OICs 主要来源于 SR（56.0%～65.3%），其次是 SAOR（30.6%～41.3%），通过 SR 生成的 OICs 对应的前体物主要属于含有酚羟基和羧基的环类物质[31]。有较高比例的 OICs 通过 SAOR 生成，说明高浓度 TiO₂ 纳米颗粒生成的 ROS 也可使新生成 OICs 的转化。除此之外，含杂原子例如 N 和 S 的 OICs

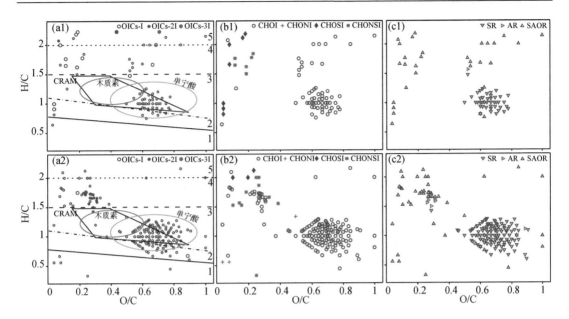

图 7-7 模拟含 I⁻ 淡水水体在 TiO$_2$ 纳米颗粒（10mg/L）存在下光照 12h（上）和 24h（下）后生成 OICs 的组成分布和反应类型图[15]

（a1）和（b1）中圆圈大小表示产物相对峰强，1~5 分别代表组分 1~组分 5

则分布于脂类物质或者不饱和碳氢化合物的区域[30]，该类物质官能团通常能活化苯环[34]，使其易于与 RIS 发生反应。由于该类物质不稳定，或者在 NOM 中受离子化抑制的影响[28]，因此表现为来源于 SAOR。

海水中加入 1mg/L TiO$_2$ 纳米颗粒光照 12h 和 24h 后分别检测到 121 种和 346 种 OICs，除了后者有 2 种为 OICs-2I，其余全部为 OICs-I，说明低浓度的 TiO$_2$ 纳米颗粒可促进 DOM 的碘化。这可能与海水中高含量的 Cl⁻ 有关，其能夺取 ·OH 生成活性氯物质[19, 69, 70]，进而氧化 I⁻ 生成含 Cl 和 I 的活性卤物质。OICs 主要为 CHOIs，占总产物的 96.7% 和 99.4%。

海水中加入 10mg/L TiO$_2$ 纳米颗粒光照 12h 和 24h 后分别检测到 491 种和 247 种 OICs，OICs-I 分别有 485 和 243 种，其余全部为 OICs-2I。光照 12h 后生成 OICs 数量明显增多，24h 明显减少，说明在高浓度 TiO$_2$ 纳米颗粒存在下，短时间内就能生成大量的 OICs，但随着时间的延长，生成的 ROS 又会引起 OICs 的转化。

两种浓度 TiO$_2$ 纳米颗粒存在下生成的 OICs 以 CHOIs 为主，占总 OICs 的 96.7%~99.4%，生成的 OICs 分布于 H/C 0.5~1.5，O/C 0.35~0.9 的区域（图 7-8），属于典型的木质素和单宁类物质，RIS 与该区域物质反应活性高。同样 OICs 主要通过 SR 反应生成（85.5%~92.8%），24h 后通过 SAOR 生成的 OICs 比例增大，说明 OICs 可能发生了转化。上述结果进一步说明了 RIS 与 DOM 中酚类或者多酚类物质的高反应活性，以及生成物的不易降解特性。

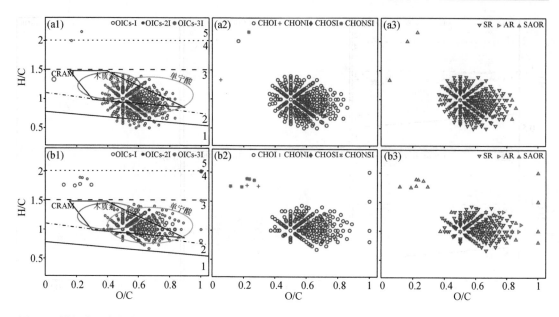

图 7-8　模拟含 I⁻海水在 1mg/L TiO$_2$ 纳米颗粒（上）和 10mg/L TiO$_2$ 纳米颗粒（下）存在下光照 24h 后生成 OBCs 的组成分布和反应类型图[15]

（a1）和（b1）中圆圈大小表示产物相对峰强，1～5 分别代表组分 1～组分 5

7.4　非光照水体中碘代有机物的环境生成

MnO$_2$ 具有较高的氧化还原电位和较高的丰度，是地壳中除了铁氧化物外最重要的氧化物[71]。与铁氧化物类似，MnO$_2$ 也广泛分布于土壤、沉积物以及水体悬浮颗粒物中[11]。由于具有较高的氧化还原电位，MnO$_2$ 可参与多种环境过程如氧化还原、吸附沉降等[72-74]。MnO$_2$ 可氧化包括 DOM 在内的有机物生成小分子物质[74]。MnO$_2$ 导致 I⁻的转化也受到了广泛关注，理论上，MnO$_2$ 和 I⁻的反应可在酸性和中性，甚至在碱性环境中发生，主要受 MnO$_2$ 的浓度和 I$_2$/I⁻的影响[75]。当 DOM 存在时，该过程生成的 RIS 可以与 DOM 发生反应生成 OICs。例如 DOM 和 I⁻在 MnO$_2$ 存在条件下反应生成碘乙酸和碘甲烷[11, 75-77]。从水质学角度上来看，OICs 比同类的 OBCs 和氯化有机物具有更强的毒性[78]。然而，目前关于 MnO$_2$ 共存下 DOM 碘化的研究仍显不足，主要是因为 DOM 的高度复杂性和异质性，使其碘化产物也极其复杂，给分析和分离 DOM 及其碘化产物带来了巨大的挑战。由于 MnO$_2$ 在环境中广泛存在，MnO$_2$ 导致的 DOM 的碘化可能是非光照环境中 OICs 重要的来源，为此有必要对其进行进一步研究。

该节工作以 SRNOM 作为 DOM 进行 DOM 在 δ-MnO$_2$ 体系中的碘化。合成 δ-MnO$_2$ 主要根据文献［79］。实验在 300mL 的玻璃瓶中进行，反应溶液的体积为 250mL。溶液中含有 3mg C/L 的 DOM，δ-MnO$_2$ 浓度为 0.01g/L 和 0.1g/L，以研究 δ-MnO$_2$ 的浓度对 DOM 碘化的影响。I⁻浓度设为 0.2μmol/L 和 1.0μmol/L，以探究 I⁻浓度对 DOM 碘化的影响。为探究 pH 对反应的影响，溶液的 pH 用 5mmol/L 磷酸盐缓冲液调节至 pH 5.5、7.0 和 8.5。反应时间为24h，反应过程中，以300r的速度持续搅拌，反应温度为室温（23±2℃）。对照实验在不含δ-MnO_2条件下进行，其他条件与光照实验相同。样品经0.45μm醋酸纤维滤膜过滤后，用固相萃取法浓缩富集，然后用FT-ICR MS在ESI负离子模式进行测样。

在0.01g/L δ-MnO_2存在条件下，当I^-浓度为0.2μmol/L时，仅在pH为5.5条件下检测到58种OICs，且全部为OICs-I。由于生成的OICs中含N、S等杂原子的物质很少，因此仅识别了含C、H、O和I的OICs。当I^-浓度为1.0μmol/L时，仅在pH为5.5和7.0的条件下分别检测到了321种和20种OICs，除在pH 5.5条件下检测到1种OICs-2I，其余全部为OICs-I。在0.1g/L δ-MnO_2存在条件下，当I^-浓度为0.2μmol/L时，仅在pH为5.5和7.0的条件下分别检测到了111种和15种OICs，全部为OICs-I。当I^-浓度为1.0μmol/L时，在pH为5.5、7.0和8.5的条件检测到的OICs分别有563种（OICs-I 556种，OICs-2I 7种）、360种（OICs-I 286种，OICs-2I 74种）和127种（OICs-I 126种，OICs-2I 1种）。对照实验中没有检测到OICs，上述结果说明δ-MnO_2能够促进DOM的碘化，其主要原因有两个：一是δ-MnO_2的氧化还原电位较高（1.29V），能够氧化I^-生成包括I_2和HOI在内的RIS[75,77]；二是由于δ-MnO_2的路易斯酸性质，使其能够极化I-I键，从而减少了共价碘的电子云密度，提高了RIS与DOM的反应活性[75,77]。δ-MnO_2体系中DOM碘化产物的数量与pH值、I^-浓度和δ-MnO_2浓度有关。由于δ-MnO_2的氧化还原电位会随着pH的增大而降低，进而导致水溶液中的电子活度也随着pH的增大而降低[75]，对I^-的氧化能力和生成RIS量也随之下降。I^-浓度和δ-MnO_2浓度越大越有利于I^-的氧化和DOM的碘化。

OICs主要分布于H/C 0.5~1.5，O/C 0.4~0.8区域，且其分布区域大小与OICs数量相关（图7-9），且90.0%~97.6%的OICs都通过SR生成。该区域内的物质属于富含羧基的脂环类物质[等效双键（double bond equivalents, DBE）：C = 0.30~0.68, DBE：H = 0.20~0.95, DBE：O = 0.77~1.75]，稳定性好，不易降解[28]。该区域内物质也属于多酚类（组分2）和不饱和类和酚类物质（组分3），因此DOM在δ-MnO_2共存下生成的OICs属于含有多羧基和酚羟基的苯环类结构[46,67]，由于该区域物质带有—OH，以及烷基等能活化苯环的官能团，因此容易与RIS发生反应[34]。由于RIS和脂肪类以及不饱和脂肪类物质的反应

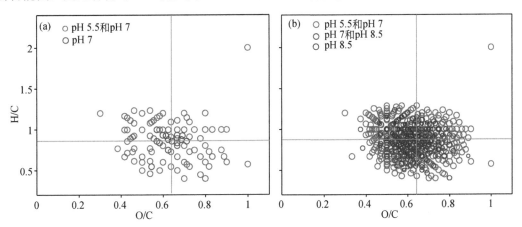

图7-9 重合OICs的组分VK图

0.1g/L δ-MnO_2，0.2μmol/L I^-（a）和1μmol/L I^-（b）

活性低[51, 80]，在 RIS 浓度有限的情况下，RIS 会优先与电子云密度高的具有苯环结构的物质发生反应[34]，因此其生成 OICs 的分布范围比生成 OICs 较多的条件下窄。进一步分析发现，低浓度 I⁻、δ-MnO$_2$ 或者高 pH 条件下生成的 OICs，几乎所有都能在高浓度 I⁻、δ-MnO$_2$ 或者低 pH 条件下检出（图 7-9），且重复 OICs 在 VK 图中心分布点为 H/C～0.86、O/C～0.63、AI_mod ～0.56[30, 31]，对其前体物质分析发现，围绕该中心分布点，具有较高相对强度（＞30%）的酚类或者多酚类物质优先与 RIS 发生反应。

7.5 消毒体系中溴代有机物的环境生成

水产养殖海水中富含 NOM 与 Br⁻，消毒过程中极易生成卤代 DBPs。毒性研究表明，溴代 DBPs（Br-DBPs）与碘代 DBPs 具有较高的细胞毒性和基因毒性[81, 82]。卤代芳香 DBPs 的毒性、亲脂性远高于传统脂肪链类 DBPs，且可能发生生物富集，并进而通过迁移转化及食物链传递进入生物体内，对自然环境及人体健康产生潜在危害[83-85]。但是，目前关于水产养殖水体中卤代 DBPs 的生成研究却十分有限，因此研究水产养殖水体的消毒过程及生成的卤代 DBPs 具有重要的环境意义。

该节工作以模拟养殖海水（ASW，具体组分见文献［16］，）和采自国内沿海某处的实际养殖海水（RSW）为对象，探究了其经二氯异腈脲酸钠（NaDDC）、三氯异腈脲酸（TCCA）和二氧化氯（ClO$_2$）消毒后 Br-DBPs 的生成情况，并应用 ICP-MS 和 FT-ICR MS 分别对产物的总有机溴（total organic bromine，TOBr）含量和分子组成分布进行分析。

实验在水产养殖海水的氯化消毒实验在 1L 的磨口塞石英瓶中进行，石英瓶中装入 1L 的 ASW 和 RSW，Br⁻浓度分别为 0.80mmol/L 和 0.82m mol/L，pH 值分别为 7.8 和 8.2。ASW 中添加的 SRNOM 3mg C/L，RSW 中 DOM 含量为 4mg C/L。投加 TCCA/NaDDC/ClO$_2$ 的量均为 0.71mg/L（有效氯），接近农业部药典中推荐的水产养殖水体消毒剂使用剂量。所用样品放置在体积为 20L 的配置多位磁力搅拌器的恒温水浴箱中进行，搅拌速度为 300r，水箱内水温用冷却水循环水机维持在 25±2℃。实验分别在黑暗条件和模拟光照下进行。空白对照试验：未投加氯代消毒剂的 ASW/RSW 水样在相同条件下进行。消毒反应分别进行 0、1、3、5d 后依次从各样品瓶中取出 250mL 水样，加入过量 Na$_2$S$_2$O$_3$（100μmol/L）淬灭反应。样品用固相萃取法富集后测定其 TOBr 含量和分子组成分布。

加入三种消毒剂后 ASW 和 RSW 中分别检测到了 0.3～4.5μmol/L 和 0.5～5.0μmol/L 的 TOBr（图 7-10）。加入三种消毒剂反应 5d 后，ASW 中检测到 TOBr 浓度大小为：暗反应下 TCCA 消毒（4.6μmol/L）≈NaDDC 消毒（5.0μmol/L）＞模拟太阳光照下加入 TCCA（1.7μmol/L）、模拟太阳光照下 ClO$_2$ 消毒（1.5μmol/L）＞NaDDC（0.6μmol/L）及暗反应下 ClO$_2$ 消毒（0.5μmol/L）。暗反应条件下检测到的 TOBr 浓度比模拟太阳光照下的更高，可能因为中间产物 HClO/ClO⁻与 HBrO/BrO⁻发生了光降解，从而减少了 Br-DBPs 的生成，导致 TOBr 浓度降低。ClO$_2$ 消毒后生成的 Br-DBPs 最少，且光照对反应影响很小。暗反应下 TOBr 浓度随反应时间延长均升高，说明 Br-DBPs 随反应的进行持续生成。RSW 消毒后中生成的 TOBr 浓度也具有同样的规律。TOBr 的大量检出，说明养殖海水中氯代消毒剂的使用能导致 Br-DBPs 的生成。

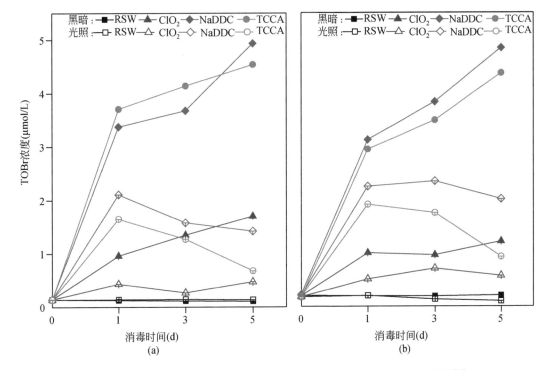

图 7-10 ASW（a）和 RSW（b）TOBr 浓度随光照条件、反应时间变化[16]

ASW 加入 NaDDC、TCCA 和 ClO$_2$ 消毒 5d 后，分别检出 157、143 和 25 种 Br-DBPs。其中，一溴代消毒副产物（DBPs-1Br）分别有 139、129 和 20 种；二溴代消毒副产物（DBPs-2Br），分别有 16、12 和 4 种；三溴代消毒副产物（DBPs-3Br）分别有 2、2 和 1 种。模拟光照条件消毒 5d 后，分别检出 62、62 和 22 种。DBPs-1Br 分别为 53、52 和 14 种，DBPs-2Br 分别有 8、9 和 4 种，及 DBPs-3Br 各 1 种。

RSW 加入 NaDDC、TCCA 和 ClO$_2$ 消毒 5d 后，分别检出 181、179 和 37 种 Br-DBPs。其中 DBPs-1Br 分别有 155、153 和 28 种；DBPs-2Br 分别有 20、21 和 8 种；DBPs-3Br 分别有 6、5 和 1 种。模拟光照 5 天后，检出的 DBPs-1Br 分别为 75、62 和 43 种，DBPs-2Br 分别为 4、6 和 3 种，DBPs-3Br 分别为 2、2 和 0 种。

上述数据说明，RSW 和 ASW 在消毒过程中生成的 Br-DBPs 数量相近，产物以 DBPs-1Br 为主。NaDDC 和 TCCA 相比 ClO$_2$，能导致更多的 Br-DBPs 生成。模拟太阳光照条件下生成 Br-DBPs 数量比暗反应下更多，可能因为中间产物 HClO/ClO$^-$ 与 HBrO/BrO$^-$ 发生了光降解，从而导致生成的 Br-DBPs 数量较少。TOBr 含量的变化与 Br-DBPs 数量变化一致，说明 TOBr 与 Br-DBPs 数量具有较好相关性。

Br-DBPs 集中分布在 0.7<H/C<1.2 和 0.1<O/C<0.8 区域，该区域物质主要为木质素和单宁酸类物质[29]，说明 HBrO/BrO$^-$ 易亲电取代酚类物质邻对位的氢原子生成 Br-DBPs[86]。

RSW 消毒生成了数量更多的含 N 的 Br-DBPs，可能是因为养殖海水中含有藻类具有固氮作用，含有更多含 N 的前体物质[87]。有机物 N 上的 H 易与溴发生 SR 反应，生成含氮有机溴化物[87]。N-DBPs 主要包括硝基类、腈类、酰胺类、亚硝胺类，研究表明 N-DBPs 比

C-DBPs 具有更高的生物毒性，文献报道二氯亚硝胺这种新型含 N 消毒副产物能致使斑马鱼器官病变，并易被生物富集（生物富集因子为 3.7）[84]。本实验中检测到 30 余种含 N 芳香族或高度不饱碳氢结构的 Br-DBPs，且具有亲脂性，故很可能在水生生物体内发生生物富集和放大效应[88-91]。

由于 ^{79}Br 和 ^{81}Br 在环境中稳定存在且丰度基本相等，因此对计算出的 Br-DBPs 分子式，可用数据分析软件进行同位素模拟进一步验证 Br-DBPs 分子中 Br 原子个数。本工作通过参照已报道的 Br-DBPs 和应用溴同位素模拟，对本实验中检测到的碳原子数少于 8 个的 Br-DBPs 分子及多溴代消毒副产物的可能结构进行了推算。ASW/RSW 水样中均能检测到相对峰强较高的芳香类 Br-DBPs，如：$C_6H_2Br_3O^-$（2, 4, 6-三溴苯酚，RI 26.0%）、$C_6H_3Br_3O_2^-$（2, 4, 6-三溴间苯二酚，8.3%）、$C_6H_2Br_2NO_3^-$（2, 6-二溴-4-硝基苯酚，RI 31.0%）、$C_7H_3Br_2O_3^-$（3, 5-二溴-4-羟基苯甲酸，RI 3.2%）、$C_7H_3Br_2O_4^-$（3, 5-二溴二羟基苯甲酸，RI 1.31%）等。

综合上述研究结果，为控制养殖海水中 X-DBPs 的生成，我们推荐使用 ClO_2 消毒水产养殖水体，但 ClO_2 的使用会生成具有潜在危害致癌性的 ClO_2^- 和 ClO_3^-，故 ClO_2 投加应适量。模拟实验结果表明，光照条件下 ASW/RSW 中检测到更少的 Br-DBPs 及更低浓度的 TOBr，这可能是因为光照能降解中间产物 HClO/HBrO 和部分 Br-DBPs，故水体消毒后进行一定时间的持续光照有利于控制 X-DBPs 的生成。

目前，基于 FT-ICR MS 在 DOM 卤化方面的研究已取得了一定进展，但由于受到 DOM、DOM 卤化物的复杂性以及 FT-ICR MS 只能基于高分辨率和高质量精度获得分子式等因素的限制，对 DOM 卤化物进行定性识别和定量分析仍面临着很大挑战。未来需着重研究 DOM 卤化物组分分离以及定性定量分析。

（1）固相萃取法在富集处理样品过程中可能会损失一部分物质，尤其是强极性的物质，因此有待发展更有效萃取全部相关物质的前处理方法；

（2）使用在线或离线的分离方式实现水样中 DOM 及其卤化物更高效分离，并配合应用高分辨质谱检测化合物的二级以及多级结构，得到目标化合物的离子碎片信息，用以鉴定未知 OHCs 的结构并对其进行定量分析；

（3）发展更为有效的 OHCs 定量分析方法以及 RHS 的识别和定量方法，从而得到 DOM 卤化的准确机理；

（4）进一步优化数据挖掘和处理方法，从数以万计的质谱峰中提取、解析有效信息，建立其分子式与其物理化学特性的联系。扩充样品量，应用其他检测仪器检测样品其他物理、化学参数。结合数理统计手段，建立样品多重物理、化学参数与庞大的物质质谱信息的多元数学分析模型；

（5）进一步研究水体环境中 DOM 在其他环境条件下或者其他介质中有机质的卤化，以更全面的了解有机质的卤化行为。

（撰稿人：刘景富　郝智能）

参 考 文 献

[1] Teuten E L, Reddy C M. Halogenated organic compounds in archived whale oil: A pre-industrial record.

Environmental Pollution, 2007, 145 (3): 668-671.

[2] Gribble G W. A recent survey of naturally occurring organohalogen compounds. Environmental Chemistry, 2015, 12 (4): 396-405.

[3] Gribble G W. Naturally occurring organohalogen compounds-A comprehensive update. Vienna: Springer-Verlag, 2010.

[4] Gribble G W. Naturally occurring organohalogen compounds. Accounts of Chemical Research, 1998, 31 (3): 141-152.

[5] Deborde M, Von Gunten U. Reactions of chlorine with inorganic and organic compounds during water treatment—Kinetics and mechanisms: A critical review. Water Research, 2008, 42 (1-2): 13-51.

[6] Langsa M, Heitz A, Joll C A, Von Gunten U, Allard S. Mechanistic aspects of the formation of adsorbable organic bromine during chlorination of bromide-containing synthetic waters. Environmental Science & Technology, 2017, 51 (9): 5146-5155.

[7] Richardson S D, Ternes T A. Water analysis: Emerging contaminants and current issues. Analytical Chemistry, 2018, 90 (1): 398-428.

[8] Li X-F, Mitch W A. Drinking water disinfection byproducts (DBPs) and human health effects: Multidisciplinary challenges and opportunities. Environmental Science & Technology, 2018, 52 (4): 1681-1689.

[9] U.S. Environmental Protection Agency. National primary drinking water regulations. 2017 [2019-04-10]. https://www.epa.gov/ground-water-anddrinking-water/national-primary-drinking-water-regulations.

[10] Méndez-Díaz J D, Shimabuku K K, Ma J, Enumah Z O, Pignatello J J, Mitch W A, Dodd M C. Sunlight-driven photochemical halogenation of dissolved organic matter in seawater: A natural abiotic source of organobromine and organoiodine. Environmental Science & Technology, 2014, 48 (13): 7418-7427.

[11] Allard S, Gallard H. Abiotic formation of methyl iodide on synthetic birnessite: A mechanistic study. Science of the Total Environment, 2013, 463-464: 169-175.

[12] Martino M, Mills G P, Woeltjen J, Liss P S. A new source of volatile organoiodine compounds in surface seawater. Geophysical Research Letters, 2009, 36 (1): L01609 1-5.

[13] Hao Z, Wang J, Yin Y, Cao D, Liu J. Abiotic formation of organoiodine compounds by manganese dioxide induced iodination of dissolved organic matter. Environmental Pollution, 2018, 236: 672-679.

[14] Hao Z, Yin Y, Cao D, Liu J. Probing and comparing the photobromination and photoiodination of dissolved organic matter by using ultra-high-resolution mass spectrometry. Environmental Science & Technology, 2017, 51 (10): 5464-5472.

[15] Hao Z, Yin Y, Wang J, Cao D, Liu J. Formation of organobromine and organoiodine compounds by engineered TiO_2 nanoparticle-induced photohalogenation of dissolved organic matter in environmental waters. Science of the Total Environment, 2018, 631-632: 158-168.

[16] Wang J, Hao Z, Shi F, Yin Y, Cao D, Yao Z, Liu J. Characterization of brominated disinfection byproducts formed during the chlorination of aquaculture seawater. Environmental Science & Technology, 2018, 52 (10): 5662-5670.

[17] Parker K M, Mitch W A. Halogen radicals contribute to photooxidation in coastal and estuarine waters. Proceedings of the National Academy of Sciences, 2016, 113 (21): 5868-5873.

[18] Grebel J E, Pignatello J J, Mitch W A. Effect of halide ions and carbonates on organic contaminant degradation by hydroxyl radical-based advanced oxidation processes in saline waters. Environmental Science & Technology, 2010, 44 (17): 6822-6828.

[19] Grebel J E, Pignatello J J, Song W, Cooper W J, Mitch W A. Impact of halides on the photobleaching of dissolved organic matter. Marine Chemistry, 2009, 115 (1-2): 134-144.

[20] Zhang K, Parker K M. Halogen radical oxidants in natural and engineered aquatic systems. Environmental Science & Technology, 2018, 52 (17): 9579-9594.

[21] De Laurentiis E, Minella M, Maurino V, Minero C, Mailhot G, Sarakha M, Brigante M, Vione D. Assessing the occurrence of the dibromide radical (Br_2^-) in natural waters: Measures of triplet-sensitised formation, reactivity, and modelling. Science of the Total Environment, 2012, 439: 299-306.

[22] Brigante M, Minella M, Mailhot G, Maurino V, Minero C, Vione D. Formation and reactivity of the dichloride radical (Cl_2^-) in surface waters: A modelling approach. Chemosphere, 2014, 95: 464-469.

[23] Saunders R W, Kumar R, Macdonald S M, Plane J M C. Insights into the photochemical transformation of iodine in aqueous systems: Humic acid photosensitized reduction of iodate. Environmental Science & Technology, 2012, 46 (21): 11854-11861.

[24] Yang Y, Pignatello J. Participation of the halogens in photochemical reactions in natural and treated waters. Molecules, 2017, 22 (10): 1684.

[25] Mopper K, Zhou X L. Hydroxyl radical photoproduction in the sea and its potential impact on marine processes. Science, 1990, 250 (4981): 661-664.

[26] Reeser D I, George C, Donaldson D J. Photooxidation of halides by chlorophyll at the air-salt water interface. The Journal of Physical Chemistry A, 2009, 113 (30): 8591-8595.

[27] Kim S, Kramer R W, Hatcher P G. Graphical method for analysis of ultrahigh-resolution broadband mass spectra of natural organic matter, the Van Krevelen diagram. Analytical Chemistry, 2003, 75 (20): 5336-5344.

[28] Shakeri Yekta S, Gonsior M, Schmitt-Kopplin P, Svensson B H. Characterization of dissolved organic matter in full scale continuous stirred tank biogas reactors using ultrahigh resolution mass spectrometry: A qualitative overview. Environmental Science & Technology, 2012, 46 (22): 12711-12719.

[29] Hockaday W C, Purcell J M, Marshall A G, Baldock J A, Hatcher P G. Electrospray and photoionization mass spectrometry for the characterization of organic matter in natural waters: A qualitative assessment. Limnology and Oceanography: Methods, 2009, 7 (1): 81-95.

[30] Koch B P, Dittmar T. From mass to structure: an aromaticity index for high-resolution mass data of natural organic matter. Rapid Communications in Mass Spectrometry, 2006, 20 (5): 926-932.

[31] Kellerman A M, Dittmar T, Kothawala D N, Tranvik L J. Chemodiversity of dissolved organic matter in lakes driven by climate and hydrology. Nature Communications, 2014, 5: 1-8.

[32] Šantl-Temkiv T, Finster K, Dittmar T, Hansen B M, Thyrhaug R, Nielsen N W, Karlson U G. Hailstones: A window into the microbial and chemical inventory of a storm cloud. PLoS ONE, 2013, 8 (1): e53550

[33] Kujawinski E B, Longnecker K, Blough N V, Vecchio R D, Finlay L, Kitner J B, Giovannoni S J. Identification of possible source markers in marine dissolved organic matter using ultrahigh resolution mass spectrometry. Geochimica et Cosmochimica Acta, 2009, 73 (15): 4384-4399.

[34] Xu C, Zhong J, Hatcher P G, Zhang S, Li H-P, Ho Y-F, Schwehr K A, Kaplan D I, Roberts K A, Brinkmeyer R, Yeager C M, Santschi P H. Molecular environment of stable iodine and radioiodine (129I) in natural organic matter: Evidence inferred from NMR and binding experiments at environmentally relevant concentrations. Geochimica et Cosmochimica Acta, 2012, 97: 166-182.

[35] Weber T, Allard T, Tipping E, Benedetti M F. Modeling iron binding to organic matter. Environmental Science & Technology, 2006, 40 (24): 7488-7493.

[36] Garg S, Ito H, Rose A L, Waite T D. Mechanism and kinetics of dark iron redox transformations in previously photolyzed acidic natural organic matter solutions. Environmental Science & Technology, 2013, 47 (4): 1861-1869.

[37] Garg S, Jiang C, David Waite T. Mechanistic insights into iron redox transformations in the presence of natural organic matter: Impact of pH and light. Geochimica et Cosmochimica Acta, 2015, 165: 14-34.

[38] Miller C J, Rose A L, Waite T D. Hydroxyl radical production by H_2O_2-mediated oxidation of Fe (II) complexed by suwannee river fulvic acid under circumneutral freshwater conditions. Environmental Science & Technology, 2013, 47 (2): 829-835.

[39] Vermilyea A W, Voelker B M. Photo-fenton reaction at near neutral pH. Environmental Science & Technology, 2009, 43 (18): 6927-6933.

[40] Garg S, Jiang C, Miller C J, Rose A L, Waite T D. Iron redox transformations in continuously photolyzed acidic solutions containing natural organic matter: Kinetic and mechanistic insights. Environmental Science & Technology, 2013, 47 (16): 9190-9197.

[41] Gonsior M, Zwartjes M, Cooper W J, Song W, Ishida K P, Tseng L Y, Jeung M K, Rosso D, Hertkorn N, Schmitt-Kopplin P. Molecular characterization of effluent organic matter identified by ultrahigh resolution mass spectrometry. Water Research, 2011, 45 (9): 2943-2953.

[42] Gonsior M, Peake B M, Cooper W T, Podgorski D C, D'andrilli J, Dittmar T, Cooper W J. Characterization of dissolved organic matter across the Subtropical Convergence off the South Island, New Zealand. Marine Chemistry, 2011, 123 (1): 99-110.

[43] Heeb M B, Criquet J, Zimmermann-Steffens S G, Von Gunten U. Oxidative treatment of bromide-containing waters: Formation of bromine and its reactions with inorganic and organic compounds—A critical review. Water Research, 2014, 48: 15-42.

[44] Leri A C, Mayer L M, Thornton K R, Ravel B. Bromination of marine particulate organic matter through oxidative mechanisms. Geochimica et Cosmochimica Acta, 2014, 142: 53-63.

[45] Leri A C, Ravel B. Abiotic bromination of soil organic matter. Environmental Science & Technology, 2015, 49 (22): 13350-13359.

[46] Hertkorn N, Benner R, Frommberger M, Schmitt-Kopplin P, Witt M, Kaiser K, Kettrup A, Hedges J I. Characterization of a major refractory component of marine dissolved organic matter. Geochimica et

Cosmochimica Acta, 2006, 70 (12): 2990-3010.

[47] Pace M L, Reche I, Cole J J, Fernández-Barbero A, Mazuecos I P, Prairie Y T. pH change induces shifts in the size and light absorption of dissolved organic matter. Biogeochemistry, 2012, 108 (1): 109-118.

[48] Timko S A, Gonsior M, Cooper W J. Influence of pH on fluorescent dissolved organic matter photo-degradation. Water Research, 2015, 85: 266-274.

[49] Calza P, Massolino C, Pelizzetti E, Minero C. Role of iron species in the photo-transformation of phenol in artificial and natural seawater. Science of the total Environment, 2012, 426: 281-288.

[50] Kong L, He M. Mechanisms of Sb (III) photooxidation by the excitation of organic Fe (III) complexes. Environmental Science & Technology, 2016, 50 (13): 6974-6982.

[51] Xu C, Chen H, Sugiyama Y, Zhang S, Li H-P, Ho Y-F, Chuang C-Y, Schwehr K A, Kaplan D I, Yeager C, Roberts K A, Hatcher P G, Santschi P H. Novel molecular-level evidence of iodine binding to natural organic matter from Fourier transform ion cyclotron resonance mass spectrometry. Science of the Total Environment, 2013, 449: 244-252.

[52] Dale A L, Casman E A, Lowry G V, Lead J R, Viparelli E, Baalousha M. Modeling nanomaterial environmental fate in aquatic systems. Environmental Science & Technology, 2015, 49 (5): 2587-2593.

[53] Kaegi R, Ulrich A, Sinnet B, Vonbank R, Wichser A, Zuleeg S, Simmler H, Brunner S, Vonmont H, Burkhardt M, Boller M. Synthetic TiO_2 nanoparticle emission from exterior facades into the aquatic environment. Environmental Pollution, 2008, 156 (2): 233-239.

[54] Windler L, Lorenz C, Von Goetz N, Hungerbühler K, Amberg M, Heuberger M, Nowack B. Release of titanium dioxide from textiles during washing. Environmental Science & Technology, 2012, 46 (15): 8181-8188.

[55] Gondikas A P, Kammer F V D, Reed R B, Wagner S, Ranville J F, Hofmann T. Release of TiO_2 nanoparticles from sunscreens into surface waters: A one-year survey at the Old Danube Recreational Lake. Environmental Science & Technology, 2014, 48 (10): 5415-5422.

[56] Sánchez-Quiles D, Tovar-Sánchez A. Sunscreens as a source of hydrogen peroxide production in coastal waters. Environmental Science & Technology, 2014, 48 (16): 9037-9042.

[57] David Holbrook R, Motabar D, Quiñones O, Stanford B, Vanderford B, Moss D. Titanium distribution in swimming pool water is dominated by dissolved species. Environmental Pollution, 2013, 181: 68-74.

[58] Gottschalk F, Sun T, Nowack B. Environmental concentrations of engineered nanomaterials: Review of modeling and analytical studies. Environmental Pollution, 2013, 181: 287-300.

[59] Brezová V, Gabčová S, Dvoranová D, Staško A. Reactive oxygen species produced upon photoexcitation of sunscreens containing titanium dioxide (an EPR study). Journal of Photochemistry and Photobiology B: Biology, 2005, 79 (2): 121-134.

[60] Wang Y, Le Roux J, Zhang T, Croué J-P. Formation of brominated disinfection byproducts from natural organic matter isolates and model compounds in a sulfate radical-based oxidation process. Environmental Science & Technology, 2014, 48 (24): 14534-14542.

[61] Pillar E A, Guzman M I, Rodriguez J M. Conversion of iodide to hypoiodous acid and iodine in aqueous microdroplets exposed to ozone. Environmental Science & Technology, 2013, 47 (19): 10971-10979.

[62] Lavonen E E, Gonsior M, Tranvik L J, Schmitt-Kopplin P, Köhler S J. Selective chlorination of natural organic matter: Identification of previously unknown disinfection byproducts. Environmental Science & Technology, 2013, 47 (5): 2264-2271.

[63] Kim S, Kaplan L A, Hatcher P G. Biodegradable dissolved organic matter in a temperate and a tropical stream determined from ultra-high resolution mass spectrometry. Limnology and Oceanography, 2006, 51 (2): 1054-1063.

[64] Mopper K, Zhou X. Hydroxyl radical photoproduction in the sea and its potential impact on marine processes. Science, 1990, 250 (4981): 661-664.

[65] Zhai H, Zhang X. Formation and decomposition of new and unknown polar brominated disinfection byproducts during chlorination. Environmental Science & Technology, 2011, 45 (6): 2194-2201.

[66] Richardson S D. Disinfection by-products: Formation and occurrence in drinking water. Nriagu, J. O. Encyclopedia of Environmental Health. Burlington: Elsevier, 2011: 110-136.

[67] Stubbins A, Spencer R G M, Chen H, Hatcher P G, Mopper K, Hernes P J, Mwamba V L, Mangangu A M, Wabakanghanzi J N, Six J. Illuminated darkness: Molecular signatures of Congo River dissolved organic matter and its photochemical alteration as revealed by ultrahigh precision mass spectrometry. Limnology and Oceanography, 2010, 55 (4): 1467-1477.

[68] Xie W-H, Shiu W-Y, Mackay D. A review of the effect of salts on the solubility of organic compounds in seawater. Marine Environmental Research, 1997, 44 (4): 429-444.

[69] Moore R M, Zafiriou O C. Photochemical production of methyl iodide in seawater. Journal of Geophysical Research: Atmospheres, 1994, 99 (D8): 16415-16420.

[70] Liao C-H, Kang S-F, Wu F-A. Hydroxyl radical scavenging role of chloride and bicarbonate ions in the H_2O_2/UV process. Chemosphere, 2001, 44 (5): 1193-1200.

[71] Post J E. Manganese oxide minerals: Crystal structures and economic and environmental significance. Proceedings of the National Academy of Sciences, 1999, 96 (7): 3447-3454.

[72] Remucal C K, Ginder-Vogel M. A critical review of the reactivity of manganese oxides with organic contaminants. Environmental Science: Processes & Impacts, 2014, 16 (6): 1247-1266.

[73] Luther G W. Manganese (II) oxidation and Mn (IV) reduction in the environment—Two one-electron transfer steps versus a single two-electron step. Geomicrobiology Journal, 2005, 22 (3-4): 195-203.

[74] Sunda W G, Kieber D J. Oxidation of humic substances by manganese oxides yields low-molecular-weight organic substrates. Nature, 1994, 367 (6458): 62-64.

[75] Allard S, Von Gunten U, Sahli E, Nicolau R, Gallard H. Oxidation of iodide and iodine on birnessite (δ-MnO_2) in the pH range 4-8. Water Research, 2009, 43 (14): 3417-3426.

[76] Gallard H, Allard S, Nicolau R, Von Gunten U, Croué J P. Formation of iodinated organic compounds by oxidation of iodide-containing waters with manganese dioxide. Environmental Science & Technology, 2009, 43 (18): 7003-7009.

[77] Allard S, Gallard H, Fontaine C, Croué J-P. Formation of methyl iodide on a natural manganese oxide. Water Research, 2010, 44 (15): 4623-4629.

[78] Yang Y, Komaki Y, Kimura S Y, Hu H-Y, Wagner E D, Mariñas B J, Plewa M J. Toxic impact of bromide

and iodide on drinking water disinfected with chlorine or chloramines. Environmental Science & Technology, 2014, 48 (20): 12362-12369.

[79] Pretorius P J, Linder P W. The adsorption characteristics of δ-manganese dioxide: a collection of diffuse double layer constants for the adsorption of H^+, Cu^{2+}, Ni^{2+}, Zn^{2+}, Cd^{2+} and Pb^{2+}. Applied Geochemistry, 2001, 16 (9-10): 1067-1082.

[80] Simpson W R, Brown S S, Saiz-Lopez A, Thornton J A, Glasow R V. Tropospheric halogen chemistry: Sources, cycling, and impacts. Chemical Reviews, 2015, 115 (10): 4035-4062.

[81] Richardson S D, Plewa M J, Wagner E D, Schoeny R, Demarini D M. Occurrence, genotoxicity, and carcinogenicity of regulated and emerging disinfection by-products in drinking water: A review and roadmap for research. Mutation Research/Reviews in Mutation Research, 2007, 636 (1-3): 178-242.

[82] Bull R J, Reckhow D A, Li X, Humpage A R, Joll C, Hrudey S E. Potential carcinogenic hazards of non-regulated disinfection by-products: Haloquinones, halo-cyclopentene and cyclohexene derivatives, N-halamines, halonitriles, and heterocyclic amines. Toxicology, 2011, 286 (1-3): 1-19.

[83] Yang M T, Zhang X R. Comparative developmental toxicity of new aromatic halogenated dbps in a chlorinated saline sewage effluent to the marine polychaete platynereis dumerilii. Environmental Science & Technology, 2013, 47 (19): 10868-10876.

[84] Yu S, Lin T, Chen W, Tao H. The toxicity of a new disinfection by-product, 2, 2-dichloroacetamide (DCAcAm), on adult zebrafish (Danio rerio) and its occurrence in the chlorinated drinking water. Chemosphere, 2015, 139: 40-46.

[85] Malmvarn A, Marsh G, Kautsky L, Athanasiadou M, Bergman A, Asplund L. Hydroxylated and methoxylated brominated diphenyl ethers in the red algae Ceramium tenuicorne and blue mussels from the Baltic Sea. Environmental Science & Technology, 2005, 39 (9): 2990-2997.

[86] Acero J L, Piriou P, von Gunten U. Kinetics and mechanisms of formation of bromophenols during drinking water chlorination: Assessment of taste and odor development. Water Research, 2005, 39(13): 2979-2993.

[87] Westerhoff P, Mash H. Dissolved organic nitrogen in drinking water supplies: A review. Journal of Water Supply: Research and Technology, 2002, 51 (8): 415-448.

[88] Li J, Blatchley E R. Formation of volatile disinfection byproducts from chlorination of organic-N precursors in recreational water. ACS Symposium Series, 2008, 995: 172-181.

[89] Nihemaiti M, Le Roux J, Hoppe-Jones C, Reckhow D A, Croué J-P. Formation of haloacetonitriles, haloacetamides, and nitrogenous heterocyclic byproducts by chloramination of phenolic compounds. Environmental Science & Technology, 2017, 51 (1): 655-663.

[90] Ding G, Zhang X, Yang M, Pan Y. Formation of new brominated disinfection byproducts during chlorination of saline sewage effluents. Water Research, 2013, 47 (8): 2710-2718.

[91] Shah A D, Mitch W A. Halonitroalkanes, halonitriles, haloamides, and N-nitrosamines: A Critical review of nitrogenous disinfection byproduct formation pathways. Environmental Science & Technology, 2012, 46 (1): 119-131.

第 8 章 卤代污染物的植物累积与转化

溴代有机污染物是一类重要的新型持久性有机污染物,因其具有亲脂和难降解特性,易在土壤中累积并被植物吸收,同时会发生脱溴还原代谢和氧化代谢,生成毒性更大的低溴代、羟基和甲氧基转化产物。研究溴代有机污染物在土壤-植物系统的累积和转化对于认识其陆生生态环境行为,评价其生态风险以及对食物链的潜在暴露风险都具有重要的意义。本章从土壤中溴代有机污染物的植物吸收、植物吸收的关键影响因素,以及植物体内的脱溴、羟基化和甲氧基化代谢行为和植物毒性效应几个方面总结了溴代有机污染物在土壤-植物系统迁移转化的一些近期研究进展,并就将来的研究方向提出一些思考和展望,有助于深入认识溴代有机污染物及其代谢产物的环境归趋。

8.1 有机污染物植物吸收与转化概述

持久性有机污染物例如溴代有机污染物在环境中具有持久性、长距离迁移性、生物积累性和潜在的生物毒性等,因此是一类受到环境科学研究广泛关注的环境污染物。土壤是环境中有机污染物重要的汇集区,而植物作为生物圈中的初级生产者和食物链的重要组成部分,对于土壤中有机污染物的迁移转化起着重要的作用。因此研究有机污染物在土壤-植物系统的累积与转化对深入认识有机污染物的环境行为及生态和健康风险具有重要意义。

有机污染物主要通过如下两种途径从土壤进入植物:①有机污染物从土壤颗粒解吸,进入土壤溶液或土壤气相,被植物根系吸收,并通过根中有机组分-水的一系列平衡分配吸附在根中细胞壁及细胞膜内的植物脂中,或进入木质部随蒸腾流从根向茎叶传输,最后累积于植物体内有机组分中或挥发至大气中;②土壤中的有机污染物挥发到大气中,再通过气态扩散从茎叶的气孔进入,或通过颗粒态沉降沉积在叶表皮的蜡质上,随后在范德华力等的作用下穿过表皮蜡质进入韧皮部,继而传输并累积于植物各部位的各种有机组分中。有机污染物在土壤-植物体系中的吸收与传输行为如图 8-1 所示。研究土壤中有机污染物例如溴代有机污染物的植物吸收与传输对于认识有机污染物的生态环境行为,评价有机污染物的环境污染风险及对食物链的潜在暴露风险都有着重要的意义。同时可以为发展植物修复有机污染土壤提供理论与技术支持。

进入环境中的有机污染物大多不稳定,会发生转化,因此环境中的有机污染物大多和它们的转化产物共存。例如环境中的多溴联苯醚(PBDEs)会发生脱溴反应生成低溴代同类物(de-PBDEs)和羟基化、甲氧基化反应生成羟基和甲氧基衍生物(OH-PBDEs、MeO-PBDEs)。研究已经在许多生物样品(如海洋生物、啮齿类动物、人体组织、血液和母乳等)和非生物环境介质(大气、水体、土壤和沉积物)中检测到 OH-PBDEs 和 MeO-PBDEs。

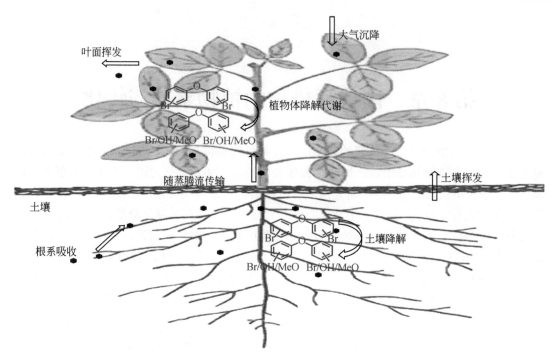

图 8-1 有机污染物在土壤-植物体系中的吸收与传输行为

环境介质中的 OH-PBDEs 和 MeO-PBDEs 的来源一方面是海洋环境中 OH-PBDEs 和 MeO-PBDEs 的自然合成，另一方面是 PBDEs 在环境中的氧化转化。生物体中 OH-PBDEs 和 MeO-PBDEs 的相互转化也是其产生途径。目前关于 PBDEs 在动物体内生物转化的研究报道较多，而对于其在植物体内代谢行为的研究较少。

  植物经过长期的进化形成了复杂而完善的内在响应机制以适应各种逆境胁迫，一定范围内的逆境胁迫仅仅会影响植物的新陈代谢和生长发育。植物对于逆境胁迫会做出如下一系列的生理生化响应：①生物膜的变化，胁迫会引起生物膜脂的物相变化、膜外形和厚度的变化以及膜通透性的改变，胁迫的加剧也会使生物膜上的蛋白酶活性和脂类组成发生改变。②光合系统的变化，光合作用是植物进行物质生产和能量代谢的关键过程，植物通过气孔开闭以及叶绿素和酶等光合作用相关的生物大分子的合成和代谢等过程的改变响应逆境胁迫。③植物体的物质代谢，胁迫会引起植物体的糖代谢、氨基酸代谢、蛋白质合成和脂类合成等物质代谢过程的改变进而影响体内某些成分的变化，例如有研究发现植物对逆境胁迫做出适应性反应会导致体内脯氨酸含量、可溶性糖和蛋白质含量的增加。④活性氧代谢，胁迫导致植物体内产生大量自由基，引起膜脂过氧化，并攻击核酸和蛋白质等生物大分子，导致细胞功能和结构的改变，进而导致细胞损伤。⑤渗透调节，植物接收到逆境信号后会主动形成可溶性糖、离子（如 K^+）和有机酸等物质进行细胞的渗透调节，保证植物正常生长。对于环境中有机污染物植物毒性效应分子机制的研究还非常匮乏，例如植物暴露溴代有机污染物会做出怎样的生理生化响应，特别是尚缺乏从分子水平对其响应机制尤其是代谢通路的研究。

8.2 溴代有机污染物植物吸收与累积

由于溴代有机污染物具有挥发性，土壤中的溴代有机污染物可以通过向大气挥发并在区域及全球范围内传输和分布，进一步通过植物叶片吸收与累积。茎叶吸收大气中有机污染物除与污染物的正辛醇-空气分配系数（K_{oa}）有关外，还与有机污染物的亨利系数、茎叶的比表面积和脂肪含量密切相关。有机污染物可以通过两种途径进入叶片，一是富集在叶表蜡质层中，并随后迁移至植物体其他部位；二是直接通过气孔进入叶片内部。有机污染物的 K_{oa}、植物叶片特征以及空气温度等条件决定了其在空气-植物间的分配过程及进入植物的途径。污染物到达叶片后，一部分被蜡质最外层吸附，停留在蜡质表面，有机化合物一旦穿过这层障碍进入内部蜡质层后，会较容易地进入叶组织内部，进而进入植物体其他组织。以气态形式存在的有机化合物常常可以通过叶片表面的气孔直接进入叶片内部，同时植物叶片内的有机化合物也可以随蒸腾作用通过气孔被释放。

关于土壤中溴代有机污染物植物吸收的研究更多的是阐述土壤中溴代有机污染物如何通过解吸进入土壤溶液被植物根所吸收及进一步向植物地上部传输。研究的植物暴露方式包括实验室水培和土培实验及野外实际样品的分析，其中野外暴露实验又主要设置在电子垃圾拆卸区等典型的污染地区。研究人员采集并分析了广东省清远电子垃圾拆解地土壤和植物样品中的 PBDEs，共检测到 41 种 PBDEs，且 BDE-209 是土壤中 PBDEs 主要赋存同系物（图 8-2）[1]。电子垃圾拆解地 PBDEs 的总含量显著高于其附近的住宅区，高于文献报道的电子垃圾拆解地土壤中 PBDEs 总量，说明 PBDEs 在土壤中的分布主要受电子垃圾拆解地污染源影响。在采集的植物根和叶中分别检测到 33 和 26 种 PBDE 单体，植物根中 PBDEs 总量与其在土壤中的含量显著相关（$P<0.001$），但是植物体中低溴代的 PBDEs 百分含量高于土壤。

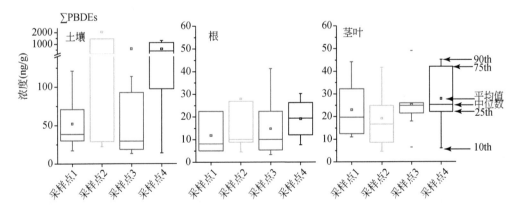

图 8-2 土壤、植物根和叶片样品中 PBDEs 总含量分布

大量研究表明有机污染物的植物吸收取决于其疏水性，即化合物的辛醇-水分配系数（K_{ow}）。研究人员采集广东贵屿电子垃圾拆解地土壤，通过土培实验在黑麦草（*Lolium multiflorum* L.）、南瓜（*Cucurbita pepo* ssp. *Pepo* cv. Lvjinli）和玉米（*Zea mays* L. cv.Nongda

108)的根、茎和叶中检测到 18 种 3-8 溴代的 PBDEs 同系物,BDE-47、-66 和-99 等低溴代 PBDEs 在植物根中占 PBDEs 总量的百分比高于其在土壤中所占的百分比,而高溴代 PBDEs 特别是 BDE-209 在根中所占的百分比则低于土壤中,说明低溴代 PBDEs 比高溴代 PBDEs 更容易被植物根吸收[2]。植物根中也检测到 BDE-206、-207 和-209 等高溴代 PBDEs,证实高溴代 PBDEs 也可以被植物根吸收。PBDEs 同系物的根富集系数(RCF,根中脂归一化后 PBDEs 浓度与土壤 SOM 归一化后 PBDEs 浓度之比)以三溴代 PBDEs 的较低,四溴代最高,然后随溴原子数的增加逐渐降低(图 8-3)。这种 RCF 随溴原子数的变化规律由化合物的疏水性所致,疏水性同时决定了 PBDEs 与土壤有机质和植物根脂的亲和性。尽管高溴代 PBDEs 具有较高的辛醇-水分配系数,生物富集能力较强,但其与土壤有机质的结合也会更强,因而难于从土壤中解吸并为植物根吸收。同时,由于低水溶性,植物中高溴代 PBDEs 传输所需时间更长,降低了其在植物中的迁移。另一方面,高溴代 PBDEs 分子相对较大,溴原子数增多也使其空间位阻相应增大,限制了其在细胞膜的渗透,降低了高溴代 PBDEs 的植物累积能力。尽管如此,通过植物暴露单独染毒 BDE-209 土壤的研究仍发现多种植物均能吸收并传输土壤中的 BDE-209[3, 4]。

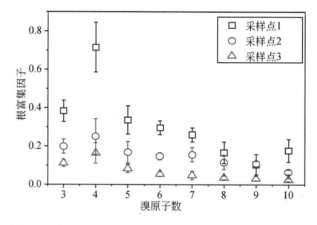

图 8-3 植物根富集因子(RCF,植物根脂中 PBDEs 浓度与其在土壤 SOM 中浓度的比值)
与 PBDEs 溴原子取代数关系

PBDEs 和 PCBs 具有相似的化学结构和物理化学性质。由于 Br-C 键能低于 Cl-C 键能,所以 PBDEs 可能没有含有相同卤代数 PCBs 的持久性强。研究人员以玉米为模型植物,采用水培实验比较了 BDE-15、-28、-47 和 PCB-15、-28、-47 的植物吸收与传输[5]。玉米根中 BDE-15、-28、-47 和 PCB-15、-28、-47 的浓度随着暴露时间的增加分别在 144、24、48h 达到最高后有所降低。比较玉米根中 BDE-15、-28、-47 和 PCB-15、-28、-47 的含量发现根中 PBDEs 含量均高于含有相同卤代数的 PCBs。进一步通过计算 PBDEs 和 PCBs 的根富集因子 RCF(根中浓度与暴露溶液浓度之比)比较了植物根吸收 PBDEs 和 PCBs 的差异,平均 RCF 从低到高依次为 PCB-15<BDE-15<PCB-28<BDE-28<PCB-47<BDE-47,PBDEs 和 PCBs 的 RCF 值与其 $\log K_{ow}$ 值之间呈显著正相关关系(图 8-4,$R= 0.944$,$P<0.01$),证明疏水性分配系数决定植物吸收 PBDEs 和 PCBs。

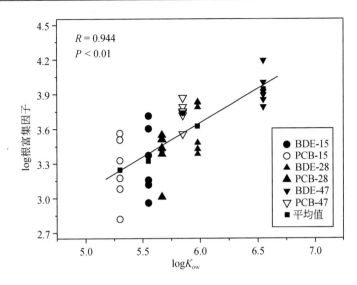

图 8-4 PBDEs 和 PCBs 根富集因子的对数值（log RCF）与其 log K_{ow} 值之间的关系

植物性质对有机污染物的吸收也有重要的影响。植物的组成主要包括脂肪、碳水化合物、水以及蛋白质和纤维素等，植物体中的这些成分与有机污染物的亲和力不同，导致具有不同组成的植物对有机污染物的吸收行为的差异。同时，植物的蒸腾作用强度、生长状况等因素也会影响有机污染吸收和传输行为。由于疏水性有机污染物更易于富集于植物脂肪中，所以植物脂对植物吸收疏水性有机污染物起关键作用，并且植物对有机污染物的吸收以被动吸收为主，且吸收过程可以认为有机污染物在植物体水相-有机相间一系列连续分配过程的组合，且已有大量研究发现植物脂-水分配系数与有机污染物的水溶解度呈线性相关。以 BDE-28、-47 和-99 为目标污染物，通过水培实验观察到玉米根吸收并富集了绝大部分的 PBDEs，且亲脂性强的高溴代 PBDEs 更容易在根中富集[6]。PBDEs 在植物体内的浓度呈现由根向上逐渐降低的趋势，其在茎内部自下而上浓度降低的梯度分布规律尤其能够证明 PBDEs 在植物体内茎向传输的存在。亲脂性较强的高溴代 PBDEs 传输能力相对较弱。实验中同时观察到 PBDEs 在植物茎不同层（茎芯、鞘层和表皮层）的分布规律，为 PBDEs 从茎芯沿节点向鞘层径向扩散的存在提供了依据。特别是该研究证明了纵向的茎向传输和横向的径向传输都与蒸腾速率有显著的相关关系，说明 PBDEs 的传输很可能是随蒸腾流而进行的。

研究人员研究了多种植物包括黑麦草（*Lolium multiflorum* L.）、苜蓿（*Medicago sativa* L. cv.Chaoren）、南瓜（*Cucurbita pepo* ssp. *Pepo* cv.Lvjinli）、西葫芦（*Cucurbita pepo* ssp. *Pepo* cv.Cuiyu-2）、玉米（*Zea mays* L. cv. Nongda 108）和萝卜（*Raphanus sativus* L. cv. Dahongpao）吸收和传输土壤中的多溴联苯醚 BDE-209[3]。在植物根和茎叶中均检测到较高含量的 BDE-209，且植物根中 BDE-209 的浓度明显高于茎叶中的浓度。植物根中 BDE-209 的浓度与植物根脂含量呈显著正相关（$P<0.01$）（图 8-5a），证明植物根脂对于植物根吸收有机污染物的重要性。BDE-209 的传输因子（C_{shoot}/C_{root}）随植物根中浓度的增加而降低，传输因子与植物根脂有类似的关系（图 8-5b），说明植物根脂对 BDE-209 在植物体内传输的控制作用。

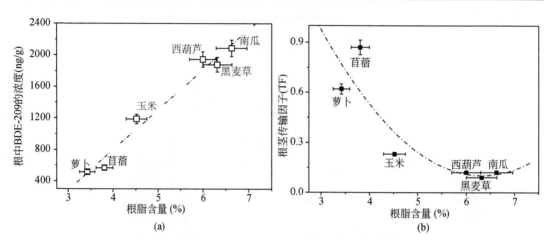

图 8-5 植物根富集 BDE-209 浓度（a）及传输因子（b）与植物根脂的关系

六溴环十二烷（HBCD）是另一类重要的溴代有机污染物，被广泛应用于室内装潢、纺织品和电子产品等。研究人员采集我国北方某废旧塑料处置地的土壤和植物样品，分析了废旧塑料污染土壤和植物中 HBCD 的分布特征[7]。土壤中 HBCD 总浓度分布顺序为废旧塑料处置地（11.0~624ng/g）＞道路（2.96~85.4ng/g）＞农田土壤（8.69~55.5ng/g）。HBCDs 在农田和道路土壤中的含量与其在对应塑料处置场地土壤中的含量呈显著正相关，表明存在从废旧塑料处置场地到周边农田和道路土壤的 HBCDs 扩散。所有的植物样品中均检测到 HBCDs，其浓度范围为 3.47~23.4ng/g。土壤中的异构体富集以 γ-HBCD 为主，而 α-HBCD 更易被植物吸收累积。玉米为模型植物的实验室暴露实验同样发现 HBCD 的植物吸收具有异构体和对映体的选择性[8]，(-)α-，(-)β-和(+)γ-HBCD 三种构型在植物中的累积显著高于其对映体（图 8-6）。

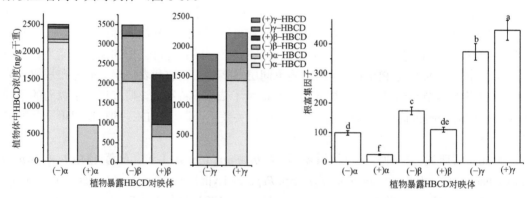

图 8-6 植物体中 HBCD 异构体和对映体的选择性富集

不同字母组合表示差异显著，$P<0.05$

8.3 溴代有机污染物在植物体内的代谢与转化

PBDEs 在生物体内代谢行为主要包括脱溴降解和甲氧基化及羟基化转化反应，由于低溴代多溴联苯醚（de-PBDEs）、羟基化多溴联苯醚（OH-PBDEs）、甲氧基化多溴联苯醚（MeO-PBDEs）具有与母体 PBDEs 不同的毒性效应，三者在环境介质中的存在和转化行为逐渐成为研究热点。但是目前关于 PBDEs 在动物体内代谢的研究报道居多，而关于土壤-植物系统中 PBDEs 代谢与转化行为的研究甚少，且主要集中在 PBDEs 脱溴代谢产物的分析及其分布特征的研究。研究证实土壤中广泛存在多种非商品化的 PBDEs 同系物，尤其是在电子垃圾拆解地和污水灌溉农田土壤中检测到高浓度的 PBDEs，并且脱溴代谢产物占有较高比例。研究人员分析了广州清远电子垃圾拆解地土壤-植物系统中溴代阻燃剂 PBDEs 及 OH-PBDEs 和 MeO-PBDEs 的分布与传输特征[1]。在土壤和植物体内检测到 41 种 PBDEs，这其中包括大量的非商品化的 PBDEs 同系物，还检测到 12 种 MeO-PBDEs 和 12 种 OH-PBDEs（图 8-7），在土壤中以 BDE-209、6-OH-BDE-47、6-MeO-BDE-85 和 2′-MeO-BDE-3 为主，而植物体内则以 mono-BDEs 和 di-BDEs、6-OH-BDE-47 和 2′-OH- BDE-3、6-MeO-BDE-85 和 2′-MeO-BDE-3 为主，甲氧基化和羟基化代谢产物以邻位为主。同时植物体内低溴代 PBDEs、MeO-PBDEs 和 OH-PBDEs 百分含量要高于土壤中的含量，且 MeO-PBDEs 总含量在土壤和植物中均高于 OH-PBDEs，该研究证明植物体中存在 PBDEs 的脱溴和甲氧基化和羟基甲氧基化代谢。

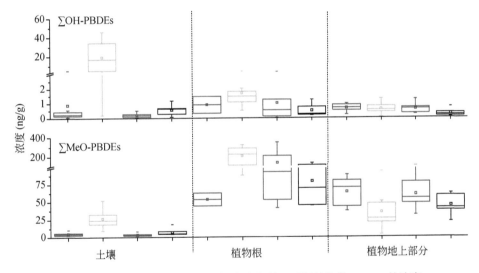

图 8-7 电子垃圾拆解地土壤和植物中羟基、甲氧基取代 PBDEs 的浓度

通过温室植物暴露实验的研究进一步证明了植物体中存在 PBDEs 的脱溴和羟基及甲氧基化反应。如在暴露 BDE 209 污染土壤的植物体内检测到 19 种低溴代 PBDEs（di-BDEs 至 nona-BDEs）和 5 种羟基化产物[3]；通过水培实验分别在 BDE-15、-28、-47 暴露的玉米植物中检测到 2 种（BDE-2、-3）、6 种（BDE-2、3、-12、-15、-32 和-37）和 5 种（BDE-2、-3、-12、-15、-28）脱溴代谢产物，在植物暴露 12h 后就检出脱溴代谢产物，说明 PBDEs 在植物体内很快就发生了脱溴代谢[9]。无论是水培还是土培实验均发现植物茎叶比根中脱溴降解作用更显著，高溴代 PBDEs 更易脱溴，脱溴代谢产物的含量和组成在植物种属间存在差异,接种菌根真菌 *Glomus mosseas* 明显增加植物体内 PBDEs 的脱溴代谢产物总量和低

溴代产物的百分比含量。PBDEs 在植物体内的脱溴代谢途径包括脱溴代谢和溴原子的重排，且邻位比对位更容易脱掉溴原子。进一步研究发现 PBDEs 和 PCBs 均在玉米体内存在脱溴、脱氯代谢和溴、氯原子的重排，但是 PBDEs 和 PCBs 的代谢既有相似之处又存在差异[5]。与含有相同卤素取代数的 PCBs 相比，PBDEs 更易在植物体内脱溴代谢。

目前植物体中 OH-PBDEs 和 MeO-PBDEs 的转化途径研究甚少。选取玉米作为模式植物，以 BDE-47、6-OH-BDE-47 和 6-MeO-BDE-47 为模型化合物，通过水培暴露实验系统研究了这三种化合物的植物吸收、传输动力学和代谢转化关系，详细阐述了 BDE-47、6-OH-BDE-47 和 6-MeO-BDE-47 之间的转化[10]。BDE-47 在玉米体内发生脱溴代谢、溴原子重排、羟基化代谢和甲氧基化代谢，且脱溴代谢是其主要的代谢反应。脱溴代谢产物主要通过脱去苯环上邻位和对位上的溴原子以及溴原子的重排反应生成。BDE-47 可以通过苯环上直接加入羟基基团和溴原子迁移发生羟基化生成 5-OH-BDE-47、6-OH-BDE-47 和 2′-OH-BDE-68。甲氧基化代谢产物主要是通过羟基化代谢物发生甲基化而生成的。低溴代 OH-PBDEs 和 MeO-PBDEs 的形成有两种方式，一种是 BDE-47 先脱溴然后产物发生羟基化和甲氧基化而生成，一种是 BDE-47 先发生羟基化和甲氧基化代谢然后脱溴生成。动力学研究表明前一种代谢方式是 BDE-47 在植物体内形成低溴代 OH-PBDEs 和 MeO-PBDEs 的主要途径。6-OH-BDE-47 和 6-MeO-BDE-47 在玉米体内可以发生脱溴代谢、同分异构化和甲基化/去甲基化代谢。3′-OH-BDE-28、2′-OH-BDE-3 和 2′-MeO-BDE-3、3′-MeO-BDE-28、3′-MeO-BDE-7 分别是 6-OH-BDE-47 和 6-MeO-BDE-47 在玉米体内发生脱溴代谢的产物。此外，2′-OH-BDE-68、5-OH-BDE-47、3-OH-BDE-47 和 2′-MeO-BDE-68 分别是 6-OH-BDE-47 和 6-MeO-BDE-47 通过其羟基/甲氧基基团迁移和溴原子重排而生成的同分异构体。除了 6-OH-BDE-47 和 6-MeO-BDE-47 会在植物体内发生相互转化，其脱溴和同分异构化代谢物之间如 3′-OH-BDE-28 和 3′-MeO-BDE-28、2′-OH-BDE-68 和 2′-MeO-BDE-68 也会发生相互转化。根据这些分析该研究提出了 BDE-47、6-OH-BDE-47 和 6-MeO-BDE-47 在植物体内的代谢途径（图 8-8）。

植物酶对于植物体内 PBDEs 的生物转化起重要的作用，选取南瓜、黑麦草和玉米等植物通过活体及其粗酶提取物的离体暴露实验，研究了植物酶对 PBDEs 的生物转化作用，阐述了 PBDEs 植物降解的关键性酶[11]。研究发现植物粗酶液中 BDE-28、-47、-99 和-209 均发生了脱溴代谢反应。且存在明显的逐级脱溴现象。以 BDE-99 为例，起始是四溴代产物最高，随后一和二溴代产物逐渐增加（图 8-9），且 PBDEs 显著降低了植物硝酸还原酶（NaR）和谷胱甘肽硫转移酶（GST）的酶活，而 POD、CAT 及 CYP450 酶活性没有显著性变化，体系中 NaR 和 GST 酶活越高，PBDEs 降解率越大，且 NaR 的酶活与 PBDEs 降解率呈显著的线性相关。由此证明 NaR 和 GST 对植物中 PBDEs 的降解起关键作用。

HBCD 立体构型非常复杂，总共含有 16 个异构体。商用 HBCD 混合物中主要含有 α-、β-和 γ-HBCD 三种立体异构体，它们分别又含有一对互为镜像关系的对映体。有些研究把手性持久性有机污染物视为纯的单一化合物对待，这样的研究可能会高估或低估该类化合物的生态风险和健康安全效应。在分析废旧塑料污染的土壤和植物中 HBCD 分布特征时，研究发现土壤中 HBCD 的异构体以 γ-HBCD 为主，而 α-HBCD 更易被植物吸收累积[7]。土壤和植物中 HBCD 的异构体百分含量分布与商品化产品中差异显著，说明土壤和植物中

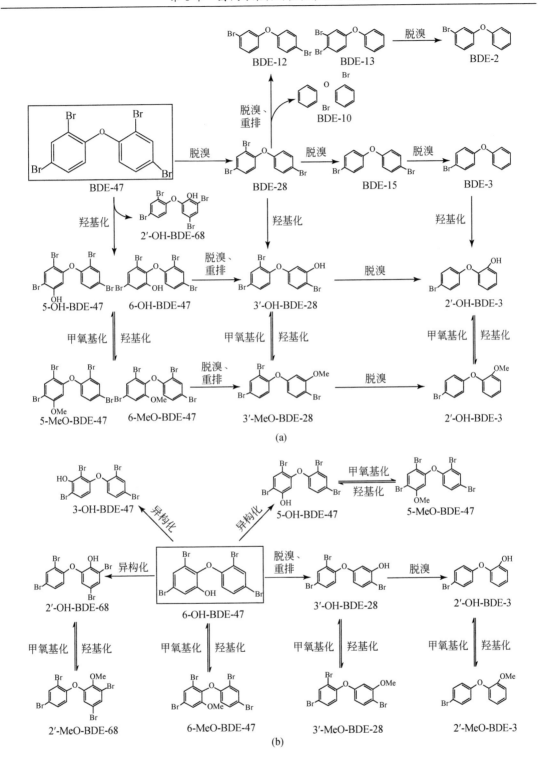

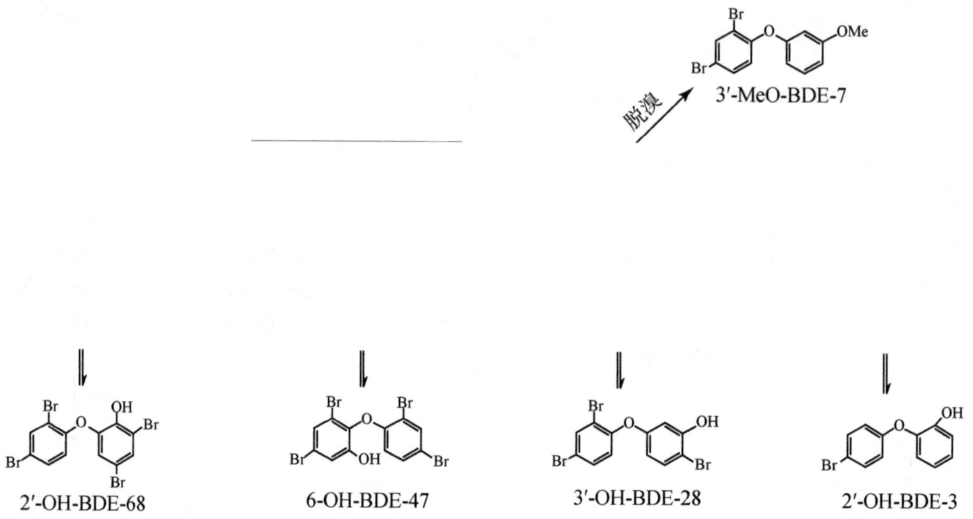

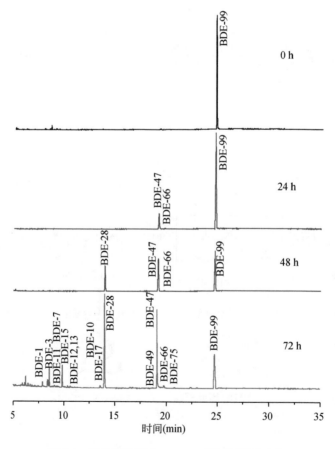

图 8-8　玉米体内 BDE-47（a）、6-OH-BDE-47（b）和 6-MeO-BDE-47（c）的代谢途径

图 8-9　植物粗酶液中 BDE-99 的逐级脱溴过程

存在异构体之间的相互转化或代谢。对映体分数显示农田土壤和植物中 HBCD 均具有显著的对映体选择性。同时在土壤中发现了 HBCD 的脱溴代谢产物 PBCDe 和 TBCDe，也在植物中检测到 HBCD 的羟基化代谢产物 OH-HBCDs 和 OH-PBCDs。为了明确 HBCD 在植物中转化的异构体和对映体选择性机理，以玉米为模式植物，从异构体和对映体水平研究了 HBCD 在植物体中的生物转化，研究发现植物体内存在 HBCD 手性异构体间的单向和相互转化（图 8-10）[8]。计算其异构转化率发现在异构体水平 β-和 γ-HBCD 易转化为 α-HBCD，γ-HBCD 最易发生异构转化，在对映体水平 (−)α-, (−)β-和 (+)γ-HBCD 易发生手性异构化。同时也在植物中检测到 HBCD 的羟基化、脱溴化的代谢产物及 HBCD-GSH 加合产物，说明 HBCD 在植物体内发生了 I 和 II 相代谢反应。分析单一对映体的代谢产物的分布特征发现对映体之间的脱溴和羟基化代谢具有选择性和存在显著的差异。其中 (+)α-, (−)β-和 (−)γ-HBCD 三种构型易被羟基化，而 (−)α-, (−)β-和 (+)γ-HBCD 较易脱溴。

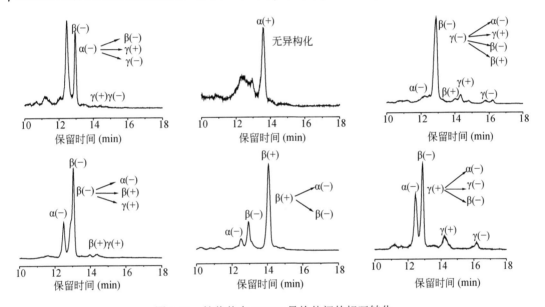

图 8-10　植物体中 HBCD 异构体间的相互转化

酶是污染物在植物体内累积代谢的物质基础，采用同源建模构建了玉米体内主要的 I、II 相酶的三维结构（图 8-11）[8]。对所构建的三维结构进行了评估和分析，中心区域和可接受区域的残基 CYP 占 87.3%，GST 占 93.5%，说明构建结构合理。CYP 活性中心蛋白腔体里主要由 4 个 α-螺旋和 2 个 β-折叠、无规卷曲环绕而成。GST 活性中心在蛋白表面，主要由 6 个 α-螺旋和 2 个 β-折叠环绕而成。

分子对接结果显示 HBCD 对映体均能进入 CYP 活性空腔内，并能与 GST 蛋白表面的活性位点作用。不仅 HBCD 异构体在植物同工酶中的位置和结合构型存在显著的差异，对映体与酶结合的位置和形成的构型也存在显著的差异（图 8-12）。分析 HBCD 对映体与植物同工酶的作用能、键合位点以及作用方式发现 HBCD 对映体主要以静电疏水性作用和范德华力与植物同工酶结合，当小分子与植物酶作用时 CYP 酶主要有 8 种活性残基与其作用，而 GST 中主要有六种活性残基起作用。(+)α-, (−)β-和 (−)γ-HBCDs 三种构型优先

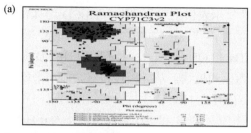
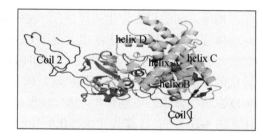
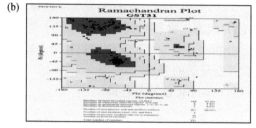
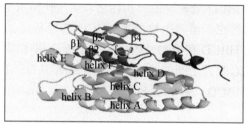

图 8-11　植物体中 I 相（a）和 II 相（b）酶的三维结构构建

与 CYP71C3v2 结合，但是 (-)α-，(-)β- 和 (+)γ-HBCDs 三种构型与 GST31 酶有更强的亲和力，这些与 (+)α-，(-)β- 和 (-)γ-HBCDs 更易发生羟基化代谢，而 (-)α-，(-)β- 和 (+)γ-HBCDs 更易发生异构转化和脱溴化代谢的实验结果存在一致性。研究结合活体暴露实验和理论计算证实了 HBCD 对映体在植物体中代谢的选择性。

细胞色素酶（CYPs）广泛存在于生物体中，能够催化代谢多种外源化合物。由于 CYPs 多样而复杂，赋予不同的 CYP 同工酶不同的催化机制、底物特性和反应活性。为验证细胞色素酶是 HBCD 选择性生物转化的驱动因子，研究人员进一步研究了玉米微粒体离体降解体系中 HBCD 的转化反应，探讨了 CYPs 在蛋白水平和转录水平对 HBCD 的生物响应，并采用计算模拟表征了 CYPs 对 HBCD 的识别作用[12]。研究表明玉米微粒体 CYPs 对 HBCDs 的降解符合一级动力学，具有立体选择性，其代谢速率为 (-)γ-HBCD > (+)γ-HBCD > (+)α-HBCD > (-)α-HBCD（图 8-13）。HBCD 主要发生单羟基化和双羟基化代谢反应，检测到 OH-HBCDs、OH-PBCDs 和 OH-TBCD 等代谢产物（图 8-14）。

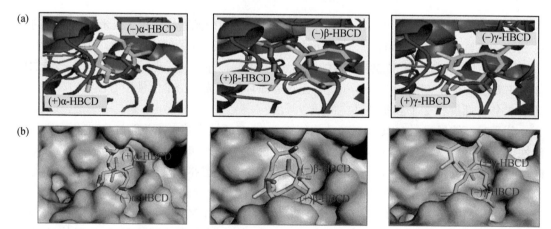

图 8-12　分子对接表征 HBCD 与植物 I 相（a）和 II 相（b）酶分子间相互作用的选择性

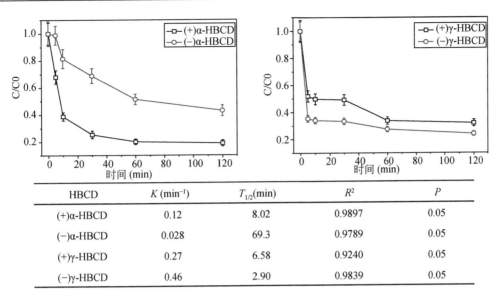

HBCD	K (min^{-1})	$T_{1/2}$ (min)	R^2	P
(+)α-HBCD	0.12	8.02	0.9897	0.05
(−)α-HBCD	0.028	69.3	0.9789	0.05
(+)γ-HBCD	0.27	6.58	0.9240	0.05
(−)γ-HBCD	0.46	2.90	0.9839	0.05

图 8-13 微粒体降解体系中 HBCD 的降解动力学

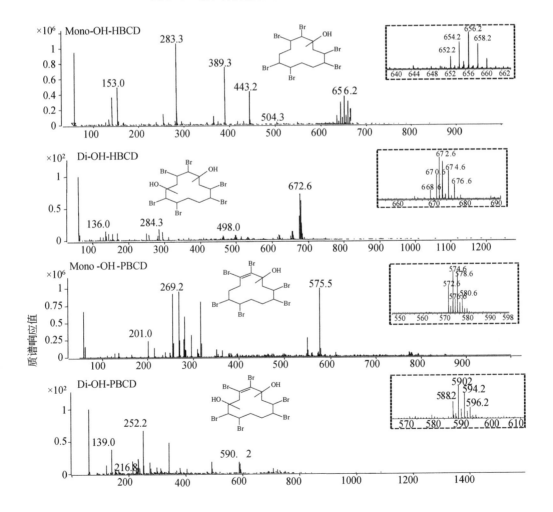

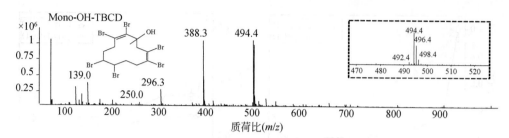

图 8-14 HBCD 在微粒体离体降解体系中的代谢产物

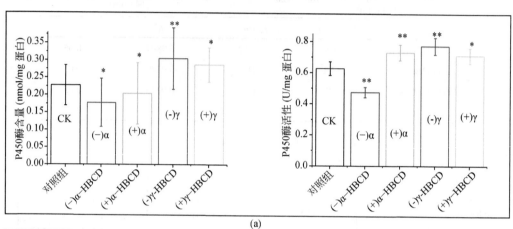

(a)

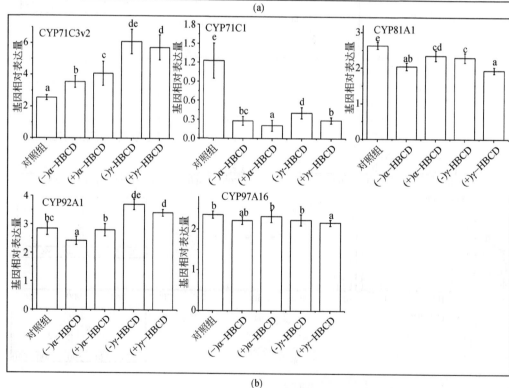

(b)

图 8-15 CYP 酶在蛋白水平（a）和转录水平（b）对 HBCD 的响应

（a）*$P<0.05$；**$P<0.01$；(b) 不同字母组合表示差异显著，其中 $P<0.05$

(+)/(−)α-HBCDs 显著降低了 CYP 的蛋白含量且抑制了 CYP 的酶活性，而 (+)/(−)γ-HBCDs 对玉米 CYPs 有明显的诱导作用（图 8-15a）。HBCD 选择性地改变了几种特定的 CYP 同工酶，包括 CYP71C3v2、CYP71C1、CYP81A1、CYP92A1 和 CYP97A16 等亚型酶的基因表达（图 8-15b）。

分子对接结果表明 HBCD 能够与这五种 CYP 键合，其结合能的顺序为 CYP71C3v2＜CYP81A1＜CYP97A16＜CYP92A1＜CYP71C1，其中仅有 CYP71C3v2 的距离小于 6Å (4.61～5.38Å)（图 8-16）。这些结果表明 CYP71C3v2 可以有效地催化 HBCD 的代谢，是介导玉米体中 HBCD 生物转化的重要同工酶。对 (+)α-和 (−)γ-HBCD 而言，它们和 CYP 的结合能低，且距离 CYPs 血红素铁原子较其对映体短，这些与它们具有较短的半衰期和更容易羟基化的体外降解的实验结果一致。研究为玉米 CYPs 在 HBCD 代谢中的作用提供了有力的证据，并深入探讨了植物 CYPs 对 HBCDs 对映体选择性代谢的分子机制。

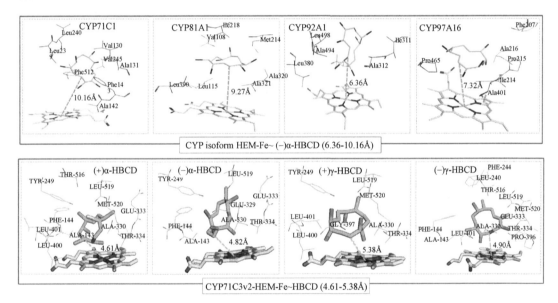

图 8-16　HBCD 非溴取代 C 原子与 CYP-HEM-Fe 原子的距离

8.4　溴代有机污染物及其代谢产物的植物毒性效应

目前关于 PBDEs，OH-PBDEs 和 MeO-PBDEs 生物毒性的研究主要集中在其对水生生物和哺乳动物的内分泌干扰毒性（雌/雄激素效应、甲状腺激素效应）、神经毒性、生殖发育毒性和芳香受体效应等几个方面，并以 PBDEs 和 OH-PBDEs 的毒性效应报道较多。而关于 PBDEs、OH-PBDEs 和 MeO-PBDEs 对于陆生植物毒性效应的研究还鲜有报道。研究人员考察了 BDE-47、6-OH-BDE-47 和 6-MeO-BDE-47 对玉米的植物毒性，发现 BDE-47、6-MeO-BDE-47 和 6-OH-BDE-47 均影响玉米种子的萌发和根生长，并以 6-OH-BDE-47 的影响最显著[13]。

丙二醛（MDA）是细胞质膜发生脂质过氧化的最终产物，常常被用作指示植物的氧化损伤，研究结果显示暴露 BDE-47、6-MeO-BDE-47 和 6-OH-BDE-47 导致玉米植物根细胞膜发生脂质过氧化，且以 6-OH-BDE-47 的作用最显著[13]。羰基基团的生成是指示蛋白质发生氧化性变性的一种常见指标，与对照相比，BDE-47、6-MeO-BDE-47 和 6-OH-BDE-47 均导致根细胞中羰基基团含量升高，生物机体内产生过量的活性氧自由基（ROS）能够引起蛋白质侧链氨基酸发生氧化生成羰基基团，从而引起蛋白质发生聚合、水解而变性。BDE-47、6-MeO-BDE-47 和 6-OH-BDE-47 对玉米根产生氧化胁迫，导致细胞蛋白质发生氧化，羰基含量升高。双链断裂是 DNA 最常见的一种损伤，该研究进一步通过磷酸化的 H2AX（γ-H2AX）指示 DNA 的双链断裂损伤，研究了 BDE-47、6-MeO-BDE-47 和 6-OH-BDE-47 对植物 DNA 的损伤，γ-H2AX 产生的增强说明 BDE-47、6-MeO-BDE-47 和 6-OH-BDE-47 引起玉米 DNA 损伤，其含量随着化合物暴露浓度增加而升高，三种化合物相比 6-OH-BDE-47 导致根中 γ-H2AX 产生最显著，证明了 BDE-47、6-MeO-BDE-47 和 6-OH-BDE-47 对植物膜脂、蛋白质和 DNA 的损伤。为了明确 BDE-47、6-MeO-BDE-47 和 6-OH-BDE-47 对玉米膜脂、蛋白质和 DNA 的损伤是否由于其激发植物体内产生过量活性氧物种（ROS）所致，研究进一步分析了植物根中的 ROS。分别利用荧光探针 DHE 和 DCF-DA 捕获 $O_2^{·-}$ 和 H_2O_2，然后应用激光扫描共聚焦显微镜（CLSM）观察玉米根横截面中 $O_2^{·-}$ 和 H_2O_2 的实时产生（图 8-17）。BDE-47、6-MeO-BDE-47 和 6-OH-BDE-47 暴露下根横截面中观察到的探针荧光强度强于空白对照处理，说明他们引起玉米根中 $O_2^{·-}$ 和 H_2O_2 累积量增加，进而对细胞产生胁迫作用。暴露 6-OH-BDE-47 的植物根横截面所观察到的探针荧光强度最强，说明与 BDE-47 和 6-MeO-BDE-47 相比，6-OH-BDE-47 激发玉米根中产生更多的 ROS。$O_2^{·-}$ 和 H_2O_2 可以通过芬顿反应生成活性更强的·OH 自由基，研究采用电子顺磁共振光谱捕获植物根中产生的·OH，发现 BDE-47、6-MeO-BDE-47 和 6-OH-BDE-47 暴露均导致植物根中·OH 累积的显著升高，且每种化合物作用下玉米根中·OH 累积变化趋势与 $O_2^{·-}$ 和 H_2O_2 的相似（图 8-18）。这些结果证明了 BDE-47、6-MeO-BDE-47 和 6-OH-BDE-47 能够引起根中 ROS 过量产生，进而对玉米产生氧化胁迫。

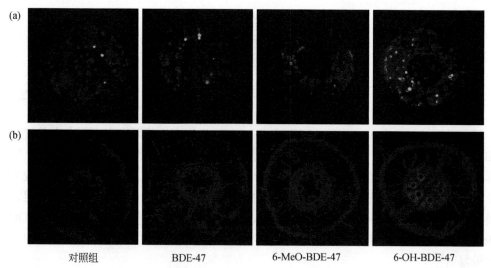

图 8-17 CLSM 观测 BDE-47 及其衍生物暴露下玉米根中 H_2O_2（a）和 $O_2^{·-}$（b）的产生

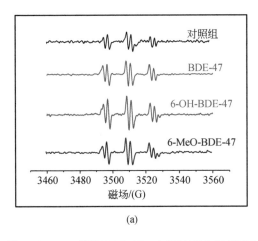
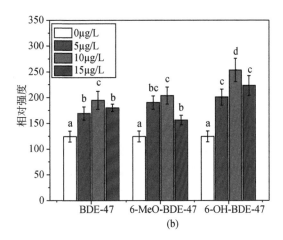

图 8-18 EPR 测定 BDE-47、6-OH-BDE-47 和 6-MeO-BDE-47 暴露下玉米根中·OH（PBN 捕获）的产生

为了明确植物对 BDE-47 和 6-OH/MeO-BDE-47 响应的分子生物学机制，研究人员应用含 18450 个转录子的玉米表达谱基因芯片（Affymetrix GeneChip® Maize Genome Array）分析了 BDE-47、6-MeO-BDE-47 和 6-OH-BDE-47 暴露下植物基因表达的差异[14]，分别得到 1502、1076 和 397 个显著表达的差异基因，其中有 327 个差异基因出现共表达（图 8-19）。

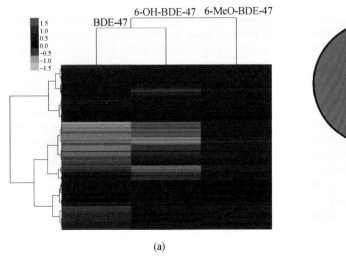
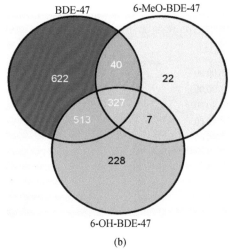

图 8-19 BDE-47、6-MeO-BDE-47、6-OH-BDE-47 暴露下玉米根的基因特异性表达
(a) 基因层次聚类；(b) 文氏图

对差异表达基因进行分析筛选出参与吸收和传输（ABC 甲氧基转运子；K^+ 转运子；药物/代谢转运子；Zn/Fe 转运蛋白）、代谢转化和解毒（细胞色素酶；谷胱甘肽硫转移酶；葡萄糖酸基转移酶；糖基转移酶；甲氧基转移酶；羧基转移酶；甲基转移酶）、胁迫响应（过氧化物酶；超氧化歧化酶；脱氢酶；抗坏血酸过氧化物酶；热激蛋白；MIR 调控蛋白、MYB 转录因子）和能量代谢（泛醌还原酶；细胞色素 C 氧化酶；细胞色素 b5 还原酶；铁硫蛋白）的关键调控基因。选取 7 个关键调控基因进行 RT-PCR 验证，发现这 7 个目的基

因在基因芯片和 qPCR 两个平台的变化倍数的趋势都完全一致,且基因芯片与 qPCR 之间基因表达量呈极显著相关性($P<0.01$),说明构建的玉米基因芯片结果可靠。通过生物分子功能注释系统(MAS)、基因集富集(GSEA)、NCBI 和 EMBL-EBI 等数据库对差异表达基因在分子功能、生物学过程和细胞组件进行功能富集分析,发现 BDE-47 和 6-OH-BDE-47 对玉米根的作用比较相似。分子功能主要涉及催化活性、转运活性和结合能力等 7 大类,其中参与催化活性的差异基因占 50%以上(图 8-20a)。生物学过程主要涉及代谢、生理过程、细胞过程和应激响应等 10 大类,且 BDE-47 对玉米次生代谢影响较大(图 8-20b)。细胞组件主要涉及细胞核、核小体、染色质、线粒体、过氧化物酶体和叶绿体等。进一步对差异基因进行 Pathway 功能富集分析发现,在 BDE-47、6-MeO-BDE-47 和 6-OH-BDE-47 的暴露下玉米分别有 33、30 和 17 条通路受到影响,主要涉及糖酵解和糖异生作用、谷胱甘肽代谢、光合作用、核糖体、蛋白转运、氧化磷酸化、氨基酸和糖类、氨基酸和类固醇、泛醌、脂多糖以及次生代谢物的生物合成等(图 8-21)。BDE-47 和 6-OH-BDE47 影响的玉米 pathway 较为相似,且 BDE-47 的影响更为显著;6-MeO-BDE47 影响的代谢通路最少,且影响也最小。Pathway 富集分析中糖酵解作用影响最为明显,3 个关键酶(己糖激酶、6-磷酸果糖激酶-1 和丙酮酸激酶)都显著上调,使得糖酵解按生成 ATP 的方向快速发生,以提高 ATP 产量,提供了推动机体正常生理活动的能量。同时与能量代谢相关的 pathway 氧化磷酸化和 TCA 循环也发生了变化,很可能是能量代谢方式的转变为代谢转化、解毒等生理活动的顺利进行提供了保障。参与核糖体 pathway 的多个编码核糖体蛋白的基因表达量显著下调,并与玉米对胁迫应答机制相关。

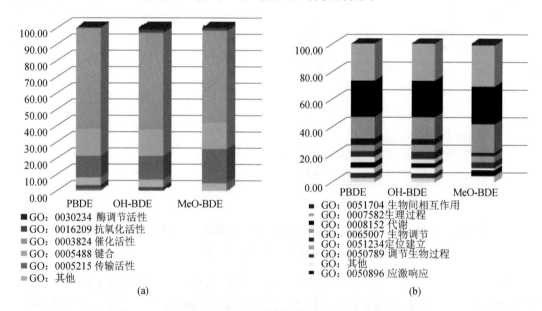

图 8-20 分子功能(a)和生物学过程(b)上的功能富集分析

概括而言,土壤-植物系统有机污染物的迁移与转化对其环境行为和归趋有着不可忽视的作用,但是由于土壤-植物系统的复杂性,有机污染物在土壤-植物系统的传输与代谢反应研究难度大,已有的研究已经初步证明土壤中溴代有机污染物可以发生代谢转化,生成

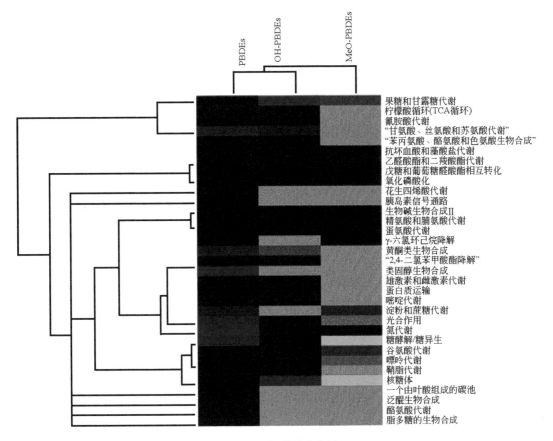

图 8-21 代谢通路分析

脱溴、羟基化和甲氧基化代谢产物,且根际效应对代谢转化起重要作用;溴代有机污染物可以被植物吸收,且植物性质和化合物性质影响溴代有机污染物的植物吸收与传输行为;同时植物体内溴代有机污染物可以发生脱溴、羟基化和甲氧基化代谢转化。尽管有关土壤-植物系统中溴代有机污染物迁移转化的研究取得了一些进展,但尚有很多问题需要深入研究。在以后的相关工作中以下几个方向值得更进一步的探讨:

(1) 溴代有机污染物特别是新型且使用量正逐年增大的如六溴环十二烷(HBCDs)、四溴双酚 A(TBBPA)、十溴二苯乙烷(DBDPE)和四溴乙基环己烷(TBECH)等进入植物体内后,在根、茎、叶等组织器官间的传输途径、过程及其关键影响因素的研究。

(2) 关于溴代有机污染物的植物吸收与传输的研究基本停留在个体水平,缺乏在细胞水平阐述其生物吸收与传输过程的微观机制,需要考虑如何应用先进的分析技术加深对溴代有机污染物植物吸收与传输微观机制的认识。新近发展起来的分析技术,如:纳米二次离子质谱(NanoSIMS)、同位素标记、同步辐射X射线荧光微束分析(μ-XRF)等为在细胞和亚细胞水平研究污染物的生物吸收和累积提供了可能性。

(3) 目前还不清楚溴代有机污染物等疏水性有机污染物如何实现植物细胞的跨膜传输。植物脂蛋白能结合疏水性分子,因此植物载脂蛋白很可能在有机污染物的生物吸收过程中通过稳定质膜发挥重要作用,有必要开展载脂蛋白基因表达量的变化对有机污染物生物吸收影响的研究，在基因水平阐述有机污染物生物吸收与传输的微观机制。

（4）已有的关于植物中溴代有机污染物转化的研究还大多停留在转化产物的分析以及进一步的转化途径的阐述，有必要基于基因组学、转录组学、蛋白组学和代谢组学等分子生物学技术阐述污染物转化的分子机制。需要结合分子生物学技术和在细胞与亚细胞水平的原位分析技术，从生物个体、细胞和分子水平的不同层次探索生物体内污染物的分子转化反应与生物效应分子机制，及其与污染物结构特征之间的关系。

（5）关于植物对溴代有机污染物等外源性污染物的毒性应激机制、解毒相关的调控基因和机理及生理生化途径等尚缺乏认识，需要通过实验室暴露实验，结合表达谱基因芯片、实时荧光定量 PCR 等分子生物学技术，从个体和基因水平研究溴代有机污染物及其代谢产物的植物毒性作用机制，明确与解毒相关的关键调控基因。

（撰稿人：张淑贞　黄红林）

参 考 文 献

[1] Wang S, Zhang S Z, Huang H L, Niu Z C, Han W. Characterization of polybrominated diphenyl ethers (PBDEs) and hydroxylated and methoxylated PBDEs in soils and plants from an e-waste area. Environmental Pollution, 2014, 184: 405-413.

[2] Huang H L, Zhang S Z, Christie P. Plant uptake and dissipation of PBDEs in the soils of electronic waste recycling sites. Environmental Pollution, 2011, 159: 238-243.

[3] Huang H L, Zhang S Z, Christie P, Wang S, Xie M. Behavior of decabromodiphenyl ether (BDE-209) in the soil-plant system: Uptake, translocation, and metabolism in plants and dissipation in soil. Environmental Science & Technology, 2010, 44: 663-667.

[4] Wang S, Zhang S Z, Huang H L, Christie P. Behavior of decabromodiphenyl ether (BDE-209) in soil: Effects of rhizosphere and mycorrhizal colonization of ryegrass roots. Environmental Pollution, 2011, 159: 749-753.

[5] Wang S, Zhang S Z, Huang H L, Zhao M M, Lv J T. Uptake, translocation and metabolism of polybrominated diphenyl ethers (PBDEs) and polychlorinated biphenyls (PCBs) in maize (*Zea mays* L.). Chemosphere, 2011, 85: 379-385.

[6] Zhao M M, Zhang S Z, Wang S, Huang H L. Uptake, translocation, and debromination of polybrominateddiphenyl ethers. Journal of Environmental Science, 2012, 24: 402-409.

[7] Huang H L, Wang D, Wan W N, Wen B. Hexabromocyclododecanes in soils and plants from a plastic waste treatment area in North China: Occurrence, diastereomerand enantiomer-specific profiles, and metabolization. Environmental Science and Pollution Research, 2017, 24: 21625-21635.

[8] Huang H L, Zhang S Z, Lv J T, Wen B, Wang S, Wu T. Experimental and theoretical evidence for diastereomer- and enantiomer-specific accumulation and biotransformation of HBCD in maize roots. Environmental Science & Technology, 2016, 50: 12205-12213.

[9] Wang S, Zhang S Z, Huang H L, Lu A X, Ping H. Debrominated, hydroxylated and methoxylated metabolism in maize (*Zea mays* L.) exposed to lesser polybrominateddiphenyl ethers (PBDEs). Chemosphere, 2012,

89: 1295-1301.

[10] Xu X H, Wen B, Huang H L, Wang Sen, Zhang S Z. Uptake, translocation and biotransformation kinetics of BDE-47, 6-OH-BDE-47 and 6-MeO-BDE-47 in maize (Zea mays L.). Environmental Pollution, 2016, 208: 714-722.

[11] Huang H L, Zhang S Z, Wang S. In vitro biotransformation of PBDEs by root crude enzyme extracts: Potential role of nitrate reductase (NaR) and glutathione S-transferase (GST) in their debromination. Chemosphere, 2013, 90: 1885-1892.

[12] Huang H L, Wang D, Wen B, Lv J T. Roles of maize cytochrome P450 (CYP) enzymes in stereo-selective metabolism of hexabromocyclododecanes (HBCDs) as evidenced by in vitro degradation, biological response and in silico studies. Science of the Total Environment, 2019, 656: 364-372.

[13] Xu X H, Huang H L, Wen B, Wang S, Zhang S Z. Phytotoxicity of brominated diphenyl ether-47 (BDE-47) and its hydroxylated and methoxylated analogues (6-OH-BDE-47 and 6-MeO-BDE-47) to maize (Zea mays L.). Chemical Research in Toxicology, 2015, 28: 510-517.

[14] 王森. 多溴联苯醚及其衍生物在植物体内的代谢转化及分子机制研究: [博士后出站报告]. 北京: 中国科学院生态环境研究中心, 2017.

第9章 卤代污染物的食物链传递

污染物的生物富集与食物链传递是评价污染物生态安全与人体健康风险不可或缺的环节。目前，大量的研究报道了持久性卤代有机污染物在高等级生物（如鱼类、鸟类、哺乳动物和人体）中的生物富集及在食物链（网）传递，但较少关注低等级生物（昆虫）对这些污染物的富集及食物链传递。昆虫是自然界中种类和数量最多的动物，是食物链（网）的重要组成部分，在生态系统中具有重要作用。昆虫具有变态发育行为，变态发育过程不仅改变了昆虫的外在形态，而且也改变了昆虫的生存环境。污染物在变态发育过程中的变化会导致不同生态系统的高等级生物的污染源存在差别。此外，昆虫也是污染物跨生态边界传输的重要载体。例如，水生昆虫幼虫（如摇蚊、蜉蝣和石蛾等）从沉积物中大量富集污染物，经过变态发育成成虫后，将污染物传递到陆生捕食者体内（如，蜘蛛、蝙蝠和鸟类等）[1]。因此，了解昆虫对卤代持久性有机污染物的富集特征、掌握昆虫变态发育过程中污染物的行为规律，弄清楚昆虫在污染物的食物链传递过程中的作用对于全面了解卤代持久性有机污染物的生物循环过程具有重要的意义。研究人员以清远一受电子垃圾污染池塘及其周边（＜500m）为研究区域，以昆虫、昆虫的食物，以及昆虫为食的高等级水生、两栖和陆生生物为研究对象，以卤代持久性有机物如滴滴涕（DDTs）、多氯联苯（PCBs）、多溴联苯醚（PBDEs）及其他卤代阻燃剂如得克隆（DPs）、十溴二苯乙烷（DBDPE）、五溴甲苯（PBT）、五溴乙苯（PBEB）、六溴苯（HBB）和多溴联苯（PBB153 和 PBB209）为目标化合物，研究了这些卤代有机物（HOPs）在不同种类昆虫中的富集特征、昆虫变态发育过程中污染物的迁移转化规律及以昆虫介导的 HOPs 的食物链传递过程。

9.1 样品基本信息及稳定碳、氮同位素组成

该项研究所有生物样品（昆虫、鱼虾、两栖类、爬行类和鸟类）和环境样品（水、土壤和植物）均采自广东省清远市龙塘镇的一个受到电子垃圾严重污染的池塘及其周边500m的范围。昆虫包括6个目、成、幼虫在内共18类样品；陆生生物包括3种鸟类和1种爬行类动物共4类样品；水生生物包括鱼类、虾类、水鸟蛋、水蛇及水蛇蛋共5类样品，两栖类包括亚洲锦蛙和黑眶蟾蜍两类样品，生物样品的具体信息见表9-1。环境样品包括农田土、昆虫的两种寄主植物：草（蝗虫的寄主植物）和番石榴叶（飞蛾幼虫的寄主植物）。

表 9-1 样品基本信息

物种	n^a	口器类型	食性	生境
蜻蜓目（*Odonata*）				
蜻科成虫（*Libellulidae rambur*）	5（68）	咀嚼式	肉食	陆生

续表

物种	n^a	口器类型	食性	生境
蜻蜓目（Odonata）				
蜓科成虫（Aeshnidae rambur）	4（130）	咀嚼式	肉食	陆生
蜻蜓幼虫（池塘）	8（300）	咀嚼式	肉食	水生
蜻蜓幼虫（农田）	6（175）	咀嚼式	肉食	水生
鳞翅目（Lepidoptera）				
蝴蝶（Papilionoidea，Pieridae，Nymphalidae）	6（150）	虹吸式	植食	陆生
飞蛾（Arctiidae，Pyralidae，Lasiocampidae）	2（66）	虹吸式	植食	陆生
飞蛾幼虫（Lasiocampidae）	13（80）	咀嚼式	植食	陆生
直翅目（Orthoptera）				
中华稻蝗（Oxya chinensis）	8（190）	咀嚼式	植食	陆生
中华稻蝗幼虫（Oxya chinensis）	6（175）	咀嚼式	植食	陆生
短额负蝗（Atractomorpha sinensis）	5（120）	咀嚼式	植食	陆生
中华蟋蟀（Gryllus chinensis）	5（55）	咀嚼式	杂食	穴居
东方蝼蛄（Gryllotalpa orientalis）	7（43）	咀嚼式	杂食	穴居
半翅目（Hemiptera）				
荔蝽（Tessaratoma papillosa）	9（65）	刺吸式	植食	陆生
荔蝽幼虫（Tessaratoma papillosa）	6（42）	刺吸式	植食	陆生
负子蝽（Diplonychus esakii）	10（170）	刺吸式	肉食	水生
鞘翅目（Coleoptera）				
铜绿丽金龟（Anomala corpulenta）	6（45）	咀嚼式	肉食	陆生
水龟虫（Sternolophus inconspicuus）	6（90）	咀嚼式	植食	水生
螳螂目（Mantodea）				
螳螂（Tenodera Sinensls，Mantis religiosa，Statilia maculate）	3（25）	咀嚼式	肉食	陆生
物种	n^a	脂肪（%）^{b}	体长	体重
陆生生物				
棕背伯劳（Lanius schach）	2	4.6±0.6	25～26	44～46
乌鸫（Eurasian Blackbird）	2	4.8±0.1	26～28	82～105
鹊鸲（Copsychus saularis）	3	3.6±0.1	18～19	32～36
变色树蜥（Calotes versicolor）	10	6.2±2.3	22～40	5～27
两栖生物				
亚洲锦蛙（Kaloula pulchra）	5（9）	8.7±3.2	2～5.5	2～16
黑眶蟾蜍（Duttaphrynus melanostictus）	6	13±0.9	7～8	29～50
水生生物				
鲤鱼（Cyprinidae）	6（49）	7.1±1.3	3～5	0.5～1
日本沼虾（Penaeus orientalis）	5（73）	6.7±0.3	2～4	0.3～1
水鸟蛋（白胸苦恶鸟，Rallidae Amaurornis）	6	45±2.6	3.5～4	17～21
中国水蛇（Enhydris chinensis）	7	2.8±0.8	44～65	30～224
中国水蛇卵（Enhydris chinensis）	3（44）	26±0.1	0.5～1	27～38

a 混合后的样品数量，括号内为采集的样品个体数量；b 均值±标准偏差。

昆虫和植物样品中 $\delta^{13}C$ 和 $\delta^{15}N$ 值见图 9-1、表 9-2 和表 9-3。草与番石榴的 $\delta^{13}C$ 值分别为 -13.3‰±0.2‰ 和 -30.8‰±0.3‰，与 C4 和 C3 植物的稳定碳同位素特征值相对应。中华稻蝗的 $\delta^{13}C$ 值（-13.7‰±0.4‰）与草的 $\delta^{13}C$ 值一致，表明其以 C4 植物作为食源；而短额负蝗的 $\delta^{13}C$ 值（-26.4‰±2.5‰）更接近于番石榴的 $\delta^{13}C$ 值，表明其以 C3 植物作为主要食源。蝴蝶、飞蛾和荔蝽的 $\delta^{13}C$ 值分别为 -29.3‰±0.8‰、-29.2‰±0.2‰ 和 -29.9‰±0.3‰，表明它们以 C3 植物作为食源。另外三种植食性昆虫：铜绿丽金龟、中华蟋蟀和水龟虫的 $\delta^{13}C$ 值分别为 -24.3‰±1.0‰、-23.3‰±3.2‰ 和 -22.2‰±0.4‰，介于 C3 和 C4 植物之间，表明它们既取食 C3 也取食 C4 植物。杂食性和肉食性昆虫东方蝼蛄、螳螂、负子蝽和蜻蜓（蜻科和蜓科）的 $\delta^{13}C$ 值也介于 C3 和 C4 植物之间。

草的 $\delta^{15}N$ 值（3.0‰±0.1‰）显著高于番石榴的 $\delta^{15}N$ 值（3.6‰±0.2‰），这主要是由于草生长在农田边，其稳定氮同位素组成受到农田施用的氮肥的影响。前人的研究表明以肥料为氮源的 $\delta^{15}N$ 值明显低于自然源或工业源的 $\delta^{15}N$ 值[2]。植食性昆虫（除了荔蝽）的 $\delta^{15}N$ 值的范围为 3.2‰~4.3‰，均在 5‰以下；杂食性昆虫（东方蝼蛄）的 $\delta^{15}N$ 值为 5.6‰±0.5‰；而肉食性昆虫的 $\delta^{15}N$ 值的范围是 6.5‰~8.2‰（图 9-1）。这与通常认为捕食者具有更高的 $\delta^{15}N$ 值的结果一致。荔蝽作为植食性昆虫，其 $\delta^{15}N$ 值（6.9‰±1.5‰）明显高于其他植食性昆虫（$P<0.01$）。这可能与荔蝽主要以刺吸式方式吸取植物汁液，而其他植食性昆虫取食植物叶片或根茎有关。

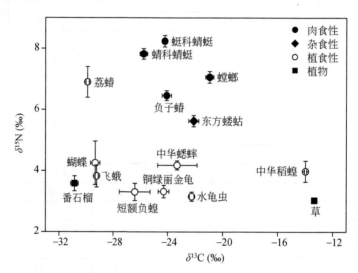

图 9-1 不同种类昆虫和植物的碳、氮稳定同位素比值

9.2 卤代有机污染物在昆虫中的污染特征

昆虫中 DDTs、PCBs、PBDEs、DP、DBDPE 和其他卤代阻燃剂（OBFRs：包括 PBT、PBEB、HBB、PBB153 和 PBB209）的含量及水样、土壤和植物中各化合物含量分别如表 9-2 和表 9-3 所示。

表 9-2 昆虫中持久性卤代有机污染物的含量（ng/g 脂重，中值与范围）[a]

	蜚蠊目	蜻蜓目		鳞翅目		鞘翅目		半翅目			直翅目		
	蟑螂	蜻科蜻蜓	蟌科蜻蜓	蝴蝶	飞蛾	铜绿丽金龟	水龟虫	荔蝽	负子蝽	中华稻蝗	短额负蝗	中华蟋蟀	东方蝼蛄
脂肪 (%)[a]	7.5±1.5	7.1±0.3	11.1±1.1	9.4±2.0	18.7±1.1	6.6±1.3	7.7±0.8	35.4±3.0	11.4±0.4	6.4±1.4	7.8±1.2	17.9±2.6	13.5±4.2
$\delta^{13}C$ (‰)[a]	-21.0±0.5	-24.2±0.3	-25.8±0.6	-29.3±0.8	-29.2±0.3	-24.3±1.0	-22.2±0.4	-29.9±0.3	-24.1±1.1	-13.7±0.4	-26.4±2.5	-23.3±3.2	-22.1±1.0
$\delta^{15}N$ (‰)[a]	7.1±0.3	8.2±0.4	7.8±0.4	4.3±1.7	3.8±0.5	3.3±0.5	3.2±0.4	6.9±1.5	6.5±0.5	4.0±1.0	3.3±0.6	4.2±0.3	5.6±0.5
ΣPCBs[b]	500 (470~730)	1700 (1500~1700)	2500 (1900~7500)	730 (630~1100)	520 (430~620)	920 (120~2200)	1100 (650~2000)	53 (43~67)	390 (250~540)	82 (59~100)	110 (110~290)	470 (340~1000)	2400 (1100~3700)
ΣPBDEs[c]	270 (220~350)	900 (670~1200)	400 (300~1500)	170 (80~340)	180 (98~270)	66 (25~140)	300 (150~560)	35 (0.39~170)	180 (120~280)	110 (35~1000)	150 (36~320)	120 (45~1800)	350 (340~1300)
ΣDP[d]	15 (7.8~44)	56 (33~68)	15 (10~22)	15 (5.1~21)	12 (2.3~22)	12 (6.4~23)	13 (6.3~16)	1.1 (ND~3.1)	11 (5.2~21)	18 (6.8~35)	15 (5.9~23)	9.3 (2.6~40)	21 (17~38)
DBDPE	190 (29~240)	300 (200~330)	68 (51~110)	85 (40~200)	59 (37~81)	23 (11~58)	42 (29~77)	13 (0.78~37)	43 (30~70)	37 (6.9~110)	52 (13~220)	45 (18~72)	110 (20~150)
ΣOBFRs[e]	19 (8.7~44)	44 (37~47)	42 (24~56)	5.9 (5.6~9.4)	9.6 (8.9~10)	9.1 (3.7~23)	7.1 (3.7~11)	0.72 (0.36~1.1)	42 (15~59)	2.6 (0.95~4.5)	5.2 (3.3~30)	12 (6.4~32)	14 (7.7~76)
ΣDDTs[f]	ND[g]	9.8 (ND~15)	17 (ND~33)	110 (67~130)	39 (31~41)	88 (42~200)	34 (25~65)	9.6 (7.2~15)	14 (4.1~19)	ND	19 (ND~31)	64 (9.8~610)	98 (41~1000)
ΣHOPs	1000 (970~1200)	3000 (2600~3500)	3000 (2300~9100)	1100 (960~1800)	830 (810~840)	1200 (230~2600)	1600 (880~2500)	113 (57~280)	710 (420~840)	290 (130~1100)	330 (160~750)	1100 (480~2900)	3400 (2600~4500)

a 平均值±标准偏差 (SD); b 30 种 PCB 单体 (CB18、28/31、49、52、74、87/115、95、99、101、105、110、118、128、138、146/161、149/139、153/132、156、164/163、167、170/190、174/181、180/193、183、187、189、194、203/196、206 和 209) 浓度之和; c 15 种 PBDE 单体 (BDE28、47、99、100、153、154、183、196、197、202、203、206、207、208 和 209) 浓度之和; d syn-DP 和 $anti$-DP 的浓度之和; e PBT、PBEB、HBB、PBB 153 和 PBB 209 的浓度之和; f p,p'-DDE、p,p'-DDD 和 p,p'-DDT 的浓度之和; g 没检出或低于方法检出限 (no detectable)。

表 9-3 环境介质中持久性卤代有机污染物的含量（中值与范围）

样品类型	水样（池塘）[a]		植物叶片[b]		土壤[b]	
	溶解相（n=3）	颗粒相（n=3）	草（n=5）	番石榴（n=3）	玉米田（n=3）	水稻田（n=3）
δ^{13}C（‰）[c]	—	—	-13.3±0.2	-30.8±0.3	—	—
δ^{15}N（‰）[c]			3.0±0.1	3.6±0.2		
ΣPCBs[d]	11（9.3~15）	43（26~58）	3.5（3.4~4.0）	110（100~110）	97（94~120）	51（47~52）
ΣPBDEs[e]	11（9.2~43）	1100（1000~2300）	13（7.3~24）	12（6.3~13）	580（390~1400）	270（210~730）
ΣDP[f]	4.9（1.6~7.4）	97（27~101）	0.49（0.34~0.87）	1.2（0.94~1.3）	40（32~85）	27（24~36）
DBDPE	2.4（2.3~9.9）	240（139~283）	8.9（6.9~16）	9.7（8.4~10）	27（25~28）	41（20~44）
ΣOBFRs[g]	0.91（0.66~1.7）	9.5（5.2~51）	0.16（0.14~0.19）	0.46（0.41~0.62）	2.6（2.1~2.7）	3.9（3.2~8.6）
ΣDDTs[h]	ND[i]	0.08（ND~0.09）	0.30（ND~0.40）	5.6（5.6~5.7）	2.0（1.8~4.0）	7.1（2.7~34）
ΣHOPs	29（24~77）	1500（1300~2700）	33（21~36）	130（130~140）	740（640~1600）	430（340~830）

a 单位（ng/L）；b 单位（ng/g 干重）；c 平均值±标准偏差（SD）；d 30 种 PCB 单体浓度之和；e 15 种 PBDE 单体浓度之和；f *syn*-DP 和 *anti*-DP 的浓度之和；g PBT、PBEB、HBB、PBB153 和 PBB209 的浓度之和；h *p, p'*-DDE、*p, p'*-DDD 和 *p, p'*-DDT 的浓度之和；i 没检出或低于方法检出限（no detectable）。

昆虫中 DDT 的含量与昆虫的栖息环境和食物来源密切相关。植物叶片中番石榴叶中 DDTs 的浓度比草中 DDTs 的浓度高一个数量级（表 9-3）；对应的蝴蝶中的 DDT 含量明显高于其他昆虫，而中华稻蝗和螳螂中则未检出 DDTs。水体中 DDTs 的含量（以颗粒相进行比较）明显低于土壤（表 9-3）；相对应的蜻蜓中 DDTs 的浓度显著低于东方蝼蛄（表 9-2）。对 DDTs 的组成特征分析发现，番石榴叶样品中 DDT 是主要的污染物（占总 DDTs 的 75%），表明存在新的 DDT 输入。昆虫体内主要以 DDT 的代谢物为主，其中蜻蜓、东方蝼蛄、短额负蝗、铜绿丽金龟、水龟虫和负子蝽体内（DDE+DDD）/DDTs 的比值大于 0.9，明显高于环境样品。而中华蟋蟀、荔蝽、蝴蝶和飞蛾体内（DDE+DDD）/DDTs 的均值分别为 0.55、0.58 和 0.70，明显低于其他昆虫（$P<0.01$），且接近或略低于草和土壤中的值，可能与摄入新输入的 DDT 有关。

约 30 个 PCB 单体（见表 9-2 注）在昆虫样品中的检出率高于 60%。最高和最低的 PCB 中值浓度分别在蜓科蜻蜓和荔蝽样品中（表 9-2）。总体上肉食和杂食性昆虫 PCB 含量高于植食性昆虫。蜻蜓是一种肉食性昆虫，其幼虫生活在水中，根据种类的不同，其水体生长时间为几个月至几年，远比其他昆虫的寿命长。更长的暴露时间以及更高的营养等级可能是造成其体内 PCBs 浓度较高的原因。荔蝽通过刺吸式方式吸取植物的嫩梢、花穗和幼果的汁液。由于疏水性有机污染物一般存在植物的叶片而不是汁液中，这造成了荔蝽体内较低的污染物浓度。

昆虫中 PBDEs 的浓度范围为 0.39~1500ng/g 脂重。与 PCB 的种间分布类似，蜻蜓、蝼蛄等肉食及杂食性昆虫体内 PBDE 浓度高于植食性昆虫，荔蝽中的 PBDE 浓度最低。在中国一个电子垃圾焚烧区采集的蝴蝶、蝗虫和蜻蜓体内检测了 21 种 PBDEs，其总浓度分别为 1100、1000 和 760ng/g 脂重，其中蝴蝶和蝗虫体内 PBDEs 的含量明显高于清远龙塘受污染池塘中相应昆虫体内 PBDE 的浓度,而蜻蜓的浓度则介于该研究的蜻科蜻蜓和蜓科蜻蜓之间[3](表9-2)。其他地区(如北京某污水厂下游[4],比利牛斯山高山湖泊[5],美国伊利诺伊州三个湖泊[6]及比利时市场[7])昆虫中 PBDEs 浓度比该区域昆虫中 PBDE 的含量低几个数量级。

DBDPE 在所有昆虫和环境样品中均有检出。DP(包含 *syn*-DP 和 *anti*-DP)在除了荔蝽外的所有样品中均有检出。最高的 DBDPE 和 DP 浓度均出现在蜻科蜻蜓中,最低的中值浓度出在荔蝽体内(表9-2)。DBDPE 在土壤和植物中的浓度范围分别是 20~44ng/g 干重和 6.9~16ng/g 干重(表9-3)。DBDPE 在昆虫体内的含量总体上与 BDE 209 在同一个数量级,也表现出肉食性和杂食性昆虫 DBDPE 浓度显著大于植食性昆虫($P<0.01$)。与 DBDPE 的结果相似,DP 在土壤中的具有较高的浓度,其范围是 24~85ng/g 干重(表9-3)。

HBB 和 PBB153 在昆虫和环境样品中的检出率较高(分别为96%和85%),而 PBT、PBEB 和 PBB209 的检出率较低(分别为60%、65%和40%)。HBB 在负子蝽中具有最高的中值浓度(30ng/g 脂重)。PBB153 在蜻科蜻蜓中具有最高的中值浓度(28ng/g 脂重),其次为蜓科蜻蜓(23ng/g 脂重)。昆虫体内 OBFRs 的总含量范围为 0.36~76ng/g 脂重,也表现出肉食性和杂食性昆虫大于植食性昆虫。目前为止,关于昆虫体内非 PBDE 类卤代阻燃剂的研究还十分有限,仅有来自我国北京城区蝗虫和蜻蜓体内 DP 的浓度(0.32~5.4ng/g 脂重)的报道[8],该值明显低于该区域中蜻蜓与蝗虫体内的 DP 含量。

昆虫和环境样品中 HOPs 的总体组成特征如图9-2所示。番石榴中的主要污染物为 PCBs(占总 HOPs 的79%),而草、水体和土壤中均以 PBDEs 为主(分别占总 HOPs 的49%、78%和73%)。此外,草样中 DBDPE 的百分含量为35%,对 HOPs 的贡献明显高于其他环境样品。这种以 PCBs 和 PBDEs 为主要污染物的组成模式,表明工业品污染(电子垃圾)是该区域污染物的最主要来源,而作为农业污染源的 DDTs 贡献仅为 0~14%。

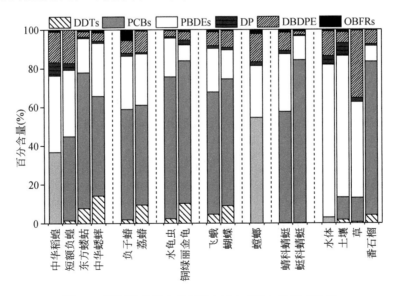

图9-2 不同种类昆虫和环境介质中 HOPs 的组成特征

以各类化合物占总 HOPs 的相对百分数作为变量进行主成分分析（principal component analysis，PCA），发现不同种类昆虫之间污染物的组成存在明显的差异（图 9-3）。蜓科蜻蜓倾向于富集更多 PCBs，而蜻科蜻蜓倾向于富集更多 PBDEs。鳞翅目（蝴蝶和飞蛾）和鞘翅目（水龟虫和铜绿丽金龟）的昆虫中 PCBs 和 DDTs 的相对贡献增加，这种组成模式和番石榴叶相似。在直翅目的昆虫中，中华稻蝗和短额负蝗倾向于富集 PBDEs、DP 和 DBDPE，这与草的组成模式相似。中华蟋蟀和东方蝼蛄大部分是以 PCBs 和 DDTs 为主，但也有个别个体倾向于富集 PBDEs 和 OBFRs。与其他种类昆虫不同的是，负子蝽中 OBFRs 的贡献最高，说明负子蝽比其他昆虫更倾向于富集 OBFRs（主要为 HBB 和 PBB153）。

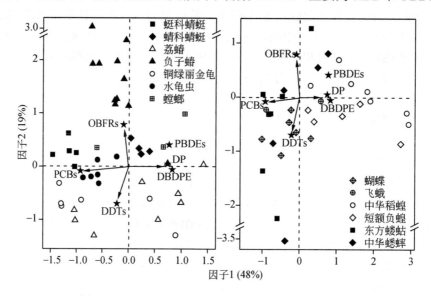

图 9-3　不同种类昆虫中卤代有机污染物的主成分分析

各类昆虫中 PCB 的主要单体大致类似，主要以 PCB153、180、138、118 和 28 等为主。其中肉食和杂食类昆虫如螳螂、蜻蜓、蝼蛄、蟋蟀主要以五、六和七氯代的单体为主（118、138、153、180），而植食性昆虫如蝗虫、蝶蛾与蝽类除了上述单体外，PCB18、28、52 等也占有较高丰度，其中荔蝽中 CB28 是最主要的单体。草类中 CB28、52 的相对含量明显高于土壤中 CB28 和 52 的相对含量，这是造成植食性昆虫中相对更多富集低氯代组分的主要原因。

PBDE 类化合物中，BDE209 是最主要的单体。环境样品中 BDE209 占总 PBDE 的 85% 以上，说明十溴联苯醚工业品是主要污染物。除 BDE209 外，昆虫体内 BDE153、99 和 47 的丰度也较高，这种组成模式与前人报道的昆虫体内的组成模式相似[3, 9, 10]。美国伊利诺伊州湖泊底栖水生昆虫体内仅有 BDE47、99 和 183 被检出[6]。北京污水处理厂下游的陆生昆虫（蜻蜓、蝴蝶和蝗虫）体内 PBDE 的组成模式是以四、五和六溴代单体为主[4]。在比利时市场上购买的可食用昆虫（蜡螟和东亚飞蝗）体内也仅检测出 BDE 47 和 99[7]。这可能反映出其研究的区域可能是以五溴联苯醚工业品为主。

在鞘翅目和半翅目昆虫中,两种水生的昆虫(水龟虫和负子蝽)中低溴代的 PBDE 单体(尤其是 BDE 47 和 99)的丰度明显高于陆生昆虫(铜绿丽金龟和荔蝽)($P<0.05$)。在肉食性昆虫中,蜻蜓(幼虫为水生昆虫)体内 BDE 47、99 和 153 的丰度也显著高于螳螂(陆生昆虫)($P<0.01$)。这与通常认为的水生生物更倾向于富集低溴代的 PBDE 单体一致。在直翅目昆虫中,中华蟋蟀和东方蝼蛄体内的 BDE 99(7.4% 和 12%)和 BDE 153(5.4% 和 12%)的贡献值明显高于中华稻蝗(0.4% 和 2.2%)和短额负蝗(1.3% 和 2.2%),BDE 99 在土壤中的贡献(2%)明显高于草样(0.5%),但是 BDE 153 在土壤和草样中并没有明显差异(3.5)。这表明除了栖息环境的差异外,还有其他因素导致蟋蟀、蝼蛄与蝗虫之间 PBDE 组成的差异。

昆虫和环境样品中 BDE 47/BDE 153 的比值小于其生境中环境介质的比值(图 9-4),说明昆虫对 BDE 153 存在选择性富集。在该研究区域内以昆虫为食源的棕背伯劳和鹊鸲体内 BDE 153 是最主要 PBDEs 同系物,而植食性白头鹎体内主要以 BDE 47 和 99 为主[11]。这些结果表明,BDE 153 的选择性富集在昆虫体内就已经发生了,并且这种选择性进一步影响到以昆虫为食的捕食者体内 PBDE 的组成。

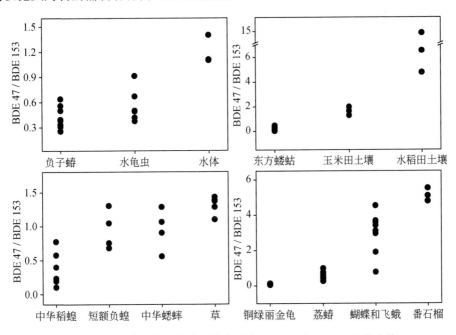

图 9-4 不同生境的昆虫和环境介质中 BDE 47 与 BDE 153 的比值

DP 有两个同分异构体(syn-DP 和 anti-DP)。通常采用 anti-DP 占总 DP 的比例(f_{anti})来表示 DP 的异构体组成。在水体、土壤和植物样品中的 f_{anti} 值分别为 0.78、0.76 和 0.73,与 DP 工业品的组成相近($f_{anti} = 0.75 \sim 0.80$),表明在水体、土壤和植物样品不存在 DP 异构体选择性富集的现象。在蜻蜓目、鳞翅目、半翅目、直翅目、螳螂目和鞘翅目昆虫体内的 f_{anti} 值分别为 0.78、0.76、0.74、0.73、0.73 和 0.62,统计分析结果表明,只有鞘翅目昆虫的 f_{anti} 值显著低于环境样品($P<0.01$),而其他种类的昆虫与环境样品没有显著差异($P>0.05$)。这表明鞘翅目昆虫对 syn-DP 存在选择性的富集。

9.3 昆虫对卤代有机污染物的生物富集与放大

利用池塘水—蜻蜓幼虫、农田土—东方蝼蛄及中华稻蝗幼虫—草和飞蛾幼虫—番石榴叶数据，分别计算了污染物在池塘蜻蜓中的生物放大系数（BAF）、东方蝼蛄中的生物—土壤（沉积物）富集因子（BSAF）及两条昆虫为捕食者的食物链上 HOPs 的生物放大因子（BMF）。

蜻蜓幼虫中 PCBs、PBDEs、DP 和 DBDPE 的 BAFs 值的范围为 910～1 400 000。其中，PCBs、PBDEs、DP 和 DBDPE 的 BAFs 值分别为 75000、44000、27000 和 69000，均大于 5000，表明蜻蜓幼虫对这些污染物有较大的富集能力。东方蝼蛄中 PCBs、PBDEs、DP 和 DBDPE 的 BSAFs 值的范围为 0.06～8.55。其中，PCBs 的 BSAF 值（2.98）是 PBDEs（0.11）的 27 倍。东方蝼蛄体内 PBDEs 以 BDE 209 为主，而该化合物具有低的 BSAF 值（0.07），仅略高于 DP（0.06），这导致了总 PBDEs 的 BSAF 值较低。DBDPE 中 BSAF 值（0.49）明显高于九溴和十溴的 BDE 单体（0.07～0.29），说明 DBDPE 比 Nona-和 Deca-BDEs 更倾向于在东方蝼蛄体内富集，这可能造成取食土壤昆虫（如东方蝼蛄）的捕食者累积更高浓度的 DBDPE。

植食性昆虫飞蛾幼虫和中华稻蝗幼虫各类污染物的 BMFs 值范围分别为 0.25～2.11 和 0.26～17.2。在草—中华稻蝗幼虫食物链中 PCBs、PBDEs、DP 和 DBDPE 的 BMFs 值分别为 2.19、0.93、1.91 和 0.57，其中，PCBs 和 DP 的值均大于 1，表明存在生物放大效应。在番石榴叶—飞蛾幼虫食物链中 PCBs、PBDEs、DP 和 DBDPE 的值分别为 0.78、0.91、0.69 和 0.80，均小于 1，表明没有出现生物放大现象。在草—中华稻蝗幼虫食物链中 PCBs 和 DP 的 BMFs 值是番石榴叶—飞蛾幼虫食物链的 2.8 倍，造成 PCBs 的 BMFs 值差异主要是由于在草—中华稻蝗幼虫食物链中高氯代的 PCB 单体具有较高的 BMFs 值。同样，DP 也是高氯代的化合物（具有十二个氯代位），表明中华稻蝗幼虫比飞蛾幼虫更容易从植物中富集高氯代的污染物，但是造成这种差异的原因并不清楚。PBDEs 和 DBDPE 的 BMFs 值在两条食物链之间比较相近，表明飞蛾幼虫和中华稻蝗幼虫对 PBDEs 和 DBDPE 的富集模式相似。

$\log K_{ow}$ 是决定憎水性有机污染物在生物体内富集和放大的关键理化参数。在蜻蜓幼虫和东方蝼蛄中 PCBs 的 log BAFs 和 log BSAFs 值与其 $\log K_{ow}$ 均具有显著的正相关性（图 9-5，$P<0.001$）。而 PBDEs 的 log BAFs 和 log BSAFs 值与其 $\log K_{ow}$ 均呈抛物线关系（$P<0.001$）：当 $\log K_{ow}<8$ 时，log BAFs 和 log BSAFs 值随 $\log K_{ow}$ 增加而增加，在 $\log K_{ow}>8$ 时，log BAFs 和 log BSAFs 值呈下降趋势。

北京污水处理厂下游水域的摇蚊和蜻蜓中 PCB 的 log BAFs 和 $\log K_{ow}$ 之间存在明显的抛物线关系（$P<0.01$）[12]，同样的结果也发现在美国伊利湖的四种底栖生物（包括蜉蝣幼虫）中[13]。室内暴露研究发现在摇蚊体内高氯代的 PCB 单体的 BSAFs 值明显高于低氯代单体，但是 BSAFs 值与 $\log K_{ow}$ 的相关性较弱[14]。这些结果与该研究中 PCBs 的 log BAFs（BSAFs）和 $\log K_{ow}$ 之间呈线性正相关不同。如果将 PBDEs 的 BSAFs 值考虑进去，本研究的结果也呈明显的抛物线关系。

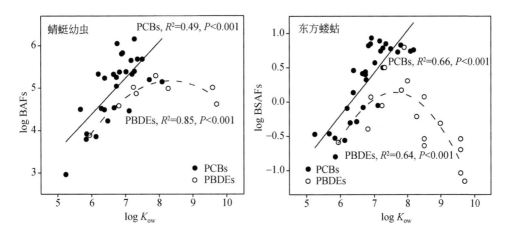

图 9-5 不同种类昆虫中 log BAFs 和 log BSAFs 值与 log K_{ow} 的相关性

飞蛾幼虫和中华稻蝗幼虫中无论是 PCB 还是 PBDE,其 log BMFs 值与其 log K_{ow} 都表现为正相关性,其中 PCB、PBDE 在飞蛾幼虫、PCB 在中华稻蝗中都具有统计意义上的显著相关($P<0.05$)(图 9-6)。这种规律明显不同于水生昆虫蜻蜓幼虫和穴居昆虫东方蝼蛄。这种差异表明植食性昆虫通过取食植物富集化合物的机理与水生及穴居昆虫富集化合物的机理存在区别。由于前期的研究很少涉及植物—昆虫食物链,因此,还不能确定是否所有植食性昆虫富集植物中的疏水性污染物都遵循大致相似的规律。

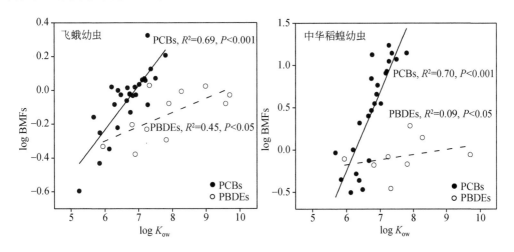

图 9-6 植食性昆虫中 log BMFs 值与 log K_{ow} 的相关性

9.4 昆虫变态发育对卤代有机污染物的调控

在所采集的蜻蜓及其幼虫、蛾蝶及其幼虫、稻蝗的幼、成虫及荔蝽的幼、成虫样品中,蛾蝶属于完全变态发育;蜻蜓、蝗虫、荔蝽属于不完全变态发育。蜻蜓幼、成虫分别生活在水、陆生环境,而其他三类都生活在陆生环境。对不同种类昆虫成虫和幼虫中稳定碳

(δ^{13}C)、氮(δ^{15}N)同位素比值分析发现(图 9-7)，池塘中蜻蜓幼虫的 δ^{13}C 值(−29.4‰±0.7‰)显著低于农田中蜻蜓幼虫（−22.9‰±0.8‰）（$P<0.001$），而蜻蜓成虫（蜻科和蜓科，分别为−24.2‰±0.3‰和−25.8‰±0.6‰）的 δ^{13}C 值介于两种生境的蜻蜓幼虫（农田和池塘）之间，相对更接近于农田中的蜻蜓幼虫，表明成虫主要是由农田中的幼虫羽化而来，但也有少部分来自池塘。荔蝽、飞蛾和中华稻蝗成虫与幼虫中的 δ^{13}C 值并没有明显差异（$P>0.05$），进一步表明在昆虫变态过程中没有明显的碳同位素分馏效应[15]。

昆虫变态过程会造成氮稳定同位素的分馏，即成虫的 δ^{15}N 值显著高于幼虫[16]。蜻蜓和荔蝽成虫的 δ^{15}N 值均显著高于幼虫（图 9-7）（$P<0.001$），这与理论预期一致。但是飞蛾和中华稻蝗的成幼虫 δ^{15}N 值并没有明显差异（$P>0.05$），可能不同种类昆虫氮稳定同位素分馏存在种间差异，也可能是由于幼虫的样本量较小的缘故，如飞蛾成虫是由三个种类合并而成，而幼虫只收集到一个种类的样品。

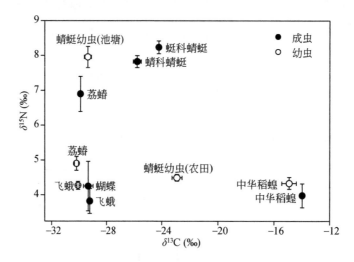

图 9-7 不同种类昆虫成虫和幼虫中碳、氮同位素比值

所有昆虫幼虫中 DDTs、PCBs、PBDEs、DP、DBDPE 和 OBFRs 的浓度分别为 ND~110、20~16000、0.08~28000、ND~5000、0.53~5200 和 0.12~1400ng/g 脂重（表 9-4）。除了 DDTs 外，其他污染物的最高浓度都出现在池塘的蜻蜓幼虫体内，其污染物浓度比其他昆虫幼虫高出 1~3 个数量级，尤其是 PBDEs，池塘中蜻蜓幼虫的中值浓度是荔蝽幼虫的两万倍。池塘昆虫体内污染物具有如此高浓度主要与该池塘受到严重的电子垃圾污染有关。在昆虫幼虫体内的 HOPs 总浓度和各类污染物（除了 DDTs）均表现出：蜻蜓＞蝴蝶和飞蛾＞中华稻蝗＞荔蝽。与工业污染来源（电子垃圾）的化合物不同，DDTs 作为农业污染来源，在飞蛾幼虫体内具有最高的中值浓度（80ng/g 脂重），同样农田中的蜻蜓幼虫 DDT 浓度（31~49ng/g 脂重）也明显高于池塘中的蜻蜓幼虫（9.2~21ng/g 脂重）。

表 9-4 不同种类昆虫幼虫中持久性卤代有机污染物的含量[a]　　（单位：ng/g 脂重）

	蜻蜓幼虫（池塘）	蜻蜓幼虫（农田）	飞蛾幼虫	中华稻蝗幼虫	荔蝽幼虫
脂肪（%）[b]	7.1±1.9	8.9±0.8	6.3±2.1	8.6±1.5	50.9±8.5

续表

	蜻蜓幼虫（池塘）	蜻蜓幼虫（农田）	飞蛾幼虫	中华稻蝗幼虫	荔蝽幼虫
$\delta^{13}C$（‰）[b]	−29.4±0.7	−22.9±0.8	−30.1±0.3	−15.3±1.4	−30.2±0.4
$\delta^{15}N$（‰）[b]	8.0±0.9	4.5±0.2	4.3±0.4	4.2±0.5	4.9±0.5
ΣPCBs[c]	13000（9600~16000）	2000（1900~2100）	1300（520~3000）	110（71~230）	29（20~40）
ΣPBDEs[d]	11000（4500~28000）	140（110~280）	87（35~730）	32（16~1100）	0.46（0.08~53）
ΣDP[e]	1400（700~5000）	31（29~70）	7.3（4.7~71）	6.4（4.4~61）	0.96（ND~1.4）
DBDPE	4100（2400~5200）	30（15~67）	140（36~380）	13（8.9~420）	10（0.53~150）
ΣOBFRs[f]	660（270~1400）	8.6（6.1~16）	5.5（2.8~9.9）	1.9（0.69~8.9）	0.29（0.12~1.7）
ΣDDTs[g]	16（9.2~21）	41（31~49）	80（55~110）	ND[h]	6.5（3.9~7.6）
ΣHOPs	31000（20000~49000）	2300（2100~2400）	1900（870~3500）	160（100~1800）	57（25~240）

a 中值（范围）；b 平均值±标准偏差（SD）；c 30 种 PCB 单体浓度之和；d 15 种 PBDE 单体浓度之和；e syn-DP 和 anti-DP 的浓度之和；f PBT、PBEB、HBB、PBB 153 和 PBB 209 的浓度之和；g p,p'-DDE、p,p'-DDD 和 p,p'-DDT 的浓度之和；h 没检出或低于方法检出限（no detectable）。

幼虫的污染物组成大致与其成虫一致（图 9-8）。但蜻蜓则存在两种情形，农田中蜻蜓幼虫的污染物组成与蜓科成虫的组成类似，而池塘蜻蜓幼虫的污染物组成与蜻科成虫的组成类似（图 9-8），表明蜓科成虫可能主要由农田中的幼虫羽化而来，蜻科成虫池塘中污染物的贡献可能更大。

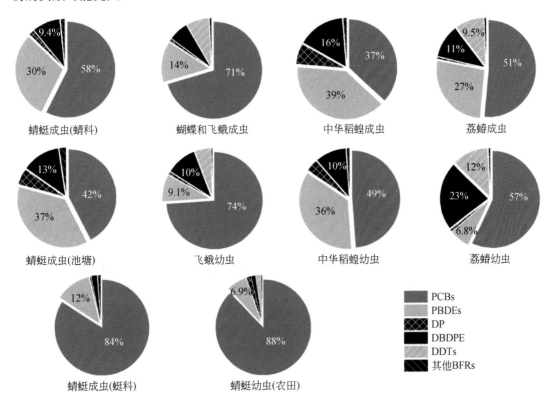

图 9-8 昆虫成虫和幼虫中 HOPs 的组成特征

昆虫成虫和幼虫中各类污染物的浓度比（A/L）用于评估昆虫变态发育过程中污染物在成幼虫体内的分布。由于蜓科蜻蜓的污染物组成与农田中蜻蜓幼虫相似（图9-9），因此将蜓科蜻蜓成虫与农田蜻蜓幼虫，蜻科蜻蜓成虫与池塘中的蜻蜓幼虫分别匹配计算A/L值。

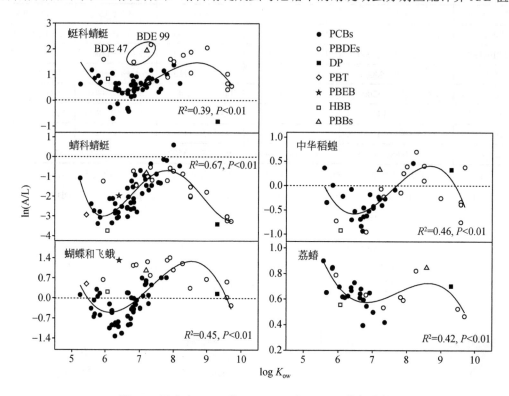

图9-9　昆虫中HOPs的ln（A/L）与log K_{ow}的相关性

蜻科蜻蜓与池塘蜻蜓幼虫这一组的A/L值（0.03～0.58）显著低于其他组合（0.23～4.33）（图9-9），这显然是由于池塘幼虫中超高的各类污染物的浓度所致。剔除这一组合后，PCB的A/L值从高到依次为荔蝽（1.94）、蜓科蜻蜓（1.23）、中华稻蝗（0.72）、飞蛾和蝴蝶（0.55）。与PCBs不同，四种昆虫中PBDEs的A/L值都大于1并且均高于PCBs的A/L值，表明在变态过程中PBDEs可能比PCBs更容易分配到成虫体内。目前，仅有一篇文献报道了昆虫变态过程对PBDEs的影响，其研究也发现从幼虫到蛹的过程中，PBDEs的A/L值高于PCBs[5]，这与所得的结果是吻合的。

将四种昆虫的ln（A/L）与log K_{ow}进行关联性分析发现，HOPs的A/L值明显受化合物的K_{ow}的影响。当log K_{ow}<6.5时，ln（A/L）随log K_{ow}的增加而下降；当6.5<log K_{ow}<8或8.5时，化合物的ln（A/L）与log K_{ow}呈显著的正相关；当log K_{ow}>8或8.5时，ln（A/L）随log K_{ow}的增加而再次下降（P<0.01）。变态发育对昆虫的碳、氮同位素及污染物（重金属和有机污染物）的影响的综述表明重金属和PAHs从幼虫到成虫的过程中出现亏损，而PCBs则出现富集[15]，这与上述昆虫的研究结果类似。一项关于卤代有机污染物在水生昆虫变态过程中的研究表明成虫中有机氯污染物比幼虫增加了3倍，但是增加倍数与化合物的疏水性和分子量没有显著的相关性，而PBDEs增加倍数则与log K_{ow}呈正相关，但是

由于在幼虫中检出率较低,导致不具有统计意义上的显著性($P>0.05$)[5]。造成成虫和幼虫中HOPs的富集特征不同的原因与昆虫变态时形成蜕(幼虫和蛹阶段脱落的外骨骼)、昆虫的排泄物(如幼虫的粪便和胎便)及代谢作用等污染物清除过程有关。上述研究结果还表明无论是水生还是陆生、无论是完全变态还是非完全变态,其污染物成幼比与化合物的辛醇/水分配系数表现出基本一致的规律。这表明,在昆虫的变态发育中有相同的调控机制调节污染物在昆虫的幼成虫中的分配。

9.5 水生、两栖和陆生生物卤代有机污染物的污染特征

陆生鸟类体内DDTs的浓度显著高于水生生物($P<0.05$)(表9-5)。陆生鸟类有更广的活动范围,捕食农业害虫,更容易富集DDTs。黑眶蟾蜍DDTs含量显著高于亚洲锦蛙($P<0.01$)(表9-5)。亚洲锦蛙主要以蚂蚁为食(90%以上)[17],而黑眶蟾蜍以蝼蛄、蟋蟀、甲虫、蝽象、飞蛾等飞行昆虫为主,而蝼蛄、蟋蟀、铜绿丽金龟、飞蛾和蝴蝶均含有较高浓度的DDTs。对长江三角洲的野生生物的研究也发现中华蟾蜍肌肉组织中DDTs的含量(680ng/g脂重)是黑斑蛙肌肉组织中DDTs含量(61ng/g脂重)的11倍[18],与上述发现一致。在变色树蜥体内没有检测出DDTs,可能是由于其捕食大量的蝗虫(中华稻蝗和短额负蝗)、螳螂、蜻蜓等DDTs含量较低的昆虫,也可能是因为它们对DDTs具有较强的代谢清除能力。亚洲锦蛙和黑眶蟾蜍体内p,p'-DDT的浓度明显高于陆生鸟类和水生生物中p,p'-DDT的浓度。此外,p,p'-DDE和p,p'-DDD占ΣDDTs的比重(42%~78%)也明显低于陆生鸟类和水生生物(>90%)。两栖生物对DDTs的代谢能力可能低于陆生鸟类和水生生物,另一个原因可能是植食性昆虫摄取了新近输入的DDT,然后被蛙类所取食而传递到了两栖生物中。

水生生物与陆生鸟类中30种PCBs的总含量相当(表9-5),与以前报道同一区域的水生生物和鸟类的浓度也基本一致[19-21],明显高于其他非典型污染区中水生生物和鸟类PCBs的含量[12, 22]。亚洲锦蛙和黑眶蟾蜍的PCBs含量相当,这与不同昆虫间PCB含量大致相同的结果相吻合。亚洲锦蛙和黑眶蟾蜍的PCB含量(中值:5600和5800ng/g脂重)远高于长江三角洲的黑斑蛙(10ng/g脂重)和中华蟾蜍(73ng/g脂重)肌肉组织中PCBs的总浓度[18]。变色树蜥体内PCBs的中值浓度为1500ng/g脂重(29ng/g湿重),浓度为990~11000ng/g脂重,略低于西班牙地中海变色龙蛋中20种PCBs的总浓度(32~52ng/g湿重)[23]。

除中国水蛇外,水生生物中15种PBDEs的总浓度比PCBs要低1个数量级(表9-5)。中国水蛇中较低的PCB可能是因为PCB更多转移到了蛇卵中的缘故。水鸟蛋中PBDEs的浓度显著低于其他水生生物($P<0.01$),可能是由于PBDE同系物具有较低的母体转移效率。陆生鸟类中PBDEs的浓度略低于水生生物(表9-5),与前期报道的同一区域的陆生鸟类中PBDEs的浓度相当[11],远高于其他非典型污染地区鸟类中PBDEs浓度[10, 24]。亚洲锦蛙中PBDEs的中值浓度(490ng/g脂重)略高于黑眶蟾蜍(260ng/g脂重)(表9-5),远高于长江三角洲的黑斑蛙和中华蟾蜍肌肉组织中23种PBDEs的总浓度(分别为8.1ng/g脂重和24ng/g脂重)[18],但低于台州电子垃圾区的泽蛙(27ng/g湿重)体内8种PBDEs的总浓度[25]。

表 9-5 水生、两栖和陆生生物中持久性卤代有机污染物的中值浓度和范围 [a]

(单位：ng/g 脂重)

	水生生物				两栖生物			陆生生物		
	鲤鱼	日本沼虾	水鸟蛋	中国水蛇	中国水蛇卵	亚洲锦蛙	黑眶蟾蜍	变色树蜥	鹊鸲	乌鸫	棕背伯劳
脂肪 (%) [b]	1.2±0.22	1.4±0.07	11±0.69	0.75±0.22	14±2.3	2.1±0.80	3.3±0.27	1.6±0.63	0.88±0.03	1.3, 1.3	1.5, 1.1
δ^{13}C (‰) [b]	−25.7±0.43	−24.9±0.11	−28.9±0.52	−24.4±1.2	−25.7±1.2	−22.6±1.5	−25.0±0.47	−25.3±0.98	−25.7±0.29	−24.8, −23.0	−25.2, −23.2
δ^{15}N (‰) [b]	11.1±0.43	10.1±0.28	11.2±0.22	10.9±1.2	14.0±0.57	6.6±1.8	8.9±0.61	6.3±0.94	2.5±0.09	5.9, 9.4	3.9, 9.4
ΣPCBs [c]	160000 100000~180000	63000 59000~69000	29000 28000~35000	53000 27000~450000	190000 140000~230000	5600 3500~11000	5800 3100~11000	1500 990~11000	44000 28000~110000	16000, 34000	40000, 280000
ΣPBDEs [d]	12000 6500~16000	6100 4700~12000	2600 2400~2800	27000 12000~80000	5500 4000~8200	490 310~1400	260 210~550	200 130~550	12000 2700~13000	1900, 3100	3500, 12000
ΣDP [e]	570 240~1200	240 140~640	260 150~350	150 77~610	99 65~240	51 29~150	24 16~60	27 6.4~70	80 73~620	190, 480	94, 190
DBDPE	620 440~1000	340 330~900	ND[i]	680 110~3800	11 9.9~12	25 8.9~72	9.2 7.5~19	19 6.5~56	12 4.3~14	16, 14	22, 27
ΣOBFRs [f]	2400 1200~3200	300 230~380	160 150~180	110 56~1300	310 240~540	37 18~180	35 14~70	46 25~130	320 240~1600	130, 160	510, 3100
ΣDDTs [g]	450 270~490	280 260~330	250 220~330	410 120~1700	1000 640~1200	85 24~470	1000 200~3200	ND[i]	2900 2500~8500	3000, 1400	3300, 3100
ΣHOPs [h]	170000 110000~200000	73000 67000~78000	32000 31000~38000	79000 39000~480000	190000 150000~240000	6700 4200~12000	8000 3700~14000	1800 1300~12000	50000 43000~130000	21000, 3900	48000, 300000

a 中值（范围）；b 平均值±标准偏差（SD）；c 30 种 PCB 单体浓度之和；d 15 种 PBDE 单体浓度之和；e syn-DP 和 anti-DP 的浓度之和；f PBT、PBEB、HBB、PBB 153 和 PBB 209 的浓度之和；g p, p'-DDE, p, p'-DDD 和 p, p'-DDT 的浓度之和；h ΣPCBs、ΣPBDEs、ΣDP、DBDPE、ΣOBFRs 和 ΣDDTs 浓度之和；i 没检出或低于方法检出限（no detectable）。

除水鸟蛋外，DBDPE 在所有生物中均有检出。水生生物中 DBDPE 的浓度比两栖和陆生生物高 1 到 2 个数量级（表 9-5），也远高于加拿大温尼伯湖（ND～1.0ng/g 脂重）和珠江三角洲流域（ND～15ng/g 脂重）中水生生物中 DBDPE 的浓度[26, 27]。陆生鸟类中 DBDPE 的浓度（4.3～27ng/g 脂重）低于中国北京市区雀形目鸟类中的浓度（ND～820ng/g 脂重）[8]。水鸟蛋中没有检出 DBDPE，该化合物较低的母体转移效率是主要原因。中国水蛇肌肉中 DBDPE 的中值浓度（680ng/g 脂重）是中国水蛇卵中 DBDPE 浓度（11ng/g 脂重）的 60 倍，说明 DBDPE 具有较低的母体转移效率。同样的情况也可能发生在鸟蛋中。与 PCBs 和 PBDEs 不同，陆生鸟类中 DBDPE 的浓度显著低于水生生物（$P<0.001$），暗示 DBDPE 可能很难从水生环境（沉积物）迁移到陆生生态系统中。

所有生物样品中都检测到 syn-DP 和 anti-DP。在水生生物中 ΣDP（syn-DP 和 anti-DP 之和）的浓度略高于陆生鸟类（表 9-5），与前期报道的同一区域水生生物和陆生鸟类中 DP 的浓度相当[28, 29]，但比北美五大湖水体鱼类的 DP 含量（0.02～4.4ng/g 脂重）高 1～2 个数量级[30]。陆生鸟类中 DP 的含量也高于西班牙和加拿大的 15 种鸟蛋中 DP 的含量（ND～209ng g 脂重）[31]。在两栖生物和变色树蜥中 DP 的浓度范围分别为 7.5～72ng/g 脂重和 6.4～70ng/g 脂重，低于台州电子垃圾区的泽蛙肌肉中 DP 的含量（8.3～290ng/g 脂重）[32]。

PBEB、HBB 和 PBB153 在所有生物中均有检出，PBT 和 PBB209 的检出率分别为 88% 和 96%。水生生物与陆生鸟类中 OBFRs 的总含量相当，明显高于两栖生物（14～180ng/g 脂重）和变色树蜥（25～130ng/g 脂重）（表 9-5）。除中国水蛇外，水生生物中 HBB 的含量最高，其次是 PBB153，而在两栖生物和陆生生物中含量最高的污染物是 PBB153。陆生鸟类中 PBB153 的浓度范围为 21～3000ng/g 脂重，与同一区域的白胸苦恶鸟中 PBB 153 的浓度相当（ND～2800ng/g 脂重）[20]。

水生、两栖和陆生生物中卤代有机污染物的总体组成特征如图 9-10 所示。与大部分昆虫中 HOPs 的总体组成一致，PCBs 是所有生物样品中最主要的卤代有机污染物（占总 HOPs 的 72%～95%），其次是 PBDEs，占总体的 4%～27%。DDTs、DP、DBDPE 和 OBFRs 分别占总污染物含量的 0～14%、0.1%～1.3%、0～1.1% 和 0.2%～2.5%。陆生鸟类和两栖类具有相对较高的 DDT 相对丰度，这与二者对农业害虫的取食有关。另一个明显的区别是水蛇肉中 PBDE 的相对贡献显著增加，这是由于不同污染物在向蛇卵传递过程中的转移效率不同所致。

所有的生物样品中丰度最高的 PCB 单体大致相同，主要以 PCB 118、138、153 和 180 等不易代谢的单体为主，但各物种间仍存有一定差异。以各个单体占总 PCB 的百分含量为变量进行主成分分析，根据氯取代的多少，大致可将 PCB 分为 3 组（见图 9-11）。鲤鱼在因子得分图中主要聚集在图上方，表明低氯代（三～五氯代）的 PCB 单体相对贡献较其他生物多；变色树蜥主要聚集在得分图的左边，代表高氯代（七～十氯代）的 PCB 单体相对贡献较多；其他水生生物（日本沼虾、中国水蛇和水鸟蛋）主要聚集在得分图的右边，代表五氯代和六氯代的 PCB 单体相对贡献较多；陆生鸟类（鹊鸲、乌鸫和棕背伯劳）主要聚集在得分图的下方，表明 PCB 153 的相对贡献较多；而两栖生物（亚洲锦蛙和黑眶蟾蜍）的分布范围较大，亚洲锦蛙与陆生鸟类部分重叠，黑眶蟾蜍是介于陆生鸟类和水生生物之间。研究已经证明鱼类比水蛇和水鸟具有更高浓度的低氯代的 PCB 单体（尤其是 PCB 28 和 52）[20]，而陆生鸟类对七氯代和八氯代的 PCB 单体（尤其是 PCB 153）具有更强的富集能力[33]。

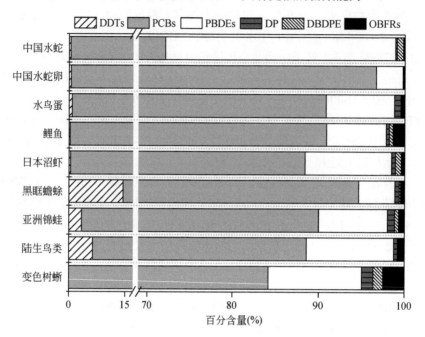

图 9-10　水生、两栖和陆生生物 HOPs 的组成特征

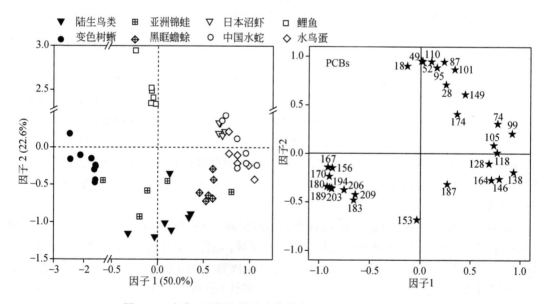

图 9-11　水生、两栖和陆生生物体内 PCBs 的主成分分析图

不同种类生物的 PBDEs 同系物组成存在明显的种间差异（见图 9-12）。鹊鸲和棕背伯劳中均以 BDE153 和 BDE183 为主要单体，占总 PBDE 的 49%和 54%。在水生生物（鲤鱼除外）、两栖生物和变色树蜥中 BDE209 都是最主要的单体，占总 PBDEs 含量的 22%~79%。BDE209 在中国水蛇肌肉中的丰度（79%），明显高于其他水生生物（18%~38%），原因是

BDE209 具有较低的母体转移效率。在鲤鱼和日本沼虾中 BDE47 的贡献（45%和 36%）显著高于两栖生物和陆生生物（2.2%~16%）（$P<0.05$）。已有大量研究报道了水生生物体内 BDE47 是最主要的单体，其次是 BDE99[34-36]，而陆生生物更倾向于富集 BDE153 或 BDE209[37]。乌鸫的组成特征与本研究区域白头鹎中 PBDEs 的组成模式一致，表现为含有较高丰度的 BDE47、99 和 153[11] 表明它们可能具有相似的食源或者对 PBDE 单体具有相同的富集能力。

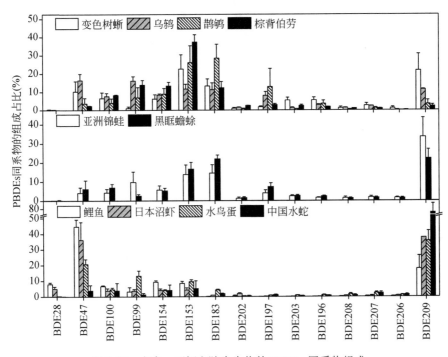

图 9-12 水生、两栖和陆生生物的 PBDEs 同系物组成

在鲤鱼、日本沼虾、水鸟蛋和中国水蛇中，f_{anti} 值分别为 0.65、0.76、0.66、0.55。除了日本沼虾，其他水生生物的 f_{anti} 值均要显著低于水样的 f_{anti} 值（$P<0.05$），表明这些水生生物对 syn-DP 存在选择性富集。在亚洲锦蛙和黑眶蟾蜍中的 f_{anti} 值分别为 0.73 和 0.70，其中亚洲锦蛙的 f_{anti} 值略低于水样和土壤样，但不具有统计意义。黑眶蟾蜍则显著低于水样和土壤样（$P<0.01$），表明其存在对顺式 DP 的富集现象。陆生鸟类鹊鸲、乌鸫和棕背伯劳中的 f_{anti} 值分别为 0.81、0.71 和 0.72，其中乌鸫和棕背伯劳的值略低于环境样品，但不具有统计意义，表明这两种鸟类对 DP 同分异构体没有明显的选择性富集。变色树蜥的 f_{anti} 值 0.71，与乌鸫和棕背伯劳中的 f_{anti} 值相当，无明显的异构体选择性富集。

对水生和陆生生物体内的 DP 同分异构体组成与 $\delta^{15}N$ 做相关分析（图 9-13），发现无论是水生还是陆生生物，其 f_{anti} 值与 $\delta^{15}N$ 值都存在显著的负相关关系（$P<0.01$）。这与已有的研究结果相吻合[37]，表明这种关系可能是生物中较普遍存在的现象，说明生物所处的营养等级是决定其体内 DP 同分异构体组成的一个重要因素。但其中的具体机制目前仍不是很清楚，可能与 anti-DP 更易被代谢有关。

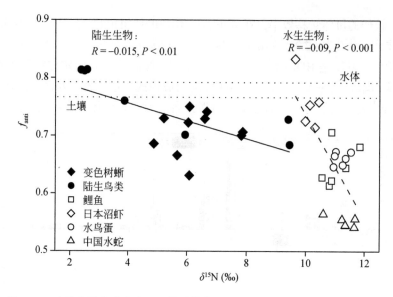

图 9-13 水生和陆生生物中 DP 的异构体组成与稳定氮稳定同位素间的关系

9.6 卤代有机污染物在中国水蛇体内的子代传递

水蛇卵中相 PCBs、DDTs 和 OBFRs 的浓度显著高于其母体中的浓度；PBDEs、DPs 和 DBDPE 的浓度则显著低于其母体肌肉中的浓度（$P<0.01$）（表 9-5）。蛇卵与蛇肉中 PCB 的同系物组成特征未有明显的变化，但 PBDE 则存在显著的差别（$P<0.01$）（图 9-14）。蛇卵中 BDE47、100、99、154 和 153 是 5 个主要的单体，而蛇肉中则主要是 BDE209。这种差别显然是由于污染物不同的子代传递效率不同所致。

蛇卵占蛇总体重的 27%，但蛇卵中的污染物除 BDE209、DBDPE、BDE208、BDE207 外，大部分污染物占总污染物的百分比均超过 27%，绝大部分化合物超过 80%（图 9-15），表明大部分污染物都通过代际传递进入到蛇卵中。脂肪含量显然是其中一个重要但并不是唯一的因素。因为蛇卵与蛇肉脂肪归一化的浓度的比值仍大于 1（图 9-15）。按照平衡分配理论，理想状态下脂肪归一化含量的比值应等于 1，但在所研究的水蛇中，化合物的脂肪归一化浓度比均大于 1。蛇卵中含有更多亲疏水性化合物的中性脂肪可能是一种原因，但这不能够解释为什么 BDE209、DP、DBDPE、PCB209 等高亲脂性的化合物的 EMRL 值却小于 1。对污染物的传递效率与化合物的辛醇/水分配系数进行相关性分析发现，当 $\log K_{ow}<8$ 时，代际传递效率与 $\log K_{ow}$ 并无关系，表明这些污染物具有相似的子代传递潜力；当 $\log K_{ow}>8$ 时，代际传递效率随 $\log K_{ow}$ 的增加而迅速下降（$P<0.01$）。这一结果表明污染物在蛇的代际传递中 $\log K_{ow}$ 可能并不起决定性作用。而物质的分子体积可能起到了更重要的作用。高分子量的化合物分子体积较大，当超过一阈值时，其传递潜力下降。

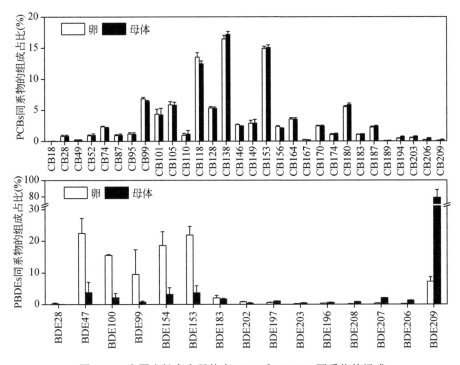

图 9-14 中国水蛇卵和母体中 PCBs 和 PBDEs 同系物的组成

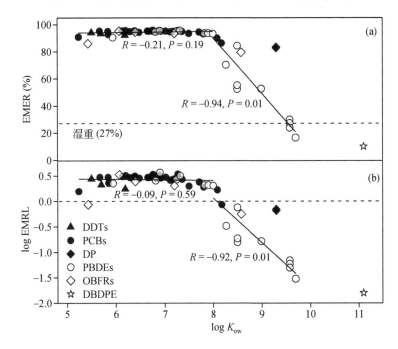

图 9-15 卤代有机污染物在水蛇中的代际传递效率与 $\log K_{ow}$ 的关系

EMER：指蛇卵中污染物量占蛇中污染物总量的比值；EMRL：指蛇卵与蛇肉中污染物的脂肪归一化浓度比

9.7 昆虫介导的卤代有机污染物的食物链传递

该研究从两个方面讨论了有昆虫参与的污染物的食物链传递。一是通过食性分析，建立水、陆及两栖生物与昆虫之间的取食关系，计算捕食者通过捕食昆虫造成的污染物的 BMF。另一种方法是通过稳定氮同位素数据，建立由昆虫和其他生物组成的食物链，计算污染物的 TMF，并分析了 BMF 及 TMF 与化合物性质 $\log K_{ow}$ 和 $\log K_{oa}$ 之间的关系。

通过食性分析（胃内容物）确定捕食者和被捕食者之间的捕食关系，来构建食物链，再计算 BMF 值，是常用的研究污染物生物放大的方法。该研究中的捕食者（包括水生、两栖和陆生生物）都是以昆虫为主要食源；此外，棕背伯劳还少量捕食两栖类等其他小型生物。基于文献报道的各捕食者的主要食性，该研究构建了以昆虫为主的食物链结构（见表 9-6）。从表 9-6 可见，除了研究中采集到的六个目的昆虫外，还有其他昆虫如双翅目（蚊、蠓和蝇等）、膜翅目（蜜蜂和蚂蚁等）和同翅目（蚜虫、木虱和蜡蝉等）也对捕食者的食源具有较高的贡献率（13%～79%）。由于该研究并没有采集到这些种类的昆虫，因此只能利用采集到的所有昆虫体内污染物的几何均值来估算未采集的昆虫体内污染物的含量。

表 9-6 水生、两栖和陆生捕食者的食性分析

物种	蜻蜓目	鞘翅目	鳞翅目	直翅目	半翅目	螳螂目	其他昆虫	两栖类
白胸苦恶鸟[a]		38.7%	25.8%				35.5%	
棕背伯劳[b]		31.4%	31.4%	15.1%	3.5%		12.8%	5.8%
乌鸫[b]		14.8%	26.1%	22.2%			37.0%	
鹊鸲[b]		22.2%	11.1%				66.7%	
变色树蜥[c]	0.3%	31.2%	20.1%	9.8%	8.7%	0.4%	29.6%	
黑眶蟾蜍[d]		11.9%	4.5%	3.3%	1.3%		79.0%	
亚洲锦蛙[e]	以蚂蚁为主占 90%以上							

a 数据来自参考文献 [38]；b 数据来自参考文献 [39]；c 数据来自参考文献 [40]；d 数据来自参考文献 [41]；e 数据来自参考文献 [17]。

基于食物贡献计算得到的各种化合物在昆虫—鲤鱼、昆虫—水鸟蛋、昆虫—黑眶蟾蜍、昆虫—变色树蜥、昆虫—乌鸫、昆虫—鹊鸲和昆虫—棕背伯劳食物链上的 BMF 范围分别为 0.15～72、3.8～76、0.19～27、0.16～29、0.16～170、0.17～490、0.43～278。污染物在昆虫—鸟这一食物链中的生物放大系数（0.16～490）明显要高于其他食物链（0.15～76）。树蜥和蟾蜍是变温动物而三种鸟类是恒温动物。昆虫—鸟类食物链上 HOPs 的 BMF 值要明显高于其他食物链验证了恒温动物比变温动物更易富集和放大持久性有机污染物[42]。恒温动物比变温动物需要消耗更多的能量来维持自身体温和生命活动，因此捕食更多的食物，从而富集更多的污染物[42]。从化合物类别看，PCB 类化合物的生物放大系数明显要大于 PBDEs。这主要是由于 PBDE 的主要单体 BDE209 较小的放大系数所致。DBDPE 在所有的食物链中均不存在生物放大，而 DP 除了在蜻蜓—鲤鱼这一食物链上 BMF 值小于 1，其他

食物链中均大于1，表明DP很可能存在生物放大。

对不同食物链上log BMFs与其理化性质（log K_{ow}）之间的关系分析表明（图9-16），在两条水生食物链（昆虫—鲤鱼和昆虫—水鸟蛋）中log BMFs值与log K_{ow}显著负相关（$P<0.01$）。在大多数水生食物链中都发现PCBs的log BMFs值与log K_{ow}存在正相关关系[42]。该研究中log BMFs与log K_{ow}呈负相关关系说明昆虫暴露可能不是鱼和水鸟获得污染物的主要途径。对鱼而言，通过浓缩作用从水体中积累污染物可能是更重要的暴露途径。而对于水鸟而言，通过水生生物（主要是鱼类）可能是主要的污染物暴露途径。在两栖食物链及四条陆生食物链中，log BMFs值与其log K_{ow}均呈抛物线关系（$P<0.001$）（图9-16、图9-17）：当log $K_{ow}<8$时，log BMFs值随log K_{ow}增加而增加，在log $K_{ow}>8$时，log BMFs值呈下降趋势。这种抛物线关系在其他陆生食物链中也多次被观测到。如在陆生昆虫—双色树燕食物链和昆虫—斑鸠食物链[3, 43]、北美驯鹿—狼食物链[44]和游隼的室内暴露试验[33]。陆生食物链除了化合物的 K_{ow}影响化合物的生物富集与放大外，化合物的log K_{oa}也有显著的影响。从图9-18可见，在两条食物链上出现生物放大的化合物的性质并不完全相同。对于树䴕，易生物放大的化合物集中在 $5.5<\log K_{ow}<9$，$10<\log K_{oa}<18$范围内，而棕背伯劳上易生物放大的化合物集中在 $6.0<\log K_{ow}<10$，$K_{oa}<14$范围内，由于缺少 K_{oa}更小的化合物，在该食物链上易生物放大的化合物 K_{oa}的下限还无法得知。

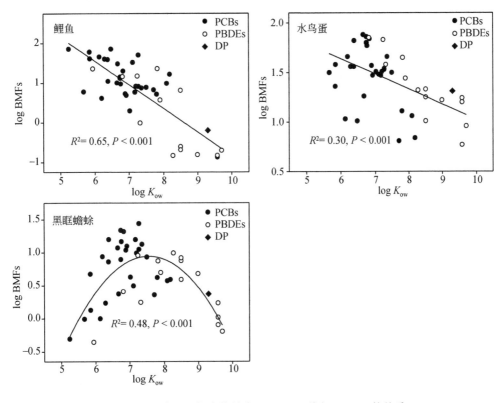

图9-16 水生和两栖食物链中log BMFs值与log K_{ow}的关系

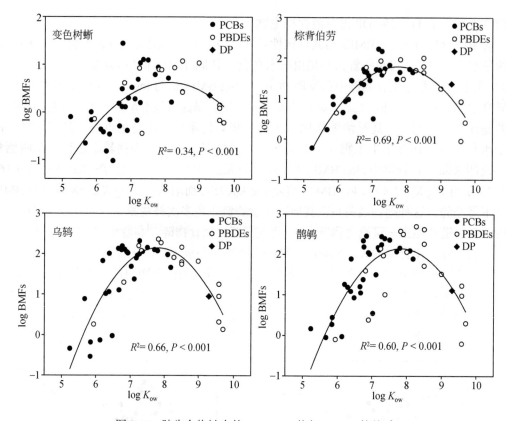

图 9-17 陆生食物链中的 log BMFs 值与 log K_{ow} 的关系

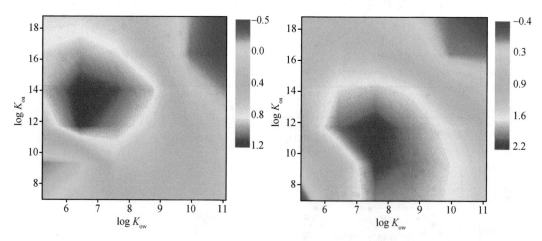

图 9-18 树蜥-昆虫（左）与棕背伯劳（右）食物链上化合物 BMFs 与 log K_{ow} 和 log K_{oa} 的关系

食性调查可反映短期和当前的捕食关系，稳定同位素则能提供更长时间尺度的食性结构。利用稳定性同位素计算生物的营养级比物理的食性分析方法更方便和准确，而且能提供具有连续性的营养级。根据生物的稳定氮同位素组成特征，该研究构建了主要以陆生昆虫（铜绿丽金龟、短额负蝗、中华稻蝗、中华蟋蟀、东方蝼蛄、蝴蝶、飞蛾、螳螂和蜻蜓成虫）和变色树晰组成的陆生食物网。各个生物的营养级如图 9-19 所示。

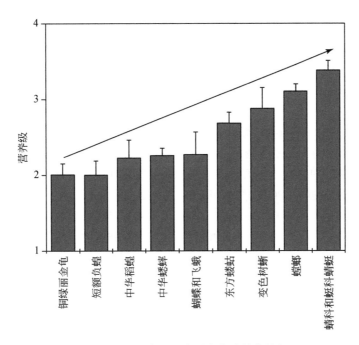

图 9-19 陆生食物网中所有物种的营养级

根据生物体内浓度与营养级之间的回归关系,计算得到 PCBs、PBDEs、DP 和 DBDPE 的 TMFs 值分别为 4.0、2.9、1.7 和 1.2,均大于 1,但 DBDPE 的 TMFs 值无统计意义上的显著性。这一结果证实 PCBs、PBDEs 和 DP 在该昆虫为主的陆生食物网上存在生物放大,且其放大潜力依次为 PCBs>PBDEs>DP。PCB 各个单体的 TMFs 值范围为 0.82~11,除一些低氯代的 PCB 单体(PCB 18、28/31、49、52、87/115、95 和 110)外,其他单体的 TMF 值显著的大于 1($P<0.05$)并且表现出高氯代的 PCB 单体具有更高的生物放大能力。PBDEs 的 TMFs 值的范围为 1.1~9.4。除九溴和十溴代 PBDE 单体(BDE 206、207、208 和 209)外,三~八溴代 PBDE 单体的 TMFs 值均显著的大于 1($P<0.005$)。其中,BDE153 和 BDE99 具有较大的 TMF 值,并且 BDE99 的 TMF 值大于 BDE100,BDE153 的值大于 BDE154。这与水生食物网中 BDE100 和 BDE154 具有更高的 TMFs 值的结果相反[37],表明 BDE99 和 BDE153 在陆生食物网上的放大能力高于水生食物网,这也从另一个方面解释为什么在大多数陆生鸟类中是以 BDE 153 为主要单体。这种水、陆生的差别可能主要是 PBDE 在水生及陆生生物上代谢途径的差异造成的。PBDEs 在水生鱼类中更多发生脱溴降解,而在陆生的鸟类、哺乳类中更多发生氧化代谢[37]。

DP 同分异构体的 TMFs 值分别为 1.6(syn-DP)和 1.7(anti-DP),二者没有明显差别。而在同一区域的水生食物网中发现 syn-DP 的 TMF 值(11.3)要明显高于 anti-DP(6.5)[28],这可能反映出 DP 同分异构体在水生食物网和陆生食物网上具有不同的营养级放大模式。DBDPE 的 TMF 值虽然略大于 1,但没有统计上的显著意义($P=0.51$),这与红树林区域海洋食物网上的研究结果一致[45],即 DBDPE 在食物网上不具有营养级放大能力(TMF = 0.85,$P = 0.60$)。但是加拿大温尼伯湖水生食物网的研究表明 DBDPE 的 TMF 值为 8.9,表现出明显的营养级放大现象[27]。

有机污染物在水生食物网上的生物放大主要受控于污染物的 K_{ow}，而在陆生食物网上的放大能力则同时受控于 K_{ow} 和辛醇/空气分配系数（K_{oa}）[46]。对 PCBs 和 PBDEs 各主要单体以及 DP 在陆生食物网中的 TMFs 值与其相应的 log K_{ow} 和 log K_{oa} 进行拟合的结果表明，TMFs 值与其 log K_{ow} 和 log K_{oa} 均为抛物线关系（图 9-20，$R^2=0.72$，$P<0.001$）。当 log $K_{ow}<7.5$ 时，log TMFs 值随 log K_{ow} 增加而增加，在 log $K_{ow}>7.5$ 时，log TMFs 值呈下降趋势；当 log $K_{oa}<12$ 时，log TMFs 值随 log K_{oa} 增加而增加，在 log $K_{oa}>12$ 时，log TMFs 值呈下降趋势。相同的变化趋势表明 K_{ow} 和 K_{oa} 对 HOPs 的生物放大具有相似的调控作用。TMF 与 log K_{ow} 的这种抛物线相关性在很多水生食物链中均被证实，但日本河口水生食物网的营养级放大研究发现，PCBs 的 TMFs 值与 log K_{ow} 呈显著负相关（$P<0.001$），PBDEs 的 TMF 值与 log K_{ow} 没有显著相关性[47]。有机污染物在陆生食物链（麋鹿—狼）上的生物放大（BMF）与 log K_{oa}（5～11）呈显著正相关（$P<0.05$）[44]。人体对水产品和

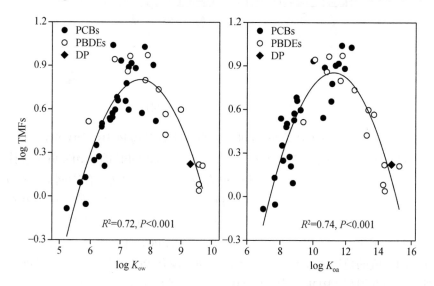

图 9-20　TMF 与 log K_{ow} 和 log K_{oa} 的关系

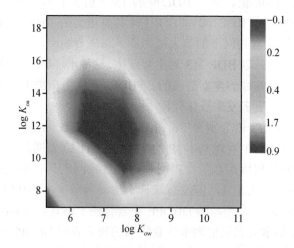

图 9-21　陆生昆虫食物网中 logTMFs 值与 log K_{ow} 和 log K_{oa} 的关系

农业食品中污染物的生物放大研究也发现，K_{oa} 为 $10^6 \sim 10^{12}$ 的污染物（不易于代谢）具有最高的生物放大能力[48]。在蚯蚓—鼠妇食物链上的研究也表明 $K_{oa}>10^{5.25}$ 的污染物具有较高的生物放大能力[49]。$\log K_{ow}$ 和 $\log K_{oa}$ 的等值线图显示（图 9-21），$5.5<\log K_{ow}<9$，$8<\log K_{oa}<16$ 范围内，化合物有较大的食物链放大系数。

（撰稿人：罗孝俊　刘　煜）

参 考 文 献

[1] Reinhold J O, Hendriks A J, Slager L K, Ohm M. Transfer of microcontaminants from sediment to chironomids, and the risk for the Pond bat Myotis dasycneme (Chiroptera) preying on them. Aquatic Ecology, 1999, 33 (4): 363-376.

[2] Vitòria L, Otero N, Soler A, Canals A. Fertilizer characterization: Isotopic data (N, S, O, C, and Sr). Environmental Science & Technology, 2004, 38 (12): 3254-3262.

[3] Nie Z, Tian S, Tian Y, Tang Z, Tao Y, Die Q, Fang Y, He J, Wang Q, Huang Q. The distribution and biomagnification of higher brominated BDEs in terrestrial organisms affected by a typical e-waste burning site in South China. Chemosphere, 2015, 118: 301-308.

[4] Wang T, Yu J, Wang P, Zhang Q H. Levels and distribution of polybrominated diphenyl ethers in the aquatic and terrestrial environment around a wastewater treatment plant. Environmental Science and Pollution Research, 2016, 23 (16): 16440-16447.

[5] Bartrons M, Grimalt J O, Catalan J. Concentration changes of organochlorine compounds and polybromodiphenyl ethers during metamorphosis of aquatic insects. Environmental Science & Technology, 2007, 41 (17): 6137-6141.

[6] Soucek D J, Levengood J M, Gallo S, Hill W R, Bordson G O, Talbott J L. Risks to Birds in the Lake Calumet Region from Contaminated Emergent Aquatic Insects. Champaign, IL: Illinois Sustainable Technology Center, 2013.

[7] Poma G, Cuykx M, Amato E, Calaprice C, Focant J F, Covaci A. Evaluation of hazardous chemicals in edible insects and insect-based food intended for human consumption. Food and Chemical Toxicology, 2017, 100: 70-79.

[8] 余乐洹. 卤代有机污染物在我国城市陆地生态系统中的区域分布、生物富集与生物放大: [博士论文]. 广州: 中国科学院广州地球化学研究所, 2013.

[9] Wang Y B, Sojinu S O, Sun J L, Ni H G, Zeng H, Zou M Y. Are cockroaches reliable bioindicators of persistent organic pollutant contamination of indoor environments? Ecological Indicators, 2015, 50: 44-49.

[10] Yu L H, Luo X J, Wu J P, Liu L Y, Song J, Sun Q H, Zhang X L, Chen D, Mai B X. Biomagnification of higher brominated PBDE congeners in an urban terrestrial food web in north China based on field observation of prey deliveries. Environmental Science & Technology: 2011, 45 (12): 5125-5131.

[11] Sun Y X, Luo X J, Mo L, Zhang Q, Wu J P, Chen S J, Zou F S, Mai BX. Brominated flame retardants in three terrestrial passerine birds from South China: Geographical pattern and implication for potential sources. Environmental Pollution, 2012, 162: 381-388.

[12] Yu J, Wang T, Han S, Wang P, Zhang Q H, Jiang G B. Distribution of polychlorinated biphenyls in an

urban riparian zone affected by wastewater treatment plant effluent and the transfer to terrestrial compartment by invertebrates. Science of the Total Environment, 2013, 463: 252-257.

[13] Gewurtz S B, Lazar R, Douglas H G. Comparison of polycyclic aromatic hydrocarbon and polychlorinated biphenyl dynamics in benthic invertebrates of Lake Erie, USA. Environmental Toxicology and Chemistry, 2000, 19 (12): 2943-2950.

[14] Wood L W, OKeefe P, Bush B. Similarity analysis of PAH and PCB bioaccumulation patterns in sediment-exposed Chironomus tentans larvae. Environmental Toxicology and Chemistry, 1997, 16 (2): 283-292.

[15] Kraus J M, Walters D M, Wesner J S, Stricker C A, Schmidt T S, Zuellig R E. Metamorphosis alters contaminants and chemical tracers in insects: Implications for food webs. Environmental Science & Technology, 2014, 48 (18): 10957-10965.

[16] Kikuchi E, Takagi S, Shikano S. Changes in carbon and nitrogen stable isotopes of chironomid larvae during growth, starvation and metamorphosis. Rapid Communication Mass Spectrometry, 2007, 21(6): 997-1002.

[17] 温业棠. 南宁花狭口蛙食性的初步调查. 动物学杂志, 1982, 2: 23-24.

[18] Zhou Y, Asplund L, Yin G, Athanassiadis I, Wideqvist U, Bignert A, Qiu Y L, Zhu Z L, Zhao J F, Bergman Å. Extensive organohalogen contamination in wildlife from a site in the Yangtze River Delta. Science of the Total Environment, 2016, 554-555: 320-328.

[19] Wu J P, Luo X J, Zhang Y, Luo Y, Chen S J, Mai B X, Yang Z Y. Bioaccumulation of polybrominated diphenyl ethers (PBDEs) and polychlorinated biphenyls (PCBs) in wild aquatic species from an electronic waste (e-waste) recycling site in South China. Environment International, 2008, 34 (8): 1109-1113.

[20] Luo X J, Zhang X L, Liu J, Wu J P, Luo Y, Chen S J, Mai B X, Yang Z Y. Persistent halogenated compounds in waterbirds from an e-waste recycling region in South China. Environmental Science & Technology, 2009, 43 (2): 306-311.

[21] Sun Y X, Hao Q, Zheng X B, Luo X J, Zhang Z W, Zhang Q, Xu X R, Zou F S, Mai B X. PCBs and DDTs in light-vented bulbuls from Guangdong Province, South China: Levels, geographical pattern and risk assessment. Science of the Total Environmental, 2014, 490: 815-821.

[22] Domingo J L, Bocio A. Levels of PCDD/PCDFs and PCBs in edible marine species and human intake: A literature review. Environment International, 2007, 33 (3): 397-405.

[23] Gómara B, Gómez G, Díaz-Paniagua C, Marco A, González M J. PCB, DDT, arsenic, and heavy metal (Cd, Cu, Pb, and Zn) concentrations in chameleon (Chamaeleo chamaeleon) eggs from Southwest Spain. Chemosphere, 2007, 68 (1): 25-31.

[24] Peng Y, Wu J P, Tao L, Mo L, Tang B, Zhang Q, Luo X J, Zou F S, Mai B X. Contaminants of legacy and emerging concern in terrestrial passerines from a nature reserve in South China: Residue levels and inter-species differences in the accumulation. Environmental Pollution, 2015, 203: 7-14.

[25] Liu P Y, Du G D, Zhao Y X, Mu Y S, Zhang A Q, Qin Z F, Zhang X Y, Yan S S, Li Y, Wei R G, Qin X F, Yang Y J. Bioaccumulation, maternal transfer and elimination of polybrominated diphenyl ethers in wild frogs. Chemosphere, 2011, 84 (7): 972-978.

[26] Sun R X, Luo X J, Tan X X, Tang B, Li Z R, Mai B X. Legacy and emerging halogenated organic pollutants in marine organisms from the Pearl River Estuary, South China. Chemosphere, 2015, 139: 565-571.

[27] Law K, Halldorson T, Danell R, Stern G, Gewurtz S, Alaee M, Marvin C. Bioaccumulation and trophic transfer of some brominated flame retardants in a Lake Winnipeg (Canada) food web. Environmental Toxicology and Chemistry, 2006, 25 (8): 2177-2186.

[28] Wu J P, Zhang Y, Luo X J, Wang J, Chen S J, Guan Y T, Mai B X. Isomer-specific bioaccumulation and trophic transfer of Dechlorane Plus in the freshwater food web from a highly contaminated site, South China. Environmental Science & Technology, 2010, 44 (2): 606-611.

[29] Sun Y X, Luo X J, Wu J P, Mo L, Chen S J, Zhang Q, Zou F S, Mai B X. Species- and tissue-specific accumulation of Dechlorane Plus in three terrestrial passerine bird species from the Pearl River Delta, South China. Chemosphere, 2012, 89 (4): 445-451.

[30] Tomy G T, Pleskach K, Ismail N, Whittle D M, Helm P A, Sverko E, Zaruk D, Marvin C H. Isomers of dechlorane plus in Lake Winnipeg and Lake Ontario food webs. Environmental Science & Technology, 2007, 41 (7): 2249-2254.

[31] Guerra P, Alaee M, Jimenez B, Pacepavicius G, Marvin C, MacInnis G, Eljarrat E, Barcelóa D, Champoux L, Fernie K. Emerging and historical brominated flame retardants in peregrine falcon (Falco peregrinus) eggs from Canada and Spain. Environmental International, 2012, 40: 179-186.

[32] Li L, Wang W X, Lv Q X, Ben Y J, Li X H. Bioavailability and tissue distribution of Dechloranes in wild frogs (Rana limnocharis) from an e-waste recycling area in Southeast China. Journal Environmental Science, 2014, 26 (3): 636-642.

[33] Drouillard K G, Fernie K J, Smits J E, Bortolotti G R, Bird D M, Norstrom R J. Bioaccumulation and toxicokinetics of 42 polychlorinated biphenyl congeners in American kestrels (Falco sparverius). Environmental Toxicology and Chemistry, 2001, 20 (11): 2514-2522.

[34] Hu G C, Dai J Y, Xu Z C, Luo X J, Cao H, Wang J S, Mai B X, Xu M Q. Bioaccumulation behavior of polybrominated diphenyl ethers (PBDEs) in the freshwater food chain of Baiyangdian lake, north China. Environment International, 2010, 36 (4): 309-315.

[35] Mizukawa K, Takada H, Takeuchi I, Ikemoto T, Omori K, Tsuchiy K. Bioconcentration and biomagnification of polybrominated diphenyl ethers (PBDEs) through lower-trophic-level coastal marine food web. Marine Pollution Bulletin, 2009, 58 (8): 1217-1224.

[36] Xia K, Luo M B, Lusk C, Armbrust K, Skinner L, Sloan R. Polybrominated diphenyl ethers (PBDEs) in biota representing different trophic levels of the Hudson River, New York: from 1999 to 2005. Environmental Science & Technology, 2008, 42 (12): 4331-4337.

[37] 罗孝俊, 麦碧娴. 新型持久性有机污染物的生物富集. 北京: 科学出版社, 2017.

[38] 晏安厚, 庞秉璋. 白胸苦恶鸟的生态. 野生动物, 1986, 6: 31-33.

[39] 朱曦, 唐陆法, 宣子灿. 浙江省食虫鸟类食性分析. 动物学杂志, 1999, 03: 19-26.

[40] 邱清波, 马小梅, 计翔. 海南变色树蜥个体发育中形态和食性的变化. 动物学研究, 2001, 05: 367-374.

[41] 何海晏. 某些两栖类食性及广州地区黑眶蟾蜍食性的初步观察. 四川动物, 1995, 03: 123-126.

[42] Hop H, Borgå K, Gabrielsen G W, Kleivane L, Skaare J U. Food Web Magnification of Persistent Organic Pollutants in Poikilotherms and Homeotherms from the Barents Sea. Environmental Science & Technology, 2002, 36 (12): 2589-2597.

[43] Maul J D, Belden J B, Schwab B A, Whiles M R, Spears B, Farris J L, Lydy M J. Bioaccumulation and trophic transfer of polychlorinated biphenyls by aquatic and terrestrial insects to tree swallows (Tachycineta Bicolor). Environmental Toxicology and Chemistry, 2006, 25 (4): 1017-1025.

[44] Kelly B C, Gobas F A. Bioaccumulation of persistent organic pollutants in lichen-caribou-wolf food chains of Canada's central and western Arctic. Environmental Science & Technology, 2001, 35 (2): 325-334.

[45] Sun Y X, Zhang Z W, Xu X R, Hua Y X, Luo X J, Cai M G, Mai B X. Bioaccumulation and biomagnification of halogenated organic pollutants in mangrove biota from the Pearl River Estuary, South China. Marine Pollution Bulletin, 2015, 99 (1-2): 150-156.

[46] Kelly B C, Ikonomou M G, Blair J D, Morin A E, Gobas F A P C. Food web-specific biomagnification of persistent organic pollutants. Science, 2007, 317 (5835): 236-239.

[47] Kobayashi J, Imuta Y, Komorita T, Yamada K, Ishibashi H, Ishihara F, Nakashima N, Sakai J, Arizono K, Kog M. Trophic magnification of polychlorinated biphenyls and polybrominated diphenyl ethers in an estuarine food web of the Ariake Sea, Japan. Chemosphere, 2015, 118: 201-206.

[48] Czub G, McLachlan M S. Bioaccumulation potential of persistent organic chemicals in humans. Environmental Science & Technology, 2004, 38 (8): 2406-2412.

[49] Armitage J M, Gobas F A. A terrestrial food-chain bioaccumulation model for POPs. Environmental Science & Technology, 2007, 41 (11): 4019-4025.

第10章 卤代污染物的职业暴露健康风险

中国是工业生产大国[1-3]，每年铁矿石烧结和再生金属冶炼工厂排放的 PCDD/F 分别为 413 和 2255g TEQ[1, 2, 4]。目前对于 PCDD/Fs、PCBs 和 PCNs 等非故意生成持久性有机污染物（UP-POPs）在铁矿石烧结、再生金属冶炼等过程中的生成和排放研究已经广泛开展[2, 5-7]。废弃物焚烧、铁矿石烧结、再生有色金属冶炼等被认为是 PCDD/Fs 的主要来源[7, 8]。工业热源工作场所存在 PCDD/Fs 等卤代污染物职业暴露风险，但是相关的职业暴露风险评价的研究却很少被开展，尤其是涉及多家不同类型和规模企业的报道。持久性有机污染物（POPs）环境行为与控制原理研究组以 PCDD/Fs，PCBs 和 PCNs 为目标化合物，采集了 5 家具有代表性的铁矿石烧结和再生金属冶炼工厂的烟气和周边大气样品，对其 PCDD/Fs 等 POPs 的排放水平和污染特征进行研究，并对比研究了烟气和周边空气中 PCDD/Fs、PCBs 和 PCNs 的分布特征，评估了烟气对周边空气的影响，进而为降低工人对卤代污染物职业暴露剂量提供有价值的信息。

10.1 金属冶炼厂区空气典型POPs的污染特征和源分析

选择了 5 个典型的冶金厂，包括 2 个铁矿石烧结厂、2 个再生铝冶炼工厂和 1 个再生铅冶炼工厂（表 10-1），根据美国 EPA TO-9A 的采样方法，采用大流量空气采样器（cho Hi-Vol，Tecora，米兰，意大利）采集工厂厂区内空气样品，流速为 $0.24m^3/min$，采集 24h，每个工厂设置两个采样点。石英纤维过滤器（QFFs，直径为 102mm，）用于采集大气中的颗粒物。聚氨酯泡沫塑料（PUF，直径为 63mm，高度为 76mm，），用于同步采集气相中的有机污染物，使用前采用加速溶剂萃取仪丙酮溶剂萃取去除可能的有机杂质。采集后的 QFF 和 PUF 均用铝箔纸包好放入干燥箱中避光保存[9, 10]。采用自动等速烟气采样系统（Isostack Basic）同步采集了工业过程中的烟气，每个工厂平行采集了三个烟气样品。

表 10-1 金属冶炼工厂信息

工厂缩写	工厂种类	污控设施（APCD）	采集空气样品数量	数据来源
Fe1	铁矿石烧结	静电除尘和布袋除尘	2	参考文献 [3]
Fe2	铁矿石烧结	布袋除尘	2	参考文献 [3]
Fe3	铁矿石烧结	布袋除尘	2	参考文献 [3]
Fe$_{XH}$	铁矿石烧结	陶瓷多管除尘	2	参考文献 [14]
Fe$_{XJ}$	铁矿石烧结	静电除尘	2	参考文献 [14]
Fe$_{RC}$	铁矿石烧结	静电除尘	2	参考文献 [14]
Fe$_{TG}$	铁矿石烧结	静电除尘	2	参考文献 [14]
Fe$_{SG}$	铁矿石烧结	静电除尘	2	参考文献 [14]

续表

工厂缩写	工厂种类	污控设施（APCD）	采集空气样品数量	数据来源
Fe$_{HX}$	铁矿石烧结	静电除尘	1	参考文献 [14]
Al1	再生铝冶炼	水膜除尘和布袋除尘	2	参考文献 [3]
Al2	再生铝冶炼	布袋除尘	2	参考文献 [3]
Al$_{SC}$	再生铝冶炼	布袋除尘	3	参考文献 [14]
Al$_{QY}$	再生铝冶炼	静电除尘	3	参考文献 [14]
Cu$_{TY}$	再生铜冶炼	布袋除尘	3	参考文献 [14]
Cu$_{CX}$	再生铜冶炼	布袋除尘	3	参考文献 [14]
Cu$_{YD}$	再生铜冶炼	布袋除尘	3	参考文献 [14]
Pb	再生铅冶炼	布袋除尘	2	参考文献 [3]

烟气和大气中PCDD/Fs的分析检测分别根据美国EPA Methods 23和TO-9A方法。PCBs的分析检测主要根据美国EPA Method 1668B。PCNs主要采用高分辨气相色谱-高分辨磁质谱（HRGC-HRMS）检测。采用DB-5ms毛细管色谱柱[60m（长度）×0.25mm（内径）×0.25μm（膜厚）]对目标物进行分离，升温程序为：80℃（保持2min）；20℃/min升至180℃（保持2min）；2.5℃/min升至280℃；10℃/min升至290℃（保持5min）。进样量为1μL，不分流进样。氦气作为载气，流速为1.2mL/min。调谐磁质谱分辨率大于10000，离子源温度为270℃。样品在提取前加入^{13}C10标记的PCNs净化内标（ECN-5102，包括^{13}C10-CN-27，-42，-52，-67，-73和-75）。

PCDD/Fs，PCBs和PCNs的提取、净化方法如下：样品提取前加入^{13}C12-PCDD/F（EPA-23 RS或EPA-1613 LCS），^{13}C12-PCB（1668B LCS）和^{13}C10-PCN（ECN-5102）净化内标。采用索氏提取（烟气样品）和加速溶剂萃取（空气样品）对样品进行目标物提取，提取液用旋转蒸发仪浓缩至2mL左右，采用复合硅胶柱进行净化，用70mL正己烷预淋洗，洗脱溶剂为100mL正己烷/二氯甲烷（90∶10，v∶v）。将净化后的溶液旋转蒸发浓缩至2mL左右，采用活性炭柱对PCDD/Fs、PCNs和PCBs进行分离，采用30mL甲苯和30mL正己烷依次预淋洗，80mL正己烷/二氯甲烷（95∶5，v∶v）洗脱PCNs和PCBs，再用250mL甲苯洗脱PCDD/Fs。洗脱液用旋转蒸发仪和氮吹仪浓缩至20μL左右，前者加入^{13}C10标记的PCNs进样内标（CN-64）和^{13}C12标记的PCBs进样内标（1668B IS），后者加入^{13}C12标记的PCDD/Fs进样内标（EPA-23 IS或EPA-1613 IS）混合均匀后进HRGC-HRMS分析。采用2005年WHO建议的毒性当量因子（TEFs值）计算类二噁英PCBs（dl-PCBs）的TEQs，PCNs的TEQs浓度为其同类物质量浓度乘以其相对于2,3,7,8-TCDD的毒性因子（RPFs）[11, 12]。

实验过程中，所有的玻璃制品均使用甲醇、丙酮、二氯甲烷润洗。为评估样品分析过程的可信度，每分析5~6个样品加1个实验室空白。结果表明，实验室空白样品中PCDD/Fs、PCBs、PCNs均小于实际样品浓度的5%，表明实验过程对分析目标物无明显污染。实际样品中采用PCDD/Fs、PCBs、PCNs对应的净化标对回收率进行评估，28个样品中^{13}C12-PCDD/Fs，^{13}C12-PCBs和^{13}C10-PCNs的回收率范围分别为48.7%~136.2%，36.2%~138.6%和34.0%~91.0%，满足样品分析要求。

首先对厂区周边空气和工业过程产生的烟气中的 PCDD/Fs，PCBs 和 PCNs 进行定量分析，并与前期的研究中报道的 11 个金属冶炼工厂厂区空气的 PCDD/Fs，PCBs 和 PCNs 浓度进行了对比分析（表 10-2）[13,14]。再生铜冶炼厂厂区空气中 3 种 POPs 总浓度的几何平均值为 1787.2fg WHO-TEQ Nm^{-3}（100.0～18790.0 fg WHO-TEQ Nm^{-3}，n = 9），高于再生铝、铁矿石烧结和再生铅厂区空气，分别为 557.1fg WHO-TEQ Nm^{-3}（133.9～2940.0 fg WHO-TEQ Nm^{-3}，n = 10）、241.2fg WHO-TEQ Nm^{-3}（23～995.7fg WHO-TEQ Nm^{-3}，n = 15）和 54.6fg WHO-TEQ Nm^{-3}（52.3～57.0 fg WHO-TEQ Nm^{-3}，n = 2）。不同 POPs 的浓度占比如图 10-1 所示，虽然 PCNs 毒性当量浓度占比较小，但 PCNs 同系物的质量浓度高于 PCDD/Fs 和 PCBs。PCDFs 的毒性当量浓度占比最高，为总毒性当量浓度的 79.4%。

表 10-2 金属冶炼工厂厂区空气中 PCDD/Fs，dl-PCBs 和 dl-PCNs 的总浓度[3]

		ΣPCDD/Fs (pg Nm^{-3})	ΣWHO-TEQ of PCDD/Fs (fg WHO-TEQ m^{-3})	Σdl-PCBs (pg Nm^{-3})	ΣWHO-TEQ of PCBs (fg WHO-TEQ m^{-3})	Σdl-PCNs (pg Nm^{-3})	ΣTEQ of PCNs (fg TEQ m^{-3})
	Fe1（a）	29.1	709.6	3.3	9.6	20.1	1
	Fe1（b）	33.7	934.6	4.5	59.8	18.7	1.3
	Fe2（a）	32.4	857.4	3.8	50.4	12.6	1.1
	Fe2（b）	29.3	795	3.5	43.7	18.9	0.8
	Al1（a）	7.4	132.2	2.6	13.5	8.5	0.7
	Al1（b）	6.6	118.2	6.7	24.8	9.7	0.6
	Al2（a）	5.8	148.5	1.3	10.1	4.9	0.2
	Al2（b）	5.8	123.5	1.3	10.2	8.7	0.2
	Pb（a）	3.4	43.3	5.6	9	3.5	0.1
	Pb（b）	3.7	47.9	2.5	9	6.4	0.1
文献[14]	Fe$_{XH}$	3.7	210.0	3.6	20.5	100.7	5.5
	Fe$_{XJ}$	12.2	585.0	3.9	53.0	71.0	10.0
	Fe$_{RC}$	2.2	65.0	1.0	4.5	46.8	3.0
	Fe$_{TG}$	2.1	75.0	1.3	5.5	79.2	3.0
	Fe$_{SG}$	3.4	125.0	2.0	7.0	80.6	3.0
	Fe$_{HX}$	2.0	120.0	3.9	14.0	25.6	6.0
文献[13]	Cu$_{TY}$	25.8*	2153.3	72.0	460.0	1192.7	139.7
	Cu$_{CX}$	117.2*	13013.3	166.0	1943.3	2846.7	436.7
	Cu$_{YD}$	5.2*	373.3	9.5	60.0	160.5	16.7
	Al$_{SC}$	6.5*	800.0	1156.7	416.7	1131.0	66.7
	Al$_{QY}$	6.7*	333.3	4596.7	1436.7	2036.3	60.0

* 为 2, 3, 7, 8-PCDD/F 同类物总浓度。

为评估空气中 PCDD/Fs，dl-PCBs 和 dl-PCNs 的特征，将其同类物的浓度分别归一化为其对应总浓度的百分比（如图 10-2 所示）。不同金属冶炼工厂厂区空气中 POPs 的同类物

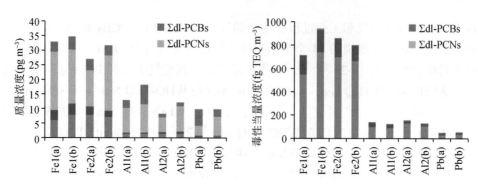

图 10-1　金属冶炼工厂厂区空气中 PCDD/Fs，dl-PCBs 和 dl-PCNs 的浓度分布[3]

分布特征相似，octachlorodibenzofuran（OCDF），1, 2, 3, 4, 6, 7, 8-heptachlorodibenzofuran（HpCDF），octachlorodibenzodioxin（OCDD），1, 2, 3, 4, 6, 7, 8-heptachlorodibenzo-p-dioxin（HpCDD）等高氯代同类物为空气中 PCDD/Fs 的主要贡献同类物，分别贡献了 PCDD/Fs 总浓度的 16.2%±4.9%、15.4%±1.2%、16.6%±4.4%和 10.9%±3.4%。CB-77 为 dl-PCBs 主要的贡献同类物，在再生铅冶炼工厂厂区空气中甚至达到 dl-PCBs 总浓度的 86.4%，其次为 CB-118、CB-105 和 CB-126。低氯代的 PCNs 同类物，如 CN-2、CN-1、CN-10、CN-4 和 CN-5/7，是主要的贡献同类物。

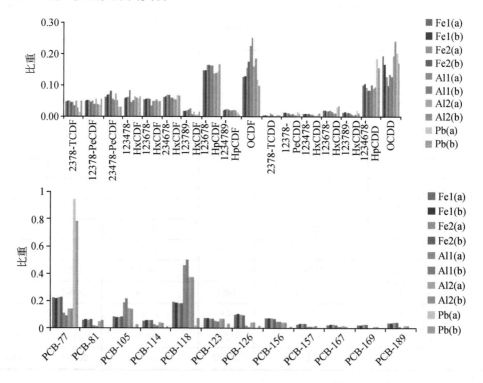

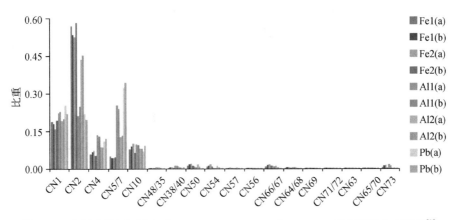

图 10-2 金属冶炼厂区空气中 PCDD/Fs，dl-PCBs 和 dl-PCNs 的同类物分布特征[3]

对空气和烟气样品中 PCDD/Fs，PCBs 和 PCNs 的排放特征进行了对比研究。烟气中 POPs 的同类物分布特征与空气相似，如图 10-3 所示。冶炼工厂排放烟气中 $\sum$2378-PCDD/F，$\sum$dl-PCB 和 $\sum$dl-PCN 浓度分别为 0.9~154.9ng Nm^{-3}（0.02~1.9ng WHO-TEQ Nm^{-3}），0.2~7.1ng Nm^{-3}（0.001~0.1ng WHO-TEQ Nm^{-3}）和 11.4~393.8ng Nm^{-3}（0.1~1.3ng TEQ Nm^{-3}）。烟气中 PCDFs、PCDDs、dl-PCBs 和 PCNs 对总 TEQs 浓度的贡献率分别为 81.2%、14.7%、4.1% 和 0.06%，PCDD/Fs 是主要的 TEQs 浓度贡献者。虽然目前对于 PCDD/Fs 的管理控制已经引起较大关注并广泛实施，鉴于其较大的毒性当量浓度，PCDD/Fs 仍然是工业热过程中 POPs 管控的优先控制目标。

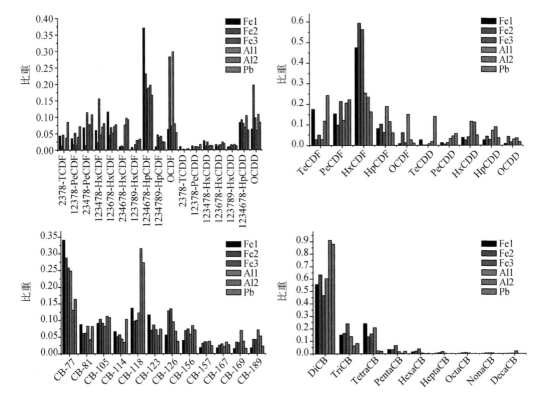

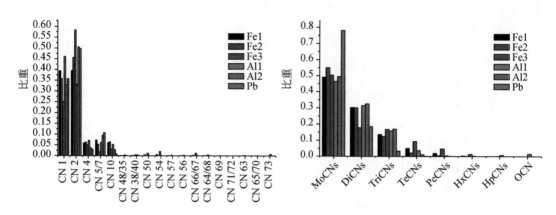

图 10-3　冶金工厂排放烟气中 PCDD/F，dl-PCB 和 PCN 同类物和同系物排放特征[3]

研究对比了厂区空气和排放烟气中 PCDD/Fs、dl-PCBs 和 dl-PCNs 的同系物分布特征。如图 10-4 所示，空气和烟气样品中 PCDFs 的同系物浓度均高于 PCDDs 的同系物浓度。空气样品中，低氯代 PCDD/Fs，如四～六氯代同系物，为主要的浓度贡献者，随着氯取代数的增加，同系物的浓度降低。烟气样品中，高氯代 PCDD/Fs 为主要的浓度贡献者。烟气和

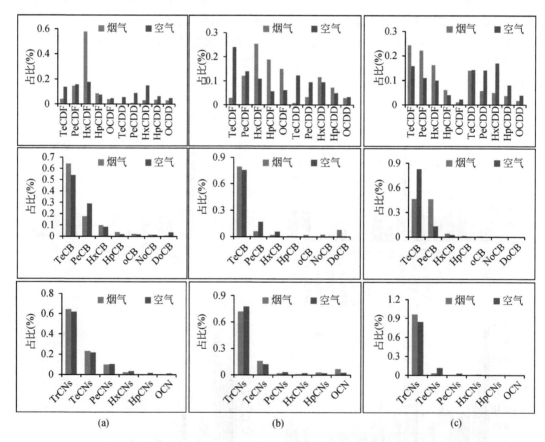

图 10-4　（a）铁矿石烧结（b）再生铝（c）再生铅冶炼工厂厂区空气和烟气中 PCDD/Fs，dl-PCBs 和 dl-PCNs 的同系物分布特征[3]

空气中PCDD/Fs的同系物分布差异可能是因为同系物在大气运输过程中的不同的环境行为导致的，高氯代PCDD/Fs同系物较低氯代同系物更易吸附在颗粒物上，导致高氯代同系物更趋向于沉积于排放源周边，在大气中的传输速度或小于低氯代同系物。因此，大气中的PCDD/Fs同系物主要以低氯代同类物为主。此外，低氯代PCBs和PCNs同系物为大气和烟气样品中的主要同系物，随着氯取代数的增加，同系物的浓度占比降低。

不同氯取代同系物从排放源排放进入空气后，可能具有不同的环境行为，导致烟气和空气中同系物分布特征产生差异[15]。而相同氯取代数的同类物具有相似的环境行为，因此本研究中，为对比烟气和空气中POPs同类物的分布特征，将2,3,7,8-PCDD/F，dl-PCB和dl-PCN同类物浓度分别除以其对应氯取代数的同系物浓度，较大程度地抵消了POPs同类物在环境传输过程中的变化，从而更准确地研究烟气中排放的POPs和空气中POPs的分布特征关系[15]。如图10-5所示，将2,3,7,8-PCDD/F同类物浓度分别除以其对应氯取代数的同系物浓度。不同金属冶炼工厂的烟气和空气样品中，PCDD/Fs同类物的分布特征较为一致，表明冶金过程产生的烟气中PCDD/Fs对周边空气的影响显著。

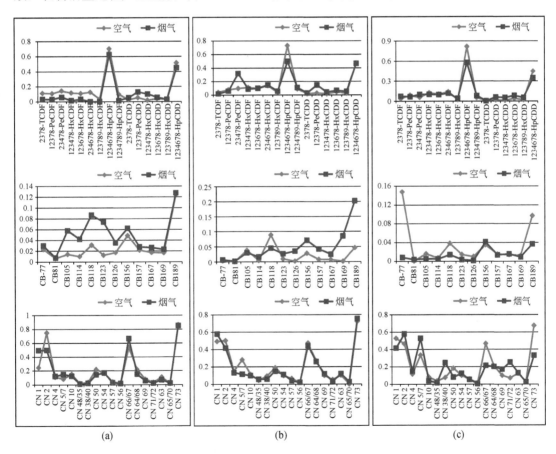

图10-5　（a）铁矿石烧结（b）再生铝（c）再生铅冶炼工厂厂区空气和烟气中PCDD/F，PCB，PCN同类物与其对应相同氯取代数的同系物比值[3]

同时，采用相似度分析（similarity，S）评估了烟气和空气中POPs同类物分布特征的接近程度，公式如下：

$$S = \frac{\sum A_i B_i}{\sqrt{\sum (A_i)^2 \sum (B_i)^2}} \quad (10\text{-}1)$$

其中 A_i 和 B_i 为同类物 i 在样品 A 和 B 中的归一化的含量。A_i 和 B_i 越相似，相似度 S 越趋近于1[7]。本研究中，不同冶金来源的烟气和空气样品中PCDD/Fs同类物相似度为92.6%～98.8%，进一步说明工业源排放烟气中PCDD/Fs对周边空气的显著影响。

将dl-PCBs和dl-PCNs同类物浓度分别除以其对应氯取代数的同系物浓度。如图10-5所示，不同金属冶炼工厂的烟气和空气样品中，dl-PCBs的同类物特征变化趋势相同，然而重合率不高。烟气和空气样品中，dl-PCBs的相似度为63.9%～92.3%，远低于PCDD/Fs。研究采用了主成分分析（PCA）对dl-PCBs和PCNs的可能影响因子进行分析。图10-6的得分图中，大气和烟气样品不能明显地分离，表明空气中的PCBs受到工业排放源烟气的部分影响。说明厂区空气中的PCBs不仅受到排放源烟气的影响，还可能受到其他来源的影响，如电压器中使用的PCBs工业品，色素和燃料中的PCBs杂质等也可能影响工业厂区环境中的PCBs同类物特征分布[16, 17]。而铁矿石烧结和再生铝冶炼过程产生的烟气与空气中的PCNs同类物特征相似度较高，为95.7%～98.3%，高于再生铅冶炼工厂两者的相似度（87.9%）。且不同厂区空气中PCNs同类物分布特征相似，除CN-5/7（S=68.7%），其他同类物相似度达91.1%～95.7%，表明PCNs受到整个厂区工业源的影响，这可能是因为PCNs具有较高的蒸汽压，能够在大气中快速迁移导致的。

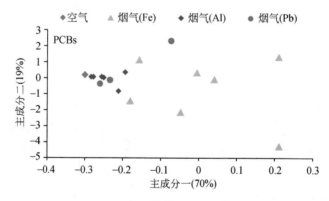

图10-6　金属冶炼工厂空气（n=18）和烟气样品（n=18）中PCBs因子分析后的得分图

10.2　金属冶炼车间空气污染特征及摄入量评估

再生有色金属冶炼主要是从金属废料和废渣中回收有色金属或者合金。金属废料中往往含有许多有机杂质，如塑料、涂料和油污等。由于这些有机杂质的存在及各种金属的催化，相关研究已经发现再生有色金属冶炼的热过程中存在高浓度UP-POPs的排放[18-21]。再生有色金属冶炼过程中，冶炼炉炉门将被不时地打开以进行必要的操作，如投料、搅拌及其他必要的操作。所以，UP-POPs能够直接从冶炼炉逸散到车间空气中，同时烟气也可能由于冶炼炉或烟道的某些结合部不严密而外逸，从而造成车间空气的污染。一些研究已经调查了某些工业热源工作场所空气中PCDD/Fs的浓度，如铁矿石烧结厂、生活垃圾焚烧厂和再生铝冶炼厂等[22-24]。这些研究的结果表明其所调查的工业热源工作场所空气受到了PCDD/Fs的明显污染。在某铁矿石烧结厂车间内，其空气中PCDD/Fs的浓度（0.55～2.14pg I-TEQ m^{-3}）明显高于周边环境（0.07pg I-TEQ m^{-3}）[23]。在某再生铝冶炼厂，运行期间冶炼车间空气中PCDD/Fs的浓度被观察到大于非运行期[22]。生活垃圾焚烧厂焚烧车间空气中PCDD/Fs的毒性当量浓度是其周边环境空气的5～15倍[24]。但是，与已报道工业热过程中PCDD/Fs生成与排放的研究相比，有关工业热源工作场所空气中PCDD/Fs水平与特征的报道还很缺乏。

虽然之前的研究已经表明再生金属冶炼厂车间空气受到了PCDD/Fs的显著污染[22,25]，但是很少有研究开展车间空气中PCDD/Fs职业暴露剂量的评估，尤其是涉及PCBs和PCNs的报道更为匮乏。所以，一些研究对金属冶炼车间空气中UP-POPs的水平与特征进行了研究。所选取的再生金属冶炼厂包括再生铜冶炼厂、再生铝冶炼厂和再生铅冶炼厂。首先，采集并测定了所调查冶炼厂车间空气中UP-POPs的含量。然后对车间空气中UP-POPs的职业暴露剂量进行了初步评估。此外，为了鉴定车间空气中UP-POPs的污染来源，比较了车间空气与烟道气中UP-POPs同类物的分布特征。所得结果将有助于更好地了解再生有色金属冶炼厂车间空气中UP-POPs的职业暴露剂量水平。

研究调查了8家再生有色金属冶炼厂。参照US-EPA TO-9A标准方法，运用大流量大气主动采样器采集了车间空气样品。采样点设置在冶炼炉和工人操作区域（加料、搅拌和扒渣等）附近。空气中的颗粒相被收集于石英膜上，而气相部分被吸附于PUF上。采样前，石英膜置于马弗炉中450℃下灼烧5h以去除有机杂质，PUF置于丙酮中索氏提取12h。空气样本采样速率为0.22m^3/h，连续采集24h（均处于正常冶炼期间）。样品用铝箔包裹避光，并置于密封袋中以防止污染。

空气样品加入^{13}C12-PCDD/Fs、^{13}C12-PCBs、^{13}C10-PCNs、^{13}C6-PeCBz和^{13}C6-HxCBz内标，运用加速溶剂萃取法提取，提取溶剂为正己烷/二氯甲烷（1:1），提取温度100℃，压力1500ppsi（1ppsi=6.895×10^{3}Pa），静态提取5min，反复提取两次。PCDD/Fs、PCBs和PCNs内标回收率范围分别为50%～120%，40%～111%和46%～112%；PeCBz和HxCBz内标回收率范围分别为63%～76%和58%～71%。

研究测定了8家再生有色金属冶炼厂车间空气样品中PCDD/Fs和PCBs的浓度。对PCDD/Fs和PCBs的TEQs进行了计算（表10-3）。各再生有色金属冶炼厂车间空气中PCDD/Fs和PCBs的浓度差异巨大，同属一个类别的金属冶炼厂间PCDD/Fs和PCBs的浓度差异也很大。各冶炼厂车间空气样品中PCDD/Fs的浓度范围为0.52～44.5pg WHO-TEQ m^{-3}。一些研究已经报道了再生铜冶炼、再生铝冶炼和其他一些工业热源车间空气中PCDD/Fs的水平（表10-4）。本研究再生铜和再生铝冶炼厂车间空气中PCDD/Fs的浓度与前人报道的再生铜和再生铝冶炼厂车间空气中的含量相当[25]，但是高于表中列出的其他工业热源车间空气[23-25]。再生铅冶炼厂车间空气中PCDD/Fs的浓度与其在铁矿石烧结[23]、电弧炉炼钢[25]和生活垃圾焚烧[24]车间空气中的含量相当。对于PCBs，再生金属冶炼车间空气中的浓度为0.070～5.07pg WHO-TEQ m^{-3}。

虽然一些研究已经对某些工业热源周边环境空气中 PCBs 的水平进行了报道，但是尚未见再生金属冶炼车间空气中 PCBs 浓度的相关报道。对于 PCNs，再生金属冶炼车间空气样品中三氯代至八氯代 PCNs 总浓度范围为 252～31900pg m^{-3}。由于 PCNs 与 PCDD/Fs 具有相似的分子结构，从而可能具有类二噁英毒性，所以相关研究评估了 PCNs 同类物相对于 2378-TCDD 的相对毒性因子（relative potency factors，RPFs）[11, 26, 27]。这些 RPFs 在一些研究中已经被用于 PCNs 的类二噁英毒性当量的计算[28-30]。PCNs 的毒性当量被定义为各同类物乘以 Noma 等[28]总结的 RPFs 后的总和。再生金属冶炼车间空气中 PCNs 的 TEQs 浓度范围为 0.026～22.3pg m^{-3}。目前尚未见再生有色金属冶炼车间空气中 PCNs 水平的报道。至于 PeCBz 和 HxCBz，其在再生金属冶炼车间空气样品中的浓度范围分别为 132～27600pg m^{-3} 和 52.2～12400pg m^{-3}。

为了更好地了解所调查再生有色金属冶炼车间空气中 UP-POPs 的污染水平，研究人员将 UP-POPs 的浓度与已报道大气环境中的 UP-POPs 的水平进行了对比。大量的研究已经对世界各地区大气环境中 UP-POPs 的含量水平进行了报道。有研究表明，不同类型大气环境中 PCDD/Fs 的浓度水平趋势为：偏远地区（<10fg m^{-3}）、乡村（20～50fg m^{-3}）和城镇/工业区（100～400fg m^{-3}）[31]。许多国家和地区大气环境中 PCBs、PCNs、PeCBz 和 HxCBz 的浓度水平也已经被报道，其浓度范围大约分别 0.5～148fg WHO-TEQ m^{-3}[32-35]、2～160pg m^{-3}[36, 37]、17～136pg m^{-3}[38, 39] 和 1.4～462pg m^{-3}[40, 41]。再生有色金属冶炼车间空气中 UP-POPs 的浓度明显高于以上研究所报道的大气环境中的水平（图 10-7）。此外，车间空气样品中 PCDD/Fs 和 PCBs 的总浓度（0.73～49.6pg TEQ m^{-3}）均大于日本大气环境质量标准值（0.6pg TEQ m^{-3}）。同时，HP、WF 和 SC 冶炼厂车间空气样品中 PCNs 的浓度（1.30pg TEQ m^{-3}、1.13pg TEQ m^{-3} 和 22.3pg TEQ m^{-3}）也大于以上的标准值。所以，所调查再生有色金属冶炼厂车间工作人员处于高浓度 UP-POPs 的车间空气环境中，可能存在较高的暴露风险。这些化合物的职业暴露剂量应该被评估以了解其对工人可能造成的健康风险。

表 10-3 再生有色金属冶炼厂车间空气中 UP-POPs 的浓度 （单位：pg m^{-3}）

类别	冶炼厂编号	PCDD/Fs			PCBs		PCNs[a]		CBz	
		Σ2378-PCDD/Fs	ΣWHO-TEQ	ΣI-TEQ[b]	Σdl-PCBs	ΣWHO-TEQ	ΣPCNs	ΣTEQ	PeCBz	HxCBz
再生铜	HP	800	44.5	42.8	279	5.07	4630	1.30	2030	813
	WF	1400	32.1	31.5	128	1.50	4530	1.13	18300	3050
	YF	20.9	0.86	0.82	31.0	0.12	293	0.065	557	202
再生铝	SC	556	26.0	25.8	726	0.96	31900	22.3	27600	12400
	QY	5.28	0.52	0.49	569	0.21	1710	0.37	610	324
	HY	13.3	1.75	1.60	32.5	0.21	640	0.26	1530	254
	TF	58.0	5.94	5.19	770	0.76	2510	0.081	132	84.1
再生铅	JA	12.7	0.78	0.73	15.5	0.070	252	0.026	253	52.2

注：数据源自文献 [42]。

a 包括三氯代至八氯代 PCNs；b 运用国际毒性当量因子计算 TEQs。

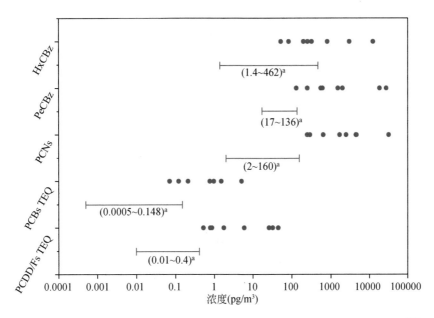

图 10-7　再生有色金属冶炼厂车间空气中 UP-POPs 浓度水平与环境大气比较[42]

a 表示环境大气中 UP-POPs 的浓度范围

表 10-4　各工业热源车间空气中 PCDD/Fs 的水平

工业热源	∑2378-PCDD/Fs（pg m^{-3}）		∑TEQs（pg WHO-TEQ m^{-3}）	
	范围	平均值	范围	平均值
铁矿石烧结[23]	7.61~23.2	16.6	0.55~2.14^a	1.48^a
电弧炉炼钢[25]	—^{b}	—	1.61~2.01	1.81
生活垃圾焚烧[24]	0.541~77.6	14.9	0.0307~4.73	0.822
再生铝[22]	—	5.50	—	0.571^a
再生铝[25]	—	—	0.49~12.6	7.16
再生铜[25]	—	—	1.41~34.8	12.4
再生铝	5.28~556	158	0.52~26.0	8.55
再生铜	20.9~1400	741	0.86~44.5	25.8
再生铅	12.7		0.78	

注：数据源自文献［42］。

a 文献中数据运用国际毒性当量因子计算；b 文献中未报道。

10.3　车间空气中非故意生成持久性有机污染物的职业暴露剂量评估

为了评估工人对车间空气中 PCDD/Fs、PCBs 和 PCNs 的呼吸暴露剂量，设定工人在轻微和中等活动量下的呼吸速率分别为 1.3m^3 h^{-1} 和 1.5m^3 h^{-1}[43]，每天上班时间为 8h。呼吸暴露剂量值按以下公式计算：

$$ID = C_{air} I_{rate} T_w f_r \tag{10-2}$$

其中，ID 为车间工人呼吸暴露剂量，pg TEQ d^{-1}；C_{air} 为车间空气中 UP-POPs 浓度，pg TEQ m^{-3}；I_{rate} 为工人呼吸速率，m^3 h^{-1}；T_w 为职业暴露时间，h；f_r 为人体肺脏的保留系数（0.75）[44]。

表 10-5 列出了再生有色金属冶炼厂车间工人对 UP-POPs 的日呼吸暴露剂量评估值。车间工人在轻微和中等活动量下对 PCDD/Fs 和 PCBs 日呼吸暴露总剂量范围分别为 5.69～387pg TEQ d^{-1} 和 6.57～446pg TEQ d^{-1}。研究通过与推荐的日可接受摄入剂量（tolerable daily intake，TDI）进行对比，以此初步评估职业暴露工人的健康风险。1998 年，世界卫生组织（World Health Organization，WHO）欧洲环境与健康中心推荐的 TDI 为 1～4pg WHO-TEQ kg^{-1} 体重（包括 PCDD/Fs 和 dl-PCBs），但是英国 COT（Consumer Products and the Environment）食品化学与毒理学委员会考虑人体的某些调节作用后，建议的 TDI 为 2pg WHO-TEQ kg^{-1} 体重 d^{-1}。如果车间工人的体重按 60kg 计算，WHO 推荐的日摄入剂量最大值为 4pg TEQ kg^{-1} d^{-1}×60kg = 240pg TEQ d^{-1}。那么，HP、WF 和 SC 冶炼厂车间工人对 PCDD/Fs 和 PCBs 的日呼吸暴露总剂量已经超出了 WHO 和 COT 推荐的 TDI（图 10-8）。然而，本研究仅仅只考虑了呼吸暴露，并没有考虑车间工人通过饮食的摄入。之前的研究表明普通人群对 PCDD/Fs 和 PCBs 的暴露主要源是饮食的摄入（>90%）。但是，本研究中仅仅是车间工人对 PCDD/Fs 和 PCBs 的日呼吸暴露剂量就已经超过了 TDI。所以，研究结果表明在所调查的再生有色金属冶炼厂，车间工人处于对 PCDD/Fs 和 PCBs 高职业暴露风险中。

表 10-5　再生有色金属冶炼厂车间工人对 UP-POPs 的日呼吸暴露剂量评估值（单位：pg TEQ d^{-1}）

冶炼厂编号	工人活动量	PCDD/Fs	PCBs	Σ（PCDD/F+PCB）	PCNs	PeCBz[a]	HxCBz[a]
HP	轻微	347	39.5	387	10.1	15.8	6.34
HP	中等	400	45.6	446	11.7	18.3	7.32
WF	轻微	250	11.7	262	8.81	143	23.8
WF	中等	289	13.5	302	10.2	165	27.5
YF	轻微	6.71	0.94	7.64	0.51	4.34	1.58
YF	中等	7.74	1.08	8.82	0.59	5.01	1.82
SC	轻微	203	7.49	210	174	215	96.7
SC	中等	234	8.64	243	201	248	112
QY	轻微	4.06	1.64	5.69	2.89	4.76	2.53
QY	中等	4.68	1.89	6.57	3.33	5.49	2.92
HY	轻微	13.6	1.64	15.3	2.03	11.9	1.98
HY	中等	15.8	1.89	17.6	2.34	13.8	2.29
TF	轻微	46.3	5.93	52.3	0.63	1.03	0.66
TF	中等	53.5	6.84	60.3	0.73	1.19	0.76
JA	轻微	6.08	0.55	6.63	0.20	1.97	0.41
JA	中等	7.02	0.63	7.65	0.23	2.28	0.47

注：数据源自文献 [42]。

a 单位为 ng d^{-1}。

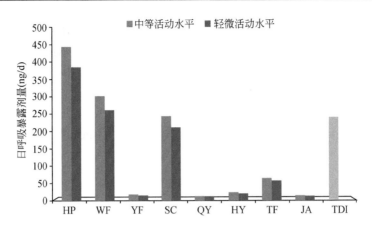

图 10-8　再生有色金属冶炼厂车间工人 PCDD/Fs 和 PCBs 日呼吸暴露剂量与 TDI 比较[42]

值得注意的是，SC 冶炼厂车间工人对 PCNs 的日呼吸暴露剂量值也达到了一个较高的水平（轻微和中等活动量：174pg TEQ d^{-1} 和 201pg TEQ d^{-1}）。在其他再生有色金属冶炼厂，车间工人在轻微和中等活动量下对 PCNs 的日呼吸暴露剂量值范围分别为 0.20~10.1pg TEQ d^{-1} 和 0.23~11.7pg TEQ d^{-1}（图 10-9）。目前，尚未见再生有色金属冶炼车间工人对 PCNs 呼吸暴露剂量评估的报道。有研究依据其测定得到的加纳大气环境中 PCNs 的最大浓度评估了其居民对 PCNs 的呼吸暴露摄入值（每人 84fg TEQ d^{-1}）[36]。与之相比，本研究中车间工人对 PCNs 的呼吸暴露剂量远大于加纳居民。以上结果表明再生有色金属冶炼车间空气中 PCNs 对工人的潜在健康风险应该引起更多的关注。

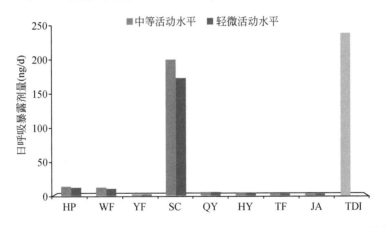

图 10-9　再生有色金属冶炼厂车间工人 PCNs 日呼吸暴露剂量与 TDI 比较[42]

为了更为直观地了解 PCNs 相对于 PCDD/Fs 和 PCBs 对车间工人呼吸暴露剂量的贡献，研究分析了各目标化合物（PCDD/Fs、PCBs 和 PCNs）对 UP-POPs 总呼吸暴露剂量[$\sum$（PCDD/F+PCB+PCNs）]的贡献值（图 10-10）。可以看出，在 SC、QY 和 HY 冶炼厂，PCNs 对总呼吸暴露剂量的贡献值分别为 45%、34% 和 12%。而且，SC 和 QY 冶炼厂 PCNs 对总呼吸暴露剂量贡献值甚至与 PCDD/Fs（53% 和 47%）相当。有研究表明生活垃圾焚烧厂工人血清样品 TEQs 的分布也有类似的结果[45]。在他们的研究中，PCNs（23.8%）

对总 TEQs 的贡献值与 PCDDs（23.8%）、PCDFs（25.0%）和 PCBs（24.3%）相当。然而，在 HP、WF、YF、TF 和 JA 冶炼厂，PCNs 对总呼吸暴露剂量的贡献值较低（1.2%～6.2%）。这种差别可能是由于不同冶炼厂原料和操作参数的不同造成的，相关研究有待进一步开展。

车间工人在轻微和中等活动量下对 PeCBz 日呼吸暴露剂量范围分别为 1.03～215ng d^{-1} 和 1.19～248ng d^{-1}，而对 HxCBz 的日呼吸暴露剂量范围分别为 0.41～96.7ng d^{-1} 和 0.47～112ng d^{-1}。然而，目前尚未见再生有色金属冶炼车间空气中 PeCBz 和 HxCBz 呼吸暴露风险评估的报道。

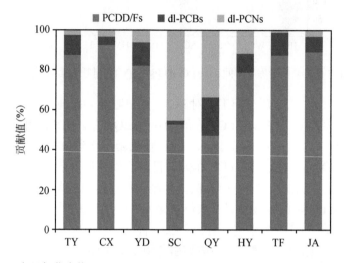

图 10-10 各目标化合物（PCDD/Fs、PCBs 和 PCNs）对总呼吸暴露剂量的贡献[42]

10.4 车间空气中非故意生成持久性有机污染物的来源分析

尽管各再生有色金属冶炼厂烟道气中 UP-POPs 的浓度变化也很巨大。但是，各冶炼厂车间空气和烟道气中 UP-POPs 的浓度呈现出相似的厂间变化趋势（图 10-11）。当某再生有色金属冶炼厂烟道气中检出了高浓度的某 UP-POPs，相对高浓度的该化合物也在其车间空气中被发现。SC 冶炼厂车间空气中检出了相对较高浓度的 PCNs。当去除 SC 冶炼厂后，各冶炼厂车间空气和烟道气中 PCNs 的浓度变化趋势更为相似。工业热过程烟道气中 UP-POPs 的排放浓度将受到许多因素的影响，如原料、操作条件和污染控制设施等[46, 47]。而从冶炼炉中逸散的烟气将直接进入到车间空气中，而不会受到污染控制设施的影响。这或许能够解释为什么在车间空气中检出了较高浓度的目标化合物，而对应烟道气中该化合物的浓度却相对较低。但是，相似的浓度变化趋势表明这些车间空气和烟道气中的 UP-POP 的产生可能具有相似的生成机理。

研究调查了 8 家典型再生有色金属冶炼厂车间空气中 UP-POPs 的污染水平，其含量显著高于大气环境中 UP-POPs 的浓度。同时，研究评估了所调查冶炼厂车间工人对 UP-POPs 的呼吸暴露剂量，结果发现车间工人处于对 UP-POPs 的高职业暴露风险中。此外，通过对比车间空气和烟道气中 UP-POPs 同类物的分布特征，发现车间空气中 UP-POPs 的污染主要是由于金属回收冶炼过程中烟气从冶炼炉向车间的逸散。所以,再生有色金属冶炼厂在有效控制 UP-POPs 由烟道气排放的同时,也应该采取更为有效的措施阻止其从冶炼炉向车间空气逸散。

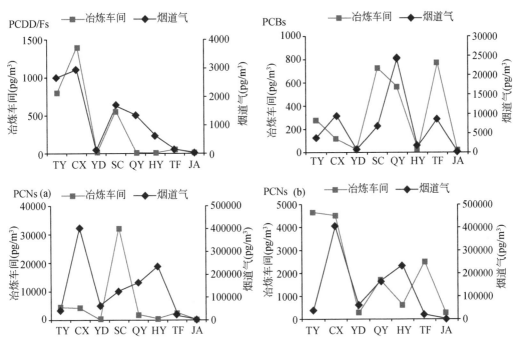

图 10-11　车间空气和烟道气中 UP-POPs 浓度变化趋势比较[42]

PCNs(a)和 PCNs(b)分别为包括和不包括 CS 冶炼厂的变化趋势

10.5　金属冶炼厂周边环境大气中非故意生成持久性有机污染物的水平与污染特征

由于工业热过程会非故意生成持久性有机污染物(UP-POPs),而且可能随烟道气排放到周边环境中,从而对周边环境和居民构成潜在的危害,所以工业热源周边环境中 UP-POPs 的水平与分布一直受到人们的关注。目前,一些研究已经对某些工业热源周边环境中 PCDD/Fs 和 PCBs 的水平和分布进行了调查。这些研究结果表明所调查的工业热源对周边环境中 PCDD/Fs 的水平与分布存在一定的影响。调查某生活垃圾焚烧厂周边土壤样品中 PCDD/Fs 的水平和分布,发现该生活垃圾焚烧厂对周边环境中 PCDD/Fs 的水平具有潜在的影响[48]。测定冶炼厂烟道气和周边土壤样品中 PCDD/Fs 的含量,评估某再生铝冶炼厂对周边环境的影响,结果显示冶炼厂附近土壤中 PCDD/Fs 的污染主要源自该冶炼厂对 PCDD/Fs 的排放[49]。但是,有关工业热源周边环境中 PCBs,尤其是 PCNs,水平与分布的研究还较少。

相关研究表明,再生有色金属冶炼过程中存在高浓度 UP-POPs 的排放[18-21],可能会对其周边环境造成潜在的危害,而有关再生有色金属冶炼厂周边环境中 UP-POPs 的水平与分布特征还很少被调查和报道。选取了 5 家典型再生有色金属冶炼厂，分别于其上风向和下风向采集了环境大气样品，分析了冶炼厂周边环境大气中 UP-POPs 的水平与分布。通过比较周边环境大气与冶炼厂烟道气中 UP-POPs 的分布特征，研究分析了再生有色金属冶炼厂对周边环境大气中 UP-POPs 水平和分布的影响。

5 家典型再生有色金属冶炼厂包括 3 家再生铜冶炼厂（HP、WF 和 YF）和 2 家再生铝冶炼厂（SC 和 QY）（表 10-6），运用大气被动采样法分别从这些冶炼厂周边环境中采集了大气样品。大气被动采样所用 PUF 尺寸为：直径 14cm，厚度 1.35cm；表面积 365cm^2。采样前，将 PUF 置于丙酮中索氏提取 12h，提取结束后用铝箔纸包裹，放入封口袋中备用。每个冶炼厂设置 3 个采样点，一个采样点位于上风向（距冶炼厂烟囱大概 1000m，记为 A），其他两个采样点位于下风向（距冶炼厂烟囱大概 300m 和 500m，分别记为 B 和 C）。

表 10-6　大气被动样品采样基本信息

类别	冶炼厂编号	开始日期	结束日期	冶炼厂烟囱高度（m）
再生铜	TY	23/08/2011	25/10/2011	20
	CX	27/04/2011	28/06/2011	15
	YD	25/08/2011	28/10/2011	30
再生铝	SC	21/04/2011	22/06/2011	10
	QY	25/04/2011	24/06/2011	25

注：数据源自文献 [50]。

大气被动样品加入 $^{13}C_{12}$-PCDD/Fs、$^{13}C_{12}$-PCBs、$^{13}C_{10}$-PCNs、$^{13}C_6$-PeCBz 和 $^{13}C_6$-HxCBz 内标，运用加速溶剂萃取法提取，提取溶剂为正己烷/二氯甲烷（1∶1），提取温度 100℃，压力 1500ppsi，静态提取 5min，反复提取两次。

样品中 PCDD/Fs、PCBs 和 PCNs 内标回收率范围分别为 42%～118%，42%～119% 和 45%～115%；PeCBz 和 HxCBz 内标回收率范围分别为 44%～80% 和 42%～97%。

表 10-7 列出了再生有色金属冶炼厂周边环境大气样品中 UP-POPs 的浓度。其中，PCDD/Fs 的浓度范围为 1.53～178pg m^{-3}，毒性当量浓度范围为 0.08～16.3pg WHO-TEQ m^{-3}。一些研究已经报道了 waelz 过程工厂[51]、再生铝冶炼厂[22]和生活垃圾焚烧厂[24,52,53]周边环境大气中 PCDD/Fs 的浓度（表 10-8）。与这些研究结果相比，本研究再生铝冶炼厂周边环境大气中 PCDD/Fs 的浓度与 Chen 等[22]报道的某再生铝冶炼厂、Xu 等[53]报道的某生活垃圾焚烧厂和 Chi 等[51]报道的 waelz 过程工厂周边环境空气中 PCDD/Fs 的浓度相当，而再生铜冶炼厂的浓度要高于表 10-8 所列的工业热过程。

再生有色金属冶炼厂周边环境大气样品中 dl-PCBs 的浓度范围为 4.72～7520pg m^{-3}，毒性当量浓度范围为 0.01～2.36pg WHO-TEQ m^{-3}。某生活垃圾焚烧厂周边环境大气中 PCBs 的浓度范围为 4.66～8.81 fg WHO-TEQ m^{-3}[54]。某大型钢铁冶炼工业区周边环境大气中 PCBs 的浓度范围为 0.3～23.0 fg WHO-TEQ m^{-3}[55]。再生金属冶炼过程中 PCBs 的浓度明显高于以上研究的结果。

关于 PCNs，再生有色金属冶炼厂周边环境大气样品中三氯萘至八氯萘的总浓度范围为 85.4～4190 pg m^{-3}，毒性当量浓度范围为 0.009～0.63pg TEQ m^{-3}。分析加拿大多伦多城市空气中 PCNs 的含量，其浓度范围为 7.3~84.5pg m^{-3}[56]。有研究运用大气被动采样技术调查了加纳环境大气中 PCNs 的水平，其浓度范围为 27.4~94.6pg m^{-3}[36]。但是，目前尚未见再生有色金属冶炼厂周边环境大气中 PCNs 的报道。

至于 PeCBz 和 HxCBz，其在周边环境大气样品中的浓度范围分别为 41.0~3200pg m^{-3} 和 24.7~1130pg m^{-3}。运用大气被动采样技术调查北美地区大气中 PeCBz 和 HxCBz 的浓度水平，发现其范围分别为 17~138pg m^{-3} 和 50~133pg m^{-3}[39]；在德国东部某地区，环境大气中这两类化合物的浓度范围分别为 6.4~54.2pg m^{-3} 和 51.9~434pg m^{-3}[57]；美国密歇根州大气中 PeCBz 和 HxCBz 浓度范围分别为 35~69pg m^{-3} 和 72~90pg m^{-3}[58]。本研究中再生有色金属冶炼厂周边环境大气中 PeCBz 和 HxCBz 的浓度高于以上研究的报道值。

表 10-7　周边环境大气样品中 UP-POPs 的浓度　　　（单位：pg m^{-3}）

样品编号	PCDD/Fs		PCBs		PCNs[b]		CBz	
	$\sum$2378-PCDD/Fs	$\sum$WHO-TEQ	$\sum$I-TEQ	$\sum$dl-PCBs	$\sum$WHO-TEQ	$\sum$PCNs	$\sum$TEQ	PeCBz	HxCBz
HPA[a]	1.71	0.18	0.17	4.72	0.03	238	0.009	214	167
HPB[a]	9.72	0.78	0.74	125	0.16	720	0.05	730	591
HPC[a]	66.6	5.60	5.42	86.3	1.19	2620	0.36	3200	1130
WFA	57.5	8.94	7.79	116	1.63	1180	0.23	207	76
WFB	178	16.3	14.9	204	1.86	4020	0.63	1310	431
WFC	116	13.8	11.7	178	2.34	3340	0.45	1680	529
YFA	1.53	0.08	0.08	6.07	0.01	85.4	0.01	214	86.5
YFB	4.70	0.38	0.34	8.23	0.05	152	0.01	382	181
YFC	9.41	0.66	0.61	14.1	0.12	244	0.03	594	238
SCA	3.51	0.38	0.35	1050	0.42	413	0.03	41.0	24.7
SCB	7.80	1.01	0.95	1180	0.42	1340	0.10	110	39.7
SCC	8.11	1.01	0.95	1240	0.41	1640	0.07	95.4	42.0
YQA	2.51	0.20	0.19	1230	0.37	739	0.02	119	87.6
YQB	7.06	0.32	0.31	5040	1.58	1180	0.06	129	89.9
YQC	10.6	0.48	0.46	7520	2.36	4190	0.10	138	88.4

注：数据源自文献 [50]。

a XXA、XXB 和 XXC 分别表示采自各厂上风向和下风向的环境大气样品；b 包括三氯萘至八氯萘。

表 10-8　各工业热源周边环境大气中 PCDD/Fs 的水平　　　（单位：pg TEQ m^{-3}）

工业热源	$\sum$2378-PCDD/Fs		$\sum$TEQ	
	范围	平均值	范围	平均值
waelz 过程[51]	—	—	0.07~1.46[a]	0.32[a]
生活垃圾焚烧[24]	0.250~4.27	1.40	0.02~0.22[b]	0.08[b]
生活垃圾焚烧[53]	3.96~164	31.9	0.06~3.03[a]	0.495[a]

续表

工业热源	Σ2378-PCDD/Fs		ΣTEQ	
	范围	平均值	范围	平均值
生活垃圾焚烧[52]	21.2~75.2	38.3	0.71[a]	0.38~1.16[a]
再生铝冶炼[22]	1.45~7.40	4.25	0.36[a]	0.14~0.67[a]
再生铝[50]	2.51~10.6	6.60	0.20~0.95[a]/ 0.19~0.84[b]	0.54[a]/0.49[b]
再生铜[50]	1.53~178	49.5	0.08~14.9[a]/ 0.07~13.6[b]	4.64[a]/4.36[b]

注：— 文献中未报道。

a 单位为 pg, I-TEQ m^{-3}；b 单位为 pg, WHO-TEQ m^{-3}。

各再生有色金属冶炼厂周边环境大气样品中 UP-POPs 的浓度差异较大，较高浓度的 PCDD/Fs 在 HP 和 WF 冶炼厂周边环境大气样品中被检出，而较高浓度的 PCBs 却在 SC 和 QY 冶炼厂大气样品中被发现。但是周边环境大气样品中 PCDD/Fs、PCBs 和 PCNs 的浓度与相应冶炼厂烟道气中的排放浓度具有相似的变化趋势（图 10-12）。在冶炼厂烟道气样品中检测到高浓度 PCDD/Fs、PCBs 和 PCNs 时，相对较高浓度的 UP-POPs 也在其周边环境大气样品中被发现。而且，冶炼厂下风向大气样品中 PCDD/Fs、PCBs 和 PCNs 的浓度明显高于其上风向。以上研究结果表明再生有色金属冶炼厂能够显著影响其周边环境大气中 PCDD/Fs、PCBs 和 PCNs 的水平与分布。

为了了解再生有色金属冶炼厂周边环境大气中各 UP-POPs 同类物的分布特征，研究将各冶炼厂周边环境大气样品中四氯至八氯代 PCDD/Fs、四氯至十氯代 PCBs 和三氯代至八氯代 PCNs 同类物的含量进行了归一化处理。HP 和 WF 冶炼厂周边环境大气样品中 PCDDFs 的分布以低氯代同类物为主，且其百分比含量随氯原子取代数的增加而下降。而 YD 冶炼厂周边环境大气样品中各氯代同类物的百分比含量相当，QY 冶炼厂周边环境大气样品中八氯代 PCDD 为主要的同类物。有趣的是，SC 冶炼厂周边环境大气样品中五氯代 PCDD 同类物的百分比含量相对较高，占 PCDD/Fs 总含量的 43%~74%。对于 PCBs，各冶炼厂周边环境大气样品中同类物的分布特征类似，都以低氯代 PCBs（四至六氯代）为其主要的同类物，且同类物的百分比含量随氯原子取代数的增加而降低。至于 PCNs，三氯萘为各冶炼厂周边环境大气样品中的主要同类物，其百分比含量均>50%。同时，研究将各冶炼厂周边环境大气样品中同类物的分布与相应冶炼厂烟道气进行了比较（图 10-13、图 10-14、图 10-15）。总体上，周边环境大气样品中 PCBs 和 PCNs 同类物的分布特征与其在冶炼厂烟道气中的分布相似。但是，PCDD/Fs 同类物的分布特征在周边环境大气和烟道气样品间存在一定的差异。除 QY 冶炼厂周边环境大气样品外，各冶炼厂周边环境大气样品中低氯代 PCDD/Fs 的百分比含量较其烟道气样品中的含量高。相对于高氯代同类物，低氯代 PCDD/Fs 具有更高的蒸汽压，更易随大气进行迁移。这可能是周边环境大气样品中低氯代 PCDD/Fs 含量相对较高的原因。

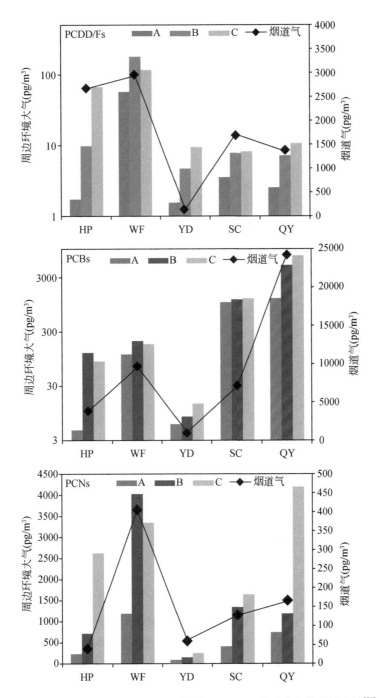

图 10-12　周边环境大气和相应烟道气中 UP-POPs 的浓度变化趋势比较[50]

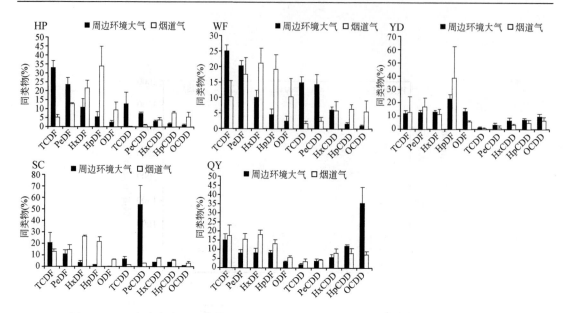

图 10-13 再生有色金属冶炼厂周边环境大气和烟道气中 PCDD/Fs 同类物分布特征[50]

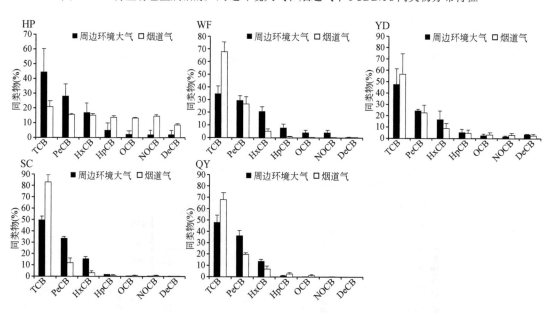

图 10-14 再生有色金属冶炼厂周边环境大气和烟道气中 PCBs 同类物分布特征[50]

2378-PCDD/Fs、dl-PCBs 和 dl-PCNs 作为高毒性的 UP-POPs 同类物,了解其在冶炼厂周边环境大气中的分布将有利于更好地认识这些化合物的污染特征。本研究运用 PCA 对各冶炼厂周边环境大气样品中 2378-PCDD/Fs、dl-PCBs 和 dl-PCNs 同类物的分布特征进行了分析。在 PCA 中,以各冶炼厂周边环境大气样品为目标,以 2378-PCDD/Fs、dl-PCBs 和 dl-PCNs 浓度作为变量。PCA 成分图显示周边环境大气中目标化合物的分布主要包括两个类别:再生铜冶炼厂周边环境大气样品(除 HPB 样品外)和再生铝冶炼厂周边环境大气样品(图 10-16)。结果表明再生铜和再生铝冶炼厂周边环境大气中 2378-PCDD/Fs、dl-PCBs

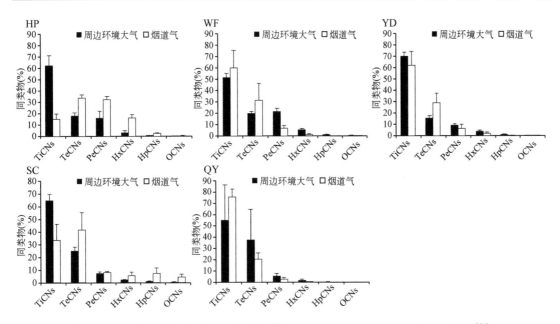

图 10-15　再生有色金属冶炼厂周边环境大气和烟道气中 PCNs 同类物分布特征[50]

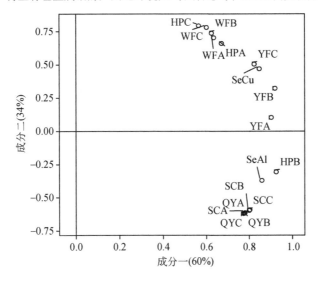

图 10-16　依据 2378-PCDD/Fs、dl-PCBs 和 dl-PCNs 浓度作主成分分析所得成分图[50]

和 dl-PCNs 的分布呈现出各自的特征。此外，研究在分析过程中加入了所调查的再生铜和再生铝冶炼厂烟道气中 2378-PCDD/Fs、dl-PCBs 和 dl-PCNs 的排放浓度。结果显示烟道气样品在 PCA 成分图中的分布分别于位于其周边环境大气样品的类别中（图 10-16），说明周边环境大气样品中 2378-PCDD/Fs、dl-PCBs 和 dl-PCNs 的分布特征分别与其在相应冶炼厂烟道气中的分布类似。以上研究结果表明再生铜和再生铝冶炼厂周边环境大气中的高毒性的 UP-POPs 同类物可能主要来自相应冶炼厂烟道气的排放。

研究调查了 5 家典型再生有色金属冶炼厂周边环境大气中 UP-POPs 的水平与分布特

征。结果显示所调查冶炼厂下风向环境大气中 UP-POPs 的浓度明显高于其上风向，而且周边环境大气中 UP-POPs 的浓度与其在相应烟道气中的含量呈现出一致的厂间变化趋势。此外，研究结果显示周边环境大气中各 UP-POPs 同类物的分布特征与其在相应烟道气中的分布相似。这些研究结果表明所调查冶炼厂周边环境大气中的 UP-POPs 可能主要源自其冶炼厂烟道气的排放。同时，研究评估了所调查冶炼厂车间工人对 UP-POPs 的呼吸暴露剂量，结果发现车间工人处于对 UP-POPs 的高职业暴露风险中。通过对比车间空气和烟道气中 UP-POPs 同类物的分布特征，发现车间空气中 UP-POPs 的污染主要是由于金属回收冶炼过程中烟气从冶炼炉向车间的逸散。所以，冶炼厂在有效控制 UP-POPs 由烟道气排放的同时，也应该采取更为有效的措施阻止其从冶炼炉向车间空气逸散。

（撰稿人：刘国瑞　杨莉莉　郑明辉　胡吉成）

参 考 文 献

[1] Ba T, Zheng M H, Zhang B, Liu W B, Xiao K, Zhang L F. Estimation and characterization of PCDD/Fs and dioxin-like PCBs from secondary copper and aluminum metallurgies in China. Chemosphere, 2009, 75 (9): 1173-1178.

[2] Guo L Q, Liu Q, Li G L, Shi J B, Liu J Y, Wang T, Jiang G B. A mussel-inspired polydopamine coating as a versatile platform for the in situ synthesis of graphene-based nanocomposites. Nanoscale, 2012, 4 (19): 5864-5867.

[3] Yang L L, Liu G R, Zheng M H, Jin R, Zhu Q Q, Zhao Y Y, Zhang X, Xu Y. Atmospheric occurrence and health risks of PCDD/Fs, polychlorinated biphenyls, and polychlorinated naphthalenes by air inhalation in metallurgical plants. Science of the Total Environment, 2017, 580: 1146-1154.

[4] Ba T, Zheng M H, Zhang B, Liu W B, Su G J, Xiao K. Estimation and characterization of PCDD/Fs and dioxin-like PCB emission from secondary zinc and lead metallurgies in China. Journal of Environmental Monitoring: JEM, 2009, 11 (4): 867-872.

[5] Wang X M, Liu J Y, Liu Q, Du X Z, Jiang G B. Rapid determination of tetrabromobisphenol A and its main derivatives in aqueous samples by ultrasound-dispersive liquid-liquid microextraction combined with high-performance liquid chromatography. Talanta, 2013, 116 (22): 906-911.

[6] Liu G R, Cai Z W, Zheng M H. Sources of unintentionally produced polychlorinated naphthalenes. Chemosphere, 2014, 94: 1-12.

[7] Liu G R, Cai Z W, Zheng M H, Jiang X X, Nie Z Q, Wang M. Identification of indicator congeners and evaluation of emission pattern of polychlorinated naphthalenes in industrial stack gas emissions by statistical analyses. Chemosphere, 2015, 118: 194-200.

[8] Liu L H, He B, Liu Q, Yun Z J, Yan X T, Long Y M, Jiang G B. Identification and accurate size characterization of nanoparticles in complex media. Angewandte Chemie International Edition, 2014, 53 (52): 14476-14479.

[9] Li H R, Feng J L, Sheng G Y, Lu S L, Fu J M, Peng P A, Man R. The PCDD/F and PBDD/F pollution in the ambient atmosphere of Shanghai, China. Chemosphere, 2008, 70 (4): 576-583.

[10] Liu G R, Zheng M H, Liu W B, Wang C Z, Zhang B, Gao L R, Su G J, Xiao K, Lv P. Atmospheric emission of PCDD/Fs, PCBs, hexachlorobenzene, and pentachlorobenzene from the coking industry. Environmental Science & Technology, 2009, 43 (24): 9196-9201.

[11] Blankenship A L, Kannan K, Villalobos S A, Villeneuve D L, Falandysz J, Imagawa T, Jakobsson E, Giesy J P. Relative potencies of individual polychlorinated naphthalenes and halowax mixtures to induce Ah receptor-mediated responses. Environmental Science & Technology, 2000, 34 (15): 3153-3158.

[12] Noma Y, Yamamoto T, Sakai S I. Congener-specific composition of polychlorinated naphthalenes, coplanar PCBs, dibenzo-p-dioxins, and dibenzofurans in the Halowax series. Environmental Science & Technology, 2004, 38 (6): 1675-1680.

[13] Hu J C, Zheng M H, Liu W B, Nie Z Q, Li C L, Liu G R, Xiao K. Characterization of polychlorinated dibenzo-p-dioxins and dibenzofurans, dioxin-like polychlorinated biphenyls, and polychlorinated naphthalenes in the environment surrounding secondary copper and aluminum metallurgical facilities in China. Environmental Pollution, 2014, 193 (1): 6-12.

[14] Li S M, Liu G R, Zheng M H, Liu W B, Wang M, Xiao K, Li C L, Wang Y W. Comparison of the contributions of polychlorinated dibenzo-p-dioxins and dibenzofurans and other unintentionally produced persistent organic pollutants to the total toxic equivalents in air of steel plant areas. Chemosphere, 2015, 126: 73-77.

[15] Fiedler H, Lau C, Kjeller L O, Rappe C. Patterns and sources of polychlorinated dibenzo-p-dioxins and dibenzofurans found in soil and sediment samples in southern Mississippi. Chemosphere, 1996, 32 (3): 421-432.

[16] Breivik K, Sweetman A, Pacyna J M, Jones K C. Towards a global historical emission inventory for selected PCB congeners-a mass balance approach 3. An update. Science of the Total Environment, 2007, 377 (2-3): 296-307.

[17] Davies H, Delistraty D. Evaluation of PCB sources and releases for identifying priorities to reduce PCBs in Washington State (USA). Environmental Science and Pollution Research International, 2016, 23 (3): 2033-2041.

[18] Ba T, Zheng M H, Zhang B, Liu W B, Su G J, Liu G R, Xiao K. Estimation and congener-specific characterization of polychlorinated naphthalene emissions from secondary nonferrous metallurgical facilities in China. Environmental Science & Technology, 2010, 44 (7): 2441-2446.

[19] Ba T, Zheng M H, Zhang B, Liu W B, Su G J, Xiao K. Estimation and characterization of PCDD/Fs and dioxin-like PCB emission from secondary zinc and lead metallurgies in China. Journal of Environmental Monitoring, 2009, 11 (4): 867-872.

[20] Ba T, Zheng M H, Zhang B, Liu W B, Xiao K, Zhang L F. Estimation and characterization of PCDD/Fs and dioxin-like PCBs from secondary copper and aluminum metallurgies in China. Chemosphere, 2009, 75 (9): 1173-1178.

[21] Yu B W, Jin G Z, Moon Y H, Kim M K, Kyoung J D, Chang Y S. Emission of PCDD/Fs and dioxin-like PCBs from metallurgy industries in S. Korea. Chemosphere, 2006, 62 (3): 494-501.

[22] Chen S J, Lee W S, Chang-Chien G P, Wang L C, Lee W J, Kao J H, Hu M T. Characterizing

[23] Shih M, Lee W J, Shih T S, Huang S L, Chang-Chien G P, Wang L C, Tsai P J. Characterization of dibenzo-p-dioxins and dibenzofurans (PCDD/Fs) in the atmosphere of a sinter of different workplaces plant. Science of the Total Environment, 2006, 366 (1): 197-205.

[24] Shih S I, Wang Y F, Chang J E, Jang J S, Kuo F L, Wang L C, Chang-Chien G P. Comparisons of levels of polychlorinated dibenzo-p-dioxins/dibenzofurans in the surrounding environment and workplace of two municipal solid waste incinerators. Journal of Hazardous Materials, 2006, 137 (3): 1817-1830.

[25] Lee C C, Shih T S, Chen H L. Distribution of air and serum PCDD/F levels of electric arc furnaces and secondary aluminum and copper smelters. Journal of Hazardous Materials, 2009, 172 (2-3): 1351-1356.

[26] Hanberg A, Waern F, Asplund L, Haglund E, Safe S. Swedish dioxin survey: Determination of 2, 3, 7, 8-TCDD toxic equivalent factors for some polychlorinated-biphenyls and naphthalenes using biological tests. Chemosphere, 1990, 20 (7-9): 1161-1164.

[27] Villeneuve D L, Kannan K, Khim J S, Falandysz J, Nikiforov V A, Blankenship A L, Giesy J P. Relative potencies of individual polychlorinated naphthalenes to induce dioxin-like responses in fish and mammalian in vitro bioassays. Archivesof Environmental Contamination Toxicology, 2000, 39 (3): 273-281.

[28] Noma Y, Yamamoto T, Sakai S I. Congener-specific composition of polychlorinated naphthalenes, coplanar PCBs, dibenzo-p-dioxins, and dibenzofurans in the halowax series. Environmental Science & Technology, 2004, 38 (6): 1675-1680.

[29] Guo L, Zhang B, Xiao K, Zhang Q H, Zheng M H. Levels and distributions of polychlorinated naphthalenes in sewage sludge of urban wastewater treatment plants. Chinese Science Bulletin, 2008, 53 (4): 508-513.

[30] Liu G R, Zheng M H, Liu W B, Wang C Z, Zhang B, Gao L R, Su G J, Xiao K, Lv P. Atmospheric emission of PCDD/Fs, PCBs, hexachlorobenzene, and pentachlorobenzene from the coking industry. Environmental Science & Technology, 2009, 43 (24): 9196-9201.

[31] Lohmann R, Jones K C. Dioxins and furans in air and deposition: A review of levels, behaviour and processes. Science of the Total Environment, 1998, 219 (1): 53-81.

[32] Moussaoui Y, Tuduri L, Kerchich Y, Meklati B Y, Eppe G. Atmospheric concentrations of PCDD/Fs, dl-PCBs and some pesticides in northern Algeria using passive air sampling. Chemosphere, 2012, 88 (3): 270-277.

[33] Shin S K, Jin G Z, Kim W I, Kim B H, Hwang S M, Hong J P, Park J S. Nationwide monitoring of atmospheric PCDD/Fs and dioxin-like PCBs in South Korea. Chemosphere, 2011, 83 (10): 1339-1344.

[34] Cleverly D, Ferrario J, Byrne C, Riggs K, Joseph D, Hartford P. A general indication of the contemporary background levels of PCDDs, PCDFs, and coplanar PCBs in the ambient air over rural and remote areas of the united states. Environmental Science & Technology, 2007, 41 (5): 1537-1544.

[35] Choi M P K, Ho S K M, So B K L, Cai Z W, Lau A K H, Wong M H. PCDD/F and dioxin-like PCB in Hong Kong air in relation to their regional transport in the Pearl River Delta region. Chemosphere, 2008, 71 (2): 211-218.

[36] Hogarh J N, Seike N, Kobara Y, Masunaga S. Atmospheric polychlorinated naphthalenes in Ghana.

Environmental Science & Technology, 2012, 46 (5): 2600-2606.

[37] Hogarh J N, Seike N, Kobara Y, Habib A, Nam J J, Lee J S, Li Q L, Liu X, Li J, Zhang G, Masunaga S. Passive air monitoring of PCBs and PCNs across East Asia: A comprehensive congener evaluation for source characterization. Chemosphere, 2012, 86 (7): 718-726.

[38] Wenzel K D, Hubert A, Weissflog L, Kuhne R, Popp P, Kindler A, Schuurmann G. Influence of different emission sources on atmospheric organochlorine patterns in Germany. Atmospheric Environment, 2006, 40 (5): 943-957.

[39] Shen L, Wania F, Lei Y D, Teixeira C, Muir D C G, Bidleman T F. Atmospheric distribution and long-range transport behavior of organochlorine pesticides in north America. Environmental Science & Technology, 2005, 39 (2): 409-420.

[40] Jaward F M, Farrar N J, Harner T, Sweetman A J, Jones K C. Passive air sampling of PCBs, PBDEs, and organochlorine pesticides across Europe. Environmental Science & Technology, 2004, 38 (1): 34-41.

[41] Jaward T M, Zhang G, Nam J J, Sweetman A J, Obbard J P, Kobara Y, Jones K C. Passive air sampling of polychlorinated biphenyls, organochlorine compounds, and polybrominated diphenyl ethers across Asia. Environmental Science & Technology, 2005, 39 (22): 8638-8645.

[42] Hu J C, Zheng M H, Liu W B, Li C L, Nie Z Q, Liu G R, Xiao K, Dong S J. Occupational exposure to polychlorinated dibenzo-p-dioxins and dibenzofurans, dioxin-like polychlorinated biphenyls, and polychlorinated naphthalenes in workplaces of secondary nonferrous metallurgical facilities in China. Environmental Science & Technology, 2013, 47 (14): 7773-7779.

[43] Aries E, Anderson D R, Fisher R. Exposure assessment of workers to airborne PCDD/Fs, PCBs and PAHs at an electric arc furnace steelmaking plant in the UK. Annals Occupational Hygiene, 2008, 52 (4): 213-225.

[44] Nouwen J, Cornelis C, De Fre R, Wevers M, Viaene P, Mensink C, Patyn J, Verschaeve L, Hooghe R, Maes A, Collier M, Schoeters G, Van Cleuvenbergen R, Geuzens P. Health risk assessment of dioxin emissions from municipal waste incinerators: The Neerlandquarter (Wilrijk, Belgium). Chemosphere, 2001, 43 (4-7): 909-923.

[45] Park H, Kang J H, Baek S Y, Chang Y S. Relative importance of polychlorinated naphthalenes compared to dioxins, and polychlorinated biphenyls in human serum from Korea: Contribution to TEQs and potential sources. Environmental Pollution, 2010, 158 (5): 1420-1427.

[46] Xhrouet C, De Pauw E. Formation of PCDD/Fs in the sintering process: Influence of the raw materials. Environmental Science & Technology, 2004, 38 (15): 4222-4226.

[47] Iino F, Imagawa T, Takeuchi M, Sadakata M. De novo synthesis mechanism of polychlorinated dibenzofurans from polycyclic aromatic hydrocarbons and the characteristic isomers of polychlorinated naphthalenes. Environmental Science & Technology, 1999, 33 (7): 1038-1043.

[48] Liu W B, Zhang W J, Li S M, Meng C, Tao F, Li H F, Zhang B. Concentrations and profiles of polychlorinated dibenzo-p-dioxins and dibenzofurans in air and soil samples in the proximity of a municipal solid waste incinerator plant. Environmental Engineering & Science, 2012, 29 (7): 693-699.

[49] Colombo A, Benfenati E, Bugatti S G, Celeste G, Lodi M, Rotella G, Senese V, Fanelli R. Concentrations of PCDD/PCDF in soil close to a secondary aluminum smelter. Chemosphere, 2011, 85 (11): 1719-1724.

[50] Hu J C, Zheng M H, Liu W B, Nie Z Q, Li C L, Liu G R, Xiao K. Characterization of polychlorinated dibenzo-p-dioxins and dibenzofurans, dioxin-like polychlorinated biphenyls, and polychlorinated naphthalenes in the environment surrounding secondary copper and aluminum metallurgical facilities in China. Environmental Pollution, 2014, 193 (1): 6-12.

[51] Chi K H, Chang S H, Chang M B. PCDD/F emissions and distributions in Waelz plant and ambient air during different operating stages. Environmental Science & Technology, 2007, 41 (7): 2515-2522.

[52] Oh J E, Chang Y S, Ikonomou M G. Levels and characteristic homologue patterns of polychlorinated dibenzo-p-dioxins and dibenzofurans in various incinerator emissions and in air collected near an incinerator. Journal of the Air Waste Management Association, 2002, 52 (1): 69-75.

[53] Xu M X, Yan J H, Lu S Y, Li X D, Chen T, Ni M J, Dai H F, Wang F, Cen K F. Concentrations, Profiles, and Sources of Atmospheric PCDD/Fs near a Municipal Solid Waste Incinerator in Eastern China. Environmental Science & Technology, 2009, 43 (4): 1023-1029.

[54] Wang M S, Chen S J, Huang K L, Lai Y C, Chang-Chien G P, Tsai J H, Lin W Y, Chang K C, Lee J T. Determination of levels of persistent organic pollutants (PCDD/Fs, PBDD/Fs, PBDEs, PCBs, and PBBs) in atmosphere near a municipal solid waste incinerator. Chemosphere, 2010, 80 (10): 1220-1226.

[55] Li X M, Li Y M, Zhang Q H, Wang P, Yang H B, Jiang G B, Wei F S. Evaluation of atmospheric sources of PCDD/Fs, PCBs and PBDEs around a steel industrial complex in northeast China using passive air samplers. Chemosphere, 2011, 84 (7): 957-963.

[56] Helm P A, Bidleman T F. Current combustion-related sources contribute to polychlorinated naphthalene and dioxin-like polychlorinated biphenyl levels and profiles in air in Toronto, Canada. Environmental Science & Technology, 2003, 37 (6): 1075-1082.

[57] Popp P, Bruggemann L, Keil P, Thuss U, Weiss H. Chlorobenzenes and hexachlorocyclohexanes (HCHs) in the atmosphere of Bitterfeld and Leipzig (Germany). Chemosphere, 2000, 41 (6): 849-855.

[58] Hermanson M H, Monosmith C L, DonnellyKelleher M T. Seasonal and spatial trends of certain chlorobenzene isomers in the Michigan atmosphere. Atmospheric Environment, 1997, 31 (4): 567-573.

第 11 章 重金属砷的暴露健康风险与控制

砷（As）是一种毒性极强且具有广泛生物效应的类金属元素，早在 1978 年已被国际癌症研究中心（IARC）列为第一类致癌物[1, 2]。目前世界卫生组织（WHO）、美国环境保护署（EPA）和我国卫生部均明确规定饮用水中砷浓度应低于 10μg/L[3, 4]。据统计，我国有近 1960 万人处于高砷地下水的暴露风险中[5]，长期饮用高砷水（>10μg/L），可导致皮肤角质化及多种内脏器官癌变等[6]。水体中砷污染的去除是控制人体砷暴露的主要手段，对解决原生地下水高砷地区的饮水安全问题至关重要。

11.1 砷暴露水平

人类可通过多种途径暴露于砷及其化合物[7-9]，除饮用含砷地下水外，高砷地下水灌溉可造成农作物中砷含量的增加。农作物中砷经食物链途径可在人体中积累，对人体健康产生危害。饮食砷暴露分析发现，墨西哥成人摄入砷含量最高，为 394μg/d[10]；其次是西班牙，为 223.6μg/d[11]；日本成人砷摄入量为 160~280μg/d[12]。在以稻米和蔬菜为主食的孟加拉国，成年男性和女性平均从食物中摄入总砷量分别为 214 和 120μg/d[13]。近年来，随着对高砷地区人群中砷暴露研究的深入，越来越多的研究表明，高砷地下水灌溉的稻米和蔬菜也可能是人体砷摄入的一条重要途径[14]。调查发现[14]，即使饮用不含砷的地下水，人群尿液中砷含量仍高于正常参考值，这是由于食物中砷含量超标导致的。

我国山西大同盆地地质成因的高砷地下水是当地居民砷暴露威胁的主要原因。研究人员在高砷地区采集了 131 个地下水样品，19 个家庭菜园土壤样品，120 个家庭菜园蔬菜样品，25 个粮食样品，99 个尿液样品，176 个指甲样品和 159 个头发样品，对其中砷浓度水平进行分析，评估当地的砷暴露水平。结果显示[15]，地下水中砷平均浓度为 168μg/L（n=131），其中 75%的样品超过饮用水标准（10μg/L），如图 11-1 所示。在地下水样品中，As（III）平均浓度为 114μg/L，远高于 As（V）平均浓度（60μg/L），这是由于地下水的还原环境所致[16]。

高砷地区蔬菜砷浓度范围为 0~6.0μg/g，平均值为 1.04μg/g（n=120，干重，见图 11-1），其中 93%的样品高于我国限量值（0.05μg/g）[17]。砷含量较高的蔬菜类型为黄瓜和白菜。尽管八种蔬菜呈现不同的砷富集水平（图 11-2），但相关性分析结果显示蔬菜砷浓度与浇灌的地下水砷浓度呈显著正相关性（P=0.026，表 11-1），而与土壤中砷浓度无相关性（P=0.586，表 11-1）。由此可见，蔬菜中较高的砷浓度主要由长期浇灌高砷地下水造成。我国山西地区蔬菜砷浓度普遍高于其他文献报道的平均值（0.25μg/g）[18-21]。西班牙蔬菜砷浓度为 0.05~0.93μg/g，这可能是由于当地灌溉水中砷浓度相对较低所致（14.8~280μg/L）[22]。此外，孟加拉蔬菜浓度为 0.07~3.99μg/g[23]，但当地浇灌水砷浓度平均为 520μg/L，远高于山西地区地下水砷浓度的平均值（168μg/L）。因此，砷在蔬菜中的富集除受浇灌水影响外，亦可能受其他因素如基因差异等的影响[22]。

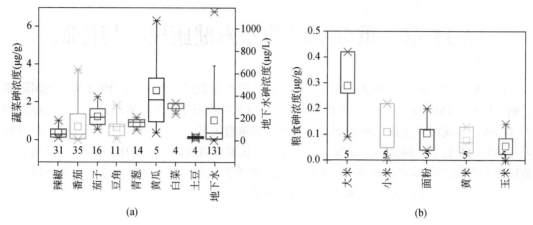

图 11-1　地下水和蔬菜（a）和粮食（b）中砷含量箱形图

样品数见 x 轴上，箱体代表数据中 25% 和 75% 的界限，大箱内部小箱和水平线代表平均值和几何中值，箱体上下两个星体代表数据的最大点和最小点

我国山西高砷地区粮食中的砷浓度范围为 0～0.42μg/g，平均值为 0.10μg/g（n=25，干重，见图 11-1），其中 32% 的样品超出了国家限量值（大米为 0.15μg/g，面粉为 0.1μg/g，其他为 0.2μg/g）[17]。尽管粮食中砷浓度普遍低于蔬菜，但作为主食，经粮食摄入的砷不容忽视。面粉中砷浓度平均值为 0.08μg/g，稍高于法国地下水砷污染地区面粉中砷的浓度（0.021～0.054μg/g）[24]。大米砷浓度平均值为 0.20μg/g，处于世界大米砷浓度背景值（0.082～0.202μg/g）的较高区域[25]。黄米、玉米和小米中砷浓度平均值分别为 0.10、0.06 和 0.06μg/g，与世界其他地区的报道基本处于同一水平[26-28]。

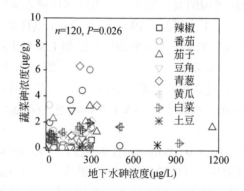

图 11-2　蔬菜和地下水样品中砷浓度的关系图

第11章 重金属砷的暴露健康风险与控制

表11-1 砷暴露研究中年龄、性别、砷中毒[a]、暴露时间、日均摄入量（饮用水、蔬菜及粮食）、尿液砷浓度的对数、头发砷浓度和指甲砷浓度等因素之间的相关性系数[b]

	年龄	性别	砷中毒	ED[b]（水和蔬菜）	水砷	水-ADD[c]	蔬菜-ADD	粮食-ADD	ADD	ln（尿液砷）	头发砷	指甲砷
年龄	1	0.077	0.144	0.297**	-0.039	0.006	0.241**	0.927**	0.190*	0.016	0.083	0.117
性别	—	1	-0.036	-0.135	0.016	0.024	0.094	0.309**	0.08	-0.026	-0.166	0.033
砷中毒	—	—	1	0.067	0.248**	0.256**	0.025	0.192*	0.285**	0.143	0.199	0.269**
ED（水和蔬菜）	—	—	—	1	-0.084	0.147	0.814**	0.146	0.186*	0.229	0.299**	0.249*
水砷	—	—	—	—	1	0.950**	-0.081	-0.03	0.888**	0.292*	0.344**	0.406**
水-ADD	—	—	—	—	—	1	0.138	0.009	0.951**	0.36**	0.343**	0.416**
蔬菜-ADD	—	—	—	—	—	—	1	0.142	0.187*	0.295*	0.071	0.15
粮食-ADD	—	—	—	—	—	—	—	1	0.209*	0.037	0.051	0.142
ADD	—	—	—	—	—	—	—	—	1	0.341*	0.328**	0.412**
ln（尿液砷）(57)	—	—	—	—	—	—	—	—	—	1	0.225	0.429**
头发砷（95）	—	—	—	—	—	—	—	—	—	—	1	0.605**
指甲砷（96）	—	—	—	—	—	—	—	—	—	—	—	1

注：应用 SPSS 中 Spearman 等级相关性（Spearman's rank correlation coefficient）方法对环境样品及人体样品砷浓度、日均砷摄入量、饮食频率和年龄等相关参数进行相关性分析。由于尿液中较低砷浓度的样品数量居多，频率呈现偏态分布，为了方便分析将尿液砷浓度经对数转化成正态分布后进行分析。*P<0.05，**P<0.01 定义为显著性相关和极显著相关。低于检出限的样品中砷浓度用检出限的一半来计算。b 按照 Spearman 分析，中毒患者及非中毒患者。

a 调查人群按照砷中毒情况分为两类：中毒患者及非中毒患者。除了在括弧内指明的样品数以外，其他样品数目均为131。

11.2 砷暴露导致的健康效应

我国大同盆地和河套平原是原生地下水砷异常最为典型的地区之一。20世纪80年代，当地居民开始大量抽取地下水饮用，长期饮用高砷地下水已导致严重慢性砷中毒。据调查，在内蒙古高砷暴露区，饮水型地方性砷中毒患病率高达15.5%[29, 30]。在我国山西高砷地区的调查结果表明，当地居民普遍存在手掌和脚部角质化症状，并出现躯干色素异常和脏器癌症等严重病症[15]（图11-3）。柬埔寨相关调查表明，连续三年饮用高砷水即会发生砷中毒[31]。孟加拉国对砷污染区的18000人进行调查，发现调查对象中有3695（20.6%）人表现出砷中毒的皮肤症状[32]。此外，砷暴露还会阻碍儿童的智力发育，并影响儿童的体重、身高和肺活量等生长指标[33]。

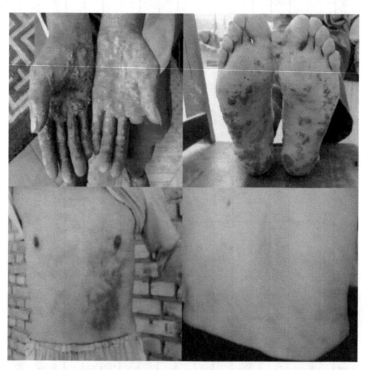

图11-3　山西和内蒙古实地调查中人体手、脚、胸和背部皮肤出现的异常症状

大量的流行病学资料表明，人体从饮用水中摄入的砷与慢性砷中毒导致的皮肤病变之间存在剂量反应关系[34-36]。孟加拉国的相关报道指出[37]，当饮用水中砷浓度小于5μg/L时，皮肤患病率为0.37%；当砷浓度为6～50μg/L时，皮肤患病率为0.63%；当砷浓度大于81μg/L时，皮肤患病率为6.84%；通过与对照组对比发现，砷暴露大于50μg/L时，皮肤病变发生的危险系数提高2.96倍。

目前研究普遍认为无机砷摄入到体内后主要在肝脏通过甲基化反应解毒代谢[38]。在此代谢过程中，无机砷通过氧化甲基化反应转化为一甲基砷（MMA）和二甲基砷（DMA），再通过尿液排出体外[39]。近期研究发现，As（III）与蛋白质中的半胱氨酸巯基有较强的亲和力，进而导致某些蛋白酶失去活性[30, 40]。此外，摄入人体的 As（III）易与皮肤、指甲和头发中的巯基结合，进而导致各种皮肤病变[39]。尿液、指甲和头发可作为生物标志物，反映机体对砷的暴露程度及中毒效应，并可反映不同个体对砷代谢的差异。利用生物标志物高灵敏的特性，可直接表征人群砷暴露水平，评估砷中毒发病风险，对地方性砷中毒的早期发现及监测评价起重要作用。

11.2.1 日均砷摄入量分析

近期，研究人员在山西高砷地区随机抽查 222 人（128 名男性，94 名女性）调查当地砷中毒情况[15]，结果显示 8 个行政村总共约 7500 人，主要饮用未经处理的地下水。九户家庭饮食情况如表 11-2 所示，代表了当地居民的饮食习惯，据此可估计人群食物的砷摄入量。依据中国地方性砷中毒诊断标准对人体皮肤症状如皮肤角质化和色素沉积等进行记录并分类，评价人体砷中毒程度[41]。

表 11-2　九户家庭对蔬菜和粮食的摄入量[g/（d·人）湿重]^a 和频率（d/a）^b

家庭	面粉	黄米	小米	大米	玉米	白菜	土豆	辣椒	茄子	豆角	黄瓜	番茄
F1	228	91	23	46	0.1	91	228	27	9	14	18	46
F2	205	137	123	14	10	103	308	7	21	34	48	103
F3	205	137	55	48	14	48	137	27	38	48	48	82
F4	205	68	41	27	3	68	68	14	14	14	21	27
F5	205	68	34	34	0.1	21	103	10	3	7	21	21
F6	274		137	68	7	137	137	14	14	27	41	27
F7	233	31	137	55	7	82	137	7	1	7	14	21
F8	240	68	55	14	14	137	274	21	10	17	21	21
F9	251	68	23	46	14	183	137	23	14	23	23	37
平均值	228	82	70	39	8	97	170	17	14	22	28	43
暴露时间（d）	365	365	365	365	365	220	220	80	80	100	80	80

a 九户家庭对蔬菜和粮食的摄入量，并据此计算当地平均摄入量；b 摄入频率粮食每年按 365 天摄入计算，蔬菜按调查数据进行计算。

应用美国 EPA 健康风险模型[42]评估当地人群砷暴露风险。砷经饮用水、蔬菜和粮食的摄入量按下述方程计算：

$$\text{ADD} = \frac{\text{As}_s \times \text{IR} \times \text{EF} \times \text{ED}}{1000 \times \text{AT} \times \text{BW}} \tag{11-1}$$

其中，ADD 为日均砷摄入量[mg/(kg·d)]；As_s 为样品中砷浓度，其中地下水样品浓度单位为μg/L，蔬菜和谷物干重砷浓度单位为μg/g；IR 为饮食量，其中日均饮用水 1.8 L[43]，蔬菜和粮食摄入量见表 11-2；EF 为暴露频率，饮用水为 365d/a，蔬菜和粮食摄入频率见表 11-2；ED 为调查问卷得到的暴露时间；AT 为平均寿命（25550d[44]）；BW 为体重（根据中国农村人群调查[45]，男性体重平均为 61.0 kg，女性平均为 53.2kg）。

砷摄入的危害系数（HQ）按下式计算：

$$HQ = \frac{ADD}{RfD} \quad (11-2)$$

其中，RfD 是砷的最低限定值[3×10^{-4} mg/(kg·d)]，当 HQ>1.00 时即认为有中毒风险。

癌症风险系数（R）由下式计算：

$$R = 1 - \exp^{(-SF\times ADD)} \quad (11-3)$$

其中，SF 是斜率参数[1.5mg/(kg·d)]。

模型计算结果显示，当地人群 ADD 为 0.2×10^{-3}~14.1×10^{-3}mg/(kg·d)，平均值为 2.6×10^{-3}mg/(kg·d)（表 11-3）。调查人群中 98.5%以上的 ADD 超出了最低限量值[3×10^{-4}mg/(kg·d)][42]，表明饮食摄入的砷对该地区居民的健康构成潜在威胁。比较发现，我国山西地区的砷摄入量仍低于柬埔寨 Kandal 地区[3.5×10^{-3} mg/(kg·d)]，这是由于 Kandal 地区饮用水砷浓度更高所致（平均 846μg/L）[46]。

表 11-3　调查地区人群日均砷摄入量（ADD）、危害系数（HQ）及癌症风险系数（R）

	ADD[10^{-3} mg/(kg·d)]^a	HQ^b	R（10^{-4}）^c
平均值	2.6	8.6	38.7
中值	1.5	5.1	22.8
标准偏差	2.5	8.4	37.4
最小值	0.2	0.6	3.0
最大值	14.1	47.1	209.7

a 美国 EPA 推荐安全的日均砷摄入量为 3×10^{-4} mg/(kg·d)；b 若 HQ>1，则认为存在癌症风险；c R 值低于 10^{-4} 是安全值。

蔬菜对 ADD 的单独贡献为 2.3×10^{-4}mg/(kg·d)，其中 2%超出了最低限量值。粮食对 ADD 的单独贡献为 5.0×10^{-4}mg/(kg·d)，其中 86%超出了最低限量值。蔬菜和粮食对 ADD 的贡献随着地下水砷浓度的下降而升高（图 11-4）。当地下水砷浓度低于 10μg/L 时，两者的贡献分别达到了 35%和 57%，表明蔬菜和粮食中的砷是不可忽略的因素。与此类似，有报道指出当饮用水中砷浓度低于 10μg/L 时，食物摄入的砷对 ADD 的贡献可达 75%[8]。

ADD 与地下水砷浓度之间呈现极显著的正相关性（R=0.888，P<0.001，见表 11-1），ADD 随水中砷浓度升高而增大（图 11-4）。ADD 与其他参数如年龄和暴露时间也呈正相关关系，表明通过饮用水和食物慢性砷暴露可导致人体内砷累积。人群中毒比例随水中砷浓度增大而升高（图 11-4），类似结果在内蒙古也有报道，其皮肤角质化比率与水中砷浓度呈显著正相关[47]。此外，在饮用水砷浓度低于 10μg/L（n=30）时，砷中毒比例仍高达 17%，这是由于食物中砷暴露导致的人体砷中毒[34, 47]。

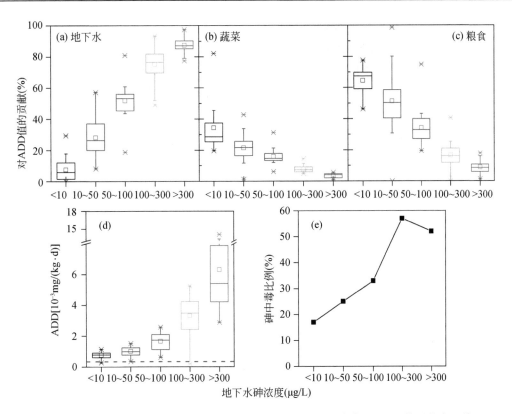

图 11-4 地下水（a）、蔬菜（b）、粮食（c）计算的 ADD 随地下水砷浓度对 ADD 的贡献率，总 ADD（d）和砷中毒比例（e）随地下水中砷浓度的变化规律

地下水中砷浓度范围为<10（$n=30$），10~50（$n=28$），50~100（$n=18$），100~300（$n=30$），>300（$n=25$）μg/L。（d）中虚线是 USEPA 对 ADD 的安全推荐值[RfD，3×10^{-4} mg/(kg·d)]。砷中毒按照中国地方性砷中毒诊断标准对人体皮肤症状分析确定

11.2.2 尿液砷浓度及形态

人类和动物通过各种途径摄入的砷，大部分（约 90%）以尿液形式排出体外，半衰期大约为 4~5d[39, 48]。尿液能灵敏反映人体摄入砷水平与接触时间，可作为砷的生物暴露标志物，用于检测环境和职业中的砷暴露。尿液采集简单易行，基质相对简单，分析前处理较为简单，以尿液作为砷生物标志物的方法已被广泛应用于流行病学研究[30]。人类尿液中总砷的背景浓度大约为 10μg/L[30, 49]，而当砷污染严重时，尿液中总砷浓度会显著升高，并与环境的砷污染程度显著相关[30]。印度西孟加拉邦调查显示，居民尿液中砷浓度随饮用水砷浓度的升高而增加，两者呈显著正相关（$R=0.464$，$P<0.001$）[50]。在我国内蒙古高砷地区的研究发现，当饮用水中不含砷时，成人尿液中砷浓度均值为 9.1μg/L（6.5~12.7μg/L），当饮用水中砷浓度分别增到 90μg/L 和 160μg/L 时，尿液中砷浓度依次增大到 249μg/L（209~296μg/L）和 632μg/L（486~822μg/L）[30]，表明尿液可作为反映低剂量砷暴露的敏感指标[30]。

虽然尿液中砷浓度与环境中砷浓度存在相关性，但是食用一些海产品（含有砷胆碱和

砷糖）也会大大提高尿液中的砷含量，从而导致砷暴露估计的偏差。因此，使用尿液作为砷暴露的生物标志物研究时，需制定严格的采样质量控制，提前 2~3 天禁食海产品[48]。

研究人员对山西地区四位志愿者（表 11-4）的尿液分析表明，不同时间采集的尿液中砷浓度及形态变化不大（图 11-5）。同时，对样品储存的稳定性分析表明，尿液样品在 4℃和-20℃保存一周不会改变砷浓度及形态（图 11-6）。基于此，研究人员对当地居民尿液中的砷进行了分析。

表 11-4　四位志愿者性别、年龄、饮水砷浓度、饮水时间及砷中毒情况

志愿者	性别	年龄	饮水砷浓度（μg/L）	饮水时间（a）	是否砷中毒
P1	女	47	284	27	是
P2	女	45	479	23	否
P3*	女	68	820	33	否
P4*	男	72	820	33	是

* P3 和 P4 共用一口地下水井。

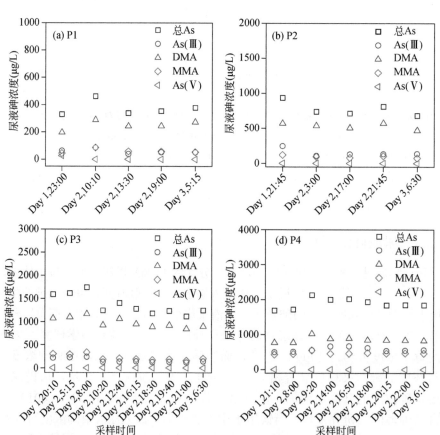

图 11-5　四位志愿者（P1-P4）连续 36h 内尿液中砷浓度及形态的变化

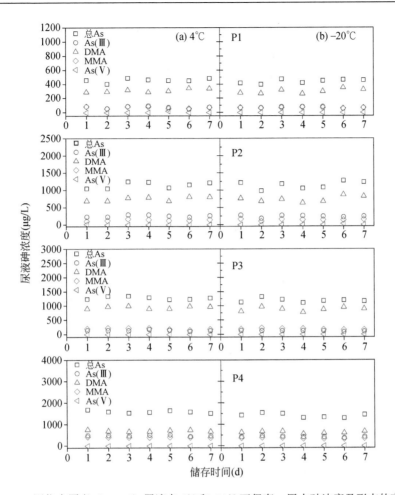

图 11-6 四位志愿者（P1-P4）尿液在 4℃和-20℃下保存一周内砷浓度及形态的变化

结果显示，当地居民人体尿液中总砷浓度范围为 0~551μg/L，平均值为 56μg/L（n=99，图 11-7a）。其中，70%的尿液样品中砷浓度超出了背景值 10μg/L，且尿液砷浓度随饮用水砷浓度的增大而上升（P=0.029，表 11-1）。饮用水砷浓度低于 10μg/L（n=13）时，尿液砷浓度平均为 16μg/L；饮用水砷浓度为 10~50μg/L（n=17）时，尿液砷浓度为 46μg/L；当

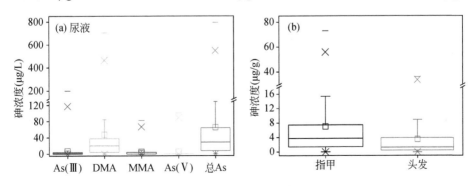

图 11-7 尿液砷总量及形态（a，n=99）、指甲（b，n=176）和头发（b，n=159）砷总量

饮用水砷浓度高于 50μg/L（n=34）时，尿液砷浓度为 110μg/L。尿液砷浓度经自然对数转换后，与饮用水贡献的 ADD、蔬菜 ADD 和总 ADD 均呈正相关（表 11-1）。

一般来说，当砷暴露水平较低时，尿液中无机砷、MMA 和 DMA 的浓度比例分别为 10%~30%、10%~20%和 60%~70%[51]。砷在尿液中的浓度及形态分布，不仅可作为砷暴露的生物标志物，而且还反映了肝脏对砷的代谢情况，对研究个体砷代谢和健康效应具有重要意义。鉴于此，研究人员对尿液中的砷形态进行分析，结果显示，尿液中的砷主要以 DMA 为主（表 11-5），平均浓度为 42.6μg/L（见图 11-7a）；其次为 As（Ⅲ），平均浓度为 6.4μg/L；MMA 与 As（Ⅴ）的浓度水平分别为 5.9μg/L 和 4.8μg/L。这一结果表明人体摄入的无机砷易于在肝脏内甲基化后经尿液排出[51]。

表 11-5　尿液砷总量及形态比例　　　　　　　　　　（单位：%）

	总砷浓度（μg/L）	As（Ⅲ）	DMA	MMA	As（Ⅴ）
平均值	65.7	18	67	9	5
中值	28.8	6	77	ND	ND
标准偏差	119	30	31	17	13
最小值	ND	ND	ND	ND	ND
最大值	797	100	100	100	56

注：ND 指未检测到（no detectable）。

11.2.3　指甲和头发中砷浓度及形态

指甲和头发的主要成分为角质蛋白，其中含有大量的巯基基团，而 As（Ⅲ）极易与巯基结合并积累[39]。砷化合物从血液中进入指甲和头发的根部，并与巯基结合，此后砷含量不再受血砷浓度的影响[52]。指甲和头发指示砷暴露的时间及程度取决于个体指甲和头发的生长速度，一般能够反映 2~12 个月的砷暴露水平[53, 54]。

指甲中砷的背景浓度为 1.5μg/g[53]，当饮用含砷地下水时（含量 0.002~66.6μg/L），指甲中砷浓度与水中砷浓度显著相关（R=0.46，P＜0.001）[11]。头发中砷的背景浓度为 1.0μg/g[55]，砷暴露后，头发中砷含量显著升高，并与外界环境的砷浓度相关。有研究表明，头发中砷浓度与尿液砷浓度（R=0.75，P＜0.001）、饮用水砷浓度（R=0.74，P＜0.001）、砷日均摄入量（R= 0.77，P＜0.001）都存在显著的相关性[56]。

我国山西高砷地区居民指甲和头发中砷平均浓度分别为 7.8μg/g（n=176）和 4.2μg/g（n=159，图 11-7b）。约 76%的指甲样品和 61%的头发样品砷浓度超出了背景值（指甲为 1.5μg/g，头发为 1.0μg/g）[53, 55]。类似的印度高砷地区报道指出，当水中砷浓度超出 50μg/L 时，指甲中砷浓度为 7.2μg/g，头发中砷浓度为 3.4μg/g[57]。表 11-1 的相关性分析结果表明，指甲和头发砷浓度与水中砷浓度呈显著性相关，P 值分别为＜0.001 和 0.001。此外，指甲和头发中砷浓度与总 ADD（P＜0.01）和砷暴露时间（P＜0.05）呈显著性相关，表明指甲和头发可作为人体砷暴露的长期标志物。

基于同步辐射的 X 射线荧光（μ-XRF）与 X 射线吸收谱（μ-XANES）是原位研究砷分布及形态的有力手段。μ-XRF 结果表明，砷在指甲横断面呈三层结构分布，在横断面外层和内层浓度较高，中间浓度较低（见图 11-8a）。由于指甲富含角质层，因此硫在整个断面分布较为均匀[58]。指甲横断面角质层内外两侧富含游离态的硫基，易与砷结合，而中间层主要以稳定态为主，不易与砷结合，因此砷在指甲横断面形成了三层结构，与金矿区指甲砷分布一致[59]。

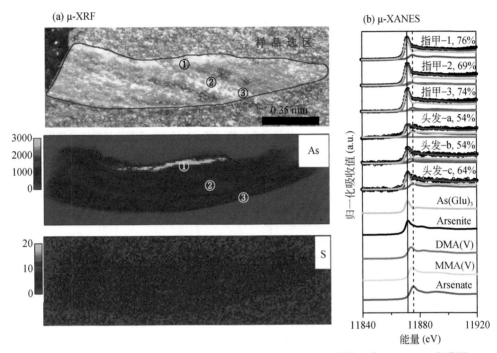

图 11-8 指甲横断面（红线）砷和硫的 μ-XRF 分布图（a）以及砷的 k 边 μ-XANES 光谱图（b）
（a）①和③号点代表指甲边缘，②号点代表中间层，颜色标尺代表元素的相对浓度；（b）指甲样品中三个选区点（砷浓度为 73.1μg/g）及三个头发样品（a 砷浓度为 17.2μg/g，b 砷浓度为 21.6μg/g，c 砷浓度为 17.7μg/g），百分比为线性拟合后 As(Glu)$_3$ 的量

其他一些金属元素在指甲内的μ-XRF 分析表明，Fe、Cu、Mn 和 Ca 主要分布于指甲的内外两侧，Zn 则在指甲横断面分布较为均匀（见图 11-9）。各元素在指甲中的分布情况与每种元素的物理化学性质及生物代谢转化相关[59, 60]。

μ-XANES 结果显示，指甲和头发中砷主要与硫结合[As(Glu)$_3$]（图 11-8b，表 11-6），经线性拟合后 As(Glu)$_3$ 含量分别达到 69%～76%和 54%～64%，表明指甲和头发中的砷易于富集在富含硫基的角质层[58, 61]。此外，指甲中 As(Glu)$_3$ 比重较大，这与指甲中角质层多于头发相吻合[61]。三个头发样品中不同比例的 DMA 和 As（V）表明不同人体头发对砷代谢的差异性。

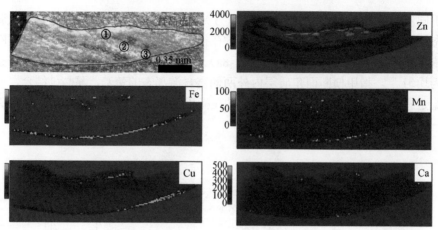

图 11-9 指甲横断面（红线）中 Zn、Fe、Mn、Cu 和 Ca 的 μ-XRF 分布图

颜色标尺代表元素的相对浓度

表 11-6 指甲中三个选区点及三个头发样品的 μ-XANES 谱图的线性拟合结果

	As(Glu)$_3$%	As（V）%	DMA%	As（III）%	MMA%	$R \pm$ factor
指甲-1	76	24	0	0	0	0.0005
指甲-2	69	13	18	0	0	0.0007
指甲-3	74	18	8	0	0	0.0011
头发-a	54	44	2	0	0	0.0114
头发-b	54	14	32	0	0	0.0095
头发-c	64	36	0	0	0	0.0122

11.2.4 砷暴露健康风险评估

上述研究地区的砷暴露水平表明，ADD 与尿砷浓度（$n=57$）、指甲砷浓度（$n=96$）和头发砷浓度（$n=95$）均呈显著相关（P 均<0.01，表 11-1），尿液、指甲和头发中砷浓度随 ADD 增大而升高（图 11-10），因此这些指示物可以反映人体砷的摄入水平。需要指出的是，图 11-10 中标记处有一些偏离主趋势的点，这可能是由于经济状况、营养水平和个体健康情况等差异对砷的代谢排出有一定影响[36]。

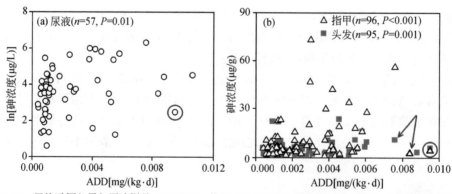

图 11-10 日均砷摄入量与尿液样品（$P=0.01$）、指甲（$P<0.001$）和头发（$P=0.001$）中砷浓度的相关性分布

圆圈及箭头标记处为日均砷摄入量较高，而尿液、指甲和头发中砷浓度较低的样品

健康风险评估模型分析表明，调查人群因砷摄入的健康危害系数(HQ)的平均值为6.4，其中，98%的个体健康危害系数超出了正常值（表11-7）。砷暴露致癌风险计算结果显示，背景地区人群因砷暴露致癌风险值仅为万分之一（1/10000）。在调查的典型高砷地区中，通过计算人群因砷摄入暴露量，得到的致癌风险值超过了这一参考概率，其中调查人群致癌风险为千分之一（1/1000）的概率高达88%，表明该地区砷暴露引起的健康效应显著，高砷地下水亟需治理。

表 11-7 调查人群危害系数（HQ）及致癌风险

HQ>1.00[a]	致癌风险（R）[b]		
	>1 in 100	>1 in 1000	>1 in 10000
98%	6%	88%	100%

a 公式（11-2）。ADD 为日均砷摄入量 [mg/(kg·d)]，RfD 是砷的最低限定值 [3×10^{-4} mg/(kg·d)]。HQ>1，认为存在致癌风险；b 公式（11-3）。SF 是斜率参数 [1.5mg/(kg·d)]。

11.3 砷暴露干预手段

高砷地下水的治理是控制砷暴露的主要手段。吸附法具有处理效率高、简单易行等优点，在原生地下水的砷治理中已得到广泛应用[62]。利用二氧化钛（TiO_2）的高密度羟基活性位点，研究人员制备了化学稳定性强、比表面积大、可再生回用的颗粒 TiO_2 吸附材料用于典型山西地区的高砷地下水治理，并对砷毒害的控制情况进行了跟踪调查，为解决当地居民的砷污染暴露问题提供了思路[63]。

利用装载有 TiO_2 颗粒的家用滤水壶可处理高砷地区的地下水（图 11-11）。结果显示，

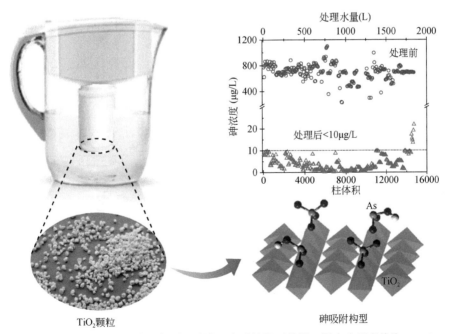

图 11-11 家用滤水壶示意图及对地下水砷的处理结果，图中水平虚线为 10μg/L

对初始砷浓度约为 800μg/L 的地下水，通过滤水壶处理可将砷浓度降至 10μg/L 以下，达到饮用水标准。该滤水壶的砷吸附量高达 10.1mg/g TiO$_2$，可保证运行 288d（超过 14000 倍柱体积），处理水量 1800L，当出水砷浓度超出 10μg/L 时，TiO$_2$ 颗粒可进行再生循环使用[64]。在间歇性运行模式下，砷有足够的时间穿过吸附剂的多孔通道，到达吸附剂表面位点。因此，相比于其他文献报道[65]，TiO$_2$ 具有较大的砷吸附量，而且砷在 TiO$_2$ 表面以双齿双核的吸附构型存在，吸附构型稳定。该滤水壶间歇性运行模式可满足一般家庭饮用水的要求。

尿液生物标志物的高灵敏特性可直接表征人群砷暴露及中毒效应水平，评估地下水处理前后居民体内砷浓度水平的变化规律。在居民饮用除砷地下水前后一段时期内，每天取晨尿尿液进行砷浓度及形态分析（图 11-12），在饮用除砷地下水前，尿液中总砷浓度为 972～2080μg/L，饮用除砷地下水一段时间（15～33d）后，居民尿液中砷浓度降至 31.7～73.3μg/L。

饮用除砷地下水之前，DMA 为居民尿液中砷的主要形态，其浓度范围为 475～1300μg/L；次之为 As（Ⅲ），浓度范围为 206～600μg/L；MMA 浓度范围为 123～439μg/L；含量最少的 As（Ⅴ）浓度范围为 42.4～131μg/L，表明人体内甲基砷可优先通过肝脏代谢的方式通过尿液排出体外[49, 66]。当居民饮用除砷地下水后，尿液中砷形态比例并未发生变化，表明体内砷代谢途径一致。

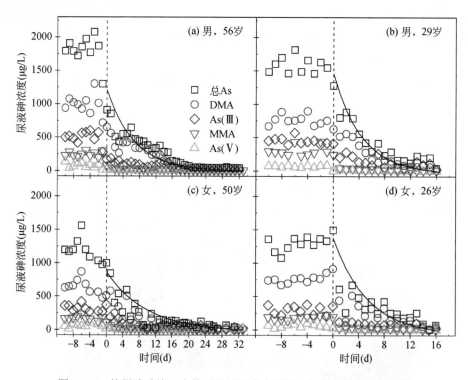

图 11-12　饮用除砷地下水前后居民尿液中砷形态浓度随时间变化规律

饮用除砷地下水后，居民尿液中砷浓度的降低规律符合拟一级动力学方程，这与一些药物在人体内的代谢规律相一致[67]。利用拟一级动力学方程拟合尿液中总砷浓度变化，如图 11-13 所示，模型拟合结果显示尿液中砷浓度在 20d 后即可降至 10μg/L 以下。然而，图 11-12 的结果显示，当地居民饮用除砷地下水 15～33d 后尿液中砷浓度仍明显高于背景浓度 10μg/L，这是由于在当地居民的饮食中，除饮用水外，粮食和蔬菜中亦含有高浓度的砷（图 11-1）。以上研究结果提供了地下水除砷降低居民尿砷浓度水平的直接证据，为应用 TiO_2 吸附材料控制砷污染暴露提供了实际处理范例。

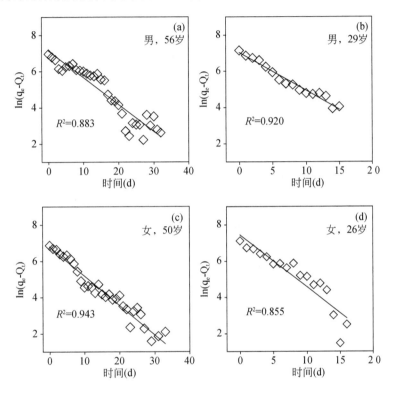

图 11-13 拟一级动力学方程拟合居民尿液中总砷浓度随时间变化规律

（撰稿人：景传勇 阎 莉）

参 考 文 献

[1] Nordstrom D K. Public health. Worldwide occurrences of arsenic in ground water. Science, 2002, 296: 2143-2145.

[2] Smith A H, Goycolea M, Haque R, Biggs M L. Marked increase in bladder and lung cancer mortality in a region of Northern Chile due to arsenic in drinking water. American Journal of Epidemiology, 1998, 147: 660-669.

[3] WHO. Environmental health criteria. Arsenicand arsenic compounds(2nd edition). Geneva: World Health Organization, 2012.

［4］ Smith A H, Lingas E O, Rahman M. Contamination of drinking-water by arsenic in Bangladesh: A public health emergency. Bulletin of the World Health Organization, 2000, 78: 1093-1103.

［5］ Rodríguez-Lado L, Sun G, Berg M, Zhang Q, Xue H, Zheng Q, Johnson C A. Groundwater arsenic contamination throughout China. Science, 2013, 341: 866-868.

［6］ Lubin J H, Moore L E, Fraumeni J F, Jr. Cantor K A. Respiratory cancer and inhaled inorganic arsenic in copper smelters workers: A linear relationship with cumulative exposure that increases with concentration. Environmental Health Perspectives, 2008, 116: 1661-1665.

［7］ Kile M L, Houseman E A, Breton C V, Smith T, Quamruzzaman O, Rahman M, Mahiuddin G, Christiani D C. Dietary arsenic exposure in Bangladesh. Environmental Health Perspectives, 2007, 115: 889-893.

［8］ Halder D, Bhowmick S, Biswas A, Chatterjee D, Nriagu J, Mazumder D N G, Slejkovec Z, Jacks G, Bhattacharya P. Risk of arsenic exposure from drinking water and wietary components: Implications for risk management in rural Bengal. Environmental Science & Technology, 2013, 47: 1120-1127.

［9］ Rahman M M, Asaduzzaman M, Naidu R. Consumption of arsenic and other elements from vegetables and drinking water from an arsenic-contaminated area of Bangladesh. Journal of Hazardous Materials, 2013, 262: 1056-1063.

［10］ Yang J K, Barnett M O, Zhuang J L, Fendorf S E, Jardine P M. Adsorption, oxidation, and bioaccessibility of As (III) in soils. Environmental Science & Technology, 2005, 39: 7102-7110.

［11］ Tsuda T, Inoue T, Kojima M, Aoki S. Market basket and duplicate portion estimation of dietary intakes of cadmium, mercury, arsenic, copper, manganese, and zinc by Japanese adults. Journal of AOAC International, 1995, 78: 1363-1368.

［12］ Watanabe C, Kawata A, Sudo N, Sekiyama M, Inaoka T, Bae M, Ohtsuka R. Water intake in an Asian population living in arsenic-contaminated area. Toxicology and Applied Pharmacology, 2004, 198: 272-282.

［13］ Williams P N, Price A H, Raab A, Hossain S A, Feldmann J, Meharg A A. Variation in arsenic speciation and concentration in paddy rice related to dietary exposure. Environmental Science & Technology, 2005, 39: 5531-5540.

［14］ McDonald C, Hoque R, Huda N, Cherry N. Risk of arsenic-related skin lesions in Bangladeshi villages at relatively low exposure: A report from Gonoshasthaya Kendra. Bulletin of the World Health Organization, 2007, 85: 668-673.

［15］ Cui J, Shi J, Jiang G, Jing C. Arsenic levels and speciation from ingestion exposures to biomarkers in Shanxi, China: Implications for human health. Environmental Science & Technology, 2013, 47: 5419-5424.

［16］ Smedley P L, Kinniburgh D G. A review of the source, behaviour and distribution of arsenic in natural waters. Applied Geochemistry, 2002, 17: 517-568.

［17］ 中华人民共和国卫生部. 食品中污染物限量标准: GB2762—2005.北京: 中国标准出版社, 2005.

［18］ Signes-Pastor A J, Mitra K, Sarkhel S, Hobbes M, Burlo F, De Groot W T, Carbonell-Barrachina AA. Arsenic speciation in food and estimation of the dietary intake of inorganic arsenic in a rural village of West Bengal, India. Journal of Agricultural and Food Chemistry, 2008, 56: 9469-9474.

［19］ Roychowdhury T, Tokunaga H, Ando M. Survey of arsenic and other heavy metals in food composites and drinking water and estimation of dietary intake by the villagers from an arsenic-affected area of West Bengal, India. Science of the Total Environment, 2003, 308: 15-35.

[20] Norra S, Berner Z A, Agarwala P, Wagner F, Chandrasekharam D, Stuben D.Impact of irrigation with As rich groundwater on soil and crops: A geochemical case study in West Bengal Delta Plain, India. Applied Geochemistry, 2005, 20: 1890-1906.

[21] Bhattacharya P, Samal A C, Majumdar J, Santra S C. Arsenic contamination in rice, wheat, pulses, and vegetables: A study in an arsenic affected area of West Bengal, India. Water Air and Soil Pollution, 2010, 213: 3-13.

[22] de la Fuente C, Clemente R, Alburquerque J A, Velez D, Bernal M P. Implications of the use of As-rich groundwater for agricultural purposes and the effects of soil amendments on As solubility. Environmental Science & Technology, 2010, 44: 9463-9469.

[23] Das H K, Mitra A K, Sengupta P K, Hossain A, Islam F, Rabbani G H. Arsenic concentrations in rice, vegetables, and fish in Bangladesh: a preliminary study. Environment International, 2004, 30: 383-387.

[24] Zhao F, Stroud J L, Eagling T, Dunham S J, McGrath S P, Shewry P R. Accumulation, distribution, and speciation of arsenic in wheat grain. Environmental Science & Technology, 2010, 44: 5464-5468.

[25] Zavala Y J, Duxbury J M. Arsenic in rice. I. Estimating normal levels of total arsenic in rice grain. Environmental Science & Technology, 2008, 42: 3856-3860.

[26] Baig J A, Kazi T G, Shah A Q, Afridi H I, Kandhro G A, Khan S, Kolachi N F, Wadhwa S K, Shah F, Arain M B, Jamali M K. Evaluation of arsenic levels in grain crops samples, irrigated by tube well and canal water. Food and Chemical Toxicology, 2011, 49: 265-270.

[27] Williams P N, Villada A, Deacon C, Raab A, Figuerola J, Green A J, Feldmann J, Meharg A A. Greatly enhanced arsenic shoot assimilation in rice leads to elevated grain levels compared to wheat and barley. Environmental Science & Technology, 2007, 41: 6854-6859.

[28] Dahal B M, Fuerhacker M, Mentler A, Karki K B, Shrestha R R, Blum W E H. Arsenic contamination of soils and agricultural plants through irrigation water in Nepal. Environmental Pollution, 2008, 155: 157-163.

[29] Luo T, Hu S, Cui J, Tian H, Jing C. Comparison of arsenic geochemical evolution in the Datong Basin (Shanxi) and Hetao Basin (Inner Mongolia), China. Applied Geochemistry, 2012, 27: 2315-2323.

[30] Sun G, Xu Y, Li X, Jin Y, Li B, Sun X. Urinary arsenic metabolites in children and adults exposed to arsenic in drinking water in Inner Mongolia, China. Environmental Health Perspectives, 2007, 115: 648-652.

[31] Sampson M L, Bostick B, Chiew H, Hagan J M, Shantz A. Arsenicosis in Cambodia: Case studies and policy response. Applied Geochemistry, 2008, 23: 2977-2986.

[32] Hall M, Chen Y, Ahsan H, Slavkovich V, van Geen A, Parvez F, Graziano J. Blood arsenic as a biomarker of arsenic exposure: Results from a prospective study. Toxicology, 2006, 225: 225-233.

[33] Wang S X, Wang Z H, Cheng X T, Li J, Sang Z P, Zhang X D, Han L L, Mao X Y, Wu Z M, Wang Z Q. Arsenic and fluoride exposure in drinking water: Children's IQ and growth in Shanyin county, Shanxi province, China. Environmental Health Perspectives, 2007, 115: 643-647.

[34] Ahsan H, Perrin M, Rahman A, Parvez F, Stute M, Zheng Y, Milton A H, Brandt-Rauf P, van Geen

A, Graziano J. Associations between drinking water and urinary arsenic levels and skin lesions in Bangladesh. Journal of Occupational and Environmental Medicine, 2000, 42: 1195-1201.

[35] Chowdhury U K, Biswas B K, Chowdhury T R, Samanta G, Mandal B K, Basu G C, Chanda C R, Lodh D, Saha K C, Mukherjee S K, Roy S, Kabir S, Quamruzzaman Q, Chakraborti D. Groundwater arsenic contamination in Bangladesh and West Bengal, India. Environmental Health Perspectives, 2000, 108: 393-397.

[36] Parvez F, Chen Y, Argos M, Hussain A, Momotaj H, Dhar R, van Geen A, Graziano J H, Ahsan H. Prevalence of arsenic exposure from drinking water and awareness of its health risks in a Bangladeshi population: Results from a large population-based study. Environmental Health Perspectives, 2006, 114: 355-359.

[37] Rahman M M, Chowdhury U K, Mukherjee S C, Mondal B K, Paul K, Lodh D, Biswas B K, Chanda C R, Basu G K, Saha K C, Roy S, Das R, Palit S K, Quamruzzaman Q, Chakraborti D. Chronic arsenic toxicity in Bangladesh and West Bengal, India-A review and commentary. Journal of Toxicology-Clinical Toxicology, 2001, 39: 683-700.

[38] Hughes M F. Arsenic toxicity and potential mechanisms of action. Toxicology Letters, 2002, 133: 1-16.

[39] Marchiset-Ferlay N, Savanovitch C, Sauvant-Rochat M P. What is the best biomarker to assess arsenic exposure via drinking water? Environment International, 2012, 39: 150-171.

[40] Pi J B, Yamauchi H, Kumagai Y, Sun G F, Yoshida T, Aikawa H, Hopenhayn-Rich C, Shimojo N. Evidence for induction of oxidative stress caused by chronic exposure of chinese residents to arsenic contained in drinking water. Environmental Health Perspectives, 2002, 110: 331-336.

[41] 中华人民共和国卫生部. 地方性砷中毒诊断标准: WS/T 211—2001.北京: 中国标准出版社, 2003.

[42] USEPA. Integrated risk information system (IRIS): arsenic, inorganic, CASRN 7440-38-2. 1998.

[43] Schmitt M T, Schreinemachers D, Wu K, Ning Z, Zhao B, Le X C, Mumford J L.Human nails as a biomarker of arsenic exposure from well water in Inner Mongolia: Comparing atomic fluorescence spectrometry and neutron activation analysis. Biomarkers, 2005, 10: 95-104.

[44] Li G, Sun G X, Williams P N, Nunes L, Zhu Y G. Inorganic arsenic in Chinese food and its cancer risk. Environment International, 2011, 37: 1219-1225.

[45] 杨晓光, 李艳平, 马冠生, 胡小琪, 王京钟, 崔朝辉, 王志宏, 于文涛, 杨正雄, 翟凤英. 中国2002年居民身高和体重水平及近10年变化趋势分析. 中华流行病学杂志, 2005, 26: 489-493.

[46] Phan K, Sthiannopkao S, Kim K W, Wong M H, Sao V, Hashim J H, Yasin M S M, Aljunid S M. Health risk assessment of inorganic arsenic intake of Cambodia residents through groundwater drinking pathway. Water Research, 2010, 44: 5777-5788.

[47] Mo J Y, Xia Y J, Wade T J, Schmitt M, Le X C, Dang R H, Mumford J L. Chronic arsenic exposure and oxidative stress: OGG1 expression and arsenic exposure, nail selenium, and skin hyperkeratosis in Inner Mongolia. Environmental Health Perspectives, 2006, 114: 835-841.

[48] Hughes M F. Biomarkers of exposure: A case study with inorganic arsenic. Environmental Health Perspectives, 2006, 114: 1790-1796.

[49] Cleland B, Tsuchiya A, Kalman D A, Dills R, Burbacher T M, White J W, Faustman E M, Marien K. Arsenic exposure within the Korean Community (United States) based on dietary behavior and arsenic

[50] Uchino T, Roychowdhury T, Ando M, Tokunaga H. Intake of arsenic from water, food composites and excretion through urine, hair from a studied population in West Bengal, India. Food and Chemical Toxicology, 2006, 44: 455-461.

[51] Vahter M. Genetic polymorphism in the biotransformation of inorganic arsenic and its role in toxicity. Toxicology Letters, 2000, 112-113: 209-217.

[52] Slotnick M J, Nriagu J O. Validity of human nails as a biomarker of arsenic and selenium exposure: A review. Environmental Research, 2006, 102: 125-139.

[53] Hinwood A L, Sim M R, Jolley D, de Klerk N, Bastone E B, Gerostamoulos J, Drummer OH. Hair and toenail arsenic concentrations of residents living in areas with high environmental arsenic concentrations. Environmental Health Perspectives, 2003, 111: 187-193.

[54] Michaud D S, Wright M E, Cantor K P, Taylor P R, Virtamo J, Albanes D. Arsenic concentrations in prediagnostic toenails and the risk of bladder cancer in a cohort study of male smokers. American Journal of Epidemiology, 2004, 160: 853-859.

[55] Hindmarsh J T. Caveats in hair analysis in chronic arsenic poisoning. Clinical Biochemistry, 2002, 35: 1-11.

[56] Llobett J M, Falco G, Casas C, Teixido A, Domingo J L. Concentrations of arsenic, cadmium, mercury, and lead in common foods and estimated daily intake by children, adolescents, adults, and seniors of Catalonia, Spain. Journal of Agricultural and Food Chemistry, 2003, 51: 838-842.

[57] Samanta G, Sharma R, Roychowdhury T, Chakraborti D. Arsenic and other elements in hair, nails, and skin-scales of arsenic victims in West Bengal, India. Science of the Total Environment, 2004, 326: 33-47.

[58] Raab A, Feldmann J. Arsenic speciation in hair extracts. Analytical and Bioanalytical Chemistry, 2005, 381: 332-338.

[59] Pearce D C, Dowling K, Gerson A R, Sim M R, Sutton S R, Newville M, Russell R, McOrist G. Arsenic microdistribution and speciation in toenail clippings of children living in a historic gold mining area. Science of the Total Environment, 2010, 408: 2590-2599.

[60] Rodushkin I, Axelsson M D. Application of double focusing sector field ICP-MS for multielemental characterization of human hair and nails. Part III. Direct analysis by laser ablation. Science of the Total Environment, 2003, 305: 23-39.

[61] Mandal B K, Ogra Y, Suzuki K T. Speciation of arsenic in human nail and hair from arsenic-affected area by HPLC-inductively coupled argon plasma mass spectrometry. Toxicology and Applied Pharmacology, 2003, 189: 73-83.

[62] Leupin O X, Hug S J, Badruzzaman A B M. Arsenic removal from Bangladesh tube well water with filter columns containing zerovalent iron filings and sand. Environmental Science & Technology, 2005, 39: 8032-8037.

[63] Hu S, Shi Q, Jing C. Groundwater arsenic adsorption on granular TiO_2: Integrating atomic structure, filtration, and health impact. Environmental Science & Technology, 2015, 49: 9707-9713.

[64] Cui J L, Du J J, Yu S W, Jing C Y, Chan T S. Groundwater arsenic removal using granular TiO_2: Integrated

laboratory and field study. Environmental Science and Pollution Research, 2015, 22: 8224-8234.

[65] Badruzzaman M, Westerhoff P, Knappe D R U. Intraparticle diffusion and adsorption of arsenate onto granular ferric hydroxide (GFH). Water Research, 2004, 38: 4002-4012.

[66] Chowdhury U K, Rahman M M, Sengupta M K, Lodh D, Chanda C R, Roy S, Quamruzzaman Q, Tokunaga H, Ando M, Chakraborti D. Pattern of excretion of arsenic compounds arsenite, arsenate, MMA (V), DMA (V) in urine of children compared to adults from an arsenic exposed area in Bangladesh. Journal of Environmental Science and Health Part a-Toxic/Hazardous Substances & Environmental Engineering, 2003, 38: 87-113.

[67] Peng C L, Liu C, Tang X. Determination of physicochemical properties and degradation kinetics of triamcinolone acetonide palmitate in vitro. Drug Development and Industrial Pharmacy, 2010, 36: 1469-1476.

第三篇 污染物与生物分子交互作用机制

本章导读

• 介绍卤代醌类污染物可以通过不依赖过渡金属离子的方式促进有机过氧化氢分解产生烷氧自由基的分子机理，重点介绍一种新型中间体——以碳为中心的醌酮自由基的检测、鉴定及纯化工作。将此机理扩展至更具生理意义的外源性脂质氢过氧化物研究，探讨卤代醌及其酚类前驱物的基因毒性和致癌性。

• 介绍典型污染物引发的DNA损伤应答反应的作用机理，包括跨损伤DNA聚合酶Polη和REV1在调控跨损伤DNA合成通路中的机制研究，以及去泛素化酶ATX3和渐冻症RNA结合蛋白RBM45在DNA损伤修复中的作用机理。

• 介绍二噁英等典型持久性有机污染物通过芳香烃受体生物靶点引发的信号通路扰动作用及生物评价方法，阐述该信号通路机制在污染物干扰乙酰胆碱酯酶等重要功能基因表达与多系统发育进程等生物干扰效应中的作用。介绍传统污染物砷与德克隆类新型污染物的毒性生物标志物的发现及与效应的关联。

• 围绕环境因素对核酸表观遗传的毒性效应以及对表观转录组的影响，简要介绍典型污染物的DNA表观遗传毒理效应机制及进展，详细阐述RNA修饰对RNA加工代谢及多种生物学过程的功能调控，为揭示污染物对机体的表观转录组损伤和健康影响提供重要的理论基础。

第12章　卤代醌介导的自由基分子机理研究

卤代醌是一类具有较强化学反应活性和毒性作用的中间产物，可产生多种毒害作用，如急性肝、肾毒性和致癌性[1, 2]。氯代苯醌（如四氯和 2,5-二氯-1,4-苯醌）是广泛使用的氯代酚类化合物杀虫剂如木材保护剂五氯酚和 2,4,5-三氯酚主要的具有基因毒性和致癌性的中间代谢产物。在被美国环保署（EPA）确认的 1585 处含优先控制污染物的名单中，其中至少有 313 处发现有五氯酚存在。五氯酚最近被国际癌症研究联盟（IARC）列为 I 组环境致癌物和持久性有机污染物（POPs）[3]。卤代醌是卤代酚以及其他卤代 POPs 在各种化学和酶促氧化及降解过程中产生的活性中间体或产物[3-6]。近来，有几种卤代醌被确认为饮用水和游泳池水中氯化消毒的新型副产物[7, 8]，在造纸厂纸浆废水中也检测到多种卤代醌类化合物。

研究发现这些卤代醌类化合物不仅在体外和体内可以对 DNA 和其他生物大分子造成氧化损伤，还能与蛋白质和 DNA 形成加合物[1-6, 9-11]。因此，这些卤代醌类化合物具有导致哺乳动物产生癌症的潜在能力。

有机氢过氧化物（ROOH）可通过多不饱和脂肪酸经非酶促自由基反应或者通过脂肪氧化酶和环氧酶经酶促氧化亚油酸和花生四烯酸产生[12, 13]。ROOH 可由过渡金属离子催化分解生成烷氧自由基而导致脂质过氧化或进一步分解生成 α，β 不饱和醛而与 DNA 和其他生物大分子发生反应[12, 13]：

$$\text{ROOH} + \text{Me}^{(n-1)+} \rightarrow \text{RO}^\bullet + \text{OH}^- + \text{Me}^{n+} \tag{12-1}$$

先前研究表明四氯苯醌（TCBQ）和其他卤代醌能与 H_2O_2（图 12-1）以不依赖过渡金属离子的方式，通过新型的亲核取代和均裂分解机制（图 12-2）生成羟基自由基，并且能导致化学发光[14-18]。进而发现卤代醌和 H_2O_2 也能以不依赖过渡金属离子产生羟基自由基的机制造成较强的 DNA 氧化损伤产生 8-羟基脱氧鸟苷和 5-甲基-2'-脱氧胞苷的甲基氧化

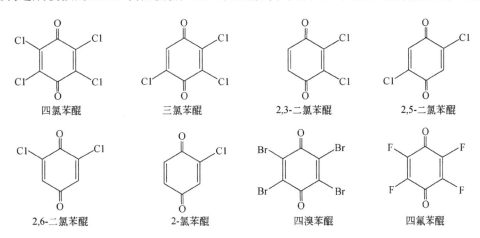

图 12-1　卤代醌类化合物的结构式

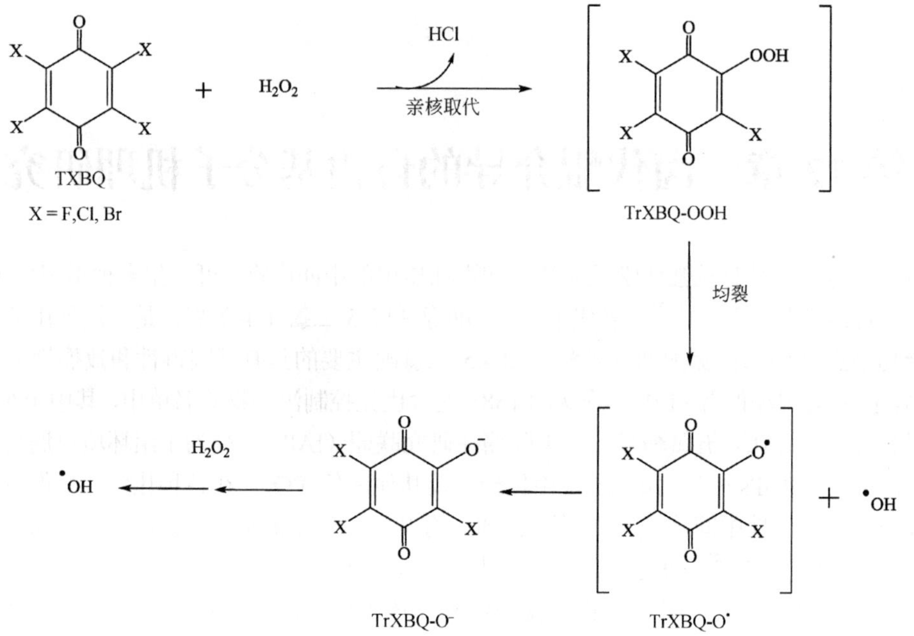

图 12-2　四氯 1,4-苯醌（TXBQ, X = 氟，氯，溴）和 H_2O_2 反应后产生 $^{\bullet}OH$ 可能的作用机制

四卤代苯醌和 H_2O_2 可能经亲核反应生成三卤代-氢过氧基 -1,4-苯醌（TrXBQ-OOH）中间产物，进而均裂分解生成 $^{\bullet}OH$ 和三卤代-羟基-1,4-苯醌自由基（TrXBQ-O$^{\bullet}$）

（去甲基化）[19-21]。然而，目前尚不清楚卤代醌是否能与 ROOH 以类似的不依赖过渡金属离子的方式生成烷氧自由基。因此，在最近的研究中，试图回答以下问题：①卤代醌能否与 ROOH 产生烷氧自由基；②如果可以，烷氧自由基的产生是否依赖过渡金属离子；③反应的确切分子机制是什么？

12.1　不依赖过渡金属离子由卤代醌介导的有机过氧化氢分解及烷氧自由基的形成机制

以典型卤代醌 2,5-二氯-1,4-苯醌（DCBQ）和短链 ROOH 叔丁基过氧化氢（t-BuOOH）为研究对象，利用电子自旋共振（ESR）及自旋捕获技术，朱本占课题组发现 DCBQ 能显著促进 t-BuOOH 的分解，并与 DMPO 形成含有叔丁基氧自由基（t-BuO•）和甲基自由基（•CH$_3$）的加合物[22]。值得注意的是，在 DCBQ 和 2,6-二氯-1,4-苯醌（2,6-DCBQ）体系中均检测到了一种新的但信号较弱的自由基加合物，而此类加合物在其他卤代醌和铁体系中并没有被检测到（这种自由基加合物的进一步鉴定，参考 12.2）。相反，单独暴露 DCBQ 或 t-BuOOH 并不能产生 t-BuO•和•CH$_3$。如图 12-3 所示单独暴露 DCBQ 时，ESR 波谱中心信号显示的是 2,5-二氯半醌阴离子自由基（DCSQ$^{\bullet-}$）的信号。综合以上结果，表明 DCBQ 能促进 t-BuOOH 的分解，诱导 t-BuO• 及•CH$_3$ 的形成。

具有氧化-还原活性的过渡金属离子，尤其是铁离子和铜离子能影响 t-BuOOH 的分解形成 t-BuO• 及 •CH$_3$[12,13]。因此，为了检查过渡金属离子在 DMPO/DCBQ/t-BuOOH 反应体系中的作用，使用了几种结构不同的特异性金属络合剂来检验铜离子和铁离子的作用[12,23-25]。当加入几种不同的特异性二价铁离子络合剂如向红菲咯啉二磺酸盐（BPS）、菲咯嗪和呋喃三嗪或一价铜离子的专属络合剂浴铜灵后，DMPO/DCBQ/t-BuOOH 反应体系中的 DMPO/t-BuO• 和 DMPO/•CH$_3$ 信号都没有降低。相反，由 DMPO/Fe（II）/t-BuOOH 体系产生的 DMPO/t-BuO• 和 DMPO/•CH$_3$ 几乎完全被 BPS、菲咯嗪和呋喃三嗪所抑制。以上结果表明：在 DCBQ/t-BuOOH 反应体系中 t-BuO• 和 •CH$_3$ 的生成并不依赖具有氧化-还原活性的过渡金属离子的存在。

不依赖过渡金属离子生成 t-BuO• 和 •CH$_3$ 不仅仅局限于 DCBQ 和 t-BuOOH 反应，也可由其他卤代苯醌与 t-BuOOH 反应产生。如四氯-、三氯-、2,6-二氯-、2,3-二氯-、2-氯-，四氟-和四溴-1,4-苯醌。而与此相反，在 t-BuOOH 与非卤代苯醌，如 1,4-苯醌、甲基取代苯醌、2,6-二甲基和四甲基-1,4-苯醌反应中均没有检测到 t-BuO• 和 •CH$_3$。

研究人员发现 DCBQ 一旦加入到经 chelex 处理的磷酸盐缓冲液中，就自发地形成了 DCSQ•$^-$。水在 DCBQ 水解时产生的电子转移可能是使 DCBQ 还原的主要原因[26]。DCSQ•$^-$ 的信号随着 t-BuOOH 的加入而显著减少，并伴随着 t-BuO• 形成（图 12-3）。这些结果表明 DCSO•$^-$ 可能直接与 t-BuOOH 反应，产生 t-BuO•（公式 12-2），这与由 Fe^{2+} 催化的 t-BuOOH 降解成 t-BuO• 的反应类似。

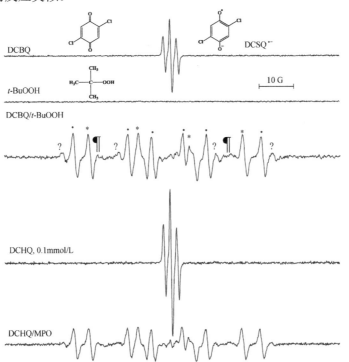

图 12-3 2,5-二氯-1,4-苯醌或其还原形式 2,5-二氯氢醌在有/无髓过氧物酶参与时不依赖金属分解叔丁基过氧化氢产生烷氧自由基

*DMPO/t-BuO•；•DMPO/•CH$_3$；¶DMPO/OCH$_3$；?未定义

$$t\text{-BuOOH} + \text{DCSQ}\cdot^- \rightarrow t\text{-BuO}\cdot + \text{OH}^- + \text{DCBQ} \qquad (12\text{-}2)$$
$$t\text{-BuOOH} + \text{Fe}^{2+} \rightarrow t\text{-BuO}\cdot + \text{OH}^- + \text{Fe}^{3+} \qquad (12\text{-}3)$$

根据以上反应机理，由 t-BuOOH 和 DCBQ 反应产生的 t-BuO• 应取决于 DCSQ•⁻ 的浓度；即 DCSQ•⁻ 的浓度越高，产生的 t-BuO• 应该越多。而且，这个反应的主要产物应该是 DCBQ。虽然 2,5-二氯氢醌（DCHQ，DCBQ 的还原形式）会自动氧化产生高浓度的 DCSQ•⁻（图 12-3），但在 DCHQ 和 t-BuOOH 反应中并没有检测到 DMPO/t-BuO•。有趣的是，如果 DCHQ 很快被髓过氧化物酶氧化成 DCBQ，那么 DMPO/t-BuO• 就能被检测到（图 12-3）。而且，DMPO/t-BuO• 的形成直接取决于 DCBQ 的浓度。这些结果表明可能是 DCBQ 而不是 DCSQ•⁻，是产生 t-BuO• 的关键。

另外，紫外可见光谱的研究表明，在 DCBQ 和 t-BuOOH 之间存在着直接的相互作用，即二者在磷酸盐缓冲液（pH 7.4）中由原始的黄色（λ_{max}=272nm）迅速转变成特有的紫色（λ_{max}=278nm 和 515nm）。采用电喷雾电离四极杆飞行时间质谱（ESI-Q-TOF-MS），可检测和确认 DCBQ 和 t-BuOOH 反应的中间和最终产物。朱本占课题组发现 DCBQ 与 t-BuOOH 反应产生的一个主要产物可能是 2-氯-羟基-1,4-苯醌（CBQ-OH）（m/z 为 154 的峰）。通过与标准品 CBQ-OH 比对，验证了他们的假设。

所以，研究人员认为 DCBQ 和 t-BuOOH 以不依赖过渡金属离子的方式生成 t-BuO• 不是通过以 DCSQ•⁻ 介导的有机类 Fenton 反应。根据以上实验结果，研究人员提出了一种以 DCBQ 介导 t-BuOOH 分解形成 t-BuO• 和 •CH₃ 的新型机制：即 DCBQ 和 t-BuOOH 之间可能首先发生亲核取代反应，形成一氯-过氧叔丁基-1,4-苯醌（CBQ-OO-t-Bu）的中间物，该中间产物能均裂分解产生 t-BuO• 和 2-氯-5-羟基-1,4-苯醌自由基（CBQ-O•）。然后 CBQ-O• 形成 2-氯-5-羟基 1,4-苯醌的离子形式（CBQ-O⁻），而 t-BuO• 经 β-分裂产生 •CH₃（图 12-4）[22]。

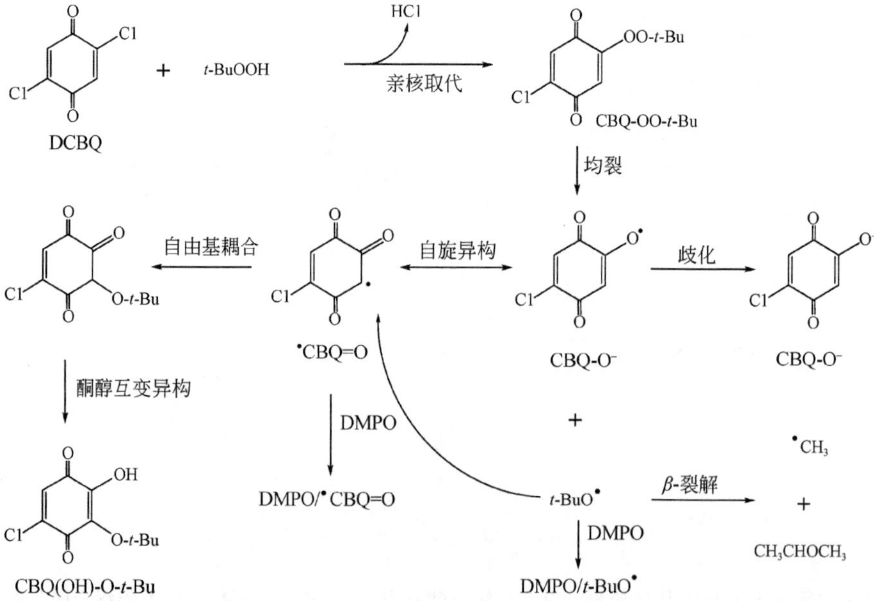

图 12-4 DCBQ 介导叔丁基过氧化氢分解生成新型以碳为中心的醌酮自由基及最终反应产物 CBQ(OH)-O-t-Bu

12.2 一种新型的以碳为中心的醌酮自由基的检测和鉴定

之前研究已经表明卤代醌能通过不依赖于过渡金属离子的途径促进氢过氧化物的分解而产生羟基或烷氧自由基,该反应通过亲核取代形成醌-过氧化物中间产物,随后均裂分解生成羟基或烷氧自由基和醌氧自由基中间体[22]。然而,在先前的研究中,无论是对其主要反应产物,还是对该反应机制中提出的醌-过氧化物中间体和醌氧自由基,都没有被完全分离鉴定。在最近的研究中,以 DCBQ 与 t-BuOOH 反应体系为研究对象,通过半制备 HPLC,分离纯化出一种主要反应产物[27],采用多种分析方法鉴定该产物为 2-羟基-3-叔丁氧基-5-氯-1,4-苯醌[CBQ(OH)-O-t-Bu],原来该物质是先前假设的醌-过氧化物中间体 (CBQ-OO-t-Bu) 的重排异构体。继而发现,自旋捕获剂 DMPO 能抑制 CBQ(OH)-O-t-Bu 的形成,同时伴随着形成一种新的含有一个氯原子质荷比 m/z 为 268 的 DMPO 加合物。在此基础上,综合采用 ESR,核磁共振-氢谱,HPLC-傅里叶变换离子回旋共振[28, 29]等分析方法,并使用 O-17 标记的 H_2O_2 的研究表明:DMPO 捕获的并不是以氧为中心的醌氧自由基(CBQ-O·),而是其共振异构体——一种以碳为中心的醌酮自由基 (·CBQ=O)[27](图 12-5)。这是第一次检测到一种新型的以碳为中心的醌酮自由基,为先前提出的卤代醌介导的不依赖金属离子的氢过氧化物分解机制提供了直接的实验证据,并丰富和完善了该机制。

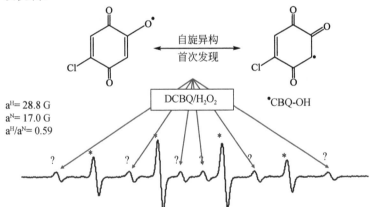

图 12-5 DMPO 氮氧化物加合物是以碳为中心醌酮自由基加合物
?DMPO/·OH;*DMPO/·CBQ-OH

12.3 醌酮自由基加合物自由基形式的纯化与确证

在对 DCBQ 与 t-BuOOH 的反应体系中发现一种新型的以碳为中心的醌酮自由基 (·CBQ-OH, MW:157) 加合物(以下简写为 DMPO-157)[27]。虽然能观察到 DMPO-157 的 ESR 信号,但是在质谱分析中却仅能检测到其稳定的氧化态形式,而检测不到其自由基形式。同样地,通过 HPLC 也只能分离出无 ESR 信号的 DMPO-157 的氧化态形式,无法分离得到其自由基形式[27]。如果不能得到纯的 DMPO-157 自由基形式，就不能排除体系中同时产生的其他自由基（如甲基自由基和叔丁氧基自由基）干扰的情况下，观察到纯净的 6 条 ESR 特征谱线信号。推测其原因可能有以下两点：DMPO-157 自由基形式不稳定，在经过色谱柱分离后，就衰变成无 ESR 信号的氧化态形式；也可能是因为收集组分中自由基形式的浓度太低而检测不到 ESR 信号。

若能找到一种合适的自旋捕获剂，将这种不同寻常的醌酮自由基分离纯化出来，进而在没有其他同时产生的自由基干扰的情况下观察其纯净的 ESR 信号，那么该研究工作将更有说服力。因为这些结果将为这种新型醌酮自由基的存在提供更多更直接的实验证据，也能更进一步支持之前提出的卤代醌介导的不依赖金属离子的氢过氧化物分解机理。因此，在接下来的研究中[30]，将尝试解决以下几个问题：①是否能找到一种合适的自旋捕获剂，这种捕获剂能与之前发现的醌酮自由基形成更加稳定的氮氧自由基加合物；②如果能找到，那么是否可通过质谱直接检测到相应的自由基信号；③是否可通过半制备 HPLC 分离纯化获得该自由基加合物，进而直接观察到其纯净的 ESR 信号？

先前有研究发现 BMPO（5-叔丁氧羰基-5-甲基-1-吡咯-N-氧化物，一种与 DMPO 结构类似的自旋捕获剂）与某些自由基的加合物与相应的 DMPO 加合物相比，半衰期要长很多[31]。因此，选择 BMPO 作为自旋捕获剂，来检验其是否能与醌酮自由基（•CBQ-OH）形成更加稳定的氮氧自由基加合物。结果发现 BMPO/•CBQ-OH 加合物的半衰期可长达 5h，远远长于 DMPO/•CBQ-OH 加合物的半衰期（大约 15min）。

BMPO/•CBQ-OH 加合物可能存在三种氧化还原形式，已知它会以其中两种形式存在：具有 ESR 信号的 BMPO/•CBQ-OH 自由基形式和无 ESR 信号但更稳定的氧化态形式（图 12-6）。在 DCBQ/t-BuOOH/BMPO 体系中，研究人员首次利用 ESI-Q-TOF-MS 研究了 BMPO 与醌酮自由基加合物（BMPO-157）的自由基形式和氧化态形式的形成。在之前利用 DMPO 作为捕获剂时，在质谱中只能检测到 DMPO/•CBQ-OH（DMPO-157）加合物的氧化态形式，而没能检测到其相应的具有 ESR 活性的自由基形式。在本研究中，利用质谱观察到一组 m/z 354 的一氯同位素簇峰，正是 BMPO-157 加合物的氧化态形式。同时研究人员也观察到了一组新的 m/z 355 的一氯同位素簇峰。基于理论计算，研究人员推测这一组 m/z 355 的一氯同位素簇峰很可能对应于 BMPO-157 加合物的自由基形式。

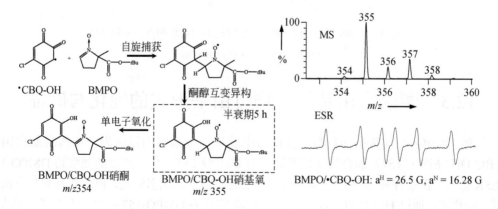

图 12-6　BMPO/醌酮自由基形成加合物自由基的纯化及表征

为进一步验证上述推测,通过 HPLC 将 BMPO-157 的两种不同形式的加合物分离出来。由于 BMPO-157 自由基加合物在酸性条件下易分解,选择中性条件的流动相进行分离分析。结果检测到两个新峰,其保留时间分别为 2.35min 和 4.86min。其中保留时间为 4.86min 的组分是 BMPO-157 加合物的氧化态形式,该组分在 ESI-MS 中显示出 m/z 354 的一氯同位素峰;保留时间为 2.35min 的组分是 BMPO-157 加合物的自由基形式,该组分在 ESI-MS 中显示出 m/z 355 的一氯同位素峰(图 12-6)。二级质谱的分析结果进一步证实,m/z 为 354 和 355 的物质确实是 BMPO-157 加合物的两种不同形式。以上研究结果表明,利用 HPLC-MS 可以较好地分离和鉴定 BMPO-157 加合物的两种不同形式,m/z 355 的峰应该就是 BMPO-157 加合物的自由基形式。

进一步利用 FTICR/MS 对保留时间为 2.35min 的 BMPO-157 物质进行表征,结果显示出 m/z 355.08291 的一氯同位素峰,这与 BMPO-157 加合物的自由基形式(理论 m/z 355.08281)完全吻合。Masslynx 软件自动计算结果显示,该 BMPO-157 加合物为奇电子离子,进一步证明该加合物就是自由基形式。

然而根据以上结果,仍然不能完全确定 m/z 355 的物质就是 BMPO/·CBQ-OH 加合物的自由基形式。为了进一步确定这一点,有必要将 m/z 355 的组份分离出来,然后直接检测其是否有 ESR 信号。为了能收集到最大量的 BMPO/·CBQ-OH 加合物的自由基形式,必须优化 BMPO/DCBQ/t-BuOOH 体系的反应条件。通过一系列实验,最终确定了最佳的反应条件为:BMPO,50 mmol/L;DCBQ,1 mmol/L;t-BuOOH,100 mmol/L;乙腈,70%。进而利用半制备 HPLC 获得纯的 BMPO/·CBQ-OH 加合物,并直接进行 ESR 研究人工收集到保留时间为 2.62min 的峰尖组分。结果正如预期,利用 ESR 对该组分进行表征,可清楚地观察到等强度的 6 条谱线的 ESR 特征信号,且该信号与 BMPO/DCBQ/t-BuOOH 反应体系中的未知峰信号正好一致(a^H = 25.9; a^N = 16.04; a^N/a^H = 0.62)(图 12-6)。

该研究综合运用 ESR 自旋捕获、HPLC/ESI-Q-TOF-MS 和 FTICR/MS 方法,首次纯化及确证了 BMPO/·CBQ-OH 加合物的自由基形式。以上结果为这种非同寻常的醌酮自由基中间体提供了更直接更强有力的证据。因此,以上研究进一步支持了之前提出的卤代醌通过不依赖过渡金属离子的途径促进氢过氧化物的分解的分子机理[16, 18, 22, 27]。

该研究表明,不仅 DCBQ,其他卤代苯醌也能与有机氢过氧化物/过氧化氢通过不依赖过渡金属离子的途径发生反应,除了产生烷氧/羟基自由基以外,还会产生以碳为中心的醌酮自由基。这一发现可能具有重要的生物学意义。研究表明这些卤代醌与氢过氧化物发生反应,不仅可以通过促进产生烷氧自由基或羟基自由基产生发挥其毒性,而且还可以通过形成以碳为中心的醌酮自由基而发挥毒性。该以碳为中心的醌酮自由基有可能直接与重要的生物大分子如 DNA、蛋白质和脂类反应。

最近,在环境污染物如氯代酚降解修复过程中,H_2O_2 作为环境友好的氧化剂其使用在逐渐增加[4-6]。在这些环境友好的体系中,H_2O_2 的用量通常在毫摩尔级或更高。有研究显示,在 H_2O_2 与铁复合物催化分解 2,4,6-三氯酚(2,4,6-TCP)过程中,在 1min 内,就可以检测到 2,6-二氯-1,4-苯醌(2,6-DCBQ)的生成,随后 2,6-DCBQ 可发生进一步的转化[6]。还有研究表明,H_2O_2 能够显著加速四氯苯醌的水解。除酸性 pH 条件外,该反应非常快,甚至太快而无法准确测定其反应速率常数[26]。这些研究表明在有 H_2O_2 参与或生成的体系中，依赖于氢过氧化物的卤代醌的进一步降解途径可能非常重要。然而，其确切的转化机理尚不清楚。本研究结果为更好地理解废水处理中的高级氧化或修复过程中卤代醌的产生及进一步的转化机制提供了一种全新的视角。

12.4 致癌性卤代醌介导的脂质氢过氧化物分解的分子机制

脂质过氧化是一个被广泛研究的领域[32-35]。13-过氧羟基-9,11-十八碳二烯酸（13-HPODE）是研究最为广泛的内源性脂质氢过氧化物[32-35]。脂质氢过氧化物的分解之所以受到广泛关注，是因为在生物体内，这一过程中由脂质衍生出的自由基会造成细胞膜、蛋白质以及其他生物分子的损伤。在过渡金属离子，尤其是亚铁离子（Fe(II)）存在的条件下，13-HPODE 会首先生成脂质烷氧自由基，进而分解生成具有较强反应活性的脂质烷烃自由基、脂肪酸产物和具有基因毒性的醛类化合物 4-羟基 2-壬烯醛（HNE）[36-39]。有机氢过氧化物 t-BuOOH 可与卤代醌如 DCBQ 反应，以不依赖过渡金属离子的亲核取代/均裂分解机制生成烷氧和以碳为中心的醌酮自由基[22,27,30,31]。

由于 13-HPODE 是一个仲碳氢过氧化物，并且拥有长的脂肪链，而 t-BuOOH 是一个叔碳氢过氧化物，只拥有小的叔丁基基团，所以这两种有机氢过氧化物与 DCBQ 的反应不仅仅有相似之处，应该也会具有各自的不同点。因此，在接下来的研究中[40]，希望解决如下问题：①DCBQ 以及各种卤代醌能否通过不依赖过渡金属离子的机制使得 13-HPODE 分解，并且生成具有反应活性的自由基中间体和具有基因毒性的醛类化合物；②如果存在这个过程，它与已知的两个反应：i) t-BuOOH 与 DCBQ，ii) 13-HPODE 与 Fe(II) 之间有什么异同点；③反应的分子机制是什么？

为了回答以上问题，首先研究了 13-HPODE 与 DCBQ 之间的反应，通过综合运用 ESR 自旋捕获，HPLC-MS，傅立叶变换离子回旋共振质谱（FTICR）和 GC-MS 等分析手段鉴定了反应过程中的自由基中间体和终产物。为了进行对比，同时研究了 13-HPODE 与 Fe(II) 之间的反应。

以 α-(4-吡啶基-1-氧)-N-叔丁基硝基酮（POBN）作捕获剂，发现只有在 DCBQ 和 13-HPODE 共同存在时才会检测到典型的 ESR 六重峰信号。这说明 DCBQ 可以使得 13-HPODE 发生分解且生成碳中心自由基中间体。为了分辨出不同的脂质自由基，使用 HPLC-MS 技术，将拥有相同六重峰 ESR 信号的自旋捕获加合产物进行分离鉴定。由于反应体系中加合产物浓度很低，通过预先计算得到的目标加合产物质子化后的质荷比（±0.5Da），借助 HPLC-MS 的选择反应检测模式（SRM）以及二级质谱对其进行了分离鉴定。在 DCBQ/13-HPODE/POBN 系统中，鉴定得到了以下三种 POBN 自由基自旋捕获加合产物：①戊碳基自由基加合物；②7-羧庚基自由基加合物；③1-(7-羧庚基)-4,5-环氧-2-癸烯基自由基，1-(1,2-环氧庚基)-10-羧基-2-癸烯基自由基以及它们的各种同分异构体加合物。

使用 HPLC-MS，2-氯-5-羟基-1,4 苯醌（CBQ-OH）和醌-烷氧脂质耦合物 2-羟基-3-(L-13-oxy)-5-氯-1,4-苯醌[CBQ(OH)-13-O-L]被鉴定为 DCBQ 与 13-HPODE 反应的两种主要产物。有意思以及出乎意料的是，同时还检测到了另一个分子量为 m/z 467 的醌-烷氧脂质耦合物。FTICR 结果显示其结构可能为 2-羟基-3-(OL-9-oxy)-5-氯-1,4-苯醌[CBQ(OH)-9-O-LO]，其检测到的一氯同位素峰簇 m/z 467.18388，符合其理论值 m/z 467.18420。在 13-HPODE 的分解过程中，可能会生成一个新的脂质氢过氧化物 12,13-环氧-9-LOOH（9-OLOOH），很可能与 DCBQ 发生反应从而形成这一新的醌-烷氧脂质耦合物。

通过 HPLC-MS 和 FTICR，结果检测并鉴定到了 13-HPODE 与 Fe（Ⅱ）反应后出现的四种化合物，分别是 11-甲酰基-11-羟基-9-十一碳烯酸、12,13-环氧基-9-过氧羟基-10-十八碳烯酸、13-氧-9,11-十八碳烯酸和 12,13-环氧基-11-羟基-9-十八碳烯酸。当 Fe（Ⅱ）被 DCBQ 代替时，除以上产物之外，还检测并鉴定到了一个新化合物——13-羟基-9,11-十八碳烯酸。

通过衍生化的方法用 GC-MS 对 HNE 进行了检测。HNE 的醛基被衍生化为五氟苄基-肟，这一结构通常会产生 m/z 181 的碎片离子，而 HNE 的羟基则被衍生化为三甲基硅烷。结果表明，DCBQ 确实可促进 13-HPODE 的分解并使之生成 HNE。在使用其他卤代醌如 2,6-DCBQ 和四氯苯醌代替 DCBQ 时也能观察到类似结果。

对脂质烷烃自由基，以及主要反应产物 CBQ-OH 和两种醌-烷氧脂质耦合物的鉴定，有力地证明了 DCBQ 介导的 13-HPODE 分解机制（图 12-7）：DCBQ 与 13-HPODE（13-LOOH）首先发生亲核取代反应，生成醌-过氧化中间产物（CBQ-OO-L），其随后发生均裂，产生 13-LO• 和以氧为中心的醌自由基 CBQ-O•。CBQ-O• 既可歧化生成主要反应产物之一 CBQ-OH，也可发生共振互变形成以碳为中心的醌自由基 •CBQ=O。•CBQ=O 可与 13-LO• 发生自由基耦合，通过酮醇互变生成另一种主要反应产物 CBQ(OH)-O-L。13-LO• 发生 β 断裂可以生成戊烷基自由基，同时还能通过环氧化反应，生成一个碳中心自由基 OL•。OL• 与氧气反应生成一个新的脂质氢过氧化物——12,13-环氧-9-LOOH（9-OLOOH）。9-OLOOH 随后可与 DCBQ 反应生成新的烷氧自由基 9-OLO•，能与 •CBQ=O 发生自由基耦合，生成另一种新型的醌-烷氧脂质耦合物 CBQ(OH)-9-O-LO，也可发生断裂可以生成 7-羧庚基自由基。而 DCBQ 促进 HNE 生成的机制则很可能与 Fe（Ⅱ）类似。

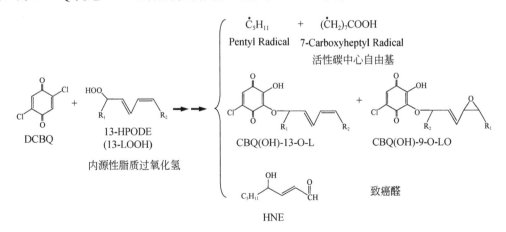

图 12-7 致癌性卤代醌不依赖金属分解内源脂质过氧化物 13-HPODE 机制

总之，DCBQ 与 t-BuOOH 的反应和 DCBQ 与 13-HPODE 的反应类似，都经过了亲核取代以及均裂分解的过程。其最大的区别在于自由基中间体以及产物的不同。因为

13-HPODE 是一个长链仲碳氢过氧化物，它的分解会更加复杂，生成更多的自由基中间产物和脂肪酸。

Fe（II）与 13-HPODE 的反应和 DCBQ 与 13-HPODE 的反应最主要的不同在于反应机理：Fe（II）参与的反应是类 Fenton 反应的氧化还原过程，而 DCBQ 参与的反应则是经过了亲核取代及均裂分解。虽然反应机理不同，但主要的自由基中间体以及产物却相似，尤其是从脂质烷氧自由基 13-LO•生成的各种衍生物。

不仅 DCBQ，其他多氯代醌也能与 13-HPODE 以不依赖金属离子的方式发生反应，生成活泼的脂质烷烃自由基和具有基因毒性的 HNE。这一发现可能具有一些有趣的生物学意义。因为 13-HPODE 是一个内源性的脂质氢过氧化物，相对于之前对 t-BuOOH 和卤代醌反应的研究，该研究具有更强的生理学意义。这些新发现为更好地理解五氯酚及其他多卤代芳香族化合物的基因毒性和细胞毒性提供了一个新思路。

以上研究提供了一类新型的不需要具有氧化还原活性过渡金属离子参与形成烷氧、醌酮自由基和/或羟基壬烯醛的机理。这不仅可部分解释 PCP 的潜在致癌性，而且可以扩展到其他多卤代芳香族化合物如 2,4,6-和 2,4,5-三氯酚，六氯苯，橙剂（2,4,5-三氯苯氧乙酸和 2,4-二氯苯氧乙酸的混合物）和溴代阻燃剂 3,3',5,5'-四溴双酚 A[3-11, 41-44]。因为这些化合物可在体内代谢形成或化学脱氯生成四氯代，二氯代或一氯代的卤代醌类化合物。以上研究表明 TCBQ 和其他卤代醌可与氢过氧化物反应通过促进具有较强反应活性的烷氧、醌酮自由基和脂质烷基自由基，及/或羟基壬烯醛的产生而增强对 DNA、蛋白质和脂质的氧化作用从而表现出毒性作用。

然而，还有许多问题，特别是在该类反应所具有的可能的生物学意义方面，需要进行进一步的研究。例如：卤代醌与有机氢过氧化物的反应和与生物体内具有较高浓度的亲核性物质如谷胱甘肽以及其他含有巯基的化合物反应哪个更快？TCBQ 与有机氢过氧化物的反应速率是多少，是否能与经典的 Fenton 反应竞争？在细胞中甚至在动物中是否能经由此反应途径产生以碳为中心的醌-酮自由基？利用冷冻-淬灭技术能否检测到以氧为中心的醌氧自由基和醌-氢过氧化物中间体？以碳为中心的醌酮自由基是否能够与 DNA、蛋白质与脂质反应？

（撰稿人：黄春华　毛　莉　邵　杰　朱本占）

参 考 文 献

[1] Bolton J L, Trush M A, Penning T M, Dryhurst G, Monks T J. Role of quinones in toxicology. Chemical Research in Toxicology, 2000, 13(3): 135-160.

[2] Song Y, Wagner B A, Witmer J R, Lehmler H J, Buettner G R. Nonenzymatic displacement of chlorine and formation of free radicals upon the reaction of glutathione with PCB quinones. Proceedings of the National Academy of Sciences of the United States of America, 2009, 106(24): 9725-9730.

[3] Zhu B Z, Shan G Q. Potential mechanism for pentachlorophenol-induced carcinogenicity: A novel mechanism for metal-independent production of hydroxyl radicals. Chemical Research in Toxicology, 2009, 22(6): 969-977.

[4] Meunier B. Catalytic degradation of chlorinated phenols. Science, 2002, 296(5566): 270-271.

[5] Gupta S S, Stadler M, Noser C A, Ghosh A, Steinhoff B, Lenoir D, Horwitz C P, Schramm K W, Collins T J. Rapid total destruction of chlorophenols by activated hydrogen peroxide. Science, 2002, 296(5566): 326-328.

[6] Sorokin A, Meunier B, Seris J L. Efficient oxidative dechlorination and aromatic ring cleavage of chlorinated phenols catalyzed by iron sulfophthalocyanine. Science, 1995, 268(5214): 1163-1166.

[7] Zhao Y L, Qin F, Boyd J M, Anichina J, Li X F. Characterization and determination of chloro- and bromo-benzoquinones as new chlorination disinfection byproducts in drinking water. Analytical Chemistry, 2010, 82(11): 4599-4605.

[8] Qin F, Zhao Y Y, Zhao Y L, Boyd J M, Zhou W J, Li X F. A toxic disinfection by-product, 2,6-dichloro-1,4-benzoquinone, identified in drinking water. Angewandte Chemie (International Edition), 2010, 49(4): 790-792.

[9] Chignell C F, Han S K, Moulthys-Mickalad A, Sik R H, Stadler K, Kadiiska M B. EPR studies of in vivo radical production by 3,3′,5,5′-tetrabromobisphenol A (TBBPA) in the Sprague-Dawley rat. Toxicology and Applied Pharmacology, 2008, 230(1): 17-22.

[10] Teuten E L, Xu L, Reddy C M. Two abundant bioaccumulated halogenated compounds are natural products. Science, 2005, 307(5711): 917-920.

[11] Kelly B C, Ikonomou M G, Blair J D, Morin A E, Gobas F A P C. Food web-specific biomagnification of persistent organic pollutants. Science, 2007, 317(5835): 236-239.

[12] Halliwell B, Gutteridge J. Free radicals in biology and medicine. Oxford, UK: Oxford University Press, 2007.

[13] Marnett L J. Oxyradicals and DNA damage. Carcinogenesis, 2000, 21(3): 361-370.

[14] Zhu B Z, Kitrossky N, Chevion M. Evidence for production of hydroxyl radicals by pentachlorophenol metabolites and hydrogen peroxide: A metal-independent organic Fenton reaction. Biochemical and Biophysical Research Communications, 2000, 270(3): 942-946.

[15] Zhu B Z, Zhao H T, Kalyanaraman B, Frei B. Metal-independent production of hydroxyl radicals by halogenated quinones and hydrogen peroxide: An ESR spin trapping study. Free Radical Biology and Medicine, 2002, 32(5): 465-473.

[16] Zhu B Z, Kalyanaraman B, Jiang G B. Molecular mechanism for metal-independent production of hydroxyl radicals by hydrogen peroxide and halogenated quinones. Proceedings of the National Academy of Sciences of the United States of America, 2007, 104(45): 17575-17578.

[17] Zhu B Z, Zhu J G, Mao L, Kalyanaraman B, Shan G Q. Detoxifying carcinogenic polyhalogenated quinones by hydroxamic acids via an unusual double Lossen rearrangement mechanism. Proceedings of the National Academy of Sciences of the United States of America, 2010, 107(48): 20686-20690.

[18] Zhu B Z, Mao L, Huang C H, Qin H, Fan R M, Kalyanaraman B, Zhu J G. Unprecedented hydroxyl radical-dependent two-step chemiluminescence production by polyhalogenated quinoid carcinogens and H_2O_2. Proceedings of the National Academy of Sciences of the United States of America, 2012, 109(40): 16046-16051.

[19] Yin R C, Zhang D P, Song Y L, Zhu B Z, Wang H L. Potent DNA damage by polyhalogenated quinones and H_2O_2 via a metal-independent and Intercalation-enhanced oxidation mechanism. Scientific Reports, 2013, 3: 1269.

[20] Jia S P, Zhu B Z, Guo L H. Detection and mechanistic investigation of halogenated benzoquinone induced DNA damage by photoelectrochemical DNA sensor. Analytical and Bioanalytical Chemistry, 2010, 397(6): 2395-2400.

[21] Shao J, Huang C H, Kalyanaraman B, Zhu B Z. Potent methyl oxidation of 5-methyl-2'-deoxycytidine by halogenated quinoid carcinogens and hydrogen peroxide via a metal-independent mechanism. Free Radical Biology and Medicine, 2013, 60: 177-182.

[22] Zhu B Z, Zhao H T, Kalyanaraman B, Liu J, Shan G Q, Du Y G, Frei B. Mechanism of metal-independent decomposition of organic hydroperoxides and formation of alkoxyl radicals by halogenated quinones. Proceedings of the National Academy of Sciences of the United States of America, 2007, 104(10): 3698-3702.

[23] Mohindru A, Fisher J M, Rabinovitz M. Bathocuproine sulphonate: a tissue culture-compatible indicator of copper-mediated toxicity. Nature, 1983, 303(5912): 64-65.

[24] Graf E, Mahoney J R, Bryant R G, Eaton J W. Iron-catalyzed hydroxyl radical formation-stringent requirement for free iron coordination site. Journal of Biological Chemistry, 1984, 259(6): 3620-3624.

[25] Dean R T, Nicholson P. The action of nine chelators on iron-dependent radical damage. Free Radical Research, 1994, 20(2): 83-101.

[26] Sarr D H, Kazunga C, Charles M J, Pavlovich J G, Aitken M D. Decomposition of tetrachloro-1, 4-benzoquinone (p-chloranil) in aqueous solution. Environmental Science & Technology, 1995, 29(11): 2735-2740.

[27] Zhu B Z, Shan G Q, Huang C H, Kalyanaraman B, Mao L, Du Y G. Metal-independent decomposition of hydroperoxides by halogenated quinones: detection and identification of a quinone ketoxy radical. Proceedings of the National Academy of Sciences of the United States of America, 2009, 106(28): 11466-11471.

[28] Laude D A, Stevenson E, Robinson J M. Electrospray ionization mass spectrometry: fundamentals, instrumentation, and applications. New York: John Wiley and Sons, 1997.

[29] Cui L, Isbell M A, Chawengsub Y, Falck J R, Campbell W B, Nithipatikom K. Structural characterization of monohydroxyeicosatetraenoic acids and dihydroxy- and trihydroxyeicosatrienoic acids by ESI-FTICR. Journal of the American Society for Mass Spectrometry, 2008, 19(4): 569-585.

[30] Huang C H, Shan G Q, Mao L, Kalyanaraman B, Qin H, Ren F R, Zhu B Z. The first purification and unequivocal characterization of the radical form of the carbon-centered quinone ketoxy radical adduct. Chemical Communications, 2013, 49(57): 6436-6438.

[31] Zhao H, Joseph J, Zhang H, Karoui H, Kalyanaraman B. Synthesis and biochemical applications of a solid cyclic nitrone spin trap: A relatively superior trap for detecting superoxide anions and glutathiyl radicals. Free Radical Biology and Medicine, 2001, 31(5): 599-606.

[32] Yin H Y, Xu L B, Porter N A. Free radical lipid peroxidation: Mechanisms and analysis. Chemical

Reviews, 2011, 111(10): 5944-5972.

[33] Niki E. Lipid peroxidation: physiological levels and dual biological effects. Free Radical Biology and Medicine, 2009, 47(5): 469-484.

[34] Blair I A. DNA adducts with lipid peroxidation products. Journal of Biological Chemistry, 2008, 283(23): 15545-15549.

[35] Lee S H, Oe T, Blair I A. Vitamin C-induced decomposition of lipid hydroperoxides to endogenous genotoxins. Science, 2001, 292(5524): 2083-2086.

[36] Qian S Y, Yue G H, Tomer K B, Mason R P. Identification of all classes of spin-trapped carbon-centered radicals in soybean lipoxygenase-dependent lipid peroxidations of omega-6 polyunsaturated fatty acids via LC/ESR, LC/MS, and tandem MS. Free Radical Biology and Medicine, 2003, 34(8): 1017-1028.

[37] Iwahashi H, Hirai T, Kumamoto K. High performance liquid chromatography/electron spin resonance/mass spectrometry analyses of radicals formed in an anaerobic reaction of 9- (or 13-) hydroperoxide octadecadienoic acids with ferrous ions. Journal Of Chromatography A, 2006, 1132(1-2): 67-75.

[38] Spiteller P, Kern W, Reiner J, Spiteller G. Aldehydic lipid peroxidation products derived from linoleic acid. Biochimica Et Biophysica Acta-Molecular and Cell Biology of Lipids, 2001, 1531(3): 188-208.

[39] Schneider C, Porter N A, Brash A R. Routes to 4-hydroxynonenal: Fundamental issues in the mechanisms of lipid peroxidation. Journal of Biological Chemistry, 2008, 283(23): 15539-15543.

[40] Qin H, Huang C H, Mao L, Xia H Y, Kalyanaraman B, Shao J, Shan G Q, Zhu B Z. Molecular mechanism of metal-independent decomposition of lipid hydroperoxide 13-HPODE by halogenated quinoid carcinogens. Free Radical Biology and Medicine, 2013, 63: 459-466.

[41] Vanommen B, Adang A E P, Brader L, Posthumus M A, Muller F, Vanbladeren P J. The microsomal metabolism of hexachlorobenzene. Origin of the covalent binding to protein. Biochemical Pharmacology, 1986, 35(19): 3233-3238.

[42] Haugland R A, Schlemm D J, Lyons R P, Sferra P R, Chakrabarty A M. Degradation of the chlorinated phenoxyacetate herbicides 2,4-dichlorophenoxyacetic acid and 2,4,5-trichlorophenoxyacetic acid by pure and mixed bacterial cultures. Applied And Environmental Microbiology, 1990, 56(5): 1357-1362.

[43] Koss G, Losekam M, Seidel J, Steinbach K, Koransky W. Inhibitory effect of tetrachloro-p-hydroquinone and other metabolites of hexachlorobenzene on hepatic uroporphyrinogen decarboxylase activity with reference to the role of glutathione. Annals of the New York Academy of Sciences, 1987, 514: 148-159.

[44] Czaplicka M. Sources and transformations of chlorophenols in the natural environment. Science of the Total Environment, 2004, 322(1-3): 21-39.

第13章 典型污染物引发的基因组损伤与应答反应

细胞基因组 DNA 总是受到内源或外源环境中多种损伤因子/污染物的攻击,易于发生 DNA 损伤,如果不及时应对,基因组不稳定性将导致多种人类疾病发生,如肿瘤、神经退行和出生缺陷。为维持基因组稳定性,生物体进化出了一套有效的保护机制来监控 DNA 损伤并及时修复,这一机制即为 DNA 损伤应答。DNA 损伤应答包括 DNA 损伤修复和 DNA 损伤耐受等。

DNA 跨损伤合成(translesion DNA synthesis,TLS)是细胞所进化出的一种重要的 DNA 损伤耐受机制,它利用多种低保真性的跨损伤 DNA 聚合酶复制损伤的 DNA 模板,防止复制叉停滞造成更为严重的复制叉崩解、DNA 双链断裂以及细胞死亡。目前研究的较多的 TLS 聚合酶是 Y 家族 DNA 聚合酶,包括 Polη 和 REV1 等。当复制叉遇到受损的 DNA 模板时,高保真的 DNA 复制酶发生停滞,而增殖细胞核抗原(proliferating cell nuclear antigen,PCNA)会被泛素连接酶 RAD18 催化,产生单泛素化的 PCNA,后者会介导 Y 家族 TLS DNA 聚合酶招募到损伤模板,帮助 DNA 继续复制。当 TLS 完成后,低保真性的 TLS DNA 聚合酶会从复制叉移除,以便高保真性的 DNA 复制酶继续完成 DNA 复制任务。TLS 功能异常与肿瘤发生和化疗耐药密切相关,如 DNA 聚合酶 Polη 可以正确复制紫外线辐射(ultraviolet,UV)诱导的光产物-环丁烷嘧啶二聚体(cyclobutane pyrimidine dimers,CPDs),保证基因组完整性。当 Polη 功能缺失时会导致着色性干皮病变型(Xeroderma Pigmentosum variant,XPV),此类患者易患皮肤癌。而且 Polη 在多种肿瘤细胞中表达显著升高,与肿瘤的化疗耐药性产生密切相关,同时也与非小细胞肺癌患者的生存期呈负相关。本章主要围绕典型污染物诱发的 DNA 损伤应答、特别是 TLS 通路的调控进行介绍,DNA 损伤与遗传毒理问题的研究对典型污染物引发的相关疾病的机制研究以及毒理反应通路研究提供了必要的前期基础。

13.1 污染物暴露后跨损伤 DNA 聚合酶 Polη 到损伤位点招募和移除的调控

已知在经过紫外线辐射或者顺铂等化疗试剂暴露条件下,DNA 复制叉移动受阻滞,TLS 通路被激活,TLS 聚合酶 Polη 被招募到复制叉处替换高保真性 DNA 复制酶,在相应的 CPDs 模板对侧整合正确的核苷酸,从而促进复制叉的继续前行。但是,与高保真的 DNA 复制酶相比,Polη 复制未损伤 DNA 模板的错误率显著升高($10^{-2} \sim 10^{-3}$),极易导致基因组变异,因此它到复制叉的招募和移除必须受到严格调控,然而关于 Polη 在 TLS 完成后如何从复制叉解离还不很清楚。

RNA 剪切因子 SART3 与 Polη 相互作用,敲低 SART3 会干扰细胞复制 CPD 加合物的能力、使细胞对 UV 更敏感。SART3 主要通过两种不同机制调控 TLS,一方面 SART3 促进 DNA 损伤后单链 DNA 的产生,另一方面通过 SART3 二聚化增强 Polη 与泛素连接酶 RAD18 的结合促进 PCNA 单泛素化,二者协同抑制紫外辐射诱发的细胞突变率上升、增强细胞对紫外线的抗性等(图 13-1)。在肿瘤样本中鉴定到 SART3 编码区有几个错义突变,这些突变体不能有效地促进 RAD18 与 Polη 的结合以及 PCNA 单泛素化的形成,进而干扰了 TLS 通路的正常激活[1]。

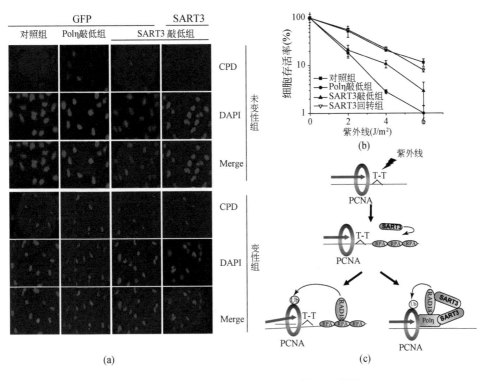

图 13-1 RNA 剪切因子 SART3 调控 TLS 通路
(a) 敲低 SART3 干扰细胞在 CPD 加合物对侧进行 DNA 复制;(b) 敲低 SART3 使细胞对紫外辐射更敏感;(c) SART3 主要通过两种不同机制调控 TLS:一方面介导单链 DNA 的产生,另一方面通过二聚化促进 Polη 与 E3 泛素连接酶 RAD18 的结合促进 PCNA 单泛素化,抑制 UV 诱发的细胞突变率上升、增强细胞对紫外线的抗性等

除了与一些重要蛋白相互作用外,通过蛋白质质谱发现 Polη 上第 457 位苏氨酸能够发生一种新的蛋白质翻译后修饰:氧连糖基化修饰(O-GlcNAcylation)。干扰 Polη 的氧连糖基化修饰虽然不影响其被招募到受阻复制叉处及其在损伤 DNA 模板对侧整合核苷酸的能力,但显著削弱了 Polη 与 CRL4^{CDT2} 泛素连接酶(cullin ring E3 ligases,CRLs)之间的相互作用,降低了 Polη 上第 462 位赖氨酸的多泛素化修饰水平,进而抑制了含缬酪肽蛋白(valosin-containing protein,VCP 或 p97)复合体所介导的 Polη 与复制叉分离的过程(图 13-2)。由于 Polη 在 TLS 完成后不能及时有效地被移除,导致细胞基因组变异升高、细胞对紫外线和顺铂试剂敏感性增强、DNA 复制叉移动速率变缓等。该研究揭示了 Polη 氧连糖

基化修饰与泛素化修饰之间的互作关系，以及损伤 DNA 模板复制过程中所必需的多种 DNA 聚合酶有序转换的分子机制，为降低肿瘤化疗耐药性提供了新的思路[2]。

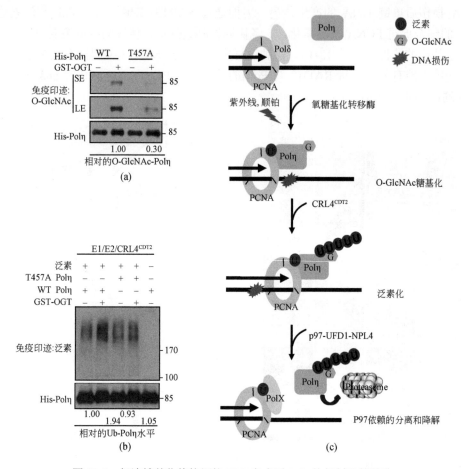

图 13-2　氧连糖基化修饰调控 TLS 完成后 Polη 从复制叉的移除

(a) T457A 突变体的氧连糖基化修饰水平显著降低；(b) 体外泛素化分析表明在不表达 OGT 时，野生型和 T457A 突变型的泛素化水平类似；在共表达 OGT 时，野生型而不是 T457A 突变体的泛素化水平显著升高；(c) 氧连糖基化修饰调控 Polη 从复制叉移除的机制

13.2　跨损伤聚合酶 REV1 在 DNA 损伤修复中的机制研究

REV1 是 Y 家族 TLS 聚合酶的重要成员，它与多种 TLS 聚合酶结合，在 TLS 通路中能作为一个支架介导多种 DNA 聚合酶与复制叉的有序结合。利用羟基脲、丝裂霉素 C 和紫外辐射处理 REV1 敲除细胞，意外发现 REV1 功能缺失还干扰泛素连接酶 RAD18 到 DNA 损伤位点的募集和 PCNA 单泛素化的发生。深入研究发现 REV1 能与细胞核内染色质外单泛素化的 RAD18 结合，这种结合能竞争性的抑制细胞核中泛素化 RAD18 与非泛素化 RAD18 形成二聚体（这种二聚体形式有效抑制了非泛素化 RAD18 结合到染色质上），继而释放出未修饰的 RAD18，促进其结合到染色质上、促进 PCNA 单泛素化的发生（图 13-3）[3]。在甲磺酸

甲酯处理的细胞中，由于泛素化的 RAD18 被降解，REV1 对 RAD18 招募的促进作用就不存在了。

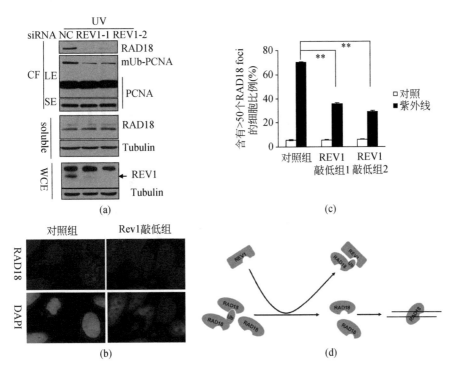

图 13-3 REV1 促进 RAD18 招募到染色质调控基因组变异

(a) 敲低 REV1 下调损伤后 PCNA 单泛素化产生；(b，c) 敲低 REV1 干扰 RAD18 到损伤位点的招募；(d) REV1 促进 RAD18 招募和 TLS 激活的机制；REV1 和 Rad18 竞争结合单泛素化 Rad18，从而把 Rad18 从单泛素化 Rad18 中释放出来，增强 Rad18 与染色质结合，调控 TLS 和基因组变异

除了参与跨损伤 DNA 合成并在基因组变异产生中发挥非常重要作用外，REV1 也能参与同源重组，然而关于 REV1 是如何被招募到 DNA 双链断裂位点（DSBs）及其在同源重组过程中的确切功能还很不清楚。利用激光显微辐射系统在细胞核内定点诱发 DSBs，发现 REV1 可以被招募到 DSBs，这种招募依赖于 REV1 泛素结合结构域、RAD18 及单泛素化的 FANCD2（范可尼贫血症相关的重要因子）；在 RAD18 敲低的稳定细胞系中表达模拟单泛素化的 FANCD2 蛋白会促进 REV1 在 DSBs 的招募，揭示单泛素化的 FANCD2 作为 RAD18 的下游蛋白负责招募 REV1 到 DSBs 损伤位点；特别地，利用胸腺嘧啶类似物碘代脱氧尿嘧啶核苷（iododeoxyuridine，IdU）和氯脱氧尿嘧啶（chlorodeoxyuridine，CldU）脉冲标记新合成的 DNA 链，通过 DNA fiber 实验在单分子水平直接分析羟基脲或喜树碱处理后细胞新合成的 DNA 链长度[4]，发现 REV1 和 FANCD2 能协同作用保护新生 DNA 链不被核酸酶降解，维持受阻复制叉的稳定（图 13-4）。因此 REV1 在 DNA 损伤应答中发挥多种重要功能，完善了其作为肿瘤治疗靶标的理论基础。

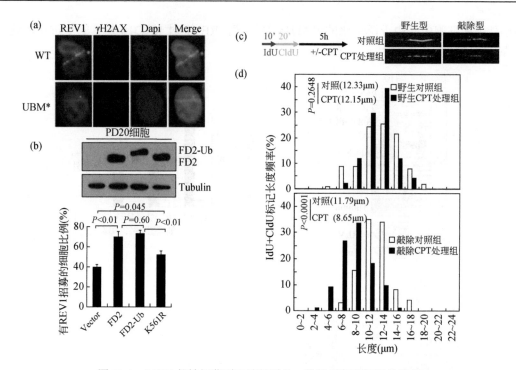

图 13-4 REV1 能被招募到双链断裂处、维持受阻复制叉的稳定

(a) REV1 招募到 DSB 处依赖于其泛素结合域；(b) 表达泛素化 FANCD2 促进 REV1 招募到 DSB 处；(c) DNA fiber 实验流程图；(d) DNA fiber 实验表明 REV1 能保护受阻复制叉不被降解

13.3 去泛素化酶 ATX3 调控 DNA 损伤检验点的机制研究

脊髓小脑共济失调症三型（spinocerebellar ataxia type 3，SCA3）是一种常染色体显性遗传的进行性神经退行疾病，是多聚谷氨酰胺延长类神经退行疾病之一。目前 SCA3 的发病机制还不清楚，普遍认为其与 ataxin-3（ATX-3）蛋白 C 末端多聚谷氨酰胺（polyQ）的异常延长密切相关。Ataxin-3 是半胱氨酸蛋白酶家族的一种去泛素化酶，然而关于 ATX-3 在生理环境中的作用底物尚不清楚，大大限制了我们对 SCA3 疾病发病机理的清晰了解。

p53 和 Chk1 是基因组稳定性监管系统中的关键激酶，在细胞周期检验点、DNA 修复以及细胞存活过程中均发挥着关键作用[5, 6]。近来发现 ATX-3 是 p53 和 CHK1 稳定性的重要调控因子，ATX-3 作为去泛素化酶，可拮抗泛素连接酶介导的 p53 和 CHK1 多泛素化和蛋白降解。ATX-3 缺失可导致 p53 和 Chk1 蛋白水平明显下降、细胞周期检验点缺陷以及 DNA 损伤敏感性增加等。另外，polyQ 延长增强了 ATX-3 与 p53 的结合，通过上调对 p53 的功能调节，诱导更多的晚期细胞凋亡/细胞坏死，进而导致 p53 依赖的神经细胞死亡（图 13-5）。这些工作为进一步了解 SCA3 的发病机制提供了重要依据，也为 SCA3 的治疗提供了新的靶点。

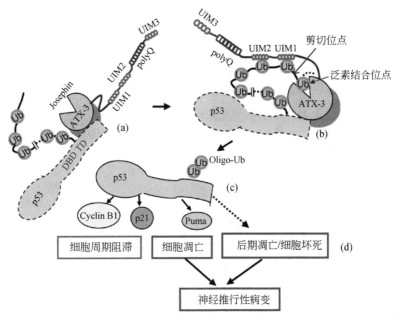

图 13-5 模式图显示 ATX-3 调控 p53 的泛素化水平进而调节 p53 的稳定性及活性
（a）ataxin-3/P53 相互作用；（b）ataxin-3 介导的泛素化 p53 去泛素化；（c）p53 稳定/激活；（d）p53 依赖的细胞死亡

13.4 渐冻症相关的 RNA 结合蛋白 RBM45 调控 DNA 双链断裂修复

肌萎缩侧索硬化症（Amyotrophic lateral sclerosis，ALS），又叫渐冻症，是一种慢性运动神经元退行性疾病，伴随着过早的运动神经元的退行性病变和死亡，最终在临床上表现为致死性的肌肉麻痹无力和萎缩，ALS 确切的发病机制至今尚不清楚。ALS 的一个突出病理特征是脊髓运动神经元和胶质细胞胞质中形成含有 RNA 结合蛋白 FUS 和 RBM45 的包涵体。RBM45 可以被招募到 DNA 损伤位点，其招募依赖于多聚 ADP-核糖［poly（ADP-ribose）化修饰。RBM45 缺失会导致异常的 DNA 损伤应答信号，降低同源重组和非同源末端连接效率，使得细胞对于离子辐照的敏感性明显增加。RBM45 可以与去乙酰化蛋白 HDAC1 竞争性地结合 FUS，而这种竞争性结合精细地调控了 HDAC1 到损伤位点的招募。由于家族性 ALS 相关的 FUS 突变体（FUS-R521C）与 RBM45 的亲和性显著增加，导致了 HDAC1 到损伤位点的招募缺陷和非同源末端连接修复效率的下降（图 13-6）。考虑到非同源末端连接是终末分化的神经元修复双链断裂的首要途径，所以 FUS 突变-RBM45 异常互作引发的 HDAC1 招募缺陷可导致神经元 DNA 损伤的累积，最终导致神经元功能异常和退行性病变[7]。

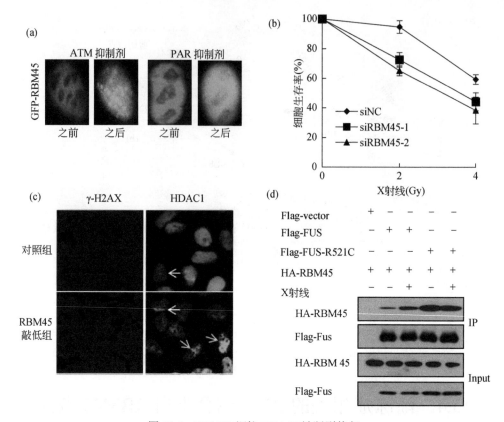

图 13-6 RBM45 调控 DNA 双链断裂修复

(a) RBM45 能被招募到 DSB 位点；(b) 敲低 RBM45 导致细胞对 X 辐射更敏感；(c) 敲低 RBM45 促进 HDAC1 到损伤位点的招募；(d) 家族性 ALS 相关的 FUS 突变体（FUS-R521C）与 RBM45 的亲和性显著增加

此外，研究发现污染物暴露对蛋白与染色质结合以及蛋白质乙酰化等具有一定的影响，典型污染物能激活多种 DNA 损伤应答通路、诱发基因组不稳定性等，与疾病的发生、发展密切相关。

（撰稿人：郭彩霞　贾　艳）

参 考 文 献

[1] Huang M, Zhou B, Gong J J, Xing L Y, Ma X L, Wang F L, Wu W, Shen H Y, Sun C Y, Zhu X F, Yang Y R, Sun Y Z, Liu Y, Tang T S, Guo C X. RNA-splicing factor SART3 regulates translesion DNA synthesis. Nucleic Acids Research, 2018, 46（9）：4560-4574.

[2] Ma X L, Liu H M, Li J, Wang Y H, Ding Y H, Shen H Y, Yang Y R, Sun C Y, Huang M, Tu Y F, Liu Y, Zhao Y L, Dong M Q, Xu P, Tang T S, Guo C X. Polη O-GlcNAcylation governs genome integrity during translesion DNA synthesis. Nature Communication, 2017, 8：1941-1954.

[3] Wang Z F, Huang M, Ma X L, Li H M, Tang T S, Guo C X. REV1 promotes PCNA monoubiquitination

through interacting with ubiquitinated RAD18. Journal of Cell Science, 2016, 129: 1223-1233.

[4] Yang Y R, Liu Z B, Wang F L, Temviriyanukul P, Ma X L, Tu Y F, Lv L N, Lin Y F, Huang M, Zhang T, Pei H, Chen B, Jansen J G, Wind N, Fischhaber P, Friedberg E C, Tang T S, Guo C X. FANCD2 and REV1 cooperate in the protection of nascent DNA strands in response to replication stress. Nucleic Acids Research, 2015, 43: 8325-8339.

[5] Liu H M, Li X L, Ning G Z, Zhu S, Ma X L, Liu X L, Liu C Y, Huang M, Schmitt I, Wüllner U, Niu Y, Guo C X, Wang Q, Tang T S. The Machado-Joseph disease deubiquitinase ataxin-3 regulates the stability and apoptotic function of p53. PLoS Biology, 2016, 14 (11): e2000733.

[6] Tu Y F, Liu H M, Zhu X F, Shen H Y, Ma X L, Wang F L, Huang M, Gong J J, Li X L, Wang Y, Guo C X, Tang T S. Ataxin-3 promotes genome integrity by stabilizing Chk1. Nucleic Acids Research, 2017, 45: 4532-4549.

[7] Gong J J, Huang M, Wang F L, Ma X L, , Liu H M, Tu Y F, Xing L Y, Zhu X, Zheng H, Fang J J, Li X L, Wang Q C, Wang J Q, Sun Z S, Wang X, Wang Y H, Guo C X, Tang T S. RBM45 competes with HDAC1 for binding to FUS in response to DNA damage. Nucleic Acids Research, 2017, 45: 12862-12876.

第14章 典型污染物的生物作用靶点及效应的关联机制

细胞是机体的功能单位，也是损伤形成单位。其中受体介导的信号通路是细胞对外来物质产生反应的重要媒介，同时细胞信号传递也是维持细胞功能的重要部分。可见污染物对受体及信号通路相关特定生物靶点的干扰是其致毒机理的重要细胞与分子基础。围绕生物作用靶点及相关信号通路扰动机制开展环境健康研究，将有助于从细胞和分子水平上解读所产生的生物学效应，为污染物的毒理及健康效应评估提供基础数据。然而，污染物所导致的毒理与健康效应是否与其作用的某一个（或者某些）生物大分子有直接相关性呢？这个问题一直以来是环境健康机制研究中最为重要的环节和难点之一。建立一系列细胞模型，从分子、细胞及功能等多个层面研究污染物导致的特定生物靶点及相关信号通路干扰与下游所产生的生物学、毒理学及健康效应的相关性是解决这一难题的重要途径。本部分着重介绍了典型持久性有机污染物，如二噁英类污染物的作用靶点及其相关信号通路的扰动机制；同时围绕应用系统生物学的手段对其多种毒性信号通路与基因基础的综合分析研究进行了阐述；并且介绍了从转录及表观水平解答二噁英干扰单一效应基因表达的多重机制的研究进展；此外，还介绍了砷及卤代咔唑类衍生物毒性相关的生物标志物与生物作用靶点的探性工作；最后围绕二噁英类污染物的发育毒性，介绍了污染物对多种细胞发育过程的干扰效应，探讨了效应与信号通路扰动的关联机制，同时针对新型持久性有机污染物得克隆类阻燃剂，介绍在污染物的免疫毒性效应与相关小分子代谢标志物的研究进展。

14.1 典型污染物新型蛋白作用靶点研究系统的建立

芳烃受体（AhR）是配体依赖性转录因子，属于螺旋-环-螺旋（helix-loop-helix，HLH）超家族中bHLH-PAS亚家族成员。AhR的功能域被分为bHLH区，两个PAS结构域（A和B）和转录激活结构域（TAD）。AhR受体可被外源性化学物活化，如卤代芳烃，非卤代多环芳烃和其他二噁英类化合物，以及内源性化合物，如6-甲酰吲哚-[3,2-b]-咔唑，胆红素和脂氧素A4。这些化合物能够激活AhR，从而调控一系列基因的表达，引起不同的生物学和毒理学作用，包括皮肤、肝脏、心脏和免疫毒性反应，消耗综合征，生殖和发育毒性。

二噁英类化合物是首批列入《斯德哥尔摩公约》受控名单的持久性有机污染物（persistent organic pollutants，POPs），其排放监管与环境风险评估不仅关系公共卫生健康，也关系国家的履约任务。快速有效的检测方法可以为二噁英源头控制、污染筛查以及高暴露风险样品的评估提供有效的技术支撑。基于AhR毒性通路的生物检测技术是根据AhR所介导的一系列下游分子进程，所设计的不同的生物响应传感系统，能够快速、有效地进行二噁英半定量检测并且具有健康风险评估的潜力。鉴于 AhR 通过与各种外源和内源化合物相互作用而表现出的生物学和毒理学重要性,近年来,基于 AhR 信号的生物分析方法层出不穷,包括:乙氧基异酮-O-脱乙基酶方法、基于报基因的二噁英类生物检测和基于 AhR 抗体的生物检测方法等。其中基于报告基因的二噁英类生物检测系统具有检测周期短、成本低、灵敏度高的特征,并在评价二噁英类污染物总体毒性方面有突出的优势,适用于二噁英类污染物的健康风险评估,目前已被多个国家和地区列为二噁英标准筛查方法之一[1,2]。另外,人们对于 AhR 下游效应机制的理解也取决于对 AhR 活化及其下游分子信号转导过程的深入解析。然而,目前对于 AhR 蛋白结构的解析尚不完全,所以急需寻找能够识别 AhR 不同功能区域的抗体进行上述分子过程的研究。因此,近期的相关研究旨在解决以下几个问题:建立具有自主知识产权的快速、经济、灵敏度高的生物检测新方法,用于二噁英类化合物的筛查与健康风险评估;由于作为替代免疫学工具的抗人 AhR 蛋白的商业单克隆抗体非常有限,同时市售抗体在识别位点等方面存在局限性,亟需构建抗人源 AhR 抗体库。

14.1.1 基于报告基因的新型二噁英类生物检测方法的建立与应用

基于报告基因的二噁英类生物检测技术的原理主要是基于以下生物过程,在当外源或内源 AhR 的配体化合物进入细胞后,可以与细胞质内的 AhR 结合并活化 AhR,进而 AhR 形成变构并与配体一同转移入细胞核,在细胞核中聚集并与 AhR 转运蛋白结合形成异二聚体,进而与下游一系列基因上游的特异性核酸序列结合(二噁英响应元件 DRE)结合,从而调控效应基因的转录。以上 AhR 信号通路下游经典效应基因包括细胞色素 P450 酶的部分家族成员,如 CYP1A1、CYP1B1 等(图 14-1)。

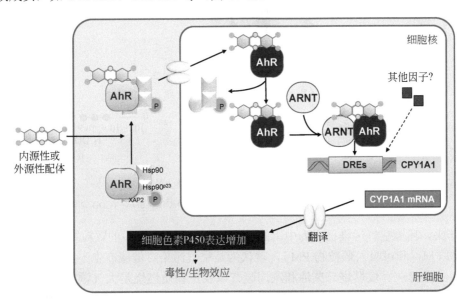

图 14-1 AhR 信号通路

在一系列 AhR 信号通路分子进程的深入研究的基础上,研究人员克隆了小鼠 CYP1A1 启动子的 DRE 富集区段(-1099~-803),构建了一种新型 DRE 富集区段(DRD),该区段包含 4 个 DRE 序列,长度为 297 bp,比现有国际通用系统的 DRD 长度更短,可以更高效驱动的荧光素酶报告基因质粒 pCL-CR2[2]。pCL-CR2 质粒中含有两个新设计的 DRD 的拷贝,共含有 8 个 DRE(图 14-2)。该系统不同于 DR-EcoScreen 和 CALUX 系统中使用的 DRD[3,4],主要区别在于这一新确定的 DRD 中包含有其他通用 DRD 所没有的 DRE[(-821) 5'-CACGC-3'(-817)]序列及其相邻序列,这个 DRE 序列在高等动物高度保守,并且其转录活性相对高于其他 DRE 序列[5]。在荧光素酶报告基因质粒的基础启动子的设计方面,研究人员应用并插入了一段来自天然小鼠的 CYP1A1 基因启动子的片段,该启动子大约为 260bp,相对其他系统较为精简,有助于提高生物检测系统风险评估的可靠性(图 14-2)。随后,应用 pCL-CR2 新型报告基因质粒,在小鼠肝癌细胞系中筛选获得了稳转细胞株,CBG2.8D(图 14-2)。经过实验分析,研究人员获得了 CBG2.8D 系统的一系列参数,包括最低检出限为 0.1pmol/L,最佳接种密度为 40000 细胞/100μL/孔,最佳暴露时间为 24h。CBG2.8D 系统具有良好的稳定性,可以在后续实验中展开应用[2]。

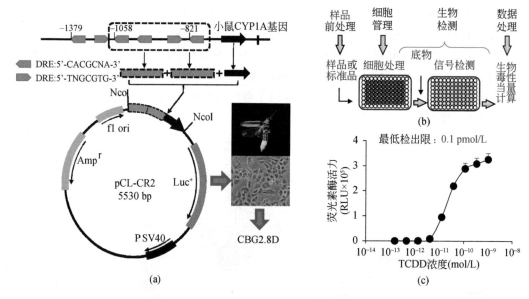

图 14-2 基于报告基因的新型二噁英类生物检测系统[2]

(a) 报告基因检测质粒与细胞;(b) 检测流程;(c) CBG2.8D 对 TCDD 的响应

近年来,环境空气污染已成为中国的一大公共难题。大气中的颗粒物(PMs),特别是细颗粒物 $PM_{2.5}$ 和可吸入颗粒物 PM_{10},被认为是空气污染对健康产生不利影响的主要原因之一[6]。工业排放、煤燃烧、柴油和汽油废气以及生物质燃烧是大气颗粒物有机碳组分的主要来源。同时有机碳作为大气颗粒物的重要部分,也是颗粒物毒理学研究的重点。二噁英类化合物在大气中的主要存在形式是结合在大气颗粒物上[7]。尽管在空气中二噁英不是含量最多的污染物,但这类物质一方面具有持久性,另一方面主要以与颗粒物,尤其是细颗粒物结合的形式在，更容易进入人体并发挥持久性的效应，因此仍然是大气健康风险监测和评估的重要污染物成分。另一方面，AhR 不仅可以结合二噁英类污染物，还可以感知、响应和防御其他类型的污染物，例如二噁英类多氯联苯（dl-PCBs）和某些多环芳烃（PAHs）[8]。而空气中的 PAHs 也是空气污染产生的环境健康效应的主要污染物。鉴于空气中二噁英、dl-PCBs 和 PAHs 在我国大气污染风险评估中的重要性，出于监测目的，需要一种能够满足二噁英筛查和评估所有类似毒性有机污染物潜在毒性效应的生物分析方法。因此，研究人员在建立的新型高灵敏报告基因二噁英生物检测系统的基础上，在大气样品中开展了针对二噁英检测与 AhR 相关健康风险的评估的应用研究。

研究人员应用典型空气污染物地区采集的大气样品开展了生物分析和 HRGC-HRMS 仪器分析。结果表明，PCDD/PCDFs 的毒性当量（TEQs）在 55～747 fg I-TEQ m^{-3}（平均 254 fg I-TEQm^{-3}），与既往报道的范围基本一致[8]。同时，使用 CBG2.8D 生物检测系统测定得到的相应生物毒性当量（BEQ）为 309～4684 fg BEQm^{-3}，两种检测结果之间存在很好的相关性，但是在检测结果上，生物检测法得到的 BEQ 值高于 HRGC-HRMS 分析的 TEQ 值（图 14-3）[2]。这种现象在其他荧光素酶报告基因生物检测系统中同样存在，如日本 DR-EcoScreen 系统等[8]。由于大气颗粒物成分组成复杂，除了二噁英类化合物以外，还存在 dl-PCBs 和 PAHs 等多种能够激活 AhR 的物质，而这类物质对人体也可能具有潜在的毒性，为了综合评估这类 AhR 活性污染物的毒性效应，研究人员提出了 AhR 总激活效应（TAA）的概念，并使用 TAA 探索了颗粒物中的其他物质是否对 AhR 同样具有干扰效应。为此，研究人员应用了典型的雾霾天气采集的大气样品，进行了总颗粒物提取，通过 ASE 快速萃取，直接将抽提物定容于二甲基亚砜（DMSO）中，随后使用 CBG2.8D 细胞，通过 AhR 诱导的报告基因的表达和测定对提取物的中 AhR 活性进行了分析，由此获得了雾霾大气颗粒物的 TAA 数据。同时比较了经过净化后雾霾样品中二噁英组分对 AhR 的激活效应。结果显示粗提样品的 TAA 显著高于二噁英组分，通过 TEF 转换得到的 BEQ 值在 41.65～72.18 pg BEQm^{-3} 之间，而二噁英组分的毒性当量值在 2.42～8.31 pg BEQm^{-3} 之间，粗提物与二噁英的组分测得的 TAA 比值在 8.7～18.8 倍，这说明在大气颗粒物中含有非常可观的能够结合 AhR 的活性物质[2]。

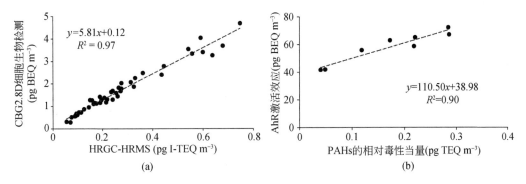

图 14-3 基于报告基因的新型二噁英类生物检测系统在大气样品中的应用[55]

（a）大气二噁英组分的生物检测数据与仪器分析数据高度相关；（b）大气样品中毒性 PAHs 对 AhR 的激活效应与总 AhR 激活效应正相关

在大气颗粒物中的 PAHs 和 dl-PCBs 是空气污染环境健康问题重点关注的污染物。因此大气样品中 AhR 相关的生物效应不仅可归因于二噁英，还可归因于 PAHs 和 dl-PCBs。与大气颗粒物结合的 PAHs 是大气样品 PAHs 的重要组成部分，其中分子量大于 210 的 PAHs 是健康效应关注的重点。根据分子量大于 210，能够激活 AhR，并且被国际癌症研究组织（IARC）列为 1 级致癌物、2A 或 2B 等级的筛选原则，从多种 PAHs 中选取 7 个符合要求的 PAHs 应用仪器分析方法检测其在雾霾样品中的浓度，并一同检测了 12 种 dl-PCBs 的含量。结果发现 PAHs 是所有检测物质中含量最高的，浓度均在 ng m^{-3} 水平。根据已有文献对这 7 种 PAHs 的相对毒性当量的报道，将样品中 PAHs 的浓度进一步换算成毒性当量，并进行了总毒性当量的计算，其结果在 75～871 fg TEQ$_{PAH}$ m^{-3}（平均 267 fgTEQ$_{PAH}$ m^{-3}）之间，这个计量结果与二噁英类化合物的毒性当量相当（117～599 fgTEQ m^{-3}），可见 PAHs 是构成大气样品中 AhR 总体激活效率的一个重要组分[2]。为了探索样品中 TAA 与 PAHs 含量之间的关系，将两组数据进行了相关性比较。结果显示雾霾大气样品中 7 种 PAHs 的相对毒性当量与 TAA 之间存在相关性（R^2=0.9），这表明 PAHs 在大气样品对 AhR 的激活作用中至关重要，并可能存在独立于其他 AhR 激动剂的作用（图 14-3）。

14.1.2 人源 AhR 单克隆抗体库的构建及与应用

为解决市售 AhR 抗体在识别位点方面多样性不足的问题，研究人员应用大肠杆菌 BL21 细胞，制备了全长人源 AhR 蛋白，并以此作为免疫原开展了抗体库的构建[9]。应用经典的单克隆抗体制备方法，最终获得了一个含有 42 支单克隆抗体的抗人源 AhR 抗体库，并筛选具有属于人源 AhR 的不同功能结构域的新表位的新单克隆抗体。并对抗体进行了系统表征，发现所制备的 42 支单抗的效价介于 200～819200，亚型主要为 IgG1 和 IgG2a。单抗的识别区域鉴定结果显示所有单抗能识别除 219～408 区域以外的人源 AhR 的所有结构域。随后进一步确定了 15 支单抗识别人源 AhR 功能域中的特定的多肽序列。应用不同种属及组织来源的多种类型的细胞样品，研究了单抗识别 AhR 的特征与交叉反应情况。结果显示，与市售抗 AhR 单抗类似，制备的单抗多数不仅能够识别人肝癌细胞系 HepG2，人乳腺癌细胞系 MCF-7，人子宫颈癌细胞系 HeLa，人结肠癌细胞系 Caco-2 和人神经母细胞瘤细胞系 SK-N-SH 等肿瘤细胞中的 AhR，还能够识别人肾小管上皮细胞系 HKC 及人胚肾细胞系 HEK293T 中的 AhR；并且发现同种细胞中存在不同分子量的 AhR，这说明 AhR 可能存在不同的蛋白后修饰。研究人员还发现部分抗体不能识别变性的线性化的人源 AhR，由此推断这部分单抗所识别的表位可能具备一定的空间结构。通过免疫沉淀及免疫荧光染色实验，发现制备的单抗中有 31 支能识别具有天然构象的人源 AhR，并证实了部分不能识别线性化 AhR 的抗体确实能够识别天然构象（图 14-4）。由于 AhR 在不同物种之间存在一定的同源性，因此进一步研究了制备的单抗识别鼠源 AhR 的交叉反应。结果显示制备的单抗可以交叉识别大鼠肝癌细胞 H4IIe 和小鼠肝癌细胞 HepWT 中的 AhR，以及大鼠不同组织来源的 AhR，包括小脑、大脑、肺、心脏、肝脏、脾脏、肾脏、睾丸和肌肉，并发现这些 AhR 同样存在不同的蛋白后修饰。

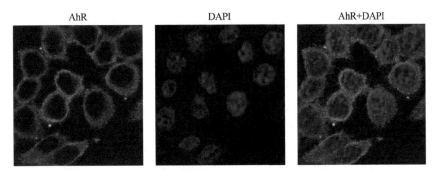

图 14-4　应用新型抗 AhR 抗体进行免疫荧光染色（HeLa 细胞）[9]

上述表征结果说明，该抗体库对于 AhR 的识别具有明显的多样性，尤其所识别的表位比市售抗体更多样化，可覆盖几乎所有具有免疫原特征的区域。新制备的单克隆抗体可用于 AhR 的生物测定中，环境污染物的定量分析，并且在未来研究中具有进一步揭示 AhR 空间结构及其生物学功能的潜力。

综上所述，基于 AhR 受体的报告基因生物检测系统具有检测周期短、成本低、高灵敏度的特征，并在评价二噁英类污染物总体毒性方面有突出的优势，可用于二噁英类污染物的健康风险评估。而人源 AhR 单克隆抗体可用于 AhR 的生物测定与 AhR 构效关系的研究。不难预见，随着上述基于 AhR 信号通路生物分析方法的不断建立和完善，将会有更多的作用于 AhR 的化合物被发现，并为 AhR 结构与功能的进一步解析提供支持数据。

14.2　二噁英类污染物的基因干扰作用研究

14.2.1　二噁英长期暴露对脑组织转录组的综合干扰作用

对于大多数的生物体来说，二噁英的健康威胁往往是长期的、慢性的。根据队列研究结果可知，二噁英对神经系统的损伤具有迟发性，在接触二噁英几十年后或长期经二噁英膳食暴露的人群才可能展现出认知功能障碍和神经系统紊乱等症状。但是应用基因芯片开展的针对啮齿类动物的二噁英神经毒性研究中，往往运用的是孕期急性暴露模型，来研究子代脑部基因表达谱的变化。如有研究通过围产期的二噁英的短期暴露（20μg/kg 体重），在子代胚胎大脑中筛选到 40 个与器官发生和 DNA 依赖的转录调节相关的差异表达基因。还有研究采用相似的暴露方法，筛选并证实了在胎鼠脑中二噁英对趋化因子 CXCL4 和 CXCL7 的表达调控。然而，现实环境中二噁英的暴露剂量很难达到这些实验中应用的动物暴露剂量，所以有必要开展依据环境背景二噁英浓度设计的动物实验来进行二噁英的健康威胁的相关研究。而且，针对长期低剂量二噁英暴露对生物神经系统影响的报道非常欠缺，有待开展相关实验。

为了系统、全面地分析长期低剂量二噁英暴露对大脑 mRNA 表达谱的影响，研究人员应用了 TCDD（0.1μg/kg 体重）连续灌胃给药 24 周（每两周 1 次）的大鼠长期暴露模型，分离了暴露后的脑组织，采用 Affymetrix Rat Genome 230 2.0 array 芯片获得基因表达谱数据。结果显示,实验组与对照组间共有 209 个差异表达基因($P<0.05$),其中 145 个基因表达上调,64 个基因表达下调[10]。为了预测差异表达基因涉及的生物学功能,采用 GO 和 KEGG 两种在线分析软件对获得的差异表达基因进行了聚类。GO 聚类结果显示这些基因主要参与了多级的细胞代谢过程和生物过程的调节,而且与细胞凋亡相关。KEGG 结果显示上调基因主要聚类为长时程增强作用、胆碱能突触和胰岛素分泌。而下调基因主要与 5-羟色胺能突触、花生四烯酸代谢和内吞作用有关。为了验证芯片结果的可靠性,应用荧光实时定量分析了若干个芯片筛选出的差异表达基因(图 14-5)。结果发现二噁英对 *ABCa1*、*C4A*、*CCR5*、*PYCARD*、*CDKN1a*、*GAD*、*GABRB7*、*ERG1* 这些基因的表达调控与芯片结果趋势相似,尽管两种方法可能存在倍数上的差异。在表达上调的基因中,EGR1 的变化最明显,实验组与对照组相比变化了 2.4 倍,同时 *CDKN1a* 和 *GAD2* 基因表达的变化也达到了 2 倍。而 *ABCa1*、*C4A*、*CCR5* 和 *PYCARD* 的表达均下降了 25%[10]。

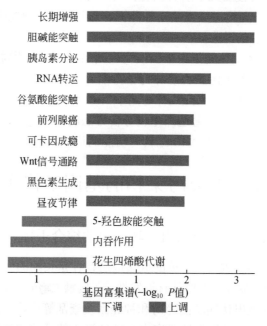

图 14-5　长期低剂量二噁英暴露对大鼠脑基因表达谱的影响及功能分析[10]

由于基因芯片结果显示,CAMK2a、CAMK4 和 CREB1 的基因表达受 TCDD 影响而显著上调,研究者进一步考察了 TCDD 对于钙离子依赖的 CAMK2a 和 CAMK4 信号通路,以及 cAMP 依赖的 CREB1 相关信号通路的影响。发现在 TCDD 长期暴露的大鼠脑组织中,CAMK2 的磷酸化水平高于对照组,而 CREB 的磷酸化水平则低于对照组[10]。

另外,在二噁英低剂量长期暴露的大鼠脑组织内编码神经丝蛋白轻链(NFL)的基因表达上调,这与在原代皮层神经元等细胞系统的发现一致。近年来,脑脊液和血液中的含量已经成为诊断多种神经退行性疾病的标志,由于这类疾病病程比较慢,临床评估有局限性,所以研究者们非常关注这类疾病的分子标志物,并进行了大量研究。临床研究中发现,阿尔兹海默病(AD)患者血液内的 NFL 浓度与患者的认识能力相关,NFL 浓度越高患者的认知能力越低,AD 相关的脑萎缩越严重,脑部的代谢水平也越低。而且,脑脊液中的

NFL 的含量可以预测正常老年人的年龄导致的脑萎缩状态。同时，血液和脑脊液中 NFL 的含量也被用于评估患者帕金森病和渐冻症等神经退行性疾病的病程。通常血液和脑脊液中的神经丝蛋白来源于神经系统凋亡的神经元，而神经丝蛋白的异常表达和累积有可能诱导神经元凋亡。此研究发现从分子生物学角度初步建立了二噁英与神经退行性疾病间的联系，相关环境健康机制研究仍有待深入。

14.2.2 二噁英长期暴露对 B 淋巴细胞转录组的综合干扰作用

在抗体介导的对抗原的清除的体液免疫过程中，B 淋巴细胞起着不可替代的重要作用。体内和体外实验均已证实，TCDD 可以抑制生物体的体液免疫反应，如脂多糖（LPS）引起的体液免疫反应，其中包括 B 细胞的增殖、分化与免疫球蛋白的分泌过程。但是，迄今为止，二噁英的这一免疫抑制效应的分子机制尚未完全阐明[11]。

在较低剂量 TCDD（0.1μg/kg 体重）长期暴露的实验条件下，研究发现，暴露后小鼠血清中免疫球蛋白 IgM 和 IgG 的显著减少，表明体液免疫受到抑制[12]。具有分泌抗体能力的浆细胞的数量比例的降低可能是导致免疫球蛋白减少的原因之一，而浆细胞比例的减少可能是 TCDD 阻碍了 B 淋巴细胞分化的过程。B 淋巴细胞成熟分化的过程受到许多因素的影响，这其中多数 B 细胞的分化都需要 T 淋巴细胞的刺激。具体来说，T 淋巴细胞依赖型 B 细胞的分化需要 Th2 细胞的刺激，同时 Th2 细胞可以促进免疫球蛋白 IgG 亚型中的 IgG2a 的分泌，而 Th1 细胞则可以促进另一个 IgG 亚型——IgG1 的分泌。在 TCDD 长期暴露后，Th1 和 Th2 细胞亚群的比例均显著减少，这可能造成 B 淋巴细胞不能正常接受刺激，导致浆细胞的分化异常。通过流式细胞术检测，还检测到了前 B 细胞，CD19$^+$ B 淋巴细胞的比例增加，但是这些现象背后的分子机制尚未明确[12]。

为了更深入地研究 TCDD 长期暴露对小鼠体液免疫系统产生抑制效应的分子机制，选择了小鼠脾脏 B 淋巴细胞作为靶细胞进行转录组学的研究，来分析在 TCDD 长期暴露后，哪些基因的表达受到了影响，哪些信号通路由于 TCDD 长期暴露得到了激活或抑制。结果发现 TCDD 长期暴露对小鼠 B 淋巴细胞转录组产生了很大影响。实验选取差异表达基因的标准为 FDR≤0.001 且倍数差异不低于两倍。应用较为严格的判断差异表达基因的条件，与对照组相比，给药组中共判定了 70 个差异表达基因，其中上调的基因 24 个，下调基因数为 46 个（表 14-1）[12]。

表 14-1 TCDD 长期低剂量暴露对小鼠脾脏 B 淋巴细胞转录组的影响（数据源自文献[12]）

基因代码	基因缩写	log$_2$ Ratio	P 值
010139	EPHA2[a]	10.41	6.61E-06
010755	MAFF[a]	2.921	6.90E-10
007498	ATF3[a]	2.881	1.03E-13
026146	EPS8l1[a]	2.83	9.13E-08
001081212	IRS2[a]	2.81	1.25E-12
027950	OSGIN1[a]	2.75	6.12E-07

续表

基因代码	基因缩写	log$_2$ Ratio	P 值
010444	NR4A1[a]	2.31	5.20E-12
008037	FOSL2[a]	2.26	8.08E-13
77660	ZBTB10[a]	2.23	1.34E-13
145222	B3GNT7[a]	2.15	3.44E-13
001033324	ZBTB16[b]	-9.68	1.85E-06
013558	HSPA1L[b]	-5.02	1.13E-07
133362	ERDR1[b]	-2.94	6.67E-51
001204906	RECQL[b]	-1.71	9.05E-06
009255	SERPINE2[b]	-1.60	7.66E-09
013915	ZBTB18[b]	-1.47	1.90E-05
001048204	ZFP455[b]	-1.46	8.65E-06
001080134	TMPO[b]	-1.42	7.01E-07
172392	ZFP759[b]	-1.39	1.19E-05
001002008	ZFP948[b]	-1.38	1.11E-06

a 变化倍数前 10 位的上调基因；b 变化倍数前 10 位的下调基因。

对差异表达基因进一步进行了 Ingenuity Pathway Analysis（IPA）分析，IPA 是基于云计算的数据库，可用于分析、整合和理解转录组、代谢组、蛋白质组等实验数据。IPA 分析的主要数据库追踪记录了超过 50 份顶级同行评阅期刊的全文，400 多份期刊的摘要及人、小鼠、大鼠三个物种的基因功能报道。根据这样一个较为全面和权威的信息数据库，IPA 可以对实验数据中相关信号通路的变化、下游功能、转录调控进行分析、预测微小 RNA（miRNA）靶基因、分析相互作用网络等。进一步挖掘数据，IPA 可以进行多状态趋势分析、基因背景调查、交叉数据库查询、因果网络预测等。IPA 分析可以对实验中的差异表达基因进行功能聚类分析，即对共同行使功能的基因进行聚类，并且给出相关性打分，打分高代表相关性强，反之亦然，同时会给出相应的定量趋势，提示该功能受到上调或下调。在 IPA 分析中，使用 Z-score 来客观判断上游转录调节因子的激活情况。

经过 IPA 分析可以获得 TCDD 长期暴露后失调最为显著的下游效应。结果发现，脾脏中 CD19$^+$ B 淋巴细胞比例显著升高，与之相对应的，在下游效应分析中，上调最为显著的信号通路为淋巴细胞分化信号通路（Z-score=2.5）。不仅如此，B 淋巴细胞分化的信号通路也受到了激活（Z-score=1.1）。通过转录组学的研究发现这些 CD19$^+$ B 淋巴细胞中，前 B 细胞的标志物的转录表达升高，如转录因子 IRF4 和 Gfi1 等。因此，本实验的数据表明 TCDD 长期暴露后，B 淋巴细胞的分化受到影响，前 B 淋巴细胞的比例增多、浆细胞比例减少，是抗体减少的原因之一。在受 TCDD 影响上调的信号通路，另一组变化显著的差异表达基因涉及细胞侵袭、细胞迁移和细胞运动等功能。这些信号通路的激活与其他研究中表明的 AhR 信号通路在细胞生长、细胞增殖以及细胞运动中起到重要作用的结论相一致。说明 TCDD 长期暴露可能通过反复激活 AhR 信号通路，对细胞的生长增殖等起到激活作用。同时，在下调的信号通路中，下调程度最为显著的是癌细胞的凋亡，这与人群流行病学调查及动物实验结果中发现 TCDD 具有促进淋巴细胞癌症发生的作用相吻合[12]。

使用 IPA 还可以对 TCDD 长期暴露后小鼠 B 淋巴细胞的上游调节网络进行分析，发现在"疾病和功能"相关上游转录调节网络中，血管生成的上调程度最高（一致性评分为 7.43），同时 DNA 结合的下调程度最高（一致性评分为-6.0）。说明 TCDD 长期暴露后，血管生成的显著上调表明血管生成过程中的基因表达受到了 TCDD 的激活，这与已知的 AhR 在心血管生理功能和疾病中发挥作用相一致。而 TCDD 长期暴露对 B 淋巴细胞 DNA 结合的显著下调则表示差异表达基因中许多基因都在基因转录中都起到一定作用。IPA 分析中分子和细胞分析模型显示 31 个差异表达基因与基因表达有关，占总体差异表达基因数量的 44%，同时还有 39 个差异表达基因与细胞分化、细胞增长和细胞增殖有关，占总体差异表达基因数量的 55%。IPA 核心分析对上游转录调节因子的分析显示，上游转录调节因子上调最为明显的是环磷酸腺苷反应元件调节因子（CREM）和环磷腺苷效应元件结合蛋白 1（CREB1）。接下来使用 Mapper 数据库的在线链接①分析了差异表达基因中上调及下调最为显著的十个基因启动子上游 10kb 区域中 CREM，CREB1 以及 AhR 的结合位点。结果发现，在所检测的 20 个差异表达基因中，有 19 个基因的启动子上游存在 CREM 和/或 CREB1 的结合位点。值得注意的是，只有上调的差异表达基因的启动子上游区域有 DRE 结合位点，而所有检测的下调差异表达基因启动子上游均没有 DRE 结合位点。其他环磷酸腺苷（cAMP）依赖的信号通路在本实验中也存在过表达，包括 FosL2（$\log_2=2.26$）以及 JunB（$\log_2=1.03$）。c-AMP 依赖的转录因子 ATF3，是上调量第三高的转录因子（$\log_2=2.88$）。应用 Mapper 数据库对其启动子上游区域进行分析，发现其启动子上游存在一个 DRE 结合位点，两个 CREM 结合位点，两个 CREB1 结合位点和一个 ATF3 结合位点。这些结果表明，TCDD 暴露可能导致 *ATF3* 基因的正反馈调节，可能是导致 *ATF3* 基因上调的原因之一。综上所述，TCDD 长期暴露可以导致 B 淋巴细胞转录过程发生显著并且持续进行的变化[12]。

在对差异表达基因的分析过程中，不仅使用了 IPA 进行分析，还使用了 KEGG 信号通路分析。KEGG 信号通路分析表明丝裂原活化蛋白激酶（mitogen-activated protein kinase, MAPK）信号通路和生理节律信号通路在 TCDD 长期暴露后受到了异常调控。在 TCDD 人群暴露事件中，队列研究表明 TCDD 可以导致人罹患非霍奇金氏淋巴瘤概率的增加，因此，比较本实验中的差异表达基因和文献中报道的非霍奇金氏淋巴瘤相关基因以及 IPA 数据库中非霍奇金氏淋巴瘤相关基因后，发现四个重叠基因，分别是 *IRF4*，*TGIF1*，*FAM46C* 和 *DUSP4*[12]。

TCDD 人群暴露的流行病学调查显示，暴露人群罹患非霍奇金淋巴瘤的比例显著升高，TCDD 暴露与非霍奇金淋巴瘤的发病表现出正相关关系。针对全球非霍奇金氏淋巴瘤患者的调查显示，环境因素是导致此类疾病发生的重要影响因素之一。在英国，非霍奇金氏淋巴瘤的发病率位于癌症发病排行的第五位，并且在许多国家地区中，非霍奇金氏淋巴瘤的发病率都在逐渐升高。在针对非霍奇金淋巴瘤发病原因的研究中，被研究人员广泛认可的

---

① http://genome.ufl.edu/mapper/。

因素之一就是免疫抑制,机体处于免疫抑制时非霍奇金氏淋巴瘤的发病率是正常人的 50～100 倍[13],而免疫抑制恰恰是 TCDD 暴露后一个被广泛确认的结果。可见,上述基于转录组分析所获得的二噁英与非霍奇金氏淋巴瘤的潜在关系,与目前二噁英暴露的流行病学及非霍奇金氏淋巴瘤病因学的认知是相符的。

14.2.3 新型二噁英-AhR 响应基因的发现

B0AT1 是由 *SLC6A19* 基因编码的中性氨基酸转运体,在运输中性氨基酸和 Na^+ 中扮演一个重要的角色,涉及蛋白质的消化和吸收以及矿物质的吸收。据报道,*SLC6A19* 基因突变可导致多种疾病,如哈顿普障碍、亚氨基糖尿症和高糖尿症。与胰、胃、肝、十二指肠和回肠等组织表达较低相比,B0AT1 在肾、肠组织中表达较高。B0AT1 的组织特异性表达可能与 *SLC6A19* 基因的转录或表观遗传学调控有关。在前期的转录组研究中发现,TCDD 暴露后,HepG2 细胞中 *SLC6A19* 的基因表达被显著上调。鉴于 B0AT1 在氨基酸转运和代谢中的作用,有必要确认 TCDD 对 *SLC6A19* 基因表达的影响,并研究其背后的作用机制[14]。

研究人员主要采用人肝癌细胞 HepG2,获得了 TCDD 暴露对 SLC6A19 的基因表达的影响及剂量-效应与时间-效应关系。同时对 *SLC6A19* 编码的蛋白,B0AT1 的表达水平进行了测定。在分子机制层面,主要应用了 AhR 的拮抗剂和基因沉默(siAhR)的手段,研究了 AhR 在 TCDD 诱导的 *SLC6A19* 及其蛋白 B0AT1 异常表达中发挥的作用。结果显示,二噁英可以诱导 HepG2 细胞中 *SLC6A19* 的表达,并呈现时间和剂量效应,在 10^{-8} mol/L TCDD 处理 2～72 h 的 HepG2 细胞中,*SLC6A19* 表达显著增加。与对照组相比,TCDD 处理组从 4 小时开始,*SLC6A19* 的表达显著上调($P<0.001$),*SLC6A19* 的最大表达发生在 10^{-8} mol/L TCDD 处理 48h 条件下,诱导量约为对照组的 80 倍。此外,还研究了 TCDD 浓度对 *SLC6A19* 表达的依赖效应,在不同浓度的 TCDD(从 10^{-11}～10^{-7} mol/L)处理 HepG2 细胞 24 h 后,*SLC6A19* 的表达逐渐增加。结果表明,与溶剂对照组相比,10^{-9} mol/L 时 TCDD 暴露细胞中 *SLC6A19* 的表达增加约 25 倍,而比 10^{-10} mol/L 时 TCDD 暴露细胞中 *SLC6A19* 的表达增加近 8 倍(对照组约 3 倍)。而在 10^{-8} mol/L 和 10^{-7} mol/L TCDD 组中,*SLC6A19* 表达进一步显著升高,为 10^{-9} mol/L TCDD 组的 3 倍(即对照组约 80 倍)。但在 10^{-8} mol/L 组和 10^{-7} mol/L 组中,*SLC6A19* 的诱导效果相似[14](图 14-6)。

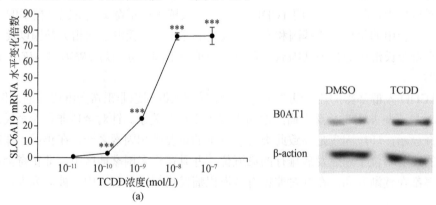

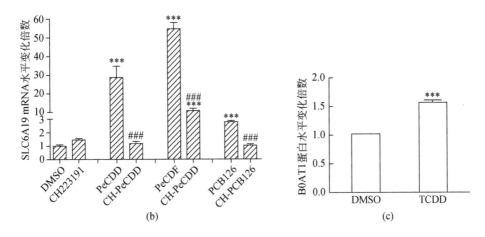

图 14-6 二噁英类化合物通过 AhR 信号通路在 HepG2 细胞中上调 *SLC6A19* 基因与蛋白表达[14]

***与对照组比有显著性差异，$P<0.001$；###与污染物单独暴露比有显著性差异，$P<0.001$

进一步选择了两种不同的方法来测试 TCDD 是否通过激活 HepG2 细胞中的 AhR 来诱导 *SLC6A19* 表达。CH223191 是一种 TCDD 配体选择性的 AhR 拮抗剂。结果正如预期，TCDD 与 CH223191 联合暴露后，与单独暴露 TCDD 相比，HepG2 细胞中 *SLC6A19* 的表达显著降低，提示 AhR 在其中发挥作用（$P<0.001$）。另一方面，siAhR 的应用也逆转了诱导 *SLC6A19* 表达的作用（$P<0.001$）。与 TCDD 组相比，siAhR 沉默 AhR 后，AhR 的 mRNA 表达降低了 50%，但 TCDD 组 *SLC6A19* 的表达仍高于 DMSO 对照组（$P<0.01$）。这些结果表明，TCDD 通过 AhR 的激活诱导 *SLC6A19* 表达。此外，在 HepG2 细胞中 *SLC6A19* 基因的表达可以对多种 AhR 活性污染物的暴露产生响应，可能成为 AhR 下游效应的新的靶基因。研究还进一步验证了 TCDD 暴露对于 *SLC6A19* 编码蛋白的干扰作用，发现 TCDD 处理后 B0AT1 表达显著增加（$P<0.001$）。由于 B0AT1 是 Na^+ 偶联中性氨基酸转运体，TCDD 对 B0AT1 的诱导作用，可能造成营养物质或毒性小分子转运的问题，值得进一步关注 B0AT1 表达变化所造成的细胞代谢与功能的异常（图 14-6）[14]。

14.2.4 二噁英对神经细胞微小 RNA 表达的干扰作用

除了转录水平调控以外，随着表观遗传学的兴起，越来越多的证据表明二噁英参与表观遗传调控机制，比如造成多种微小 RNA（miRs）的异常表达。有研究应用 miR 表达谱对斑马鱼胚胎中 miRs 表达整体情况进行了分析，发现二噁英暴露可造成多种 miRs 的表达异常，并且差异表达的 miRs 参与发育毒性过程。还有研究发现，短时间二噁英暴露对成年啮齿动物肝脏中 miRs 表达水平影响甚微，说明二噁英肝脏急性毒性中 miRs 的作用不显著。但是二噁英暴露对人源神经系统中 miRs 表达影响的研究尚未见到报道。

于是，应用具有众多神经元生化特性和功能的人类神经母细胞瘤细胞系 SK-N-SH 细胞开展基因芯片及分子毒理研究，拟解答在环境相关的低剂量 TCDD 暴露后，SK-N-SH 细胞 miR 表达谱的变化情况，并分析转录后（表观遗传）水平是否参与 TCDD 对基因表达的干扰作用。结果表明，SK-N-SH 细胞经 10^{-10} mol/L TCDD 处理后共有 277 个 miRs 的表达发生了显著变化（$P<0.05$），其中包括 148 个表达下调和 129 个表达上调的 miRs。在这些差异表达的 miRs 中，29 个 miRs 表达水平较对照组相比变化超过了 50%，包括 10 个下调和 19 个上调的 miRs。另外，表达水平为对照组的两倍及以上的 miRs 共有 5 个，分别是 4 个上调 miRs（miR-7109-5p、miR-124-5p、miR-542-5p 和 miR-4667-5p）和 1 个下调 miRs（miR-4310）。通过文献检索发现，53 个变化较大的 miRs 中，有 13 种 miRs 与神经系统相关，包括灵长类特有的 miR-608 和人类特有的 miR-183-5p。目前为止，人源细胞中二噁英暴露与 miR-608 和 miR-183-5p 表达的关系未见报道（图 14-7）[15]。

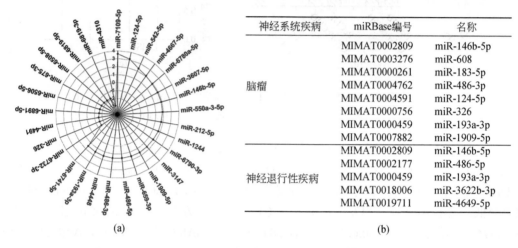

图 14-7　TCDD 对神经母细胞瘤细胞 miR 表达谱的影响[15]

在这些差异表达的 miRs 中，有很多都参与了多种神经系统的功能和疾病，例如胶质瘤、神经退行性疾病等（图 14-7）。在这些小 RNA 中，miR-608 是灵长类特有的，有文献说明 miR-608 参与多种神经功能调控，通过实验验证，发现二噁英处理可以上调 miR-608 的表达，0.2 nmol/L 2,3,7,8-TCDD 处理 36h 后，对 miR-608 的上调作用最明显，其表达水平较对照组可增加 83%。将 miR-608 靶基因预测的结果进行了基因功能聚类分析，得到了 miR-608 可能参与的神经系统的功能。发现 miR-608 可能与胶质瘤有关，并可能参与神经突起的形成、轴突导向及相关的细胞骨架的动态调控过程。为进一步明确二噁英参与调控 miR-608 的生物及毒理学意义，研究选择了与多种 miR-608 预测功能相关的目的基因 CDC42，首先验证了 miR-608 对神经源性 CDC42 有靶向调控作用，其次验证了二噁英处理可以诱导神经源性 *CDC42* 基因的表达，最后应用 miR-608 抑制剂发现 TCDD 可以通过转录水平的调控增加神经源性 *CDC42* 的表达，同时 TCDD 诱导的 miR-608 上调在 TCDD 对 *CDC42* 表达的影响中起到反向调节的作用。由此，研究提出了 TCDD 可以在转录水平及转录后水平调控 *CDC42* 表达的作用机制。为了研究这两个水平的调控机制是否存在交叉，分析 *CDC42* 基因上游的调控序列及 miR-608 宿主基因上游的调控序列，都发现了可能的二噁英响应原件的核心序列，说明 AhR 可能参与这两个水平的调控过程。应用 AhR 的拮抗剂 CH223191 与 TCDD 共同处理细胞后，发现 TCDD 对 miR-608 和 *CDC42* 的诱导作用都被逆转了。说明 AhR 很可能是转录水平及转录后水平 *CDC42* 调控机制的共同上游信号分子[15]。

14.2.5 二噁英对乙酰胆碱酯酶生物合成的综合干扰作用

生物标志物在环境毒理学研究和污染监测中有着广泛的应用。乙酰胆碱酯酶（AChE, EC 3.1.1.7）是神经系统毒性最常用的生物标志物之一[16]。AChE 是一种具有水解乙酰胆碱的催化活性的酶，在多种器官、中枢神经和周围神经系统中都有表达。AChE 在不同物种中参与运动和呼吸的胆碱能神经传递中起着重要作用，对哺乳动物的高级脑功能（如学习和记忆）也至关重要，例如学习和记忆。化学物质，如神经毒气沙林，是 AChE 催化三联位点的靶点，从而抑制酶，造成永久性神经损伤，甚至死亡。几种环境化学物质，如有机磷和氨基甲酸酯类农药，同样作用于 AChE 并不可逆转地抑制 AChE 酶活性。在各种物种中，从秀丽纤杆线虫到哺乳类，这些经典的环境 AChE 抑制剂所引起的神经中毒可发生。暴露于这些环境 AChE 抑制剂可导致人类胆碱能失衡，甚至因严重呼吸或心脏衰竭而死亡。因此，人体样本中的 AChE 受抑制的程度通常被用作职业或有机磷意外风险评估的生物标志物。此外，AChE 已被广泛用作监测有机磷和氨基甲酸酯类农药污染环境的生物标志物。研究人员综述了环境污染物对 AChE 的影响和多种作用机制[17]。除有机磷和氨基甲酸酯类农药外，已经报道了几种新出现的环境 AChE 干扰物，包括其他类型的农药和某些POPs（图14-8）。在多种细胞研究系统中发现，这些新报道的干扰物通过以前未报道一些新机制影响 AChE 的活性，如二噁英类污染物通过 AhR 依赖的信号通路下调 AChE mRNA 的表达来降低人的 AChE 活性[18]。

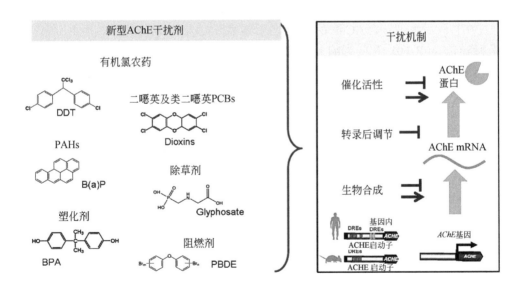

图 14-8 干扰 AChE 活性的有机污染物与作用机制

二噁英和 PCBs 是典型的持久性有机污染物，对包括神经系统在内的不同器官产生不同的毒性作用，这类化合物中，毒性最强的 TCDD 对 AChE 活性的影响主要在哺乳动物系统得到了证实。在孕第 1 天至哺乳第 30 天期间母体连续暴露 TCDD（0.2 或 0.4μg/kg 体重）

后，子代小脑 AChE 活性显著降低（下降 50%左右）。在经神经生长因子处理的大鼠嗜铬细胞瘤细胞中发现，在处理 DMSO（对照组）或 1 nmol/L TCDD 处理细胞 3 天后，AChE 活性在 TCDD 组略有下降[19]。另外，在 C2C12 细胞的成肌分化过程中，TCDD 处理后 AChE 活性也比对照组明显降低。TCDD 在 0.003~0.1 nmol/L 范围内有效说明小鼠肌肉细胞中 AChE 对 TCDD 非常敏感。而 TCDD 对 AChE 的 mRNA 表达的下调作用与活性的变化一致，TCDD 的作用很可能是干扰了 AChE 的生物合成过程[20]。

二噁英类污染物暴露不仅在小鼠模型中可以造成 AChE 活性的下降，在人源系统中也出现了类似的效应[18, 21]。在 SK-N-SH 人神经母细胞瘤细胞中，发现 TCDD 处理后，细胞中 AChE 活有显著下降，TCDD 的有效浓度在 0.1~10nmol/L 范围内，是与已知暴露人群血清平均水平非常接近的浓度，说明这一效应可能具有环境实际暴露水平相关。进一步的分子作用机制研究表明，TCDD 是通过 AhR 介导的转录表达抑制，干扰了 AChE 的生物合成过程，从而造成了酶活性的降低[18]。此外其他二噁英类化合物（如部分四氯或五氯取代呋喃，五氯取代二噁英类化合物及部分溴代二噁英等）对 SH-N-SH 中的 AChE 的表达与活性均呈现出类似的干扰作用，同时 AhR 介导的转录抑制是这些二噁英类污染物的一个共同的作用机制[21]。

作为胆碱能神经传递中的一种重要酶，生物体对 AChE 的表达存在多水平的严格调控机制，包括基于信号级联传递的转录调控，以保持长期转录状态的表观遗传调控，和通过 miR 改变 mRNA 水平的转录后调控。在神经系统中，miRs 与发育、突触可塑性和神经退行性疾病有明确的联系。神经元的 AChE 也受到 miRs 的调控。在小鼠细胞株中，miR-132 被证明是以神经系统中发挥主要功能的 T 型 AChE 剪切异构体（AChE$_T$）的 mRNA 为靶靶标，通过在转录后水平影响 AChE 的表达造成应激诱导的认知功能障碍。此外，最近发现，灵长类特异性 miR-608 靶向影响人类源性细胞系 AChE 基因表达。已有研究通过使用 PicTar、miRanda、miRbase 和 microCosm 算法运算，预测了 47 个以人类 AChE$_T$ 为靶点的 miRs，和 81 个以人类 AChE$_R$ 为靶点的 miRs。研究人员进一步结合 miR 芯片研究，预测出可能参与二噁英引起的 AChE 改变的一系列 miRs，并发现在 TCDD 处理的 SK-N-SH 细胞中，hsa-miR-146b-5p 的表达及其启动子活性显著增加，并可能与 AhR 介导的信号通路有关。并验证了 hsa-miR-146b-5p 过表后下调由 AChE$_T$ 3'非翻译区启动的报告基因的表达，说明 hsa-miR-146b-5p 确实可以靶向 SK-N-SH 细胞中的 AChE$_T$ 的 mRNA。功能性生物信息学分析表明，已知和预测的 hsa-mir-146b-5p 靶基因与已知二噁英效应相关的一些脑功能或细胞毒性有关，包括突触传递，其中 AChE 可能是介导该效应的反应基因，进一步支持了 hsa-mir-146b-5p 可能参与 TCDD 诱导的对 AChE 的转录后抑制。可见，二噁英对神经源性 AChE 表达干扰作用存在转录及转录后等多水平作用机制，同时 AhR 信号通路在其中发挥重要作用[22, 23]（图 14-9）。

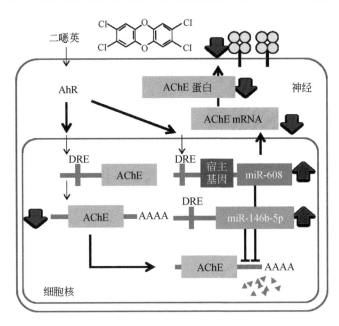

图 14-9　二噁英干扰神经细胞中 AChE 活性的作用机制

14.3　砷及卤代咔唑衍生物的生物标志物与作用靶点探索

14.3.1　探索砷暴露人群表皮过度角化的生物标志物

砷是毒性最大的类金属之一，广泛存在于制药、农业和工业等用途的地下水中。我国地下水中砷的平均浓度比美国环境保护署规定的 10 mg/L 的标准高出近 17 倍。砷暴露可引起许多地方性皮肤病[24]，其典型的临床特征表现为手掌和脚底角化过度。此外，慢性砷暴露可对消化系统、呼吸系统、心血管系统和神经系统产生一系列不良健康影响，甚至可以引发癌症。目前，关于砷作用的具体机制还不太明确，因此，确定可靠的生物标志物对于理解砷诱导的毒理变化的机制十分重要。鸟枪式蛋白质组学主要利用肽的反相分离，具有速度快、灵敏度高、准确性好、样品消耗少等优点，因此成为一项应用较为广泛的蛋白质组学技术，以便灵敏地检测正常组织和病变组织之间的差异，并且在生物标记物研究方面具有巨大潜力。研究人员应用此方法对我国山西省山阴县砷暴露人群的表皮样品进行蛋白质组分析，旨在提出砷导致皮肤损伤的新生物标志物和分子靶点。

对砷暴露的皮肤病患者（皮损和非皮损表皮）、砷暴露的正常人群（正常者）和无砷暴露的健康人群（对照组）的手掌和足底样品进行样品采集和蛋白质组分析。通过比较病变表皮和正常表皮的蛋白质表达谱，研究了表皮对砷的反应，找出与砷暴露相关的变化蛋白。研究结果表明，手掌和足底具有相似的蛋白质谱特征。结果发现，砷暴露、无砷暴露以及对照组的皮肤表皮，三组样品的差异表达蛋白具有一致性。桥粒芯糖蛋白 1（DSG1）是一种类钙粘跨膜蛋白，砷暴露可使其表达被抑制。DSG1 表达下调可能导致细胞粘附减少和表皮分化异常。角蛋白 6c（KRT6C）和脂肪酸结合蛋白 5（FABP5）的表达则明显增加。FABP5

是一种在人体皮肤脂肪酸代谢中起重要作用的细胞内脂质伴侣，FABP5 的过度表达可能通过改变脂质代谢而影响角质形成细胞的增殖或分化。KRT6C 是维持表皮完整性和内聚力的细胞骨架组成部分，KRT6C 的异常表达可能影响其在表皮中的结构作用[25]（图 14-10）。

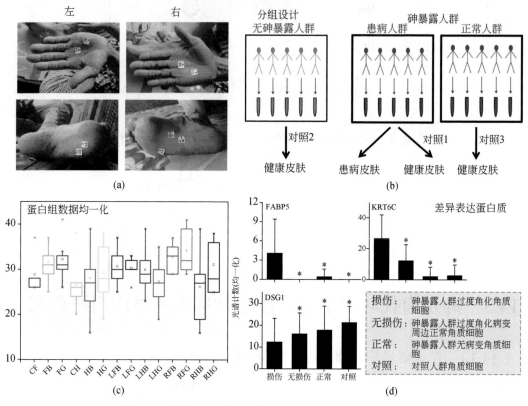

图 14-10　基于蛋白质组研究砷暴露人群皮肤病变标志物
*$P<0.05$

蛋白质组学分析可对正常组织和病理组织之间的差异进行灵敏检测，具有良好的生物标志物发展潜力，甚至可以识别出易患某些疾病的个体，并帮助治疗。此项研究在砷暴露人群中发现的 DSG1、FABP5、KRT6C 三种蛋白在受损皮肤中的差异表达，为砷介导的毒性和皮肤癌的未来研究提供了一个重要的途径，其中某些蛋白质可能成为高危人群早期诊断的有用生物标记物，并有望成为新的治疗靶点。而这些标记物在砷暴露引起的皮肤病中的生物学作用有待进一步研究。

14.3.2　卤代咔唑类衍生物与 AhR 的相互作用研究

卤代咔唑衍生物（polyhalogenated carbazoles，PHCZs）便是众多新涌现的污染物中典型的卤代杂环芳香烃类有机污染物。其结构类似于多氯代二苯并呋喃（polychlorinated dibenzofurans，PCDFs）。PCDFs 是一类二噁英类物质，其中某些 PCDFs 同系物具有致癌性。PHCZs 在环境中分布广泛。自 20 世纪 80 年代首次在美国 Buffalo River 的底泥中检出[26]，科学家们已陆续在北美其他地方、欧洲和亚洲的各类环境样品中检出 PHCZs。但是目前对

PHCZs 的研究大多停留在环境监测层面，对其分析方法的构建也处于初级阶段，对其可能引起的生理效应和环境风险知之甚少。因此，通过分子毒理与计算毒理科研人员的合作，借助体外细胞模型和计算毒理学手段研究了 PHCZs 的 AhR 活性及其分子机理，为 PHCZs 的生态健康效应和环境风险评估提供了一定了基础信息。

研究针对 11 种环境中检出频率较高的氯代、溴代和混合氯代/溴代咔唑衍生物展开，主要应用了体外细胞模型和同源建模分子对接对 PHCZs 的毒理性质及其机制进行了探讨。为筛选 PHCZs 的 AhR 活性，研究应用了 14.1.1 中介绍的 AhR 活性物质的检测系统，CBG2.8D 细胞，并应用了体外细胞模型小鼠肝癌细胞 Hepa WT，探讨了 PHCZs 与 AhR 生物靶点的相互作用与下游效应。同时，通过同源建模分子对接方法评估了 PHCZs 与 AhR 的亲和力预测对接模式及关键的结合残基，这些信息的获得有助于对 PHCZs 作用于 AhR 的分子机制的了解。

对 11 种 PHCZs 的 AhR 活性筛选结果显示，除了两种氯代咔唑衍生物（3-氯代咔唑和 3,6-氯代咔唑）无 AhR 活性外，其余 9 种 PHCZs 都不同程度激活了 AhR 活性。分子对接模拟结果得到了 11 种 PHCZs 与 AhR 结合的稳定构象。这表明 PHCZs 是一类具有潜在生理毒性的 AhR 配体。研究以 TCDD 为参考物（相对效能 Relative effect potency，REP=1）是目前常用的评估污染物的毒性大小的方法。本研究中得出了 9 种 PHCZs 的 REP 值，AhR 活性大小的顺序为 2367-CCZ＞27-BCZ＞1368-CCZ＞136-BCZ＞1368-BCZ＞1-B-36-CCZ＞36-BCZ＞18-B-36-CCZ＞3-BCZ。2367-CCZ 是这 9 种 PHCZs 中 REP 最大的，约为 TCDD 的一千分之一到十万分之一倍。此外，它们还能够进一步诱导 AhR 下游基因，细胞色素亚家族基因 CYP1A1 的表达，诱导能力与其相对效能大小具有一定的一致性（图 14-11）[27]。

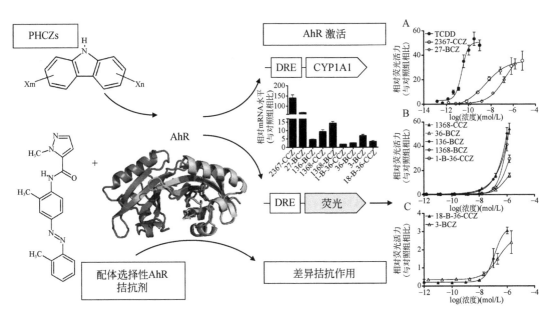

图 14-11　卤代咔唑对 AhR 信号通路的影响与分子作用机制[27]

计算机模拟分析显示，由于分子结构的高度相似性，PHCZs 与 TCDD 对接到相同的结合口袋。但是由于 PHCZs 中的含氮基团取代了 TCDD 中的氧桥，分子缩小，这导致 PHCZs 与 AhR 的对接构象稳定性大大降低。此外，与 AhR 的对接构象可分为两类，一类以 2367-CCZ 和 27-BCZ 为代表，另一类则以剩余 7 种 PHCZs 和 TCDD 为代表。CH223191 是一种配体选择性 AhR 抑制剂，其对 PHCZs 诱导的 AhR 活性的抑制效果也呈现两种趋势，正好符合 PHCZs 与 AhR 对接构象的分类。这些研究发现不仅加深了对 AhR 配体多样性的了解，同时也为 PHCZs 的环境风险评估提供了重要的参考信息。PHCZs 是一类具有类二噁英毒性的有机污染，预示其潜在的不利健康影响和环境风险。但是其诱导毒性的机制与 TCDD 并不完全相同，需要更深入的探究[27]。

14.4 典型污染物借助生物靶点对信号通路的扰动与其生物效应的关联机制

14.4.1 二噁英类污染物对多种发育过程的干扰作用与机制

1. 二噁英暴露对结肠 ILC3s 细胞发育的影响

固有型淋巴细胞（ILCs）在机体固有免疫功能中发挥重要作用，主要包括 I 型（ILC1s）、Ⅱ型（ILC2s）和Ⅲ型（ILC3s）细胞，它们的转录因子和分泌的细胞因子分别与 Th1、Th2 和 Th17 细胞相似。ILC3s 主要分布在肠道中，调控肠道的急性和慢性炎症，其分泌的细胞因子主要是干扰素（IFN）-γ、白介素（IL）-22 和白介素（IL）-17 等。在小鼠发育的进程中，ILC3s 在抗感染和促进淋巴细胞发育的过程中发挥着重要作用。许多转录因子调控着 ILC3s 的功能以及发育，如视黄酸受体相关孤儿受体（ROR）γt 和 AhR。AhR 在许多淋巴细胞中表达，并且与肠炎等一些自身免疫病相关。AhR 在 ILC3s 细胞中的表达是必需的，其表达异常会影响 ILC3s 的功能和发育。

孕期暴露二噁英的儿童更容易患呼吸道疾病，并且能够对生物体的多个系统产生毒性效应，尤其是免疫系统。研究表明，母体 TCDD 暴露会对子代免疫系统产生持久性的损害。二噁英暴露不仅会对获得性免疫系统产生毒性效应，同时也会影响固有免疫系统[12]。既然 AhR 在 ILC3s 细胞中起重要作用，且能介导 TCDD 的毒性效应，那么 TCDD 暴露很可能会对 ILC3s 细胞产生影响，进而破坏固有免疫系统的稳态。

基于以上假设，利用 C57BL/6 小鼠为模型，进行孕期和哺乳期 TCDD 暴露，对 8～10 周大 C57BL/6 孕鼠在怀孕第 0 天、第 12 天和小鼠出生后第 7 天以灌胃的方式给予 TCDD 暴露，在小鼠 10 周大，母鼠 23～25 周大时处死，取结肠组织，探索 TCDD 暴露对亲代和子代结肠 ILC3s 的影响。结果表明，TCDD 暴露对 ILC3s 分化的存在影响。高剂量 TCDD 暴露使得子鼠 ILC3s 细胞比例降低，没有对母鼠产生影响，但是 ILC3s 细胞中 RORγt 的平均荧光强度在 TCDD 暴露后，子鼠和母鼠体内均显著降低。同时，在子鼠体内，高剂量和低剂量 TCDD 暴露后均使得 ILC3s 细胞的亚群 NKP46$^+$ ILC3s 细胞比例显著升高，在母鼠体内,则是低剂量 TCDD 暴露使得 NKP46$^+$ ILC3s 细胞比例升高。此外,TCDD 暴露对 ILC3s 细胞因子的影响。研究发现,高剂量 TCDD 暴露导致 IL17a$^+$ ILC3s 细胞比例在子鼠体内升高,在母鼠体内低剂量 TCDD 暴露使得 IL17a$^+$ ILC3s 细胞比例升高,虽然高剂量组没有统计差异,但是仍然能看出有升高的趋势。高剂量 TCDD 暴露使得 IFN-γ$^+$ ILC3s 细胞比例在母鼠体内显著升高,子鼠没有受到影响。TCDD 暴露也没有对子鼠体内 IFN-γ 的平均荧光强度产生影响,但是母鼠体内在两个剂量的 TCDD 暴露均使得 IFN-γ 的平均荧光强度显著降低(图 14-12)[28]。

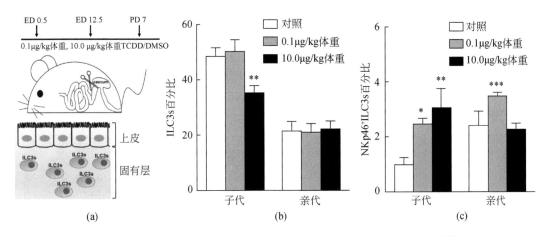

图 14-12 TCDD 早期暴露干扰大肠固有免疫细胞 ILC3 的分化和功能[28]
$*P<0.05$,$**P<0.01$

研究中,母体 TCDD 暴露能够对亲代和子代结肠 ILC3s 细胞的分化和功能产生不同影响。对于 ILC3s 的分化及细胞亚群,子代表现出抑制 ILC3s 分化,促进 NKp46$^+$ ILC3s 的分化,而母体只是 NKp46$^+$ ILC3s 在低剂量 TCDD 暴露后受到了影响,这说明 ILC3s 的分化可能在发育的早期更容易受到 TCDD 的影响。对于 ILC3s 细胞因子的分泌,母鼠更加敏感,比如 IFN-γ$^+$ ILC3s 细胞比例和 IFN-γ 的平均荧光强度均只在母鼠体内发生了改变;在母鼠体内,低剂量 TCDD 暴露就能影响 IL-17a$^+$ ILC3s 细胞比例,但是在子鼠体内则需要更高剂量的 TCDD 暴露才能影响 IL-17a$^+$ ILC3s 细胞比例。这些结果说明成年期暴露 TCDD,更容易对 ILC3s 的功能产生影响(图 14-12)。

2. 二噁英暴露对肌肉发育过程的影响与机制探索

早期二噁英暴露可造成神经系统的发育异常。例如,生活在越南二噁英污染地区的 4 个月婴儿,其神经系统运动区域功能、四肢和躯干对象操纵和运动功能均受到围产期二噁英暴露的影响[29]。另外,小鼠母体二噁英的高暴露还可能对骨骼肌细胞的成肌分化产生影响,从而影响上颚的发育,造成子代畸形的产生。不仅如此,二噁英可影响与运动相关的多种功能。据报道,156 名二噁英暴露农药厂工人神经发生运动神经传导速度的降低。暴露于二噁英的大鼠肌肉组织中可观察到肌萎缩症。AChE 对终止外周和中枢胆碱能神经系统中的胆碱能神经冲动起至关重要的作用。神经肌肉接头的 AChE 来自于突触前神经元和突触后肌管,其表达和功能在发育和成熟过程中等非常严格控制。C2C12 小鼠成肌细胞系广泛用于成肌分化研究的体外模型。体外培养的 C2C12 细胞在从肌母细胞阶段到肌管的演化过程中，AChE 表达显著增加，并为神经支配过程做好准备。有研究表明，神经源性 AChE 的表达在二噁英暴露后呈现显著的下调，而 AhR 介导的转录下调是其中的重要机制[18]。然而，二噁英是否能改变肌肉 AChE 表达尚不清楚。鉴于上述证据，赵斌研究团队认为二噁英可能干扰肌生成过程和成肌分化过程中 AChE 的表达。因此需要研究二噁英暴露对 C2C12 细胞在成肌分化过程影响，并在分化层面上研究 AChE 表达的变化时间窗及 AhR 信号通路的作用。

近期研究发现 TCDD 可以干扰 C2C12 细胞肌管形成的过程。TCDD 暴露使第 6 天的肌管数量显著减少，这种抑制作用可能是由于干扰了细胞融合过程而产生的。在细胞形态学方面，研究了二噁英处理对肌管数目，细胞融合指数和肌管平均细胞核数的影响，发现 TCDD 暴露使得第 3 天（减少 21%）和第 6 天（减少 22%）融合指数及肌管平均细胞核数（第 3 天，减少 7%；第 6 天，减少 13%）均显著降低。与此结果一致的是，TCDD（10^{-10}mol/L）暴露第 6 天，肌管分化标志基因 MyHC 的表达在 mRNA 水平上（减少 35%）和蛋白质水平（减少 30%）均受到显著抑制（图 14-13）[18]。

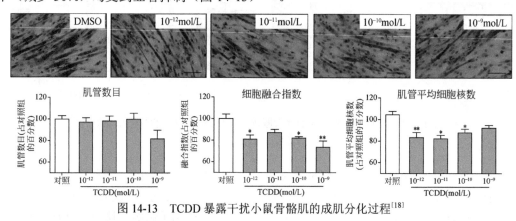

图 14-13　TCDD 暴露干扰小鼠骨骼肌的成肌分化过程[18]

*$P<0.05$，**$P<0.01$

另外在 C2C12 细胞的成肌分化期间 TCDD 显著抑制 AChE 表达。暴露于 10^{-10} mol/L TCDD 后，AChE 活性在第 3 天降低约 42%，在第 6 天降低 28%。TCDD 暴露后 $AChE_T$（肌肉中主要的 AChE 的剪切异构体）mRNA 水平在第 3 天（减少 49%）和第 6 天（减少 31%）也显著降低，这与 AChE 的活力改变一致。说明在 C2C12 细胞成肌分化过程中，二[18]噁英可在转录层面抑制 AChE 表达。在作用机制方面，研究发现在 C2C12 细胞成肌分化期间，TCDD 对 AChE 的抑制作用不经 AhR 直接介导。AhR 拮抗剂，CH223191 和 ANF 可以拮抗 TCDD 诱导的 CYP1A1 表达的上调，但是对 TCDD 引起的 AChE 活性和 AChE mRNA 表达的抑制作用并无显著改变[18]。

由此，这项研究证明了 TCDD 可以抑制小鼠 C2C12 细胞成肌分化过程及 AChE 的表达。在成肌分化中期，TCDD 以剂量依赖性方式显著抑制 AChE 的转录表达，这可能导致 AChE 的酶活性降低。然而，AhR 信号传导途径可能不是 C2C12 分化期间，TCDD 下调 AChE 的主要机制。而二噁英低剂量暴露可能导致肌肉分化和神经肌肉传递的紊乱，其中 AhR 的作用仍需进一步研究。

3. 二噁英暴露对心肌细胞发育的影响与信号通路机制

先天性心脏病是新生儿最常见的疾病，被认为与母体妊娠期的暴露有极大关系。二噁英是一类严重的致畸物。流行病学与动物实验均证实，二噁英和二噁英类化学物具有心血管系统发育毒性[30]，然而流行病学研究并不能从发生上证实二噁英对人类心血管系统的发育毒性，也无法对机理进行研究，而动物实验的结果本身即存在较大的种属差异，而由于人类发育过程的复杂性，动物实验的结果与人类的差异必将更加显著。因此，基于人类细胞体外培养的心肌发育毒理学研究极为必要。

人类胚胎干细胞是研究心肌发育毒性的最佳工具。近期曾有研究者用基于拟胚体的心肌分化方法研究了三氯乙烯对人心肌发育过程的毒性，为了避免基于拟胚体的诱导方法的缺陷，通过国际合作采用人类胚胎干细胞平面培养心肌分化方法，结合基因编辑、信号通路调控、转录组测序以及染色体组免疫沉淀测序等先进的分子生物学方法，研究了 TCDD 暴露对心肌分化进程的影响及分子机制。

在对发育的整个过程（第 3~14 天）进行 TCDD（2nmol/L）暴露后，发现 TCDD 显著抑制了心肌发育。在分化的第 14 天，显微镜明场可见 TCDD 暴露组自发跳动细胞极少，且细胞形态与对照组有较大区别。首先暴露组心脏组织标志物 NKX2.5 表达量显著低于对照组，且表达 NKX2.5 的细胞也未能像对照组那样发育为纤维状大片连接，而是倾向于萎缩成团。同时发现，分化第 14 天的细胞中，$TNNT2$，$ACTN2$，$TNNI3$，$MYH6$，$MYL7$，$MYL2$，$IRX4$（肌纤维类标志性基因）；$HCN1$，$HCN4$，$KCNH2$，$KCNQ1$（离子通道类标志性基因）；$NPPA$，SLN（心室标志性基因）；$TBX18$（房室结标志性基因）在暴露组中表达量显著低于对照组。此外，对 3 个干细胞系 H1，H9，Mel1 进行了比较，发现在三个细胞系中，二噁英暴露均能导致发育抑制效应，且分化效率下调的比例接近，表明二噁英对不同遗传背景的干细胞均具有相似的心肌发育毒性[31]。这一结果与流行病学数据一致（图 14-14）[31]。

进一步对心肌分化过程分阶段给予二噁英暴露，以便明确敏感的时间窗。结果显示二噁英全程暴露对心肌分化有最强的抑制效应（分化效率降低约 60%），然而令人惊讶的是，分化未开始前，干细胞阶段暴露产生的分化抑制效应几乎与全程暴露相当（分化效率降低约 40%~60%）；中胚层阶段暴露也会产生较强的分化抑制效应（分化效率降低约 50%~20%）；而分化的相对后期——心脏中胚层阶段与心肌细胞前体阶段，则几乎不受二噁英暴露影响，尤其心脏中胚层阶段的二噁英暴露甚至有促进分化的趋势。结果表明，细胞尚未开始分化时进行二噁英的暴露可影响后续的分化进程，这对于二噁英毒理学研究是一个新的发现。另一方面，新生儿的全部组织细胞均是由胚胎干细胞发育而来的，二噁英对胚胎干细胞的分化潜力的严重破坏，显示了二噁英对发育过程的巨大威胁（图 14-14）[31]。

进一步的研究指出，二噁英暴露不影响干细胞特异性指标，但是可以干扰干细胞向中胚层发育的能力，表现为中胚层标志物 T 与 GSC 表达量与对照组相比显著下降（50%~60%），即分化效率降低。这一影响随着发育过程的进行而累积，导致一系列心脏中胚层标志物表达下调。在作用机制层面，应用 AhR 信号通路活性评估、AhR 抑制剂及 AhR 敲除等手段证明 TCDD 对人胚胎干细胞中胚层分化的毒性是由 AhR 介导的[31]。

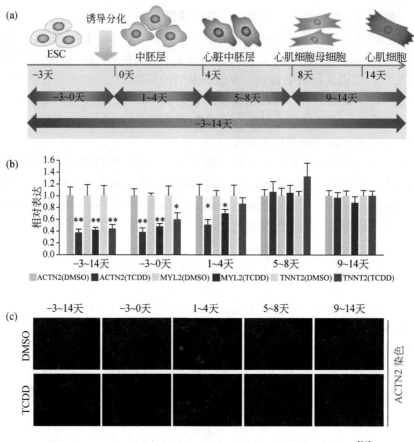

图 14-14 TCDD 对中胚层及心肌细胞分化进程存在干扰作用[31]

AhR 是二噁英的受体，同时也是转录因子，可以进入细胞核结合在靶基因 DNA 的启动子上，调控下游的基因表达。因此研究人员针对 AhR 进行了染色体组免疫沉淀测序实验（ChIP-seq）。ChIP-seq 可以测出细胞核中与 AhR 结合的所有 DNA 片段的序列，再经过序列比对找到 AhR 结合域在基因组中的位置。通过 ChIP-seq，有哪些 AhR 直接结合并调控的靶基因参与二噁英的心肌发育毒性的形成过程。经过一系列组学分析与实验验证，证实了二噁英激活胚胎干细胞中的 AhR 及其信号通路，促使其直接结合到中胚层的关键性基因（如 *T*，*GSC* 与 *EOMES*）的启动子上，抑制它们的表达，从而干扰中胚层的发生过程，进而影响了后续的心脏中胚层、心肌前体、和心肌发育过程，造成人类心肌体外发育毒性这一途径（图 14-15）[31]。

本研究应用先进的人类胚胎干细胞体外诱导技术，证实了二噁英对心肌发育过程的毒性并阐明了毒性形成的机制，并发现了在心肌发育中有重要功能的新的 AhR 靶基因，为更全面和系统的二噁英心血管发育毒理学研究提供了依据和铺垫，也为建立二噁英的发育干扰效应与 AhR 信号通路扰动作用的关联提供了数据[31]。

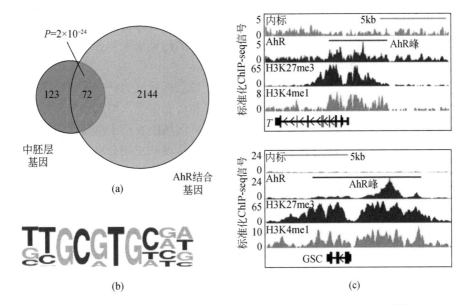

图 14-15 AhR 信号通路介导 TCDD 对心肌细胞分化进程的干扰[31]

14.4.2 得克隆类阻燃剂的毒理效应研究

得克隆类化合物（dechloranes）包括得克隆 602（dechlorane 602，Dec 602）、得克隆 603（dechlorane 603，Dec 603）、得克隆 604（dechlorane 604，Dec 604）及 DP（Dec 605 或 dechlorane plus，DP），它们是一类添加型氯代阻燃剂，被广泛的应用于电线、电缆、塑料聚合物以及建筑材料等领域，用以取代对环境具有危害的持久性有机污染物（POPs）灭蚁灵（Mirex）。近年来得克隆类化合物在世界各地的各种环境介质中，如空气、水体、沉积物、生物体以及人体血清和母乳[32]中均可检出，在全球环境中广泛存在，具有典型的持久性有机污染物特征。尽管这几种物质已被生产使用了近 50 年，但目前除 Dec 602、Dec 603 及 Dec 604 的相关信息例如产量、用途、环境中浓度水平及分布等信息仍十分匮乏。

环境中阻燃剂的来源途径主要包括阻燃剂的生产、使用和电子垃圾的拆解回收过程，贵屿作为中国乃至世界上最大的电子垃圾拆解地，是阻燃剂污染的高风险区。但是至今为止对此典型污染地区内 Dec 602、Dec 603、Dec 604 及 Dec 604CB 的数据报道非常有限。同时，已有的研究发现，在位于食物链顶端的北极熊体内检测到了 Dec 602 及 DP，而在北极白鲸体内只测到 Dec 602 的存在。在研究人员收集的加拿大人体的血清和母乳中均检测到了 Dec 602 的蓄积，且含量均为最高[32]。而 Dec 602 的正辛醇-水分配系数（$\log K_{\mathrm{OW}}$: 8.1）和生物-沉积物富集因子（BSAF: 0.27）也表明 Dec 602 亲脂性强，容易在生物体内累积。Dec 602 因此已经成为全球备受关注的污染物。然而有关 Dec 602 的健康效应研究还非常有限。目前在 Dec 602 的环境行为和毒理效应方面开展了一系列研究。

研究人员[33]选择 Dec 602、Dec 603、Dec 604、Dec 604CB、anti-和 syn-DP 为目标化合物，在优化建立复杂环境介质和生物体中该类化合物的定性定量分析方法的基础上，通过对电子垃圾拆解地贵屿及周边区域的农田土壤和鱼体中目标得克隆类化合物的浓度和组成的测定，揭示其在这类典型区域土壤和生物介质中的污染水平和分布规律；并初步探讨光解行为对其分布的形成的影响。

在此基础上，以中国广东省贵屿镇的典型电子垃圾拆解地为研究区域，考察了表层土壤和鱼体中氯代阻燃剂得克隆类化合物的污染程度和分布情况，得到了第一手关于土壤和鱼体中得克隆污染情况的环境监测数据。发现在研究区域的农田土壤及河流已经存在得克隆类阻燃剂的污染，以 Dec 602 和 DP 为主，其污染程度的空间分布与电子废弃物的拆解活动有关。而且 Dec 602 在中国生产使用信息不清楚，在贵屿土壤和鱼样品中的检出表明它可能是随着电子垃圾的输入而进入中国的。土壤中各化合物的分布特征与鱼体内的相关性分析表明，所有样品中以 DP 的浓度最高。但是 Dec 602 和 Dec 603 的总质量浓度与 DP 的质量浓度比，在鱼体中为 2.5%～67%，而土壤中为 0.063%～4.2%，提示 Dec 602 和 Dec 603 可能比 DP 具有更大的生物蓄积性和/或生物利用度。Dec 602、Dec 603 和 DP 在土壤和鱼样品中的检出表明该类化合物广泛存在于环境中，并且 Dec 602 和 Dec 603 的浓度水平低于 DP，同时 Dec 604 和 Dec 604CB 在所有的土壤和鱼样品中都没有检出，表明需要进一步的调查研究。于是以中压汞灯为光源，在实验室模拟条件下研究了 Dec 602、Dec 603、Dec 604、Dec 604CB、*syn*-DP 和 *anti*-DP 在异辛烷中的光解动力学，结果提示 Dec 602、Dec 603、Dec 604、Dec 604CB、*syn*-DP 和 *anti*-DP 在汞灯下的光解均符合一级动力学方程，其光解速率为 Dec 604＞Dec 604CB＞Dec 603＞Dec 602＞*anti*-DP＞*syn*-DP，同时验证了 Dec 604CB 是 Dec 604 的光解产物，并且根据 Dec 604CB 的 logK_{ow} 和 BSAF 值推断其有较高的生物累积性，在以后的研究中同时应该对 Dec 604CB 的环境行为和毒性进行研究评价[33]。

另有研究进一步针对得克隆类阻燃剂中生物累积性较高、在人群中检出普遍并且含量较高的 Dec 602 开展了毒理效应的研究。应用动物体内实验及原代免疫细胞体外培养系统开展了 Dec 602 的免疫毒理效应研究，其中重点关注环境剂量急性暴露导致的对 T 淋巴细胞分化和 B 淋巴细胞功能的影响。研究结果表明，Dec 602 可以干扰 Th1/Th2 反应平衡，使 Th1/Th2 细胞分化朝向 Th2 方向进行，抑制机体免疫反应，使生物体抗感染能力降低，从而更易导致感染性疾病的发生。发表了全球第一篇关于 Dec 602 的毒理研究文章（图 14-16）[34]。

从系统生物学的角度，进一步应用代谢组学的方法探索了 Dec 602 毒理学效应相关的小分子代谢产物与代谢通路[35]。代谢组学的研究结果表明 Dec 602 在体内引起了内源性变化，并且代谢组显示出了剂量效应关系。代谢组学研究共鉴定了 11 种可能的内源性代谢产物，并对其进行代谢通路分析发现，这些可能的差异代谢产物与氨基酸代谢、嘧啶代谢、嘌呤代谢等代谢途径相关，同时这些差异代谢物的生物功能表明 Dec 602 染毒可造成小鼠的代谢异常，以及免疫和神经系统损伤等毒性效应。虽然对 Dec 602 的毒性效应研究取得一定进展，但今后还需要加强环境相关剂量下 Dec 602 的生物蓄积和毒性效应研究（图 14-17）。

第14章 典型污染物的生物作用靶点及效应的关联机制

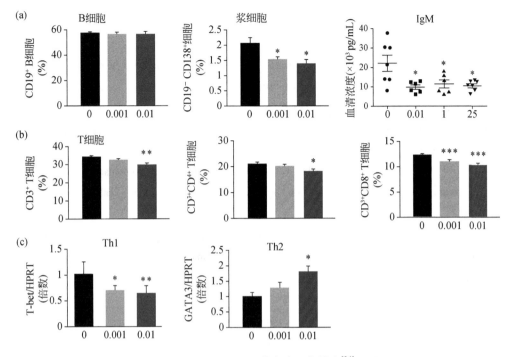

图 14-16 Dec 602 的免疫干扰效应[34]

*$P<0.05$，**$P<0.01$，***$P<0.001$

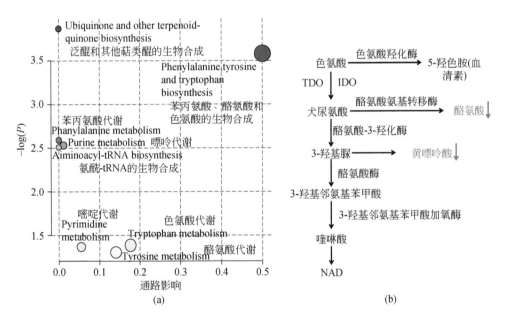

图 14-17 Dec 602 对小鼠代谢组的影响[35]

（撰稿人：赵 斌 谢群慧 徐 丽）

参 考 文 献

[1] Tian W J, Xie H Q, Fu H L, Pei X H, Zhao B. Immunoanalysis methods for the detection of dioxins and related chemicals. Sensors(Basel), 2012, 12: 16710-16731.

[2] Zhang S Y, Li S Z, Zhou Z G, Fu H L, Li X, Xie H Q, Zhao B. Development and application of a novel bioassay system for dioxin determination and aryl hydrocarbon receptor activation evaluation in ambient-air samples. Environmental Science & Technology, 2018, 52: 2926-2933.

[3] Denison M S, Zhao B, Baston D S, Clark G C, Murata H, Han D. Recombinant cell bioassay systems for the detection and relative quantitation of halogenated dioxins and related chemicals. Talanta, 2004, 63: 1123-1133.

[4] He G C, Tsutsumi T, Zhao B, Baston D, Zhao J, Pagliuso S H, Denison M. Third-generation Ah Receptor-responsive luciferase reporter plasmids: Amplification of dioxin-responsive elements dramatically increases CALUX bioassay sensitivity and responsiveness. Toxicological Sciences An Official Journal of the Society of Toxicology, 2011, 123: 511-522.

[5] Li S Z, Pei X H, Zhang W, Xie H Q, Zhao B. Functional analysis of the dioxin response elements (DREs) of the murine CYP1A1 gene promoter: Beyond the core DRE sequence. International Journal of Molecular Sciences, 2014, 15: 6475-6487.

[6] Chen R J, Peng R D, Meng X, Zhou Z J, Chen B H, Kan H D. Seasonal variation in the acute effect of particulate air pollution on mortality in the China Air Pollution and Health Effects Study (CAPES). Science of the Total Environment, 2013, 450-451: 259-265.

[7] Li Y M, Jiang G B, Wang Y W, Cai Z W, Zhang Q H. Concentrations, profiles and gas-particle partitioning of polychlorinated dibenzo-p-dioxins and dibenzofurans in the ambient air of Beijing, China. Atmospheric Environment, 2008, 42 (9): 2037-2047.

[8] Zhou Z G, Zhao B, Kojima H, Takeuchi S, Takagi Y, Tateishi N, Lida M, Shiozaki T, Xu P J, Qi L, Ren Y, Li N, Zheng S, Zhao H, Fan Shuang, Zhang T, Liu A M, Huang Y R. Simple and rapid determination of PCDD/Fs in flue gases from various waste incinerators in China using DR-EcoScreen cells. Chemosphere, 2014, 102: 24-30.

[9] Tian W J, Pei X H, Xie H Q, Xu S L, Tian J J, Hu Q, Xu H M, Chen Y S, Fu H L, Cao Z Y, Zhao B. Development and characterization of monoclonal antibodies to human aryl hydrocarbon receptor. Journal of Environmental Sciences, 2015, 39: 165-174.

[10] Chen Y S, Sha R, Xu L, Xia Y J, Liu Y Y, Li X J, Xie H Q, Tang N J, Zhao B. 2,3,7,8-Tetrachlorodibenzo-p-dioxin promotes migration ability of primary cultured rat astrocytes via aryl hydrocarbon receptor. Journal of Environmental Sciences, 2019, 76: 368-376.

[11] Genestier L, Tailardet M, Modiere P, Gheit H, Bella C, Defrance T. TLR agonists selectively promote terminal plasma cell differentiation of B cell subsets specialized in thymus-independent responses. The Journal of Immunology, 2007, 178 (12): 7779-7786.

[12] Feng Y, Tian J J, Krylova I, Xu T, Xie H Q, Guo T L, Zhao B. Chronic TCDD exposure results in the

dysregulation of gene expression in splenic B-lymphocytes and in the impairments in T-cell and B-cell differentiation in mouse model. Journal of Environmental Sciences, 2016, 39, 218-227.

[13] Evans L S, Hancock B W. Non-Hodgkin lymphoma. The Lancet, 2003, 362 (9378): 139-146.

[14] Tian W J, Fu H L, Xu T, Xu S L, Guo Z L, Tian J J, Tao W Q, Xie Q H, Zhao B. SLC6A19 is a novel putative gene, induced by dioxins via AhR in human hepatoma HepG2 cells. Environmental Pollution, 2018, 237: 508-514.

[15] Xu T, Xie Q H, Li Y P, Xia Y J, Chen Y S, Xu L, Wang L Y, Zhao B. CDC42 expression is altered by dioxin exposure and mediated by multilevel regulations via AhR in human neuroblastoma cells. Scientific Reports, 2017, 7 (1): 10103-10111.

[16] Silbergeld E K, Davis D L. Role of biomarkers in identifying and understanding environmentally induced disease. Clinical Chemistry, 1994, 40 (7): 1363-1367.

[17] Fu H L, Xia Y J, Chen Y S, Xu T, Xu L, Guo Z L, Xu H M, Xie H Q, Zhao B. Acetylcholinesterase is a potential biomarker for a broad spectrum of organic environmental pollutants. Environmental Science & Technology, 2018, 52: 8065-8074.

[18] Xie Q H, Xu H M, Fu H L, Hu Q, Tian W J, Pei X H, Zhao B. AhR-mediated effects of dioxin on neuronal acetylcholinesterase expression in vitro. Environmental Health Perspectives, 2013, 121 (5): 613-618.

[19] Xu L, Chen Y S, Xie Q H, Xu T, Fu H L, Zhang S Y, Tsim K W, Bi C W, Zhao B. 2,3,7,8-Tetrachlorodibenzo-p-dioxin suppress AChE activity in NGF treated PC12 cells. Chemico-Biological Interactions, 2016, 259 (PtB): 282-285.

[20] Xie Q H, Xia Y J, Xu T, Chen Y S, Fu H L, Li Y P, Luo Y L, Xu L, Tsim K W, Zhao B. 2,3,7,8-Tetrachlorodibenzo-p-dioxin induces alterations in myogenic differentiation of C2C12 cells. Environmental Pollution, 2018, 235: 965-973.

[21] Xu H M, Xie Q H, Tao W Q, Zhou Z G, Li S Z, Zhao B. Dioxin and dioxin-like compounds suppress acetylcholinesterase activity via transcriptional downregulations in vitro. Journal of Molecular Neuroscience, 2014, 53 (3): 417-423.

[22] Xie H Q, Xu T, Chen Y S, Li Y P, Xia Y J, Xu S L, Wang L Y, Tsim K W, Zhao B. New perspectives for multi-level regulations of neuronal acetylcholinesterase by dioxins. Chemico-Biological Interactions, 2016, 259: 286-290.

[23] Xu T, Xie H Q, Li Y P, Xia Y J, Sha R, Wang L Y, Chen Y S, Xu L, Zhao B. Dioxin induces expression of hsa-mi R-146b-5p in human neuroblastoma cells. Journal of Environmental Sciences, 2018, 63: 260-267.

[24] Guo H M, Wang Y X, Shpeizer G M, Yan S L. Natural occurrence of arsenic in shallow groundwater, Shanyin, Datong Basin, China. Journal of Environmental Science and Health, 2003, 38: 2565-2580.

[25] Guo Z L, Hu Q, Tian J J, Yan L, Jing C Y, Xie Q H, Bao W J, Rice R H, Zhao B, Jiang G B. Proteomic profiling reveals candidate markers for arsenic-induced skin keratosis. Environmental Pollution, 2016, 218: 34-38.

[26] Kuehl D W, Durhan E, Butterworth B C, Darcy L.Tetrachloro-9h-Carbazole, a previously unrecognized

contaminant in sediments of the Buffalo River. Journal of Great Lakes Research, 1984, 10 (2): 210-214.

[27] Ma D, Xie H Q, Zhang W L, Xue Q, Liu X C, Xu L, Ma Y C, Jorgensen E C, Long M H, Zhang A Q, Zhao B. Aryl hydrocarbon receptor activity of polyhalogenated carbazoles and the molecular mechanism. Science of the Total Environment, 2019, 5: 406-411.

[28] Li Y P, Xie H Q, Zhang W L, Wei Y B, Sha R, Xu L, Zhang J Q, Jiang Y S, Guo T L, Zhao B. Type 3 innate lymphoid cells are altered in colons of C57BL/6 mice with dioxin exposure. Science of the Total Environment, 2019, 1: 139-147.

[29] The T P, Nishijo M, Nguyen A T, Maruzeni S, Nakagawa H, Anh T H, Honda R, Kido T, Nishijo H. Dioxin exposure in breast milk and infant neurodevelopment in Vietnam. Occupational and Environmental Medicine, 2013, 70 (9): 656-662.

[30] Eskenazi B, Warner M, Mocarelli P, Chee W Y, Gerthoux P, Samuels S, Needham L, Patterson D. Maternal serum dioxin levels and birth outcomes in women of Seveso, Italy. Environmental Health Perspectives, 2003, 111 (7): 947-953.

[31] Fu H L, Wang L, Wang J J, Bennett B D, Li J L, Zhao B, Hu G. Dioxin and AhR impairs mesoderm gene expression and cardiac differentiation in human embryonic stem cells. Science of the Total Environment, 2019, 651: 1038-1046.

[32] Zhou S N, Siddique S, Lavoie L, Takser L, Abdelouahab N, Zhu J P. Hexachloronorbornene-based flame retardants in humans: Levels in maternal serum and milk. Environment International, 2014, 66: 11-17.

[33] Tao W Q, Zhou Z G, Shen L, Zhao B. Determination of dechlorane flame retardants in soil and fish at Guiyu, an electronic waste recycling site in south China. Environmental Pollution, 2015, 206: 361-368.

[34] Feng Y, Tian J J, Xie Q H, She J W, Xu S L, Xu T, Tian W J, Fu H L, Li S Z, Tao W Q, Wang L Y, Chen Y S, Zhang S Y, Zhang W L, Guo T, Zhao B. Effects of acute low-dose exposure to the chlorinated flame retardant dechlorane 602 and Th1 and Th2 immune responses in adult male mice. Environmental Health Perspectives, 2016, 124 (9): 1406-1413.

[35] Tao W Q, Tian J J, Xu T, Xu L, Xie H Q, Zhou Z G, Guo Z L, Fu H L, Yin X J, Chen Y S, Xu H M, Zhang S Y, Zhang W L, Ma C, Ji F, Yang J, Zhao B. Metabolic profiling study on potential toxicity in male mice treated with Dechlorane 602 using UHPLC-ESI-IT-TOF-MS. Environmental Pollution, 2019, 246: 141-147.

第15章 典型污染物的表观遗传毒理效应

污染物对健康的危害主要通过对基因组和表观组的损伤来实现。污染物暴露与表观遗传异常改变密切相关,进而导致机体稳态失衡,影响生命健康。当一种污染物可以导致人类基因启动子区 DNA 甲基化水平或组蛋白乙酰化/甲基化等化学修饰改变,但不伴有基因突变等编码损伤时,就可以被认为是一种表观遗传毒物。环境中存在这一类污染物,可通过表观遗传学的改变对暴露人群的生命活动产生深远影响。

表观转录组学作为表观遗传学一个新的分支,同 DNA 甲基化和组蛋白修饰一样,是指基于非序列改变所致基因表达和功能水平变化的各种 RNA 修饰。近年来,以各种 RNA 修饰及其功能为核心的表观转录组学得到了科学家广泛高度的关注,成为表观遗传研究领域的新热点之一。在各种类型的 RNA 修饰中,RNA 甲基化是 mRNA 中丰度最高的修饰形式,也是目前为止研究最为深入的一种 RNA 修饰类型。随着酶学技术的发展,RNA 修饰的甲基转移酶、去甲基化酶及结合蛋白相继被发现,证明了 RNA 修饰同 DNA 甲基化修饰一样是动态可逆的,从而将 RNA 修饰由微调控机制提升到表观转录组新层次。

RNA 修饰影响 RNA 加工代谢的多个方面,如 mRNA 的剪接、翻译和出核等,为污染物通过影响 RNA 修饰动态调控 mRNA 的加工影响机体稳态平衡和生命健康奠定了理论基础。RNA 修饰在调控 mRNA 加工代谢的基础上影响了多种生物学功能。m^6A(6-甲基腺嘌呤)调控脊椎动物造血干细胞的命运决定,表明 RNA 表观修饰在血液发育中具有关键作用。m^6A 还调控精子发生、小脑发育、神经细胞分化及糖脂代谢等多种生物学过程,进一步表明它对生物体多种生命活动的影响,为研究 RNA 修饰调控机体稳态提供了理论基础。RNA 修饰对多种生命过程的调控表明其同 DNA 修饰一样重要。污染物所引起的 RNA 修饰动态变化可导致机体 RNA 加工代谢异常,并引起多种负面效应,危及身体健康。本章主要围绕 RNA 修饰对 RNA 加工代谢、多种生物学过程及应对污染物暴露的功能调控进行介绍,RNA 修饰相关的生物学功能和污染物暴露效应为揭示污染物对机体的表观转录组损伤和健康影响提供了重要的理论基础和方向。

15.1 典型污染物的影响 DNA 甲基化修饰

表观遗传(epigenetics)是指核酸序列不变,而基因的表达和功能却发生了可遗传的表型变化。DNA 甲基化、组蛋白修饰、染色质重塑和非编码 RNA 等都属于表观遗传学研究的范畴。DNA 甲基化作为高等生物中最重要的修饰之一,在基因表达调控、细胞分化和胚胎发育等多种生物过程中都发挥着重要的作用。

15.1.1 DNA 甲基化和去甲基化

高等真核生物 DNA 除了由腺嘌呤、胸腺嘧啶、胞嘧啶和鸟嘌呤四种基本碱基构成之外，还存在部分稀有碱基，如 5-甲基胞嘧啶（5′-methyl-deoxycytidine，5mC），及其氧化产物 5′-醛基胞嘧啶（5′-formyl-deoxycytidine，5fC）、5-羟甲基胞嘧啶（5-hydroxymethyl-deoxycytidine，5hmC）和 5′-羧基胞嘧啶（5′-carboxyl-deoxycytidine，5caC），以及 N^6-甲基腺嘌呤（N^6-methyl-deoxyadenine，6mA）等。

1. 胞嘧啶的甲基化和去甲基化

哺乳动物细胞内，DNA 甲基转移酶（DNA methyltransferases，DNMTs）催化 S-腺苷甲硫氨酸（S-Adenosyl-methionine，SAM）的甲基转移到胞嘧啶的 C^5 位，形成共价修饰的 5'-甲基胞嘧啶（5mC）。DNMTs 包括三种，其中 DNMT1 能够高效地催化半甲基化的 CpG 位点，从而维持复制后的 DNA 子链的甲基化水平，同时 DNMT1 也具有一定的 DNA 从头甲基化能力[1]。DNMT3A 和 DNMT3B 不依赖已有的甲基化位点，能够对 DNA 进行从头的甲基化[2]。哺乳动物记忆组 5mC 通常占总胞嘧啶的 3%～8%，且主要发生在基因组的 CpG 双核苷酸序列。

哺乳动物细胞主要的 DNA 去甲基化通路分为被动去甲基化（passive demethylation）和主动去甲基化（active demethylation）。被动去甲基化指 DNA 甲基转移酶的活性受到抑制后，整体甲基化水平随着细胞的分裂而迅速降低。DNA 的主动去甲基化途径是指 Fe^{2+}/α-酮戊二酸依赖的双加氧酶家族蛋白 TET（ten-eleven translocation），在亚铁离子和 α-酮戊二酸的辅助下，将 O_2 转移给 5mC 和 α-酮戊二酸，分别生成 5hmC 和丁二酸。5mC 可以继续被 TET 催化氧化生成 5fC 和 5caC[3]。TDG 糖苷酶能够特异性识别 5fC 和 5caC，并将其从基因组 DNA 中切除，然后通过 BER 修复（base-excision repair）途径将切除后的位点替换为未修饰的 C[4]（图 15-1）。Tet 家族属于 Fe^{2+}/2-OG 依赖的双加氧酶家族，包括 3 个成员：TET1，TET2 和 TET3。它们的 C 端都含有一个半胱氨酸密集区域（Cys）和双链β螺旋区（DSBH，

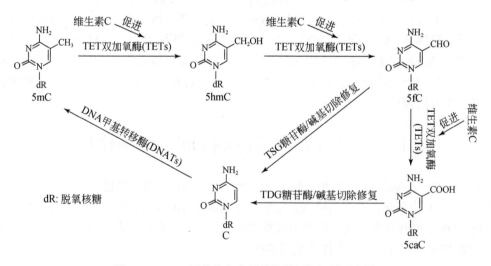

图 15-1 DNA 甲基化和去甲基化的调控机制示意图

double-stranded β-helix），而 DSBH 是 Fe^{2+} / 2-OG 依赖的双加氧酶家族的共同结构区域，是其发挥催化能力所必需的结构[5]。此外，维生素 C 能够在体外和体内增强 TET 酶活性，促进哺乳动物 DNA 的去甲基化，其可能是一种潜在的 TET 酶辅助因子[6]（图 15-1）。

2. DNA 腺嘌呤甲基化和去甲基化

DNA 腺嘌呤甲基化发生在腺嘌呤第 6 位的 N 原子上，形成共价修饰的 N^6-甲基腺嘌呤（6mA）。6mA 在原核生物中比较常见，以及存在于部分低等真核生物，如单细胞真核生物小球藻、衣藻和四膜虫等。2015 年，研究者采用高灵敏的高效液相色谱质谱联用分析方法，首次在果蝇基因组中检测到丰富的 6mA，并且发现 6mA 在果蝇的胚胎发育过程中是动态变化的[7]。同时还发现了 6mA 的去甲基化蛋白 DMAD（DNA N^6-methyladenine demethylase）。测序结果表明，6mA 分布在转座子上，可能和基因转录激活相关。另外两篇同期 *Cell* 的文章也证实了高等真核生物中存在 6mA 修饰，并且 6mA 和促进基因转录相关，暗示 6mA 可能是真核生物基因组上新的表观遗传修饰[7-9]。采用体外酶活实验、基因敲除和 DNA 测序技术，可以发现 ALKBH1（nucleic acid dioxygenase ALKBH1）可能是小鼠胚胎干细胞中 6mA 的去甲基化酶，ALKBH1 缺失导致小鼠胚胎干细胞 LINE1（long interspersed nucleotide elements 1）元件上的 6mA 升高，可能和 X 染色体上的基因沉默相关（图 15-2）[10]。

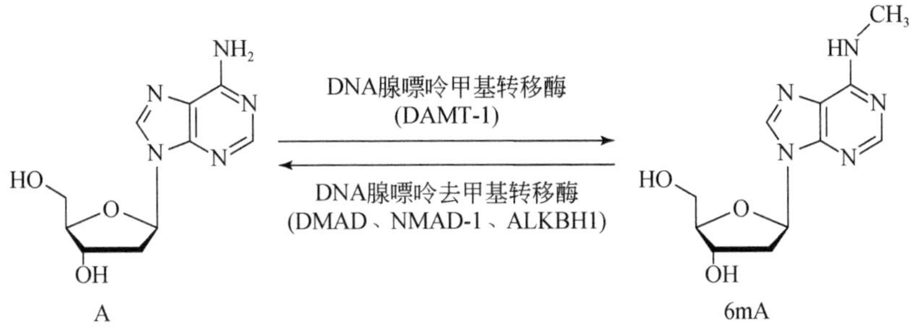

图 15-2　DNA 腺嘌呤甲基化和去甲基化

此外，还在小鼠、大鼠和人的基因组中检测到 6mA 的存在。6mA 在小鼠的心脏、肌肉、肝脏、脑、睾丸等组织和小鼠成肌细胞（C2C12）基因组 DNA 中均低于 4 ppm（6mA/dA）的水平[11]。6mA 在 293T 细胞和大鼠组织（心、肝、脾、肺、肾、脑）的水平在 0.6～32 ppm[12]。

15.1.2　DNA 甲基化的功能和疾病

DNA 胞嘧啶甲基化在基因表达的调节、细胞的分化和重组、胚胎的发育、转座子沉默、基因组印记、X 染色体的失活等过程中发挥作用[13]。单碱基测序结果显示，5fC 和 5mC、5hmC、5caC 在基因组 DNA 上的分布存在显著差异[14]，提示 5fC 和 5caC 可能拥有不同的生物功能。

异常的 DNA 甲基化和羟甲基化通常和疾病的发生有关。大量研究表明，在癌细胞中均存在异常的 DNA 甲基化修饰水平，而这些可能是相关调控蛋白或辅助因子的水平改变引起的。如在急性粒细胞白血病患者中，TET1 可以与 MLL 结合，同时在骨髓相关的恶性肿瘤患者中，发现了 TET2 的功能钝化或沉默现象[15]。小鼠模型研究表明，TET2 对造血干细胞的自我更新和分化起到了关键性的调节作用[16]。在常见的乳腺癌、肝癌、肺癌患者中也发现了 TET1 表达的明显下调[17]。此外，DNA 甲基化还和神经退行性疾病、心血管疾病和自身免疫性疾病等密切相关[18]。在急性粒细胞白血病的研究中发现，当异柠檬酸脱氢酶发生突变时，会导致细胞内二羟基戊二酸（2HG）的累积，2HG 是 α-KG 的代谢竞争剂，可导致细胞内 α-KG 依赖的酶失去作用[19]。

6mA 在细菌限制修饰（restriction-modification）系统、染色体复制调控、细胞周期、DNA 错配修复等发挥重要作用。目前 6mA 在高等真核生物中的功能尚不清楚，亟需更多的探索。

15.1.3 DNA 甲基化和去甲基化的分析方法

对 DNA 表观遗传学的研究，必不可少的要用到对 DNA 修饰（5mC、5hmC、5fC、5caC、6mA）的分析。对 DNA 修饰的分析方法包括：斑点杂交、免疫荧光成像、DNA 测序技术、限制性内切酶法、薄层色谱分析、毛细管电泳分析、液相色谱分析、气相色谱分析以及色谱-质谱联用等。下面简要介绍几种重要的分析方法。

1. 基于免疫化学的分析方法

核酸修饰研究中比较常见基于免疫的分析的方法有免疫印迹、酶联免疫法、免疫荧光等，其基本原理是通过 DNA/RNA 修饰特异性的抗体对其进行识别，然后通过化学发光、荧光等方法检测的。这些方法具有操作便捷，实验结果简单直观的优点。但是免疫化学的分析方法只能对目标分析物进行半定量，而且可能会受到结构类似的其他修饰的影响，造成假阳性，因此对抗体选择性的要求比较高。

2. 高效液相色谱串联质谱法

高效液相色谱串联质谱是分析核酸修饰整体水平的一个重要方法。液质联用分析修饰核酸，通常需先将提取的 DNA，通过高效液相色谱对酶解产物进行分离，然后用质谱检测器进行定性和定量分析。主要的分析仪器包括：三重四极杆质谱、飞行时间质谱、静电场轨道阱质谱等。在核酸修饰分析的应用中，HPLC-TOF 或 HPLC-Q-TOF 可以用于鉴定和定量酶解的修饰核苷，也用于分析已知序列的寡聚核苷酸修饰分析（2～20 nt 的 DNA 链）。TOF 分析后，能够对修饰进行定性的同时，获得修饰的位点信息。

研究发现，当溶液含有无机阳离子 Na^+ 和 K^+ 以及磷酸盐，DNA 酶 I（DNase I）、蛇毒磷酸二酯酶（snake venom phosphodiesterase）和小牛肠碱性磷酸酶（calf intestine alkaline phosphatase, CIP）这套组合酶的活性会显著地被抑制，导致 DNA 酶解不充分，并导致后续 UHPLC-MS/MS 分析产生偏差[20]。为了消除离子的影响，研究人员利用垂直膜超滤装置，将超滤脱盐、酶解和除蛋白三个步骤集成，实现一体化预处理。研究还发现酶解过程中，DNA 中脱氧胞苷（dC）和 5 甲基化脱氧胞苷（5mdC）以不同的速率释放，导致 5mdC 分析的偏差。利用 Mg^{2+} 使 DNA 酶解加速，dC 和 5mdC 以相同的速率释放，可消除这种偏差。

当前普遍存在的原核生物 DNA 污染问题，对 6mA 水平的真核分析带来很大困难。为解决这一难题，研究者发展了一种基于稳定同位素标记的脱氧腺嘌呤核苷（$[^{15}N_5]$-dA）示踪 UHPLC-MS/MS 检测的方法，来精确和快速地检测细胞基因组真实的 6mA 水平[21]。当

HEK293T 细胞暴露[$^{15}N_5$]-dA 时，仅以嘌呤环外为非标记 N 原子的[$^{15}N_4$]-dA 的形式掺入基因组 DNA。Q-TOF-MS 的 Target MS/MS 模式的分析结果表明，[$15N_4$]-dA 的环外氨基上为普通的 14N 原子。Ada 介导的嘌呤补救合成途径的确是[$^{15}N_5$]-dA 掺入 DNA 的主要途径。对支原体代谢过程研究表明，共生于 293T 细胞的支原体既能够摄取培养基中[$^{15}N_5$]-dA，也能够摄取宿主核酸池中的[$^{15}N_4$]-dA 和[$^{15}N_4$]-dG。然而，293T 细胞主要摄取核酸池中的[$^{15}N_4$]-dA 和[$^{15}N_4$]-dG。利用支原体产生[$^{15}N_5$]-dA 和[$^{15}N_5$]-6mA 而人细胞不能的特点，该方法能够区分细胞是否发生支原体感染。

3. 基于高通量测序的核酸修饰分析方法

液质联用法、薄层色谱法一般只对核酸修饰的整体水平进行分析，或者只能获得特定某一 DNA，对于基因组 DNA 等包含了大量不同序列的样品，而获得修饰的具体位点信息对了解该修饰的生物学功能非常重要。因此，研究人员开发了很多高通量测序的分析方法，如重亚硫酸盐测序、甲基化 DNA 免疫共沉淀测序等，这些方法可以实现对特定碱基修饰快速、高通量的精确定位。重亚硫酸盐测序是研究 DNA 上 5mC 位点的最常用方法，能够获得单碱基分辨率的 DNA 甲基化位点信息。该方法中，DNA 样品在适当条件下，经亚硫酸氢钠处理，序列上的胞嘧啶 C 脱氨形成尿嘧啶 U，而 5mC 不会转化，在后续的 PCR 扩增中，脱氨后的 U 于 A 互补配对，而 5mC 仍然与 G 配对，因而测序过程 C 被读成 T，而 5mC 仍然读成 C，最后将重亚硫酸盐处理后的 DNA 测序结果与未处理的 DNA 测序数据相比对就能够确定甲基化的位点。由于该方法具有单碱基分辨率、能在全基因组范围进行检测、不依赖限制性位点等优点，被广泛使用，并被称为 DNA 5mC 甲基化分析的"金标准"。此外，研究者还开发了 5hmC、5fC 和 5caC 的单碱基测序技术表 15-1。

表 15-1 基于高通量测序技术的 5mC、5hmC、5fC 和 5caC 的单碱基测序技术[22]

Base	Seq	BS-Seq	TAB-Seq	oxBS-Seq	CAB-Seq	redBS-Seq
C	C	T	T	T	T	T
5mC	C	C	T	C	C	C
5hmC	C	C	C	T	C	C
5fC	C	T	T	T	T	C
5caC	C	T	T	T	C	T
	C	5mC+5hmC	5hmC	5mC	5mC+5hmC+5caC	5mC+5hmC+5fC
化合物	—	Bisulfite	β-GT+TET	$KRuO_4$	$EtONH_2$	$NaBH_4$

由于高等真核生物中 6mA 丰度很低，常见的分析方法是利用抗体通过免疫沉淀富集含有 6mA 的 DNA 片段，再结合高通量测序并比对测序结果与实验物种的参考基因组序列来确定 6mA 在基因组上的分布。但这种方法存在非 6mA 的 DNA 片段亦被非选择性富集的干扰，从而容易引起假阳性结果。对此，研究者们发展了一种多重免疫沉淀（6mA-MrIP）富集方法[23]。利用 6mA 抗体（anti-6mA rabbit IgG antibody）对片段化的 DNA 进行连续多次免疫沉淀，去除无 6mA 修饰的 DNA 片段，从而获得高质量的含 6mA 修饰的组分。MrIP 法将很大程度地减少寻找 6mA peak 时由于大量的无 6mA 的片段导致的误差，并可用于后

续多种测序技术。

4. 单分子实时测序技术

单分子实时测序技术（single-molecule real-time, SMRT）是一种不需要 PCR 扩增而实时分析 DNA 单分子的测序技术，也被称为"第三代测序技术"。该技术利用单个 DNA 聚合酶进行 DNA 合成，在合成过程中，DNA 聚合酶使荧光标记的核苷酸掺入互补核酸链中，通过荧光信号获取核苷酸的序列，通过产生的荧光脉冲的到达时间和持续时间得出聚合酶动力学的信息，不同修饰对聚合酶动力学的影响不同，可以将它们区分，从而实现对修饰碱基的直接测序。利用该技术，可以实现对 6mA、5mC 和 4mC 修饰的单碱基分辨率测序。优点是读长长、避免了 PCR 扩增中的失真现象，缺点是样本需求量大、测量误差较大、对于一些 DNA 修饰不能很好区分（如 6mA 和 1mA）。

15.1.4 环境污染物的表观遗传毒理效应

近年来，随着工业的发展以及越来越多种类的化学品的产生和使用，环境污染问题一直困扰这人类。除了对化学品传统毒性的考察之外，还应该加深对表观遗传毒性效应的重视。因为一些污染物可能没有明显的毒性效应，但是能够改变人类的 DNA 甲基化模式，其具有的潜在健康风险不容忽视。目前，多种环境污染物如重金属、持久性有机污染物、邻苯二甲酸酯类、内分泌干扰物和大气颗粒物等均能够引起 DNA 甲基化模式的改变，其主要作用机制分为三类：一是直接作用 DNA 产生相关修饰；二是直接作用于 DNA 甲基化和去甲基化蛋白 DNMTs 和 TETs；三是通过调控 DNMTs、TETs 的蛋白表达水平或者其辅助因子的水平等，来调控 DNA 甲基化和去甲基化。

（1）环境因子可直接作用产生 DNA 修饰。例如，一些环境因素能导致 5mC 转化为 5hmC，如 Fenton 试剂和辐射等[24]，而细胞自身的氧化应激并未检测到能够诱导 5hmC 的产生。

（2）环境因子改变 DNA 甲基化或去甲基化蛋白的表达水平。人胚肺成纤维细胞暴露 1.5μM $CdCl_2$ 2 个月后，导致 DNA 甲基化水平升高，这可能和 DNMT1/DNMT3A/DNMT3B 的 mRNA 表达水平升高，以及核提取液的甲基化酶活性升高相关[25]。

（3）环境因子改变 DNMT 和 TET 酶的活性。通过体外反应人们发现镍（II）由于离子半径和亚铁离子（II）半径相近，能够通过竞争 TET 的铁结合位点，从而将铁从 TET 酶上置换掉，进而降低了 TET 酶的催化活性。对小鼠胚胎干细胞的暴露实验表明，镍对 5hmC 生成的抑制，存在剂量效应关系。通过对过表达 TET 酶的 293T 细胞的暴露实验发现，镍能够显著降低全基因的 5hmC 水平。研究表明，砷能够靶向 TET 蛋白的锌指结构，从而抑制 TET 蛋白对 5mC 的氧化[26]。

（4）环境因子改变细胞内参与 DNA 甲基化和去甲基化的辅助因子内细胞浓度。例如，TCBQ、TCHQ 能够通过显著提高铁储存蛋白 Ferritin light chain 的表达水平，增强 TET 介导的 DNA 去甲基化水平，而采用铁螯合剂能够阻断这一效应[27]。镉（II）、铬（VI）和锑（III）暴露导致小鼠胚胎干细胞的 TET 酶活性下降，进一步研究发现这可能归因于重金属改变了三羧酸循环代谢，导致细胞内 α-羟基戊二酸水平显著升高（抑制 TET 酶活性）[28]。

除了上述途径外,组蛋白修饰、micro-RNA、miRNA以及细胞增殖信号通路、DNA甲基化及其氧化产物的结合蛋白等也参与到DNA甲基化和羟甲基化的调控,而环境污染物可能通过这些调控因子来改变人体的DNA修饰图谱,从而对人体健康造成影响。

随着DNA测序技术的日益普及,预期未来能够对环境污染物诱导的基因表达变化有更为全面的认识,从而更为准确地评估环境污染物的健康效应。

15.2 污染物的表观效应:调控RNA加工代谢

15.2.1 6-甲基腺嘌呤对mRNA选择性剪接的调控

在利用细胞生物学、基因组学、生物信息学等多层次技术手段,发现了m^6A(6-甲基腺嘌呤)修饰不仅在外显子剪接位点附近高富集,还和mRNA剪接加工重要因子SR蛋白结合序列具有空间重叠性;m^6A去甲基化酶FTO的缺失可增加外显子剪接增强子结合蛋白SRSF2对RNA的结合能力,促进SRSF2靶基因的外显子保留;FTO调控转录因子RUNX1T1第六位外显子的可变剪接产物,调控了脂肪前体细胞3T3-L1分化[29]。这提示了mRNA m^6A修饰作为一种新的顺式调控元件,在细胞核内可以调控mRNA剪接加工,为污染物通过影响RNA修饰动态调控mRNA的剪接影响机体稳态平衡和生命健康奠定了理论基础(图15-3)。

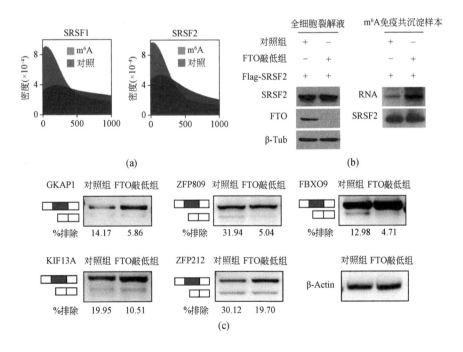

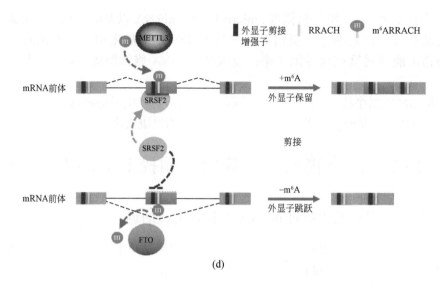

(d)

图 15-3 m⁶A 影响 mRNA 的选择性剪接[29]

(a) m⁶A 和剪接因子 SRSF1 和 SRSF2 的空间距离分布;(b) 通过 PAR-CLIP 检测 FTO 敲低,m⁶A 水平下降情况下 SRSF2 与 RNA 的结合能力;(c) 通过定量 PCR 检测受 m⁶A 调控的选择性剪接事件;(d) FTO 通过影响 m⁶A 水平调控 mRNA 选择性剪接的机理模型

通过串联亲和沉淀的方法筛选 m⁶A 核内结合蛋白 YTHDC1 的互作蛋白,发现与其相互作用的两个 mRNA 剪接因子 SRSF3（SRp20）和 SRSF10（SPp30c）,结合转录组和光交联-RNA 测序及生物信息技术,证明 YTHDC1 和 SRSF3 倾向于促进外显子保留,但 SRSF10 则倾向于促进外显子的剪接。YTHDC1 通过促进 SRSF3,同时抑制 SRSF10 的核小斑定位及它们结合 RNA 的能力来调控 mRNA 选择性剪接,而且只有野生型的 YTHDC1 能够回补因敲低 YTHDC1 引起的 SRSF3 和 SRSF10 核小斑定位、RNA 结合能力和靶基因 mRNA 选择性剪接变化[30]。该研究为细胞核内 m⁶A 读码器 YTHDC1 影响前体 mRNA 剪接因子与 mRNA 结合的选择性剪接调控的机制提供了直接有力的证据（图 15-4）。

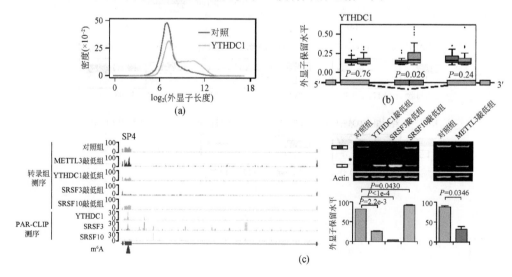

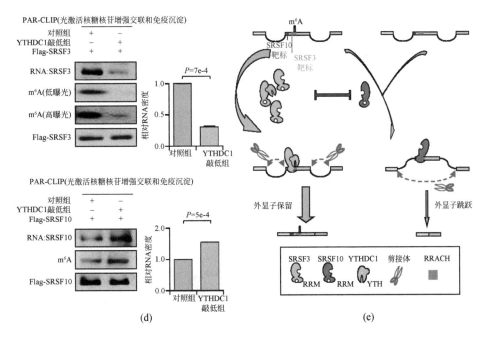

图 15-4 m^{6}A 结合蛋白 YTHDC1 调控 m^{6}A 修饰外显子的保留[30]

（a）YTHDC1 结合的外显子长度分布，显著高于随机背景的外显子长度；（b）YTHDC1 结合的外显子倾向于在剪接过程中被保留；（c）IGV 展示及定量 PCR 验证 *SP4* 基因的剪接事件；（d）PAR-CLIP 实验揭示了 YTHDC1 促进 SRSF3、抑制 SRSF10 的 RNA 结合能力；（e）YTHDC1 通过影响 SRSF3 和 SRSF10 与靶基因的结合影响 mRNA 选择性剪接的机理模型

15.2.2 6-甲基腺嘌呤位点选择性机制

m^{6}A（6-甲基腺嘌呤）修饰在 RNA 保守序列 RRACH（R=G，A；H=A，C or U）中碱基腺嘌呤（A）位点选择性形成，调控了 RNA 的加工代谢，但 m^{6}A 甲基化修饰位点的选择性机制并不清楚。研究发现，m^{6}A 修饰区域富集的特征序列具有与重要的调控非编码 RNA- microRNA 的种子区（5′2-8 nt）序列互补配对的偏好性。Dicer 和 miRNA 均可以调控 METTL3 结合 mRNA 的亲和力。利用点突变技术，将 miRNA 改造为突变体 miRNA，发现过表达突变体 miRNA 能够导致原来野生型 miRNA 结合的 mRNA 甲基化位点 m^{6}A 修饰水平下降，而突变体 miRNA 结合的新的 mRNA 位点原来为非甲基化位点则可以检测到高 m^{6}A 修饰水平。同时，还发现 m^{6}A 修饰可以调控细胞的诱导多能性能力（图 15-5）[31]。上述结果揭示了 microRNA 通过序列互补调控 RNA 甲基化修饰形成这一全新的作用机制及在细胞重编程重要功能，为研究污染物通过调控 microRNA 来影响 m^{6}A 的动态性进而调控 RNA 加工代谢提供了新的研究视角。

15.2.3 6-甲基腺嘌呤结合蛋白 YTHDF3 调控 mRNA 的翻译持久性

通过串联亲和沉淀的方法筛选 YTHDF3 和 YTHDF1 的互作蛋白，研究发现了与 YTHDF3 和 YTHDF1 相互作用的主要是核糖体 40S 小亚基蛋白以及 60S 大亚基蛋白。进一

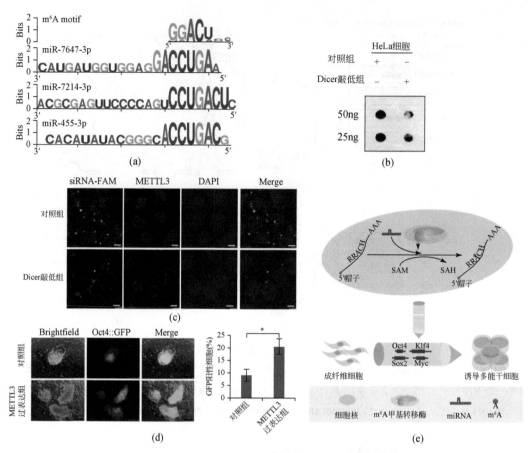

图 15-5 microRNA 影响 m⁶A 位点的选择性形成[31]

（a）一些典型的 microRNA 含有保守的 m⁶A 基序 RRACH；（b）Dicer 敲低会降低 m⁶A 的水平；（c）Dicer 敲低影响 METTL3 的细胞核定位能力；（d）METTL3 过表达促进干性因子 OCT4 的表达；（e）microRNA 通过调控 m⁶A 形成影响干细胞干性的机理模型

步通过 GST pull-down 实验证明 YTHDF3 与这些核糖体大亚基蛋白和小亚基蛋白存在相互作用。新蛋白合成实验证明了 YTHDF3 可以促进 mRNA 的翻译，因敲低 YTHDF3 引起的翻译水平的降低只能够被野生型的 YTHDF3 所回补。结合转录组和光交联-RNA 测序及生物信息技术，证明 YTHDF3 和 YTHDF1 可以影响各自的 RNA 结合能力，同时发现 YTHDF3 促进 YTHDF3 与 YTHDF1 共同结合的转录本的翻译效率，揭示了 YTHDF3 和 YTHDF1 在翻译过程中的协同调控作用（图 15-6）[32]。

15.2.4　5-甲基胞嘧啶调控 mRNA 出核

基于改进的 m^5C 单位点测序技术，研究揭示了 mRNA m^5C 的分布规律，并绘制了精细的 m^5C 修饰图谱，发现 m^5C 在 mRNA 的翻译起始位点下游有显著富集，并且主要分布于

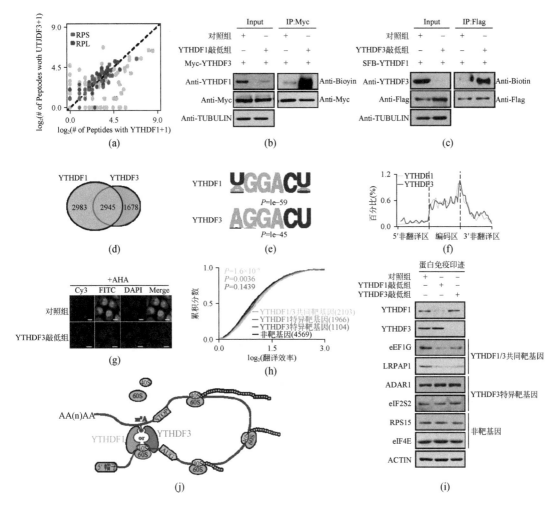

图 15-6 YTHDF3 促进 mRNA 的翻译效率[32]

(a) 散点图展示由蛋白质谱数据得到的 YTHDF1 和 YTHDF3 的相互作用蛋白，核糖体大亚基蛋白（RPL）：红色；核糖体小亚基蛋白（RPS）：蓝色；(b) 对于转染了 SFB-YTHDF1 表达载体质粒的对照组和 YTHDF3 敲低组 HeLa 细胞进行 YTHDF1 的 PAR-CLIP 实验；(c) 对于转染了 Myc-YTHDF3 表达载体质粒的对照组和 YTHDF1 敲低组 HeLa 细胞进行 YTHDF3 的 PAR-CLIP 实验；(d) 以韦恩图显示的 YTHDF1 和 YTHDF3 结合簇的重叠情况；(e) 利用 HOMER 从 PAR-CLIP 结合簇数据中鉴定出的 YTHDF1 和 YTHDF3 的结合基序；(f) YTHDF1 和 YTHDF3 的结合簇在 mRNA 转录本全长的分布特征；(g) 对于对照组和 YTHDF3 敲低组的 HeLa 细胞分别进行 AHA 处理，之后利用免疫荧光标记分析新生蛋白合成情况；(h) 对于四类 mRNA，即 YTHDF1 特异靶标 mRNA、YTHDF3 特异靶标 mRNA、非二者靶标 mRNA、二者共有靶标 mRNA，对翻译效率（以核糖体所结合的片段与输入的总 mRNA 的比值计）的累积分布分析，P 值使用双侧 Mann-Whitney 检验计算；(i) 通过免疫印迹实验显示在 YTHDF1 或 YTHDF3 敲低的 HeLa 细胞中 YTHDF3 独有靶基因（ADAR1 和 EIF2S3），非 YTHDF1 或 YTHDF3 靶基因（RPS15 和 EIF4E）和二者共有靶基因（EEF1G 和 LRPAP1）所表达的蛋白含量；(j) YTHDF3 通过与 YTHDF1 协同作用，结合具有 m^6A 修饰的 mRNA 分子并与核糖体 40S 和 60S 亚基蛋白相互作用，从而调节所结合 mRNA 分子的翻译

CG 富集区域。通过分析对比人和小鼠不同组织，发现 m^5C 在 mRNA 上的分布特征在哺乳动物中十分保守，而在不同组织中修饰的基因具有特异性。同时发现，在小鼠睾丸发育过程中，动态的 m^5C 修饰基因显著富集于精子发育相关功能，提示 m^5C 修饰参与生殖发育调控。在获得精细的 RNA m^5C 单碱基分辨率修饰图谱后，发现 NSUN2 蛋白是主要的 mRNA

m^5C 甲基转移酶，其活性依赖于 C271 和 C321 位点，且 NSUN2 功能缺失导致 mRNA 的出核受到抑制。通过进一步的研究发现，出核调控蛋白 ALYREF 通过第 171 位赖氨酸特异性结合 m^5C 修饰位点，从而促进 mRNA 出核[33]，为研究污染物所诱发的 RNA 加工代谢提供了新的调控层面（图 15-7）。

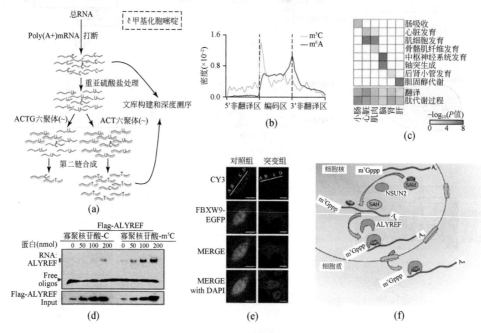

图 15-7 m^5C 分布特征及调控 mRNA 出核[33]

(a) 通过改进的 ACT 三碱基引物进行 m^5C 重亚硫酸盐测序的流程图；(b) mRNA 中 m^5C 和 m^6A 的分布特征。m^5C 在翻译起始位点下游有着明显的富集，而 m^6A 主要富集在终止密码子附近；(c) 在小鼠的多个组织中 m^5C 修饰转录组的功能富集情况，m^5C 的功能除了一些保守的生物学功能之外，还具有明显的组织特异性；(d) 通过含有和不含有 m^5C 的寡聚核苷酸序列检测到 ALYREF 特异结合 m^5C 修饰的序列，表明 ALYREF 是一个特异的 m^5C 结合蛋白；(e) 出核实验表明 m^5C 可以促进其修饰的转录本的出核效率；(f) m^5C 调控 mRNA 出核模式图，在细胞核内的转录本在 NSUN2 的催化作用下产生 m^5C 位点，同时该位点被 ALYREF 结合，促使其修饰的转录本出核

15.3 污染物的表观遗传损伤对生物学功能的潜在影响

15.3.1 6-甲基腺嘌呤影响斑马鱼内皮-造血转化过程

m^6A (6-甲基腺嘌呤)修饰调控基因转录后的多个层面，如 mRNA 的剪接、出核、翻译和降解等，这些调控机制的阐明为生物体自身的复杂调控提供了新的研究方向。目前，m^6A 在脊椎动物胚胎发育过程中的作用仍然知之甚少。对 m^6A 单位点全转录组测序数据进行生物信息学分析发现，缺失 m^6A 甲基转移酶 *mettl3* 后，m^6A 在斑马鱼胚胎发育相关 mRNA 中的富集程度显著下降。同时，在斑马鱼的血液-血管系统中，可检测到 *mettl3* 的特异性表达。系统的表型分析显示，在 *mettl3* 缺失的胚胎中，造血干细胞不能正常产生，血管的内皮特性却明显增强，内皮-造血转化过程受到阻断。研究还发现，m^6A 通过 YTHDF2 介导 *notch1a*（neurogenic locus notch homolog protein 1）mRNA 的稳定性，以维持内皮-造血转化过程中内

皮细胞和造血细胞基因表达的平衡，进而调控造血干细胞的命运决定（图 15-8）[34]。上述结果在小鼠中也得到了验证，证明 m^6A 对造血干细胞命运决定的调控在脊椎动物中是保守的。

15.3.2　6-甲基腺嘌呤调控精子发生的分子机理

利用 CRISPR-Cas9 技术构建生殖细胞中条件性敲除 *Mettl3* 的小鼠，研究揭示了 *Mettl3* 条件性敲除小鼠的雄性不育和睾丸变小的表型，进一步研究表明 *Mettl3* 敲除导致小鼠睾丸精原细胞分化异常，减数分裂起始受阻。在获得 *Mettl3* 敲除小鼠不育表型之后，发现 *Mettl3* 缺失导致精子发生（包括精原干细胞维持、精原细胞分化和减数分裂等）相关基因的表达改变。结合单碱基分辨率的 m^6A-miCLIP 测序发现，*Mettl3* 介导的 m^6A 修饰调控精子发生相关基因的可变剪接，从而导致精子发生过程异常（图 15-9）[35]。

15.3.3　6-甲基腺嘌呤调控小脑发育

在中枢神经系统通过 Nestin-Cre 特异地敲除 *Mettl3* 导致小鼠出现严重的运动功能障碍，并伴随哺乳期死亡。解剖和病理切片检测发现由 *Mettl3* 敲除引起的 m^6A 甲基化修饰的缺失严重影响大脑皮层和小脑的发育，导致大脑皮层变薄和小脑萎缩。进一步研究发现，m^6A 甲基化修饰的缺失引起小脑内颗粒神经元分化和成熟过程中基因表达调控紊乱，最终导致颗粒神经元大量凋亡[36]。该研究揭示了 METTL3 介导的 m^6A 修饰调控在哺乳动物中枢神经系统发育中的重要作用（图 15-10）。

15.3.4　6-甲基腺嘌呤结合蛋白 Prrc2a 调控少突胶质细胞的特化和髓鞘化

m^6A (6-甲基腺嘌呤)通过其结合蛋白决定 mRNA 的命运并调控一系列的生物学过程。大脑作为 m^6A 含量最丰富的组织之一，目前报道 m^6A 及其修饰酶 METTL3/METTL14、结合蛋白 YTHDF1/YTHDF2 等参与调控小鼠脑皮层神经元的形成，神经干细胞的自我更新、不对称分裂和分化，轴突再生、小脑的发育以及学习记忆能力。然而，m^6A 修饰在神经胶质细胞中的作用并不清楚，另外是否仍有新的有待发现的 m^6A 结合蛋白也是一个值得探讨的问题。

在神经细胞中鉴定到一个新的 m^6A 结合蛋白 Prrc2a（proline rich coiled-coil 2A），并发现其广泛表达在各类神经细胞和脑区，尤其在神经发育期高表达。通过 RNA 免疫沉淀测序结合生物信息分析发现 Prrc2a 靶基因主要参与脑的发育尤其是胶质细胞的发育过程。利用 Nestin-Cre 介导的 Prrc2a 条件性敲除小鼠表现出髓鞘化不足、寿命短、运动和认知功能损伤的病理特征。对条件性敲除的小鼠脑组织转录组数据进行分析发现 Prrc2a 缺失后显著下调少突胶质细胞相关基因的表达，而神经元和星形胶质细胞相关基因表达无显著影响。进一步研究发现 Prrc2a 调控神经干细胞分化为少突前体细胞的命运决定、少突前体细胞的自我增殖和分化。通过结合转录组测序、m^6A 测序和 Prrc2a RNA 免疫沉淀测序分析发现 *Olig2* 是 Prrc2a 调控少突胶质细胞特化的一个重要靶基因。Prrc2a 通过结合 *Olig2* 编码区中的 GGACU 基序，以 m^6A 修饰依赖的方式调控 *Olig2* mRNA 的稳定性。Prrc2a 缺失导致 *Olig2* 表达显著下调，此外，*Olig2* mRNA 还受到 m^6A 去甲基化酶 FTO 介导的 m^6A 修饰调控（图 15-11）[37]。Prrc2a 作为一个新的 m^6A 结合蛋白的发现及在少突胶质细胞的特化中发挥的关键作用，为髓鞘相关疾病的预防或治疗提供一个新的靶点或策略。

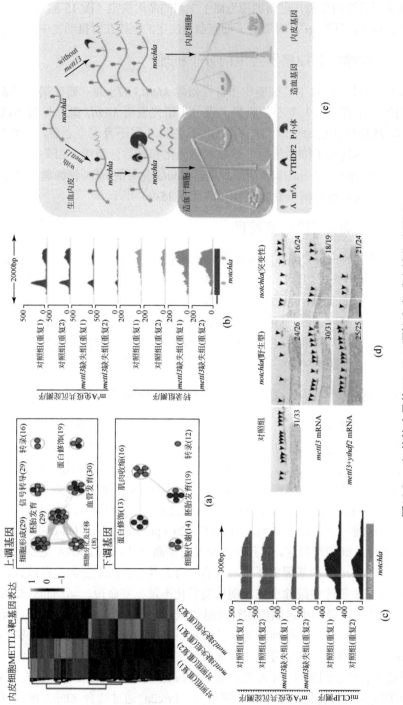

图15-8 m⁶A修饰介导的YTHDF2调控内皮-造血转化过程[34]

(a)在Mettl3缺失的情况下,METTL3靶基因的表达变化以及功能富集情况,Mettl3敲低下调的靶基因和胚胎发育有着显著的关联;(b)notch1a基因在Mettl3敲低前后的基因表达和m⁶A水平的变化情况。Mettl3敲低会导致notch1a的m⁶A水平下降,同时表达升高。绿色圆圈代表m⁶A修饰的区域;(c)通过miclip检测notch1a中具体的m⁶A修饰位点;(d)通过WISH实验来检测runx1(runt related transcription factor 1)在野生型和notch1a突变情况下的表达水平;(e)m⁶A修饰调控造血干细胞产生模式图。甲基转移酶Mettl3通过m⁶A修饰影响notch1a的mRNA水平,进而调控内皮-造血转化过程

第15章 典型污染物的表观遗传毒理效应

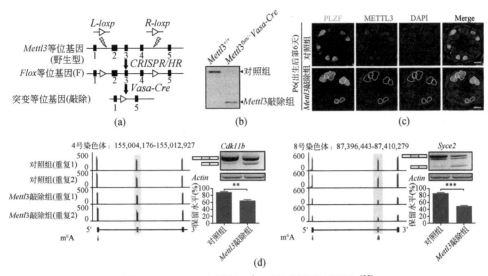

图 15-9　*Mettl3* 介导的 m^6A 修饰调控精子发生[35]

（a）*Mettl3* 基因敲除的模式图；（b）通过 western 实验检测 *Mettl3* 敲除的效果；（c）通过激光共聚焦荧光检测 *Mettl3* 的敲低情况，PLZF（promyelocytic leukemia zinc finger）为未分化的精原干细胞 marker；（d）miCLIP 测序检测靶基因中 m^6A 的修饰位置，同时通过定量 PCR 实验检测靶基因的外显子在 *Mettl3* 敲低的情况下的剪接水平

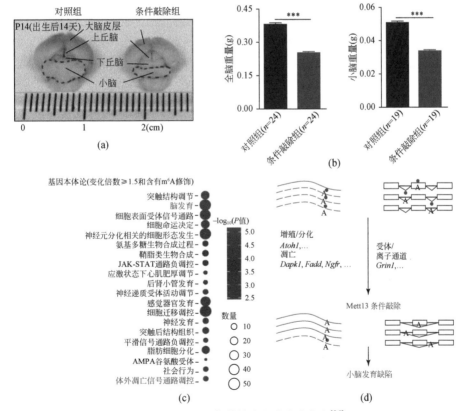

图 15-10　*Mettl3* 条件敲除影响小脑发育[36]

（a）对照以及 *Mettl3* 敲除小鼠脑的形态比较；（b）*Mettl3* 敲除导致以及小脑的重量显著下降；（c）*Mettl3* 敲除状态下显著上调的含有 m^6A 修饰的、基因的功能富集；（d）m^6A 调控小脑发育的模式图，m^6A 通过影响增殖、分化、自噬等通路基因的表达影响到小鼠的小脑发育

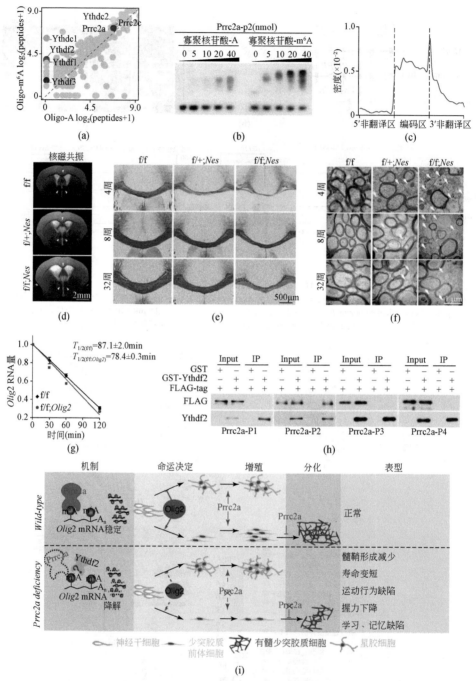

图 15-11　m^6A 结合蛋白 Prrc2a 调控少突胶质细胞的特化和髓鞘化[37]

(a) Oligo-A 及 Oligo-m^6A 结合蛋白质的散点图。根据蛋白质谱数据分析得到的与含有 m^6A 及不含有 m^6A 修饰的结合的蛋白。高亮的蛋白不仅包括经典的 m^6A 结合蛋白，如 YTH 家族蛋白，也包含 Prrc2a 及 Prrc2b；(b) 凝胶阻滞迁移（EMSA）实验验证 Prrc2a 倾向于结合含有 m^6A 的寡核苷酸探针；(c) 含有 m^6A 修饰的 Prrc2a 结合峰在 mRNA 上的分布特征；(d) 8 周大的各基因型小鼠的 T2 加权 MRI 图像；(e) Balck-gold 染色显示 4 周、8 周和 32 周大的图示基因型小鼠的髓鞘；(f) 代表性的透射电镜（TEM）图片展示各基因型小鼠的胼胝体区髓鞘纤维，图中白色箭头指示无髓鞘包裹的裸轴突；(g) 放线菌素 D 处理体外培养 Prrc2af/f;Olig2 Cre+/-和对照组小鼠的 OPCs，在图示时间点收取细胞并分离检测 Olig2 mRNA 水平，计算出 Olig2 mRNA 的半衰期；(h) 体外纯化的 GST-YTHDF2 蛋白和 FLAG 标签的 Prrc2a 截短蛋白 P1、P2、P3、P4 分别进行 GST 下拉实验；(i) m^6A 结合蛋白 Prrc2a 调控少突胶质细胞的特化和髓鞘化的示意图

15.4 表观遗传可作为污染物暴露的早期诊断标记物

15.4.1 cfDNA 5hmC 可作为食管癌的早期诊断分子标记物

近期研究表明，cfDNA 5hmC 测序可能成为食管癌的早期检测、诊疗与复发监测的有力工具。利用改进的 Nano-hmC-Seal 技术对 150 例食管癌患者和 177 例健康志愿者的血浆游离 DNA（circulating cell-free DNA，cfDNA）中微量 5hmC 修饰进行全基因组测序，解析了 cfDNA 上的癌症特异性 5hmC 分布，为食管癌的早期诊断提供了理论基础（图 15-12）[38]。这表明在污染物暴露的情况下，对于表观受损个体，可以参考用 cfDNA 5hmC 作为污染物暴露的检测指标。

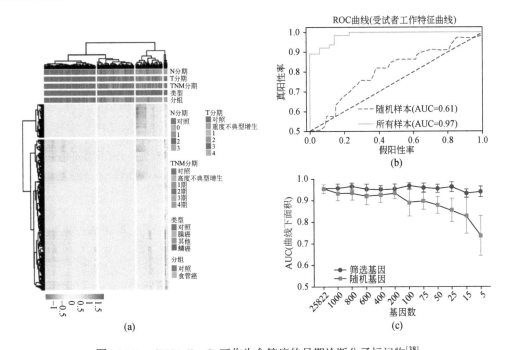

图 15-12　cfDNA 5hmC 可作为食管癌的早期诊断分子标记物[38]
（a）通过差异 5hmC 修饰基因对样本进行聚类结果；（b）ROC 曲线展示分类器的效果；（c）降低基因的情况下分类器的效果

15.4.2 cfDNA 5hmC 可作为肺癌的早期诊断分子标记物

由于缺乏高灵敏度、准确度和可靠度的早期诊断方法，非小细胞肺癌（NSCLC）患者被确诊时往往已经到了中晚期，其预后较差。采用一种高灵敏度、特异性强的测序技术对 66 例 NSCLC 患者和 67 例健康志愿者 cfDNA 中微量 5hmC 修饰进行测序，发现在 NSCLC 患者基因体区和启动子区域 5hmC 富集特异性增加。通过随机森林的机器学习方法鉴定出 6 个在 NSCLC 患者中其 5hmC 修饰水平上升的潜在分子标志物。相比现有的临床肿瘤标志物，这 6 个基因具有更高的灵敏度和准确性（图 15-13）[39]。研究表明 cfDNA 的 5hmC 有望成为 NSCLC 的新型生物标志物，用于 NSCLC 的早期诊断、预后评估、耐药监测等，具有十分重要的临床应用价值。

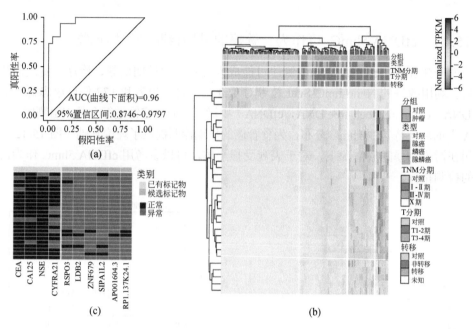

图 15-13　利用随机森林算法筛选的 NSCLC 潜在生物标志物具有更高灵敏度和准确性[39]

(a) ROC 曲线展示分类器的效果；(b) ROC 曲线展示分类器的效果通过差异 5hmc 修饰基因对样本进行聚类结果；(c) 已知的和新鉴定的 marker 基因的效果展示

（撰稿人：汪海林　杨运桂　孙宝发　刘保东　杨　莹　陈宇晟　尹俊发）

参 考 文 献

[1] Li Y, Zhang Z, Chen J, Liu W, Lai W, Liu B, Li X, Liu L, Xu S, Dong Q, Wang M, Duan X, Tan J, Zheng Y, Zhang P, Fan G, Wong J, Xu G L, Wang Z, Wang H, Gao S, Zhu B. Stella safeguards the oocyte methylome by preventing de novo methylation mediated by DNMT1. Nature, 2018, 564: 136-140.

[2] Robertson K D, Keyomarsi K, Gonzales F A, Velicescu M, Jones P A. Differential mRNA expression of the human DNA methyltransferases (DNMTs) 1, 3a and 3b during the G0/G1 to S phase transition in normal and tumor cells. Nucleic Acids Research, 2000, 28: 2108-2113.

[3] Ito S, Shen L, Dai Q, Wu S C, Collins L B, Swenberg J A, He C, Zhang Y. Tet proteins can convert 5-methylcytosine to 5-formylcytosine and 5-carboxylcytosine. Science, 2011, 333: 1300-1303.

[4] He Y F, Li B Z, Li Z, Liu P, Wang Y, Tang Q, Ding J, Jia Y, Chen Z, Li L, Sun Y, Li X, Dai Q, Song C X, Zhang K, He C, Xu G L. Tet-mediated formation of 5-carboxylcytosine and its excision by TDG in mammalian DNA. Science, 2011, 333: 1303-1307.

[5] Hu L, Li Z, Cheng J, Rao Q, Gong W, Liu M, Shi Y G, Zhu J, Wang P, Xu Y. Crystal structure of TET2-DNA complex: Insight into TET-mediated 5mC oxidation. Cell, 2013, 155: 1545-1555.

[6] Yin R, Mao S Q, Zhao B, Chong Z, Yang Y, Zhao C, Zhang D, Huang H, Gao J, Li Z, Jiao Y, Li C, Liu S, Wu D, Gu W, Yang Y G, Xu G L, Wang H. Ascorbic acid enhances Tet-mediated 5-methylcytosine oxidation and promotes DNA demethylation in mammals. Journal of the American Chemical Society, 2013, 135: 10396-10403.

[7] Zhang G, Huang H, Liu D, Cheng Y, Liu X, Zhang W, Yin R, Zhang D, Zhang P, Liu J, Li C, Liu B, Luo Y, Zhu Y, Zhang N, He S, He C, Wang H, Chen D. N6-methyladenine DNA modification in Drosophila. Cell, 2015, 161: 893-906.

[8] Fu Y, Luo G Z, Chen K, Deng X, Yu M, Han D, Hao Z, Liu J, Lu X, Doré L C, Weng X, Ji Q, Mets L, He C. N6-methyldeoxyadenosine marks active transcription start sites in Chlamydomonas. Cell, 2015, 161: 879-892.

[9] Greer E L, Blanco M A, Gu L, Sendinc E, Liu J, Aristizábal-Corrales D, Hsu C-H, Aravind L, He C, Shi Y. DNA methylation on N6-adenine in C. elegans. Cell, 2015, 161: 868-878.

[10] Wu T P, Wang T, Seetin M G, Lai Y, Zhu S, Lin K, Liu Y, Byrum S D, Mackintosh S G, Zhong M, Tackett A, Wang G, Hon L S, Fang G, Swenberg J, Xiao A. DNA methylation on N(6)-adenine in mammalian embryonic stem cells. Nature, 2016, 532: 329-333.

[11] Ratel D, Ravanat J L, Charles M P, Platet N, Breuillaud L, Lunardi J, Berger F, Wion D. Undetectable levels of N6-methyl adenine in mouse DNA: Cloning and analysis of PRED28, a gene coding for a putative mammalian DNA adenine methyltransferase. FEBS Letters, 2006, 580: 3179-3184.

[12] Huang W, Xiong J, Yang Y, Liu S M, Yuan B F, Feng Y Q. Determination of DNA adenine methylation in genomes of mammals and plants by liquid chromatography/mass spectrometry. RSC Advances, 2015, 5: 64046-64054.

[13] Lister R, Mukamel E A, Nery J R, Urich M, Puddifoot C A, Johnson N D, Lucero J, Huang Y, Dwork A, Schultz M D, Tonti-Filippini J, Yu M, Heyn H, Hu S, Wu JC, Rao A, Esteller M, He C, Haghighi F G, Sejnowski T J, Behrens M M, Ecker J R. Global epigenomic reconfiguration during mammalian brain development. Science, 2013, 341: 1237905.

[14] Lu X, Han D, Zhao B S, Song C X, Zhang L S, Dore L C, He C. Base-resolution maps of 5-formylcytosine and 5-carboxylcytosine reveal genome-wide DNA demethylation dynamics. Cell Reserch, 2015, 25: 386-389.

[15] Delhommeau F, Dupont S, Della V V, James C, Trannoy S, Masse A, Kosmider O, Le Couedic J P, Robert F, Alberdi A, Lecluse Y, Plo I, Dreyfus F J, Marzac C, Casadevall N, Lacombe C, Romana S P, Dessen P, Soulier J, Viguie F, Fontenay M, Vainchenker W, Bernard O A. Mutation in TET2 in myeloid cancers. The New England Journal of Medicine, 2009, 360: 2289-2301.

[16] Dawlaty M M, Breiling A, Le T, Raddatz G, Barrasa M I, Cheng A W, Gao Q, Powell B E, Li Z, Xu M, Faull K F, Lyko F, Jaenisch R. Combined deficiency of Tet1 and Tet2 causes epigenetic abnormalities but is compatible with postnatal development. Developmental Cell, 2013, 24: 310-323.

[17] Yang H, Liu Y, Bai F, Zhang J Y, Ma S H, Liu J, Xu Z D, Zhu H G, Ling Z Q, Ye D, Guan K L, Xiong Y. Tumor development is associated with decrease of TET gene expression and 5-methylcytosine hydroxylation. Oncogene, 2013, 32: 663-669.

[18] Langemeijer S M, Kuiper R P, Berends M, Knops R, Aslanyan M G, Massop M, Stevens-Linders E, van Hoogen P, van Kessel A G, Raymakers R A, Kamping E J, Verhoef G E, Verburgh E, Hagemeijer A, Vandenberghe P, de Witte T, van der Reijden B A, Jansen J H. Acquired mutations in TET2 are common in myelodysplastic syndromes. Nature Genetics, 2009, 41:838-842.

[19] Xu W, Yang H, Liu Y, Yang Y, Wang P, Kim S H, Ito S, Yang C, Wang P, Xiao M T, Liu L X, Jiang W Q, Liu J, Zhang J Y, Wang B, Frye S, Zhang Y, Xu Y H, Lei Q Y, Guan K L, Zhao S M, Xiong Y. Oncometabolite 2-hydroxyglutarate is a competitive inhibitor of alpha-ketoglutarate-dependent dioxygenases. Cancer Cell, 2011, 19: 17-30.

[20] Lai W, Lyu C, Wang H. Vertical Ultrafiltration-facilitated DNA digestion for rapid and sensitive UHPLC-MS/MS detection of DNA modifications. Analytical Chemisrtry, 2018, 90: 6859-6866.

[21] Liu B, Liu X, Lai W, Wang H. Metabolically generated stable isotope-labeled deoxynucleoside code for tracing DNA N6-methyladenine in human cells. Analytical Chemisrtry, 2017, 89: 6202-6209.

[22] 刘保东, 汪海林. 真核生物基因组DNA甲基化和去甲基化分析. 生命科学, 2018, 229:36-44.

[23] Liu X, Lai W, Zhang N, Wang H. Predominance of N(6)-methyladenine-specific DNA fragments enriched by multiple immunoprecipitation. Analytical Chemisrtry, 2018, 90: 5546-5551.

[24] Cao H, Wang Y. Quantification of oxidative single-base and intrastrand cross-link lesions in unmethylated and CpG-methylated DNA induced by Fenton-type reagents. Nucleic Acids Research, 2007, 35: 4833-4844.

[25] Jiang G, Xu L, Song S, Zhu C, Wu Q, Zhang L. Effects of long-term low-dose cadmium exposure on genomic DNA methylation in human embryo lung fibroblast cells. Toxicology, 2008, 244: 49-55.

[26] Liu S, Jiang J, Li L, Amato N J, Wang Z, Wang Y. Arsenite targets the zinc finger domains of tet proteins and inhibits Tet-mediated oxidation of 5-methylcytosine. Environmental Science and Technology, 2015, 49: 11923-11931.

[27] Zhao B, Yang Y, Wang X, Chong Z, Yin R, Song S H, Zhao C, Li C, Huang H, Sun B F, Wu D, Jin K X, Song M, Zhu B Z, Jiang G, Rendtlew Danielsen J M, Xu G L, Yang Y G, Wang H. Redox-active quinones induces genome-wide DNA methylation changes by an iron-mediated and Tet-dependent mechanism. Nucleic Acids Reserch, 2014, 42: 1593-1605.

[28] Xiong J, Liu X, Cheng Q Y, Xiao S, Xia L X, Yuan B F, Feng Y Q. Heavy metals induce decline of derivatives of 5-methycytosine in both DNA and rna of stem cells. ACS Chemical Biology, 2017, 12: 1636-1643.

[29] Zhao X, Yang Y, Sun B F, Shi Y, Yang X, Xiao W, Hao Y J, Ping X L, Chen Y S, Wang W J, Jin K X, Wang X, Huang C M, Fu Y, Ge X M, Song S H, Jeong H S, Yanagisawa H, Niu Y, Jia G F, Wu W, Tong W M, Okamoto A, He C, Rendtlew Danielsen J M, Wang X J, Yang Y G. FTO-dependent demethylation of N6-methyladenosine regulates mRNA splicing and is required for adipogenesis. Cell Research, 2014, 24: 1403-1419.

[30] Xiao W, Adhikari S, Dahal U, Chen Y S, Hao Y J, Sun B F, Sun H Y, Li A, Ping X L, Lai W Y, Wang X, Ma H L, Huang C M, Yang Y, Huang N, Jiang G B, Wang H L, Zhou Q, Wang X J, Zhao Y L, Yang Y G. Nuclear m6A reader YTHDC1 regulates mRNA splicing. Molecular Cell, 2016, 61: 507-519.

[31] Chen T, Hao Y J, Zhang Y, Li M M, Wang M, Han W, Wu Y, Lv Y, Hao J, Wang L, Li A, Yang Y, Jin K X, Zhao X, Li Y, Ping X L, Lai W Y, Wu L G, Jiang G, Wang H L, Sang L, Wang X J, Yang Y G and Zhou Q. m6A RNA methylation is regulated by microRNAs and promotes reprogramming to pluripotency. Cell Stem Cell, 2015, 16: 289-301.

[32] Li A, Chen Y S, Ping X L, Yang X, Xiao W, Yang Y, Sun H Y, Zhu Q, Baidya P, Wang X, Bhattarai D P, Zhao Y L, Sun B F, Yang Y G. Cytoplasmic m6A reader YTHDF3 promotes mRNA translation. Cell Research, 2017, 27: 444-447.

[33] Yang X, Yang Y, Sun B F, Chen Y S, Xu J W, Lai W Y, Li A, Wang X, Bhattarai D P, Xiao W, Sun H Y, Zhu Q, Ma H L, Adhikari S, Sun M, Hao Y J, Zhang B, Huang C M, Huang N, Jiang G B, Zhao Y L, Wang H L, Sun Y P, Yang Y G. 5-methylcytosine promotes mRNA export - NSUN2 as the methyltransferase and ALYREF as an m5C reader. Cell Research, 2017, 27: 606-625.

[34] Zhang C, Chen Y, Sun B, Wang L, Yang Y, Ma D, Lv J, Heng J, Ding Y, Xue Y, Lu X, Xiao W, Yang Y G, Liu F. m6A modulates haematopoietic stem and progenitor cell specification. Nature, 2017, 549: 273-276.

[35] Xu K, Yang Y, Feng G H, Sun B F, Chen J Q, Li Y F, Chen Y S, Zhang X X, Wang C X, Jiang L Y, Liu C, Zhang Z Y, Wang X J, Zhou Q, Yang Y G, Li W. Mettl3-mediated m6A regulates spermatogonial differentiation and meiosis initiation. Cell Research, 2017, 27: 1100-1114.

[36] Wang C X, Cui G S, Liu X, Xu K, Wang M, Zhang X X, Jiang L Y, Li A, Yang Y, Lai W Y, Sun B F, Jiang G B, Wang H L, Tong W M, Li W, Wang X J, Yang Y G, Zhou Q. METTL3-mediated m6A modification is required for cerebellar development. PLoS Biology, 2018, 16: e2004880.

[37] Wu R, Li A, Sun B, Sun J G, Zhang J, Zhang T, Chen Y, Xiao Y, Gao Y, Zhang Q, Ma J, Yang X, Liao Y, Lai W Y, Qi X, Wang S, Shu Y, Wang H L, Wang F, Yang Y G, Yuan Z. A novel m6A reader Prrc2a controls oligodendroglial specification and myelination. Cell Research, 2019, 29: 23-41.

[38] Tian X, Sun B, Chen C, Gao C, Zhang J, Lu X, Wang L, Li X, Xing Y, Liu R, Han X, Qi Z, Zhang X, He C, Han D, Yang Y G, Kan Q. Circulating tumor DNA 5-hydroxymethylcytosine as a novel diagnostic biomarker for esophageal cancer. Cell Research, 2018, 28: 597-600.

[39] Zhang J, Han X, Gao C, Xing Y, Qi Z, Liu R, Wang Y, Zhang X, Yang YG, Li X, Sun B, Tian X. 5-hydroxymethylome in circulating cell-free DNA as a potential biomarker for non-small-cell lung cancer. Genomics Proteomics Bioinformatics, 2018, 16: 187-199.

第四篇 污染物的毒性与健康危害机制

本篇导读

- 介绍重金属的毒性效应和作用机理,包括镉、砷、铬等重金属的生物危害性,以及遗传和表观遗传调控分子在重金属暴露后细胞应答反应过程中的作用及分子机制。

- 介绍近年来新型有机磷阻燃剂的毒性效应及分子作用机制研究进展,包括POPs与其他污染物的联合毒性作用、双酚类物质及其衍生物的甲状腺干扰及发育毒性,以及典型污染物产生雌激素系统干扰效应的新型分子机制研究进展。

- 介绍F-53B在环境中的分布特征及其毒性,包括F-53B的分子结构,理化性质,在环境介质、生物体、人体的分布特征和F-53B的毒性研究状况,并详细介绍F-53B暴露哺乳动物和斑马鱼的生物效应研究。

- 总结持久性有机污染物的肝脏毒性研究进展及主要作用机制,进一步介绍持久性有机污染物对肝脏节律、肝脏纤维化、铁稳态以及肝分区的影响和主要作用机制。

- 介绍甲状腺癌的发病现状、特点及原因,总结环境污染物如辐射、高氯酸盐、重金属及有机污染物诱发甲状腺癌的原因以及致病机理,展望未来环境污染物与甲状腺疾病的研究重点与策略。

- 介绍典型POPs内暴露与妊娠期糖尿病的关联性以及主要作用机理,详细分析二噁英类化合物、非二噁英样多氯联苯以及全氟化合物研究人群暴露水平,以及它们与妊娠糖尿病风险和血糖稳态关系的相关性。

- 介绍干细胞毒理学的发展及简介,从环境污染物毒性评估数据出发,例举干细胞毒理学的应用,阐述它为传统毒理学评估提供的补充和帮助,并重点介绍多种基于人多能干细胞毒性研究的成果。

第 16 章 重金属暴露的健康危害

重金属是天然存在的具有高原子量和至少 5 倍水的密度的金属元素,在各种环境介质中以微量浓度(<10ppm)存在。其中铁、锰、锌、铜等少量重金属是生命活动必需的元素,能够作为酶的关键组分在体内物质运输、氧化还原反应以及核酸代谢过程中发挥关键的作用,但过量摄入也会造成细胞和组织损伤,从而诱发各种不良反应甚至人类疾病[1, 2]。大部分重金属如镉、铅等并非生命活动所必须,对人体健康具有潜在的危害效应。近些年来重金属在多种工业,农业,生活活动和医疗技术中被广泛应用并通过多种途径排放入环境中,造成了日益严重的环境污染和公共安全问题。重金属的毒性取决于元素种类、暴露剂量、接触途径,以及暴露个体的年龄、性别和营养状况等。其中砷、镉、铬、铅和汞等重金属具有较高的毒性,在较低暴露剂量下也会造成多器官损伤和全身毒性。而且流行病学调查显示镉、铬等重金属暴露与人群癌症发病率之间存在密切的相关性,因此这些重金属也被美国环境保护署和国际癌症研究机构归类为人类致癌物[1-3]。

16.1 镉的暴露与毒性机制

镉是一种有毒的非必需元素,天然环境中是以耐火硫化物形式存在,近些年随着矿藏开采和镉使用的增加,镉污染成为人类面临的重要环境问题之一[4]。目前,中国、日本和泰国等一些国家的环境镉污染非常严重[5-7]。据统计中国大约有 133km^2 的土壤被镉污染,中国成人镉的平均口服摄入量为 367~382μg/d [8]。镉能够在人体多个器官中发生不同程度的累积并导致体内稳态紊乱甚至诱发疾病。例如,20 世纪早期,日本发生了最严重的镉中毒事件,其典型病症名为痛痛病,其病症为骨质疏松、萎缩以及关节疼痛。此外,镉暴露还会导致其他疾病的发生,例如多尿、糖尿病、动脉高血压、慢性支气管炎、肺气肿甚至癌症[9-11]。早在 1974 年联合国环境规划署和国际劳动卫生重金属委员会就将其定为重点污染物,世界卫生组织将其作为优先研究的食品污染物,美国毒物与疾病登记署也将镉列为危害人类健康物质的第七位。流行病学调查和大量研究表明镉过量摄入与肝、肺、肾、睾丸和前列腺等肿瘤的发生发展密切相关,因此国际癌症研究机构将镉列为第ⅠA级致癌物[12]。

近些年来人们对镉的毒性效应进行了大量研究,目前镉诱发细胞毒性的机制主要归纳于以下几点:①镉诱发机体内活性氧的增加,导致 DNA 损伤和脂质过氧化[13];②镉通过影响抑癌和原癌基因的表达,导致细胞死亡或肿瘤细胞异常增殖[14];③镉影响钙的内流并干扰钙调蛋白下游信号通路的活化,最终诱发细胞死亡[15];④镉通过影响细胞表观遗传学调控如 DNA 甲基化、组蛋白修饰和 miRNA 等,导致细胞生存和凋亡分子表达异常[16]。

16.2 镉暴露健康危害的研究进展

16.2.1 金属硫蛋白 MT 表达水平与器官中镉含量密切相关

金属硫蛋白（metallothioneins，MTs）是一类富含半胱氨酸的低分子量（分子量范围为 500～1400Da）蛋白。而且金属硫蛋白可作为一种潜在的生物标志物指示重金属镉的污染程度[17]。因此，MT1 和 MT2 的诱导表达水平可能反映了体内器官的 Cd 暴露和累积程度。Cd 的积累程度为肾脏＞肝脏＞脾脏＞心脏＞肺脏＞软骨＞睾丸＞肌肉＞大脑（图 16-1）。并且 MT1 和 MT2 的 mRNA 几乎在所有器官和组织中普遍表达，在肝脏中表达水平最高，并且 MT1 和 MT2 的转录水平以剂量依赖性方式显著升高，特别是在 100mg/L 的 Cd 处理组中比对照组增加大约 20 倍。虽然肾脏中积累了最多的镉，但 MT1 和 MT2 的诱导量比肝脏中低 84%。脾脏是仅次于肝脏和肾脏的第三大镉积累器官，但脾脏中 MT1 和 MT2 的 mRNA 水平极低（图 16-1）。MT1 和 MT2 的 mRNA 水平与 Cd 含量之间的相关性分析发现 MT1 和 MT2 的 mRNA 水平与肝脏、肾脏、心脏和肺中的 Cd 含量呈显著正相关，表明 MT1 和 MT2 水平与 Cd 暴露程度之间存在强相关性。表明 MT 成员具有指示各器官中 Cd 暴露水平的诊断价值。

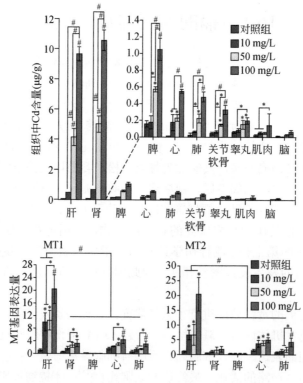

图 16-1 MT1 和 MT2 可指示器官中镉积累程度

$*P<0.05$，$\#P<0.01$

长链非编码（lncRNA）是一类长度大于 200 个核苷酸，不具备蛋白编码功能的基因。lncRNA 起初被认为是不具有生物学功能的由 RNA 聚合酶 II 转录出来的"垃圾"DNA，但越来越多的研究证明了 lncRNAs 在维持机体稳态平衡和多种生物学进程中发挥了关键功能，而一些 lncRNA 的表达失调与多种疾病如糖尿病和癌症的发生发展密切相关。由于 lncRNA 具有低保守型，组织表达特异性，lncRNA 也被当作肿瘤诊断的标志物和潜在的药物靶点[18]。lncRNA 能够通过转录以及转录后水平调控基因的表达，或通过与蛋白结合调控蛋白的活性以及生物学功能[19]。目前 lncRNA 在污染物特别是重金属的毒性效应中的报道较少，其作用机制也不明确[20]。最新的研究发现长链非编码 MT1DP 在镉的暴露下显著上调，并促进镉的细胞毒性[21, 22]。

16.2.2　长链非编码 RNA MT1DP 促进镉诱发的细胞死亡效应[22]

长链非编码 RNA MT1DP 是金属硫蛋白家族（MTs）的一个假基因，MT1 家族包含了至少 14 个亚基：10 个编码蛋白的基因和 4 个非编码 RNA[23]。但目前这些非编码 RNA（lncRNA）在镉的毒性效应中是否发挥作用仍然完全未知。MT1DP 在镉的暴露下显著增加，而敲低 MT1DP 后，镉诱发的细胞凋亡效应明显减弱，表明 MT1DP 具有与 MT1 蛋白相反的生物学功能，即促进镉暴露导致的细胞死亡。

通过 RNA-pull down 筛选了 MT1DP 的相互作用蛋白后，发现 RhoC 能够与 MT1DP 相结合。而基因测序结果则发现 CCN 家族 CCN1 和 CCN2 是 MT1DP 的两个下游靶基因。MT1DP 诱发表达后能结合并增强 RhoC 的蛋白稳定性，从而导致 CCN1 和 CCN2 的表达增加以及它们的下游靶标 AKT 的磷酸化活化。另外，MT1DP/RhoC 复合物诱导的 CCN1/2-AKT 通路活化能够促进镉诱发的钙流增加和胞内镉摄取，并最终导致细胞死亡（图 16-2a）。另一方面 MT1DP 能够调控 MT1H 基因的表达，生物信息学分析发现二者都具有 miR-214 的结合位点，MT1DP 能够通过与 miR-214 相结合解除 miR-214 对 MT1H 的抑制作用，最终导致 MT1H 表达上调并促进镉诱发的细胞死亡效应（图 16-2b）。以上结果发现了细胞内在的促进镉细胞毒性新机制，并为评价镉的健康危害效应提供潜在的暴露与效应生物标志物。

16.2.3　长链非编码 RNA MT1DP 促进镉诱发的氧化应激反应[21]

在镉的暴露下细胞内多种抗氧化酶和促细胞存活的抗氧化分子的活性被激发并对抗镉诱导的氧化损伤。但长时间的镉暴露最终破坏胞内的氧化还原平衡系统，导致不可避免的细胞死亡[17, 24]。一方面，含有丰富硫醇基团的金属硫蛋白（MTs）被认为是直接对抗镉氧化损伤效应的分子[17]。另一方面，核因子红细胞 2 相关因子 2（Nrf2）等作为一种重要的抗氧化转录因子能够通过反式激活抗氧化分子来保护细胞免受氧化应激损伤[24]。长链非编码 RNA MT1DP 除了能够促进镉诱发的细胞凋亡反应外，还可以促进镉诱发的 ROS 增加和氧化应激反应。金属调节转录因子 1（MTF1）在镉暴露下诱导表达并结合在 MT1DP 的启动子区，从而促进 MT1DP 的诱导表达。MT1DP 继而通过 miR-365 调节 Nrf2 蛋白的表达，最终降低胞内的抗氧化系统，从而促进镉诱导的氧化应激反应和细胞毒性（图 16-3）。

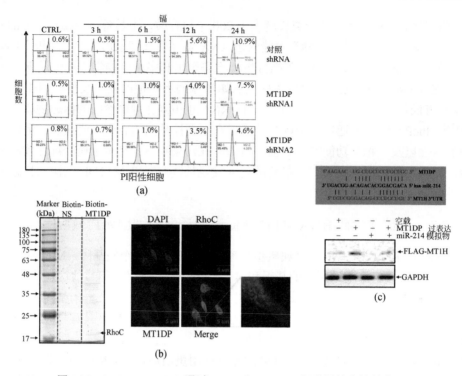

图 16-2 lncRNA MT1DP 通过 RhoC-和 mMT1H 促进镉的毒性效应

（a）MT1DP 对镉诱发的细胞死亡效应的影响；（b）MT1DP 与 RhoC 蛋白相结合；（c）MT1DP 通过 miR-214 调控 MT1H 的表达

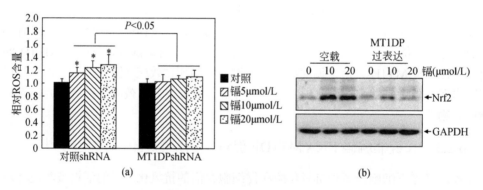

图 16-3 MT1DP 通过 miR-365/Nrf2 途径促进镉诱发的氧化应激反应

（a）MT1DP 促进镉诱发的氧化应激反应；（b）镉暴露下 MT1DP 负调控 Nrf2 的表达

16.2.4 镉与碳纳米颗粒复合暴露的毒性机制研究

在真实环境中，重金属镉并非独立存在的，通常与其他环境污染物（如有机污染物、重金属、颗粒物等）共存。因此，环境毒理与健康研究有必要考虑环境污染物的复合暴露效应与作用机制，避免污染物风险评价中的不确定性[25]。碳纳米颗粒广泛地存在于人们的生活与生产环境，如大气细颗粒物中的炭黑、工业生产中使用的石墨、制造材料中的石墨烯等[26]。然而，目前尚不清楚环境暴露过程中，碳纳米颗粒对镉的毒性效应与作用机制的影响。低剂量氧化石墨烯（1、4和8g/mL）预处理细胞后，再进行Cd的暴露实验后发现，J774A.1巨噬细胞对Cd^{2+}的摄入与氧化石墨烯的预处理时间（0.5、1、3和6 h）紧密相关，Cd摄入量随暴露时间的延长而增加（图16-4b）。此外，氧化石墨烯预处理剂量的升高也显著地增强了巨噬细胞对Cd^{2+}的摄入（图16-4b），表明氧化石墨烯的存在更容易增加巨噬细胞对镉的摄入和胞内累积。作为Cd暴露的生物标志物，金属硫蛋白（MT）对于Cd的解毒和代谢至关重要[17]。氧化石墨烯预处理后，J774A.1胞内MT的结合态Cd也显著增加（图16-4c）。

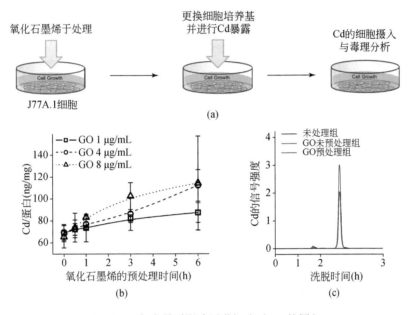

图16-4 复合暴露影响巨噬细胞对Cd的摄入

（a）复合暴露实验方案示意图；（b）氧化石墨烯预处理时间与剂量对巨噬细胞Cd摄入的影响；（c）复合暴露对巨噬细胞内MT结合态Cd的影响

通过透射电镜（TEM）和激光扫描共聚焦荧光显微镜（LSCM）观察氧化石墨烯的细胞定位发现，大部分氧化石墨烯纳米颗粒分布在细胞膜上，部分可进入巨噬细胞内（图16-5）。通过原子力显微镜（AFM）观察细胞膜微观形貌发现，氧化石墨烯暴露可使细胞膜外层表面变的较为光滑，细胞膜局部发生塌陷（图16-5）。说明氧化石墨烯暴露会影响细胞膜结构与功能相关蛋白的水平，最终导致细胞膜结构和功能（如细胞膜通透性、流动性、膜电势和离子通道等）的异常，并且细胞膜结构的损伤会改变巨噬细胞对Cd^{2+}的摄入能力与毒性效应。

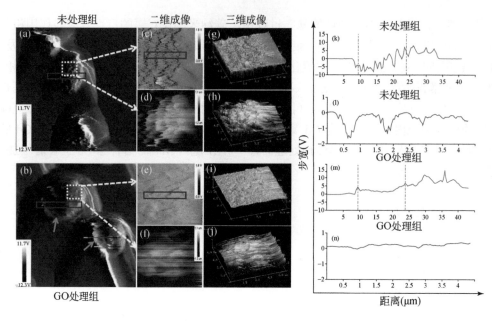

图 16-5　利用 TEM 和 AFM 研究氧化石墨烯对细胞膜形态和结构的影响

16.3　砷的暴露与毒性机制

砷是一种广泛存在类重金属元素，地壳中的砷含量约在 2～5μg/kg，多以三价和五价氧化态或以钙或钠盐的形式存在。三价形式如亚砷酸钠或三氧化二砷具有强毒性，能与多种具有硫基团的生物配体发生反应并抑制酶的活性[27]。中国目前是全球最大的砷生产国，2017 年的砷产量为 25000t，占全球的 67.57%。湖南省、广东省、广西省及贵州省等地区也都面临着严重的砷污染。砷污染的主要来源是工业和农业生产来源以及地球化学因素，其中冶金和化工企业的废水废渣的违规排放以及农药化学的滥用导致土壤和水中砷含量迅速增加并造成健康毒性[28]。砷化物通过消化系统，呼吸系统以及皮肤接触等途径进入人体，并随着血液流经肝、肾、心脏等多个器官，最终经排泄系统排出体外。由于砷在体内具有强储积性，并极易与疏基结合并造成严重健康毒性效应，急性大量砷摄入能够导致胃肠道紊乱，以及中枢神经系统和心血管系统损伤并可能发生死亡，幸存的人也可能患有其他长期疾病如黑素沉着病和脑病等；而长期慢性砷暴露除了导致消化系统和神经系统疾病和皮肤病变外，砷暴露还与高血压和糖尿病的发生发展密切相关。另外，砷摄入也能导致生殖毒性和泌尿统疾病，并抑制机体的免疫反应[29, 30]。砷也是一种强致癌物，流行病学调查显示砷暴露与癌症的发生发展具有强相关性，因此世界卫生组织国际癌症研究机构将砷和无机砷化合物列为一类致癌物[28, 30]。

砷的毒性机制主要归因于以下几点：①通过诱导氧化应激反应破坏机体内氧化还原平衡系统，从而造成 DNA 氧化损伤和脂质过氧化[31]；②诱导染色体畸变和基因突变从而间接导致基因损伤[27]；③砷暴露导致多条细胞凋亡通路的活化，从而诱发细胞死亡[32]；④通过影响 miRNAs、DNA 甲基化和组蛋白修饰等在表观遗传学层面影响细胞生存和凋亡相关基因的表达[33]；⑤通过影响多种炎症细胞的功能以及炎症因子的释放发挥其促炎或抑炎的功能，从而促进癌症的发生发展[34]。

16.4 砷暴露健康危害的研究进展

16.4.1 miR-214调控砷诱发的红系细胞毒性[35]

miRNA是一类20~22bp的小RNA，它能结合在基因的3′UTR区并导致mRNA降解或者抑制其蛋白翻译[36]。在砷化物刺激下，红系前体细胞中miR-214的表达在短时间内明显下调，并能够拮抗砷化物的促红系前体细胞凋亡效应。机制研究发现砷化物能够引起红系前体细胞中ROS生成增加，继而诱发的氧化应激反应能够直接调控miR-214的转录表达。在砷化物暴露下，红系前体细胞中氧化应激分子Nrf2的蛋白迅速增加，入核后与miR-214启动子区中的抗氧化反应元件（ARE）结合，进而抑制miR-214的表达。miRNA的主要作用机制是特异性地结合到靶基因的3′UTR区，导致靶mRNA降解或抑制其蛋白翻译能力。红系前体细胞中，ATF4和EZH2是miR-214的下游靶基因，这两个基因的3′UTR含有保守的miR-214结合位点，砷化物刺激下红系前体细胞中ATF4和EZH2表达显著上调，而miR-214 mimic则明显抑制这两个分子的蛋白表达，对其mRNA表达水平无影响。同时ATF4和EZH2介导了砷化物刺激下的细胞凋亡效应。EZH2是染色质沉默复合物PRC2的重要组分，它能催化组蛋白H3K27位点的三甲基化并抑制下游靶基因的表达，最终调控细胞凋亡反应（图16-6）。

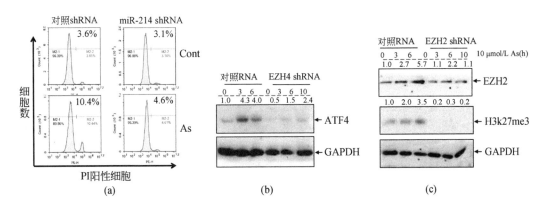

图16-6 miR-214通过ATF4和EZH2调控砷的红系细胞毒性

（a）miR-214促进砷诱发的红系前体细胞死亡；（b）ATF4是砷暴露下miR-214的下游靶标；（c）EZH2是砷暴露下miR-214的另一个下游靶标

16.4.2 长链非编码RNA UCA1拮抗砷诱发的自噬性凋亡[37]

通过检测砷暴露后肝细胞内一些发挥细胞增殖、分化和癌变等功能lncRNA的表达水平后发现lncRNA UCA1的表达水平在砷处理下显著升高，表明UCA1在砷的毒性效应中发挥关键作用。敲低肝细胞的 UCA1 表达后自噬流分子 LC3 和 p62 在砷暴露下的诱导表达增加被显著抑制，而且 UCA1 能够通过调控胞内自噬流拮抗砷的肝细胞毒性效应。另外通过 RNA-seq 筛选 UCA1 敲低前后砷暴露下细胞内的基因表达变化后发现 OSGIN1 是 UCA1 的下游靶基因，当 OSGIN1 敲低后，砷诱导的自噬流抑制被解除（图 16-7）。这些结果证明了 UCA1 在砷的毒性效应中发挥了重要作用，为砷的毒性预防治疗提供新的思路和策略。

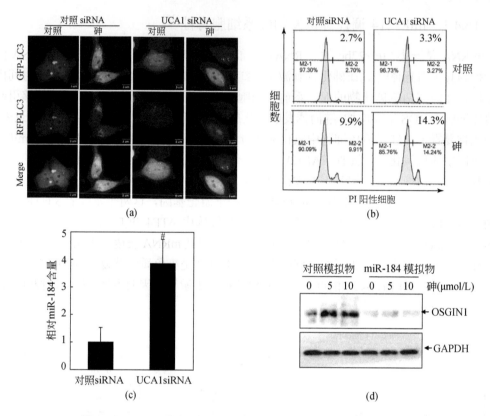

图 16-7　UCA1 通过调控砷诱发的自噬性凋亡拮抗砷的毒性效应

(a) UCA1 对砷诱发的自噬流相关分子表达及活性的影响；(b) UCA1 对砷诱发的细胞死亡效应的影响；(c) UCA1 对 miR184 表达的影响；(d) UCA1 通过 miR-184 调控 OSGIN1 的表达

16.5　铬的暴露与毒性机制

六价铬被广泛用于工业生产原料，是一种较为常见的重金属污染物，并且铬（Ⅵ）是一种公认的人类致癌物质[38, 39]，但其致癌机制仍知之甚少。Cr（Ⅵ）能够诱导细胞产生典型的 DNA 损伤反应，以及细胞周期阻滞、凋亡和衰老[40, 41]。Cr（Ⅵ）也能通过改变组蛋白甲基化，组蛋白乙酰化和 DNA 甲基化等表观遗传修饰在肺癌的发生发展中发挥重要作用[42]。Cr（Ⅵ）还可与 DNA 结合并抑制 DNA 聚合酶的活性，从而造成 DNA 复制压力，最终导致染色体结构异常。Cr（Ⅵ）还能诱发细胞发生氧化应激反应和 ROS 的生成增加继而引起 DNA 的损伤。

16.5.1 铬通过FLNA通路促进膀胱癌细胞增殖

低剂量铬酸钾能够促进膀胱癌T24细胞和EJ细胞增殖,并且低剂量Cr(Ⅵ)体外暴露能够有效抑制细胞凋亡。对癌组织进行了病理分期:肌层浸润(muscle-invasive bladder cancer, MIBC)和非肌层浸润(non-muscle-invasive bladder cancer, NMIBC),发现癌组织与癌旁组织相比FLNA的mRNA表达水平显著增高,且肌层浸润较非肌层浸润增高,差异具有统计学意义($P<0.05$)(图16-8a)。免疫组化染色显示FLNA蛋白为细胞质表达,在膀胱癌组织MIBC中呈强阳性表达,在膀胱癌组织NMIBC中呈弱阳性表达,而在癌旁组织中则为阴性表达(图16-8b),提示FLNA蛋白在膀胱癌变过程中发挥关键作用。进一步的实验表明低剂量重金属铬可能通过增加FLNA的表达水平促进膀胱癌进展,并且Cr可通过促进FLNA的表达增强T24细胞的增殖和迁移能力[图16-8(c~f)]。

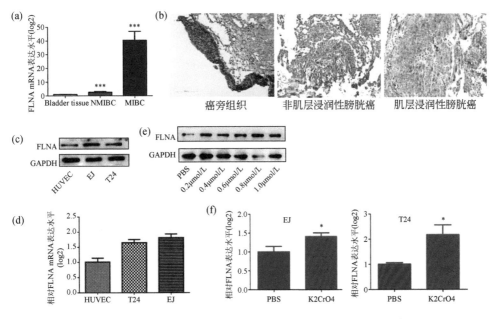

图16-8 低剂量重金属铬在体外连续暴露促进T24细胞增殖的机制

16.5.2 铬(Ⅵ)通过促进前列腺癌中的上皮间充质转化来促进细胞迁移

通过质谱检测分析了新诊断患者的血清Cr浓度,发现前列腺癌患者血清Cr浓度远高于BPH标本($P<0.05$),表明Cr暴露在前列腺癌的致病过程中具有潜在的调节作用。同时7年总生存率表明,较高的血清Cr浓度与前列腺癌患者的预后不良密切相关($P=0.019$)(图16-9),表明Cr可能在肿瘤进展中发挥重要作用。

Cr(Ⅲ)和Cr(Ⅵ)暴露下PC3细胞的增殖水平结果显示,与对照相比,暴露Cr(Ⅵ)后细胞生长速率增长了约2.9倍($P<0.0027$)。克隆形成实验结果显示Cr(Ⅵ)暴露组中的肿瘤细胞克隆数比对照组高47%($P=0.021$)。进一步的体内实验结果显示Cr(Ⅵ)暴露组的肿瘤生长速度更快($P<0.05$),肿瘤重量更高(图16-10)。这些结果表明Cr(Ⅵ)能

够显著促进调节前列腺癌细胞增殖。

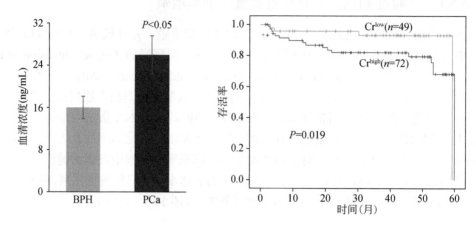

图16-9 铬在前列腺癌患者血清中浓度增加

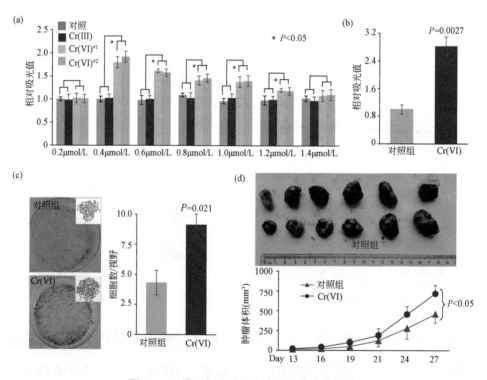

图16-10 铬可促进前列腺癌细胞体内外增殖

（撰稿人：高 明 徐 明 张志宏 刘思金）

参 考 文 献

[1] Rehman K, Fatima F, Waheed I, Akash MSH. Prevalence of exposure of heavy metals and their impact on health consequences. Journal of Cellular Biochemistry, 2018, 119（1）: 157-184.

[2] Wu X, Cobbina S J, Mao G, Xu H, Zhang Z, Yang L. A review of toxicity and mechanisms of individual and mixtures of heavy metals in the environment. Environmental Science and Pollution Research International, 2016, 23 (9): 8244-8259.

[3] Tchounwou P B, Yedjou C G, Patlolla A K, Sutton D J. Heavy metal toxicity and the environment. Experientia Supplementum, 2012, 101: 133-164.

[4] Uraguchi S, Fujiwara T. Cadmium transport and tolerance in rice: Perspectives for reducing grain cadmium accumulation. Rice, 2012, 5 (1): 5.

[5] Nogawa K., Kobayashi E, Okubo Y, Suwazono Y. Environmental cadmium exposure, adverse effects and preventive measures in Japan. Biometals, 2004, 17 (5): 581-587.

[6] Jin T, Wu X, Tang Y, Nordberg M, Bernard A, Ye T, Kong Q, Lundstrom N G, Nordberg G F. Environmental epidemiological study and estimation of benchmark dose for renal dysfunction in a cadmium-polluted area in China. Biometals, 2004, 17 (5): 525-530.

[7] Swaddiwudhipong W, Mahasakpan P, Limpatanachote P, Krintratun S. Correlations of urinary cadmium with hypertension and diabetes in persons living in cadmium-contaminated villages in northwestern Thailand: A population study. Environmental Research, 2010, 110 (6): 612-616.

[8] Song Y, Wang Y, Mao W, Sui H, Yong L, Yang D, Jiang D, Zhang L, Gong Y. Dietary cadmium exposure assessment among the Chinese population. PloS One, 2017, 12 (5): e0177978.

[9] Zhang W L, Du, Y, Zhai, M M, Shang Q. Cadmium exposure and its health effects: A 19-year follow-up study of a polluted area in China. Science of the Total Environment, 2014, 470-471:224-228.

[10] Satarug S, Moore M R. Adverse health effects of chronic exposure to low-level cadmium in foodstuffs and cigarette smoke. Environmental Health Perspectives, 2004, 112 (10): 1099-1103.

[11] Peters J L, Perlstein T S, Perry M J, McNeely E, Weuve J. Cadmium exposure in association with history of stroke and heart failure. Environmental Research, 2010, 110 (2): 199-206.

[12] Satarug S, Garrett S H, Sens M A, Sens D A. Cadmium, environmental exposure, and health outcomes. Environmental Health Perspectives, 2010, 118 (2): 182-190.

[13] Lee J C, Son Y O, Pratheeshkumar P, Sh X. Oxidative stress and metal carcinogenesis. Free Radical Biology & Medicine, 2012, 53 (4): 742-757.

[14] Waisberg M, Joseph P, Hale B, Beyersmann D. Molecular and cellular mechanisms of cadmium carcinogenesis. Toxicology, 2003, 192 (2-3): 95-117.

[15] Thevenod F. Cadmium and cellular signaling cascades: To be or not to be? Toxicology and Applied Pharmacology, 2009, 238 (3): 221-239.

[16] Wang B, Li Y, Shao C, Tan Y, Cai L. Cadmium and its epigenetic effects. Current Medicinal Chemistry 2012, 19 (16): 2611-2620.

[17] Thirumoorthy N, Manisenthil Kumar K T, Shyam Sundar A, Panayappan L, Chatterjee M. Metallothionein: An overview. World Journal of Gastroenterology, 2007, 13 (7): 993-996.

[18] Batista P J, Chang H Y. Long noncoding RNAs: Cellular address codes in development and disease. Cell, 2013, 152 (6): 1298-1307.

[19] Zhang F, Zhang L, Zhang C. Long noncoding RNAs and tumorigenesis: Genetic associations, molecular

mechanisms, and therapeutic strategies. Tumour Biology, 2016, 37 (1): 163-175.

[20] Dempsey J L, Cui J Y. Long non-coding RNAs: A novel paradigm for toxicology. Toxicological Sciences, 2017, 155 (1): 3-21.

[21] Gao M, Li C, Xu M, Liu Y, Cong M, Liu S. LncRNA MT1DP aggravates cadmium-induced oxidative stress by repressing the function of Nrf2 and is dependent on interaction with miR-365. Advanced Science, 2018, 5 (7): 1800087.

[22] Gao M, Chen M, Li C, Xu M, Liu Y, Cong M, Sang N, Liu S. Long non-coding RNA MT1DP shunts the cellular defense to cytotoxicity through crosstalk with MT1H and RhoC in cadmium stress. Cell Discovery, 2018, 4: 5.

[23] Yu W, Qiao Y, Tang X, Ma L, Wang Y, Zhang X, Weng W, Pan Q, Yu Y, Sun F, Wang J. Tumor suppressor long non-coding RNA, MT1DP is negatively regulated by YAP and Runx2 to inhibit FoxA1 in liver cancer cells. Cellular Signalling, 2014, 26 (12): 2961-2968.

[24] Wu K C, Liu J J, Klaassen C D. Nrf2 activation prevents cadmium-induced acute liver injury. Toxicology and Applied Pharmacology, 2012, 263 (1): 14-20.

[25] Spurgeon D J, Jones O A, Dorne J L, Svendsen C, Swain S, Sturzenbaum S R. Systems toxicology approaches for understanding the joint effects of environmental chemical mixtures. Science of the Total Environment, 2010, 408 (18): 3725-3734.

[26] Menon S, Hansen J, Nazarenko L, Luo Y. Climate effects of black carbon aerosols in China and India. Science, 2002, 297 (5590): 2250-2253.

[27] Hughes M F. Arsenic toxicity and potential mechanisms of action. Toxicology Letters, 2002, 133 (1): 1-16.

[28] Sun G. Arsenic contamination and arsenicosis in China. Toxicology and Applied Pharmacology, 2004, 198, 3: 268-271.

[29] Ratnaike R N. Acute and chronic arsenic toxicity. Postgraduate Medical Journal, 2003, 79 (933): 391-396.

[30] Hughes M F, Beck B D, Chen Y, Lewis A S, Thomas D J. Arsenic exposure and toxicology: A historical perspective. Toxicological Sciences, 2011, 123 (2): 305-332.

[31] Flora S J. Arsenic-induced oxidative stress and its reversibility. Free Radical Biology & Medicine, 2011, 51 (2): 257-281.

[32] Cai X, Shen Y L, Zhu Q, Jia P M, Yu Y, Zhou L, Huang Y, Zhang J W, Xiong S M, Chen S J, Wang Z Y, Chen Z, Chen G Q. Arsenic trioxide-induced apoptosis and differentiation are associated respectively with mitochondrial transmembrane potential collapse and retinoic acid signaling pathways in acute promyelocytic leukemia. Leukemia, 2000, 14 (2): 262-270.

[33] Bjorklund G, Aaseth J, Chirumbolo S, Urbina M A, Uddin R. Effects of arsenic toxicity beyond epigenetic modifications. Environmental Geochemistry and Health, 2018, 40 (3): 955-965.

[34] Ferrario D, Gribaldo L, Hartung T. Arsenic exposure and immunotoxicity: A review including the possible influence of age and sex. Current Environmental Health Reports, 2016, 3 (1): 1-12.

[35] Gao M, Liu Y, Chen Y, Yin C, Chen J J, Liu S. miR-214 protects erythroid cells against oxidative stress by targeting ATF4 and EZH2. Free Radical Biology & Medicine, 2016, 92: 39-49.

[36] Tutar L, Tutar E, Tutar Y. MicroRNAs and cancer: An overview. Current Pharmaceutical Biotechnology, 2014, 15 (5): 430-437.

[37] Gao M, Li C, Xu M, Liu Y, Liu S. LncRNA UCA1 attenuates autophagy-dependent cell death through blocking autophagic flux under arsenic stress. Toxicology Letters, 2018, 284: 195-204.

[38] Rowbotham A L, Levy L S, Shuker L K. Chromium in the environment: An evaluation of exposure of the UK general population and possible adverse health effects. Journal of Toxicology and Environmental Health Part B: Critical Reviews, 2000, 3 (3): 145-178.

[39] Holmes A L, Wise S S, Wise JP Sr. Carcinogenicity of hexavalent chromium. The Indian Journal of Medical Research, 2008, 128 (4): 353-472.

[40] Ovesen J L, Fan Y, Chen J, Medvedovic M, Xia Y, Puga A. Long-term exposure to low-concentrations of Cr (VI) induce DNA damage and disrupt the transcriptional response to benzo[a]pyrene. Toxicology, 2014, 316: 14-24.

[41] Lu Y, Xu D, Zhou J, Ma Y, Jiang Y, Zeng W, Da W. Differential responses to genotoxic agents between induced pluripotent stem cells and tumor cell lines. Journal of Hematology & Oncology, 2013, 6 (1): 71.

[42] Arita A, Costa M. Epigenetics in metal carcinogenesis: Nickel, arsenic, chromium and cadmium. Metallomics: Integrated Biometal Science, 2009, 1 (3): 222-228.

第17章 典型污染物内分泌干扰效应与神经发育毒性分子机制

持久性有机污染物（POPs）是一种备受关注的典型污染物。POPs 被联合国环境规划署（UNEP）认为是"世界面临的最大环境挑战之一"[1]。大量的实验室研究和流行病学调查都表明，很多 POPs 不仅具有"三致"（致癌、致畸、致突变）效应和遗传毒性，还具有内分泌干扰效应，可以影响生殖及免疫机能，损害神经发育，导致行为异常[2]。因此，很多传统的 POPs 类物质正逐步被淘汰和取代，然而作为替代品的新化合物是否真的安全也成为大家关注的问题之一。与此同时，POPs 污染物的研究也不断面临着挑战。一方面，POPs 污染物在较低剂量下即可产生作用，且引起的毒性效应往往具有滞后性，甚至具有传代性。某些情况下，即使暴露发生在胚胎发育阶段，但直到成年后，甚至到子代才能观察到明显的损害[3]。因此，它们在长期低剂量暴露条件下对生态环境特别是人类健康的潜在影响也是一个具有现实意义和值得深入研究的问题。另一方面，POPs 在环境中并不是作为单一有机污染物存在的。在实际环境中，人类或者野生生物往往暴露于多种混合污染物，这些混合毒物可能造成相加或协同的毒性作用。因此 POPs 在与其他污染物共存条件下的毒性效应和作用机制成为近年来研究的热点和难点。

鉴于以上，本章将在总结传统 POPs 的内分泌干扰和神经毒性效应作用机制的基础上，重点介绍近年来对新型有机磷阻燃剂的毒性效应及分子作用机制研究进展，介绍 POPs 与其他污染物的联合毒性作用等方面的研究进展，介绍双酚类物质及其衍生物的甲状腺干扰及发育毒性作用及分子机制研究，以及介绍典型污染物产生雌激素系统干扰效应的新型分子机制研究进展。

17.1 内分泌干扰及神经发育毒性可能的作用机制

由于 POPs 种类繁多，结构和性质差异很大，因此 POPs 对生物体内分泌系统和神经系统的作用机制具有复杂性和多样性的特点。根据前期大量的研究结果，将 POPs 引起内分泌干扰及神经发育毒性的可能分子作用机制总结如下：①干扰下丘脑-垂体-肾上腺/性腺/甲状腺轴（HPA/G/T）的中枢调控；②干扰内源性激素的合成与代谢；③通过受体途径干扰内分泌系统；④通过非基因组模式干扰内分泌系统；⑤干扰中枢神经系统的早期发育；⑥干扰细胞信号转导；⑦诱导氧化损伤及细胞凋亡。

17.2 有机磷阻燃剂的神经发育毒性及内分泌干扰作用机制

由于多溴联苯醚（PBDEs）等传统溴代阻燃剂的生产和使用的逐步减少或停止，有机磷阻燃剂（OPFRs）成为其主要替代品之一。其中三氯代烷基和三芳基磷酸酯，例如磷酸三（2-氯丙基）酯（TCIPP）、磷酸三（1,3-二氯异丙基）酯（TDCIPP）、磷酸三（2-氯乙基）酯（TCEP）；磷酸三苯酯（TPhP）等主要作为阻燃剂应用于塑料、橡胶、抗静电剂、纺织品、电子设备以及家具和建筑等。这些OPFRs具有在生物体内蓄积的能力，可通过食物链对各营养级的生物和人类造成潜在危害，因此近年来受到广泛关注[4]。已有的研究表明，部分OPFRs具有神经发育毒性，同时还可以通过下丘脑-脑垂体-性腺/甲状腺轴干扰生物体内分泌系统。

17.2.1 有机磷阻燃剂的神经发育毒性效应

由于OPFRs的化学结构与有机磷农药具有相似的磷酸二酯键，而有机磷农药被广泛证实具有神经毒性，因此研究人员十分关心OPFRs是否可以通过类似的作用方式引起神经毒性效应。目前关于OPFRs神经毒性效应以及作用机制，包括以离体细胞和活体为对象的研究。在离体细胞方面，主要是以大鼠嗜铬细胞瘤细胞（PC12细胞）及人神经瘤母细胞（SH-SY5Y细胞）为模型。在活体研究方面，大部分集中在对水生生物神经毒性效应方面的研究，如斑马鱼和稀有鮈鲫等，较少涉及哺乳动物和人类流行病学。

1. 离体研究

国外学者将未分化的PC12细胞暴露于TDCIPP（0~50μmol/L）及典型有机磷农药毒死蜱（CPF，50μmol/L）24h后，发现TDCIPP对PC12细胞表现出显著的神经毒性，且具有剂量-效应依赖关系，同时最高剂量组的毒性效应与CPF的毒性作用相当，表明TDCIPP也具有较强神经毒性。进一步研究发现，以50μmol/L的剂量暴露6d后，CPF、TDCIPP、TCEP、TCIPP及三-（2,3-二溴丙基）-磷酸酯（TDBPP）可以减少PC12细胞的数量，但均不能改变未分化的PC12细胞的分化状态。但是在加入NGF的条件下，CPF可以促进未分化的PC12细胞朝向多巴胺能神经元细胞分化，抑制其向胆碱能神经元细胞的分化；TDCIPP及TDBPP在可以同时促进PC12细胞朝向胆碱能及多巴胺能神经元细胞分化的过程；而TCEP和TCPP仅可促进PC12细胞向胆碱能神经元细胞的分化过程。上述结果表明，OPFRs具有潜在的神经毒性，但其作用机制可能与CPF有所区别，且不同的OPFRs对神经元细胞分化表现出不同的作用[5]。

中国学者以SH-SY5Y细胞为对象，研究了TDCIPP诱导神经毒性的作用机制。以TDCIPP（25~100μmol/L）暴露SH-SY5Y细胞24h后，可诱导细胞内的活性氧（ROS）升高，线粒体膜电势下降，促进细胞凋亡的发生。同时发现，TDCIPP处理能够显著的增加内质网应急相关蛋白GRP78、p-eIF2α和ATF4，以及促凋亡因子CHOP的表达水平，而经内质网应激药物性抑制剂PBA预处理后，内质网应急相关蛋白GRP78和CHOP的表达均显著被抑制，并且与TDCIPP单独处理组相比，PBA预处理组中细胞生存率显著上调而细胞凋亡率显著下降。由此可见，内质网应激参与并调节了TDCIPP诱导的SH-SY5Y细胞的凋亡性死亡[6]。

自吞噬在 TDCIPP 诱导神经毒性过程中起重要作用。凋亡和自吞噬是调解细胞生存和死亡的重要的过程,在正常的生长发育及许多疾病过程中都发挥着重要的作用[7]。以 TDCIPP 处理组 SH-SY5Y 细胞后,酸性溶酶体数量显著增加,同时与自吞噬相关的 beclin-1 蛋白的表达显著增加,LC3I 向 LC3II 的转化增强,而 p62 的表达降低,表明 TDCIPP 能够显著影响自吞噬过程。而以自吞噬诱导剂 Rapa 预处理 SH-SY5Y 细胞后,与 TDCIPP 单独暴露组相比,细胞的生存率显著提高,凋亡率显著降低;相反,用自吞噬抑制剂 3MA 预处理后,与 TDCIPP 单独处理组相比,3MA 降低自吞噬靶蛋白 LC3II 和 beclin-1 的表达而增加 p62 的表达水平,加剧了 SH-SY5Y 细胞的凋亡性死亡。上述结果表明自吞噬在 TDCIPP 诱导的凋亡过程中起保护作用[8]。

在此基础上,研究人员以较低剂量的 TDCIPP(0～5μmol/L)处理未分化的 SH-SY5Y 细胞 3～5d 后,发现 0～2.5μmol/L TDCIPP 处理组细胞的存活率并没有受到影响,但是 2.5μmol/L TDCIPP 处理组细胞表面的轴突显著增多,而且含有长轴突的神经元数量也显著增加,同时神经元分化的生物标志物 MAP2 蛋白的表达显著升高,表明 TDCIPP 能够诱导 SH-SY5Y 细胞分化为成熟的神经元。进一步研究发现,这可能与 TDCIPP 诱导的细胞内自吞噬增强及神经骨架蛋白表达上调相关[9]。以上研究结果表明,TDCIPP 在较低剂量下能促进神经细胞的分化,而在较高剂量下可诱导神经细胞内氧化应激,诱导细胞凋亡。此外,细胞内自吞噬过程在 TDCIPP 诱导的神经元分化及细胞凋亡过程中均起到重要作用。

2. 活体研究

由于在离体研究中,TDCIPP 表现出了较强的神经毒性潜力,因此研究人员对其在活体当中的神经毒性效应也十分关注。中国学者将斑马鱼胚胎暴露于 TDCIPP(0、4、20 和 100μg/L)5d 后,在仔鱼体内检测到很高含量的 TDCIPP 及其代谢产物 BDCIPP,但仔鱼的运动行为、乙酰胆碱酯酶活性、神经递质(多巴胺及 5-羟色胺)的含量以及神经系统发育过程中相关基因和蛋白的表达,如髓鞘碱性蛋白(MBP)及微管蛋白(α1-tubulin)等指标未发生明显的变化,表明 TDCIPP 很容易在生物体内富集并发生代谢,但低剂量下的短期 TDCIPP 暴露未造成明显神经发育毒性[10]。当以更高剂量(500μg/L)暴露斑马鱼胚胎时,即使短期(5d)暴露也可以显著诱导神经发育毒性,包括孵化率和存活率降低,畸形率增加(如脊柱弯曲),神经元发育相关的基因和蛋白显著降低,同时运动行为发生改变,这与典型的神经毒物毒死蜱(CPF,100μg/L)暴露导致的神经毒性类似。但 CPF 暴露显著抑制了斑马鱼幼鱼体内乙酰胆碱酯酶(AChE)和丁酰胆碱酯酶(BChE)的活性,TDCIPP 暴露则对这两种酶的活性未产生显著影响。上述结果与之前的离体研究结果一致,即 TDCIPP 暴露可导致神经发育毒性,其作用机制可能与 CPF 有所不同[5]。进一步研究发现,TDCIPP 处理可导致幼鱼中微管结合蛋白Ⅰ(LC3 Ⅰ)向 LC3Ⅱ的转化显著增加,且与自吞噬相关的几个关键基因的表达水平显著上调;自吞噬诱导剂雷帕霉素(Rapa,1nmol/L)与 TDCIPP(500μg/L)共暴露可降低 TDCIPP 诱导的发育毒性,而自吞噬抑制剂氯喹(chloroquine,CQ,1μmol/L)可进一步增强 TDCIPP 诱导的发育毒性[11]。因此,TDCIPP 暴露可激活斑马鱼幼鱼体内细胞的自吞噬过程作为自我保护机制。

TDCIPP 在长期低剂量暴露条件下,也可以影响斑马鱼的神经发育,而且此影响具有性别差异。将斑马鱼胚胎暴露于 TDCIPP（0、4、20 和 100μg/L）至性成熟后，在成鱼的主要组织中（如大脑、性腺和肝脏）检出较高含量的 TDCIPP 以及代谢产物，且在雌鱼脑中的含量显著高于雄鱼，表现出性别差异。在雌性斑马鱼大脑中，多巴胺及5-羟色胺的含量减少，重要神经蛋白的表达受到抑制，但是在雄鱼大脑中并没有显著变化，同样表现出性别差异[10]。在此基础上，我国学者研究了 TDCIPP 的母代（F0）暴露是否会引起未暴露子代（F1）的神经毒性效应，也即母代传递毒性。将成年斑马鱼暴露于 TDCIPP（0、4、20 和 100μg/L）3 个月后，结果显示，经母体暴露后，在未经暴露的子代鱼卵（F1）中也检测到 TDCIPP，说明母代积累的 TDCIPP 可以传递给子代。而 F1 代仔鱼尽管未直接暴露于 TDCIPP 中，但是仍出现存活率显著下降、运动能力减弱的现象，而且与神经发育过程相关的基因及蛋白表达明显下调。此外神经递质如多巴胺、5-羟色胺、组胺及γ-氨基丁酸等的含量也显著降低，但是并没有影响乙酰胆碱酯酶的活性。上述结果证明，TDCIPP 母体暴露后可以从母代传递给子代，并引起未暴露子代斑马鱼的神经毒性效应[12]。与此类似，在近期的另一项研究中，将 1 月龄的斑马鱼幼鱼暴露于环境相关剂量的 TDCIPP（6300ng/l）中 240d 后，F0 代雌鱼体长、体重、脑及肝指数下降，而且还导致未经暴露的子代（F1）存活率降低，生长发育也受到显著影响[13]。上述研究结果表明，OPFRs 类化合物可以传递给子代，并引起子代的神经发育毒性效应。

除 TDCIPP 外，其他 OPFRs 也被证实可以在生物内诱导神经发育毒性。我国学者将受精后 2 小时斑马鱼胚胎暴露于 TPhP（0.8、4、20 和 100μg/L）至 144h，检测到 TPhP 在斑马鱼幼鱼体内高度富集，且导致仔鱼神经发育毒性，包括心跳速率降低，神经元发育相关的基因和蛋白（MBP、SYN2A 和α1-tubulin）显著降低，神经递质（γ-氨基丁酸和组胺）的含量发生改变，AChE 酶活性显著受到抑制，运动行为降低等。结果表明，TPhP 可以影响 CNS 发育从而导致神经发育毒性[14]。进一步研究发现，所有 TPhP 暴露组中视蛋白基因的表达显著降低；组织病理学分析表明，10μg/L 和 30μg/L TPhP 暴露组幼鱼视网膜外核层（ONL）内核层（INL），以及内网状层（IPL）面积均显著降低。神经节细胞的数量在 30μg/L TPhP 暴露组显著降低。视动力反应和趋光反应测试结果表明，视觉功能出现剂量依赖性降低[15]。上述结果表明，TPhP 在环境相关剂量下即可抑制视觉功能相关基因的表达影响视网膜发育，从而影响斑马鱼幼鱼的视觉功能。

在离体研究中，虽然很多 OPFRs 表现出潜在的神经毒性，但是其作用方式与和它们具有相似结构的有机磷农药的作用方式不尽相同，并且不同的 OPFRs 引起神经发育毒性的途径也存在差异[5]。这一结论在活体研究中也得到了证实。我国学者以斑马鱼为对象，以 CPF 为阳性对照，研究了两种氯代有机磷阻燃剂 TCIPP 或 TCEP 的神经毒性及作用机制。将受精后 2h 斑马鱼胚胎暴露于 TCIPP 或 TCEP（0、100、500、2500mg/L）或毒死蜱（CPF，100mg/L）至 120h 后，发现 CPF 可以诱导显著的胚胎发育毒性，包括孵化率和存活率降低，畸形率增加（如脊柱弯曲）等；而 TCIPP 和 TCEP 则未对基础发育指标产生显著影响，表明其发育毒性低于 CPF。同时，CPF 显著抑制仔鱼体内 AChE 活性，但 TCIPP 和 TCEP 对该酶的活性无影响，也说明这两种氯代 OPFRs 的作用方式与 CPF 不同。但是 TCIPP 和 TCEP 暴露可以导致神经元发育相关的基因和蛋白显著降低，同时导致幼鱼的运动行为发生改变，如黑暗刺激下运动能力降低，表明 TCIPP 和 TCEP 仍可能通过影响中枢神经神经系统的发育影响其相关功能[16]。

研究人员分别以磷酸三丁酯（TNBP，3125μg/L）、磷酸三（2-丁氧基）乙酯（TBOEP，6250μg/L）及 TPhP（625μg/L）暴露日本青鳉胚胎，发现它们均可以抑制仔鱼在持续光照条件下和明暗交替光照条件下的运动速度，表明这 3 种 OPFRs 都具有潜在的神经毒性；但进一步研究发现，在 TNBP 暴露组中，仔鱼的 AChE 酶活性和 ache 基因的表达均显著上调；TPhP 暴露组仔鱼的 AChE 酶活性和 ache 的基因表达均受到显著抑制；而 TBOEP 暴露组中，AChE 酶的活性及 ache 基因的表达没有受到显著影响[17]。而在另一项以稀有鮈鲫为对象的研究中，TCEP（1.25～5mg/L）或 TDCIPP（0.75～3mg/L）暴露 21d 后，均不能影响稀有鮈鲫大脑组织中 AChE 和 BChE 的活性。但 TPhP（0.5～2mg/L）暴露则可以显著抑制 AChE 的活性，这一结果与前面所述研究结果不一致，可能是由于 OPFRs 的毒性作用具有一定的物种差异。此外，TNBP、TPhP 及 TBOEP 都可以显著影响神经营养因子及其受体基因的表达[18]。上述研究结果提示了 OPFRs 神经毒性作用机制的复杂性，科学家们仍需进行深入的研究。尽管如此，以上这些证据已经显示 OPFRs 具有一定的神经毒性，提示进一步评估 OPFRs 的生态环境风险具有重要的意义。

17.2.2　有机磷阻燃剂的生殖内分泌干扰效应

目前已有的离体实验结果表明，部分 OPFRs 也可能具有干扰生殖内分泌系统的潜力。例如，日本学者将不同核受体（ER，AR，GR，TR，RARα，RXR，PXR，PPARα以及 PPARγ）转染入中国仓鼠卵巢细胞（CHO-K1），并以此评价了 11 种 OPFRs 对核受体的干扰能力。结果显示，TPhP 和磷酸三甲苯酯（TCP）具有 ERα和 ERβ激动剂活性；磷酸三丁酯（TBP）、TDCIPP、TPhP 和 TCP 具有 AR 拮抗活性；而 TBP、磷酸三异辛酯（TEHP）、TDCIPP、TPhP 和 TCP 均具有 GR 拮抗剂活性；此外，还有 7 种 OPFRs（TBP、TCPP、TEHP、TBEP、TDCIPP、TPhP 和 TCP）具有 PXR 激动剂活性。上述研究结果意味着在检测的 11 种 OPFRs 中，大部分可能通过干扰一种或几种核受体介导的途径发挥内分泌干扰效应[19]。我国学者使用 H295R 细胞评价了 6 种 OPFRs（TCEP、TCIPP、TDCIPP、TBOEP、TPhP、TCP）的对类固醇激素合成与代谢途径的干扰能力。分别以上述 6 种 OPFRs 暴露 H295R 细胞 24h 后，均可以导致细胞色素 P450-胆固醇侧链裂解酶（P450scc）、cyp11a1、cyp11b2、cyp19a1 及 3β-羟化类固醇脱氢酶（3β-hsd）hsd3β等与类固醇激素合成关键基因的表达发生变化，同时 E2 和 T 的含量均显著升高，E2/T 的比例也显著增加，表明 6 种 OPFRs 均可以干扰类固醇激素的合成及内稳态平衡。此外，TDCIPP 在 0.01mg/L 的暴露剂量下即可显著影响性激素水平和激素平衡，表明 TDCIPP 对类固醇激素合成的干扰效应最为显著，其次为 TCEP 和 TCP，其最低有效应剂量分别为 0.1mg/L 和 1mg/L；TBEP，TPHP 及 TCIPP 对类固醇激素合成的干扰能力相对较弱，在 100mg/L 时才表现出显著的干扰效应[20]。总之，离体实验结果表明，OPFRs 具有干扰生殖内分泌系统的潜力，并且其分子作用机制与传统 POPs 类似，既具有干扰核受体信号通路的潜力，同时也可以通过干扰类固醇激素合成与代谢产生内分泌干扰效应。

上述结论在活体研究中得到了证实。以鱼类为对象的研究结果表明，OPFRs 在较高剂量下的短期暴露即可产生生殖内分泌干扰效应。例如在一项短期暴露实验中，研究者将斑马鱼暴露于 6 种 OPFRs（TCEP、TCIPP、TDCIPP、TPHP、TBOEP、TCP）（0、0.04、0.2 和 1mg/L）中 14d 后，TDCIPP 及 TPhP 暴露组，雄鱼体内 E2 的含量显著增加，同时 T 及 11-KT 的含量显著降低，导致 E2/T 及 E2/11-KT 的比值均显著增加，同时 *cyp17* 及 *cyp19a* 基因及 *vtg1* 基因的表达均显著上调；而雌鱼体内，TDCIPP 及 TPhP 处理导致血清 E2 的含量显著增加，但是均对 11-KT 的含量没有影响，*cyp17* 及 *cyp19a* 的表达显著增加，*vtg1* 的表达显著降低。而以相同剂量 TDCIPP 和 TPhP 暴露斑马鱼成鱼 21d 后，斑马鱼的产卵量显著下降，同时也观察到 E2、VTG 以及 E2/T 或者 E2/11-KT 升高，说明 TDCIPP 和 TPhP 的暴露，改变了斑马鱼性激素的平衡。此外，除了与类固醇激素合成相关的基因外，雄鱼脑部促性腺激素释放激素（gnrh2）及其受体 gnrhr3，卵泡刺激素（fshβ）、雌激素受体（erα 和 erβ1）等均显著上调，而黄体素（lhβ）以及雄激素受体 ar 等均显著则显著下调。而在雌鱼脑部，*gnrh2* 和 *gnrhr3* 的转录水平显著降低，*fshβ*、*lhβ*、*erα*、*er2β1* 和 *ar* 的转录水平显著升高[21]。上述研究表明，TDCIPP 和 TPhP 等可以通过干扰鱼类 HPG 轴的中枢调控过程，影响内源性性激素的合成、代谢相关的基因表达，干扰性激素的平衡和血清中 VTG 的含量，而最终影响斑马鱼的繁殖。

在此基础上，我国学者开展了长期低剂量暴露条件下，OPFRs 对鱼类生殖内分泌干扰效应以及繁殖的研究。将斑马鱼胚胎暴露于 TDCIPP（0、4、20 和 100μg/L）直到性成熟，发现在 20 及 100μg/L TDCIPP 暴露组雌鱼的繁殖力降低，主要表现为产卵量下降，F1 代卵直径减小且畸形率增加。卵巢组织病理学结果表明，LMOs 和 AOs 比例的增加，但是 POs 比例减少，表明 TDCPP 促进了卵母细胞的成熟[22]。然而，成熟卵母细胞占有很大比例却伴随着鱼产卵的下降，表明 TDCPP 可能影响成熟卵泡的正常的排出过程[23]。

相反，在雄鱼中，TDCIPP 长期暴露对其血清中的性激素没有影响，精巢组织病理学结果表明，除了 Sg 比例升高之外未发现明显的配子发生的改变。值得注意的是，虽然暴露于 TDCIPP 中的 F0 代未出现明显的发育异常，但是其后代 F1 仔鱼畸形率显著增加，表明母代暴露于 TDCPP 引起了子代的发育毒性效应[23]。上述研究表明，长期暴露于低剂量 TDCPP 可通过影响 HPG 轴破坏斑马鱼体内性激素的稳态，最终影响斑马鱼的生殖功能，并可能对子代发育造成影响。此外，在低剂量下雌鱼生殖内分泌系统比雄鱼对 TDCPP 更加敏感。

17.2.3　有机磷阻然剂的甲状腺内分泌干扰效应

中国学者分别采用计算毒理、离体暴露和活体暴露实验相结合的研究方法，系统评估了包括 TNBP、磷酸三甲苯酯（TMPP），TPhP、TBOEP、TCEP、TDCIPP、TCIPP、TDBPP 及 TEHP 在内的 9 种 OPFRs 对甲状腺激素受体 TRβ 的干扰能力。酵母双荧光报告基因方法检测结果表明，受试的 9 种 OPFRs 均未表现出 TRβ 激动活性，但 TNBP、TMPP、TCIPP 和 TDCIPP 表现出了 TRβ 拮抗活性，其 20%相对抑制浓度（RIC_{20}）分别为 2.7×10^{-7}、5.2×10^{-7}、1.2×10^{-6} 和 6.8×10^{-6}mol/L；分子对接结果显示，TMPP、TNBP、TCIPP 及 TDCIPP 都可以与 TRβ 结合，其结合强度顺序为 TMPP>TNBP>TCIPP>TDCIPP；同时他们还证实这 4 种 OPFRs 均可影响非洲爪蟾胚胎的正常发育[24]。上述证据表明这 4 种 OPFRs 可通过受体途径干扰甲状腺内分泌系统及其相关功能。

虽然在上述研究中，部分 OPFRs 没有表现出对甲状腺激素受体途径的干扰能力，但仍可能通过其他途径干扰细胞内甲状腺激素的合成。如将大鼠垂体瘤细胞（GH3）暴露于 TPhP（1、10 和 100μg/L）48h 后，处理组中促甲状腺释放激素基因（$tsh\beta$）的表达显著增加，表明 TPhP 能够刺激细胞中甲状腺激素的分泌；类似地，以 TPhP（1, 3, 10mg/L）处理甲状腺囊泡细胞（FRTL-5）24h 后，发现暴露组中钠碘同向转运体（nis）及甲状腺过氧化物酶（tpo）基因的表达显著增加。上述结果表明，TPhP 可直接作用于脑垂体细胞及甲状腺滤泡刺激甲状腺激素的合成，从而表现出甲状腺内分泌干扰效应。研究人员同时以斑马鱼为对象的研究，在活体内证实了上述结论。他们将斑马鱼胚胎暴露于 TPhP（40～500μg/L）中 7d 后，发现仔鱼体内 T3 和 T4 的含量均显著增加，进一步研究发现这可能是由于与甲状腺激素合成与转运（ttr）相关基因上调导致的，而促肾上腺激素释放激素（crh）及 tsh 基因表达的下调和甲状腺激素代谢相关基因的上调则可能是由于激素水平上升而触发了 HPT 轴的负反馈调节机制，通过抑制激素的合成以及加速多余激素的代谢来维持内稳态平衡[25]。

我国学者系统研究了 TDCIPP 对生物体的甲状腺内分泌系统及其相关功能的影响。他们将受精后 2h 斑马鱼胚胎暴露于 TDCIPP（10、50、100、300 和 600μg/L）暴露至 144h，仔鱼体内甲状腺发育相关基因，甲状腺激素合成、代谢相关基因的表达显著上调，同时 T4 的含量显著降低，而 T3 的含量则升高，表明 TDCIPP 短期暴露即可对鱼类产生甲状腺内分泌干扰效应[26]。在此基础上，进一步开展了长期低剂量 TDCIPP 暴露对斑马鱼母代以及子代的甲状腺内分泌干扰效应。将斑马鱼成鱼暴露于 TDCIPP（0、4、20 和 100μg/L）中 3 个月后，发现在母代（F0）雌鱼血清中 T3、T4 的含量都显著下降，而 F0 雄鱼血清中甲状腺激素水平未发生明显变化，表明 TDCIPP 对斑马鱼甲状腺内分泌系统的影响具有性别差异。同时，子代（F1）鱼卵及仔鱼中也观察到 T4 的含量显著下降，这可能是由于母代斑马鱼体内激素含量下降导致传递给子代的 T4 也减少[23]。上述研究表明，长期低剂量暴露在 TDCIPP 中能引起 F0 及 F1 代斑马鱼甲状腺激素平衡紊乱，而经母代传递给子代的 T4 减少，则可能影响子代的早期发育。总之，OPFRs 可能通过 HPT 轴及甲状腺激素受体介导的途径对生物体内的甲状腺内分泌系统产生干扰效应，并且这种效应也可以传递给子代。

17.3　复合暴露条件下持久性有机污染物的内分泌干扰及神经发育毒性及作用机制

已有不少证据显示，在与其他污染物共存的条件下 POPs 在生物体内的蓄积、代谢及毒性效应可能会发生改变。因此，要想更准确的评估 POPs 类污染物对生态系统和人类健康的潜在风险，则必须进一步了解复合暴露条件下，POPs 类污染物的环境行为及毒性作用机制。这也是一直以来毒理学领域研究的热点和难点。下面我们仅以几个典型的例子，介绍一下复合暴露条件下 POPs 的毒性效应研究进展。

17.3.1　多溴联苯醚与重金属的复合毒性及作用机制

在很多受到污染的地区，特别是电子垃圾拆解区，包括 PBDEs 在内的持久性有机污染物和重金属大量共存于各种环境和生物介质中，这两类物质都被认为对生物体具有较高的毒性，因此它们的复合毒性也受到关注。我国学者针对 BDE-209 与 Pb 复合条件下的毒性效应和作用机制开展了一系列的研究。将受精后 2h 斑马鱼胚胎暴露于 Pb（0、2、5、10、15、20 和 30μg/L），BDE-209（50、100、200、400 和 800μg/L）或两者的复合暴露液（5、10、20μg/L Pb；50、100、200μg/L BDE-209）至 144h，通过化学分析检测了幼鱼体内 Pb 和 BDE-209 及其代谢产物的含量，结果表明，BDE-209 能促进斑马鱼幼鱼对 Pb 的吸收，但在 Pb 存在的条件下斑马鱼幼鱼对 BDE-209 的吸收和代谢能力均降低。他们的研究还发现，Pb 单独暴露可降低幼鱼体内 T3 和 T4 的含量，BDE-209 与 Pb 复合暴露斑马鱼体内的 T3 和 T4 含量较单独暴露相比，进一步显著下降，同时 *TTR* 基因和蛋白表达水平也进一步下调，证明 BDE-209 和 Pb 复合暴露对斑马鱼甲状腺内分泌干扰作用为协同效应[27]。在后续研究中，研究人员通过转录组数据分析发现，以 BDE-209（200μg/L）暴露斑马鱼胚胎至 144h，可诱导类固醇合成相关基因及 *VTG* 基因的表达，而 Pb（20μg/L）共暴露对 BDE-209 诱导的雌激素效应具有拮抗作用[28]。

我国学者进一步研究了 BDE-209 和 Pb 对神经发育的联合毒性作用。将斑马鱼胚胎暴露于 Pb（0、5、10 和 20μg/L）、BDE-209（0、50、100 和 200μg/L）或二者的混合物至受精后的 144h，BDE-209 和 Pb 单独暴露对仔鱼体内活性氧（ROS）的水平、中枢神经系统发育相关基因的表达和次级运动神经元的生长等指标均没有显著影响；而在复合暴露组，ROS 含量则显著升高，中枢神经系统发育相关基因均显著下调，同时次级运动神经元的生长受到显著抑制。当将抗氧化剂（N-乙酰半胱氨酸，NAC）加入复合暴露组中后，能有效减少复合暴露产生活性氧，并减弱对次级运动神经元生长的抑制作用。上述结果表明，BDE-209 和 Pb 复合暴露对斑马鱼早期神经发育的影响表现为协同效应，并且复合暴露所产生的 ROS 是引起发育神经毒性的主要因素[29]。总之，当环境中 PBDEs 与重金属或其他污染物共同存在时，其毒性效应可能超过二者单独的毒性，这对于生态风险和健康风险评估提出了更多的挑战。复合条件下，PBDEs 的生物学效应及其相互作用机制值得我们更深入的研究探讨，应当引起高度关注。

17.3.2 五氯酚与纳米材料的复合毒性及作用机制

五氯酚（PCP）是全世界使用最广泛的生物杀灭剂之一。在中国，由于血吸虫的爆发，PCP 的使用量再次增加，导致水体污染[30]。n-TiO_2 目前已广泛应用于工业生产、生物医学以及日常生活等领域。由于其特殊的物理化学性质，可能对与之共存的环境污染物水体迁移，生物利用率以及污染物降解代谢的影响[31]。因此，n-TiO_2 和 PCP 在水体中混合后所可能引起的生物毒性研究值得关注。

我国学者通过吸附动力学研究了复合暴露条件下 n-TiO_2 和 PCP 的环境行为。结果发现，PCP 单独存在时水体中其含量不变，而加入 n-TiO_2 后，水溶液中游离的 PCP 含量减少，这一结果说明在水环境中 n-TiO_2 能够吸附 PCP。与 PCP 单独暴露相比，n-TiO_2 的存在降低了 PCP 在斑马鱼体内的富集，同时其主要代谢产物（TCHQ）与母体化合物的比值 TCHQ/PCP 在复合暴露组中显著升高，由此推测，n-TiO_2 增强了 PCP 的体内代谢，使其更多的转化为 TCHQ 等代谢物。上述结果，n-TiO_2 可以改变 PCP 在水环境及生物体内的行为[32]。

进一步以斑马鱼胚胎为对象,研究了复合暴露条件下 n-TiO$_2$ 和 PCP 的毒性效应的变化规律。将受精后 2h 的斑马鱼胚胎分别单独暴露于 PCP(0、3、10 和 30μg/L)以及与 n-TiO$_2$(0.1mg/L)复合暴露至 6d 后,发现 30μg/L PCP 单独暴露导致斑马鱼畸形率增加,活性氧(ROS)、脂质过氧化发产物丙二醛(MDA)、DNA 损伤标志物 8-羟基脱氧鸟苷(8-OHdG)含量升高,超氧化物歧化酶(SOD)活性和谷胱甘肽(GSH)含量降低,核因子 E2-相关因子 2(nrf2)基因表达上调,且斑马鱼体内出现细胞凋亡。0.1mg/L 的 n-TiO$_2$ 单独暴露并不影响斑马鱼仔鱼的畸形和氧化损伤效应,但在复合暴露条件下,n-TiO$_2$ 可进一步促进 ROS 生成,并且加强 PCP 对畸形率、MDA、8-OHdG、SOD、GSH 等指标的影响,表明 n-TiO$_2$ 的存在能够增强 PCP 对斑马鱼胚胎的氧化损伤和发育毒性。

同时发现,PCP 单独暴露导致斑马鱼仔鱼甲状腺激素 T4 含量降低,T3 含量显著升高,促甲状腺激素 TSH 水平显著下降,甲状腺激素合成和代谢相关基因 tg 的表达下调,脱碘酶 dio2 表达上调。n-TiO$_2$ 单独暴露并未影响斑马鱼幼鱼体内甲状腺激素水平和相关基因、蛋白的表达;但是在复合暴露条件下,n-TiO$_2$ 可以进一步降低 T3 的含量,并且对甲状腺激素合成代谢相关基因的影响产生了变化,表明 n-TiO$_2$ 可以促进 PCP 对斑马鱼幼鱼甲状腺激素水平的影响[32]。上述结果表明,复合暴露条件下 n-TiO$_2$ 能够改变 PCP 在水环境及斑马鱼体内的迁移转化行为,并增强 PCP 诱导的斑马鱼胚胎的氧化损伤,加剧对斑马鱼胚胎的发育毒性和甲状腺内分泌干扰效应。

17.3.3 双酚 A 与纳米材料的复合毒性及作用机制

前期的研究表明,尽管 n-TiO$_2$ 本身的毒性不强,但是在复合暴露条件下,能够改变污染物本身的行为及毒性。BPA 作为重要的工业原料,广泛应用在工业生产和日常生活的各个方面,在环境介质和生物体内均有检出[33]。因此,研究 n-TiO$_2$ 和 BPA 在复合暴露条件下的环境行为及毒性效应对于更准确的评价其生态风险和健康风险评价具有重要的意义。我国学者将成年斑马鱼暴露于 BPA(0、20、200μg/L)、n-TiO$_2$(100μg/L)及两者的混合液 21 天,研究了复合暴露对斑马鱼的内分泌干扰效应和繁殖的影响。结果显示,BPA 单独暴露可导致雌鱼的脑指数 BSI、肝指数 HSI、性腺指数 GSI 显著降低,产卵量下降,雌雄鱼血液中的雄激素睾酮(T)、雌激素雌二醇(E2)、卵泡刺激素(FSH)、黄体生成素(LH)的含量也显著减少;而 n-TiO$_2$ 单独暴露对上述指标并未产生显著影响。但 n-TiO$_2$+BPA 复合暴露组与单独暴露相比,雌鱼的产卵量,T、FSH 和 LH 的激素水平以及雄鱼的 T、E2、FSH 均进一步显著降低,表明在复合暴露条件下,n-TiO$_2$ 增强了 BPA 对斑马鱼的内分泌干扰效应和繁殖毒性[34]。

在此基础上,研究人员进一步评估了长期复合暴露对斑马鱼的内分泌系统和神经系统的影响。将斑马鱼成鱼暴露于 BPA(0、20、200μg/L)、n-TiO$_2$(100μg/L)及两者复合暴露液 4 个月后,复合暴露条件下,成鱼及胚胎内 BPA 与 n-TiO$_2$ 的含量较单独暴露组均显著增加,表明 BPA 与 n-TiO$_2$ 可以相互促进对方在成鱼体内蓄积,从而促进母体向子代的传递。20μg/L BPA 单独暴露导致母代斑马鱼血浆 T4 水平显著降低,同时 F1 子代胚胎及幼鱼体内 T4 的含量也降低;而 n-TiO$_2$ 复合暴露进一步降低了母代斑马鱼及 F1 子代 T4 的含量水平。与 BPA 单独暴露相比,n-TiO$_2$+BPA 复合暴露进一步降低了神经发育相关蛋白(MBP、SYN2a

和α1-tubulin）的表达水平，乙酰胆碱含量水平以及乙酰胆碱酯酶的活性。上述结果表明，在复合暴露条件下，n-TiO$_2$ 可以促进 BPA 的吸收以及向子代的传递，从而增强 BPA 对斑马鱼母代及子代的内分泌干扰及神经毒性效应[35]。此外，复合暴露条件下，n-TiO$_2$ 进一步增强了 BPA 对成鱼体内 E2 和 T 的抑制作用，同时也增强了 BPA 对 F1 代幼鱼体内 E2 的诱导，表明 n-TiO$_2$ 可以促进 BPA 对性激素水平的影响。然而 BPA 单独暴露可以诱导 F1 代幼鱼体内 VTG 基因和蛋白的表达，但在复合暴露组，这种诱导效应消失，表明 n-TiO$_2$ 对 BPA 诱导的 VTG 表达具有拮抗作用。性激素水平和 VTG 变化的不一致，可能是由于 n-TiO$_2$ 改变了性激素和 BPA 的生物可利用性[36]。以上结果为复合暴露的多代毒性效应提供了证据。

17.4 双酚类物质及其衍生物的甲状腺干扰及发育毒性作用

17.4.1 双酚A的甲状腺干扰与发育毒性研究

动物研究显示 BPA 具有多种毒理学效应，会对生殖、发育和代谢产生影响[37]。BPA 会产生活性氧自由基，引起细胞损伤，对中枢神经系统和免疫系统有毒性作用[38]。流行病学调查结果显示，肥胖、糖尿病、心脏疾病等与持续暴露 BPA 有关。在 BPA 毒理学效应研究中，其雌激素、雄激素、抗雄激素的效应最受关注[39]。此外，BPA 会影响雌激素和雄激素合成相关的基因表达[40]；流行病学调查发现人体中雌激素响应基因 ERα 和 ERβ 的表达与尿液中 BPA 浓度呈正相关[41]。BPA 暴露可能与不良的出生结局、高雄激素血症、性功能障碍等生殖内分泌干扰有关[42]。然而，从化学结构上看，BPA 的结构与甲状腺激素（TH）更为相似，理论上会有类似的甲状腺激素活性产生一定的甲状腺干扰作用。

甲状腺是脊椎动物体内重要的内分泌腺，其分泌的 TH 在人类和动物中发挥着重要的作用，包括调节生长、能量代谢、组织分化和发育以及维护大脑功能等[43]。TH 的合成与分泌都受到下丘脑-垂体-甲状腺轴（HPT 轴）的调控。目前研究发现环境中的甲状腺干扰物（TDCs）有很多，甲状腺干扰作用是研究环境污染物内分泌干扰作用必不可少的部分。

尽管甲状腺系统是一个受多因素调节、相对稳定的系统，但是对外源性的化学物质的干扰相对敏感。目前发现很多环境物质可干扰甲状腺系统，称为甲状腺干扰物（TDCs）。近几年的研究发现 BPA 也可在多个环节干扰甲状腺系统，并对脊椎动物的发育产生一定的影响[44]。以下将从干扰 TH 合成与分泌、分布与运输、靶器官中 TH 的代谢过程以及干扰 TH 信号通路等几个层面，总结 BPA 甲状腺干扰作用和发育毒性的研究成果和存在的问题。

1. 干扰 TH 的合成与分泌

相关证据表明 BPA 可能会通过干扰 TH 的合成引起甲状腺干扰效应。体内和体外实验均发现 BPA 会影响甲状腺激素合成相关基因的表达[45]：在体外实验中，大鼠甲状腺肿瘤细胞株 FRTL-5 细胞暴露 1-10000nmol/L BPA 后，与 TH 合成相关基因（nis、tpo、tg、tshr）的表达有明显的上调[46]；在体内试验中，利用斑马鱼模型探究 BPA 的甲状腺干扰效应，发现低浓度 BPA（10～1000mg/L）也显著上调了 tg、tshr 的表达，这与体外实验的结果是类似的。碘化的 Tg 裂解形成 T4 和活性形式的 T3 被释放入血液中。BPA 也被报道会影响血液中的 TH 水平稳态。哺乳动物甲状腺激素的功能和稳态是由一个复杂的和相互作用的系统控制的,包括激素合成、释放、运输、局部代谢和分解代谢。国内外开展了许多以大鼠、小鼠等啮齿类动物为模型的关于 BPA 的甲状腺干扰效应研究。在与人类妊娠和甲状腺生理相关的绵羊模型中,BPA [0.5、50、5000μg/(kg·d)] 暴露后会降低妊娠期和新生儿的 TH 水平,且对母羊的影响更明显[47]。类似的研究报道了母羊从妊娠第 28 天起至妊娠末期暴露于 BPA [5mg/(kg·d)],经 BPA 处理的母羊脐带血和新生儿颈静脉血中 T4 总浓度下降(下降 30%)[48]。另一研究中,以林鼬为实验动物,暴露 BPA [10、50、250mg/(kg·d)] 两周后,发现林鼬体内的 TH 水平没有显著变化[49]。以上啮齿类动物对 BPA 暴露后的结果不尽相同,可能是由于物种的差异。

2. 干扰 TH 的分布与运输

目前关于 BPA 是否会干扰 TH 的分布与运输的研究较少。研究发现 BPA 暴露后斑马鱼幼鱼体内甲状腺发育相关基因、甲状腺激素转运蛋白 (ttr) 的表达显著上调,表现出 BPA 的甲状腺干扰作用[50]。体外实验中,通过荧光法研究了 BPA、T4、T3 与甲状腺激素转运相关蛋白 TTR 和 TBG 的结合相互作用,发现 BPA 与蛋白的结合亲和力低于 T3,甚至低于 T4,暗示常见的 BPA 浓度可能不足以干扰 TH 的转运[51]。

3. 干扰 TH 信号

TH 是通过甲状腺激素受体 (TR) 介导的 TH 信号通路来发挥作用的。TR 是核受体超家族中的一员,在 TH 信号通路中具有非常重要的作用,TH 必须与 TR 结合才能启动靶基因的转录,实现信号转导。在体外实验中,研究发现 BPA 可以与 TR 结合,抑制 TR 介导的靶基因的表达[52]。BPA 还可以促进 TR 与辅阻遏物的结合从而抑制 TH 诱导的基因转录[53]。除此之外,研究发现 TR 在配体存在的情况下从细胞质转移到细胞核,与构成核的 TRβ 不同,这种嵌合体在没有激素的情况下是细胞质的,在 TH 类似物刺激下,以时间和浓度依赖的方式转移到细胞核[54]。用该种方法检测出 μmol 浓度下 BPA 可以诱导嵌合体易位,揭示 BPA 与 TR 的相互作用。基于 TH 响应的荧光素酶报告基因质粒,结果显示 1μmol/L 的 BPA 激活 T3 报告基因活性,但在 T3 存在时,呈现出拮抗作用,表明 BPA 对 TR 的干扰作用[55]。

由于 TH 发挥功能主要是通过 TR 介导的基因转录产生的,且 TR 转录水平变化是非常迅速的,在小时和天的水平,所以通过检测 TR 靶基因转录水平的变化可以快速筛查通过 TH 信号通路产生的干扰作用。利用来自甲状腺的细胞系,已经建立了许多体外模型用于研究 TH 信号干扰。例如,依赖甲状腺激素的大鼠垂体肿瘤细胞株 GH3 细胞经常被用于检测化学物质的甲状腺干扰作用。研究显示 BPA 显著促进 GH3 细胞增殖,暗示 BPA 具有 TH 激活剂的作用,而 BPA 对 T3 诱导的 GH3 细胞增殖的拮抗作用依赖于实验剂量和暴露时间[56]。利用 GH3 细胞来评估 BPA 的甲状腺干扰作用,发现 BPA 显著下调 $tr\alpha$、$tr\beta$、$dio1$ 和 $dio2$ 这些 TH 响应基因的表达,暗示其 TH 信号干扰作用[46]。也有研究人员通过瞬时转基因斑马鱼在非洲爪蛙 TH/bZIP 启动子的控制下表达绿色荧光蛋白,来研究化学物质在体内的作用。在单独暴露 T3 时荧光信号增强,表示 TH 信号受到激活。BPA 单独暴露时没有修饰荧光,但与 T3 共暴露时,它显著降低了 T3 诱导的荧光,表明 BPA 干扰了 TH 信号。在 T3 或 BPA 暴露后(24 或 48h)和不同发育阶段(受精后 0、1 或 5d),对 TH 相关基因 ($TR\alpha$、$TR\beta$) 表达进行分析,发现单独暴露 BPA 只对基因表达有轻微影响。而当与 T3 共暴露时，与T3处理组相比，BPA降低了T3诱导的靶基因的表达[57]。

广泛生存于环境中的两栖类动物的变态发育和哺乳动物的胚后发育有着许多相似之处，两栖动物可以作为敏感的模式生物对脊椎动物的甲状腺干扰进行研究。其中，非洲爪蛙常被用作研究甲状腺干扰作用的模式动物。在预变态期蝌蚪的饲养水中加入外源性TH会使蝌蚪的变态发育提前，所以T3诱导的变态发育可用来评估TDCs在分子学和形态学水平上的干扰作用。T3诱导的非洲爪蛙变态发育会发生剧烈的形态学变化，如脑和肠重塑、尾吸收和后肢生长等。因此，研究者利用非洲爪蛙来评估BPA的TH信号干扰作用。一项试验结果显示，当BPA与T3共暴露时，BPA（0.1、1、10μmol/L）会显著抑制了T3上调的TH相关基因（$TR\alpha$、$TR\beta$）的表达，并且也显著抑制T3诱导的尾吸收，暗示其TH信号干扰作用[58]。Heimeier等也报道了0.1和10μmol/L的BPA对T3诱导爪蛙变态发育的抑制作用[59]。数据显示BPA对T3诱导的肠中TH响应基因表达有明显的拮抗作用，即BPA为TH信号抑制剂。而且，BPA还对T3诱导的变态发育和肠重塑都有明显的拮抗作用，说明BPA会通过TH信号影响脊椎动物胚后发育。另外，最近Fini等建立了绿色荧光蛋白的转基因模型，将带有TH/bZIP-eGFP构建体的荧光转基因非洲爪蛙胚胎置于96孔板中，用于筛选潜在的TH信号传导干扰物，其中BPA（1、5、10μmol/L）在T3存在下均显著抑制TH/bZIP-eGFP的转录[60]。上述结果均表明BPA在T3存在下对TH信号有明显的抑制作用。

总体而言，BPA暴露（包括环境剂量）一定程度上会干扰哺乳动物、鱼类、两栖类的甲状腺相关功能并影响发育。由于BPA的大量使用，在环境中分布广泛，越来越多的研究表明其存在的甲状腺干扰效应会对动物和人类造成潜在的健康危害，所以BPA的管理得到进一步加强。而一些与BPA结构性能相似的替代品正在开始生产使用。但是近年来的研究发现，这些替代品也同样具有相似的内分泌干扰效应。

17.4.2 双酚A替代品的甲状腺干扰与发育毒性研究

作为一种内分泌干扰物，BPA已经在某些产品中禁用，如婴幼儿奶瓶及儿童饮料容器等。而一些与BPA结构类似的化学品已经作为BPA的替代品被投入生产使用。这些化学物质与BPA一样，有两个羟基苯官能团，因此被用作BPA类似物。目前共有16种BPA类似物被报道用于工业生产[61]。其中，双酚F（BPF）、双酚S（BPS）、双酚AF（BPAF）和双酚B（BPB）是主要的BPA替代品。例如：BPF常用于制造环氧树脂和涂料，特别是需要增加厚度和耐久性的系统，如管道内衬、工业地坪、道路和灌浆材料等；BPS常用于各种工业应用，例如洗涤用品中的清洗剂、电镀溶剂和酚醛树脂的组成部分；BPAF常被用作生产氟橡胶或聚氟化合物过程中的交联剂，或被用于生产聚合物如聚碳酸酯、聚酯纤维、食品可接触材料等；BPB常用于酚醛树脂的生产。这些BPA类似物目前已经在环境、消费品和食品中被检测到，人会通过多种途径暴露除BPA以外的双酚类物质[62]。

尽管与BPA的大量研究相比，BPA类似物的研究比较有限，但是这些与BPA结构类似的替代品的安全性得到人们越来越广泛的关注[63]。双酚类似物如BPF、BPS，已在文献中报道有与BPA相类似的激素活性，从而产生内分泌干扰作用。在体外试验中发现BPB、BPF和BPS对雌激素和雄激素受体活性有影响，并且其显示的效应与BPA在同一个数量级。还有研究表明BPA替代品与BPA一样，具有细胞毒性和基因毒性[64]。而早期神经发育时期暴露 BPS 或 BPA 会引起后期行为极度活跃，表现出神经毒性作用[65]。因此，BPA 的替代品的安全性十分值得关注。迄今为止，与环境相关的双酚类似物的毒性机制研究比较少，这就阻碍了对双酚类似物对环境质量和人类健康安全性的全面评估。鉴于双酚类似物的生产和应用正在兴起，而且它们中的许多已经存在于环境、食品和人类中，迫切需要更多的研究来填补知识空白和深化毒性评价。如前所述，BPA 有发育毒性及甲状腺干扰作用，而作为 BPA 的替代品也被证明具有类似的干扰作用，下文总结了近年来关于 BPA 替代品的甲状腺干扰研究进展。

1. 干扰 TH 的合成与分泌

研究人员使用 GH3 细胞和 FRTL-5 细胞来评估 BPA 及其替代品（0.1、1、10mg/L）对甲状腺的干扰作用[46]。研究显示在 FRTL-5 细胞中，BPA 类似物（如 BPS）对一些负责 TH 合成的基因（tpo、nis、tg）表达有促进作用。在 GH3 细胞中，BPA 替代品与 BPA 类似，显著下调 TH 相关基因的表达，其中一些替代品如 BPF，BPM 和 BPZ 的作用甚至比 BPA 还强。另外利用斑马鱼模型，Lee 综合比较了 BPA 及其替代品 BPF、BPS 和 BPZ 的甲状腺干扰作用[50]。其中，暴露于 BPA、BPF 或 BPS 后，甲状腺发育相关基因、甲状腺激素转运（ttr）和代谢（ugt1ab）相关基因的转录也发生变化。上述研究表明 BPA 替代品可通过影响甲状腺激素合成来影响甲状腺功能，其剂量通常较低。此外，研究发现 BPAF（5、50、500μg/L）暴露后斑马鱼体内 T3、T4、FT3、FT4 含量明显下降，暗示甲状腺内分泌紊乱[66]。暴露于 BPA、BPF 或 BPS 后，幼鱼的 T3 和/或 T4 水平显著增加[50]。通过研究 BPF（0.2、2、20、200mg/L）暴露后对斑马鱼幼鱼的甲状腺内分泌干扰作用，发现 T3 和 T4 含量均发生改变，T3/T4 比值升高[67]。由此可见，BPA 替代品可以破坏斑马鱼幼鱼的甲状腺激素分泌与稳态。

2. 干扰 TH 的分布与运输

研究人员利用斑马鱼短期暴露实验来评估 BPAF（5、50、500μg/L）的甲状腺干扰作用[66]。研究发现 50μg/L BPAF 促进 tshβ，tg 和 ttr 的 mRNA 表达。通过研究 BPF（0.2、2、20、200mg/L）暴露后对斑马鱼幼鱼的甲状腺内分泌干扰作用，发现参与 TH 转运的基因编码蛋白 ttr 在转录水平上显著下调[67]。BPF 改变了 HPT 轴相关基因的转录，从而导致甲状腺系统内分泌紊乱。研究人员在斑马鱼模型中综合比较了 BPA 及其替代品 BPF、BPS 和 BPZ 的甲状腺干扰作用[50]。其中，暴露于 BPA、BPF 或 BPS 后，甲状腺发育相关基因（hhex 和 tg）、甲状腺激素转运相关基因的转录也发生变化。上述研究结果显示 BPA 替代品可能会通过干扰 TH 分布与运输引起甲状腺干扰作用。

3. 干扰 TH 信号

研究人员通过荧光竞争性结合试验中发现 BPS 和 BPF 与 BPA 一样能与 TH 受体（TRα 和 TRβ）结合，其结合强度比 BPA 低一个数量级（BPA＞BPF＞BPS）。在共激活剂招募试验中，BPS 和 BPF 招募共激活剂到 TRβ 而不是 TRα，其作用弱于 BPA。相应的，在没有 T3 或 T3 存在的情况下，在 TR 介导的报告基因转录试验中观察到三种双酚类化合物的激活作用。该研究比较全面地证明了 BPF 和 BPS 具有类似于 BPA 的甲状腺内分泌干扰效应[52]。在体内试验中，在已有的 T3 诱导非洲爪蛙变态发育试验的基础上，筛选出敏感的终点指标、选择敏感的发育时期和组织器官来系统评价环境污染物产生的 TH 信号干扰作用[68]。研究人员利用该模型检测 BPF 对 TH 信号及发育的干扰作用[69]。结果发现单独

BPF（10、100、1000、10000nmol/L）上调了 TH 响应基因的表达，促进了蝌蚪的发育，表现出对 TH 信号通路的激活作用，并呈现出线性剂量-效应关系。当 T3 与 BPF 共暴露时，高浓度 BPF（100～10000nmol/L）显著抑制了 T3 诱导的 TH 响应基因的表达、变态发育以及肠重塑，表现出对 TH 信号通路的拮抗作用。更值得关注的是，10nmol/L BPF 在 TH 响应基因转录水平上表现出抑制作用，但是对 T3 诱导变态发育有促进作用。这种复杂的双向剂量-效应关系暗示除了 TH 信号干扰外还有其他信号通路的参与。因此，BPF 对 TH 信号通路的确存在干扰作用，但其中的分子机制更为复杂。在非洲爪蛙自发变态试验中，BPF 对预变态期蝌蚪的发育表现出促进作用，而对变态高峰期的蝌蚪却表现出抑制作用，因发育期不同而表现出不同的效应。这与 T3 诱导非洲爪蛙变态发育试验中无/有 T3 存在时，BPF 对蝌蚪变态发育的作用是一致的。通过以上研究得知，BPF 对非洲爪蛙变态发育的影响不仅与 BPF 本身的浓度有关，也与生物体内本底 TH 水平有关。当内源性 TH 水平较低时，BPF 表现为激活剂；当内源性 TH 水平较高时，BPF 表现为拮抗剂。因此，在关注污染物的 TH 信号干扰作用时也应该关注发育期。

虽然两栖动物已经成为甲状腺干扰研究领域重要的生物种，而国际通用种非洲爪蛙是最常用的实验种，但非洲爪蛙在我国并无分布，其材料获取不易，基本依赖进口。另外考虑到各国实际环境污染状况的差异性，选择本土物种进行研究更能反映化学品在各国实际环境中的生态风险，因此建立基于本土两栖动物种的化学品甲状腺干扰效应的评价方法十分必要。黑斑蛙（P.nigromaculatus）是在我国广泛分布的两栖动物种，在生态系统，尤其是水生生态中扮演重要的角色。过去，已有一些将黑斑蛙作为实验动物在毒理学和生物学研究中应用的报道。为将黑斑蛙发展成为我国化学品毒性评价的一种模式生物，研究人员开展了一系列黑斑蛙生物学研究，尤其是变态发育和甲状腺系统研究，如检测黑斑蛙变态发育中甲状腺的发育及相关的 TH 变化水平，并得到 TH 响应基因的 cDNA 序列，同时研究不同发育时期蝌蚪不同器官中 TRs 对外源 T3 的反应性，为 TH 信号通路的建立积累了基础数据[70, 71]。该研究在我国本土两栖动物黑斑蛙中探索并建立了 TH 信号干扰筛查方法。研究人员利用该方法评估了 BPA、BPF 和 BPS 的 TH 信号干扰作用，发现这三种双酚类物质均会诱导黑斑蛙蝌蚪 TH 响应基因转录，但在 T3 存在下，对 T3 诱导的基因转录的影响呈双相剂量-效应关系。这些结果表明，BPS 和 BPF 与 BPA 一样，具有干扰 TH 信号通路的潜力，通常在没有 T3 的情况下激活 TH 信号，但在存在 TH 的情况下，在一定条件下表现出激动或/和拮抗作用[52]。

目前 BPA 的替代品在环境中大量存在，人类可以通过多种途径暴露于 BPA 替代品。因此，BPA 替代品的内分泌干扰效应受到高度的重视。结合上述研究进展，这些 BPA 的替代品的甲状腺干扰效应及机制与 BPA 类似，其引起的生物学效应不容忽视。未来，还需进一步研究 BPA 替代品潜在的健康风险，为双酚类物质的生产使用和环境管理提供科学依据。

17.4.3 四溴双酚 A 的甲状腺干扰与发育毒性研究

四溴双酚 A（TBBPA）应用于建材、塑料和纤维等制品中防止材料燃烧的重要助剂，是目前全球用量最大的溴系阻燃剂。由于其广泛的使用，在各种环境样品和生物样品均有 TBBPA 的检出，甚至包括在人血浆和母乳中[72, 73]。近年来环境中的 TBBPA 水平呈现增加的趋势，引起密切的关注。因此，关于 TBBPA 的毒理学研究报道越来越多，包括细胞毒性、免疫毒性、神经毒性、生殖毒性和内分泌干扰特性等多方面的内容[74,75]。由于 TBBPA 的化学结构与 TH 非常类似，TBBPA 的甲状腺干扰作用成为其毒理学研究的重点。以下总结了目前有关 TBBPA 甲状腺干扰作用研究的相关结果：

1. 干扰 TH 的转运

体外研究指出，TBBPA 可能通过与甲状腺素转运蛋白（TTR）结合产生甲状腺干扰效应。有研究人员运用放射性同位素标记法，利用人的甲状腺素转运蛋白和 ^{125}I 标记的 T4 研究了几种典型的溴代阻燃剂与 T4 竞争结合 TTR 的能力[76]。研究结果显示，TBBPA 与 TTR 的结合能力是 T4 的 10.6 倍，暗示其甲状腺干扰活性。体内实验中，以发育早期阶段的斑马鱼为实验对象，研究 TBBPA 对 TH 转运相关基因表达的影响。Chan 等发现 TBBPA（0.8～6.0mg/L）会显著上调 tshβ 和 ttr 的表达[77]。研究发现 TBBPA（200～400μg/L）显著改变了斑马鱼中甲状腺相关基因（tsh、tpo）的转录水平[78]。TBBPA（0.04、0.18、0.46μmol/L）暴露导致斑马鱼中转运蛋白（ttr）、甲状腺滤泡合成蛋白（pax8）基因 mRNA 水平升高，效应随发育阶段而变化[79]。以上结果表明 TBBPA 可能会与 TTR 结合，或改变 TH 转运相关基因的表达来影响甲状腺激素的转运，引起甲状腺干扰作用。

2. 干扰激素水平

在以哺乳动物和鱼类为实验模型的研究中，发现 TBBPA 会影响动物体内甲状腺激素水平稳态。研究结果显示，Wistar 大鼠在经口暴露 TBBPA 28d 后，雌性大鼠和雄性大鼠血液中的 T4 水平显著降低，雄性大鼠的 T3 水平有明显升高[80]。另一实验通过观察食物暴露 TBBPA 后的孕鼠，发现 TBBPA 会降低大鼠血液中 T4 含量，但对 T3 没有影响[81]。一些以鱼类为实验动物的研究也指出 TBBPA 会引起甲状腺干扰效应。Kuiper 在 2007 年首次报道了环境剂量 TBBPA（5.4μg/L）暴露川鲽 105d 后，会显著增加血清中的 T4 水平，但对 T3 水平没有明显变化[82]。最近，研究发现 TBBPA 可引起斑马鱼幼鱼甲状腺功能紊乱，T4 含量升高，T3 含量降低[83]。上述结果表明 TBBPA 可能会干扰甲状腺激素水平从而引起甲状腺干扰效应。

3. 干扰 TR 受体

GH3 细胞的增殖通过 T3 与细胞中 TR 结合的方式介导的，因此利用 GH3 细胞的增殖情况可以一定程度上反映 TDCs 与 TR 之间的相互作用。研究人员利用 GH3 细胞体系发现 TBBPA 能增强 GH3 细胞的增殖并诱导生长素的生成，表现出甲状腺激素活性。但 TBBPA 不会抑制 T3 诱导的生成生长激素以及促进细胞增殖[84]。然而，以中国仓鼠卵巢 CHO-K1 细胞为实验对象时，发现 TBBPA 会显著抑制 T3 与 TR 的结合[85]。进一步构建对 TR 响应的转染报告细胞（CHO-TRα1 和 CHO-TRβ1）来评价 TBBPA 的甲状腺干扰活性。结果显示，TBBPA 对 T3 表现出抑制作用。另外，使用荧光偏振法发现 TBBPA 还会干扰 TRs 与辅抑制因子和辅激活因子的结合，显示其在复杂的调控系统中的干扰作用[86]。

4. 通过 TH 信号干扰两栖动物变态发育

由于 TH 在两栖动物的变态发育过程中至关重要，以两栖动物为对象评价 TBBPA 的甲状腺干扰效应的研究也比较多。研究人员以粗皮蛙（*Rana rugosa*）蝌蚪尾吸收为模型，来评价 TBBPA 的甲状腺干扰效应，结果显示，T3 诱导的蝌蚪尾吸收被 10～1000nmol/L TBBPA

显著抑制，表现出抗甲状腺激素效应[85]。2009 年经济合作与发展组织（OECD）以非洲爪蛙为试验生物种，建立了两栖类变态发育试验（AMA），用来测试化学品的甲状腺干扰作用[87]。两栖类变态试验可以检测甲状腺系统各个靶点所产生的甲状腺干扰作用。利用该方法检测了 TBBPA（2.5、25、250、500μg/L）的甲状腺干扰效应，结果显示 TBBPA 导致发育迟缓，尾长和体长减少，TH 响应基因只有轻微变化。而进行短期暴露时，TBBPA 会略微上调 trβ 的表达。当 TBBPA 与 T3 时，发现 TBBPA 显著抑制了 T3 诱导的 TH 响应基因表达[88]。AMA 试验涉及自然变态发育过程，暴露的时间较长，故甲状腺干扰检测需要更为敏感，快速的试验方法。T3 诱导非洲爪蛙变态发育试验周期短，具有更为敏感和系统有效的终点指标（如形态学参数），能够充分检测环境污染物的 TH 信号干扰作用。研究人员研究了 TBBPA（10~1000nmol/L）对 T3 诱导非洲爪蛙变态发育的影响。结果表明，TBBPA 单独暴露高剂量下促进蝌蚪发育，促进 TH 响应基因表达；与 T3 共暴露后，显著抑制 T3 诱导的基因表达，抑制肠的重塑及凋亡，抑制蝌蚪整体的变态进程。总体表现出 TBBPA 具有明显的 TH 信号通路干扰效应。在自然变态过程中，发现 TBBPA 促进了预变态期和变态前期蝌蚪的发育，但是抑制变态高峰期蝌蚪的变态发育。这些结果均表明 TBBPA 即使在低浓度也会干扰发育，呈现出发育时期依赖性，即内源性 TH 处于高水平，作为拮抗剂，而在内源性 TH 处于低水平时，它作为一个受体激活剂。TBBPA 对脊椎动物发育的干扰作用和体内 TH 水平密切相关[89]。后续的研究通过敏感的终点指标（形态学参数）如：头部面积、嘴宽、单侧脑宽/脑长、后肢长/吻泄长的变化，进一步证明了 TBBPA 对 T3 诱导变态发育的抑制作用作用[90]。另外，Fini 等建立的绿色荧光蛋白（GFP）的转基因模型，利用带有 TH/bZIP-eGFP 构建体的荧光转基因非洲爪蛙胚胎来检测 TBBPA 的 TH 信号干扰作用[60]。结果显示 TBBPA（1μmol/L）在 T3 存在下可以显著抑制 TH/bZIP-eGFP 的转录，与上述结果基本一致。

与传统溴代阻燃剂不同，TBBPA 目前没有使用限制，在环境中广泛存在，而 TBBPA 的甲状腺干扰效应，以及由此带来的健康风险需要得到进一步的重视。此外，最近有研究发现 TBBPA 可引起斑马鱼幼鱼甲状腺功能紊乱，还会通过下调与中枢神经系统发育相关的基因转录（如 α1-tubulin、mbp 和 shha）来诱导神经发育毒性[83]。由于 TH 对神经发育至关重要，因此需要更好地了解 TBBPA 对人类发育的潜在危害及其分子机制。

17.5　典型污染物雌激素系统干扰效应新型分子机制研究

内分泌干扰物（EDCs）可通过多种作用机制导致雌激素系统干扰效应[91]：通过干扰内源雌激素的生物合成或代谢，改变内源雌激素水平；通过直接与雌激素受体结合并影响受体的转录活性；改变雌激素受体的表达水平。其中对雌激素受体水平的干扰机制可分为以下几类：直接与雌激素核受体 ERs 结合并影响其转录活性，通过基因途径发挥雌激素干扰效应；间接通过与核受体雌激素相关受体 ERRs 结合，影响 ERR-ER 之间相互作用发挥间接雌激素干扰作用；直接与雌激素 G 蛋白偶联膜受体 GPER 结合并影响后续信号通路，通过非基因途径发挥快速的雌激素效应。近年来,越来越多的研究表明 EDCs 可能会通过 ERR 和 GPER 通路产生雌激素系统干扰效应。

17.5.1 PBDEs/OH-PBDEs 与雌激素相关受体 ERRγ 结合激活效应研究

近年来 PBDEs 的雌激素干扰效应引起了广泛关注。例如，BDE-99（1～10mg/kg）暴露可导致小鼠子宫增重[92]、扰乱性激素水平和性发育[93]。而暴露商业混合物 DE-71（50mg/kg）可导致大鼠子宫重量，子宫上皮高度和阴道上皮厚度改变[94]。此外，体外细胞实验也表明了 PBDEs/OH-PBDEs 的雌激素干扰效应[95, 96]。然而对于其产生干扰效应的作用机制目前还不清楚。目前关于 PBDEs/OH-PBDEs 的雌激素干扰分子机制研究主要集中在核受体 ERs 通路。研究表明它们与 ERs 的结合能力只有天然配体 17β-雌二醇（E2）的 0.001%～0.24%，并且活性较 E2 低 10^4～10^7 倍[97-100]。因此，ERs 通路很可能并不是其产生雌激素效应的主要途径。而目前关于 PBDEs/OH-PBDEs 对 ERRs 通路和 GPER 通路的研究未见报道。

雌激素相关受体γ（ERRγ）是 ERRs（由三种异构体 ERRα、ERRβ和 ERRγ组成）的一个亚型，同时也是一种孤儿核受体[101]。尽管与 ERs 具有很大的序列同源性，但 ERRγ不能与天然雌激素 E2 结合，也不能直接参与典型的雌激素信号通路或其生物过程[102]。但是，ERRγ和 ERs 之间存在非常重要的相互作用，比如具有相同的共调节因子，响应原件和靶标基因[101, 102]。因此，外源化合物可能通过影响 ERRγ-ERs 之间的相互作用从而间接影响雌激素信号通路[91]。近年来，已发现 ERRγ是许多之前被发现是 ERs 配体的环境化合物的潜在靶标，这些化合物能同时与 ERs 和 ERRγ相互作用，有时甚至表现出相反的活性[103-105]。近期，PBDEs/OH-PBDEs 与 ERRγ的结合作用及对其活性影响得到了系统的研究[106]。该研究不仅有助于全面评估 PBDEs/OH-PBDEs 的雌激素干扰效应，还可能为其雌激素干扰作用提供新的分子机制解释。

通过针对 ERRγ的特异性荧光探针，可以获得 12 个 PBDEs 和 18 个 OH-PBDEs 与 ERRγ的结合能力。发现部分 PBDEs 和所有的 OH-PBDEs 能与 ERRγ结合。PBDEs 中，BDE-028 的结合能力最强，K_d 值为 0.91±0.16μmol/L。18 个 OH-PBDEs 的 K_d 值范围为 13.61～0.13μmol/L，其中结合能力最强的是 3′-OH-BDE-154。对比 OH-PBDEs 代谢物与相应母体 PBDEs 的结合能力，大部分 OH-PBDEs 的结合能力较相应母体强。该研究首次发现一些 PBDEs/OH-PBDEs 能与 ERRγ直接结合。通过构效关系分析，发现羟基取代有利于化合物与 ERRγ受体的结合。但是，对于具体哪个取代位置（邻位、间位和对位）更有利于 OH-PBDEs 与 ERRγ的结合，其并没有找到其规律性[106]。

以往的研究发现 DE-71 混合物不能与 ERα结合[98]。而 DE-71 混合物中的一些 PBDEs，如 BDE-47 和 BDE-99 可以直接与 ERRγ结合。对于 OH-PBDEs，先前的研究表明它们可以直接与 ERs 结合[98, 99]。例如，研究发现 3′-OH-BDE-028 和 5′-OH-BDE-099 与 ERα的 K_d 值分别为 7.9μmol/L 和 1.7μmol/L[99]。而这两个 OH-PBDEs 与 ERRγ结合的 K_d 值分别为 0.34μmol/L 和 0.19μmol/L，比 ERα的 K_d 值低一个数量级[99]。类似地，2′-OH-BDE-028、3-OH-BDE-047、6-OH-BDE-047 和 4′-OH-BDE-049 与 ERRγ结合的 K_d 值（0.41μmol/L、0.17μmol/L、0.76μmol/L 和 0.22μmol/L）也比与 ERα结合的 K_d 值（60μmol/L、52μ mol/L、11μmol/L 和 2.3μmol/L）低 1～2 个数量级[98]。此外，一些 OH-PBDEs，如 2′-OH-BDE-003、3′-OH-BDE-007、5-OH-BDE-047、6-OH-BDE-085、3-OH-BDE-100 和 3′-OH-BDE-154 不能与 ERα直接结合，但可与 ERRγ结合，并且 K_d 值范围为 0.13～13.61μmol/L。因此可以推断，

跟ERα比较，PBDEs和OH-PBDEs可能更倾向于与细胞中的ERRγ结合而不是ERα，与ERRγ结合可能是PBDEs和OH-PBDEs发挥雌激素系统干扰作用的重要分子机制。由于ERRγ和ERs之间存在很重要的相互作用[101, 102]，所以这些能与ERRγ直接结合的PBDEs/OH-PBDEs很可能通过直接结合ERRγ影响ERRγ和ERs之间的相互作用，进而干扰雌激素系统的功能。

双荧光素酶报告基因方法可以获得12个PBDEs和18个OH-PBDEs对ERRγ的转录活性影响。结果发现7个PBDEs和15个OH-PBDEs能不同程度（1.2～2.0倍）促进ERRγ的转录活性，表明这些化合物为ERRγ的激活剂。而6-OH-BDE-180、4-OH-BDE-187和4'-OH-BDE-201虽然不具有激活效应，但是具有反向激活剂的效应。通过总结所有化合物的双荧光素酶报告基因检测结果，发现低溴代PBDEs/OH-PBDEs（溴原子数为1～6）能激活ERRγ，而高溴代PBDEs/OH-PBDEs（溴原子数为7～8）本身并不影响ERRγ本底活性，但是具有反向激活剂的效应。通过分子对接模拟，发现低溴代PBDEs/OH-PBDEs倾向于与激活构象ERRγ结合，而高溴代PBDEs/OH-PBDEs则趋向于与抑制构象ERRγ结合。这就在理论上解释了低溴和高溴PBDEs/OH-PBDEs效应差异的原因很可能是由于它们与ERRγ的结合构象不同所导致。

17.5.2 PBDEs/OH-PBDEs与雌激素膜受体GPER结合激活效应研究

雌激素膜受体GPER属于GPCR大家族的成员，又被称作GPR30。2005年，E2被证实为其内源性配体。2007年，国际药理协会将其正式命名为GPER。与核受体介导的基因转录调控作用不同，GPER主要通过非基因途径，比如钙流、cAMP、c-src以及后续介导的PI3K/Akt和MAPK信号通路激活介导雌激素的快速细胞效应[107]。由于 *ERs* 基因通路并不能很好地解释一些外源雌激素的生物现象，近年来，非基因通道受到越来越多的关注。

PBDEs/OH-PBDEs通过激活GPER信号通路可能是其产生雌激素干扰效应的一个新型的分子作用机制[108]。采用基于SKBR3细胞的荧光竞争结合检测方法，研究了12个母体PBDEs和18个相应羟基代谢产物OH-PBDEs与GPER的结合能力。发现所有母体PBDEs都不能直接与GPER结合。18种OH-PBDEs中有11个OH-PBDEs能与GPER直接结合。通过与天然配体E2比较，可得到它们的相对结合能力（RBA）范围为1.3%～20.0%。其中，5'-OH-BDE-099和3'-OH-BDE-154相对结合能力最强达到E2的20.0%。通过对这12个母体PBDEs和18个OH-PBDEs与GPER的结合能力进行构效关系分析，发现羟基取代是与GPER结合的关键因素。此外，通过分析相同母体对应的羟基代谢物，可以发现并不是所有羟基位点的OH-PBDEs都能与GPER结合。但是并没有发现具体哪个羟基取代位点（邻、间和对位）对结合更有利的一般规律性。此外，溴原子的取代个数对OH-PBDEs的结合能力也没有发现一般的规律性。

已有文献报道，一些OH-PBDEs也能与雌激素核受体ERs直接结合，相对E2的结合能力在0.001%～0.24%[94, 109]。而这些OH-PBDEs与GPER的结合能力达到E2的1.3%～20.0%，比ERs的结合能力大2～3个数量级。因此，相对于核受体ERs通道介导的基因转录调控作用，这些OH-PBDEs在低浓度时更有可能通过GPER介导的非基因途径产生快速的雌激素效应。此外，已有文献报道，一些其他的环境化合物也能与GPER直接结合。比如，采用转染人源 GPER 的 HEK293 细胞膜和[3H]-E2 作为探针进行竞争检测，得到 BPA 的相对结合能力为 E2 的 2.8%[110]。同时得到一些其他污染物与 GPER 的相对结合能力分别为 E2 的 0.25%～13.41%。与以上这些环境化合物与 GPER 的结合能力相比，5′-OH-BDE-099 和 3′-OH-BDE-154 是目前所发现的与 GPER 结合能力最强的两个环境化合物，相对结合能力达到 E2 的 20%，值得进一步关注。

GPER 激活后，能激活后续的信号通路，导致钙离子和 cAMP 浓度的增加[110-112]。对于 11 个 OH-PBDEs，大部分 OH-PBDEs 都能促进 SKBR3 细胞钙离子和 cAMP 浓度的增加，并呈剂量依赖关系。钙离子浓度的增加最低效应浓度均为 100nmol/L，而 cAMP 浓度的增加最低效应浓度为 10nmol/L～1μmol/L。通过采用 GPER 特异性抑制剂 G15 进行抑制实验，证实这些 OH-PBDEs 引起的钙离子和 cAMP 浓度的增加确实是由于 GPER 通路的激活导致。以上结果充分说明，绝大部分能与 GPER 结合的 OH-PBDEs 均能激活 GPER 进而导致后续信号通路激活。通过分析对比这些 OH-PBDEs 的激活效应与结合能力，发现其并不存在非常一致的相关性。这可能是因为 GPER 的激活并不仅仅取决于 OH-PBDEs 与 GPER 的结合能力，还与它们之间的结合构象以及相互作用有关。

为了进一步研究上述 OH-PBDEs 激活 GPER 通路后是否能对细胞功能产生影响，并且探究 PBDEs 与乳腺癌发生的可能分子机制，选取结合能力和激活效应最强的三个 OH-PBDEs（4′-OH-BDE-049、5′-OH-BDE-099 和 3′-OH-BDE-154）进行研究。细胞迁移能力通过细胞划痕实验和 Boyden 迁移小室实验进行检测。细胞划痕实验和 Boyden 迁移小室实验均表明这三个 OH-PBDEs 均能促进 SKBR3 细胞的迁移，并呈良好剂量依赖关系，最低效应浓度分别为 1μmol/L、100nmol/L 和 100nmol/L。而当 G15 预处理之后，这三个 OH-PBDEs 促进 SKBR3 细胞迁移效应明显减弱，说明 GPER 通路介导了这三个 OH-PBDEs 促进 SKBR3 细胞的迁移。参考目前已有文献报道的 OH-PBDEs 人体血清浓度，其中浓度最高的 5′-OH-BDE-099 为 22ng/g lipid（也就是 0.23nmol/L，按血脂浓度为 0.6g/mL 换算）。虽然其实验结果得到的 5′-OH-BDE-099 最低有效浓度（10nmol/L）远远高于人体血清浓度，但是总的 OH-PBDEs 人体血清浓度达到几百个 ng/g lipid，这些 OH-PBDEs 很可能一起产生协同作用。此外，由于 PBDEs 在人体中的持久性和生物富集性以及 PBDEs 的持续代谢作用，OH-PBDEs 在人体的浓度可能会进一步升高。因此，OH-PBDEs 通过 GPER 途径的雌激素效应以及不同 OH-PBDEs 之间的协同作用仍值得进一步关注。

通过采用分子模拟研究 PBDEs/OH-PBDEs 与 GPER 的相互作用，发现有 9 个 OH-PBDEs 能够通过羟基与 GPER 形成氢键。通过比较相同母体 PBDEs（BDE-007、BDE-028、BDE-047 和 BDE-099）所对应的 OH-PBDEs 形成氢键的情况，发现能形成氢键的这些 OH-PBDEs（3′-OH-BDE-007、3′-OH-BDE-028、3-OH-BDE-047 和 5′-OH-BDE-099），在竞争实验中也能与 GPER 直接结合。因此，可以推断羟基的取代位置对氢键的形成非常重要，这进一步影响了与 GPER 的直接结合能力。

17.5.3 有机磷酸酯阻燃剂与 ERRγ 相互作用研究

针对有机磷酸酯阻燃剂 OPFRs 的雌激素干扰效应分子机制研究中发现 ERRγ 是 OPFRs 潜在的新的作用靶点[113]。其首先通过荧光竞争结合方法研究了 9 个具有不同取代基团的

OPFRs（具有三种不同的取代基团：芳香环、氯代烷基链和烷基链）与ERRγ的结合作用。发现其中7个OPFRs能与ERRγ直接结合，并具有不同的结合能力。通过分析OPFRs与ERRγ结合的一些结构特征，发现OPFRs与ERRγ结合能力与它们的取代基团有关。9个OPFRs的结合能力排列顺序是TCrP>TPhP, EHDPP>TDCP, TCPP>TCEP, TnBP>TEP, TMP。可以发现，具有芳香环取代的OPFRs具有最高的ERRγ结合能力，其次是氯代烷基链取代，而烷基链取代具有最弱的结合能力。由于OPFRs的疏水性由取代基决定，因此具有较高疏水性的基团可导致更强的ERRγ结合能力。基于双荧光素酶报告基因的结果表明，所研究的9个OPFRs中有7个OPFRs能抑制ERRγ转录活性，是ERRγ的反向激动剂。通过比较最高测试浓度（100μmol/L）下OPFRs对ERRγ介导的荧光素酶转录活性的影响，可得到9个OPFRs的活性排列顺序为TCrP, EHDPP>TPhP>TDCP, TCPP>TCEP, TnBP>TEP, TMP，这个顺序与9个OPFRs与ERRγ的结合能力顺序是非常相似的。这种相关性表明OPFRs对ERRγ的抑制作用很可能是由其与ERRγ的结合能力决定。通过比较OPFRs的抑制效应和疏水性之间的关系，发现9个OPFRs的抑制效应与$\log K_{ow}$之间也存在明显的正相关关系（$R^2=0.98$）。竞争结合检测和报告基因实验的结果表明，OPFRs可以与ERRγ直接结合并抑制其转录活性，并且OPFRs的结合能力和抑制效应都与它们的疏水性密切相关。

为了探究OPFRs与ERRγ的结合以及活性差异的结构特征和分子机理，采用分子对接模拟OPFRs与ERRγ的相互作用。发现所研究的9个OPFRs都能对接进入ERRγ的配体结合口袋中。9个OPFRs与ERRγ的结合位点和ERRγ的抑制剂4-OHT相同。ERRγ激动和抑制构象的晶体结构显示C末端AF-2螺旋的位置在受体激活中起重要作用[114]。通过分析OPFRs与ERRγ的结合模式，发现它们显示出与4-OHT非常相似的结合几何构象。因此，这些OPFRs的取代基团可能以类似4-OHT的方式干扰AF-2螺旋盖住配体结合口袋，从而抑制ERRγ的转录活性。

已有研究发现，ERRγ与ERs之间存在很重要的功能相互作用，从而也在雌激素系统中发挥重要作用[91]。一些具有雌激素干扰作用的环境化合物，例如BPA及其类似物，可同时与ERs和ERRγ相互作用[115]。这些化合物可通过直接作用于ERs通路或通过影响ERRγ-ERs之间相互作用间接干扰雌激素系统功能[91]。许多体内和体外研究已经证明OPFRs能通过ERs通路产生雌激素干扰作用[114-120]。例如，几种OPFRs（TCrP、TPhP、TDCP和TnBP）可以与ERs结合，在微摩尔水平激活ERs[117, 118, 120]。除ERs外，OPFRs也能与一些其他核受体直接结合并影响其转录活性[118, 121, 122]。例如，TPhP能与PPARγ直接结合，K_d值为20.87μmol/L[123]。此外，研究人员发现TCrP、TPhP和TDCP能抑制AR和PR活性[120]，IC_{50}分别为4.1μmol/L、5.8μmol/L、1.9μmol/L和1.4μmol/L、1.9μmol/L、0.85μmol/L。另外，研究发现TDCP和TCEP能激活TR，LOEC均为50μmol/L[124]。而该研究发现OPFRs能够抑制ERRγ活性，LOEC达到1μmol/L（TCrP）或10μmol/L（TPhP和EHDPP）。因此，与文献报道的这些核受体比较，OPFRs可能通过ERRγ通路发挥相当甚至更高的活性。

17.5.4 双酚A类似物通过GPER通路介导的雌激素干扰效应研究

大量研究表明BPA具有雌激素干扰效应[125, 126]。由于先前的研究已经证明BPA可以通过GPER途径在低浓度下发挥雌激素效应，因此进一步研究BPs是否也具有类似的作用对全面了解BPs的雌激素干扰分子机制具有重要意义。

通过基于SKBR3细胞的荧光竞争结合检测方法，测定了7种BPs与GPER结合能力。结果表明，这几个BPs均能与GPER直接结合，但是结合能力各不相同。通过竞争实验，其测得BPAF、BPB、BPA、BPS和TCBPA的RBA值分别为9.7%、8.8%、1.14%、0.64%和1.14%。而对比7个BPs与BPA的结合能力，发现其中结合能力最强的BPB和BPAF的结合能力比BPA高出9倍左右，TCBPA和BPS的结合能力与BPA基本相当，而TBBPA和BPF的结合能力较BPA明显更弱[127]。已有研究表明BPA在动物活体水平具有低剂量雌激素效应[128, 129]。但是最早的机理研究集中于核受体ERs介导的基因转录调控的研究，并不能很好的解释BPA的一些低剂量效应，因为BPA与ERs的结合能力和效应均远低于天然配体E2好几个数量级[105, 130, 131]。而后研究者开始将目标转向膜受体GPER非基因通道。结合前人研究结果[112]可以发现BPA与GPER的结合能力（RBA1.1%～2.8%）远高于ERs（RBA 0.01%～0.1%）[105, 131, 132]。类似的，BPA的其他类似物与GPER的结合能力也比ERα高1～2个数量级[105, 131-133]。因此可推断在低浓度情况下，相对于ERα、BPs可能更倾向于与GPER结合，GPER通路在BPA及其类似物的雌激素效应中可能发挥更重要的作用。

已有研究表明，GPER被激活后能导致后续信号通路的激活，引发胞内钙离子和cAMP浓度增加[112-114]。与BPA类似，6个BPs也都能在不同程度促进SKBR3细胞钙流和cAMP浓度的增加，并且该效应能被GPER的特异性抑制剂G15显著抑制。说明这些BPs也都能通过激活GPER受体导致后续信号通路激活。对比不同BPs之间的激活效应，发现其中BPAF和BPB的效应比BPA更强。为了进一步证实这一点，其考察了这三个化合物的剂量效应。发现这三个化合物均能以剂量依赖的方式促进钙流和cAMP浓度的增加，最低效应浓度为10.0nmol/L。对钙流实验，可得到BPAF、BPB和BPA的EC50值（达到E2最大效应50%所需浓度）约为94.0nmol/L、1.7μmol/L和7.5μmol/L。而对于cAMP实验，BPAF、BPB和BPA的EC_{50}值约为3.3μmol/L、97.5nmol/L和>10.0μmol/L。结果进一步说明BPAF和BPB的效应强于BPA。这与它们的结合能力顺序是吻合的，说明它们的激活能力可能由它们与GPER的结合能力决定。已有人体生物样本监测数据显示，BPB和BPAF已经在人体生物样品中检测到[134]。例如，意大利的一项研究报告称，子宫内膜异位症女性血清中BPB的平均浓度（5.15ng/mL，21nmol/L）高于BPA平均浓度（2.91ng/mL，12nmol/L）[135]。而目前研究发现nmoL水平BPB和BPAF可以激活GPER通路。值得注意的是，其中BPB的最低效应浓度（10nmol/L）低于以上意大利女性BPB血清浓度（21nmol/L）。该研究表明BPB和BPAF这两种新兴双酚A类似物的环境健康风险值得进一步关注。

为了进一步研究激活效应更强的BPAF和BPB是否能对细胞功能产生更大影响，研究BPAF和BPB对SKBR3细胞迁移的影响。细胞划痕实验和Boyden迁移小室实验的结果都表明GPER通路介导了这三个BPs促进SKBR3细胞的迁移。通过剂量效应关系考察，发现这三个BPs最低效应浓度均为100nmol/L。但是，同浓度下（100nmol/L、1μmol/L和

10μmol/L），BPAF 和 BPB 的效应强于 BPA。并且 1μmol/L BPAF、BPB 和 BPA 的效应也能被 10μmol/L G15 显著抑制，进一步说明 GPER 通路介导了这三个 BPs 促进 SKBR3 细胞的迁移。以上所得到的这三个 BPs 促进 SKBR3 细胞迁移的效应强弱与结合能力大小和激活效应大小是一致的。以上结果表明，与 BPA 类似，其类似物 BPAF 和 BPB 也能通过与 GPER 直接结合，激活后续信号通路，进而导致细胞功能的改变，并且效应更强。为了进一步研究 BPs 与 GPER 结合能力差异的分子机制，采用分子对接模拟了 BPs 与 GPER 的相互作用。结果表明，这 7 个 BPs 均能对接进入到 GPER 的配体结合口袋。其中 BPAF（-16.7kJ/mol）和 BPB（-15.5kJ/mol）的 ΔG 值也比 BPA 和其他 BPs 的结合自由能低，这说明理论上 BPAF 和 BPB 的结合能力比 BPA 和其他 BPs 高。该研究表明，GPER 通路是 BPA 类似物产生雌激素干扰效应的可能分子机制之一。此外，BPB 和 BPAF 与 GPER 的结合以及效应都比 BPA 更强，因此它们可能并不是 BPA 的安全替代物，值得进一步风险评估。

由于持久性污染物的特殊性质，使得这类物质在环境中的行为以及对野生生物和人类健康的影响也具有特殊性和复杂性。尽管很多新型有机污染物尚未纳入 POPs 范围加以管理，但它们在环境及生物体内的分布广泛，且已被证实具有部分 POPs 的特性，因此也应予以足够的重视。通过本章节的介绍，可以看出 POPs 类污染物在很低的剂量下即可产生长期甚至跨代的内分泌干扰及神经毒性效应。特别是在与其他污染物共存的条件下，其环境行为及毒性效应往往发生改变。因此，对于 POPs 的内分泌干扰和神经毒性效应及分子作用机制还需要更深入的研究，而 POPs 对为野生生物和人类健康的风险评价也面临着更艰难的挑战。

（撰稿人：郭良宏　周炳升　秦占芬）

参 考 文 献

[1] Wania F, Mackay D. Peer reviewed: Tracking the distribution of persistent organic pollutants. Environmental Science & Technology, 1996, 30（9）: 391-396.

[2] 杨红莲, 袭著革, 闫峻, 张伟. 新型污染物及其生态和环境健康效应. 生态毒理学报, 2009, 4（1）: 28-34.

[3] 李杰, 司纪亮. 内分泌干扰物质简介. 中国公共卫生, 2002, 18（2）: 241-242.

[4] van der Veen I, de Boer J. Phosphorus flame retardants: Properties, production, environmental occurrence, toxicity and analysis. Chemosphere, 2012, 88: 1119-1153.

[5] Dishaw L V, Powers C M, Ryde I T, Roberts S C, Seidler F J, Slotkin T A, Stapleton H M. Is the PentaBDE replacement, tris (1, 3-dichloro-2-propyl) phosphate (TDCPP), a developmental neurotoxicant? Studies in PC12 cells. Toxicology and Applied Pharmacology, 2011, 256（3）: 281-289.

[6] Li R, Zhou P, Guo Y, Lee J S, Zhou B. Tris (1, 3-dichloro-2-propyl) phosphate-induced apoptotic signaling pathways in SH-SY5Y neuroblastoma cells. Neurotoxicology, 2017, 58: 1-10.

[7] Thorburn A. Apoptosis and autophagy: Regulatory connections between two supposedly different processes. Apoptosis, 2008, 13（1）: 1-9.

[8] Li R, Zhou P, Guo Y, Lee J S, Zhou B. Tris (1, 3-dichloro-2-propyl) phosphate induces apoptosis and

autophagy in SH-SY5Y cells: Involvement of ROS-mediated AMPK/mTOR/ULK1 pathways. Food and Chemical Toxicology, 2017, 100: 183-196.

[9] Li R, Zhou P, Guo Y, Zhou B. The involvement of autophagy and cytoskeletal regulation in TDCIPP-induced SH-SY5Y cell differentiation. Neurotoxicology, 2017, 62: 14-23.

[10] Wang Q, Lai N L, Wang X, Guo Y, Lam P K, Lam J C, Zhou B. Bioconcentration and transfer of the organophorous flame retardant 1, 3-dichloro-2-propyl phosphate causes thyroid endocrine disruption and developmental neurotoxicity in zebrafish larvae. Environmental Science & Technology, 2015, 49 (8): 5123-5132.

[11] Li R, Zhang L, Shi Q, Guo Y, Zhang W, Zhou B. A protective role of autophagy in TDCIPP-induced developmental neurotoxicity in zebrafish larvae. Aquatic Toxicology, 2018, 199: 46-54.

[12] Wang Q, Lam J C, Man Y C, Lai N L, Kwok K Y, Guo Y Y, Lam P K, Zhou B. Bioconcentration, metabolism and neurotoxicity of the organophorous flame retardant 1, 3-dichloro 2-propyl phosphate (TDCPP) to zebrafish. Aquatic Toxicology, 2015, 158: 108-115.

[13] Yu L, Jia Y, Su G, Sun Y, Letcher R J, Giesy J P, Yu H, Han Z, Liu C. Parental transfer of tris (1, 3-dichloro-2-propyl) phosphate and transgenerational inhibition of growth of zebrafish exposed to environmentally relevant concentrations. Environmental Pollution, 2017, 220: 196-203.

[14] Shi Q, Wang M, Shi F, Yang L, Guo Y, Feng C, Liu J, Zhou B. Developmental neurotoxicity of triphenyl phosphate in zebrafish larvae. Aquatic Toxicology, 2018, 203: 80-87.

[15] Shi Q, Wang Z, Chen L, Fu J, Han J, Hu B, Zhou B. Optical toxicity of triphenyl phosphate in zebrafish larvae. Aquatic Toxicology, 2019, 210: 139-147.

[16] Li R, Wang H, Mi C, Feng C, Zhang L, Yang L, Zhou B. The adverse effect of TCIPP and TCEP on neurodevelopment of zebrafish embryos/larvae. Chemosphere, 2019, 220: 811-817.

[17] Sun L, Tan H, Peng T, Wang S, Xu W, Qian H, Jin Y, Fu Z. Developmental neurotoxicity of organophosphate flame retardants in early life stages of Japanese medaka (Oryzias latipes). Environmental Toxicology and Chemistry, 2016, 35 (12): 2931-2940.

[18] Yuan L, Li J, Zha J, Wang Z. Targeting neurotrophic factors and their receptors, but not cholinesterase or neurotransmitter, in the neurotoxicity of TDCPP in Chinese rare minnow adults (Gobiocypris rarus). Environmental Pollution, 2016, 208: 670-677.

[19] Kojima H, Takeuchi S, Itoh T, Iida M, Kobayashi S, Yoshida T. In vitro endocrine disruption potential of organophosphate flame retardants via human nuclear receptors. Toxicology, 2013, 314 (1): 76-83.

[20] Liu X, K Ji, K Choi. Endocrine disruption potentials of organophosphate flame retardants and related mechanisms in H295R and MVLN cell lines and in zebrafish. Aquatic Toxicology, 2012, 114: 173-181.

[21] Liu X, Ji K, Jo A. Effects of TDCIPP or TPHP on gene transcriptions and hormones of HPG axis, and their consequences on reproduction in adult zebrafish (Danio rerio). Aquatic Toxicology, 2013, 134: 104-111.

[22] DiMuccio T, Mukai S T, Clelland E, Kohli G, Cuartero M, Wu T, Peng C. Cloning of a second form of activin-betaA cDNA and regulation of activin-betaA subunits and activin type II receptor mRNA expression by gonadotropin in the zebrafish ovary. General and Comparative Endocrinology, 2005, 143 (3): 287-299.

[23] Wang Q, Lam J C, Han J, Wang X, Guo Y, Lam P K, Zhou B. Developmental exposure to the

organophosphorus flame retardant tris (1, 3-dichloro-2-propyl) phosphate: Estrogenic activity, endocrine disruption and reproductive effects on zebrafish. Aquatic Toxicology, 2015, 160: 163-171.

[24] Zhang Q, Ji C, Yin X, Yan L, Lu M, Zhao M. Thyroid hormone-disrupting activity and ecological risk assessment of phosphorus-containing flame retardants by in vitro, in vivo and in silico approaches. Environmental Pollution, 2016, 210: 27-33.

[25] Kim S, Jung J, Lee I, Jung D, Youn H, Choi K. Thyroid disruption by triphenyl phosphate, an organophosphate flame retardant, in zebrafish (Danio rerio) embryos/larvae, and in GH3 and FRTL-5 cell lines. Aquatic Toxicology, 2015, 160: 188-196.

[26] Wang Q, Liang K, Liu J, Yang L, Guo Y, Liu C, Zhou B. Exposure of zebrafish embryos/larvae to TDCPP alters concentrations of thyroid hormones and transcriptions of genes involved in the hypothalamic-pituitary-thyroid axis. Aquatic Toxicology, 2013, 126: 207-213.

[27] Zhu B, Wang Q, Wang X, Zhou B. Impact of co-exposure with lead and decabromodiphenyl ether (BDE-209) on thyroid function in zebrafish larvae. Aquatic Toxicology, 2014, 157: 186-195.

[28] Chen L, Zhu B, Guo Y, Xu T, Lee J S, Qian P Y, Zhou B. High-throughput transcriptome sequencing reveals the combined effects of key e-waste contaminants, decabromodiphenyl ether (BDE-209) and lead, in zebrafish larvae. Environmental Pollution, 2016, 214: 324-333.

[29] Zhu B, Wang Q, Shi X, Guo Y, Xu T, Zhou B. Effect of combined exposure to lead and decabromodiphenyl ether on neurodevelopment of zebrafish larvae. Chemosphere, 2016, 144: 1646-1654.

[30] Zheng W, Yu H, Wang X, Qu W. Systematic review of pentachlorophenol occurrence in the environment and in humans in China: Not a negligible health risk due to the re-emergence of schistosomiasis. Environment International, 2012, 42: 105-116.

[31] Wang J, Zhou G, Chen C, Yu H, Wang T, Ma Y, Jia G, Gao Y, Li B, Sun J, Li Y, Jiao F, Zhao Y, Chai Z. Acute toxicity and biodistribution of different sized titanium dioxide particles in mice after oral administration. Toxicology Letters, 2007, 168 (2): 176-185.

[32] Fang Q, Shi X, Zhang L, Wang Q, Wang X, Guo Y, Zhou B. Effect of titanium dioxide nanoparticles on the bioavailability, metabolism, and toxicity of pentachlorophenol in zebrafish larvae. Journal of Hazardous Materials, 2015, 283: 897-904.

[33] Huang Y Q, Wong C K, Zheng J S, Bouwman H, Barra R, Wahlström B, Neretin L, Wong M H. Bisphenol A (BPA) in China: A review of sources, environmental levels, and potential human health impacts. Environment International, 2012, 42: 91-99.

[34] Fang Q, Shi Q, Guo Y, Hua J, Wang X, Zhou B. Enhanced bioconcentration of bisphenol A in the presence of Nano-TiO2 can lead to adverse reproductive outcomes in zebrafish. Environmental Science & Technology, 2016, 50 (2): 1005-1013.

[35] Guo Y, Chen L, Wu J, Hua J, Yang L, Wang Q, Zhang W, Lee J S, Zhou B. Parental co-exposure to bisphenol A and nano-TiO_2 causes thyroid endocrine disruption and developmental neurotoxicity in zebrafish offspring. Science of the Total Environment, 2019, 650: 557-565.

[36] Chen L, Hu C, Guo Y, Shi Q, Zhou B. TiO_2 nanoparticles and BPA are combined to impair the development of offspring zebrafish after parental coexposure. Chemosphere, 2019, 217: 732-741.

[37] Michałowicz J. Bisphenol A-Sources, toxicity and biotransformation. Environmental Toxicology and Pharmacology, 2014, 37 (2): 738-758.

[38] Lee S, Suk K, Kim I K, Tang I S, Park J W, Johnson V J, Kwon T K, Choi B J, Kim S H. Signaling pathways of bisphenol A-induced apoptosis in hippocampal neuronal cells: Role of calcium-induced reactive oxygen species, mitogen-activated protein kinases, and nuclear factor-kappaB. Journal of Neuroscience Research, 2008, 86 (13): 2932-2942.

[39] Wetherill Y B, Akingbemi BT, Kanno J, McLachlan J A, Nadal A, Sonnenschein C, Watson C S, Zoeller R T, Belcher S M. In vitro molecular mechanisms of bisphenol A action. Reproductive Toxicology, 2007, 24 (2): 178-198.

[40] Meeker J D, Calafat A M, Hauser R. Urinary bisphenol A concentrations in relation to serum thyroid and reproductive hormone levels in men from an infertility clinic. Environmental Science & Technology, 2010, 44 (4): 1458-1463.

[41] Melzer D, Harries L, Cipelli R, Henley W, Money C, McCormack P, Young A, Guralnik J, Ferrucci L, Bandinelli S, Corsi A M, Galloway T. Bisphenol A exposure is associated with in vivo estrogenic gene expression in adults. Environmental Health Perspectives, 2011, 119 (12): 1788-1793.

[42] Peretz J, Vrooman L, Ricke W A, Hunt P A, Ehrlich S, Hauser R, Padmanabhan V, Taylor H S, Swan S H, VandeVoort C A, Flaws J A. Bisphenol A and reproductive health: Update of experimental and human evidence, 2007-2013. Environmental Health Perspectives, 2014, 122 (8): 775-786.

[43] Cheng S Y, Leonard J L, Davis P J. Molecular aspects of thyroid hormone actions. Endocrine Reviews, 2010, 31 (2): 139-170.

[44] Rochester J R. Bisphenol A and human health: A review of the literature. Reproductive Toxicology, 2013, 42 (12): 132-155.

[45] Gentilcore D, Porreca I, Rizzo F, Ganbaatar E, Carchia E, Mallardo M, De Felice M, Ambrosino C. Bisphenol A interferes with thyroid specific gene expression. Toxicology, 2013, 304 (2013): 21-31.

[46] Lee S, Kim C, Youn H, Choi K. Thyroid hormone disrupting potentials of bisphenol A and its analogues-in vitro comparison study employing rat pituitary (GH3) and thyroid follicular (FRTL-5) cells. Toxicology In Vitro, 2017, 40: 297-304.

[47] Guignard D, Gayrard V, Lacroix M Z, Puel S, Picard-Hagen N, Viguié C. Evidence for bisphenol A-induced disruption of maternal thyroid homeostasis in the pregnant ewe at low level representative of human exposure. Chemosphere, 2017, 182: 458-467.

[48] Viguié C, Collet S H, Gayrard V, Picard-Hagen N, Puel S, Roques B B, Toutain P L, Lacroix M Z. Maternal and fetal exposure to bisphenol a is associated with alterations of thyroid function in pregnant ewes and their newborn lambs. Endocrinology, 2013, 154 (1): 521-528.

[49] Nieminen P, Lindström-Seppä P, Juntunen M, Asikainen J, Mustonen A M, Karonen S L, Mussalo-Rauhamaa H, Kukkonen J V. In vivo effects of bisphenol A on the polecat (mustela putorius). Journal of Toxicology and Environmental Health, Part A, 2002, 65 (13): 933-945.

[50] Lee S, Kim C, Shin H, Kho Y, Choi K. Comparison of thyroid hormone disruption potentials by bisphenols A, S, F, and Z in embryo-larval zebrafish. Chemosphere, 2019, 221: 115-123.

[51] Cao J, Guo L H, Wan B, Wei Y. In vitro fluorescence displacement investigation of thyroxine transport disruption by bisphenol A. Journal of Environmental Sciences, 2011, 23 (2): 315-321.

[52] Zhang Y F, Ren X M, Li Y Y, Yao X F, Li C H, Qin Z F, Guo L H. Bisphenol A alternatives bisphenol S and bisphenol F interfere with thyroid hormone signaling pathway in vitro and in vivo. Environmental Pollution, 2018, 237: 1072-1079.

[53] Moriyama K, Tagami T, Akamizu T, Usui T, Saijo M, Kanamoto N, Hataya Y, Shimatsu A, Kuzuya H, Nakao K. Thyroid hormone action is disrupted by bisphenol A as an antagonist. Journal of Clinical Endocrinology & Metabolism, 2002, 87 (11): 5185-5190.

[54] Stavreva D A, Varticovski L, Levkova L, George A A, Davis L, Pegoraro G, Blazer V, Iwanowicz L, Hager G L. Novel cell-based assay for detection of thyroid receptor beta-interacting environmental contaminants. Toxicology, 2016, 368: 69-79.

[55] Hofmann P J, Schomburg L, Kohrle J. Interference of endocrine disrupters with thyroid hormone receptor-dependent transactivation. Toxicology Science, 2009, 110 (1): 125-137.

[56] Lee J, Kim S, Choi K, Ji K. Effects of bisphenol analogs on thyroid endocrine system and possible interaction with 17beta-estradiol using GH3 cells. Toxicology In Vitro, 2018, 53: 107-113.

[57] Terrien X, Fini J B, Demeneix B A, Schramm K W, Prunet P. Generation of fluorescent zebrafish to study endocrine disruption and potential crosstalk between thyroid hormone and corticosteroids. Aquatic Toxicology, 2011, 105 (1-2): 13-20.

[58] Iwamuro S, Yamada M, Kato M, Kikuyama S. Effects of bisphenol A on thyroid hormone-dependent up-regulation of thyroid hormone receptor alpha and beta and down-regulation of retinoid X receptor gamma in Xenopus tail culture. Life Sciences, 2006, 79 (23): 2165-2171.

[59] Heimeier R A, Das B, Buchholz D R, Shi Y B. The xenoestrogen bisphenol A inhibits postembryonic vertebrate development by antagonizing gene regulation by thyroid hormone. Endocrinology, 2009, 150 (6): 2964-2973.

[60] Fini J B, Le Mevel S, Turque N, Palmier K, Zalko D, Cravedi J P, Demeneix B A. An in vivo multiwell-based fluorescent screen for monitoring vertebrate thyroid hormone disruption. Environmental Science & Technology, 2007, 41 (16): 5908-5914.

[61] Kitamura S, Suzuki T, Sanoh S, Kohta R, Jinno N, Sugihara K, Yoshihara S, Fujimoto N, Watanabe H, Ohta S. Comparative study of the endocrine-disrupting activity of bisphenol A and 19 related compounds. Toxicological Sciences, 2005, 84 (2): 249-259.

[62] Chen M Y, Ike M, Fujita M. Acute toxicity, mutagenicity, and estrogenicity of bisphenol-A and other bisphenols. Environmental Toxicology, 2002, 17 (1): 80-86.

[63] Usman A, Ahmad M. From BPA to its analogues: Is it a safe journey? Chemosphere, 2016, 158: 131-142.

[64] Michałowicz J, Mokra K, Bąk A. Bisphenol A and its analogs induce morphological and biochemical alterations in human peripheral blood mononuclear cells (in vitro study). Toxicology in Vitro, 2015, 29 (7): 1464-1472.

[65] Kinch C D, Ibhazehiebo K, Jeong J H, Habibi H R, Kurrasch D M. Low-dose exposure to bisphenol A and replacement bisphenol S induces precocious hypothalamic neurogenesis in embryonic zebrafish.

Proceedings of the National Academy of Sciences, 2015, 112 (5): 1475-1480.

[66] Tang T, Yang Y, Chen Y, Tang W, Wang F, Diao X. Thyroid disruption in Zebrafish Larvae by short-term exposure to bisphenol AF. International Journal of Environmental Research and Public Health, 2015, 12 (10): 13069-13084.

[67] Huang G M, Tian X F, Fang X D, Ji F G. Waterborne exposure to bisphenol F causes thyroid endocrine disruption in zebrafish larvae. Chemosphere, 2016, 147: 188-194.

[68] Yao X, Chen X, Zhang Y, Li Y, Wang Y, Zheng Z, Qin Z, Zhang Q. Optimization of the T3-induced Xenopus metamorphosis assay for detecting thyroid hormone signaling disruption of chemicals. Journal of Environmental Sciences (China), 2017, 52: 314-324.

[69] Zhu M, Chen X Y, Li Y Y, Yin N Y, Faiola F, Qin Z F, Wei W J. Bisphenol F disrupts thyroid hormone signaling and postembryonic development in Xenopus laevis. Environmental Science & Technology, 2018, 52 (3): 1602-1611.

[70] Lou Q, Cao S, Xu W, Zhang Y, Qin Z, Wei W. Molecular characterization and mRNA expression of ribosomal protein L8 in Rana nigromaculata during development and under exposure to hormones. Journal of Environmental Sciences (China), 2014, 26 (11): 2331-2339.

[71] 葛雅楠, 李圆圆, 张银凤, 楼钦钦, 赵亚娴, 秦占芬. 黑斑蛙变态过程中甲状腺发育及甲状腺激素分泌. 水生生物学报, 2014, 1 (4): 714-719.

[72] He M J, Luo X J, Yu L H, Liu J, Zhang X L, Chen S J, Chen D, Mai B X. Tetrabromobisphenol-A and hexabromocyclododecane in birds from an e-waste region in South China: Influence of diet on diastereoisomer- and enantiomer-specific distribution and trophodynamics. Environmental Science & Technology, 2010, 44 (15): 5748-5754.

[73] Kim U J, Oh J E. Tetrabromobisphenol A and hexabromocyclododecane flame retardants in infant–mother paired serum samples, and their relationships with thyroid hormones and environmental factors. Environmental Pollution, 2014, 184 (1): 193-200.

[74] Kuester R A, Solyom V, Sipes I. The effects of dose, route, and repeated dosing on the disposition and kinetics of tetrabromobisphenol A in male F-344 rats. Toxicological Sciences, 2007, 96 (2): 237-245.

[75] Strack S, Detzel T, Wahl M, Kuch B, Krug H F. Cytotoxicity of TBBPA and effects on proliferation, cell cycle and MAPK pathways in mammalian cells. Chemosphere, 2007, 67 (9): 405-411.

[76] Meerts I A, van Zanden J J, Luijks E A, van Leeuwen-Bol I, Marsh G, Jakobsson E, Bergman A, Brouwer A. Potent competitive interactions of some brominated flame retardants and related compounds with human transthyretin in vitro. Toxicological Sciences, 2000, 56 (1): 95-104.

[77] Chan W K, Chan K M, Disruption of the hypothalamic-pituitary-thyroid axis in zebrafish embryo-larvae following waterborne exposure to BDE-47, TBBPA and BPA. Aquatic Toxicology, 2012, 108: 106-111.

[78] Baumann L, Ros A, Rehberger K, Neuhauss S C, Segner H. Thyroid disruption in zebrafish (Danio rerio) larvae: Different molecular response patterns lead to impaired eye development and visual functions. Aquatic Toxicology, 2016, 172: 44-55.

[79] Parsons A, Lange A, Hutchinson T H, Miyagawa S, Iguchi T, Kudoh T, Tyler C R. Molecular mechanisms and tissue targets of brominated flame retardants, BDE-47 and TBBPA, in embryo-larval life stages of

zebrafish (Danio rerio). Aquatic Toxicology, 2019, 209: 99-112.

[80] Van der Ven L T, Van de Kuil T, Verhoef A L, Verwer C M, Lilienthal H, Leonards P E, Schauer U M, Cantón R F, Litens S, De Jong F H, Visser T J, Dekant W, Stern N, Håkansson H, Slob W, Van den Berg M, Vos J G, Piersma A H. Endocrine effects of tetrabromobisphenol-A (TBBPA) in Wistar rats as tested in a one-generation reproduction study and a subacute toxicity study. Toxicology, 2008, 245 (1): 76-89.

[81] Cope R B, Kacew S, Dourson M, A reproductive, developmental and neurobehavioral study following oral exposure of tetrabromobisphenol A on Sprague-Dawley rats. Toxicology, 2015, 329: 49-59.

[82] Kuiper R V, Cantón R F, Leonards P E, Jenssen B M, Dubbeldam M, Wester P W, van den Berg M, Vos J G, Vethaak A D. Long-term exposure of European flounder (Platichthys flesus) to the flame-retardants tetrabromobisphenol A (TBBPA) and hexabromocyclododecane (HBCD). Ecotoxicology and Environmental Safety, 2007, 67 (3): 349-360.

[83] Zhu B, Zhao G, Yang L, Zhou B. Tetrabromobisphenol A caused neurodevelopmental toxicity via disrupting thyroid hormones in zebrafish larvae. Chemosphere, 2018, 197: 353-361.

[84] Kitamura S, Jinno N, Ohta S, Kuroki H, Fujimoto N. Thyroid hormonal activity of the flame retardants tetrabromobisphenol A and tetrachlorobisphenol A. Biochemical and Biophysical Research Communications, 2002, 293 (1): 554-559.

[85] Kitamura S, Kato T, Iida M, Jinno N, Suzuki T, Ohta S, Fujimoto N, Hanada H, Kashiwagi K, Kashiwagi A. Anti-thyroid hormonal activity of tetrabromobisphenol A, a flame retardant, and related compounds: Affinity to the mammalian thyroid hormone receptor, and effect on tadpole metamorphosis. Life Sciences, 2005, 76 (14): 1589-1601.

[86] Lévy-Bimbot M, Major G, Courilleau D, Blondeau JP, Lévi Y. Tetrabromobisphenol-A disrupts thyroid hormone receptor alpha function in vitro: use of fluorescence polarization to assay corepressor and coactivator peptide binding. Chemosphere, 2012, 87 (7): 782-788.

[87] The Amphibian Metamorphosis Assay. Organisation for Economic Co-operation and Development, 2009.

[88] Jagnytsch O, Opitz R, Lutz I, Kloas W. Effects of tetrabromobisphenol A on larval development and thyroid hormone-regulated biomarkers of the amphibian Xenopus laevis. Environmental Research, 2006, 101 (3): 340-348.

[89] Zhang Y F, Xu W, Lou Q Q, Li Y Y, Zhao Y X, Wei W J, Qin Z F, Wang H L, Li J Z. Tetrabromobisphenol A disrupts vertebrate development via thyroid hormone signaling pathway in a developmental stage-dependent manner. Environmental Science & Technology, 2014, 48 (14): 8227-8234.

[90] Wang Y, Li Y, Qin Z, Wei W. Re-evaluation of thyroid hormone signaling antagonism of tetrabromobisphenol A for validating the T3-induced Xenopus metamorphosis assay. Journal of Environmental Sciences (China), 2017, 52: 325-332.

[91] Zhang W L, Luo Y, Zhang L, Cai Q, Pan X. Known and emerging factors modulating estrogenic effects of endocrine-disrupting chemicals. Environmental Reviews, 2014, 22 (1): 87-98.

[92] Ceccatelli R, Faass O, Schlumpf M, Lichtensteiger W. Gene expression and estrogen sensitivity in rat uterus after developmental exposure to the polybrominated dinheylether PBDE 99 and PCB. Toxicology, 2006,

220 (2-3): 104-116.

[93] Lilienthal H, Hack A, Roth-Härer A, Grande S W, Talsness C E. Effects of developmental exposure to 2, 2′, 4, 4′, 5-pentabromodiphenyl ether (PBDE-99) on sex steroids, sexual development, and sexually dimorphic behavior in rats. Environmental Health Perspectives, 2006, 114 (2): 194-201.

[94] Mercado-Feliciano M, Bigsby R M. The polybrominated diphenyl ether mixture DE-71 is mildly estrogenic. Environmental Health Perspectives, 2008, 116 (5): 605-611.

[95] Meerts I A, Letcher R J, Hoving S, Marsh G, Bergman A, Lemmen J G, van der Burg B, Brouwer A. In vitro estrogenicity of polybrominated diphenyl ethers, hydroxylated PBDEs, and polybrominated bisphenol A compounds. Environmental Health Perspectives, 2001, 109 (4): 399-407.

[96] Kojima H, Shinji T, Naoto U, Sugihara K, Yoshida T, Kitamura S. Nuclear hormone receptor activity of polybrominated diphenyl ethers and their hydroxylated and methoxylated metabolites in transactivation assays using Chinese hamster ovary cells. Environmental Health Perspectives, 2009, 117 (8): 1210-1218.

[97] Meerts I A, Letcher R J, Hoving S, Marsh G, Bergman A, Lemmen JG, van der Burg B, Brouwer A. In vitro estrogenicity of polybrominated diphenyl ethers, hydroxylated PDBEs, and polybrominated bisphenol A compounds. Environmental Health Perspectives, 2001, 109 (4): 399-407.

[98] Mercado-Feliciano M, Bigsby R M. Hydroxylated metabolites of the polybrominated diphenyl ether mixture DE-71 are weak estrogen receptor-alpha ligands. Environmental Health Perspectives, 2008, 116 (10): 1315-1321.

[99] Li X, Gao Y, Guo L H, Jiang G. Structure-dependent activities of hydroxylated polybrominated diphenyl ethers on human estrogen receptor. Toxicology, 2013, 309: 15-22.

[100] Kojima H, Takeuchi S, Uramaru N, Nuclear hormone receptor activity of polybrominated diphenyl ethers and their hydroxylated and methoxylated metabolites in transactivation assays using Chinese hamster ovary cells. Environmental Health Perspectives, 2009, 117 (8): 1210-1218.

[101] Giguere V. To ERR in the estrogen pathway. Trends in Endocrinology and Metabolism: TEM, 2002, 13 (5): 220-225.

[102] Huppunen J, Wohlfahrt G, Aarnisalo P. Requirements for transcriptional regulation by the orphan nuclear receptor ERRgamma. Molecular and Cellular Endocrinology, 2004, 219 (1-2): 151-160.

[103] Zhang X L, Liu N, Weng S F, Wang H S. Bisphenol A increases the migration and invasion of triple-negative breast cancer cells via oestrogen-related receptor gamma. Basic & Clinical Pharmacology & Toxicology, 2016, 119 (4): 389-395.

[104] Song H, Zhang T, Yang P, Li M, Yang Y, Wang Y, Du J, Pan K, Zhang K. Low doses of bisphenol A stimulate the proliferation of breast cancer cells via ERK1/2/ERR gamma signals. Toxicology in Vitro, 2015, 30 (1): 521-528.

[105] Okada H, Tokunaga T, Liu X, Takayanagi S, Matsushima A, Shimohigashi Y. Direct evidence revealing structural elements essential for the high binding ability of bisphenol A to human estrogen-related receptor-gamma. Environmental Health Perspectives, 2008, 116 (1): 32-38.

[106] Cao L Y, Zhang Z, Ren X M, Andersson P L, Guo L H. Structure-dependent activity of polybrominated diphenyl ethers and their hydroxylated metabolites on estrogen related receptor γ in vitro and in silico

study. Environmental Science & Technology, 2018, 52: 8894-8902.

[107] Prossnitz E R, Barton M. Estrogen biology: New insights into GPER function and clinical opportunities. Molecular and Cellular Endocrinology, 2014, 389: 71-83.

[108] Cao L Y, Ren X M, Yang Y, Wan B, Guo L H, Chen D, Fan Y. Hydroxylated polybrominated biphenyl ethers exert estrogenic effects via non-genomic G protein-coupled estrogen receptor mediated pathways. Environmental Health Perspectives, 2018, 126: 057005.

[109] Du G, Huang H, Hu J, Qin Y, Wu D, Song L, Xia Y, Wang X. Endocrine-related effects of perfluorooctanoic acid (PFOA) in zebrafish, H295R steroidogenesis and receptor reporter gene assays. Chemosphere, 2013, 91: 1099-1106.

[110] Thomas P, Dong J, Binding and activation of the seven-transmembrane estrogen receptor GPR30 by environmental estrogens: A potential novel mechanism of endocrine disruption. Journal of Steroid Biochemistry and Molecular Biology, 2006, 102: 175-179.

[111] Revankar C M, Cimino Daniel F, Larry A, Arterburn J B, Prossnitz E R. A transmembrane intracellular estrogen receptor mediates rapid cell signaling. Science, 2005, 307: 1625-1630.

[112] Bologa C G, Revankar C M, Young S M, Edwards B S, Arterburn J B, Kiselyov A S, Parker M A, Tkachenko S E, Savchuck N P, Sklar L A, Oprea T I, Prossnitz E R. Virtual and biomolecular screening converge on a selective agonist for GPR30. Nature Chemical Biology, 2006, 2: 207-212.

[113] Cao L Y, Ren X M, Li C H, Guo L H. Organophosphate esters bind to and inhibit estrogen-related receptor γ in cells. Environmental Science & Technology Letters, 2018, 5: 68-73.

[114] Kojima H, Takeuchi S, Itoh T, Iida M, Kobayashi S, Yoshida T. In vitro endocrine disruption potential of organophosphate flame retardants via human nuclear receptors. Toxicology, 2013, 314: 76-83.

[115] Wang L, Zuercher W J, Consler T G, Lambert M H, Miller A B, Orband-Miller L A, McKee D D, Willson T M, Nolte R T. X-ray crystal structures of the estrogen-related receptor-gamma ligand binding domain in three functional states reveal the molecular basis of small molecule regulation. Journal of Biological Chemistry, 2006, 281 (49): 37773-37781.

[116] Zhang Q, Lu M, Dong X, Wang C, Zhang C, Liu W, Zhao M. Potential estrogenic effects of phosphorus-containing flame retardants. Environmental Science & Technology, 2014, 48: 6995-7001.

[117] Liu X, Ji K, Choi K. Endocrine disruption potentials of organophosphate flame retardants and related mechanisms in H295R and MVLN cell lines and in zebrafish. Aquatic Toxicology, 2012, 114: 173-181.

[118] Suzuki G, Tue N M, Malarvannan G, Sudaryanto A, Takahashi S, Tanabe S, Sakai S, Brouwer A, Uramaru N, Kitamura S, Takigami H. Similarities in the endocrine-disrupting potencies of indoor dust and flame retardants by using human osteosarcoma (U2OS) cell-based reporter gene assays. Environmental Science & Technology, 2013, 47 (6): 2898-2908.

[119] Krivoshiev B V, Dardenne F, Covaci A, Blust R, Husson S J. Assessing in-vitro estrogenic effects of currently-used flame retardants. Toxicology in Vitro, 2016, 33: 153-162.

[120] Liu X, Ji K, Jo A, Moon H B, Choi K. Effects of TDCPP or TPP on gene transcriptions and hormones of HPG axis, and their consequences on reproduction in adult zebrafish (Danio rerio). Aquatic Toxicology, 2013, 134: 104-111.

[121] Honkakoski P, Palvimo J J, Penttilä L, Vepsäläinen J, Auriola S. Effects of triaryl phosphates on mouse and human nuclear receptors. Biochemical Pharmacology, 2004, 67: 97-106.

[122] Peters A K, Sanderson J T, Bergman A, Heather M S. In vitro assessment of human nuclear hormone receptor activity and cytotoxicity of the flame retardant mixture FM 550 and its triarylphosphate and brominated components. Toxicology Letters, 2014, 228 (2): 93-102.

[123] Fang M, Webster T F, Ferguson P L, Stapleton H M. Characterizing the peroxisome proliferator-activated receptor (PPARγ) ligand binding potential of several major flame retardants, their metabolites, and chemical mixtures in house dust. Environmental Health Perspectives, 2015, 123 (2): 166-172.

[124] Ren X, Cao L, Yang Y, Wan B, Wang S, Guo L. In vitro assessment of thyroid hormone receptor activity of four organophosphate esters. Journal of Environmental Sciences, 2016, 45: 185-190.

[125] Acconcia F, Pallottini V, Marino M, Molecular mechanisms of action of BPA. Dose Response, 2015, 13 (4): 15-20.

[126] Welshons W V, Nagel S C, Saal F S. Large effects from small exposures. III. Endocrine mechanisms mediating effects of bisphenol A at levels of human exposure. Endocrinology, 2006, 147 (6): S56-S69.

[127] Cao L Y, Ren X M, Li C H, Zhang J, Qin W P, Yang Y, Wan B, Guo L H. Bisphenol AF and bisphenol B exert higher estrogenic effects than bisphenol A via G protein-coupled estrogen receptor pathway. Environmental Science & Technology, 2017, 51 (19): 11423-11430.

[128] Acconcia F, Pallottini V, Marino M. Molecular mechanisms of action of BPA. Dose-Response, 2015, 13 (4): 100-105.

[129] Welshons W V, Nagel S C, Saal F S. Large effects from small exposures. III. Endocrine mechanisms mediating effects of bisphenol A at levels of human exposure. Endocrinology, 2006, 147: 56-69.

[130] Ruan T, Liang D, Song S, Song M, Wang H, Jiang G. Evaluation of the in vitro estrogenicity of emerging bisphenol analogs and their respective estrogenic contributions in municipal sewage sludge in China. Chemosphere, 2015, 124: 150-155.

[131] Delfosse V, Grimaldi M, Pons J L, Boulahtouf A, le Maire A, Cavailles V, Labesse G, Bourguet W, Balaguer P. Structural and mechanistic insights into bisphenols action provide guidelines for risk assessment and discovery of bisphenol A substitutes. Proceedings of the National Academy of Sciences, 2012, 109 (37): 14930-14935.

[132] Blair R M, Fang H, Branham W S, Hass B S, Dial S L, Moland C L, Tong W, Shi L, Perkins R, Sheehan D M. The estrogen receptor relative binding affinities of 188 natural and xenochemicals: Structural diversity of ligands. Toxicological Sciences, 2000, 54 (1): 138-153.

[133] Lee H K, Kim T S, Kim C Y, Kang I H, Kim M G, Jung K K, Kim H S, Han S Y, Yoon H J, Rhee G S. Evaluation of in vitro screening system for estrogenicity: Comparison of stably transfected human estrogen receptor-alpha transcriptional activation (OECD TG455) assay and estrogen receptor (ER) binding assay. Journal of Toxicological Sciences, 2012, 37 (2): 431-437.

[134] Chen D, Kannan K, Tan H, Zheng Z, Feng Y L, Wu Y, Widelka M. Bisphenol analogues other than BPA: Environmental occurrence, human exposure, and toxicity-a review. Environmental Science &

Technology, 2016, 50 (11): 5438-5453.

[135] Cobellis L, Colacurci N, Trabucco E, Carpentiero C, Grumetto L. Measurement of bisphenol A and bisphenol B levels in human blood sera from endometriotic women. Biomedical Chromatography, 2009, 23 (11): 1186-1190.

第18章 6∶2氯化全氟烷基醚磺酸在环境中的分布特征及其毒性

18.1 6∶2氯化全氟烷基醚磺酸的结构与应用

全氟和多氟烷基化合物（PFASs）是一类碳骨架上的氢原子全部或部分被氟原子替代的有机化合物，广泛地应用于服装、烹饪、汽车、通讯、航天、医药和电镀等各个领域[1,2]。由于分子结构中具有高能C-F键，PFASs难以被光解、水解及生物降解，可以在环境中持久存在，并可长距离传输，从而成为全球性污染物。在众多的PFASs中，全氟辛烷磺酸（PFOS）曾是用途最广、最受关注的PFASs类型。随着对其环境和健康潜在危害的逐步深入认识，2009年联合国环境规划署通过《斯德哥尔摩公约》，将PFOS及其盐列为持久性有机污染物。本文介绍的是一种PFOS的结构类似物——6∶2氯代全氟烷基醚磺酸（6∶2 chlorinated polyfluorinated ether sulfonate，6∶2 Cl-PFESA，商品名F-53B）的环境介质分布及其潜在危害。F-53B是我国自主研发的化合物，曾获国家发明三等奖。在结构上F-53B与PFOS不同之处是其在C2和C3之间插入了一个氧原子，在C8处Cl原子取代了一个F原子（图18-1）。从20世纪70年代末80年代初，部分电镀行业就开始使用F-53B作为抑铬雾剂，据估算，2009年我国电镀行业F-53B的使用量约为15~20t，是当时PFOS用量的一半[3]。虽然F-53B有几十年的使用历史，但其环境安全问题一直未引起关注，直到2013年在环境中检出F-53B，它才开始进入环境科学和毒理学研究者的视野[4]。本章简要综述近几年来有关F-53B在水体、生物样品和人体内分布特征及其毒性研究的实验结果。

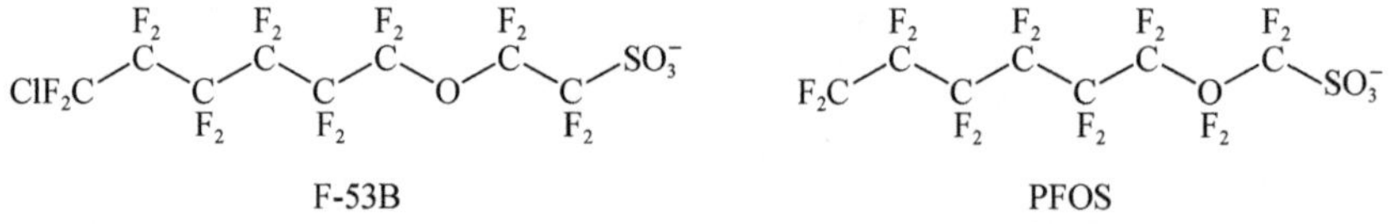

图18-1 F-53B与PFOS分子结构式

18.2 6∶2氯化全氟烷基醚磺酸在环境介质中的分布

近期大量研究证明F-53B广泛存在于自然水体、沉积物和大气颗粒物等各种环境介质，野生动物甚至人体内。2013年，有研究发现温州电镀工业废水、污水处理厂F-53B

在进水和出水浓度分别是 43~78μg/L 和 65~112μg/L，与 PFOS 相当，污水处理不能有效去除 F-53B[4]。我国不同地区城市污水处理厂的污泥样本中 F-53B 几何平均浓度为 2.15ng/g，最高浓度达 209ng/g[5]。在废水中 F-53B 的去除能力方面，阴离子交换树脂 IRA67 对 PFOS 的吸附能力要高于 F-53B[6]。F-53B 不仅能在废水中检出，我国 19 条主要河流河口地表水中 F-53B 的检出率达 51%，浓度<0.56~78.5ng/L，推算出其入海通量约为 1.7 吨/年[7]。有研究使用一种全球分布模型（Globo-POP model）估计了 2006~2015 年间 F-53B 释放到环境中的量约为 10~14t/a[8]。环境中，F-53B 能脱 Cl 转化为 1H-6∶2 PFESA，这一主要转化产物能够在河流和沉积物样品中检出[9]。2006~2014 年大连市大气颗粒物中 F-53B 浓度从 140pg/m^3 增至 722pg/m^3，占检出总 PFASs 的比重由 37%增至 95%以上[10]。研究表明，近半数采集于 28 个城市的降水样中能检测到 F-53B[11]。在对几种不同类型土壤对 F-53B 的吸附能力研究中发现，电荷、疏水作用和表面络合等多种因素影响 F-53B 在土壤中的吸收[12]。在对地下水中 F-53B 的源分析中，发现大气沉降和生活污水是重要来源[13]。

18.2.1　全氟和多氟烷基化合物在全球部分自然水体中的分布特征

采集来自中国、美国、英国、瑞典、德国、荷兰和韩国共 7 个国家多条主要河流或湖泊表层水样 160 份，研究了多种 PFASs 在大尺度范围内的分布特征[14]。发现不同国家 PFASs 谱差异明显，表明 PFASs 类型和用量在上述国家间存在明显差异（图 18-2）。例如短链 PFBS 在西方国家（6%~34%）水体中所占比重显著高于我国（1%~11%）；在我国的水体样品中 F-53B 检出率为 100%，其浓度（1.1~7.8ng/L）低于 PFOS（1.8~11ng/L）。虽然我国是唯一生产和使用 F-53B 国家，但在其他国家主要河流中也能检测到 F-53B（检出率 89%），表明 F-53B 经长距离扩散，已成为了全球污染物。

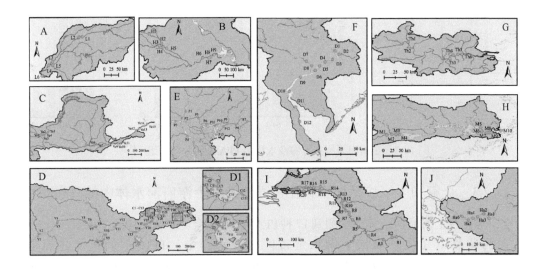

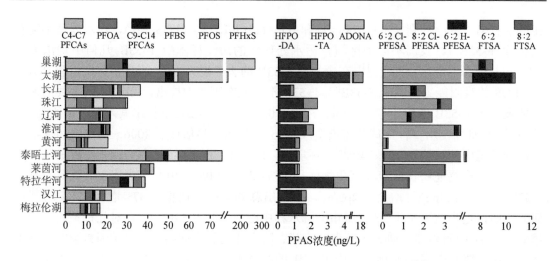

图 18-2 采样点示意图及其水体中主要 PFASs 浓度均值[14]

(A) 辽河；(B) 淮河；(C) 黄河；(D) 长江；(D1) 巢湖；(D2) 太湖；(E) 珠江；(F) 特拉华河；(G) 泰晤士河；(H) 梅拉伦湖；(I) 莱茵河；(J) 汉江

18.2.2 全氟和多氟烷基化合物在小清河水体中的分布特征

对小清河流域表层水样品（图 18-3）中 PFASs 情况做了研究，该流域由于点源污染的存在，HFPO-TA 和 PFOA 和浓度极高，尤其是 HFPO-TA，在点源下游河水浓度达 5200～68500ng/L，F-53B 在所有采样点水样中均能检出，浓度范围 1.52～9.59ng/L[15]。

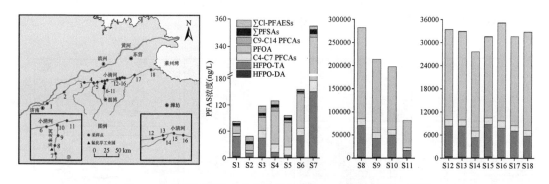

图 18-3 小清河采样点分布及水样中 PFASs 的分布与组成[15]

18.2.3 全氟和多氟烷基化合物在白洋淀及其上游府河水体中的分布特征

在白洋淀及上游府河水体中检测到 17 种 PFASs[16]。在众多 PFASs 中，以 PFOA 和 PFHxS 为主要污染物。在位于府河上游保定市区内的水样中，PFHxS 的浓度达到最高（1478.03ng/L），潴龙河水中 PFOA 浓度最高（8397.23ng/L）。F-53B 也是白洋淀及上游府河水样中的主要 PFASs 类型，在所有采样点均检出，浓度范围 0.05～23.54ng/L（图 18-4）。

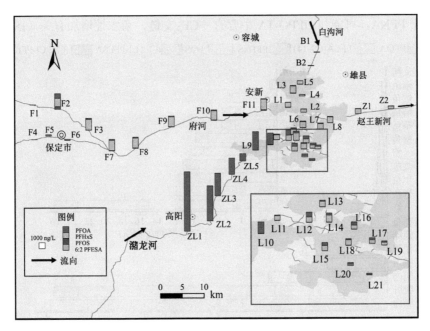

图 18-4 白洋淀及上游河流水体 PFOA、PFHxS、PFOS 和 F-53B 等四种主要 PFASs 的浓度分布[16]

18.3 6∶2 氯化全氟烷基醚磺酸在野生动物体内分布

除在水体、沉积物和大气等各种环境介质中检出 F-53B 外，研究者在多种生物体内同样发现了 F-53B，例如在山东小清河和湖北汤逊湖鲫鱼体内检测到 F-53B，其生物富集因子（BCF）明显高于 PFOS，说明 F-53B 具有更强的生物富集能力[17]。在渤海湾海洋生物体内检测到 F-53B，并发现 F-53B 沿着食物链富集[18]。另外，即便是远在东格陵兰岛的环斑海豹、北极熊和虎鲸的肝脏中也检出 F-53B，浓度为 0.023～0.045ng/g[19]。

18.3.1 白洋淀水生生物体内全氟和多氟烷基化合物分布特征

在白洋淀检测的 15 种水产品中，PFHxS 和 PFOS 为主要污染物，PFHxS 在超过一半水产品样本中的含量最高，白洋淀半散养的家鸭体内 PFHxS 浓度最高，尤其在鸭血中的浓度最高达 438.01ng/g（图 18-5）[16]。F-53B 作为主要的 PFASs 类型，在所有水产品中均能检出，以在中华鳖体内占比最高，F-53B 占到所有检出 PFASs 总量的约 30%。

18.3.2 小清河流域水生生物体内全氟和多氟烷基化合物分布特征

小清河水体中采集的鲤鱼血液、肝脏和肌肉中 F-53B 浓度分别为 4.03ng/mL 和 3.8、2.91ng/g，进而利用这些样品，对不同类型 PFASs 的生物富集因子做了分析，发现含有相同碳原子数的 PFESAs 较 PFSAs 的 logBCFs 显著增大，例如 F-53B＞PFOS，4∶2 Cl-PFESA＞PFHxS，表明插入氧或氯原子增加了 PFASs 的生物蓄积能力；相同碳原子数的 PFECAs 与 PFCAs 相比较，logBCFs 并未有明显趋势：HFPO-DA 的 BCF 显著高于 PFHxA，但 HFPO-TA

的 BCF 低于 PFNA，可能与 HFPO-TA 中含有一 CF_3 支链，亲水性增加有关（图 18-6）[15]。

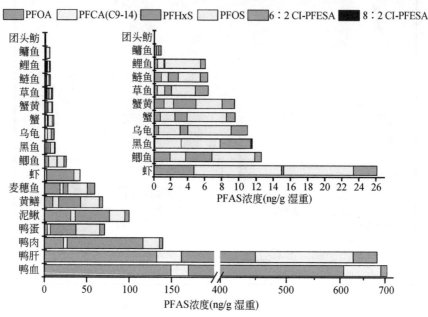

图 18-5　白洋淀水生生物体内 PFASs 浓度水平[16]

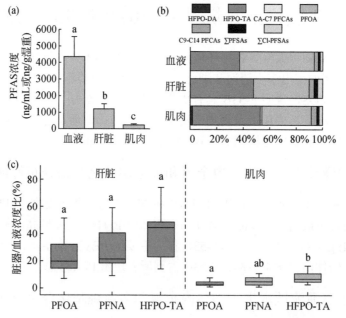

图 18-6　PFASs 在鲤鱼组织中的浓度（a）、组成（b）及脏器/血液浓度比（c）[15]
柱状图上方的字母不同表示差异具有统计学意义（$P<0.05$），相同表示不具有统计学意义

18.3.3　6∶2 氯化全氟烷基醚磺酸在野生蛙类体内的分布特征

黑斑蛙是我国蛙类的广布种，在对中国桓台、常熟、舟山和衢州等地区野生黑斑蛙体

内 PFASs 分布开展的研究（图 18-7）中，发现接近工业区的蛙类肝脏总 PFASs（常熟 54.28ng/g；桓台 31.22ng/g）显著高于非工业区（舟山 9.91ng/g；衢州 7.68ng/g）。F-53B 在黑斑蛙中检出率为 100%，特别是在常熟和舟山，F-53B 占 PFASs 总量高达 29.7%~30.6%[20]。

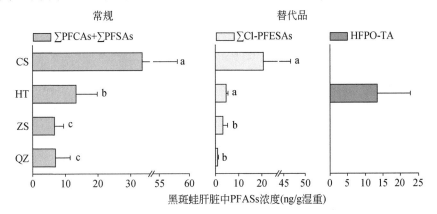

图 18-7 我国四个地区黑斑蛙肝脏中 PFASs 浓度[20]

常熟（CS，$n=29$），桓台（HT，$n=4$），舟山（ZS，$n=11$），衢州（QZ，$n=12$）

字母不同表示差异具有统计学意义（$P<0.05$），相同表示不具有统计学意义

18.3.4　6∶2 氯化全氟烷基醚磺酸在两种灵长类体内分布特征

在对神农架、铜陵、梧州和上海等地两种植食性灵长类动物（金丝猴和黑叶猴）体内 PFASs 的分布特征研究中，发现在所有全血样本中（$n=64$），以 PFOA 和 PFNA 的含量最高，样品中 PFASs 含量存在显著的地区性差异（图 18-8）。因为铜陵和上海动物园靠近人口密集区和工业化程度高，铜陵和上海动物园金丝猴体内主要 PFASs 含量都高于神农架自然保护区的金丝猴。上海金丝猴和梧州黑叶猴全血样本中长链 PFASs 的浓度与年龄呈显著正相关，随着年龄增加动物体内 PFDA，PFOS，F-53B 和 FOSA 等的累积也增多。

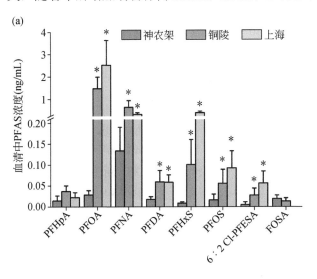
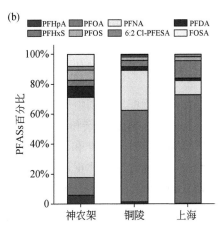

$*P<0.05$

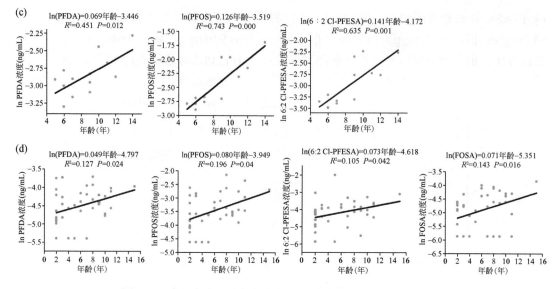

图 18-8　金丝猴和黑叶猴血液中 PFASs 分布特征及年龄相关性

(a) 全血中 PFASs 浓度；(b) PFASs 构成；(c) PFASs 与上海个体的年龄相关性；(d) PFASs 与梧州个体的年龄相关性；*P<0.05

18.4　6∶2 氯化全氟烷基醚磺酸在人体内的分布

F-53B 在中国人群的血清中广泛检出。中国电镀工人、渔民家庭和普通居民血清中发现 F-53B 浓度为 0.019～5040ng/mL，检出率达 98%[21]。其中，电镀工人与渔民血清 F-53B 中位数浓度分别为 93.7 和 51.5ng/mL，显著高于普通居民（4.78ng/mL），通过血清与尿液中 F-53B 浓度估算其肾脏清除半衰期为 280a，总清除半衰期 15.3a，是目前已知最具生物持久性的 PFASs 类型。通过指甲，毛发和尿液等非创伤采样模式检测 PFASs 在人体暴露情况，发现 F-53B 和 PFOS 在指甲和毛发中的量与血中含量间存在好的相关性[22]。在武汉收集的孕妇血清，脐带血和胎盘组织中均检出 F-53B[23]。

18.4.1　6∶2 氯化全氟烷基醚磺酸在孕妇血液和胎儿脐带血中的分布

在对母婴配对队列中母亲在孕早、中、晚期血清和新生儿脐带血清中的 PFASs 的检测中，发现 F-53B 在母亲和胎儿血清中的检出率＞99%[24]。F-53B 在孕早期、中和晚期浓度均值分别为 2.30、1.99 和 1.97ng/mL。F-53B 的变化趋势与传统 PFASs 相同，随孕期增加而减少，可能与孕期体重逐渐增加，体液量增多造成污染物稀释有关。新生儿脐带血中浓度为 0.80ng/mL，说明部分 F-53B 可以通过血-胎屏障传递给子代（图 18-9）。

18.4.2　6∶2 氯化全氟烷基醚磺酸在精浆中的分布

依托南京军区总医院生殖中心收集的男性血清与精浆样本（n=664），研究人员检测发现 PFOA、PFOS 和 F-53B 为主要 PFASs 类型，PFOA 为血清样本中浓度最高的污染物（几

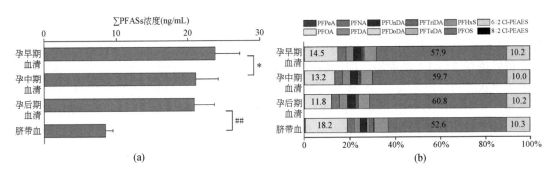

图 18-9 PFASs 在孕妇血液和胎儿脐带血中的浓度（a）及分布情况（b）[24]

*P<0.05；##P<0.01

何平均值 8.57ng/mL），其次为 PFOS（8.38ng/mL）和 F-53B（6.09ng/mL）；血清和精浆 F-53B 浓度显著相关（未发表数据）。F-53B 的精浆/血清比分别为 1.3%±1.1%。以 Spearman 秩相关分析探究年龄、BMI、烟酒嗜好和生育史等协变量与精液质量、性激素水平等指标的相关性，发现多种 PFASs 与精子浓度、精子活力、精子总数和精子 DNA 碎片化指数（DNA fragmentation index, DFI）等指标存在显著性关联。将主要 PFASs 按四分位分级，相比最低浓度组（Q1），最高浓度组（Q4）的精子活力、睾酮水平显著下降，DFI 指数显著上升，与 PFASs 浓度为连续变量所得结果相一致。

18.4.3 6∶2 氯化全氟烷基醚磺酸在脑脊液中的分布

对南京金陵医院 490 名病人的血清和脑脊液中 PFASs 进行的检测研究人员发现 F-53B 在血清中 100%检出，且浓度仅次于 PFOA 和 PFOS，浓度的几何均值为 6.182ng/mL；在脑积液中 F-53B 检出率为 95.%，浓度的几何均值为 0.051ng/mL。血清中 F-53B 浓度和脑积液中 F-53B 浓度正相关（图 18-10）[25]。F-53B 等 PFASs 透过血-脑脊液屏障进入神经中枢的能力与血中 C 反应蛋白和白介素 6 等因子的量正相关性，说明炎症和肿瘤等病理条件有助于 F-53B 穿透屏障，对神经中枢产生潜在危害。

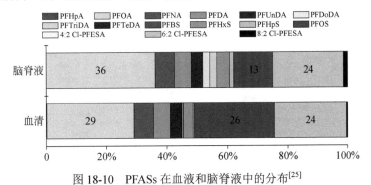

图 18-10 PFASs 在血液和脑脊液中的分布[25]

18.5　6∶2 氯化全氟烷基醚磺酸对哺乳动物的毒性研究

F-53B 对哺乳动物具有肝脏毒性，内分泌干扰效应，胚胎发育毒性和神经毒性等。例如，比较了 F-53B 和 PFOS 与氧化物酶体增殖物激活受体（PPARs）的相互作用以及 F-53B 对 3T3-L1 细胞脂质生成过程的影响，发现 F-53B 与 PPARs 的亲和力高于 PFOS，并且 F-53B 暴露可以诱导 3T3-L1 的脂质生成过程[26]。通过体内和体外实验证明 F-53B 在环境剂量下能干扰甲状腺内分泌系统，F-53B 暴露可以诱导大鼠脑垂体 GH3 细胞增殖[27]。F-53B 对甲状腺激素转运蛋白的亲和力高于 PFOS，并且可以激活甲状腺受体[28]。使用早期小鼠胚胎干细胞体外分化系统，发现 F-53B 在人体负荷浓度下能改变细胞分化相关分子标志物的表达，提示其潜在的神经发育毒性[29]。在对鸡胚胎毒性研究中发现 F-53B 能降低胚胎心率，胚胎肝脏增大[30]。通过急性脑室内注射，比较发现 F-53B 干扰突触长时程增强效应（Long-term potentiation，LTP）的能力与 PFOS 相当[31]。有研究比较了多种 PFASs 替代品与人和大鼠肝型脂肪酸结合蛋白（hLFABP 和 rLFABP）结合能力，发现 F-53B 与 FABP 结合能力与 PFOS 相当或更强[32]，该结果可作为 F-53B 能在生物体内蓄积的一种佐证。

18.5.1　6∶2 氯化全氟烷基醚磺酸的肝毒性

利用 BALB/c 雄鼠研究 F-53B 的亚慢性暴露 [0、0.04、0.2 和 1mg/（kg·d），56d] 对肝脏的效应，发现暴露后动物相对肝脏重量显著升高，血生化和肝脏组织切片也支持肝脏受损[33]。油红 O 染色和肝脏甘油三酯（TG）含量测定均表明 0.04 和 1mg/（kg·d）处理组 TG 在肝脏内积累。肝脏蛋白组分析发现 F-53B 主要干扰脂代谢、异生物质代谢和核糖体形成（图 18-11）。通过与先前 PFOS 的肝毒性结果相对比，发现相同暴露剂量下 F-53B 对小鼠的肝毒性强于 PFOS。

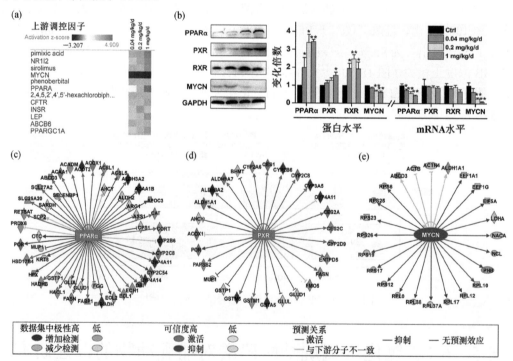

图 18-11　蛋白质组揭示 F-53B 暴露导致肝脏脂代谢紊乱[33]

18.5.2 6∶2氯化全氟烷基醚磺酸的生殖内分泌干扰效应

在对亚慢性 F-53B 暴露雄性 BALB/c 小鼠［0、0.04、0.2 和 1mg/（kg·d），56d］进行了分析后，发现暴露后动物睾丸重量并未出现显著改变，仅在高剂量组附睾重量出现下降，暴露并未影响睾丸和附睾组织形态以及精子数量；睾酮等性激素未见改变[34]。RNA sequence 分析 F-53B 暴露的睾丸组织，未发现生殖相关基因出现显著变化。另外，选择部分已证实对 PFOS 敏感的分子，如睾酮合成基因和细胞连接相关基因，检测它们的蛋白表达情况，亚慢性 F-53B 暴露后这些蛋白并未显著改变（图 18-12）。上述结果表明 F-53B 对 BALB/c 雄性小鼠的生殖毒性较 PFOS 为弱。

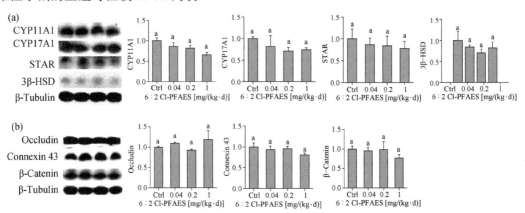

图 18-12　F-53B 亚慢性暴露后睾丸组织固醇激素合成相关蛋白（a）和细胞连接蛋白（b）的表达[34]

柱状图上方的字母相同表示差异不具有统计学意义

18.5.3 6∶2氯化全氟烷基醚磺酸与蛋白分子的相互作用及细胞毒性

比较多种 PFASs 与肝脏型脂肪酸结合蛋白（hL-FABP）的相互作用以及对人肝细胞系——HL7702 的毒性，结果发现 F-53B 与 hL-FABP 蛋白的亲和力较 PFOS 更强，F-53B 对 HL7702 细胞毒性（LC50 值）也超过 PFOS[35]。分子对接实验表明 PFASs 同 L-FABP 蛋白结合能力：F-53B＞HFPO-TA＞PFOS＞HFPO-DA＞PFOA（图 18-13）；荧光取代实验

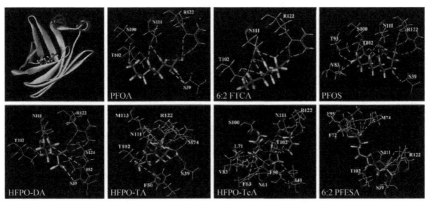

图 18-13　PFASs 与 hL-FABP 蛋白结合模式[35]

所获 PFASs 与 L-FABP 蛋白结合能力结果与分子对接实验结果一致。

18.6 6∶2 氯化全氟烷基醚磺酸对斑马鱼的毒性研究

F-53B 可在斑马鱼体内富集（log BCF：2.36～3.65），其清除半衰期约为 152.4～358.5h，28d 暴露实验表明 F-53B 能诱导肝脏损伤，并降低氧化应激相关标志性酶（SOD 和 CAT 等）的活性[36]。F-53B 对斑马鱼的胚胎毒性研究也证明此化合物能蓄积并引起氧化应激反应[37]。

18.6.1 6∶2 氯化全氟烷基醚磺酸急性暴露对斑马鱼胚胎发育的毒性

孵化是斑马鱼早期胚胎发育的重要节点，斑马鱼胚胎在 48hpf（hours post-fertilization，受精后小时数）左右开始孵化，在 72hpf 孵化基本完成。自 6hpf 时起，斑马鱼暴露于 1.5，3，6 和 12mg/L 浓度的 F-53B 中，其孵化的时间延迟，胚胎存活率下降。F-53B 急性暴露能导致斑马鱼胚胎出现多种畸形，包括心包和卵黄囊水肿、脊柱弯曲和鱼鳔缺失等，心脏畸形早在 72～96hpf 就显著增加（图 18-14）。96hpf 时，12mg/L F-53B 暴露导致 91% 的斑马鱼胚胎心包水肿，胚胎心率随着剂量的显著下降，但并不会引起房室传导阻滞[38]。利用邻联茴香胺对 F-53B 暴露后的斑马鱼胚胎中红细胞数目进行分析，发现在 72hpf 未出现畸形和心率变化时，红细胞数目已呈剂量依赖性下降。在对心脏发育发挥重要作用的 Wnt/β-catenin 信号通路研究中，发现包括 *wnt3a*、*β-catenin*、*nkx2.5* 和 *sox9b* 等多个基因表达量下降。上述结果提示在胚胎发育早期，F-53B 可能通过干扰斑马鱼胚胎心脏发育和血细胞生成导致胚胎发育异常。

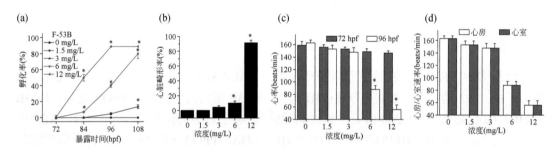

图 18-14 F-53B 暴露对斑马鱼胚胎发育的影响（a）及心脏相关指标（b-d）[38]

*$P<0.05$

18.6.2 6∶2 氯化全氟烷基醚磺酸流水式长期暴露对斑马鱼的肝毒性

5 和 50μg/L F-53B 流水式暴露斑马鱼成鱼（F0）180d 后引起斑马鱼肝肿大，相对肝重指数在 50μg/L 剂量组雄鱼和雌鱼分别比对照组高 66% 和 31%；F-53B 暴露造成肝损伤，TG 含量在 5 和 50μg/L 雄鱼肝脏以及 50μg/L 雌鱼肝脏内显著下降（图 18-15）[39]。5μg/L 剂量组斑马鱼转录组研究表明，F-53B 对雌雄斑马鱼转录本的影响存在明显的性别差异：雌鱼肝脏 1275 个变化基因（668 个下调，599 个上调），雄鱼肝脏中 2175 个变化基因（937 个基因下调和 1238 个上调），但雌雄鱼肝脏共同变化的基因仅 534 个，受影响的 GO

分类在两性间也呈现显著不同：雄鱼主要影响多细胞组织发育，而雌鱼主要影响代谢。在对 PPAR 通路基因进行分析时，发现与对哺乳动物的效应类似，F-53B 能激活 PPAR 通路干扰斑马鱼的脂代谢。

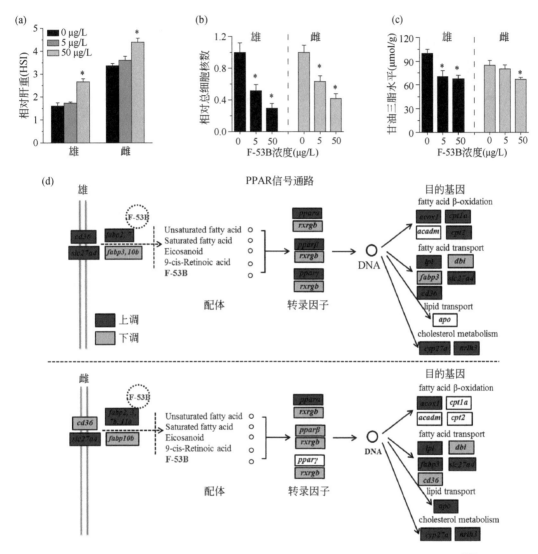

图 18-15　F-53B 暴露对肝脏大体指标（a～c）及 PPAR 信号通路的影响（d）[39]
*$P<0.05$

18.6.3　6∶2 氯化全氟烷基醚磺酸流水式长期暴露对斑马鱼一般状况的影响

5 和 50μg/L F-53B 流水式暴露斑马鱼成鱼（F0）180d，5 和 50μg/L 剂量组斑马鱼呈现体长变短、体重下降，肝脏肿大、卵巢萎缩和产卵量下降等改变；进而研究母体暴露 180d 后对其所产子一代（F1）斑马鱼的影响（F1 在未暴露 F-53B 水中饲养）。与对照组相比，F-53B 暴露的 F0 所产 F1 代胚胎发育畸形率增加、存活率下降；仅将 5μg/L F-53B 暴露组

F0 所产 F1 胚胎在未暴露 F-53B 水中继续养至 6 个月龄成鱼，发现其体长、体重偏低，产卵量显著下降（图 18-16）[40]。

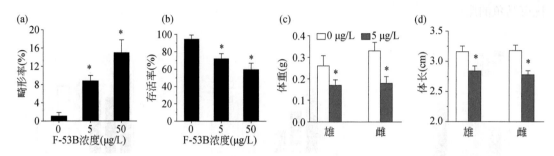

图 18-16　F53B 暴露对 F1 代斑马鱼胚胎发育（a，b）及成鱼后的影响（c，d）[40]
*$P<0.05$

18.6.4　6∶2 氯化全氟烷基醚磺酸流水式长期暴露对性激素水平干扰作用

对 5 和 50μg/L F-53B 流水式暴露斑马鱼成鱼（F0）180d，发现 F-53B 暴露抑制生殖细胞成熟，破坏性腺组织结构：50μg/L 组 F0 代雄性斑马鱼精巢中成熟精子和精细胞的数目显著下降；F0 代雌鱼卵巢中卵细胞数目下降，初级卵母细胞显著升高（图 18-17）[40]。

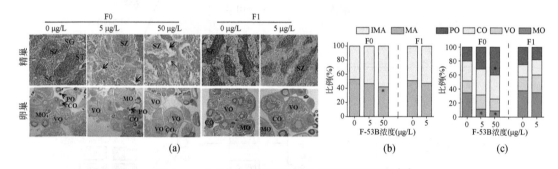

图 18-17　F53B 暴露后斑马鱼成鱼性腺病理变化[40]

（a）性腺 HE 染色；（b）成熟精子和未成熟精子的比例；（c）各时期卵母细胞所占的比例；成熟精细胞包括成熟精子和精细胞，未成熟的精母细胞包括：精母细胞和精原细胞；SG：精母细胞；SC：精原细胞；ST：精细胞；SZ：成熟精子；箭头表示：精子丢失引起的空隙；PO：初级精母细胞；CO：皮质小泡卵母细胞；VO：卵黄卵母细胞；MO：成熟卵母细胞；*$P<0.05$

18.6.5　6∶2 氯化全氟烷基醚磺酸流水式长期暴露对斑马鱼甲状腺内分泌系统的干扰作用

5 和 50μg/L F-53B 流水式暴露斑马鱼成鱼（F0）180d 后，F0 代成鱼中甲状腺激素及 HPT 轴基因表达量发生明显的变化：50μg/L 剂量组雌鱼和雄鱼血清中 T4 含量均升高，5μg/L 剂量组 T3 下降 [图 18-18（a，b）]。不仅经 F-53B 暴露的 F0 代，F0 代所产未经直接暴露的 F1 胚胎和幼鱼甲状腺系统仍受到干扰：在 5μg/L 剂量组 F1 代成鱼甚至它们的子代（F2）中，虽然甲状腺激素无明显变化，但 HPT 轴部分基因受到抑制 [图 18-18（c～f）]，表明 F-53B 对斑马鱼具有潜在的跨代甲状腺干扰效应[41]。

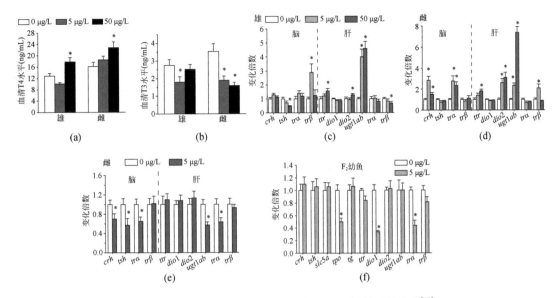

图 18-18　F-53B 暴露对甲状腺激素及 HPT 轴基因的影响[41]

（a）F0 血清 T4 含量；（b）F0 血清 T3 含量；（c）F0 雄鱼 HPT 轴基因表达；（d）F0 雌鱼 HPT 轴基因表达；（e）F1 雌鱼 HPT 轴基因表达；（f）F2 幼鱼 HPT 轴基因表达；$*P<0.05$

（撰稿人：王建设　戴家银）

参 考 文 献

[1] Pramanik B K. Occurrence of perfluoroalkyl and polyfluoroalkyl substances in the water environment and their removal in a water treatment process. Journal of Water Reuse and Desalination，2015，5：196-210.

[2] Renner R. Growing concern over perfluorinated chemicals. Environmental Science & Technology，2001，35：154A-160A.

[3] 黄澄华，李训生，金广泉.电解氟化及其下游精细化工产品（续1）.化工生产与技术，2010，17：1-8.

[4] Wang S，Huang J，Yang Y，Hui Y，Ge Y，Larssen T，Yu G，Deng S，Wang B，Harman C. First report of a Chinese PFOS alternative overlooked for 30 years：Its toxicity，persistence，and presence in the environment. Environmental Science & Technology，2013，47：10163-10170.

[5] Ruan T，Lin Y，Wang T，Liu R，Jiang G. Identification of novel polyfluorinated ether sulfonates as PFOS alternatives in municipal sewage sludge in China. Environmental Science & Technology，2015，49：6519-6527.

[6] Gao Y，Deng S，Du Z，Liu K，Yu G. Adsorptive removal of emerging polyfluoroalky substances F-53B and PFOS by anion-exchange resin：A comparative study. Journal of Hazardous Materials，2017，323：550-557.

[7] Wang T，Vestergren R，Herzke D，Yu J，Cousins I T. Levels，isomer profiles，and estimated riverine mass discharges of perfluoroalkyl acids and fluorinated alternatives at the mouths of Chinese Rivers. Environmental Science & Technology，2016，50：11584-11592.

[8] Ti B, Li L, Liu J, Chen C. Global distribution potential and regional environmental risk of F-53B. Science of the Total Environment, 2018, 640-641: 1365-1371.

[9] Lin Y, Ruan T, Liu A, Jiang G. Identification of novel hydrogen-substituted polyfluoroalkyl ether sulfonates in environmental matrices near metal-plating facilities. Environmental Science & Technology, 2017, 51: 11588-11596.

[10] Liu W, Qin H, Li J, Zhang Q, Zhang H, Wang Z, He X. Atmospheric chlorinated polyfluorinated ether sulfonate and ionic perfluoroalkyl acids in 2006 to 2014 in Dalian, China. Environmental Toxicology and Chemistry/SETAC, 2017, 36: 2581-2586.

[11] Chen H, Zhang L, Li M, Yao Y, Zhao Z, Munoz G, Sun H. Per- and polyfluoroalkyl substances (PFASs) in precipitation from mainland China: Contributions of unknown precursors and short-chain (C2C3) perfluoroalkyl carboxylic acids. Water Research, 2019, 153: 169-177.

[12] Wei C, Song X, Wang Q, Liu Y, Lin N. Influence of coexisting Cr (VI) and sulfate anions and Cu (II) on the sorption of F-53B to soils. Chemosphere, 2019, 216: 507-515.

[13] Wei C, Wang Q, Song X, Chen X, Fan R, Ding D, Liu Y. Distribution, source identification and health risk assessment of PFASs and two PFOS alternatives in groundwater from non-industrial areas. Ecotoxicology and Environmental Safety, 2018, 152: 141-150.

[14] Pan Y, Zhang H, Cui Q, Sheng N, Yeung L W Y, Sun Y, Guo Y, Dai J. Worldwide distribution of novel perfluoroether carboxylic and sulfonic acids in surface water. Environmental Science & Technology, 2018, 52: 7621-7629.

[15] Pan Y, Zhang H, Cui Q, Sheng N, Yeung L W Y, Guo Y, Sun Y, Dai J. First report on the occurrence and bioaccumulation of hexafluoropropylene oxide trimer acid: An emerging concern. Environmental Science & Technology, 2017, 51: 9553-9560.

[16] Cui Q, Pan Y, Zhang H, Sheng N, Dai J. Elevated concentrations of perfluorohexane sulfonate and other per- and polyfluoroalkyl substances in Baiyangdian Lake (China): Source characterization and exposure assessment. Environmental Pollution, 2018, 241: 684-691.

[17] Shi Y, Vestergren R, Zhou Z, Song X, Xu L, Liang Y, Cai Y. Tissue distribution and whole body burden of the chlorinated polyfluoroalkyl ether sulfonic acid F-53B in Crucian carp (Carassius carassius): Evidence for a highly bioaccumulative contaminant of emerging concern. Environmental Science & Technology, 2015, 49: 14156-14165.

[18] Liu Y, Ruan T, Lin Y, Liu A, Yu M, Liu R, Meng M, Wang Y, Liu J, Jiang G. Chlorinated Polyfluoroalkyl Ether Sulfonic Acids in Marine Organisms from Bohai Sea, China: Occurrence, temporal variations, and trophic transfer behavior. Environmental Science & Technology, 2017, 51: 4407-4414.

[19] Gebbink W A, Bossi R, Riget F F, Rosing-Asvid A, Sonne C, Dietz R. Observation of emerging per- and polyfluoroalkyl substances (PFASs) in Greenland marine mammals. Chemosphere, 2016, 144: 2384-2391.

[20] Cui Q, Pan Y, Zhang H, Sheng N, Wang J, Guo Y, Dai J. Occurrence and tissue distribution of novel perfluoroether carboxylic and sulfonic acids and legacy per/polyfluoroalkyl substances in black-spotted frog (Pelophylax nigromaculatus). Environmental Science & Technology, 2018, 52: 982-990.

[21] Shi Y, Vestergren R, Xu L, Zhou Z, Li C, Liang Y, Cai Y. Human exposure and elimination kinetics of

chlorinated polyfluoroalkyl ether sulfonic acids (Cl-PFESAs). Environmental Science & Technology, 2016, 50: 2396-2404.

[22] Wang Y, Shi Y L, Vestergren R, Zhou Z, Liang Y, Cai Y Q. Using hair, nail and urine samples for human exposure assessment of legacy and emerging per- and polyfluoroalkyl substances. Science of the Total Environment, 2018, 636: 383-391.

[23] Chen F, Yin S, Kelly B C, Liu W. Chlorinated polyfluoroalkyl ether sulfonic acids in matched maternal, cord, and placenta samples: A study of transplacental transfer. Environmental Science & Technology, 2017, 51: 6387-6394.

[24] Pan Y, Zhu Y, Zheng T, Cui Q, Buka S L, Zhang B, Guo Y, Xia W, Yeung L W, Li Y, Zhou A, Qiu L, Liu H, Jiang M, Wu C, Xu S, Dai J. Novel chlorinated polyfluorinated ether sulfonates and legacy per-/polyfluoroalkyl substances: Placental transfer and relationship with serum albumin and glomerular filtration rate. Environmental Science & Technology, 2017, 51: 634-644.

[25] Wang J, Pan Y, Cui Q, Yao B, Wang J, Dai J. Penetration of PFASs across the blood cerebrospinal fluid barrier and its determinants in humans. Environmental Science & Technology, 2018, 52: 13553-13561.

[26] Li C H, Ren X M, Ruan T, Cao L Y, Xin Y, Guo L H, Jiang G. Chlorinated polyfluorinated ether sulfonates exhibit higher activity toward peroxisome proliferator-activated receptors signaling pathways than Perfluorooctanesulfonate. Environmental Science & Technology, 2018, 52: 3232-3239.

[27] Deng M, Wu Y, Xu C, Jin Y, He X, Wan J, Yu X, Rao H, Tu W. Multiple approaches to assess the effects of F-53B, a Chinese PFOS alternative, on thyroid endocrine disruption at environmentally relevant concentrations. Science of the Total Environment, 2018, 624: 215-224.

[28] Xin Y, Ren X M, Ruan T, Li C H, Guo L H, Jiang G. Chlorinated polyfluoroalkylether sulfonates exhibit similar binding potency and activity to thyroid hormone transport proteins and nuclear receptors as Perfluorooctanesulfonate. Environmental Science & Technology, 2018, 52: 9412-9418.

[29] Yin N, Yang R, Liang S, Liang S, Hu B, Ruan T, Faiola F. Evaluation of the early developmental neural toxicity of F-53B, as compared to PFOS, with an in vitro mouse stem cell differentiation model. Chemosphere, 2018, 204: 109-118.

[30] Briels N, Ciesielski T M, Herzke D, Jaspers V L B. Developmental toxicity of Perfluorooctanesulfonate (PFOS) and its chlorinated polyfluoroalkyl Ether sulfonate alternative F-53B in the domestic chicken. Environmental Science & Technology, 2018, 2018, 5: 12859-12867.

[31] Zhang Q, Liu W, Niu Q, Wang Y, Zhao H, Zhang H, Song J, Tsuda S, Saito N. Effects of perfluorooctane sulfonate and its alternatives on long-term potentiation in the hippocampus CA1 region of adult rats in vivo. Toxicology Research, 2016, 5: 539-546.

[32] Cheng W, Ng C A. Predicting relative protein affinity of novel per- and polyfluoroalkyl substances (PFASs) by an efficient molecular dynamics approach. Environmental Science & Technology, 2018, 52: 7972-7980.

[33] Zhang H, Zhou X, Sheng N, Cui R, Cui Q, Guo H, Guo Y, Sun Y, Dai J. Subchronic hepatotoxicity effects of 6:2 chlorinated polyfluorinated ether sulfonate (6:2 Cl-PFESA), a novel perfluorooctane sulfonate (PFOS) alternative, on adult male mice. Environmental Science & Technology, 2018, 52:

12809-12818.

[34] Zhou X, Wang J, Sheng N, Cui R, Deng Y, Dai J. Subchronic reproductive effects of 6:2 chlorinated polyfluorinated ether sulfonate (6:2 Cl-PFAES), an alternative to PFOS, on adult male mice. Journal of Hazardous Materials, 2018, 358: 256-264.

[35] Sheng N, Cui R, Wang J, Guo Y, Wang J, Dai J. Cytotoxicity of novel fluorinated alternatives to long-chain perfluoroalkyl substances to human liver cell line and their binding capacity to human liver fatty acid binding protein. Archives of Toxicology, 2018, 92: 359-369.

[36] Wu Y, Deng M, Jin Y, Liu X, Mai Z, You H, Mu X, He X, Alharthi R, Kostyniuk D J, Yang C, Tu W. Toxicokinetics and toxic effects of a Chinese PFOS alternative F-53B in adult zebrafish. Ecotoxicology and Environmental Safety, 2019, 171: 460-466.

[37] Wu Y, Deng M, Jin Y, Mu X, He X, Lu N T, Yang C, Tu W. Uptake and elimination of emerging polyfluoroalkyl substance F-53B in zebrafish larvae: Response of oxidative stress biomarkers. Chemosphere, 2019, 215: 182-188.

[38] Shi G, Cui Q, Pan Y, Sheng N, Sun S, Guo Y, Dai J. 6:2 Chlorinated polyfluorinated ether sulfonate, a PFOS alternative, induces embryotoxicity and disrupts cardiac development in zebrafish embryos. Aquatic Toxicology, 2017, 185: 67-75.

[39] Shi G, Cui Q, Wang J, Guo H, Pan Y, Sheng N, Guo Y, Dai J. Chronic exposure to 6:2 chlorinated polyfluorinated ether sulfonate acid (F-53B) induced hepatotoxic effects in adult zebrafish and disrupted the PPAR signaling pathway in their offspring. Environmental Pollution, 2019, 249: 550-559.

[40] Shi G, Guo H, Sheng N, Cui Q, Pan Y, Wang J, Guo Y, Dai J. Two-generational reproductive toxicity assessment of 6:2 chlorinated polyfluorinated ether sulfonate (F-53B, a novel alternative to perfluorooctane sulfonate) in zebrafish. Environmental Pollution, 2018, 243: 1517-1527.

[41] Shi G, Wang J, Guo H, Sheng N, Cui Q, Pan Y, Guo Y, Sun Y, Dai J. Parental exposure to 6:2 chlorinated polyfluorinated ether sulfonate (F-53B) induced transgenerational thyroid hormone disruption in zebrafish. Science of the Total Environment, 2019, 665: 855-863.

第19章 持久性有机污染物肝脏毒性研究

现代社会，人类终其一生会接触到多种多样的环境污染物，其中持久性有机污染物（POPs）是一类可以抵抗化学、生物和光解等环境降解过程的有机化合物[1]。持久性有机污染物往往浓度较高，消除速度缓慢，因此易于在环境中累积。食物累积或生物累积是其重要的标志性特征。持久性有机污染物随食物链上移后，经过生物组织加工、代谢，其浓度增加，毒性风险也随之升高[2]。

19.1 持久性有机污染物的毒性与健康危害

持久性有机污染物在环境中无处不在，人类的身体主要通过三种途径暴露：①真皮-皮肤；②呼吸吸入；③食物摄入[3]。目前已知，持久性有机污染物具有致癌性、免疫毒性、诱变性和致畸性，会对人类的健康造成严重损害。

19.1.1 急性健康影响

持久性有机污染物的毒性取决于其类型和浓度，对人类健康产生相对应的影响，如恶心、呕吐、眼睛刺激和腹泻等。污染物含量高的职业暴露会导致炎症和皮肤刺激，已知皮肤致敏物萘、蒽和苯并芘能导致动物和人类的过敏性皮肤反应[4]。

19.1.2 遗传毒性

大多数持久性有机污染物自身并不具有遗传毒性，但当它们与其他成分代谢后，可导致遗传缺陷。芳烃的环氧化物可与 DNA 结合并改变核苷酸密码子，造成"突变"。它们的遗传毒性作用已经在啮齿动物和哺乳动物的体外（包括人类细胞系）试验中得到证实。多环芳烃（PAHs）引起 DNA 碱基替换导致删除，移码突变，S 期停滞和多种染色体交替等[5]。

19.1.3 致癌性

持久性有机污染物与细胞蛋白或 DNA 结合，导致肿瘤和癌症的形成，此外，它们的代谢产物也具有致癌性。据报道，通过呼吸、饮食或皮肤等长时间暴露多环芳烃的人会发展成肺癌、胃癌和皮肤癌[6]。

19.1.4 免疫毒性

持久性有机污染物能够直接或间接诱导癌症的免疫抑制。免疫抑制与传染病的发生相关，在特定条件下，通过促进免疫细胞释放炎症因子，可能引起自身免疫或超敏反应[7, 8]。

19.1.5 致畸性

胚胎或胎儿发育过程中的畸形。持久性有机污染物中苯并芘等是胚胎毒性化合物，高水平的苯并芘会造成后代天生缺陷或体重下降。怀孕期间，若持久性有机污染物进入孕妇体内，则会导致早产、儿童精神异常、心脏畸形、哮喘和智商降低等，如果婴儿暴露于持久性有机污染物，脐带血 DNA 会因暴露而受到损害[9]。

19.2　持久性有机污染物的肝脏毒性研究进展

肝脏是机体的代谢器官，对来自体内、外的许多非营养性物质如药物、毒物以及某些代谢产物具有生物转化作用。环境污染物进入机体后，会在肝脏中积累，并在酶的参与下进行一系列代谢的生物转化过程。因此环境污染物特别是持久性有机污染物的长期暴露势必会对肝脏及其生物学功能产生影响[10, 11]。肝脏疾病对人类健康造成了严重的威胁，受到的关注也越来越多。研究表明长期低剂量暴露持久性有机污染物，肝脏会受到不同程度的损伤，如肝脏炎症、肝纤维化、肝硬化、肝癌等[12, 13]。造成这些病理现象的原因很多，如：ROS 的产生、DNA 的损伤、线粒体的损伤等[14]，具体机理并不十分清楚。

19.2.1　持久性有机污染物与肝脏节律

哺乳动物中，生物节律由正调控因子 Bmal1（brain and muscle ARNT-like-1）、Clock（circadian locomotor output cycles kaput）和负调节因子 Per（Period）、Cry（Cryptochrome）一系列转录反馈因子共同构成。如图 19-1 所示，Bmal1 和 Clock 蛋白形成异二聚体，通过结合 E-box，激活 Per、Cry 和其他时钟控制基因 CCGs（clock controlled genes）的转录。而 Per 和 Cry 蛋白在细胞核外发生磷酸化后转移到核内，抑制 Bmal1 和 Clock 的转录。其他时钟控制基因编码的核激素受体 Rev-erb（nuclear receptor subfamily 1, group D）、PPARα（peroxisome proliferator activated receptor alpha）和共激活因子 PGC1α（peroxisome proliferative activated receptor, gamma, coactivator 1 alpha）又可抑制或激活 Bmal1 的转录。文献表明，Rev-erbα 招募 HDAC3（histone deacetylase 3）和 N-CoR（nuclear receptor corepressor）抑制基因转录最终抑制 CCG 的昼夜节律，如葡萄糖异生中的 Pepck（phosphoenolpyruvate carboxykinase 1）和 G6pt1 [solute carrier family 37 (glucose-6-phosphate transporter), member 4]，以及肝中脂肪生成中的 Srebp1c（sterol regulatory element binding transcription factor 1）[15, 16]，进而影响机体的糖代谢以及胆固醇代谢。

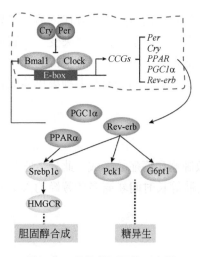

图 19-1　节律基因调控示意图

研究发现，自主昼夜节律振荡器存在于外周器官（如肝脏）中，并且在营养素、异生素的合成和分解代谢中具有重要的生理作用[17]。越来越多的证据表明，几乎所有的代谢途径包括糖原异生和胆固醇代谢都受生物钟机制的调配[18]。参与这些代谢功能的重要基因显示出昼夜节律性，并且还会调节肝脏的生物节律系统。

非生物环境条件的变化会扰乱或抑制昼夜节律（约24h），变化之大甚至可能对人类的长期生存构成风险。众所周知，人类活动已经造成全球范围内的气候变化，而气候变化是影响生物节律的主因素，因其影响光-温度的关系，从而破坏生物节律与温度之间的关联。此外，缺氧和许多化学物质会扰乱适应生物体的节律。由于人类活动导致环境中的化学和营养负荷增加，生物体会对其节律进行调整或重塑，以便更健康地生存[19]。目前，环境污染物特别是持久性有机污染物是否会对哺乳动物的生物节律产生影响（图19-2）的报道较少。研究显示，TCDD可以影响节律分子的表达，如TCDD暴露会改变骨髓细胞、髓样细胞和红血球前体细胞中 *Per1* 和 *Per2* 基因的表达，造成 Bmal1 和 Per1 的相移[18, 20]。

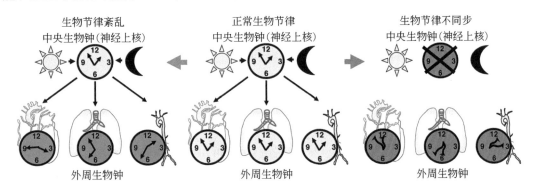

图19-2　生物节律稳态[21]

多氯联苯是一类与人类和环境健康相关的持久性有机污染物，具有化学稳定性和热稳定性，可在环境中长期存在，容易发生生物富集，在鱼类和海洋哺乳动物中其含量高出沉积物或水数千倍，而人类通过空气或摄食暴露，也会在体内积累较高水平的多氯联苯[22, 23]。研究表明，多氯联苯暴露会在肝脏中累积，引发肝功能异常，引起慢性代谢疾病，干扰糖脂代谢相关的过氧化物酶体脂肪酸氧化和酮生成[24-26]。多氯联苯可诱导机体能量代谢紊乱的不良影响，目前科研工作者提出了多种损伤机制，如AhR信号通路、氧化应激和内分泌干扰信号通路[25, 27-29]。

研究发现，暴露多氯联苯后，肝脏细胞中的节律基因 *Bmal1*、*Clock*、*Cry1* 和 *Per2* 的表达几乎在每个时间点都有不同程度的增加或减少，显著抑制了基因的节律振荡振幅。并且，低剂量多氯联苯暴露会影响核心节律基因下游的时钟控制基因 *PPARα*、*PGC1α*、*Rev-erbα* 和 *Rev-erbβ* 的表达。与对照组小鼠相比，*PPARα*、*PGC1α* 基因显著抑制，振幅明显减小；而 *Rev-erbα* 基因振幅明显升高（图19-3）。表明低剂量多氯联苯的暴露，显著改变了小鼠肝脏的时钟控制基因，从而损害了小鼠的核心生物钟调控网络[30]。以上研究阐述了多氯联苯对生物钟的影响，为其影响糖脂代谢的机制以及生物节律在调控机体糖脂代谢方面的作用提供了新的思路。

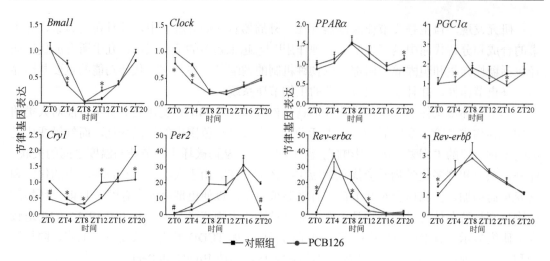

图 19-3 多氯联苯干扰机体节律基因及其下游控制基因
*$P<0.05$,#$P<0.001$

19.2.2 持久性有机污染物与肝脏纤维化

肝纤维化是由于各种因素导致的慢性肝损伤引起的反应,如饮酒、非酒精性脂肪性肝炎、病毒性肝炎等。肝脏纤维化产生于细胞外基质（extracellular matrix,ECM）组分的积累,而后形成纤维性瘢痕,破坏了肝脏的正常结构,导致肝细胞凋亡和肝脏功能失调,肝功能衰竭。

肝纤维化的形成原因包括:①肝星状细胞(human hepatic stellate cells,HSC)的活化使其获得肌成纤维细胞样表型。②由脂肪组织分泌的脂肪因子是肝纤维化过程中的另一个主要因素,瘦蛋白是一种众所周知的循环脂肪形成激素,可促进纤维发生。除外,实验证实肝纤维化过程中脂联素表达减少,而脂联素被认为具有抗纤维化活性。③肝细胞凋亡和炎症是肝纤维化形成的重要始动因素。肝细胞凋亡形成凋亡小体,诱导炎症发生,而肝脏炎症促进产生可溶性介质和氧化应激,进而促进肝星状细胞的活化。因此肝细胞凋亡与炎症在肝纤维化发生中起着重要作用[31,32]（图19-4）。

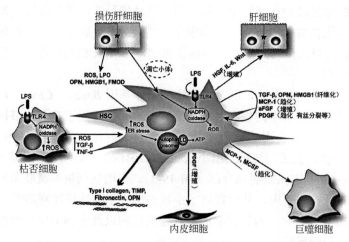

图 19-4 肝脏内 HSC 细胞活化及其与周围细胞的作用[30]

肝纤维化是细胞外基质形成和降解的动态过程[33]，并且它可能进一步发展为肝硬化和肝细胞癌，近年来科研工作者也认识到肝纤维化是一个可逆的过程，阻断肝纤维化进程对于肝硬化和肝癌的发生有着非常重要的意义。

毫无疑问，持久性有机污染物会对肝脏造成损伤，如 $PM_{2.5}$ 可诱导肝脏发生非酒精脂肪性肝炎，干扰内分泌系统等。持久性有机污染物 TCDD 通过激活 AKT 和 NF-κB 信号通路来调节肝星状细胞的活化[34]，并且芳香烃受体（aryl hydrocarbon receptor，AhR）活化可能会导致细胞外基质重构基因表达失调[35]。此外，持久性有机污染物通过激活肝脏中主要的药物代谢酶细胞色素 P450/AhR 来介导肝脏毒性和 DNA 损伤[36, 37]，通过增加 ROS 激活 PINK1/Parking 信号通路诱导线粒体自噬，从而激活肝星状细胞并引起肝纤维化。越来越多的流行病学证据也表明，人类在接触环境持久性有机污染物后，会加速纤维化的进展进而促进慢性肝病的发展。

持久性有机污染物 TCDD 可以导致肝脏内胶原沉积，并呈现剂量依赖效应，表明 TCDD 可以导致肝脏肝纤维化（图 19-5）；血清中天冬氨酸氨基转移酶、丙氨酸氨基转移酶升高，ECM、Ⅰ型胶原纤维、纤维化相关标志物肿瘤生长因子及α平滑肌肌动蛋白在肝脏内沉积，此类现象是肝脏纤维化的重要标志。此外，TCDD 暴露可以导致肝脏炎症的进展，表现为 F4/80、CD45 在免疫组化中显著升高，以及血清及肝组织水平的 IL-6、TNFα、IL-1β升高并具有时间、剂量依赖效应。高剂量、长时间 TCDD 暴露可以导致脂质及铁沉积于肝脏内，从而进一步促进肝纤维化的形成（图 19-6）。TCDD 引起肝脏损伤后，铁调素（hepcidin）

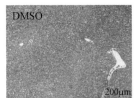
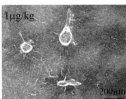

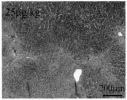

图 19-5　TCDD 导致小鼠肝脏胶原沉积（Masson 染色）

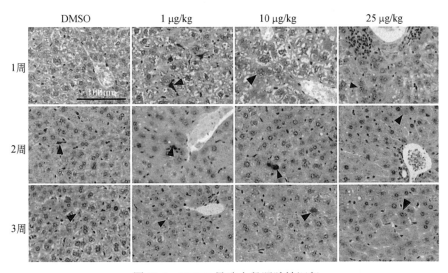

图 19-6　TCDD 导致小鼠肝脏铁沉积

在体内生成受阻,导致血清铁及肝脏铁水平升高,进而刺激氧化应激反应[38],促进炎症反应和肝脏纤维化。TCDD 暴露后,肝脏内凋亡分子如 Bnip3、Casp3、Cideb、Nme5、Tnf 和 Trp53bp2 发生不同程度的变化,促凋亡分子 Bax 及凋亡配体 Fasl 表达升高,表明 TCDD 可以调节肝细胞凋亡,而肝细胞凋亡是肝纤维化形成的重要始动阶段,能够促进肝纤维化的形成。另外,体外研究还发现高剂量 TCDD 可以抑制肝细胞克隆,进一步证明了 TCDD 对于肝细胞的毒性作用。

TCDD 导致肝脏纤维化的过程复杂,脂质、肝细胞凋亡以及肝脏炎症是重要因素,在 TCDD 导致的肝脏纤维化过程中发挥重要作用。目前,虽然铁对于肝脏纤维化的机制尚不明确,但已有研究表明,利用 hepcidin 敲除小鼠辅以高铁饮食,饲养 12 个月后会形成非常严重的肝纤维化,提示了 hepcidin 和铁沉积在肝纤维化中具有重要作用[39]。以上研究为探究 TCDD 导致肝脏纤维化的确切机制提供了新的视角。

19.2.3 持久性有机污染物与铁稳态

肝脏是机体重要的代谢器官,机体内铁稳态的维持离不开肝脏的调节。铁是机体需量最多的微量元素,是多种蛋白的重要构成(如血红蛋白、肌红蛋白和含铁酶等),广泛参与氧气的运输与储存、细胞增殖与分化、能量代谢、基因的表达调控等生命过程[40],因此铁的稳态是机体正常生理必需的。

铁稳态必须借助于铁离子的吸收、摄取、利用、储存各个环节间的协调[41],其中任何一个环节出现问题,都将导致铁含量的变化。机体内铁的供给主要来自小肠上皮细胞对食物中铁的摄取和巨噬细胞吞噬衰老红细胞后对铁的重复利用,上述细胞获取的铁通过细胞表面唯一的铁输出蛋白(ferroportin)排出进入血液,继而随血流到达机体需铁的部位。机体对铁代谢的调节主要由肝脏细胞分泌的多肽-hepcidin 来完成。Hepcidin 与 ferroportin 结合后,使其内化降解,阻断铁的输出,从而对铁的稳态进行调节(图 19-7)[42, 43]。由铁调节蛋白(iron regulatory protein,IRP)介导的转录后调控对铁稳态也至关重要。IRP 与铁响应元件(iron response element,IRE)结合,调节参与铁稳态蛋白的表达,如稳定金属转运蛋白(divalent metal-ion transporter 1,DMT1)和转铁蛋白受体(transferrin receptor,TfR1)的表达,抑制储铁蛋白(ferritin)的合成[44]。

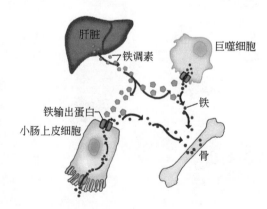

图 19-7　铁调素-铁输出蛋白调节铁稳态机制示意图[42, 43]

研究发现，持久性有机污染物会影响铁的稳态。目前其调节铁代谢的机制概括为以下三类：①对铁池的直接影响；②对铁相关蛋白的调节；③对 hepcidin 表达的调节。具体如下：①持久性有机污染物具有显著的铁螯合能力，特别是化学结构中包括能够共享电子的含氧、氮或硫的双键或电负性官能团[45]，如酚类化合物（杀虫剂），进入机体后通过细胞色素 P450 代谢成酚类，导致正常细胞内部功能性铁的立即丧失。②持久性有机污染物可以调节 IRP1 和 IRP2 的 RNA 结合能力，显著增强转铁蛋白受体 TfR-1 和铁蛋白的表达，破坏细胞内铁稳态，最终导致铁池发生显著变化[46]。③持久性有机污染物可以影响丝裂原活化蛋白激酶和转录因子的活性并释放促炎介质，IL-6 表达升高，调节 JAK-STAT 信号通路使 hepcidin 表达增加，铁稳态发生变化[47, 48]。另外，持久性有机污染物暴露可诱导广泛的毒性和生物反应，造成血红素基因表达的显著改变，如诱导氨基乙酰丙酸合酶（aminolevulinic acid synthase，Alas1）和抑制尿卟啉原脱羧酶（uroporphyrinogen decarboxylase，Urod）造成铁代谢变化[49, 50]。

一些持久性有机污染物如多氯联苯及其同系物可通过类雌激素效应抑制肝脏 hepcidin 的表达，并且抑制程度随同系间类雌激素活性的差异而不同（图 19-8）[51]。多氯联苯暴露可能会干扰铁的代谢和影响系统性铁稳态，导致组织如肿瘤的铁供给增多。过多的铁能有效地提高铁依赖性的细胞快速生长，并通过产生自由基提高遗传突变的风险，增加各种癌症的发病率[52]。另外，铁与铁蛋白的相互作用对 p53 的稳定发挥关键作用，这表明污染物引起的 p53 变异可能与铁的状态有关，也暗示了铁的潜在功能。

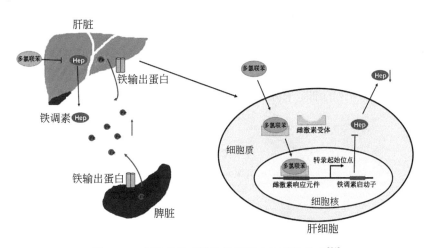

图 19-8 多氯联苯干扰铁代谢影响系统铁稳态[51]

除此之外，外泌体也可能对机体的铁调节发挥作用。外泌体是细胞来源的脂质囊泡，存在于多种生物液体如血液、尿液等，其内部成分复杂，包含 mRNA、microRNA、DNA、蛋白等，因此生物学功能复杂[53]。污染物的暴露，会导致宿主细胞生理状态的变化，进而导致外泌体内容物发生改变[54]。此外，污染物暴露会诱发机体的炎症反应，改变巨噬细胞的极化状态[55]，炎症因子如 IL-6 的释放可以调节肝脏 hepcidin 的表达，这意味着机体在不同生理状态产生的外泌体对可能对铁的代谢调节产生影响。

目前，关于持久性有机污染物积累对肝脏铁代谢的调节机制仍不明确。上述研究，对理解持久性有机污染物干扰机体铁稳态的途径和机制提供了新的研究思路。

19.2.4 持久性有机污染物与肝分区

肝脏是负责维持血糖水平，氨代谢，异生素生物转化和代谢的器官。所有这些过程都需要以最有效的方式运行，为实现这一目标，肝脏会显示出一定的功能分区。肝脏的宏观和微观解剖结构看似均匀的，然而就细胞类型和功能而言是异质的，其生化生理功能方面显示出巨大的异质性。组织学水平上，肝小叶是最小的结构单位，呈六边形，中间有一条中央静脉，六边形的角由门管三联体组成，包括门静脉、肝动脉以及胆管（图 19-9）[56]。肝小叶由肝细胞组成，携带来自消化道最新吸收的营养物、氧气、激素和 Wnt 形态发生素用以形成肝脏不同的代谢区域。这种结构对肝脏的功能进行分割，形成解毒、营养吸收和脂质合成等的分区。此外，肝脏异质性的第二个体现是其多倍性，与大多数组织不同，肝脏是多倍体器官，肝细胞含有一个或两个核，每个核含有 2、4、8 或更多个单倍体染色体组[57]。中央静脉区多为不成熟的二倍体细胞，而门管区的细胞多为成熟的四倍体或八倍体。肝脏的分区是相对动态而不是静态的，大多数基因根据营养、药物、氧气、形态发生素、激素和昼夜节律稳定或动态地表达于特定区域。肝脏具有强大的再生功能，受到损伤后会进行自我修复。研究表明，在肝脏的稳态更新中，中央静脉区细胞起到了重要作用，提示该区细胞具有一定的干细胞特性[58]。另有研究发现，肝脏损伤后，不同分区肝细胞的修复情况不同，门静脉区的细胞大量扩增，逐渐代替中央静脉区细胞，提示门静脉区的细胞也具有干细胞特性（图 19-10）[40]；目前，有关肝脏在不同条件下的修复与更新过程中，肝脏干细胞的来源及其分区问题众说纷纭。有机污染物会对肝脏造成主要针对中央静脉区细胞的损伤[40,59]，而持久性有机污染物暴露时，肝脏受到的损伤会首先发生在哪些区域，其修复在不同分区的肝细胞中是否存在区别，长期低剂量暴露持久性有机污染物的情况下，肝脏中的不同区域所受到的损伤是否相同，损伤后的修复过程中新产生的细胞来源于哪些区域等一系列问题也亟需回答。

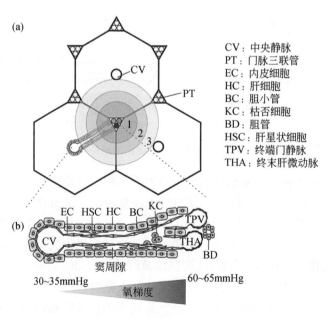

图 19-9 肝脏微观结构及代谢分区[56]

小鼠长期低剂量地暴露 TCDD 以后，小鼠肝脏细胞中不同倍型的细胞比例会发生变化，二倍体细胞占比减少，多倍体细胞比例明显增加。这意味着 TCDD 这类持久性有机污染物对肝脏的损伤可能优先发生在中央静脉区的肝细胞。持久性有机污染物会造成多种疾病的产生，如肝癌，目前对于该病的预防与早期检测方面，通常以 Wnt 通路的负调节因子 Axin 和 APC38 的突变作为标志。在小鼠肝癌模型中，肿瘤主要出现在多为二倍体细胞的中央静脉细胞处。通过对肝脏分区的变化研究分析，进而对持久性有机污染物所诱发的疾病进行检测，为肝脏相关疾病的早期诊断与治疗提供了线索。

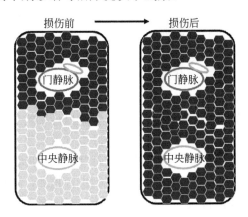

图 19-10　肝脏受损后门静脉区的肝细胞进行修复

各种类型的污染物，特别是具有远距离迁移性，持久性，生物累积性和高毒性等特点的持久性有机污染物，几乎生态系统中的每个区域都可以检测到它们的存在。随着社会的发展，人们对于持久性有机物造成的危害越来越重视，其中对肝脏造成的损伤、修复以及相关功能的研究将会逐步细化。

（1）在多氯联苯影响机体糖脂代谢的机制研究中，在未引起机体糖脂代谢紊乱的低剂量暴露下，小鼠肝脏节律基因的表达开始出现异常，结果表明多氯联苯可能通过扰乱生物节律导致机体的糖脂代谢紊乱，但多氯联苯如何作用于生物节律，目前还没有直接实验证据来证明。

（2）持久性有机污染物 TCDD 诱导肝脏纤维化的机制尚未完全阐明。肝脏纤维化是一种涉及多种机制的累积反应，包括肝细胞凋亡、脂质及铁的沉积、肝脏炎症等多种机制，但各种机制重要性的差异有待进一步的探究。

（3）尽管目前关于持久性有机污染物影响铁稳态的研究已经取得了实质性的进展，但其在肝脏 hepcidin 的表达调节上仍存在知识空白。持久性有机污染物的结构、组成、种类多而复杂，现阶段的研究关注于某一种类污染物对肝脏 hepcidin 表达的影响，而所观察到的现象及其相关机制是否也普适于其同系物或其他种类的污染物，是否可以化学组成进行分类，以此建立不同化学组成的污染物与肝脏 hepcidin 调节之间的特异联系，不同类型的污染物对肝脏 hepcidin 的干扰之间是否协同促进或是拮抗抑制，另外，持久性有机污染物能够导致多种疾病的发生，在此期间疾病与铁稳态之间是否相互联系；这些问题都亟待解决。

（4）对肝脏分区的理解可以帮助研究人员更好地了解肝脏疾病的发生。目前，持久性有机污染物对肝脏干细胞和肝分区的研究比较缺乏,肝脏受到持久性有机污染物损伤后的修复再生过程或许与肝脏稳态过程中的自我更新机制不同,门静脉周围肝细胞的扩增和重编程是否依赖于 Wnt 信号通路或者其他通路,是否来自局部微环境(如血流)。上述一系列问题或许是未来研究中的关注点,它将更有助于理解持久性有机污染物对健康特别是肝脏的毒性危害。

关于持久性有机污染物肝脏毒性的大多数研究目前主要集中观察在同一代中的毒性,而其多代毒性很大程度上仍然未知;高剂量的持久性有机污染物会掩盖环境中低浓度诱导的影响,肝脏的毒性评价应该在实际环境中的剂量浓度下进行;基于基因表达的研究结果多数仅描述了持久性有机污染物其毒性的潜在分子机制,未来可通过高通量,基因组分析技术对其相关毒性机制进行更多更全面的解读。持久性有机污染物种类繁多,其健康毒理学机制也复杂多样,因此未来关于其毒理学特别是肝脏毒理的研究需要更加全面深入。当前的研究局限于某一类污染物对某类健康效应的危害,其对机体所造成的毒害效应之间是否相互交叉相互联系等问题还需要回答,如持久性有机污染物导致的肝脏节律变化是否影响机体的铁稳态,肝脏的纤维化是否会对肝脏分区进行重塑等。根据持久性有机污染物污染物化学性质的不同进行分类,建立相应的肝脏毒理学数据库,对不同类别的同系物、替代物之间的毒性大小进行评价,以及对其毒性机制进行预测,以此为基础进而发现它们对健康的潜在危害。除此之外,持久性有机污染物能够影响多种疾病的发生发展,针对每一类疾病,需要建立相关毒理学检测鉴定系统,从而对同系物、新型有机污染物进行快速的疾病风险鉴定。

未来,持久性有机污染物可能会继续被大量释放进入环境,与其相关的潜在环境和健康风险仍需要进行调查,特别是在环境相关浓度下考虑可能的慢性和多代毒性及其相关机制,必须彻底考虑其存在的健康风险。

(撰稿人:刘 伟 申心铭 刘思金)

参 考 文 献

[1] Mori C, Todaka E. For a healthier future: A virtuous cycle for reducing exposure to persistent organic pollutants. Journal of Epidemiology and Community Health, 2017, 71: 660-662.

[2] Yu G W, Laseter J, Mylander C. Persistent organic pollutants in serum and several different fat compartments in humans. Journal of Environmental and Public Health, 2011, 2011: 1-8.

[3] Yang Q, Chen H G, Li B Z. Polycyclic aromatic hydrocarbons (PAHs) in indoor dusts of Guizhou, Southwest of China: Status, sources and potential human health risk. PloS One, 2015, 10: e0118141.

[4] Ortega-Gonzalez D K, Cristiani-Urbina E, Flores-Ortiz C M, Cruz-Maya J A, Cancino-Diaz J C, Jan-Roblero J. Evaluation of the removal of pyrene and fluoranthene by *Ochrobactrum anthropi*, *Fusarium* sp. and their coculture. Applied Biochemistry and Biotechnology, 2015, 175: 1123-1138.

[5] Yu W, Qiao Y, Tang X, Ma L, Wang Y, Zhang X, Weng W, Pan Q, Yu Y, Sun F, Wang J. Tumor suppressor long non-coding RNA, MT1DP is negatively regulated by YAP and Runx2 to inhibit FoxA1 in liver cancer cells. Cellular Signalling, 2014, 26: 2961-2968.

[6] Veyrand B, Sirot V, Durand S, Pollono C, Matchand P, Dervilly-Pinel G, Tard A, Leblanc J C, Le Bizec B. Human dietary exposure to polycyclic aromatic hydrocarbons: Results of the second French Total Diet Study. Environment International, 2013, 54: 11-17.

[7] Desforges J P W, Sonne C, Levin M, Siebert U, De Guise S, Dietz R. Immunotoxic effects of environmental pollutants in marine mammals. Environment International, 2016, 86: 126-139.

[8] Kakuschke A, Valentine-Thon E, Fonfara S, Kramer K, Prange A. Effects of methyl-, phenyl-, ethylmercury and mercurychlorid on immune cells of harbor seals (Phoca vitulina). Journal of Environmental Sciences, 2009, 21: 1716-1721.

[9] Varjani S J, Gnansounou E, Pandey A. Comprehensive review on toxicity of persistent organic pollutants from petroleum refinery waste and their degradation by microorganisms. Chemosphere, 2017, 188: 280-291.

[10] Abd El-Moneam N M, Shreadah M A, El-Assar S A, Nabil-Adam A. Protective role of antioxidants capacity of *Hyrtios aff.* Erectus sponge extract against mixture of persistent organic pollutants (POPs) -induced hepatic toxicity in mice liver: Biomarkers and ultrastructural study. Environmental Science and Pollution Research, 2017, 24: 22061-22072.

[11] Al-Eryani L, Wahlang B, Falkner K C, Guardiola J J, Clair H B, Prough R A, Cave M. Identification of environmental chemicals associated with the development of toxicant-associated fatty liver disease in rodents. Toxicologic Pathology, 2015, 43: 482-497.

[12] Chen Y, Dong H, Thompson D C, Shertzer H G, Nebert D W, Vasiliou V. Glutathione defense mechanism in liver injury: Insights from animal models. Food and Chemical Toxicology, 2013, 60: 38-44.

[13] Milic S, Mikolasevic I, Orlic L, Devcic E, Starcevic-Cizmarevic N, Stimac D, Kapovic M, Ristic S. The role of iron and iron overload in chronic liver disease. Medical Science Monitor, 2016, 22: 2144-2151.

[14] Yang G, Zhou Z, Cen Y, Gui X, Zeng Q, Ao Y, Li Q, Wang S, Li J, Zhang A. Death receptor and mitochondria-mediated hepatocyte apoptosis underlies liver dysfunction in rats exposed to organic pollutants from drinking water. Drug Design, Development and Therapy, 2015, 9: 4719-4733.

[15] Feng D, Liu T, Sun Z, Bugge A, Mullican S E, Alenghat T, Liu X S, Lazar M A. A circadian rhythm orchestrated by histone deacetylase 3 controls hepatic lipid metabolism. Science, 2011, 331: 1315-1319.

[16] Yin L, Lazar M A. The orphan nuclear receptor Rev-erbalpha recruits the N-CoR/histone deacetylase 3 corepressor to regulate the circadian Bmal1 gene. Molecular Endocrinology, 2005, 19: 1452-1459.

[17] Duez H, Staels B. Rev-erb-alpha: An integrator of circadian rhythms and metabolism. Journal of Applied Physiology, 2009, 107: 1972-1980.

[18] Garrett R W, Gasiewicz T A. The aryl hydrocarbon receptor agonist 2, 3, 7, 8-tetrachlorodibenzo-p-dioxin alters the circadian rhythms, quiescence, and expression of clock genes in murine hematopoietic stem and progenitor cells. Molecular Pharmacology, 2006, 69: 2076-2083.

[19] Bradshaw W E, Holzapfel C M. Light, time, and the physiology of biotic response to rapid climate change in animals. Annual Review of Physiology, 2010, 72: 147-166.

[20] Mukai M, Lin T M, Peterson R E, Cooke P S, Tischkau S A. Behavioral rhythmicity of mice lacking AhR and attenuation of light-induced phase shift by 2, 3, 7, 8-tetrachlorodibenzo-p-dioxin. Journal of Biological Rhythms, 2008, 23: 200-210.

[21] Haberzettl P. Circadian toxicity of environmental pollution. Inhalation of polluted air to give a precedent. Current Opinion in Physiology, 2018, 5: 16-24.

[22] Hu D F, Lehmler H J, Martinez A, Wang K, Hornbuckle K C. Atmospheric PCB congeners across Chicago. Atmospheric Environment, 2010, 44: 1550-1557.

[23] Su G Y, Liu X H, Gao Z S, Xian Q M, Feng J F, Zhang X W, Giesy J P, Wei S, Liu H, Yu H. Dietary intake of polybrominated diphenyl ethers (PBDEs) and polychlorinated biphenyls (PCBs) from fish and meat by residents of Nanjing, China. Environment International, 2012, 42: 138-143.

[24] Gadupudi G S, Elser B A, Sandgruber F A, Li X, Gibson-Corley K N, Robertson L W. PCB126 inhibits the activation of AMPK-CREB signal transduction required for energy sensing in liver. Toxicological Sciences, 2018, 163: 440-453.

[25] Gadupudi G S, Klaren W D, Olivier A K, Klingelhutz A J, Robertson L W. PCB126-induced disruption in gluconeogenesis and fatty acid oxidation rrecedes fatty liver in male rats. Toxicological Sciences, 2016, 149: 98-110.

[26] Zhang W S, Sargis R M, Volden P A, Carmean C M, Sun X J, Brady M J. PCB 126 and other dioxin-like PCBs specifically suppress hepatic PEPCK expression via the aryl hydrocarbon receptor. PloS One, 2012, 7: e37103.

[27] Wahlang B, Falkner K C, Clair H B, Al-Eryani L, Prough R A, States J C, Coslo D M, Omiecinski C J, Cave M C. Human receptor activation by aroclor 1260, a polychlorinated biphenyl mixture. Toxicological Sciences, 2014, 140: 283-297.

[28] Mauger J F, Nadeau L, Caron A, Chapados N A, Aguer C. Polychlorinated biphenyl 126 exposure in L6 myotubes alters glucose metabolism: A pilot study. Environmental Science and Pollution Research International, 2016, 23: 8133-8140.

[29] Kirkley A G, Sargis R M. Environmental endocrine disruption of energy metabolism and cardiovascular risk. Current Diabetes Reports, 2014, 14: 494.

[30] Shen X, Chen Y, Zhang J, Yan X, Liu W, Guo Y, Shan Q, Liu S. Low-dose PCB126 compromises circadian rhythms associated with disordered glucose and lipid metabolism in mice. Environment International, 2019, 7 (128): 146-157.

[31] Yang Y M, Seki E. TNFalpha in liver fibrosis. Current Pathobiology Reports, 2015, 3: 253-261.

[32] Aydin M M, Akcali K C. Liver fibrosis. The Turkish Journal of Gastroenterology, 2018, 29: 14-21.

[33] Schuppan D. Liver fibrosis pathogenesis prevention and treatment. Revista de Gastroenterología del Peru, 2000, 20: 164-168.

[34] Han M, Liu X, Liu S, Su G, Fan X, Chen J, Yuan Q, Xu G. 2,3,7,8-tetrachlorodibenzo-p-dioxin (TCDD) induces hepatic stellate cell (HSC) activation and liver fibrosis in C57BL6 mouse via activating Akt and NF-kappaB signaling pathways. Toxicology Letters, 2017, 273: 10-19.

[35] Lamb C L, Cholico G N, Perkins D E, Fewkes M T, Oxford J T, Lujan T J, Morrill E E, Mitchell K A. Aryl hydrocarbon receptor activation by TCDD modulates expression of extracellular matrix remodeling genes during experimental liver fibrosis. BioMed Research International, 2016, 2016: 5309328.

[36] Cantrell S M, Lutz L H, Tillitt D E, Hannink M. Embryotoxicity of 2,3,7,8-tetrachlorodibenzo-p-dioxin

(TCDD): The embryonic vasculature is a physiological target for TCDD-induced DNA damage and apoptotic cell death in Medaka (Orizias latipes). Toxicology and Applied Pharmacology, 1996, 141: 23-34.

[37] Chen Z H, Hurh Y J, Na H K, Kim J H, Chun Y J, Kim D H, Kang K S, Cho M H, Surh Y J. Resveratrol inhibits TCDD-induced expression of CYP1A1 and CYP1B1 and catechol estrogen-mediated oxidative DNA damage in cultured human mammary epithelial cells. Carcinogenesis, 2004, 25: 2005-2013.

[38] Wang M, Liu R, Liang Y, Yang G, Huang Y, Yu C, Sun K, Lai Y, Xia Y. Iron overload correlates with serum liver fibrotic markers and liver dysfunction: Potential new methods to predict iron overload-related liver fibrosis in thalassemia patients. United European Gastroenterology Journal, 2017, 5: 94-103.

[39] Lunova M, Goehring C, Kuscuoglu D, Mueller K, Chen Y, Walther P, Deschemin J C, Vaulont S, Haybaeck J, Lackner C, Trautwein C, Strnad P. Hepcidin knockout mice fed with iron-rich diet develop chronic liver injury and liver fibrosis due to lysosomal iron overload. Journal of Hepatology, 2014, 61: 633-641.

[40] Pu W, Zhang H, Huang X, Tian X, He L, Wang Y, Zhang L, Liu Q, Li Y, Li Y, Zhao H, Liu K, Lu J, Zhou Y, Huang P, Nie Y, Yan Y, Hui L, Lui K O, Zhou B. Mfsd2a+ hepatocytes repopulate the liver during injury and regeneration. Nature Communications, 2016, 7: 13369.

[41] Hentze M W, Muckenthaler M U, Andrews N C. Balancing acts: Molecular control of mammalian iron metabolism. Cell, 2004, 117: 285-297.

[42] Chen B, Li G F, Shen Y, Huang X, Xu Y J. Reducing iron accumulation: A potential approach for the prevention and treatment of postmenopausal osteoporosis. Experimental and Therapeutic Medicine, 2015, 10: 7-11.

[43] Coffey R, Ganz T. Iron homeostasis: An anthropocentric perspective. The Journal of Biological Chemistry, 2017, 292: 12727-12734.

[44] Muckenthaler M U, Rivella S, Hentze M W, Galy B. A red carpet for iron metabolism. Cell, 2017, 168: 344-361.

[45] Schreinemachers D M, Ghio A J. Effects of environmental pollutants on cellular iron homeostasis and ultimate links to human disease. Environmental Health Insights, 2016, 10: 35-43.

[46] Santamaria R, Fiorito F, Irace C, De Martino L, Maffettone C, Granato G E, Di Pascale A, Iovane V, Pagnini U, Colonna A. 2, 3, 7, 8-Tetrachlorodibenzo-p-dioxin impairs iron homeostasis by modulating iron-related proteins expression and increasing the labile iron pool in mammalian cells. Biochimica et Biophysica Acta (BBA) - Molecular Cell Research, 2011, 1813: 704-712.

[47] Ghio A J, Soukup J M, Dailey L A. Air pollution particles and iron homeostasis. Biochimica et Biophysica Acta (BBA) - Molecular Cell Research, 2016, 1860: 2816-2825.

[48] Cui Q, Chen F-Y, Zhang M, Peng H, Wang K-J. Transcriptomic analysis revealing hepcidin expression in Oryzias melastigma regulated through the JAK-STAT signaling pathway upon exposure to BaP. Aquatic Toxicology, 2019, 206: 134-141.

[49] Davies R, Clothier B, Robinson S W, Edwards R E, Greaves P, Luo J, Gant T W, Chernova T, Smith A G. Essential role of the AH receptor in the dysfunction of heme metabolism induced by

2, 3, 7, 8-tetrachlorodibenzo-p-dioxin. Chemical Research in Toxicology, 2008, 21: 330-340.

[50] Fader K A, Nault R, Kirby M P, Markous G, Matthews J, Zacharewski T R. Convergence of hepcidin deficiency, systemic iron overloading, heme accumulation, and REV-ERBalpha/beta activation in aryl hydrocarbon receptor-elicited hepatotoxicity. Toxicology and Applied Pharmacology, 2017, 321: 1-17.

[51] Qian Y, Zhang S, Guo W, Ma J, Chen Y, Wang L, Zhao M, Liu S. Polychlorinated Biphenyls (PCBs) inhibit hepcidin expression through an estrogen-like effect associated with disordered systemic iron homeostasis. Chemical Research in Toxicology, 2015, 28: 629-640.

[52] Guo W, Zhang J, Li W, Xu M, Liu S. Disruption of iron homeostasis and resultant health effects upon exposure to various environmental pollutants: A critical review. Journal of Environmental Sciences (China), 2015, 34: 155-164.

[53] van der Pol E, Boing A N, Harrison P, Sturk A, Nieuwland R. Classification, functions, and clinical relevance of extracellular vesicles. Pharmacological Reviews, 2012, 64: 676-705.

[54] Harischandra D S, Ghaisas S, Rokad D, Kanthasamy A G. Exosomes in toxicology: Relevance to chemical exposure and pathogenesis of environmentally linked diseases. Toxicological Sciences, 2017, 158: 3-13.

[55] Climaco-Arvizu S, Dominguez-Acosta O, Cabanas-Cortes M A, Rodriguez-Sosa M, Gonzalez F J, Vega L, Elizondo G. Aryl hydrocarbon receptor influences nitric oxide and arginine production and alters M1/M2 macrophage polarization. Life Sciences, 2016, 155: 76-84.

[56] Kietzmann T. Metabolic zonation of the liver: The oxygen gradient revisited. Redox Biology, 2017, 11: 622-630.

[57] Tanami S, Ben-Moshe S, Elkayam A, Mayo A, Bahar Halpern K, Itzkovits S. Dynamic zonation of liver polyploidy. Cell and Tissue Research, 2017, 368: 405-410.

[58] Wang B, Zhao L, Fish M, Logan C Y, Nusse R. Self-renewing diploid Axin2 (+) cells fuel homeostatic renewal of the liver. Nature, 2015, 524: 180-185.

[59] Yamazaki Y, Moore R, Negishi M. Nuclear receptor CAR (NR1I3) is essential for DDC-induced liver injury and oval cell proliferation in mouse liver. Laboratory Investigation, 2011, 91: 1624-1633.

第20章 甲状腺疾病环境污染病因研究

20.1 甲状腺疾病概况

20.1.1 甲状腺及相关疾病

甲状腺作为人体最大的内分泌腺体，可合成分泌甲状腺激素，调控机体能量的使用速度、蛋白质合成以及身体对其他荷尔蒙的敏感性。调节甲状腺发挥基本生理功能的甲状腺激素（thyroid hormones，TH），包括三碘甲状腺原氨酸（triiodothyronine，T3）和四碘甲状腺原氨酸（tetraiodothyronine，T4）。TH 的主要作用为：①增加机体组织细胞的热量产生和氧消耗；②促进分解蛋白质、脂肪和碳水化合物；③促进机体的生长发育和组织分化等。此外甲状腺也生产降钙素（calcitonin），调节体内钙的平衡。

甲状腺疾病是指甲状腺的大小、功能或其组织结构发生变化的一类疾病总称，属于一种临床常见的内分泌系统疾病。与甲状腺功能改变相关的疾病主要有三类：甲状腺功能减退（以下简称"甲减"）、甲状腺功能亢进（以下简称"甲亢"）和甲状腺炎；与甲状腺大小或组织结构发生变化有关的疾病包含甲状腺结节、甲状腺肿和恶性肿瘤，其中甲状腺癌的发病率约占全身恶性肿瘤的 1.7%，是最常见的内分泌恶性肿瘤[1, 2]。甲状腺疾病的发生发展与发病个体的自身体质和环境暴露等诸多因素有关。

20.1.2 甲状腺癌

甲状腺癌是头颈部肿瘤和内分泌系统中最常见的恶性肿瘤之一。大多数甲状腺癌原发于甲状腺滤泡上皮细胞，少数继发于滤泡旁细胞、血管内皮、淋巴组织以及其他部位。甲状腺癌常见的病理组织学类型包括滤泡状甲状腺癌（follicular thyroid carcinoma，FTC）、乳头状甲状腺癌（papillary thyroid carcinoma，PTC）、髓样甲状腺癌（medullary thyroid carcinoma，MTC）和未分化甲状腺癌（anaplastic thyroid carcinoma，ATC）。其中，PTC 和 FTC 属于分化型甲状腺癌，约占所有甲状腺癌的 90%以上，且所占比例仍在继续上升[3]。PTC 是最丰富的亚型，占所有甲状腺癌的 85%～90%；FTC 仅占比 2%～5%，但比 PTC 更具侵袭性，主要是因为它可以通过血管侵袭转移[4]。

据统计，全球多个国家近 10～20 年甲状腺癌发病率呈现持续上升趋势，每年甲状腺癌新发病例占所有癌症发病的 1%～5%[5]。美国癌症学会（ACS）发布的报告表明，2001～2013 年，甲状腺癌的发病率上升了 209%，而且 59%的增长出现在最近 6 年。据推测，到 2030 年，甲状腺癌将超越结直肠癌，成为继肺癌、乳腺癌和前列腺癌之后的第四大主要恶性肿瘤[6]。

甲状腺癌的主要分布特点：地区分布特点和人群分布特点。

全球甲状腺癌发病率和死亡率的地区分布特点主要表现为靠近沿海的地区高于深居内陆的地区；经济较发达的地区高于经济欠发达的地区。另外，夏威夷、菲律宾和冰岛等火山活动活跃的地区高于其他地区。在亚洲不同国家和地区，甲状腺癌的发病率也不尽相同，其中韩国发病率最高，印度最低。

甲状腺癌的人群分布特点中，性别、年龄和种族间的甲状腺癌发病率差异明显。甲状腺癌在女性人群中比较高发，且疾病的发生和年龄增长之间呈现出正相关的关系[7]。根据国际癌症中心 2012 年数据，全球女性甲状腺癌的年龄标准化发病率为 6.1/10 万，约是男性的 3 倍，已成为女性第 8 位常见的恶性肿瘤。另外，全球甲状腺癌发病呈年轻化趋势（图 20-1）[8]，且发病率随着年龄的增长而升高。就种族而言，非拉美裔白人甲状腺癌的年均增长率最高，黑人次之，而亚裔和美印第安人相对偏低[3]。

近年来，我国甲状腺癌的发病率虽然低于全球平均水平，但也在逐年增长[9]。据来自我国癌症中心的统计数据显示，我国的甲状腺癌年龄标准化发病率在 2012 年就达到 2.8/10 万，其中女性发病率约为男性的 3 倍，预示着甲状腺癌已成为我国女性第 9 位最常见的恶性肿瘤。目前，我国有关全国性的流行病学调查资料尚比较缺乏，但一些区域性的调查还是有所发现，例如 2006 年东部地区的甲状腺癌新增病例为 1996 年的 3.9 倍；城市居民的发病率高于农村；沿海地区的发病率高于内陆地区；火山活动较为活跃地区的发病率明显高于其他地区[10]。

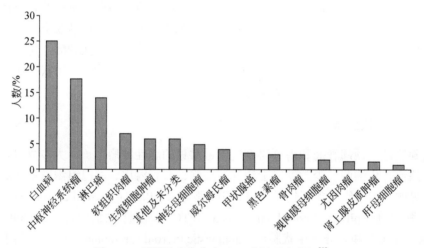

图 20-1　恶性肿瘤的分布（20 岁以下患者）[8]

20.2　甲状腺癌与环境污染物暴露

近年来，国内、外甲状腺癌的发病率均呈明显上升趋势，在实体恶性肿瘤中发病率增长最快。大多数学者认为甲状腺癌发病率明显上升主要归因于社会经济的发展、疾病的早期筛查以及医学诊断技术的提高，因此甲状腺偶发癌、隐匿性乳头状微小癌的发病被更多地发现[11, 12]。但也有人认为，更加强化和敏感的诊断技术无法完全解释甲状腺癌的发病率增加，作为一类较为常见的内分泌疾病，甲状腺癌等甲状腺疾病的发生与诸多因素有关。随着社会的发展、环境污染的加重，除了年龄、性别、吸烟、遗传、应激和自身免疫等因素以外[13]，如电离辐射、微量元素、无机盐、重金属和有机污染物等环境因素对甲状腺癌的影响也越来越受到人们的关注[14]。

20.2.1 环境辐射与甲状腺癌

辐射主要包括电离辐射和非电离辐射，环境中的辐射主要源于太阳辐射、电磁辐射和热辐射。人们在日常生活中所接收到的辐射可谓无处不在，使用手机会受到辐射，看电视会受到辐射，用微波炉会受到辐射，胸透和CT会受到X射线辐射等，就连晒太阳也会受到辐射。在众多辐射源中，有些能量较低，对生物体的影响较小，甚至可忽略；而有些辐射能量较高，这些辐射以电离辐射为主，对生物体具有极大的危害，甚至会致命。

电离辐射是指能引起物质电离的一切辐射，由直接或间接电离粒子或二者混合组成，能够直接或间接地使物质的原子或分子发生电离，其特点是波长短、频率高、能量高。一般情况下，能使受作用物质发生电离现象的辐射为波长小于100nm的电磁辐射。电离辐射是可以从原子、分子或其他束缚状态放出一个或几个电子的过程。电离能力，决定于射线（粒子或波）所带的能量，而不是射线的数量。电离辐射的种类很多，包括α粒子、β粒子、质子等高速带电粒子，以及中子、X射线、γ射线等不带电粒子。在电离辐射作用下，机体的反应程度取决于电离辐射的种类、照射条件、剂量及机体对辐射的敏感性。电离辐射对机体造成的损伤可分为急性放射损伤和慢性放射性损伤，同时还会引发癌症和引起胎儿的畸形及死亡。

随着核技术的发展应用，人们在日常生活中经常会接触到电离辐射，由此引发的人体健康问题也逐渐受到关注。迄今为止，电离辐射暴露是唯一得到确认的诱发甲状腺癌的环境致病因素。甲状腺作为人体的一个重要靶器官，对电离辐射暴露非常敏感。当甲状腺受到电离辐射的作用，可在其功能和形态上发生明显病变，其中，其功能变化通常表现为甲减，而其形态变化通常表现为甲状腺结节或甲状腺癌[15]。

甲状腺结节和甲状腺癌的发病风险与电离辐射的接触剂量有关。低剂量或中剂量的电离辐射可以显著增加甲状腺疾病的发生[16]。例如核泄漏对人体甲状腺产生的严重影响表明，甲状腺对中低剂量电离辐射非常敏感。据统计，在切尔诺贝利事故发生后的20年间，因放射性物质泄漏所引起的甲状腺癌病例高达4000例[17]。而对于未曾发生核泄漏事故的我国田湾核电站，对2001~2012年周围地区甲状腺癌的发病情况调查后得出结论，田湾核电站的电离辐射与周围地区人群的甲状腺癌尚未有关联[18]。

儿童和青少年时期暴露于电离辐射会增大甲状腺癌患病的风险，且受辐射年龄越小，患甲状腺癌的风险越大（图20-2）。切尔诺贝利核爆炸事故导致放射性^{131}I大量泄漏，受污染地区的甲状腺癌病例激增，以儿童及青少年为主，因为这个时期的细胞分裂明显快于成人，从而使其对辐射暴露更为敏感[19]；受辐射暴露时，年龄每增加10岁，其患甲状腺癌的相对危险度（RR）可降低56%[20]。类似的情况也出现在广岛和长崎原子弹爆炸后的幸存者中，甲状腺结节等相关甲状腺疾病的患病风险与幸存者年龄相关[21]。儿童患甲状腺癌的风险可能与辐射剂量有关，即使是 50～100mGy 的辐射剂量也会增加儿童患甲状腺恶性肿瘤的风险，当风险开始趋于平稳时，线性剂量反应可达 10～20Gy[20]。有研究显示，儿童接触电离辐射剂量<10Gy 时，患甲状腺癌的相对风险会随暴露剂量增大而增加，且受暴露儿童的年龄越小越为敏感，患病风险越高[22]。

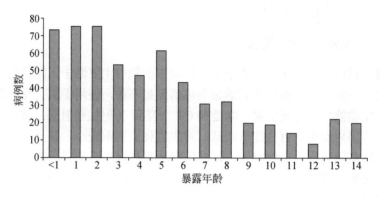

图 20-2　1987～1997 年受切尔诺贝利事故影响的白俄罗斯儿童受辐射暴露的年龄与甲状腺癌病例的关系[17]

　　医院放射科医生由于长期接触电离辐射，因此其甲状腺癌发病风险较高，并且工作年限增加，受辐射暴露程度增加，发病率也相应呈升高的趋势。放射科医护人员由于岗位不同，接触到的辐射剂量不同，由此引起的发病风险也不相同。一项研究调查了 61732 名放射医护人员的个体接触辐射剂量，发现相关人员年平均接触辐射剂量在逐年减少，在所有医院的相关人员中，放射技师接触电离辐射的年平均剂量最高为 1.83mSv，是其他岗位相关人员的 2 倍多[23]。对合肥市职业病防治院的调查结果显示，在 2015 年 1 月～2017 年 4 月期间进行职业健康检查的医务人员中，放射组和对照组在年龄、性别、吸烟率、饮酒率、收缩压及舒张压比较无显著差异的情况下，放射组甲状腺结节的阳性检出率（16.1%）显著高于对照组（10.7%）[24]。但也有研究显示，相关医护人员随着接触电离辐射时间的延长，甲状腺癌的发病风险反而降低[25]。表明辐射暴露时间与甲状腺发病可能存在负相关性。此外，医学诊疗过程中的辐射暴露也会增加患者甲状腺癌的发病。研究证实，对牙齿进行 X 射线检查增大了患者的甲状腺癌患病风险[26]。对喉、头和颈部进行 CT 扫描使甲状腺受到 15.2～52mGy 辐射当量，会导致患者甲状腺癌发病率上升至 39/10 万[20]。另外，利用放射性核素 ^{131}I 治疗分化型甲状腺癌已较为成熟，是临床治疗分化型甲状腺癌的重要手段之一[27]，但患者在接受 ^{131}I 放射治疗的同时还会增加第二原发甲状腺癌的发病风险（图 20-3）[28]，而且对头颈部进行放射治疗还会增加甲状腺功能减退的发病率[29, 30]。

　　对长期接受外照射的核辐射工作人员疾病死亡率的研究显示，甲状腺癌引发的死亡与电离辐射的超额单位吸收剂量的相对风险之间未存在因果关系[31]。对累积接受剂量为 84.8mSv 的天然高本底辐射地区和累积接受剂量为 24.6mSv 的正常辐射地区的人群调查显示，高本底辐射并不会引起相关疾病或癌症[32]。

　　综上，电离辐射在人们生活中经常出现，由此引起的人体健康效应值得关注，特别是甲状腺疾病发生发展中，电离辐射的暴露影响需要客观评估，这无论对相关行业的工作人员，还是对普通公众，在日常生活工作中指导建立正确的防护意识并采取合理的应对措施都是非常重要的。

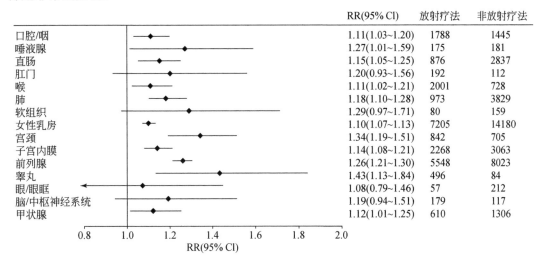

图 20-3　首次癌症部位进行放射疗法与非放射疗法引起第二原发癌症的相对风险（RR）[28]

20.2.2　微量元素与甲状腺癌

甲状腺素（T4）代谢失常将导致一系列紊乱，使甲状腺功能障碍、甲状腺炎症、结节性甲状腺肿、甲状腺癌等疾病发生率逐年上升[33]。微量元素，如碘、硒、锌、铜、氟等，可通过不同的机制影响或调节 T4 的代谢，与各种甲状腺疾病有着密不可分的联系[34]。

1. 碘与甲状腺癌

碘是机体维持正常生理过程必不可少的微量元素之一，是合成 TH 的主要成分[35]。TH 主要指 T4 和 T3，碘在 T4 和 T3 中分子量占比分别为 65%和 59%[36]。人体中 80%～90%的碘来源于食物，大部分碘是经肠道吸收获得[37]。人体肠道吸收的碘离子通过钠/碘转运体（一种糖蛋白载体）转移到甲状腺中[38]。碘参与甲状腺激素合成的过程[36, 39]大致分为两步：①进入甲状腺的碘离子在甲状腺滤泡细胞的基膜上被氧化，氧化后的碘被连接到甲状腺球蛋白的酪蛋白残基上，生成二碘酪氨酸和单碘酪氨酸；②碘化的酪氨酸残基在甲状腺过氧化酶（TPO）和过氧化氢（H_2O_2）的参与下转化成 T4 和 T3，然后 T4 和 T3 被分泌到血液中，并且 T4 在肝、肾、心脏、肌肉、垂体和发育的大脑中碘化酶作用下会脱碘转化为 T3。T3 是甲状腺激素的主要生理活性形式，可以与核受体结合进而发挥生理作用[40]。

碘摄入量与甲状腺疾病间呈现"U"字形曲线的关系（图 20-4）[41]，当碘摄入量过低或过高时会引起 T4 和 T3 的分泌量发生变化，影响甲状腺的形态及其功能，导致甲状腺疾病[42]。研究证实，碘缺乏会增加实验动物甲状腺癌的发生（主要是滤泡状甲状腺癌），其发病机制为缺碘对促甲状腺激素（TSH）的慢性刺激引发甲状腺癌，表明碘缺乏是甲状腺癌的危险因素，特别是滤泡状甲状腺癌，也可能是未分化甲状腺癌的危险因素[2]。碘不足会造成细胞过量增殖，并导致细胞对辐射更加敏感，可能引起甲状腺肿瘤[43]。而改善碘缺乏可使甲状腺癌的亚型转变为恶性程度较低的类型，还可减少人群甲状腺肿的发病[44]。研究发现食用的碘盐中，碘含量的提高使未分化甲状腺癌的发病率降低[45]。此外，碘还能阻碍甲状腺癌组织性的转变[46]。

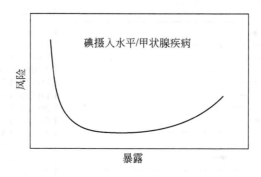

图20-4　碘摄入量与甲状腺疾病风险间的关系[41]

对于高碘是否会增加甲状腺癌发病的可能，目前结论尚不统一。早在1965年，Suzuki就提出高碘可能引发甲状腺肿，经调查发现日本北海道附近居民长期食用一种富含大量碘的海藻导致甲状腺肿的发病率居高不下[47]。抽样调查结果显示，高碘的温州地区比适碘的上海地区，分化型甲状腺癌的发病率更高[48]。1994～2004年，我国的黄骅（水源性高碘地区，自1993年开始食用加碘食盐）共发现23例甲状腺癌，且全部为乳头状甲状腺癌，年均发病率高达19.37/10万[49]，明显高于国际上甲状腺癌的发病情况。其他研究调查也发现，高碘地区的居民甲状腺癌发病率高于低碘和适碘地区[50-53]。目前，碘过量诱发甲状腺癌的机制尚不十分明确。有研究表明，过量碘可诱导人类白细胞抗原（HLA）-Ⅱ类基因的异常表达[54]或基因突变[55]，从而导致甲状腺癌的发生。此外，高剂量碘又可促进抗凋亡蛋白表达，抑制促凋亡蛋白表达，从而抑制细胞凋亡过程，促进甲状腺细胞增殖，导致甲状腺癌的发生[56-58]。然而，也有学者认为高碘摄入量对甲状腺有一定保护作用，主要抑制乳头状甲状腺癌的发生。体外细胞实验发现，高浓度碘可抑制乳头状甲状腺癌B2-7细胞的增殖并促进其凋亡[59]。另外，日本人偏爱富含碘的藻类食物，其消耗量约为西方国家的25倍，但其良性、恶性乳腺癌和前列腺发病均低于西方人，表明高碘可能具有抗氧化及抗肿瘤细胞的作用[60]。

由此可见，碘的摄入量不足或超过机体所需都有可能导致甲状腺癌的发生，危害人体健康。我国在实施补碘政策后，已基本遏制了居民缺碘症状。但不合理补碘会导致碘摄入量过度，增加甲状腺疾病的发生率。因此，补碘应因时、因地、因人而异。

2. 硒与甲状腺癌

1817年，硒由瑞典化学家Berzelius当作一种基本的微量元素而发现，从此人类对它的探索就未停止过。目前已经发现，硒元素存在于土壤及水中，可以通过植物和水生物进入食物链，与人体健康密切相关，是人类饮食中不可或缺的一种营养成分[61]。硒代半胱氨酸是硒在人体中主要存在形式，被誉为人体的第21种必需氨基酸，存在于硒蛋白的催化活性中心，具有很强的氧化还原功能[62]。迄今为止，已发现人体有30余种硒蛋白，由25种编码基因所产生，包括谷胱甘肽过氧化酶家族（Gpxs）、碘甲腺原氨酸脱碘酶（DIs）与硫氧还蛋白还原酶（TrxRs）等[63]。在世界各地，硒的分布量有很大差异，以美国和日本比较充足，而在中亚地区及大部分欧洲国家硒含量较低[64]。硒作为一种人体必需微量元素，存在于多种组织器官中，其中甲状腺中硒含量最高[65]，而人体内硒含量不足可以引起甲状腺疾病[46]。

甲状腺中高含量的硒主要在抗氧化系统中发挥重要作用。甲状腺激素合成过程中，碘的活化、酪氨酸碘化和碘化酪氨酸偶联都是在 H_2O_2 存在的条件下进行，但甲状腺组织中 H_2O_2 的生成量远超过球蛋白碘化过程中需要的量[66]，而 H_2O_2 是一个高度活性的细胞毒性代谢产物，因此需要一个强大的抗氧化系统[67]来抵御 H_2O_2 及其中间产物活性氧，使甲状腺细胞免于氧化损伤。而硒蛋白 Gpxs 是甲状腺内最主要的 H_2O_2 还原酶，硒代半胱氨酸位于其催化中心，决定着该酶的活性。因此，体内硒含量不足会导致该酶活性降低，使甲状腺内抗氧化系统抵御 H_2O_2 的能力减弱，而造成氧化损伤。

甲状腺癌和甲状腺良性疾病患者的甲状腺组织中，硒含量明显低于正常人群，其中甲状腺癌患者的甲状腺组织中平均硒含量最低，表明缺少微量元素硒可能会引发甲状腺癌[68]。同时，甲状腺癌患者的血硒浓度也低于无甲状腺疾病的正常人群[69]。奥地利的一项病例对照研究发现，在滤泡状甲状腺癌和乳突状甲状腺癌中，硒含量明显低于甲状腺正常组，说明较低的硒含量可能使分化型甲状腺癌的发病风险增加[70]。另有研究发现，编码谷胱甘肽-S-转移酶（含硒）的基因多态性可能是甲状腺癌发生的危险因素[71]。一项体外研究发现，硒通过调控基因表达阻断细胞周期 S 期及 G2/S 期，可抑制癌细胞的生长[72]。此外，分化型甲状腺癌患者在术后接受 ^{131}I 治疗时，适当补充维生素 C、E 及微量元素硒，可降低甲状腺癌患者在接受 ^{131}I 放射治疗过程中产生的氧化损伤[73]。

综上，硒是维持机体健康必不可少的微量元素。甲状腺疾病患者，尤其是甲状腺癌患者体内的硒含量明显偏低。因此，对缺硒患者或低硒地区居民适当补充硒元素，可预防甲状腺癌并有利于甲状腺疾病患者的治疗和康复。目前，有关微量元素硒影响甲状腺疾病发生发展的分子机制尚不十分清楚，需要更多的基础研究和临床研究进一步证实。

20.2.3 高氯酸盐与甲状腺疾病

高氯酸盐是一类含有高氯酸根离子（ClO_4^-）的有毒无机化合物，ClO_4^- 中 4 个氧原子（O）包围 1 个氯原子（Cl）从而形成一个特殊四面体结构，具有很好的动力学稳定性[74]。ClO_4^- 理化性质稳定、水溶性高，容易扩散，有氧条件下难以被生物降解，具有持久性，植物可从根系土壤和吸收水等途径富集这类物质，并经过饮用水和食物链途径，最终影响人体健康[75]。高氯酸盐在环境中天然存在[76]，但比例较少。环境中高氯酸盐的主要来源为人造高氯酸铵和高氯酸钾的大量生产和使用[77]，由于它们的强氧化作用，因此经常被用于烟花、导弹及火箭的固体推进器中，还经常在采矿和建造业中作为爆破剂使用。另外，含有一些其他种类的高氯酸盐，可在织物固定剂、橡胶制品、涂料、电镀、冶炼铝和镁电池等产品的生产过程作为添加剂使用，或者作为润滑剂用于电子管、皮革制造、核反应器等行业中，在机动车的安全气囊系统中也有应用[74]。人们对于高氯酸盐的研究已有 60 余年，并得到了可靠的高氯酸盐科学数据库[78]。20 世纪 90 年代，高氯酸盐作为显著的污染物，被美国环境保护署（EPA）在多地的饮用水中所发现，当时引起了不小的轰动，高氯酸盐潜在的环境风险和对人类健康的影响问题也因此受到了高度关注。

研究表明，高氯酸盐可对生物体甲状腺功能产生明显的毒性作用，主要原因为 ClO_4^-

所带电荷及离子半径与碘离子（I^-）非常相近，可以通过对钠/碘转运体（NIS）的竞争性结合来抑制甲状腺对 I^- 的吸收，从而影响正常的甲状腺功能和生物体的新陈代谢，这种影响对孕妇及其胎儿和处于发育期的儿童尤为明显[79]。NIS 对高氯酸根的亲和力是碘离子的 30 倍，因此高氯酸根在较低浓度下就可以抑制碘离子吸收，持续作用将导致甲状腺中碘离子储备量不可避免地降低。美国国家研究委员会（NRC）对高氯酸盐进行的一项评估，证实了之前高氯酸盐的作用机制——甲状腺可逆的碘吸收抑制（IUI）（图 20-5）[80]。

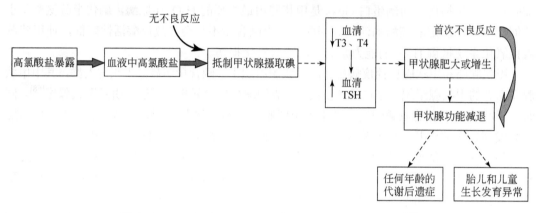

图 20-5　NRC 报告（2005）中总结的高氯酸盐作用机制[80]

研究发现，成年人通过饮用水连续暴露于高氯酸盐 14d 后，甲状腺对 I^- 吸收显著减少，并表现出典型的剂量效应关系[81]。对于职业暴露人群研究显示，美国一家高氯酸铵生产企业中，长期暴露于高浓度高氯酸盐的工人出现甲状腺对碘的吸收降低的现象，导致其血清中 T3、T4 和尿碘相对较高[82]。但在有防护条件下，高氯酸铵并未对作业人员的总体健康产生明显的影响[83]。2001~2002 年流行病学数据显示，男性的高氯酸盐机体暴露与甲状腺激素水平之间无相关性，而女性则受到碘营养状况的影响[84]。以从事烟花爆竹作业的女性为例，研究高氯酸盐对女性甲状腺功能的影响，结果显示从业女性血清中游离甲状腺激素（FT3）显著低于非从业女性，且暴露人群出现甲状腺功能减退的症状比例高于非暴露人群，表明高氯酸盐暴露会影响女性的甲状腺功能[85]。

有研究发现，在无 ClO_4^- 时，无论 I^- 充足与否，大鼠血清中 T3 和 T4 水平均未发生显著变化；用浓度为 10mg/(kg·d) 的 ClO_4^- 饮用水喂养 24h 后，碘充足组动物血清中 T3 和 T4 水平正常，然而缺碘组则出现显著下降的现象[86]。该研究结果证明 ClO_4^- 能够干扰 TH 的内稳态，并且缺碘的会造成更大的危害。此外，人类和大鼠由于受到 ClO_4^- 暴露引起的对 I^- 吸收的抑制效应表现出相似的剂效关系，而在 TH 水平调控方面明显不同。通过分析人和大鼠血清中 T3、T4、TSH 的含量变化，发现大鼠体内 TH 对于 ClO_4^- 暴露响应更为灵敏。当 ClO_4^- 浓度为 0.1mg/(kg·d) 时，受暴露大鼠血清中 TSH 含量出现显著性升高。与之不同的是，人体对 ClO_4^- 暴露耐受性相对较强，当 ClO_4^- 暴露浓度为 10mg/(kg·d) 时，人血清中 T3、T4、TSH 含量仍保持正常。这种差异主要是由于 ClO_4^- 虽然阻碍了 TH 的合成，但人类甲状腺中 TH 储备量可以维持几个月，因此可以保持较为持久的内稳态体系，然而这种情况下大鼠甲状腺的内稳态体系较为脆弱，其机体内的 TH 仅能维持若干天的正常运行[87]。

20.2.4 重金属与甲状腺癌

大量的研究表明，重金属污染与甲状腺疾病的发生有关。很多重金属可通过不同途径进入人体，并能在甲状腺组织中蓄积，影响碘的利用，妨碍甲状腺激素的合成，促使甲状腺细胞增生、肥大，导致甲状腺肿大，甚至引发甲状腺癌等疾病。

1. 体内重金属含量影响甲状腺激素水平

甲状腺激素（THs）是机体的主要生理性激素，对物质与能量代谢、生长发育有着重要的作用。正常情况下，机体的THs维持在相对稳定的状态，当甲状腺或甲状腺以外的其他因素造成THs分泌异常时，就会引起甲状腺疾病，如"甲减"和"甲亢"等。随着环境污染问题的加剧，人体中不断有重金属检出，有些人群重金属的含量较高，而且THs水平也发生了相应的变化，具有潜在的甲状腺疾病患病风险。

镉（Cd）是一种人类非必需的金属元素，常用于电池、颜料、塑料稳定剂、涂料、板材等[88]，被美国环境保护署列为126个优先污染物之一。最常见的镉暴露来源有烟草、被污染的水和食物，以及职业暴露等[89]。已有研究证实，血液、尿液中的Cd含量与THs水平相关。对我国5628名成年受试者的调查结果显示，男性血铅和血镉的含量高于女性，而甲状腺抗体、TSH水平则明显低于女性[90]。对于镉污染地区的人群，其THs水平受影响程度更大。研究者对我国血Cd和尿Cd含量较高的镉污染区女性居民的调查发现，其T4水平下降、TSH水平升高[91]。在日本镉污染地区长崎县对马岛地区的调查结果显示，随着年龄的增长，当地居民血清中T4、T3水平下降[92]。

铅（Pb）在人们的生产生活中应用广泛，如用于生产电池、弹药、玻璃和用于屏蔽X射线的设备等[93]。四乙基铅和四甲基铅曾作为添加剂用于提高汽油的辛烷值，随着人们对Pb毒性的认识，大多数国家已禁止了使用含铅汽油。尽管如此，人类仍然能通过受污染的水、含铅的玩具和化妆品等暴露于Pb[93]。许多流行病学和动物研究已证实，Pb暴露与THs水平之间存在负相关[94]。在对广西某铅锌矿区儿童血Pb、血清THs水平的调查发现，249名受试儿童铅检出率为30.9%，铅中毒儿童的血清TSH含量明显高于非铅中毒儿童[95]。除铅污染区外，目前我国其他城市儿童的血铅≥100μg/L的比例占到约10%~30%[96]。对正常体检的8个月~6岁儿童的血Pb、甲状腺功能指标的检测结果表明，97名儿童中轻度铅中毒者35人、中度铅中毒者22人，其TSH值、游离甲状腺素（FT4）与TSH的比值（FT4/TSH）与轻度铅中毒组儿童差异显著[97]。

职业铅暴露对甲状腺功能的影响也引起了研究人员的关注。调查显示，42名土耳其青少年男性汽车修理工的血铅水平显著高于对照组，而FT4水平明显低于对照组[98]。一项对长期高铅暴露的黄铜铸造工人（54名）的研究表明，其血清T4和FT4水平偏低，血清TSH浓度升高[99]。在对英国特雷尔的初级铅冶炼厂151名男性工人的调查发现，除高剂量的Pb暴露外，持续低剂量的职业Pb暴露也能对THs水平产生影响[100]。在我国的相关调查也得到类似结果。某蓄电池厂铅作业工人中铅中毒者的血清中TSH含量随尿Pb含量升高而显著升高，FT3、FT4含量则明显下降[101]。

目前，我国是世界上汞（Hg）使用量最大的国家之一，年使用量高达900多吨，约占世界总产量的 50%[102]。近年来，Hg 对甲状腺功能的影响受到了人们的普遍重视。研究发现，荧光灯制造厂 95 名工人（汞暴露组）的血清 T4 浓度达 119.83±41.8ng/mL，显著高于同一地区某机械厂 85 名工人（对照组）的血清 T4 浓度[103]。瑞典的一项关于职业接触汞蒸汽工人的调查显示，其尿 Hg 和血 Hg 含量显著高于对照组水平，而血清 FT3 水平明显低于对照组[104]。对 137 名加纳矿工的调查结果也类似，他们在炼金过程中口腔接触汞的概率很高，因而 58.4%的工人血汞超标，T3、T4 含量明显低于未接触汞的人群[105]。汞具有美白效果，因此在很多化妆品中都有添加，而长期低剂量的汞暴露也具有一定的健康风险。对 78 例使用含汞超标化妆品致慢性轻度汞中毒的女性患者进行的调查发现，患者总甲状腺素（TT3）、FT4 水平降低，TSH 含量升高[106]。

锰（Mn）是人体必需的微量元素，在人体中的含量仅为 12～20mg，但在维持人身体健康方面却发挥着重要的作用。当人体内 Mn 含量过多时会引起锰中毒。甲状腺是锰作用的靶器官之一。调查发现，锰作业工人血清中 T4 含量为 8.01±2.00μg/dL，明显低于对照组水平（9.53±1.62μg/dL）[107]。另有研究表明，锰接触者尿 Mn 含量和 T4 水平均明显高于对照组，相反的 T4 变化趋势可能是由于受试对象及锰的接触水平不同造成的[108]。

与职业暴露相比，环境暴露对正常人群的影响很容易被忽视。然而，调查结果却不断提醒人们必须加强对环境重金属暴露危害的重视。2007～2008 年对美国成年人的健康和营养调查显示，几乎所有受试者（无甲状腺药物使用史或甲状腺疾病史）的血液和尿液样本中都有重金属检出，包括铅、镉、汞、钡、钴、铯、钼、锑、铊、钨和铀等。其中 9.2%的受试者血清 T3 水平较低，9.4%的受试者 T4 水平较低。进一步分析发现，血 Hg 含量与 T3 和 T4 的降低有关，尿 Cd 与 T3、T4 升高有关，尿铊和钡与 T4 的下降有关[109]。胎儿和婴儿更容易受到环境中金属的影响。研究者收集了杭州 915 位孕妇的完整数据，分析了她们在妊娠 25 周左右时血液中 11 种金属（砷、镉、钴、铬、锰、镍、铅、硒、锑、锶、钒）的含量与血清 THs 水平的相关性，发现 FT3、TT3、FT4、总甲状腺素（TT4）和 TSH 等甲状腺激素水平与金属砷、锰、锑的含量呈负相关关系[110]。

值得注意的是，血清中 T4、T3、TSH 等水平的异常可能会诱导甲状腺癌的发生。TSH 与 THs 之间存在负反馈调控机制。在重金属的诱导下，TSH 分泌过多使甲状腺增生和甲状腺癌发病率升高。例如，血清 TSH 水平增高，会引起结节性甲状腺肿，给予诱变剂和 TSH 刺激后可诱导出甲状腺滤泡状癌，而且临床研究表明，TSH 抑制在分化型甲状腺癌术后治疗过程中发挥重要作用，但甲状腺癌发生是否源于 TSH 刺激仍不确定。

2. 重金属能在甲状腺内蓄积

很多重金属对甲状腺具有亲和力，因此血液中的重金属可在甲状腺组织内蓄积，从而对甲状腺造成损伤。研究者曾对 20 世纪 60 年代（n=73 人）、90 年代（n=20 人）和 21 世纪初（n=52 人）俄罗斯卡马地区因外伤死亡的 152 名居民甲状腺中的锌、铅、铜、镉等重金属盐（HMS）进行测定，结果显示甲状腺具有累积 HMS 的作用，而且 20 世纪 60 年代的甲状腺组织中 HMS 值远低于近几十年来的水平；此外，2000 年后死亡的所有受试者的甲状腺组织中淋巴细胞和浆细胞发生浸润，而 20 世纪 60 年代的检测样品无此现象。由于受试者均无职业接触 HMS 的经历，因此认为甲状腺组织中 HMS 的沉积是由人为环境污染造成的，进而推断近年来乌拉尔地区的环境污染在加剧[111]。

铀（U）是近年来环境与健康领域研究的热点。它是地壳的天然组成部分，存在于地壳的所有岩石、土壤和流体中。无机磷肥的使用、废弃的 U 矿区、耗尽的含 U 弹药、核工业排放以及煤炭和其他燃料的燃烧等是环境中 U 的人为来源。长期的 U 暴露可以导致其在人体组织中的蓄积，而甲状腺是主要的靶器官。对美国铀/铀后元素登记所的三名白人男性全身组织中 U 浓度的检测显示，受试者中有两人的甲状腺组织 U 浓度比平均软组织浓度高出约一个数量级，表明该器官可能存在长期的 U 蓄积[112]。在地下水 U 含量丰富的德国巴伐利亚地区，慢性 U 摄取导致居民的甲状腺 U 蓄积，当平均饮用水 U 浓度超过 2μg/L 时，甲状腺疾病的发病率升高[113]。

Cd 的生物半衰期长达 15～30a[114]，除了可在血液，肾脏，肝脏等器官中积累外，镉对甲状腺也具有亲和力。研究发现，血液 Cd 浓度与其在甲状腺中的积累正相关[115]。研究者将 60 例（33 例男性和 27 例女性）死于意外或心血管疾病的患者及先天畸形或心脏病的胎儿或新生儿按年龄分组，发现在胎儿期和新生儿期甲状腺中 Cd 浓度接近于 0，2 岁组平均值为 0.2nmol/g，在 20 岁后甲状腺 Cd 浓度明显升高，成年组平均 Cd 浓度为 11.2nmol/g[116]。研究人员收集了日本富山县 Jinzu 河流域（日本镉污染最严重的地区）因镉中毒死亡的 36 名痛痛病患者、20 名疑似痛痛病患者以及兵库县 Ichi 河流域 5 名居民（男性 2 名、女性 3 名）的组织样本，以无镉污染的石川和富山县选择的 72 名当地居民为对照组。结果发现，污染区居民甲状腺中 Cd 含量为 35～45μg/g，比无污染区居民甲状腺 Cd 含量高 3 倍[117]。蓄积在甲状腺内的 Cd 通过间接机制引起氧化应激和对组织的损害，严重时可引起慢性镉中毒，表现为胶质囊性甲状腺肿，腺瘤样滤泡性增生伴低度不典型增生和甲状腺球蛋白低分泌、分泌过多、结节性增生和肥大等。

3. 重金属对甲状腺结构和功能的影响

重金属对甲状腺结构及功能的损伤主要体现在对甲状腺及滤泡的形态与功能，以及 THs 代谢等方面的影响。对动物及人体样本的检测表明，Cd 暴露可导致机体甲状腺重量增加[118, 119]。在 Hg 暴露的大鼠中也同样发现这一现象[120]。对儿童的调查结果显示，铬、硒、锌的浓度与甲状腺体积呈负相关，而钡和锰的浓度与甲状腺体积呈正相关，表明这些金属可直接或间接干扰碘摄取、THs 和 TSH 分泌，进而影响甲状腺功能[121]。

甲状腺主要由许多甲状腺滤泡组成。研究发现，即使甲状腺内残留很少量的 Cd，也能导致滤泡的结构和功能受损[122]。长期镉接触会引起甲状腺组织病理结构出现剂量依赖性改变，表现为滤泡细胞扁平、滤泡脱落、滤泡之间的间质纤维组织增多，并伴有滤泡周围基质细胞的单核细胞浸润等[123]。滤泡上皮细胞具有 THs 合成、贮存和分泌的功能，绝大部分甲状腺癌也起源于此。滤泡上皮细胞从血液中摄取碘，经氧化酶的作用将碘从无机形式转化成有机形式，形成的有机碘与滤泡内甲状腺球蛋白上的酪氨酸结合形成碘化酪氨酸，再经一系列反应而形成 T4、T3，与此同时碘化酪氨酸经 DIs 脱碘，使碘再次被甲状腺重新利用。DIs 的活性位点由硒代半胱氨酸组成[124]。一些金属（例如 Pb、Cd）可以代替脱碘酶中的硒而使酶失活，从而影响脱碘，并最终导致甲状腺激素合成受阻[125]。

环境污染物可以通过不同的机制从受体或外围水平影响甲状腺的内稳态。研究发现，甲状腺中 Cd 蓄积可引起甲状腺功能不全、甲状腺重量增大、TSH 含量升高[126]。这可能是由于 Cd 暴露影响了下丘脑—垂体—甲状腺轴（HPT 轴）活性，导致 THs 运输、外周代谢阻断或失活，从而引起 THs 或 TSH 水平变化[127]。在鱼类实验中也同样发现，Cd 暴露可以导致稀有鮈鲫（*Gobiocypris rarus*）THs 升高，HPT 轴相关基因表达改变[128]；环境浓度的 Hg 暴露能诱导斑马鱼胚胎 T4、T3 水平升高，影响 HPT 轴相关基因转录表达，干扰甲状腺激素代谢[129]。不同影响因素引起的 THs 合成减少，TSH 水平增高，均可能刺激甲状腺滤泡增生肥大，发生甲状腺肿大，使甲状腺癌发病率增加。

4. 重金属污染与甲状腺癌

在过去的十年中，人类活动造成的环境重金属污染增加，导致了世界范围内甲状腺癌发病率升高。研究人员在对患有甲状腺癌的韩国女性的调查发现，病情越严重的患者甲状腺中镉的含量越高，这意味着重金属的过度积累促进了甲状腺癌的发展[130]。与非甲状腺癌患者相比，甲状腺癌患者的甲状腺组织中硒的含量更低，而铜含量更高，表明这些金属可能参与了甲状腺癌的致癌过程[69]。

在火山喷发地区，甲状腺癌（特别是乳头状甲状腺癌）发病率显著增加，而其他类型的癌症发病率并没有明显变化，这使火山地区成为专一性研究环境中重金属含量增加与甲状腺癌发病率升高的天然模型[131]。研究表明，甲状腺在对致癌物的累积、代谢及解毒等方面具有特殊的作用机制，由此引起的遗传学或表观遗传学改变促进了敏感人群甲状腺癌的发病率。对西西里岛火山地区的环境污染及甲状腺癌情况的调查显示，在 Mt.Etna 火山地区居民甲状腺癌发病率为 18.5/10 万（对照组为 9.6/10 万），当地饮用水和地衣中的金属含量也明显高于对照组，表明饮用水和大气均受到金属污染；而居民尿液中金属含量也高于对照组，其中 Cd 为 2.1 倍，Hg 为 2.6 倍，Mn 为 3.0 倍，Pd 为 9.0 倍，U 为 2.0 倍，钛（Ti）为 2.0 倍，钒（V）为 8.0 倍，钨（W）为 2.4 倍[132]。研究结果揭示了活跃火山地区非人为的金属生物累积与居民甲状腺癌发病率增加的复杂关系，这些化学物质对甲状腺和其他组织的潜在致癌作用不容忽视。

重金属镉、锑、钙、钴、铜、镍、铬、铅、汞和锡等又被称为金属类雌激素，具有类雌激素作用。雌激素能通过与细胞内雌激素受体的结合，从而促进肿瘤的发生[133]。研究发现，Cd 可通过与 G 蛋白偶联受体 1（GPER1，一种新型雌激素膜性受体）结合而促进人甲状腺未分化癌 FRO 细胞中 ERK1/2、AKT 的磷酸化水平增高，诱导 FRO 细胞增殖[134]。而利用甲状腺癌 WRO 细胞也证实了 Cd 能通过 GPER1 激活 GPER1-ERK/AKT 信号通路，促进癌细胞增殖[135]。

20.2.5　有机污染物与甲状腺癌

在众多环境污染物中，有一些有机污染物具有与 THs 相似的结构，可与 THs 发生受体竞争，产生内分泌干扰效应，进而引起甲状腺疾病，增加甲状腺癌的患病风险[136]。

1. 与 THs 结构相似的有机污染物及其与甲状腺疾病的流行病学研究

人类工业生产和生活中产生的多种环境化学污染物，如二噁英、多氯联苯、多溴联苯醚、有机氯农药、双酚 A 等，具有持久性、半挥发性、长距离迁移特性等，在全球的环境和生物基质中被普遍检出，可通过呼吸吸入、皮肤接触、膳食摄入等方式进入体内并蓄积。大量的研究显示，这些污染物与 THs 的结构类似，长期暴露会破坏 THs 稳态，并与甲状腺结节、甲状腺肿、甲状腺癌等疾病的发生密切相关。

二噁英（dioxin），是有机物不完全燃烧及某些含氯化合物如氯酚等生产过程的副产物[137]，其主要来源包括木材防腐剂的蒸发、焚烧工业的排放、落叶剂的使用、杀虫剂的制备、纸张的漂白和汽车尾气的排放等。美国疾病预防控制中心（CDC）的数据显示，1999~2002年全美健康成人血清二噁英类物质毒性当量水平与总T4水平呈负相关[138]。动物实验表明，2,3,7,8-四氯代二苯并二噁英（TCDD）可以对胎儿或婴幼儿的甲状腺功能造成影响[139]。TCDD还可导致机体THs水平紊乱，增加患甲状腺癌的风险[140]。

多氯联苯（PCBs）作为精细化工产品，曾具有广泛的工业用途，如绝缘剂和隔热剂等，其环境污染来源于生产过程中的排放、使用，以及储存、运输过程中的泄漏等[141]。研究人员对北海道地区孕23~41周的孕妇血清PCBs浓度进行测定，并分析了PCBs浓度与孕妇和新生儿血清TSH、FT4含量的相关性，发现非邻位多氯联苯与母体FT4呈正相关，新生儿（尤其是男孩）FT4与共面多氯联苯呈正相关，表明围产期暴露于背景水平的PCBs会增加孕妇和新生儿的FT4水平[142]。

多溴联苯醚（PBDEs）因具有优良阻燃效果而被广泛用于电子电器制造、印染、纺织、家具制造业等领域，作为一种添加型阻燃剂易于迁移进入环境而造成污染[143]。研究发现，阻燃剂暴露与甲状腺癌发病率上升呈正相关关系[144]。对大连100例孕妇羊水中PBDEs浓度与THs水平的分析显示，具有唐氏筛查高风险和THs水平低下的羊水样品中共检出6种BDEs，其中BDE-71、BDE-183和BDE-190在被检羊水样品中均有检出，且TSH水平低下的羊水中BDE-190和BDE-209水平显著高于正常组，提示大连地区孕中期妇女羊水存在PBDEs内暴露，这可能与羊水中THs水平降低、TSH水平升高有关，进一步推测PBDEs暴露可能与产生胎儿中枢神经系统损伤的HPT轴功能失调有关[145]。

以滴滴涕（DDT）为代表的有机氯农药，具有良好杀虫效果，曾广泛应用于农业生产及某些传染病如疟疾的防治[146]。研究人员在1972~1985年挪威Janus血清库队列中进行了一项针对甲状腺癌的巢式病例对照研究，结果显示DDT代谢物浓度的增加与甲状腺癌呈负相关关系[147]。有机磷农药乐果（Dimethoate）是高效广谱的杀虫杀螨剂，乐果暴露可导致母羊THs水平显著降低[148]；连续服用30天乐果可降低小鼠血清T3浓度，提升T4浓度[149]。

双酚A（BPA）是重要的有机化工原料，主要用于生产聚碳酸酯、环氧树脂等高分子材料，也多用于生产其他一些精细化工产品，例如阻燃剂、抗氧剂、增塑剂、热稳定剂、农药、橡胶防老剂、涂料等。BPA几乎无处不在，从塑料瓶、食品包装的内里到医疗器械都以它为原料制造，因此其环境暴露风险也更高。对我国1416名年龄在18岁或以上的女性尿BPA浓度与甲状腺结节相关性的调查显示，在甲状腺自身抗体呈阳性的女性人群中，较高的尿BPA浓度与甲状腺结节风险升高有关，而且这种相关性接近线性[150]。研究还发现，经口暴露BPA的孕鼠，其仔鼠T4含量增高并伴有甲状腺抵抗综合征症状[151]。不同细胞类型和模型系统的实验数据表明，BPA可以靶向参与甲状腺癌发展的细胞内信号传导[152]，促进甲状腺癌细胞的增殖[153]。

2. 有机污染物对甲状腺功能的影响

1）对甲状腺形态结构的影响

甲状腺的形态和组织结构相对比较稳定，一旦发生改变则在短期内难以恢复。非洲爪蟾（Xenopus laevis）的受精卵在 PCBs 浓度为 20μg/L 下处理直至变态完成，观察到蝌蚪甲状腺滤泡扩张、胶体面积相对缩小、滤泡细胞增殖等现象[154]。四溴双酚 A（TBBPA）和五溴酚（PBP）处理可引起鲫鱼（Carassius auratus）的甲状腺滤泡细胞明显增厚，并伴有增生等现象[155]。对大鼠进行氯丹（chlordane）灌胃后发现，随着暴露浓度的增加甲状腺组织增生的程度加重[156]。这可能是污染物暴露使滤泡腔内胶质减少，降低了体内 THs 合成量，因而导致甲状腺滤泡细胞的代偿性增生和增厚。

2）对甲状腺激素合成、分泌的影响

（1）对 HPT 轴的研究已证实，影响 HPT 轴中的任何环节都可能破坏 THs 内环境稳态[157]。低剂量的五溴二苯醚（DE-71）暴露可上调斑马鱼 HPT 轴主要基因的表达[158]；三丁基锡（TBT）暴露热带爪蟾（Xenopus tropicalis）后发现，TBT 可抑制蝌蚪脑部 TSHβ 的 mRNA 表达，表明 TBT 可能通过改变 TSH 的含量而影响蝌蚪 THs 的分泌[159]。

（2）对甲状腺自身 THs 合成、分泌的影响。研究发现，除草剂甲草胺可诱导大鼠和幼年雄性鲫鱼 TSH、T3 水平升高，T4 水平下降[160]。除草剂莠去津可诱导大鼠体内 T3 水平升高[161]，而对鲫鱼的研究中发现，较高浓度的莠去津不仅可引起血清 T3 升高，还能抑制 TSH 的合成[160]。

（3）对 THs 转运的影响。在脊椎动物血液中，THs 转运相关的蛋白主要包括 3 种：甲状腺激素结合球蛋白（TBG）、甲状腺激素运载蛋白（TTR）和白蛋白（albumin）。研究显示，TBBPA、BPA、PBDEs 及其代谢物、菊酯类杀虫剂等污染物都能与 TTR 相结合[162]。PCBs 也可与血浆 TTR 结合，而这种结合在胚胎发育期间可协助 PCBs 由母体循环转移到胎儿循环，同时又阻碍了 THs 从母体转移到胎儿组织，最终导致胎儿发生与 THs 缺乏引起的一系列发育障碍[163]。由于 PBDEs 化学结构与 THs 相似，分子骨架均为二苯醚，均有卤素取代基，且碘和溴取代基的大小相近[164]，因此推测 PBDEs 可能通过与 THs 竞争 TBG、TTR 等甲状腺激素转运蛋白而产生甲状腺干扰作用。此外，体外实验发现，PBDEs 同类物（尤其羟基化代谢物）能够取代 THs 与 TTR 结合[165]；而进一步研究证实，PBDEs 的羟基化代谢物与 TTR、TBG 的结合能力比 THs 更强[166, 167]。

（4）对 THs 代谢的影响。在 THs 代谢过程中，DIs、肝微粒体酶（UDPGT）、尿苷二磷酸葡萄糖转移酶（Ugt2A1）等发挥着重要的作用。这些酶通过调控甲状腺中 T3、T4 的含量以及 T3/T4 的比值，以稳定高活性的 T3 含量。DIs 是甲状腺激素动态循环过程中的关键酶，通过催化体内 THs 脱碘转化的过程，来调控 THs 的合成和转运[159]。研究发现，TBBPA 和 PBP 可抑制鲫鱼血清 THs 与 TTR 的结合，从而引起 THs 代谢加快，导致肝脏 DI2 和 DI3 活性升高[155]。2, 2, 4, 4-四溴二苯醚（BDE-47）可以增强小鼠肝脏 DIs 活性，促使 T4、T3 脱碘，引起血清 T4、T3 水平降低，破坏甲状腺激素系统的稳态[168]。

（5）对 THs 调控功能的影响。THs 作为信号分子，在实现信号的转导进而发挥调控功能时，必须要与细胞内的甲状腺激素受体（TRs）结合[159]。某些环境污染物可显著抑制生物体 TRs 的表达。例如，多溴二苯醚（PBDEs）可抑制新生儿 TRs 转录水平表达[169]；全氟壬酸暴露对斑马鱼 TRα 表达没有明显影响，但能显著抑制 TRβ 表达[170]。六溴环十二烷（HBCDs）在分子结构上虽然与 THs 并不相同，理论上很难竞争结合 TRs，但体外实验显示，无论 T3 是否存在，HBCDs 在大鼠垂体细胞瘤（GH3）中都能促进由 T3 调控的细胞增殖效应，由此可见，HBCDs 对 T3 具有协同或替代作用，干扰 THs 的正常功能[171, 172]。

3. 有机污染物引起甲状腺癌的致病机理

1) 影响甲状腺激素受体表达

TRs 是 THs 发挥作用的重要桥梁，THs 只有与 TRs 结合才能调控靶基因的表达，发挥其生理功能。TRs 是配体依赖性转录调控蛋白，由 *C-erbA* 基因所编码。人类 *C-erbA* 基因分布在第 17 号和第 3 号染色体上，分别编码 TRα 和 TRβ 两种受体，这两种受体又各有两种异构体。其中，TRα1、TRβ1 和 TRβ2 均为 T3 功能受体。研究表明，暴露于电子垃圾处理环境的 PBDEs 中，产妇血清和新生儿脐带血中的 FT4 含量均降低，而 TSH 含量升高；进一步比较胎盘组织和脐带组织中 TRα1、TRβ1 的转录表达发现，TRα1 和 TRβ1 的转录水平在暴露组脐带组织和胎盘组织中均呈下降趋势，而促甲状腺素受体（TSHR）的转录水平呈上升趋势[169]。该研究发现说明电子垃圾造成的环境污染可能对新生儿产生潜在的健康风险。

2) 干扰细胞的有丝分裂

流行病学调查结果发现，甲状腺癌患者与健康人群相比，尿中的 BPA 浓度显著升高[173]，且不同年龄段的人群和动物患甲状腺癌的风险可由于 BPA 暴露而升高[174]。毒理学研究表明，低剂量 BPA 暴露可损伤细胞内 DNA、干扰细胞有丝分裂而诱导肿瘤发生[175]。BPA 可以抑制微管聚合，并诱导形成多极纺锤体和多个微管组织中心，从而影响细胞的有丝分裂过程，导致细胞的染色体不等分布和多极分裂，最终形成非整倍体细胞，这些生物学过程都可能是 BPA 诱导甲状腺癌发生的细胞病理学过程。

3) 引起表观遗传改变

大多数环境有机污染物是通过调控组蛋白修饰的改变，影响靶基因启动子区 DNA 的甲基化等表观遗传，干扰靶基因的转录调控，进而影响机体的诸多正常生理功能。这些化合物大多具有外源性激素受体激动剂或拮抗剂的作用，其长期暴露可改变靶基因表观基因型，诱导机体产生内分泌相关的代谢紊乱综合征或恶性肿瘤[176]。

4) 影响肿瘤的缺氧微环境

研究显示，实体肿瘤的发展恶化与肿瘤的微环境密切相关。肿瘤细胞微环境的缺氧状态通常由于癌细胞的快速增殖引起，肿瘤组织中结构和功能异常的新生血管或血管网快速形成，造成局部缺氧、代谢废物堆积，并最终导致新生血管坏死[177]。在这种微环境下，缺氧诱导因子（HIF-1）能激活多种参与肿瘤血管生成相关基因的转录，从而促进肿瘤组织的生长和癌细胞的转移[178]。在未分化甲状腺癌患者组织中 HIF-1α 表达量较高，是影响甲状腺癌预后的潜在因之一[179]，另一方面，HIF-1α 还被发现可以使雌激素受体（ERα）的表达升高，从而抑制细胞凋亡，使甲状腺细胞恶变[180]。

20.2.6 当前研究中的问题

目前有关环境污染物暴露与甲状腺癌发生发展相关性及分子机制的研究数据还十分有限，缺乏关于污染物对人体甲状腺的毒性效应剂量、甲状腺对污染物的积累能力的相关研究。有关污染物对甲状腺肿瘤的致癌机制研究目前尚刚刚起步，需要进一步针对污染物导致甲状腺癌发生发展的具体信号通路开展相关研究。在这一领域，主要存在以下几方面的问题。

1. 污染物引起甲状腺疾病还缺乏关键的流行病学证据

一方面，人类生活和生产活动所产生的如二噁英、有机氯农药、多氯联苯、多溴联苯醚、高氯酸盐等污染物在环境中普遍存在，可在全球范围内环境和生物基质中广泛检出。另一方面，甲状腺结节及甲状腺癌的发病率呈上升趋势，这提示环境因素可能在甲状腺癌发生发展过程中具有一定的作用[181]。现有的流行病学数据主要集中在污染物高暴露人群中甲状腺激素或功能等对环境污染暴露的响应[182]。当前仍然缺乏 PBDEs、PCDD/Fs、PCBs 及其羟基代谢物、有机氯农药和高氯酸盐等典型环境污染物与甲状腺癌等多种甲状腺疾病发生发展关系的流行病学调查，亟需开展比如 Meta 元分析数据整合、多种污染物与甲状腺癌的流行病学证据收集等工作。

2. 考虑单一污染物与甲状腺疾病的关系，复合暴露的影响较少

环境中污染物品种繁多、结构复杂、在环境与生物体中赋存形式多样，并且同类或不同类污染物呈复合污染状况[182, 183]，因此真实环境中非靶生物与人体面临的暴露不仅是单一污染物，更多的是涵盖母体化合物、降解产物、衍生物或者替代物等在内的复合污染。有限的毒理学数据显示，污染物复合暴露条件下可诱导与单一暴露明显不同的生物学效应。因此，不同污染物的复合毒性效应，仅根据其单一暴露的毒性数据进行预测是远远不够的。目前污染物与甲状腺疾病的关系研究多集中在单一污染物的影响效应及机制研究，环境污染物复合暴露效应研究尚不明确。

3. 新型污染物暴露与甲状腺疾病关系的研究相对较少

新型污染物是指应用广泛、在环境中出现且对非靶标生物或人体健康具有潜在危害的一类化合物[184]。随着这类化合物环境污染程度的不断加深，其环境效应与健康风险已逐渐引起环境科学领域研究者的关注。然而，这些化学品的基础毒性数据非常有限，甚至完全没有，因此很难对它们的暴露风险进行客观评价。由此可见，人类正面临着新型污染物暴露的重大挑战，其潜在环境危害及对人体健康的损伤效应不可预测。因此，新型污染物暴露与甲状腺疾病关系的研究对于认识环境污染物与甲状腺癌发生发展的关系具有重要意义。

4. 职业暴露与甲状腺疾病关系的研究较少

职业暴露是指由于职业关系而暴露在危险因素中，从而有可能对健康有一定的损伤作用。目前针对职业暴露与甲状腺疾病发生发展的关系研究较少。诸如职业性农药接触或其他农场接触可能增加甲状腺癌发病率的风险[185]，女性裁缝患甲状腺癌的风险明显增加[186]等，这些研究仅限于甲状腺癌的风险性增加，很难客观评价职业暴露与甲状腺癌发生的相关性。

20.2.7 研究展望

结合当前环境污染与甲状腺疾病相关性研究存在的系列问题，建议今后可从以下几方面开展研究。

1. 采用多学科交叉技术，研究甲状腺疾病发病的时空特征及环境暴露风险因子

当前，在我国环境污染加剧与甲状腺疾病患者增多的情况下，开展针对性强的病例对照研究显得尤为必要，在结合不同城市的地域特点，应用时空扫描统计方法，研究甲状腺癌发病的时空特征及环境暴露风险因子。借鉴污染物暴露组学的研究成果，探讨多种污染物联合暴露对甲状腺癌的影响[187]。甲状腺恶性肿瘤与碘摄入、环境污染物暴露、社会经济水平、生殖与生产因子（激素水平）、BMI、饮食习惯、遗传与基因、职业暴露、性格和吸烟、饮酒等生活习惯等风险因子的研究，将有助于更科学全面地评价这些风险因子与甲状腺疾病的潜在关系，为典型环境污染物的健康风险评价提供依据，也为相关污染物安全管控政策拟定与实施提供参考。

2. 加强职业人群暴露与甲状腺疾病关系研究

职业人群频繁暴露于环境污染物，会干扰人体甲状腺激素的合成，但污染物与甲状腺疾病的关系知之甚少。电离辐射是甲状腺癌发生发展的重要外源性危险因素。从切尔诺贝利事故研究中，人们已经了解了很多关于辐射诱发甲状腺癌的机制[185]；然而，其他职业性暴露导致甲状腺疾病的潜在机制目前尚不清楚。因此，加强职业人群甲状腺疾病研究对于评估职业暴露风险与有效防治甲状腺疾病具有重要意义。

3. 研究环境污染物外暴露、内暴露与甲状腺疾病的关系

环境污染物广泛存在，日常生活中，人体可通过呼吸、饮食、饮水等多种途径接触污染物。例如，室内灰尘中多种高浓度的阻燃剂的检出表明室内灰尘是人体暴露于阻燃剂的重要途径。一些用于农业作物生产的农药类污染物可经由食物对人体产生暴露。进入人体的污染物会存在于血清、甲状腺等组织中，构成污染物的内暴露，从而影响甲状腺疾病的发生发展过程。科学全面评价环境污染物外暴露、内暴露水平与甲状腺疾病之间的关系，是环境健康领域的新挑战。

（撰稿人：徐汉卿　刘　娜　晋小婷　杨瑞强　周群芳　江桂斌）

参 考 文 献

[1] Ferlay J, Shin H R, Bray F, Forman D, Mathers C, Parkin D M. Estimates of worldwide burden of cancer in 2008: GLOBOCAN 2008. International Journal of Cancer, 2010, 127: 2893-2917.

[2] Zimmermann M B, Galetti V. Iodine intake as a risk factor for thyroid cancer: A comprehensive review of animal and human studies. Thyroid Research, 2015, 8: 8-28.

[3] Schlumberger M, Sherman S I. Approach to the patient with advanced differentiated thyroid cancer. European Journal of Endocrinology, 2012, 166: 5-11.

[4] Ferlay J, Soerjomataram I, Dikshit R, Eser S, Mathers C, Rebelo M, Parkin D M, Forman D, Bray F. Cancer incidence and mortality worldwide: Sources, methods and major patterns in GLOBOCAN 2012. International Journal of Cancer, 2015, 136: 359-386.

[5] Sipos J A, Mazzaferri E L. Thyroid cancer epidemiology and prognostic variables. Clinical Oncology, 2010, 22 (6): 395-404.

[6] Rahib L, Smith B D, Aizenberg R, Rosenzweig A B, Fleshman J M, Matrisian L M. Projecting cancer incidence and deaths to 2030: The unexpected burden of thyroid, liver, and pancreas cancers in the United States. Cancer Research, 2014, 74: 2913-2921.

[7] La Vecchia C, Malvezzi M, Bosetti C, Garavello W, Bertuccio P, Levi F, Negri E. Thyroid cancer mortality and incidence: A global overview. International Journal of Cancer, 2015, 136: 2187-2195.

[8] Pui C H, Pappo A, Gajjar A, Downing J R. Redefining "rare" in paediatric cancers. The Lancet Oncology, 2016, 17 (2): 138-139.

[9] 宋雨凌. 甲状腺癌. 中国实用乡村医生杂志, 2018, 25 (10): 21-22.

[10] Xiang J, Wu Y, Li D S, Shen Q, Wang Z Y, Sun T Q, An Y, Guan Q. New clinical features of thyroid cancer in eastern China. Journal of Visceral Surgery, 2010, 147: 54-57.

[11] Ahn H S, Kim H J, Welch H G. Korea's thyroid-cancer "epidemic" -screening and overdiagnosis. New England Journal of Medicine, 2014, 371: 1765-1767.

[12] 吴艺捷. 甲状腺癌已成为严重的公共健康问题. 中华内分泌代谢杂志, 2015, 31: 1-3.

[13] 陈祖培, 阎玉芹. 碘与甲状腺疾病研究的最新进展与动态. 中国地方病学杂志, 2001, 20: 72-73.

[14] 费徐峰. 杭州市环境因子与甲状腺恶性肿瘤时空分布及其致病风险的相关性研究: [博士论文]. 杭州: 浙江大学, 2017.

[15] 韩晴, 黄汉林. 甲状腺疾病影响因素研究进展. 中国职业医学, 2015: 345-347, 350.

[16] Ron E, Brenner A. Non-malignant thyroid diseases after a wide range of radiation exposures. Radiation Research, 2010, 174: 877-888.

[17] Williams D. Radiation carcinogenesis: Lessons from Chernobyl. Oncogene, 2008, 27 (Suppl 2): S9-S18.

[18] 董建梅, 李伟伟, 秦绪成, 张伟伟. 田湾核电站周围地区2001-2012年甲状腺癌发病分析. 中华肿瘤防治杂志, 2015, 22: 1417-1421.

[19] Jacob P, Bogdanova T I, Buglova E, Chepurniy M, Demidchik Y, Gavrilin Y, Kenigsberg J, Kruk J, Schotola C, Shinkarev S, Tronko M D, Vavilov S. Thyroid cancer among Ukrainians and Belarusians who were children or adolescents at the time of the Chernobyl accident. Journal of Radiological Protection, 2006, 26: 51-67.

[20] Sinnott B, Ron E, Schneider A B. Exposing the thyroid to radiation: A review of its current extent, risks, and implications. Endocrine Reviews, 2010, 31: 756-773.

[21] Imaizumi M, Usa T, Tominaga T, Neriishi K, Akahoshi M, Nakashima E, Ashizawa K, Hida A, Soda M, Fujiwara S, Yamada M, Ejima E, Yokoyama N, Okubo M, Sugino K, Suzuki G, Maeda R, Nagataki S, Eguchi K. Radiation dose-response relationships for thyroid nodules and autoimmune thyroid diseases in Hiroshima and Nagasaki Atomic Bomb survivors 55-58 years after radiation exposure. JAMA-Journal of the American Medical Association, 2006, 295: 1011-1022.

[22] Veiga L H, Lubin J H, Anderson H, de Vathaire F, Tucker M, Bhatti P, Schneider A, Johansson R, Inskip P, Kleinerman R, Shore R, Pottern L, Holmberg E, Hawkins M M, Adams M J, Sadetzki S, Lundell M, Sakata R, Damber L, Neta G, Ron E. A pooled analysis of thyroid cancer incidence following radiotherapy for childhood cancer. Radiation Research, 2012, 178: 365-376.

[23] Lee W J, Cha E S, Ha M, Jin Y W, Hwang S S, Kong K A, Lee S W, Lee H K, Lee K Y, Kim H J. Occupational radiation doses among diagnostic radiation workers in South Korea, 1996-2006. Radiation Protection Dosimetry, 2009, 136: 50-55.

[24] 周思静, 周俊生, 刘胜萍, 张薇, 梁峰. 放射作业人员甲状腺结节检出情况分析. 工业卫生与职业病,

2019, 45: 72-73, 76.

[25] Adams M J, Shore R E, Dozier A, Lipshultz S E, Schwartz R G, Constine L S, Pearson T A, Stovall M, Thevenet-Morrison K, Fisher S G. Thyroid cancer risk 40+ years after irradiation for an enlarged thymus: An update of the Hempelmann cohort. Radiation Research, 2010, 174: 753-762.

[26] Memon A, Godward S, Williams D, Siddique I, Al-Saleh K. Dental x-rays and the risk of thyroid cancer: A case-control study. Acta Oncologica, 2010, 49: 447-453.

[27] 吕荣彬. 分化型甲状腺癌术后 ^{131}I 治疗剂量学应用与影响因素研究: [博士论文]. 济南: 山东大学, 2018.

[28] de Gonzalez A B, Curtis R E, Kry S F, Gilbert E, Lamart S, Berg C D, Stovall M, Ron E. Proportion of second cancers attributable to radiotherapy treatment in adults: A cohort study in the US SEER cancer registries. The Lancet Oncology, 2011, 12: 353-360.

[29] Ramos C M, Urdaneta A I, Wan W, Chang M G, Song S. Bilateral neck irradiation confers a higher risk of developing hypothyroidism in patients with head-and-neck cancer. International Journal of Radiation Oncology Biology Physics, 2013, 87: S481.

[30] Goncalves S M, Ferreira B D, Guardado M J, Marques R, Serra T, Serra M J, Roda D, Brandão J, Melo G, Lopes M C, Khouri L. Secondary hypothyroidism after cervical irradiation: Systematic evaluation of thyroid function in follow-up. Acta Medica Portuguesa, 2014, 27: 467-472.

[31] Metz-Flamant C, Laurent O, Samson E, Caër-Lorho S, Acker A, Hubert D, Richardson D B, Laurier D. Mortality associated with chronic external radiation exposure in the French combined cohort of nuclear workers. Occupational and Environmental Medicine, 2013, 70: 630-638.

[32] Tao Z, Akiba S, Zha Y, Sun Q, Zou J, Li J, Liu Y, Yuan Y, Tokonami S, Morishoma H, Koga T, Nakamura S, Sugahara T, Wei L. Cancer and non-cancer mortality among inhabitants in the high background radiation area of Yangjiang, China (1979-1998). Health Physics, 2012, 102: 173-181.

[33] 吴兆宇, 赵金鹏, 纪艳超. 微量元素碘、硒、氟与甲状腺疾病相关性的研究进展. 中国医药导报, 2014, 11: 153-155.

[34] 程桂林, 李桂东, 王剑峰. 甲状腺疾病与微量元素关系的研究进展. 中国医药导报, 2017, 14: 40-43.

[35] Rivkees S A, Mazzaferri E L, Verburg F A, Reiners C, Luster M, Breuer C K, Dinauer C A, Udelsman R. The treatment of differentiated thyroid cancer in children: Emphasis on surgical approach and radioactive iodine therapy. Endocrine Reviews, 2011, 32: 798-826.

[36] Rohner F, Zimmermann M, Jooste P, Pandav C, Caldwell K, Raghavan R, Raiten D J. Biomarkers of nutrition for development—iodine review. The Journal of Nutrition, 2014, 144: 1322S-1342S.

[37] 张瑞丽, 王士杰, 单保恩, 李慧娟. 碘与人体健康的关系及临床应用. 河北医药, 2009, 31: 578-580.

[38] 聂秀玲, 陈祖培. 钠碘转运体与甲状腺疾病. 中国地方病学杂志, 2003: 88-90.

[39] Pearce E N. Iodine deficiency in children. Endocrine Development, 2014, 26: 130-138.

[40] 张颖, 姚旋, 宋宜云, 应浩. 甲状腺激素与代谢调控. 生命科学, 2013, 25: 176-183.

[41] Laurberg P, Bülow Pedersen I, Knudsen N, Ovesen L, Andersen S. Environmental iodine intake affects the type of nonmalignant thyroid disease. Thyroid, 2001, 11: 457-469.

[42] 田文霞, 孙文广. 碘与甲状腺疾病的相关研究. 医学综述, 2017, 23: 4868-4872.

[43] Liu X H, Chen G G, Vlantis A C, van Hasselt C A. Iodine mediated mechanisms and thyroid carcinoma. Critical Reviews in Clinical Laboratory Sciences, 2009, 46: 302-318.

[44] Zimmermann M B, Boelaert K. Iodine deficiency and thyroid disorders. Lancet Diabetes & Endocrinology, 2015, 3: 286-295.

[45] Besic N, Hocevar M, Zgajnar J. Lower incidence of anaplastic carcinoma after higher iodination of salt in slovenia. Thyroid, 2010, 20: 623-626.

[46] Rasmussen L B, Schomburg L, Köhrle J, Pedersen I B, Hollenbach B, Hög A, Ovesen L, Perrild H, Laurberg P. Selenium status, thyroid volume, and multiple nodule formation in an area with mild iodine deficiency. European Journal of Endocrinology, 2011, 164: 585-590.

[47] Suzuki H, Higuchi T, Sawa K, Ohtaki S, Horiuchi Y. "Endemic coast goitre" in Hokkaido, Japan. Acta Endocrinologica, 1965, 50（2）: 161-176.

[48] 张恩勇, 宋博, 潘若望, 刘旭, 梅文杰. 碘摄入量与甲状腺癌的相关性研究. 中国地方病防治杂志, 2016, 31: 615-616.

[49] 滕晓春, 滕笛, 单忠艳, 关海霞, 李玉姝, 于晓会, 范晨玲, 崇巍, 杨帆, 何力, 刘华, 温松臣, 戴红, 毛金媛, 谷晓岚, 于扬, 李佳, 陈彦彦, 赵冬, 杨榕, 姜雅秋, 李晨阳, 滕卫平. 碘摄入量增加对甲状腺疾病影响的五年前瞻性流行病学研究. 中华内分泌代谢杂志, 2006, 22: 512-517.

[50] 崔俊生, 倪劲松, 孔庆扬, 王静. 食盐加碘前后甲状腺恶性肿瘤检出率及组织学类型分析. 吉林大学学报（医学版）, 2008, 34: 1075-1078.

[51] 陆国超, 李春雨, 吴远冰. 食盐碘化对甲状腺癌发病的影响. 河北医学, 2008, 14: 450-451.

[52] 吴琍, 王萍, 赵世华, 赵文娟, 潘杰, 赵鹏, 王颜刚. 青岛地区 14 年甲状腺癌患者的临床特点. 山东医药, 2008, 48: 78-79.

[53] 关海霞, 滕卫平, 单忠艳, 金迎, 滕晓春, 杨帆, 高天舒, 王微波, 史晓光, 佟雅洁, 崔炳元, 杨世明. 不同碘摄入量地区甲状腺癌的流行病学研究. 中华医学杂志, 2001, 81: 457-458.

[54] Kim C, Bi X, Pan D, Chen Y, Carling T, Ma S, Udelsman R, Zhang Y. The risk of second cancers after diagnosis of primary thyroid cancer is elevated in thyroid microcarcinomas. Thyroid, 2013, 23: 575-582.

[55] Balasubramaniam S, Ron E, Gridley G, Schneider A B, Brenner A V. Association between benign thyroid and endocrine disorders and subsequent risk of thyroid cancer among 4.5 million U.S. male veterans. The Journal of Clinical Endocrinology and Metabolism, 2012, 97: 2661-2669.

[56] Liu X H, Chen G G, Vlantis A C, Tse G M, van Hasselt C A. Iodine induces apoptosis via regulating MAPKs-related p53, p21, and Bcl-xL in thyroid cancer cells. Molecular and Cellular Endocrinology, 2010, 320: 128-135.

[57] Cho B Y, Choi H S, Park Y J, Lim J A, Ahn H Y, Lee E K, Kim K W, Yi K H, Chung J K, Youn Y K, Cho N H, Park D J, Koh C S. Changes in the clinicopathological characteristics and outcomes of thyroid cancer in Korea over the past four decades. Thyroid, 2013, 23: 797-804.

[58] Dom G, Galdo V C, Tarabichi M, Tomás G, Hébrant A, Andry G, De Martelar V, Libert F, Leteurtre E, Dumont J E, Maenhaut C, van Staveren W C. 5-aza-2'-deoxycytidine has minor effects on differentiation in human thyroid cancer cell lines, but modulates genes that are involved in adaptation in vitro. Thyroid, 2013, 23: 317-328.

[59] 叶艳, 赵树君, 李永梅, 孙毅娜, 林来祥, 阎玉芹, 陈祖培. 不同浓度碘对乳头状甲状腺癌 B2-7 细胞增殖和凋亡的影响. 国际内分泌代谢杂志, 2013, 33: 370-372.

[60] Aceves C, Anguiano B, Delgado G. The extrathyronine actions of iodine as antioxidant, apoptotic, and differentiation factor in various tissues. Thyroid, 2013, 23: 938-946.

[61] 辛笑笑, 李昭英. 碘和硒对甲状腺的影响. 临床医药实践, 2017, 26: 374-376.

[62] 李江平, 晋建华. 微量元素硒与甲状腺疾病关系的研究进展. 中西医结合心血管病杂志, 2016, 4: 5-7.

[63] Duntas L H. Selenium and the thyroid: A close-knit connection. The Journal of Clinical Endocrinology and Metabolism, 2010, 95: 5180-5188.

[64] Weeks B S, Hanna M S, Cooperstein D. Dietary selenium and selenoprotein function. Medical Science Monitor, 2012, 18 (8): RA127-RA132.

[65] Köhrle J, Jakob F, Contempré B, Dumont J E. Selenium, the thyroid, and the endocrine system. Endocrine Reviews, 2005, 26: 944-984.

[66] Corvilain B, Van Sande J, Laurent E, Dumont J E. The H_2O_2-generating system modulates protein iodination and the activity of the pentose phosphate pathway in dog thyroid. Endocrinology, 1991, 128: 779-785.

[67] Bjorkman U, Ekholm R. Hydrogen peroxide degradation and glutathione peroxidase activity in cultures of thyroid cells. Molecular and Cellular Endocrinology, 1995, 111: 99-107.

[68] Kucharzewski M, Braziewicz J, Majewska U, Gózdz S. Concentration of selenium in the whole blood and the thyroid tissue of patients with various thyroid diseases. Biological Trace Element Research, 2002, 88: 25-30.

[69] Kucharzewski M, Braziewicz J, Majewska U, Gózdz S. Copper, zinc, and selenium in whole blood and thyroid tissue of people with various thyroid diseases. Biological Trace Element Research, 2003, 93: 9-18.

[70] Moncayo R, Kroiss A, Oberwinkler M, Karakolcu F, Starzinger M, Kapelari K, Talasz H, Moncayo H. The role of selenium, vitamin C, and zinc in benign thyroid diseases and of selenium in malignant thyroid diseases: Low selenium levels are found in subacute and silent thyroiditis and in papillary and follicular carcinoma. BMC Endocrine Disorders, 2008, 8: 2-13.

[71] Adjadj E, Schlumberger M, de Vathaire F. Germ-line DNA polymorphisms and susceptibility to differentiated thyroid cancer. Lancet Oncology, 2009, 10: 181-190.

[72] Kato M A, Finley D J, Lubitz C C, Zhu B, Moo T A, Loeven M R, Ricci J A, Zarnegar R, Katdare M, Fahey T J 3rd. Selenium decreases thyroid cancer cell growth by increasing expression of GADD153 and GADD34. Nutrition and Cancer-An International Journal, 2010, 62: 66-73.

[73] Rosário P W, Batista K C S, Calsolari M R. Radioiodine-induced oxidative stress in patients with differentiated thyroid carcinoma and effect of supplementation with vitamins C and E and selenium (antioxidants). Archives of Endocrinology Metabolism, 2016, 60: 328-332.

[74] 吴春笃, 李顺, 许小红, 张波. 高氯酸盐的环境毒理学效应及其机制的研究进展. 环境与健康杂志, 2013, 30: 85-89.

[75] Kirk A B, Dyke J V, Martin C F, Dasgupta P K. Temporal patterns in perchlorate, thiocyanate, and iodide excretion in human milk. Environmental Health Perspectives, 2007, 115: 182-186.

[76] Dasgupta P K, Martinelango P K, Jackson W A, Anderson T A, Tian K, Tock R W, Rajagopalan S. The

origin of naturally occurring perchlorate: The role of atmospheric processes. Environmental Science & Technology, 2005, 39: 1569-1575.

[77] Motzer W E. Perchlorate: Problems, detection, and solutions. Environmental Forensics, 2001, 2: 301-311.

[78] Pleus R C, Corey L M. Environmental exposure to perchlorate: A review of toxicology and human health. Toxicology and Applied Pharmacology, 2018, 358: 102-109.

[79] Coates J D, Achenbach L A. Microbial perchlorate reduction: Rocket-fueled metabolism. Nature Reviews Microbiology, 2004, 2: 569-580.

[80] National Research Council of the National Academies, Committee to Assess the Health Implications of Perchlorate Ingestion, Board on Environmental Studies and Toxicology, Division on Earth and Life Studies. Health Implications of Perchlorate Ingestion. Washington D C: The National Academies Press, 2005.

[81] Greer M A, Goodman G, Pleus R C, Greer S E. Health effects assessment for environmental perchlorate contamination: The dose response for inhibition of thyroidal radioiodine uptake in humans. Environmental Health Perspectives, 2002, 110: 927-937.

[82] Braverman L E, He X, Pino S, Cross M, Magnani B, Lamm S H, Kruse M B, Engel A, Crump K S, Gibbs J P. The effect of perchlorate, thiocyanate, and nitrate on thyroid function in workers exposed to perchlorate long-term. The Journal of Clinical Endocrinology and Metabolism, 2005, 90: 700-706.

[83] 范敬东, 夏宏伟, 朱谱国, 黄自生, 赵培枫, 朱建军, 李宏德. 高氯酸铵对防护条件下作业人员健康的影响. 公共卫生与预防医学, 2012, 23: 82-84.

[84] Blount B C, Valentin-Blasini L, Osterloh J D, Mauldin J P, Pirkle J L. Perchlorate exposure of the US Population, 2001-2002. Journal of Exposure Science & Environmental Epidemiology, 2007, 17: 400-407.

[85] 秦娟, 李琴, 张金良, 林海鹏, 于云江, 史亚利, 车飞, 王红梅. 高氯酸盐对女性甲状腺功能影响的初步调查. 环境与健康杂志, 2010, 27: 970-973.

[86] Kunisue T, Fisher J W, Kannan K. Modulation of thyroid hormone concentrations in serum of rats coadministered with perchlorate and iodide-deficient diet. Archives of Environmental Contamination and Toxicology, 2011, 61: 151-158.

[87] Lewandowski T A, Seeley M R, Beck B D. Interspecies differences in susceptibility to perturbation of thyroid homeostasis: A case study with perchlorate. Regulatory Toxicology and Pharmacology, 2004, 39: 348-362.

[88] Faroon O, Ashizawa A, Wright S, Tucker P, Jenkins K, Ingerman L, Rudisill C. Toxicological profile for cadmium. Atlanta GA: Agency for Toxic Substances and Disease Registry (US), 2012.

[89] Hogervorst J, Plusquin M, Vangronsveld J, Nawrot T, Cuypers A, Van Hecke E, Roels H A, Carleer R, Staessen J A. House dust as possible route of environmental exposure to cadmium and lead in the adult general population. Environmental Research, 2007, 103: 30-37.

[90] Nie X, Chen Y, Chen Y, Chen C, Han B, Li Q, Zhu C, Xia F, Zhai H, Wang N, Lu Y. Lead and cadmium exposure, higher thyroid antibodies and thyroid dysfunction in Chinese women. Environmental Pollution, 2017, 230: 320-328.

[91] 武如峰, 冯兆良, 徐玉华. 镉污染区居民甲状腺功能的初步观察. 卫生毒理学杂志, 1989, 3 (1): 51-52.

[92] 张建婷. 镉污染地区居民的甲状腺机能. 地方病译丛, 1986, (6): 93.

[93] Abadin H, Ashizawa A, Stevens Y W, Llados F, Diamond G, Sage G, Citra M, Quinones A, Bosch S J, Swarts S G. Toxicological Profile for Lead. Atlanta GA: Agency for Toxic Substances and Disease Registry (US), 2007.

[94] Rana S V. Perspectives in endocrine toxicity of heavy metals—A review. Biological Trace Element Research, 2014, 160 (1): 1-14.

[95] 陈静雯. 铅暴露对发育期甲状腺激素水平的影响: [硕士论文]. 南宁: 广西医科大学, 2015.

[96] 颜崇淮, 沈晓明. 儿童铅中毒处理中值得注意的问题. 中国实用儿科杂志, 2006, 21 (3): 71-73.

[97] 陈克, 陈均亚, 叶祎. 铅对儿童甲状腺功能影响的研究. 中国儿童保健杂志, 2009, 17 (1): 87-88.

[98] Dundar B, Oktem F, Arslan M K, Delibas N, Baykal B, Arslan C, Gultepe M, Ilhan I E. The effect of long-term low-dose lead exposure on thyroid function in adolescents. Environmental Research, 2006, 101: 140-145.

[99] Robins J M, Cullen M R, Connors B B, Kayne R D. Depressed thyroid indexes associated with occupational exposure to inorganic lead. Archives of Internal Medicine, 1983, 143: 220-224.

[100] Schumacher C, Brodkin C A, Alexander B, Cullen M, Rainey P M, van Netten C, Faustman E, Checkoway H. Thyroid function in lead smelter workers: Absence of subacute or cumulative effects with moderate lead burdens. International Archives of Occupational and Environmental Health, 1998, 71: 453-458.

[101] 崔金山, 张玉敏, 李宏革, 苏雅, 孔庆芝, 田春寅, 王春吉, 王虹飞, 孙玉强. 铅对作业工人某些内分泌腺功能影响的研究. 中国工业医学杂志, 1995, 8 (1): 1-3, 63.

[102] 沈英娃, 菅小东. 论我国用汞总量的消减. 环境科学研究, 2004, 17 (3): 13-24.

[103] 李松, 皮静波, 孙贵范, 吕秀强, 陆春伟, 刘淑兰. 无机汞对甲状腺激素的影响. 中国工业医学杂志, 1998, 11 (1): 25-26, 49.

[104] Barregård L, Lindstedt G, Schütz A, Sällsten G. Endocrine function in mercury exposed chloralkali workers. Occupational and Environmental Medicine, 1994, 51: 536-540.

[105] Afrifa J, Ogbordjor W D, Duku-Takyi R. Variation in thyroid hormone levels is associated with elevated blood mercury levels among artisanal small-scale miners in Ghana. PLoS One, 2018, 13 (8): e0203335.

[106] 秦少珍, 李美雄, 钟丽萍, 廖瑞庆, 李芳华. 化妆品致汞中毒患者甲状腺功能观察. 中国职业医学, 2007, 34 (5): 438-439.

[107] 刘维群, 王仁仪, 王晓英, 丁献松. 锰作业工人甲状腺功能的改变. 中华劳动卫生职业病杂志, 1988, 6 (3): 185-186.

[108] 武如峰, 冯兆良. 接触锰对甲状腺激素的影响. 劳动医学, 1990, 7 (2): 24-25.

[109] Yorita Christensen K L. Metals in blood and urine, and thyroid function among adults in the United States 2007-2008. International Journal of Hygiene and Environmental Health, 2013, 216: 624-632.

[110] Guo J, Lv N, Tang J, Zhang X, Peng L H, Du X F, Li S, Luo Q, Zhang D, Chen G D. Associations of blood metal exposure with thyroid hormones in Chinese pregnant women: A cross-sectional study. Environment International, 2018, 121: 1185-1192.

[111] Tereshchenko I V, Goldyreva T P, Bronnikov V I. Trace elements and endemic goiter. Klinicheskaia meditsina, 2004, 82 (1): 62-68.

[112] Kathren R L, Tolmachev S Y. Natural uranium tissue content of three caucasian males. Health Physics, 2015, 109 (3): 187-197.

[113] Banning A, Benfer M. Drinking Water Uranium and potential health effects in the German Federal State of Bavaria. International Journal of Environmental Research and Public Health, 2017, 14: 927-936.

[114] Castelli M, Rossi B, Corsetti F, Mantovani A, Spera G, Lubrano C, Silvestroni L, Patriarca M, Chiodo F, Menditto A. Levels of cadmium and lead in blood: An application of validated methods in a group of patients with endocrine/metabolic disorders from the Rome area. Microchemical Journal, 2005, 79: 349-355.

[115] Jancic S A, Stosic B Z. Cadmium effects on the thyroid gland. Vitamins and Hormones, 2014, 94: 391-425.

[116] 孙涓. 人肝肾甲状腺中硒镉含量的年龄依赖性. 国外医学: 医学地理分册, 1996, 17 (3): 113-114.

[117] 李鑫, 易建华. 居住在镉污染区人群的组织镉浓度. 国外医学: 医学地理分册, 2008, 29 (2): 87-88.

[118] El Heni J, Messaoudi I, Ben Chaouacha-Chekir R. Effects of sub-chronic exposure to cadmium on some parameters of calcium and iodine metabolisms in the Shaw's jird Meriones shawi. Environmental Toxicology and Pharmacology, 2012, 34: 136-143.

[119] Hammouda F, Messaoudi I, El Hani J, Baati T, Saïd K, Kerkeni A. Reversal of cadmium-induced thyroid dysfunction by selenium, zinc, or their combination in rat. Biological Trace Element Research, 2008, 126 (1-3): 194-203.

[120] 覃国杰, 陈月华, 陈文耀, 周心丽. 亚急性汞暴露大鼠甲状腺功能及形态学观察. 卫生毒理学杂志, 1992, 6 (2): 146.

[121] Boelaert K. The association between serum TSH concentration and thyroid cancer. Endocrine-Related Cancer, 2009, 16: 1065-1072.

[122] Jancic S, Bojanic V, Rancic G, Joksimovic I, Jancic N, Zindovic M, Stankovic V. Calcitonin gene-related peptide (CGRP) —Microadenomas of the thyroid gland induced by cadmium toxicity. Experimental study. Journal of Buon, 2011, 16 (2): 331-336.

[123] Pilat-Marcinkiewicz B, Sawicki B, Brzóska M M, Moniuszko-Jakoniuk J. Effect of chronic administration of cadmium on the rat thyroid: Radioimmunological and immunohistochemical studies. Folia Histochemica Et Cytobiologica, 2002, 40 (2): 189-190.

[124] St Germain D L, Galton V A. The deiodinase family of selenoproteins. Thyroid, 1997, 7: 655-668.

[125] López C M, Piñeiro A E, Núñez N, Avagnina A M, Villaamil E C, Roses O E. Thyroid hormone changes in males exposed to lead in the Buenos Aires area (Argentina). Pharmacological Research, 2000, 42: 599-602.

[126] Iijima K, Otake T, Yoshinaga J, Ikegami M, Suzuki E, Naruse H, Yamanaka T, Shibuya N, Yasumizu T, Kato N. Cadmium, lead, and selenium in cord blood and thyroid hormone status of newborns. Biological Trace Element Research, 2007, 119: 10-18.

[127] Zoeller R T, Tan S W, Tyl R W. General background on the hypothalamic pituitary-thyroid (HPT) axis. Critical Reviews in Toxicology, 2007, 37: 11-53.

[128] Li Z H, Chen L, Wu Y H, Li P, Li Y F, Ni Z H. Effects of waterborne cadmium on thyroid hormone levels and related gene expression in Chinese rare minnow larvae. Comparative Biochemistry and Physiology

C-Toxicology & Pharmacology，2014，161：53-57.

[129] Sun Y，Li Y，Liu Z，Chen Q. Environmentally relevant concentrations of mercury exposure alter thyroid hormone levels and gene expression in the hypothalamic–pituitary–thyroid axis of zebrafish larvae. Fish Physiology and Biochemistry，2018，44：1175-1183.

[130] Chung H K，Nam J S，Ahn C W，Lee Y S，Kim K R. Some elements in thyroid tissue are associated with more advanced stage of thyroid cancer in Korean women. Biological Trace Element Research，2015，171：54-62.

[131] Pellegriti G，De Vathaire F，Scollo C，Attard M，Giordano C，Arena S，Dardanoni G，Frasca F，Malandrino P，Vermiglio F，Previtera D M，D'Azzò G，Trimarchi F，Vigneri R. Papillary thyroid cancer incidence in the volcanic area of Sicily. Journal of The National Cancer Institute，2009，101：1575-1583.

[132] Malandrino P，Russo M，Ronchi A，Minoia C，Cataldo D，Regalbuto C，Giordano C，Attard M，Squatrito S，Trimarchi F，Vigneri R. Increased thyroid cancer incidence in a basaltic volcanic area is associated with nonanthropogenic pollution and biocontamination. Endocrine，2016，53：471-479.

[133] Revankar C M，Cimino D F，Sklar L A，Arterburn J B，Prossnitz E R. A transmembrane intracellular estrogen receptor mediates rapid cell signaling. Science，2005，307（5715）：1625-1630.

[134] 赵婷婷，朱平，莫小梅，赵乐，代宇婕，刘智敏. 金属镉促进甲状腺未分化癌 FRO 细胞增殖的作用及机制. 第三军医大学学报，2016，38（21）：2315-2319.

[135] 朱平，莫小梅，刘智敏. 镉通过 GPER1-ERK /AKT 通路促进甲状腺癌 WRO 细胞系增殖. 基础医学与临床，2016，36（7）：918-923.

[136] Taurog A. Iodine—In encyclopedia of endocrine diseases. New York：Elsevier，2004.

[137] 郑明辉，孙阳昭，刘文彬. 中国二噁英类持久性有机污染物排放清单研究. 北京：中国环境科学出版社，2008.

[138] Turyk M E，Andrson H A，Persky V W. Relationships of thyroid hormones with polychlorinated biphenyls，dioxins，furans，and DDE in adults. Environmental Health Perspectives，2007，115（8）：1197-1203.

[139] ten Tusscher G W，Koppe J G. Perinatal dioxin exposure and later effects—A review. Chemosphere，2004，54（9）：1329-1336.

[140] Capen C C. Overview of structural and functional lesions in endocrine organs of animals. Toxicologic Pathology，2001，29（1）：8-33.

[141] Scippo M L，Eppe G，Saegerman C，Scholl G，De Pauw E，Maghuin-Rogister G，Focant J-F. Chapter 14 persistent organochlorine pollutants，dioxins and polychlorinated biphenyls. Comprehensive Analytical Chemistry，2008，51：457-506.

[142] Baba T，Ito S，Yuasa M，Yoshioka E，Miyashita C，Araki A，Sasaki S，Kobayashi S，Kajiwara J，Hori T，Kato S，Kishi R. Association of prenatal exposure to PCDD/Fs and PCBs with maternal and infant thyroid hormones：The hokkaido study on environment and children's health. Science of the Total Environment，2018，615：1239-1246.

[143] Wang Y，Jiang G，Lam P K，Li A. Polybrominated diphenyl ether in the East Asian environment：A critical review. Environment International，2007，33（7）：963-973.

[144] Hoffman K, Lorenzo A, Butt C M, Hammel S C, Henderson B B, Roman S A, Scheri R P, Stapleton H M, Sosa J A. Exposure to flame retardant chemicals and occurrence and severity of papillary thyroid cancer: A case–control study. Environment International, 2017, 107: 235-242.

[145] 韩璐, 尚小娜, 于华, 郭邑, 么建萍, 王雨新, 刘晓晖, 李亚晨, 邵静. 大连地区唐氏筛查孕中期妇女羊水中甲状腺激素水平与PBDEs内暴露关系初探. 生态毒理学报, 2017, 12（3）: 180-190.

[146] Gaitan E. Goitrogens, Environmental—In encyclopedia of endocrine diseases. New York: Elsevier, 2004.

[147] Lerroa C C, Jones R R, Langseth H, Grimsrud T K, Engel L S, Sjödin A, Choo-Wosoba H, Albert P, Ward M H. A nested case-control study of polychlorinated biphenyls, organochlorine pesticides, and thyroid cancer in the Janus Serum Bank cohort. Environmental Research, 2018, 165: 125-132.

[148] Rawlings N C, Cook S J, Waldbillig D. Effects of the pesticides carbofuran, chlorpyrifos, dimethoate, lindane, triallate, trifluralin, 2, 4-D, and pentachlorophenol on the metabolic endocrine and reproductive endocrine system in ewes. Journal of Toxicology and Environmental Health-Part A-Current Issues, 1998, 54（1）: 21-36.

[149] Maiti P K, Kar A. Dimethoate inhibits extrathyroidal 5'-monodeiodination of thyroxine to 3, 3', 5-triiodothyronine in mice: The possible involvement of the lipid peroxidative process. Toxicology Letters, 1997, 91（1）: 1-6.

[150] Li L, Ying Y, Zhang C, Wang W, Li Y, Feng Y, Liang J, Song H, Wang Y. Bisphenol A exposure and risk of thyroid nodules in Chinese women: A casecontrol study. Environment International, 2019, 126: 321-328.

[151] Zoeller R T, Bansal R, Parris C. Bisphenol-A, an environmental contaminant that acts as a thyroid hormone receptor antagonist in vitro, increases serum thyroxine, and alters RC3/neurogranin expression in the developing rat brain. Endocrinology, 2005, 146: 607-612.

[152] Cuomo D, Porreca I, Cobellis G, Tarallo R, Nassa G, Falco G, Nardone A, Rizzo F, Mallardo M, Ambrosino C. Carcinogenic risk and Bisphenol A exposure: A focus on molecular aspects in endoderm derived glands. Molecular and Cellular Endocrinology, 2017, 457: 20-34.

[153] 李亚男. 碘酸钾、雌激素和双酚A对甲状腺乳头状癌细胞增殖的影响: [硕士论文]. 济南: 山东大学, 2013.

[154] 周景明, 秦晓飞, 秦占芬, 徐晓白. 多氯联苯（Aroclor 1254）对非洲爪蟾变态发育的影响. 生态毒理学报, 2007, 2（1）: 111-116.

[155] 瞿璟琰, 施华宏, 刘青坡, 沈江帆. 四溴双酚-A和五溴酚对红鲫甲状腺激素和脱碘酶的影响. 环境科学学报, 2008, 28（8）: 1625-1630.

[156] 吕波, 詹平, 姚永革, 夏茵茵, 黄湫淇. 氯丹对大鼠甲状腺结构和功能影响的量效关系研究. 现代预防医学, 2011, 38（1）: 16-20.

[157] Fort D J, Degitz S, Tietge J, Touart L W. The hypothalamic-pituitary-thyroid（HPT）axis in frogs and its role in frog development and reproduction. Critical Reviews in Toxicology, 2007, 37（1-2）: 117-161.

[158] 史熊杰, 刘春生, 余珂, 邓军, 余丽琴, 周炳升. 环境内分泌干扰物毒理学研究. 化学进展, 2009, 21（2）: 340-349.

[159] 曹庆珍, 朱攀, 袁静, 张小利, 刘俊奇, 黄民生, 施华宏. 三丁基锡对热带爪蟾蝌蚪甲调基因mRNA

表达的影响. 华东师范大学学报（自然科学版），2011，（6）：65-74.

[160] 刘浩华. 农药内分泌干扰物对鲫鱼血清激素的影响研究：[硕士论文]. 上海：上海交通大学，2008.

[161] Ghinea E, Simionescu L, Oprescu M. Studies on the action of pesticides upon the endocrines using in vitro human thyroid cells culture and in vivo animal models. I. Herbicides-aminotriasole (amitrol) and atrazine. Endocrinologie，1979，17（3）：185-190.

[162] Cao J, Guo L H, Wan B, Wei Y. In vitro fluorescence displacement investigation of thyroxine transport disruption by bisphenol A. Journal of Environmental Sciences-China，2011，23（2）：315-321.

[163] 王艳萍，洪琴，郭凯，池霞，郭锡熔，童梅玲. 多氯联苯暴露对斑马鱼胚胎发育的毒性效应. 南京医科大学学报（自然科学版），2010，30（11）：1537-1541.

[164] 杨伟华，胡伟，冯政，刘红玲，于红霞. 多溴二苯醚及其代谢物的内分泌干扰活性和构效关系研究进展. 生态毒理学报，2009，4（2）：164-173.

[165] Meerts I A, van Zanden J J, Luijks E A, van Leeuwen-Bol I, Marsh G, Jakobsson E, Bergman A, Brouwer A. Potent competitive interactions of some brominated flame retardants and related compounds with human transthyretin in vitro. Toxicological Sciences，2000，56（1）：95-104.

[166] Alm H, Scholz B, Fischer C, Kultima K, Viberg H, Eriksson P, Dencker L, Stigson M. Proteomic evaluation of neonatal exposure to 2, 2′, 4, 4′, 5-pentabromodiphenyl ether. Environmental Health Perspectives，2006，114（2）：254-259.

[167] Marchesini G R, Meimaridou A, Haasnoot W, Meulenberg E, Albertus F, Mizuguchi M, Takeuchi M, Irth H, Murk A J. Biosensor discovery of thyroxine transport disrupting chemicals. Toxicology and Applied Pharmacology，2008，232（1）：150-160.

[168] 刘早玲，刘继文，张建清，田亚楠，方道奎，黄海燕，蒋友胜，周健，张红宇，梅树江. 2, 2, 4, 4-四溴联苯醚对小鼠甲状腺激素系统稳态的影响及作用机制研究. 卫生研究，2009，38（5）：522-524.

[169] 居颖. 电子垃圾污染对当地居民内分泌干扰效应研究：[博士论文]. 武汉：华中科技大学，2008.

[170] 于艳艳. 全氟十三酸（PFTri DA）对青鳉鱼的慢性毒性效应：[硕士论文]. 济南：山东师范大学，2011.

[171] Hamers T, Kamstra J H, Sonneveld E, Murk A J, Kester M H, Andersson P L, Legler J, Brouwer A. In vitro profiling of the endocrine-disrupting potency of brominated flame retardants. Toxicological Sciences，2006，92（1）：157-173.

[172] 冀秀玲，刘洋，刘芳，鲁越，钟高仁. 六溴环十二烷转甲状腺素蛋白结合活性及其发育期暴露的甲状腺激素干扰效应研究. 环境科学，2010，31（9）：2191-2195.

[173] Zhou Z, Zhang J, Jiang F, Xie Y, Zhang X, Jiang L. Higher urinary bisphenol A concentration and excessive iodine intake are associated with nodular goiter and papillary thyroid carcinoma. Bioscience Reports，2017，37（4）：BSR20170678.

[174] Soto A M, Sonnenschein C. Environmental causes of cancer: Endocrine disruptors as carcinogens. Nature Reviews Endocrinology，2010，6（7）：363-370.

[175] Golub M S, Wu K L, Kaufman F L, Li L H, Moran-Messen F, Zeise L, Alexeeff G V, Donald J M. Bisphenol A: Developmental toxicity from early prenatal exposure. Birth Defects Research Part B-Developmental and Reproductive Toxicology，2010，89（6）：441-466.

[176] 李海艳，蔡德培. 环境内分泌干扰物对基因甲基化的影响. 中国生物化学与分子生物学报，2014，30

（1）：38-43.

[177] Casazza A，Di Conza G，Wenes M，Finisguerra V，Deschoemaeker S，Mazzone M. Tumor stroma： A complexity dictated by the hypoxic tumor microenvironment. Oncogene, 2014, 33（14）：1743-1754.

[178] Span P N, Bussink J. Biology of hypoxia. Seminars in Nuclear Medicine, 2015, 45（2）：101-109.

[179] Burrows N, Resch J, Cowen R L, von Wasielewski R, Hoang-Vu C, West C M, Williams K J, Brabant G. Expression of hypoxiainducible factor 1 alpha in thyroid carcinomas. Endocrine-Related Cancer, 2010, 17（1）：61-72.

[180] Tafani M, Pucci B, Russo A, Schito L, Pellegrini L, Perrone G A, Villanova L, Salvatori L, Ravenna L, Petrangeli E, Russo M A. Modulators of HIF1α and NFκB in cancer treatment: Is it a rational approach for controlling malignant progression? Front in Pharmacol, 2013, 4: 13.

[181] Boas M, Feldt-Rasmussen U, Main K M. Thyroid effects of endocrine disrupting chemicals. Molecular and Cellular Endocrinology, 2012, 355（2）：240-248.

[182] Liu R, Lin Y, Hu F, Liu R, Ruan T, Jiang G. Observation of emerging photoinitiator additives in household environment and sewage sludge in China. Environmental Science & Technology, 2016, 50：97-104.

[183] Liu A, Shi J, Qu G, Hu L, Ma Q, Song M, Jing C, Jiang G. Identification of emerging brominated chemicals as the transformation products of tetrabromobisphenol A（TBBPA）derivatives in soil. Environmental Science & Technology, 2017, 51：5434-5444.

[184] 张爱茜，刘景富，景传勇，郭良宏，郑明辉. 我国环境化学研究新进展. 化学通报, 2014, 77（7）：654-659.

[185] Ivanov V K, Chekin S Y, Kashcheev V V, Maksioutov M A, Tumanov K A. Risk of thyroid cancer among Chernobyl emergency workers of Russia. Radiation and Environmental Biophysics, 2008, 47（4）：463-467.

[186] Lope V, Pollán M, Gustavsson P, Plato N, Pérez-Gómez B, Aragonés N, Suárez B, Carrasco J M, Rodríguez S, Ramis R, Boldo E, López-Abente G. Occupation and thyroid cancer risk in Sweden. Journal of Occupational and Environmental Medicine, 2005, 47（9）：948-957.

[187] 张磊，赵云峰，李敬光，吴永宁. 环境污染物暴露与甲状腺疾病研究进展. 首都公共卫生, 2017, 11（6）：252-254.

第21章 典型持久性有机污染物内暴露与妊娠期糖尿病的关联

伴随着经济的迅速发展、工业化和城市化进程飞速推进，我国持久性有机污染物（POPs）的污染问题日益严重，典型 POPs 如多氯代苯并二噁英和呋喃（PCDD/Fs）、多氯联苯（PCBs）、有机氯农药（OCPs）和部分多溴二苯醚（PBDEs）、全氟辛烷磺酸（PFOS）、全氟辛烷酸（PFOA）等在环境中普遍存在并随食物链富集而导致人群普遍暴露。人体内暴露监测研究显示近年来我国普通人群二噁英类化合物机体负荷水平呈上升趋势[1]，对公众健康构成潜在威胁。POPs 起初因其细胞毒性和生殖毒性以及由此导致人体健康危害受到整个社会的关注。20 世纪末期，研究发现以 POPs 为代表的环境污染物能够干扰机体内源性激素而不仅仅是诱导产生急性毒性或者通过突变而致癌，并由此提出了"内分泌干扰物（EDCs）"的概念。伴随环境致胖源、暴露组学等概念的提出，人们愈发关注环境暴露致 POPs 进入机体内环境后所产生的有效暴露对机体的毒理学效应。实验室研究数据显示一些化学污染物能够干扰维持机体能量平衡的关键信号通路，由此考虑 POPs 暴露在糖代谢异常如糖尿病等病因学中的潜在可能性和作用。

妊娠期糖尿病（GDM）作为一种妊娠期糖代谢异常的主要临床表现，因其对孕妇及其子代的健康产生严重影响而受到社会强烈关注。而近年来世界各国报道的 GDM 发病率呈现日益增长趋势，根据 2016 年世界卫生组织（WHO）发布的糖尿病报告，目前 GDM 连同妊娠前可能未识别到的高血糖每年影响着全球 10%~25%妊娠孕妇[2]，后续引发的孕妇健康问题和胎儿不良出生结局对医疗健康系统产生巨大负担，因此 GDM 的病因学研究也是公共卫生领域亟待解决的问题。然而流行病学调查发现传统的风险因素如高龄、肥胖、静态生活、糖尿病家族史等已无法解释 GDM 发病率不断快速增长的原因，而 POPs 内分泌干扰效应对糖代谢异常疾病的影响，为 GDM 病因学的研究提供了重要的线索，因此近年来诸多研究开始逐渐关注环境因素如 POPs 的暴露在 GDM 发病风险中的可能作用。鉴于此类化学污染物的普遍存在，研究探索 POPs 暴露在 GDM 发病中的作用将具有巨大的公共健康意义。

21.1 持久性有机污染物暴露致糖尿病的可能机制

21.1.1 环境致胖源理论

肥胖率增加所引发的代谢压力是糖尿病流行病学中的明确贡献因素，脂肪增加与胰岛素抵抗的发生发展密切相关。毫无疑问，整个社会范围内人体脂肪蓄积的增加是由无数社会因素所导致的热量摄取与热量消耗之间的鸿沟的后果，但是肥胖率的快速上升及其严重性也引起了科学家对其他可能的致胖因素的关注[3]。2006年，有学者提出环境致胖源理论[4]，认为环境污染物能够直接作用于脂肪细胞，通过促进脂肪细胞的增殖与分化，增加脂肪细胞体积导致更多脂肪储存，调控脂肪细胞的基础代谢速率，影响能量平衡向着热量存储方向转移，调节荷尔蒙分泌控制食欲和饱腹感等生物学过程导致体重增加。而众多实验室研究结果也均指向POPs暴露表现出对体外培养的脂肪细胞功能干扰或对实验动物体重增长的影响。例如，有机氯化合物累积暴露影响3T3-L1脂肪细胞内脂肪形成、脂肪酸摄取和脂肪因子生成，导致脂肪细胞功能紊乱[5]。斑马鱼暴露自然环境中提取的POPs混合物表现出体重增加以及与调节体重和胰岛素的相关基因表达水平显著上升[6,7]。Wistar大鼠孕期低剂量暴露BDE-47后其幼崽与对照组相比体重增加更多[8]。很多人群流行病学调查研究也发现很多POPs暴露与人体体重异常增长和肥胖存在正向相关性的证据。来自欧洲三个出生队列的合并分析发现，母亲围产期二噁英类化合物暴露水平与婴儿生长指数相关，并且显著增加学龄女孩的BMI导致其肥胖风险增加[9]。有关POPs暴露-肥胖-糖尿病三者之间的关系已在多篇文献中得到综述[10-13]。

21.1.2 内分泌干扰作用

内分泌激素如雌性激素、雄性激素、甲状腺激素以及与它们合成、分泌、运输、代谢相关的蛋白等都直接或间接参与葡萄糖和脂肪酸代谢过程，在机体能量平衡调控中起关键作用。近年来，许多实验室研究发现某些POPs具有类激素效应，能通过激活或抑制相关激素受体从而阻止机体内源性激素与其受体结合，影响细胞合成或分泌激素，从而干扰内分泌功能。具有这种功能的外源性化合物被称作内分泌干扰物（EDCs），包括POPs在内的很多环境污染物（如有机锡、重金属、BPA、邻苯二甲酸酯等）都被确定为内分泌干扰物。例如，研究发现TCDD暴露能够呈剂量依赖性的抑制滤泡细胞中雌二醇（E2）和黄体细胞中孕酮（P4）的分泌，但TCDD的作用方式不是通过激素受体的刺激，而是与其受体AhR调节通路有关[14]。商业化产品五溴联苯醚的混合物（DE-71）被发现具有温和的雌激素效应[15]，并且能够影响甲状腺和性腺组织中类固醇激素的合成[16,17]。同时动物离体组织实验显示，BDE-47、BDE-99和BDE-100还能通过影响不同的类固醇合成酶（17β-HSD、CYP17、CYP19）的蛋白表达和活性来调节孕酮、睾丸酮、雌二醇等激素的合成与分泌[18]。体内和体外模型联合分子对接实验均发现，多种全氟化合物与甲状腺激素受体和甲状腺激素运载蛋白有很高的结合活性，暗示全氟化合物可能有类甲状腺激素效应[19,20]。成年小鼠长期低剂量暴露BPA导致依赖于雌激素受体的胰岛素分泌增加，出现慢性高胰岛素血症和糖耐量异常[21]。而且，机体内许多激素（如甲状腺激素、雌激素）能影响β细胞的增殖和分化，而POPs暴露在机体内发挥激素激动剂或拮抗剂的作用提示具有内分泌干扰作用的POPs可能会通过拮抗激素的相关作用而致β细胞功能紊乱，但相关研究报道还不是很充分。

21.1.3 免疫毒性与炎性反应

研究发现多种POPs，如二噁英、多氯联苯、有机氯杀虫剂、全氟化合物等均具有免疫毒性[22-25]，能够对人体免疫细胞造成伤害，干扰机体免疫系统功能，进而诱发或加剧自身免疫性疾病（如T1DM）。二噁英类化合物对免疫系统的作用被怀疑与其AhR配体活性有关[26]，因为研究发现AhR激活后能够通过多种信号通路途径影响免疫系统的功能[27]。另外，生命早期（即胎儿、婴幼儿时期）的免疫系统还处在生长发育阶段，往往对包括POPs在内的环境有毒污染物比较敏感，极易成为这些物质毒性作用靶点，因此这个时期的POPs暴露能够增加往后儿童或成年时期包括T1DM在内的自身免疫性疾病风险[28-30]。此外，慢性炎症反应是肥胖和代谢性疾病（如T2DM）的常见生理状态。一些细胞炎性因子如肿瘤坏死因子-α（TNF-α）、白介素-6（IL-6）、C-反应蛋白（CRP）、血管紧张素分子-1（VSCM-1）等在T2DM的发生发展过程中起着关键作用。分子流行病学研究表明，T2DM患者体内血清TNF-α和IL-6水平要显著高于对照组人群[31, 32]，这些炎性标志物具有T2DM的独立预测价值。实验室研究数据也显示，TNF-α能够抑制胰岛素受体（IR）和胰岛素受体底物（IRS）发生正常的酪氨酸磷酸化，干扰胰岛素信号转导通路，从而诱发胰岛素抵抗[33]，而TNF-α又可以通过二噁英类化合物通过激活AhR通路产生[34]。同样，利用体外和体内实验模型，研究发现炎性反应是AhR配体化合物TCDD和PCB-126致脂肪细胞毒性作用的主要调节通路，实验中TCDD和PCB-126处理的脂肪细胞内炎性因子（IL-1b、IL-1ra、IL-8和PTGS2）基因表达水平增加，并且TCDD暴露的小鼠体内的促炎性因子白介素-1b（IL-1b）和环氧合酶因子-2（PTGS-2）水平显著升高[35]。而这些炎性因子在文献报道中均与肥胖和代谢性疾病如T2DM和GDM存在联系[36]。

21.1.4 诱导氧化应激反应

细胞和动物实验显示，POPs能够抑制多种抗氧化酶活性[37]、诱导产生活性氧自由基（ROS）、活性氮自由基（RNS）或超氧化物[38, 39]，并且许多实验室数据表明氧化应激反应在POPs暴露致细胞或机体毒性作用过程中扮演重要角色[40, 41]。基于人群的实验数据也发现，POPs暴露水平与氧化应激标志物呈正相关，暗示低水平POPs暴露也可能与机体氧化应激有关[42]。流行病学调查显示，氧化应激水平在T1DM病人体内往往较高[43]，这就为POPs暴露和糖尿病发病之间建立了联系。并且有研究发现，氧化应激通常还出现在T1DM发病初期甚至早于胰岛发生自免疫开始和β细胞应激阶段[44]。β细胞内抗氧化酶水平较低对氧化应激比较敏感，ROS和RNS均可直接损伤β细胞，促进β细胞凋亡，在T1DM的发生发展过程中扮演重要角色。氧化应激反应还能够刺激内皮细胞分泌多种炎性因子导致机体慢性炎症反应，干扰胰岛素信号通路，影响脂肪和葡萄糖代谢，从而参与诸如T2DM或GDM等代谢性疾病的发展过程[45]。同时，糖尿病患者体内高血糖状态又能进一步促进氧化应激水平，从而加剧病情发展，产生多种并发症[46, 47]。

21.1.5 胰岛素信号通路干扰

炎性反应和氧化应激若发生在胰腺组织或β细胞中就很容易引起β细胞损伤及功能紊乱。β细胞损伤带来的直接后果是胰腺功能紊乱、胰岛素信号通路受损，而胰岛素信号通路在胰岛素抵抗发生中具核心地位，也是T2DM发生发展的必需因素之一。POPs暴露致糖尿病可能的生物学机制如环境致胖源的研究、AhR信号网络、氧化应激、炎性反应以及内分泌干扰作用都可能涉及胰岛素信号通路受损导致胰岛素抵抗过程。例如，体外细胞

(3T3-L1)实验研究发现，TCDD能够通过激活AhR，下调脂肪细胞中胰岛素受体（IRβ）、胰岛素受体底物（IRS）以及葡萄糖转运蛋白-4（GLUT-4）的基因蛋白表达，从而干扰胰岛素信号途径，降低脂肪细胞对葡萄糖摄取入，导致胰岛素抵抗[48]。此外，某些研究发现TCDD处理的人肝癌细胞（HpeG2）中胰岛素样生长因子结合蛋白1（IGFBP-1）的表达量增加，从而导致IGFBP-1的合成和分泌，增加血清中IGFBP-1可能拮抗胰岛素生长因子（IGF）进而抑制胰岛素的相关作用[49]。并且相关动物实验支持此通路重要作用：在高水平表达鼠源IGFBP-1的转基因小鼠中先出现高胰岛素血症，然后表现为高血糖症[50]；而在表达人源IGFBP-1的转基因小鼠中则是表现出高血糖症，然后是高胰岛素血症，最后发展为葡萄糖不耐受[51]。另外，POPs还能与调控外源化合物代谢、脂肪酸代谢和葡萄糖代谢的核酸受体（如PPARs、ERK、JNK等）相互作用参与到胰岛素信号通路的调控网络。

总之，糖尿病的发生发展涉及多种生物学机制，以上各种机制相互关联相互影响，其他可能机制还包括内质网应激、线粒体功能障碍、DNA甲基化和细胞自噬等[52, 53]；同时POPs暴露与这些生物学过程均存在密切联系。尽管所有类型糖尿病均表现为高血糖症，但涉及各种糖尿病类型具体致病过程还是存在区别。虽然目前有关POPs暴露致T1DM和T2DM的机制研究已有较多报道，但是相关研究并不充分且研究结果也存在不一致性。

21.2 持久性有机污染物暴露与糖尿病的流行病学研究概述

随着研究的不断深入和化学品的快速增加，POPs名单一直处于动态增加中。关于POPs暴露与糖尿病患病风险方面的研究也从早期的二噁英、多氯联苯等传统POPs发展到溴代二苯醚和全氟有机化合物等新兴POPs。

21.2.1 二噁英类化合物与糖尿病

氯代二苯并-对-二噁英（PCDDs）、多氯代二苯并呋喃（PCDFs）和二噁英样多氯联苯（dl-PCBs）因具有相似的结构（见图21-1）和毒性特征，统称为二噁英及其类似物。这类化合物不是人类有目的生产的化学品而是在PCBs合成、农药生产、垃圾焚烧等过程中产生的副产物。它们作为典型持久性有机污染物，具有持久性、生物积累性、半挥发性、高脂溶性和高毒性的特征，能够通过多种传输途径长距离迁移，从而造成全球性污染，并可以在食物链中富集放大，从而对人体健康和生态环境构成严重威胁。

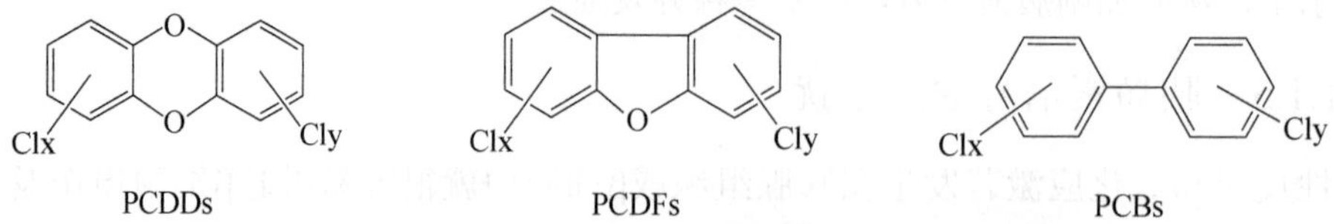

图21-1 PCDDs、PCDFs和PCBs的化学结构式

二噁英类化合物是较早进入人们视野与糖尿病发病风险可能存在相关性的化学污染物。最早有关二噁英类物质暴露和糖尿病之间关系的证据来自于越战期间接触了被

2,3,7,8-TCDD（二噁英原型化合物）污染的落叶剂"橙剂"的美国空军老兵的相关调查。首次研究始于1992年，研究者发现接触橙剂的老兵血清TCDD浓度高于对照组老兵，TCDD导致的血糖异常和糖尿病的相对风险（RR）分别为1.4（95%CI：1.1～1.8）和1.5（95%CI：1.2～2.0），同时研究还发现，较高水平的血清TCDD与BMI增加和糖尿病发病时间变短有关[54]。随后，其他研究者对未接触过受污染除草剂的越战老兵的研究显示他们的血清TCDD水平处于美国背景暴露范围（≤10ng/kg脂肪），血清TCDD浓度≥75th百分位数的老兵相对≤25th百分位数的患糖尿病的比值比（OR）为1.71（95%CI：1.00～2.91），同时也发现较高血清TCDD水平与较大BMI之间存在相关性[55]。另有研究表明接触过橙剂的老兵血清中TCDD与糖尿病风险之间存在剂量-效应关系[56]。但在研究执行喷洒除草剂的越战老兵中血糖水平与血清二噁英浓度之间关系时并未发现二者相关性，而在作为对照组未参与喷洒除草剂行动的老兵中则发现血糖水平与血清二噁英浓度存在显著相关性（$P=0.02$）[57]。此外，也有一些研究未发现越战老兵接触橙剂致TCDD暴露进而导致有统计学意义的糖尿病风险增加[58]。

以氯痤疮作为TCDD暴露的标志来对德国1953年一次事故暴露进行研究，发现受TCDD暴露而患有氯痤疮的工人糖尿病发病率反而低于对照组[59]。还有研究通过分析来自于12个国家苯氧羧酸除草剂和氯酚生产工人的数据发现这些工人中可能存在的TCDD暴露致糖尿病风险（RR）为2.25（95%CI：0.53～9.50）[60]。通过对比因参与生产受到TCDD污染的化学物质（NaTCP和2,4,5-三氯苯氧乙酸酯）而导致TCDD暴露的工人与未受暴露的志愿者的研究发现：工人血清TCDD水平明显高于志愿者（均数：220和7pg/g脂肪），伴随着血清TCDD水平的增加糖尿病风险也相应增加（OR=1.12，$P<0.003$），同时也发现TCDD暴露还伴随着血清甘油三酯水平的升高[61]。另外针对同一人群的研究分析发现与非暴露组相比暴露组糖尿病风险并没有明显增加（OR=1.59，95%CI：0.77～2.91），同时在暴露组中也未发现明显的剂量-效应关系，但在TCDD水平最高的工人中患糖尿病的高达60%[62]。还有研究者对位于农药生产厂周围的人群TCDD暴露情况进行研究，该厂未对生产废弃物进行合理处置而导致TCDD污染，研究人群为居住于该工厂25mi（1mi=1.609km）范围内并具有正常血糖水平（以75g OGTT结果进行判断），结果显示血清TCDD浓度较高人群胰岛素水平明显升高，表明较高TCDD暴露可能会导致胰岛素抵抗，但该研究样本量较低（69人）[63]。以居住在一座废弃五氯苯酚工厂附近的未患糖尿病者为研究对象，研究血清PCDD/Fs含量与胰岛素抵抗的关系，结果显示具有较严重胰岛素抵抗的人群血清TEQPCDD/Fs明显升高，并且血清PCDD/Fs水平与胰岛素抵抗之间存在剂量-效应关系（$P<0.001$）[64]。

研究人员在中国台湾地区米糠油中毒事件发生后开展了一项长达24年的队列研究，对曾经的高水平PCBs和PCDFs暴露（1993年测定的血清PCBs含量）与1993～2003年T2DM累积发病之间的关系进行了调查，结果显示暴露者中血清PCBs水平明显高于参考组，与参考组相比Yucheng女性罹患糖尿病的风险OR为2.1（95%CI：1.1～4.5），此外还发现Yucheng女性中曾诊断患有氯痤疮的患糖尿病的风险明显高于未患有氯痤疮的Yucheng女性（OR=5.5，95%CI：2.3～13.4）[65]，这一结果与前文所述的德国事故暴露研究[59]结果相反。

不同于事故暴露和职业暴露，一些喜食鱼等水产动物性食品的人群也通常被认为受到较高的POPs暴露。在对格陵兰的因纽特人POPs暴露与糖尿病以及葡萄糖耐受的关系进行的研究中,测定的13种PCBs中包括3种dl-PCBs(PCB-105、118、156),结果此三种dl-PCBs暴露与糖尿病发病或葡萄糖不耐受间无相关性[66]。同时,此研究中多种POPs与胰岛素抵抗指数(HOMA-IR)无相关性,但却与胰岛β细胞功能指数(HOMA-β-cell)显著负相关,这表明POPs暴露可能会影响β细胞功能而不是影响胰岛素抵抗。还有研究人员对北美五大湖地区垂钓鱼消费者中污染物暴露与糖尿病的关系进行了研究,结果发现DDE和dl-PCBs都与糖尿病存在相关性[67],但以DDE校正后,dl-PCBs与糖尿病之间不再具有显著相关性。

美国国家健康与营养调查(NHANES)的系列研究为探索普通人群POPs低水平暴露与糖尿病风险之间的关系提供了良好的平台。利用1999～2002年数据对多种检出率＞80%的化学污染物(包括OCDD和1,2,3,4,6,7,8-HpCDD)与糖尿病之间的关系进行了研究,以未检出人群作为参考组,检出的人群按血清化学污染物浓度水平划分为五组,分别计算各组对参考组的糖尿病风险[68],结果显示OCDD和1,2,3,4,6,7,8-HpCDD暴露会导致糖尿病风险增加,其中1,2,3,4,6,7,8-HpCDD暴露与糖尿病风险之间存在剂量-效应关系($P=0.007$),但OCDD暴露与糖尿病风险之间不存在这种关系。随后将研究人群限定为非糖尿病患者,研究19种检出率＞60%的化合物(有机氯农药、非二噁英样PCBs、dl-PCBs、PCDDs、PCDFs)暴露与胰岛素抵抗的关系[69],结果显示DLCs暴露与胰岛素抵抗之间无相关性。更进一步研究1999～2002年数据中上述19种化学污染物与糖尿病发病率之间的关系,结果显示除前述研究所提及的OCDD、1,2,3,4,6,7,8-HpCDD外,2,3,4,7,8-PeCDF、1,2,3,4,7,8-HxCDF、1,2,3,4,6,7,8-HpCDF、PCB-118、PCB-126和PCB-156都会显著增加糖尿病风险,并存在剂量-效应关系($P<0.01$)。有研究人员也应用1999～2002年NHANES数据评估了POPs暴露致糖尿病风险[70],发现1,2,3,6,7,8-HxCDD和PCB-126与糖尿病之间存在相关性,但在对其他污染物进行校正后,高水平PCB-126暴露(＞83.8pg/g脂肪)与低水平暴露(＜31.2pg/g脂肪)相比患糖尿病风险的OR为3.68(95%CI:2.09～6.49),而HxCDD与糖尿病间则不存在相关性。最近有研究人员应用1999～2004年NHANES数据对23种DLCs与糖尿病的关系进行了分析[71],研究人群按血清中污染物含量水平分为三组,结果显示检出率最高的8种污染物中有6种会显著增加最高含量组糖尿病风险:1,2,3,6,7,8-HxCDD,OR=2.25(95%CI:1.16～4.37);OCDD,OR=1.82(95%CI:1.32～2.51);2,3,4,7,8-PeCDF,OR=2.39(95%CI:1.41～4.05);PCB-169,OR=2.56(95%CI:1.20～5.48);PCB-118,OR=3.53(95%CI:1.64～7.58);PCB-156,OR=1.57(95%CI:1.30～4.68)。当暴露水平以23中化合物的TEQ来表示时,高水平暴露组(≥81.58 TEQ fg/g)的糖尿病风险为OR=3.08(95%CI:1.20～7.90)。

有研究人员对日本普通居民中DLCs与糖尿病发病之间的关系进行了研究[72],此次研究对血清中WHO规定了TEF的17种PCDD/Fs组分和12种dl-PCBs组分进行了测定,并分别计算PCDD/Fs、dl-PCBs以及PCDD/Fs+dl-PCBs的TEQ,然后按含量水平的不同分别分为4组,其中第1组和第2组合并作为参考组,结果显示$TEQ_{dl-PCBs}$的第3组和最高暴露组患糖尿病的风险OR=3.0(95%CI:1.56～8.81)和OR=6.82(95%CI:2.59～20.1),而$TEQ_{PCDD/Fs}$与$TEQ_{PCDD/Fs+dl-PCBs}$仅最高暴露组与糖尿病风险关系有统计学意义,OR分别为

2.21（95%CI：1.02～5.04）和 3.81（95%CI：1.56～10.1），但该项研究糖尿病的确认来自于试验者自述或者血浆 HbA1c 测定（≥6.1%即诊断为糖尿病）。

然而，还有一些流行病学研究在一定程度上否定了二噁英及其类似物人体暴露与糖尿病发病之间的相关性。2008 年，有学者对塞维索暴露事件中重污染区的女性居民就糖尿病、代谢综合征和肥胖的发病情况进行了随访调查，发现在事件发生当年（1976 年）暴露年龄最小（小于 12 岁）的女性中，暴露时的 TCDD 血清浓度（中位数：165pg/g 脂肪）与 2008 年代谢综合征的发病呈现相关性。但是糖尿病和肥胖的发病与 TCDD 的暴露浓度无关[73]。另外，2009 年有学者研究了五大湖区食用垂钓鱼类的队列人群体内 POPs 的人体负荷量（1994～1995 年）与之后（1995～2005 年）糖尿病发病之间的关联，发现糖尿病发病与 PCB-118 的人体负荷水平并不存在相关性[74]。

近年来 GDM 发病率随着 T2DM 的流行迅速增长，环境污染物被认为是除了高龄、肥胖、糖尿病家族史等传统因素以外的重要风险因子[75]。然而就 GDM 而言，目前除个别研究报道了少数几个毒性较小二噁英样 PCB（-118，-156，-157，-167）与 GDM 关系外，还没有文献报道 PCDD、PCDFs 和其他 12 种二噁英样 PCBs 与 GDM 之间的关系。在一项回顾性病例对照研究中，研究人员发现二噁英样 PCB-118 在调整多种协变量后仍然非常显著增加 GDM 风险（OR=8.61，95%CI：2.80，26.48）。而针对这一问题的两项前瞻性研究结果却存在不一致性[76]。在一项希腊人人群研究中发现，两种 DL-PCB（-118 和-156）的加和浓度水平与 GDM 风险显著正相关[77]，其中高暴露组和中暴露组较对照组的 OR 值分别为 5.63（95%CI：1.81，17.51）和 4.71（95%CI：1.38，16.01）。与此相对的是，一项针对美国妇女的前瞻性队列（n=258，28GDM）[78]和一项针对加拿大人群的纵向出生队列（n=1274，44GDM）却发现 PCB-118 和 GDM 之间不存在显著关系。

美国医学研究所在 2016 年发布的 *Veterans and Agent Orange：Update 2014* 连载报告中指出现有的研究资料表明 DLCs 暴露和糖尿病之间的关系只是提示性的，现有的研究数据仍然不足以支持二者之间确定的正相关关系[79]。

21.2.2 非二噁英样多氯联苯与糖尿病

多氯联苯（PCBs）是联苯苯环上不同数目的 H 原子被 Cl 原子所取代而成的含氯化合物的统称，其结构通式为 $C_{12}H_{(10-n)}Cl_n$（1≤n≤10）。自 20 世纪 20 年代开始，PCBs 被多国大量生产并被广泛用于加热或冷却时的热载体、电容器及变压器内的绝缘液体，也常作为切削液、润滑油、液压油、铸剂、真空泵流体、涂料等使用。虽然 PCBs 早已被禁止生产，但目前仍能在人体、动物、食品中普遍检出。目前已有诸多研究报道了 PCBs 对人体健康的危害[80]。针对 PCBs 中的非二噁英 PCB 与糖尿病的研究最开始也从高暴露人群研究开始，并且往往和其他 POPs 如有机氯、二噁英样 PCB 同时调查。

有学者在 2005～2006 年研究了美国 Anniston 一个曾经的 PCB 生产设施附近居民 PCBs 暴露水平与糖尿病之间的关系[81]，结果显示研究人群的糖尿病发病率明显高于当地的糖尿病发病率（27%和16%），在研究中对志愿者血清中 35 种 PCBs 组分进行了测定（包括 dl-PCBs 组分），血清 PCBs 总量含量最高的人群患糖尿病的风险是最低人群的 2.78 倍（95%CI：1.00～7.73），在区别性别后，男性中 PCBs 暴露与糖尿病无相关性，但女性中 PCBs 暴露则会导致显著的糖尿病风险。还有学者研究了东斯洛伐克一个高污染区居民 PCBs 暴露与 T2DM 之间的关系[82]，其中 15 种 PCBs 总量（包括 PCB-28、52、101、105、114、118、123、138/163、153、156/171、157、167、170、180、189）暴露增加会导致显著的前期糖尿病和糖尿病的风险。

还有学者研究了美国莫霍克人中 PCBs 暴露与糖尿病之间的关系[83]。这些莫霍克人以鱼等为主食，并且其居住地正位于 3 座铸铝厂的下游，因而他们也受到了较高暴露。该研究对调查的莫霍克人血清中的 101 种 PCB 组分及多种有机氯农药进行了测定，按血清 PCB 水平的不同划分为三组，以 PCB 含量最低的为参考组，结果显示 PCB 总量最高含量组会明显导致糖尿病风险升高 OR=3.9（95%CI：1.5～10.6），此外单个 PCB 组分（PCB-153 和 74）也会导致糖尿病风险的升高，但对于这两种组分在 PCB 总量所占比重文献并未提及，在经过其他污染物校正后，无论 PCB 总量还是 PCB-153 都与糖尿病风险之间不存在有统计学意义的相关性，而 PCB-74 则仍表现出可致糖尿病风险（OR=3.6，95%CI：1.0～13.4）。研究人员在对美国大湖区垂钓鱼消费者的研究中发现多种非二噁英样 PCBs 与糖尿病之间存在相关性，此研究中包括的 PCBs 组分为 74、99、146、180、194、201、206、132/153、128/163、170/190、182/187 和 196/20[74]。在一项针对大湖区密歇根人群的研究发现 PCBs 暴露会增加女性中糖尿病发病率，而男性中则未发现这种相关性[84]。以瑞典渔民及妻子为目标人群的系列研究发现血清 PCB-153 浓度每增加 100ng/g 脂肪则相应的 T2DM 风险为 OR=1.16（95%CI：1.03～1.32），在按性别分组后，男性中 PCB-153 与糖尿病之间的相关性要强于其他污染物（如 DDE），而女性中则是 DDE 要强于 PCB-153[85]。而在随后的研究中，其他研究人员则以渔民妻子为研究人群发现血清 PCB-153 浓度每增加 100ng/g 脂肪则相应的 T2DM 风险为 OR=1.6（95%CI：1.0～2.7），并且，不同血清 PCB-153 水平分组与 T2DM 之间存在正相关（P=0.004）[86]。

普通人群中非二噁英样 PCB 暴露与糖尿病风险关系的相关研究主要来自对 NHANES 数据的分析。通过分析 NHANES 1999～2002 年数据发现，PCB-153 与糖尿病显著相关，不同血清 PCB-153 浓度组相对参考组（未检出人群）的患糖尿病的 OR 范围为 2.5～6.8，并且不同血清 PCB-153 水平分组与 2 型糖尿病间存在正相关（$P<0.001$），进一步的研究显示 PCB-74、138、153、170、180 和 187 都与糖尿病风险显著相关[68]，并且通过比较 dl-PCBs 和非二噁英样 PCBs 与糖尿病风险间的关系，有学者发现非二噁英样 PCBs 所致糖尿病风险要低于 dl-PCBs[69]，而对非二噁英样 PCBs 暴露与胰岛素抵抗之间关系的研究则显示 PCB-153、138、180 与胰岛素抵抗之间无相关性，而 PCB-170 和 187 则具有相关性[87]。此外，某些研究则分析了 NHANES 1999～2006 年相关数据，仅发现 PCB-170 与糖尿病风险显著相关[88]。但是当前缺乏支持 PCB-153 等非二噁英样 PCBs 致糖尿病作用的相关实验研究数据，在这种致糖尿病风险升高的关系中，非二噁英样 PCBs 可能只是那些真正风险因素的外在代表。

通过对患有糖尿病（主要为 1 型糖尿病）的孕妇的血清 PCBs 水平进行研究[89]，结果发现患有糖尿病的孕妇中 PCBs 水平要比对照组高 30%，但该项研究中病例数仅 44 例，其中 37 例为孕前糖尿病而不是妊娠期间才诊断出的糖尿病。此外，一些研究显示 PCBs 暴露与低出生体重之间存在相关性，PCBs 暴露能够增加低出生体重的风险。低出生体重是

T2DM 的风险因素,也是 GDM 的风险因素。

综述现有研究资料可以发现,针对非二噁英 PCBs 暴露与糖尿病风险关系的研究还缺乏不同暴露背景,更广泛人群的研究。而有关非二噁英样 PCBs 暴露与 GDM 风险关系的研究非常有限。

21.2.3 多溴二苯醚与糖尿病

有机溴芳香族化合物多溴二苯醚(PBDEs)是一类工业化学品,常作为阻燃剂添加在塑料、聚氨酯泡沫、纺织品以及电子设备中,在家电、家具、建材、地毯等材料中广泛应用。由于存在环境持久性和生物蓄积性,两种主要的商业化 PBDEs 产品即 PentaBDE 和 OctaBDE 在 2009 年被增列入《斯德哥尔摩公约》的 POPs 附录中。虽然这类 PBDEs 在世界多国范围内已被禁止生产,但含有 PBDEs 的家具、家电等设备还在许多家庭中被广泛使用,PBDEs 因此还在不断缓慢释放进入人类生活环境中,造成普通人群通过皮肤接触、灰尘吸入和膳食摄入等途径暴露,对人类健康带来潜在威胁。与二噁英、多氯联苯和有机氯农药类化合物相比,多溴二苯醚的暴露与糖尿病之间关系的研究开始较晚,数据相对较少,已报道的相关性研究结果也存在不一致性。

通过分析 NHANES 2003~2004 年 1367 名成年人血清溴系阻燃剂(BFRs)相关数据发现,BDE-153 暴露会显著增加糖尿病与代谢综合征风险,并且 BDE-153 暴露与糖尿病之间关系呈倒 U 形($P<0.01$),而 PBB-153 暴露与糖尿病之间关系则呈线性趋势($P<0.01$)[90]。同时,研究人员采用病例-对照设计研究了中国两个独立社区人群血清 BDE-47 暴露水平与糖尿病之间的关系,结果发现 BDE-47 在糖尿病患者的血清浓度显著高于对照组,并且在两个社区人群中 BDE-47 血清水平均与糖尿病存在显著的正相关性(OR=2.10,95%CI:1.29~3.40;OR=1.68,95%CI:1.20~2.36)[91]。在卡塔尔肥胖人群中,有学者发现研究人群脂肪组织中 PBDEs 蓄积水平与胰岛素抵抗存在显著正相关性[92]。另外一项针对 258 名美国孕妇的前瞻性研究也表明,BDE-153 暴露(中位数水平:0.04ng/g 脂肪)显著增加孕妇 GDM 发病风险(OR=1.79,95%CI:1.18~2.74)。最新一项在 71415 名法国孕妇中的前瞻性队列研究中,研究人员分析了 PBDEs 膳食暴露水平(平均值:1.21ng/kg 体重/d)与 T2DM 风险的关系,结果也发现二者之间存在显著的非线性剂量-效应关系[93]。但是,对美国大湖区垂钓鱼消费者的横断面研究则未发现 PBDEs 与糖尿病之间有显著关系,而在患甲状腺疾病的亚组人群中 PBDEs 的血清浓度又与糖尿病存在正相关性[67]。同样针对该人群,进一步又分析了 PBDEs 与一系列糖尿病风险生物标志物(CRP、GCT、脂联素等)之间的关系[94],结果也并没有发现 PBDEs 与这些生物标志物之间的显著关系。一项针对芬兰低水平 PBDEs 暴露人群横断面研究结果也显示,BDE-47(中位数:2.9ng/g 脂肪)和 BDE-153(中位数:1.6ng/g 脂肪)水平均与 2 型糖尿病没有显著关系[95]。这与前述对 725 名瑞典老年人(70 岁)的前瞻性研究结果一致[96]。

比较这些研究可以看出,多溴二苯醚中 BDE-47 和 BDE-153 是报道结果比较多的两种同系物,同时也可以发现不同研究人群中 PBDEs 的暴露水平存在较大差异,而根据两项人群[90,93]的研究结果,PBDEs 在一定暴露水平范围与糖尿病之间表现出非线性的剂量-效应关系,因此,PBDEs 人群内暴露水平的差异可能是造成这些研究结果不一致的原因。

同时，有综述文章中也指出一些 EDCs 能够通过多种作用方式来表现出低剂量效应和倒 U 形或非单调性的剂量-效应关系[97]。

21.2.4 全氟化合物与糖尿病

全氟化合物（PFASs）是合成有机氟化物中的一大类家族，其典型代表是 4～14 个 C 原子构成的不同链长的氟化碳（C-F）连接末端官能团（—COOH，—SO$_3$H）结构，其中 C8 结构的全氟辛烷酸（PFOA）和全氟辛烷磺酸（PFOS）是两种主要的工业产品，被广泛用于纺织品、纸张、食品包装材料、不粘锅、消防泡沫等[98]。PFASs 被发现具有多脏器毒性并且在环境中很难降解[99]，因此被认为是一类新型持久性有机污染物。2009 年 PFASs 中的 PFOS 及其盐和全氟辛基磺酰氟被增列入《斯德哥尔摩公约》的 POPs 名单中，世界各国逐渐开始禁止生产和使用。然而近几年环境监测研究发现，PFASs 在水体、土壤、生物体以及人体中仍然高浓度普遍检出[100]。由此引起的生态环境和人体健康问题成为近年环境科学领域研究的焦点。

由于 PFASs 是曾被大量生产和使用的化工产品，所以存在职业暴露和地区污染高暴露情况。最早在 2009 年于美国西弗吉尼亚州杜邦公司的 3993 名全氟辛酸铵盐生产工人中开展的一项职业暴露与健康调查发现，研究人群 PFOA 平均暴露水平高达 350ng/mL，并且 PFOA 暴露与糖尿病风险存在显著关系（OR=3.7，95%CI：1.4～10.0）[101]。同时该全氟化合物生产工厂排放的废物还对附近社区的饮用水造成了污染，随后研究人员在受污染地区招募了 69030 名志愿者启动了包括糖尿病风险在内的多项健康状况长期随访调查[102]，被称作 C8 健康研究项目（C8 Health Project，C8 即代表 PFOA）。该队列人群 PFOA 的平均暴露水平高达 32.91ng/mL，是当时报道的美国普通人群的 5 倍高。在研究最开始的横断面分析中，并没有发现 PFOA 和 T2DM 或空腹血糖水平之间存在相关性[103]。同样针对该人群长期随访后的纵向分析中也没有发现 PFOA 暴露和 T2DM 发病率之间的关系[104]。

针对普通人群 PFASs 暴露与糖尿病风险的流行病学研究，近几年逐渐成为环境健康领域的热点。但研究方法大多采用横断面分析，数据主要来自美国 NHANES 调查，并且结果存在不一致性。通过对美国 NHANES 1999～2000 年及 2003～2004 年 PFASs 相关数据分析发现[105]，474 名青少年人群血清中 PFNA 水平（lg 均值：-0.35ng/mL）与高血糖存在显著的正相关性，而在 969 名成年人中，血清 PFOS 浓度（lg 均值：3.19ng/mL）与胰岛素值水平、胰岛素抵抗指数以及β细胞功能指标存在显著正相关性，同时 PFOA（lg 均值：1.48ng/mL）也与β细胞功能存在正相关性。而也有研究人员采用 NHANES 2003～2004 年中 869 名成年人的数据分析并没有发现研究的四种 PFASs（PFHxS、PFOS、PFOA、PFNA）与胰岛素抵抗之间的相关性[106]。利用 NHANES 2003～2012 年的数据，有学者发现 PFOA 与糖尿病之间关系存在性别差异[107]，在 3956 名男性中 PFOA 暴露等级与糖尿病发病率显著相关（OR=2.66，95%CI：1.63～4.35；P=0.001），而在 3948 名女性中并没有观察到这种显著关系（OR=1.47，95%CI：0.88～2.46；P=0.737）。有研究考察了 NHANES 四个周期年度的数据发现，PFNA 暴露增加代谢综合征风险[108]。来自 NHANES 2013～2014 年的最新数据分析显示，不同的 PFOA 和 PFOS 的直链与支链同分异构体与血糖、血脂、代谢综合征均存在不同的相关性[109]。

在其他人群研究中，一项针对1016名瑞典老人（70岁）的横断面研究表明[110]，PFNA和PFOA均与糖尿病发病率之间存在显著的非线性正相关性，同时PFOA还与胰岛素分泌指标（胰岛素原/胰岛素）之间存在正相关性。同样，该研究小组还报道了不同PFASs同系物与人体多种代谢途径相关，暗示不同PFASs可能通过不同的代谢通路发挥作用[111]。一项在571名中国台湾地区工龄期（20～60岁）成年人中的研究发现，PFOS慢性暴露干扰葡萄糖稳态增加糖尿病风险[112]。另外两项针对中国成年男性的横断面研究表明，PFASs暴露水平与多种代谢标志物显著相关[113]，并且PFASs显著增加代谢综合征风险[114]。

在美国著名的护士健康队列研究中（Nurses's Health Study），发现PFOA和PFOS的1990s年代背景暴露水平与2型糖尿病风险存在显著关系[115]。同样在法国一项基于大样本纵向队列研究（E3N cohort）中发现，在71 270名法国妇女中PFOA和PFOS与2型糖尿病存在非线性显著关系，指出PFOA和PFOS是T2DM的风险因子[116]。

通过以上研究总结发现，目前研究针对的PFASs主要集中在PFOS和PFOA两种同系物，这与它们在人体中普遍检出以及含量相对较高有关。另外针对PFASs与糖尿病的纵向研究还比较少，流行病学研究还不是很充分，尤其是对于T1DM和GDM，因此需要将研究扩展到不同种族、不同年龄和不同暴露背景的人群中，以充分了解PFASs和糖尿病之间的关系。

21.2.5 多污染物复合暴露作用与影响

人体通常处于多种化学污染物的长期低剂量暴露中，而上述系列研究也显示每种化学污染物皆表现出与糖尿病之间的微弱联系，因此，在人体内环境中可能是多种化学污染物共同作用下，包括致病因素或者保护因素，导致或者促进了糖尿病的发生。研究人员考察了1999～2002年NHAES中检出率≥80%的6种POPs（PCB-153、1, 2, 3, 4, 6, 7, 8-HpCDD、OCDD、氧氯丹、反式九氯和 p, p'-DDE）与糖尿病之间的关系[68]，将受试对象按每种POPs的暴露水平分别进行分组并予以编号，再将每名受试者所对应的6种POPs水平所处的分组的编号予以加和则每名受试者获得一个表征多种POPs暴露水平的分数，按分数高低再进行分组，研究不同分组人群与糖尿病之间的关系，结果显示OR分别为1.0（参考组）、14.0、14.7、38.3和37.7。在随后的研究中，该实验室进一步研究了5类POPs（PCDDs、PCDFs、dl-PCBs、非二噁英样PCBs和有机氯农药）与糖尿病之间的关系[69]，先对每类POPs的每个组分按含量高低排序，再将每个受试者所对应的每类POPs的每个组分的序号加和从而获得该受试者对该类POPs暴露的一个累积水平，然后，在一个模型中来评估每类POPs与糖尿病之间的关系，在校正其他化合物后，PCDFs、dl-PCBs以及有机氯农药与糖尿病之间显著相关。有学者也在东斯洛伐克高污染地区人群POPs暴露与糖尿病之间关系研究中采用多种POPs水平排序之和来反映个体总体累积POPs暴露水平[82]，按此种方法计算的POPs暴露与糖尿病之间的关系明显强于单种POPs暴露与糖尿病之间的关系。还有研究人员应用1999～2004年NHANES数据研究了PCDD/Fs和dl-PCBs暴露与糖尿病之间的关系[117]，除应用TEQ表征人体PCDD/Fs和dl-PCBs暴露并研究其与糖尿病之间的关系外，还研究了PCDD/Fs和dl-PCBs多组分高端暴露与糖尿病之间的关系：为每种组分设定一特定值，在此值之上的即为高端暴露，将每个个体处于高端水平的组分的个数进行加和，然后分析处于高端水平的组分数与糖尿病之间的关系，结果显示处于高端水平的 PCDD/F 或 dl-PCBs 组分数越多则糖尿病的风险越高，如当高端水平组分数≥14 时糖尿病的 OR 为 5.56（95%CI：1.94～15.92）。

近来，有学者提出了 Environment-wide Association Study(EWAS)的概念[88]，应用 1999～2006 年 NHANES 相关数据分析了 266 种环境因素（包括人口统计学因素、营养素和维生素、化学污染物等）与 T2DM 之间的关系，结果显示病例组和对照组的某些人口统计学因素包括年龄、性别、种族、BMI 和社会经济地位存在显著差别，在校正这些人口统计学因素的基础上，分别评估了多种环境因素与糖尿病之间的关系，但该研究并没有将所有环境因素统一在一个模型中加以考虑，也没有考虑多种环境因素混合暴露时累积效应与糖尿病的关系。

综上所述，POPs 暴露与糖尿病存在一定的关联性，然而当前所涉及的有关 POPs 暴露与糖尿病之间关系的流行病学研究大多为横断面调查研究，而横断面调查最大的问题就是无法解释 POPs 暴露与糖尿病之间的因果关系。这就导致一个可能性：糖尿病患者中 POPs 水平高于对照组是否是由于糖尿病本身代谢异常进而促使 POPs 在机体内的过多蓄积。另一方面，这些早期研究主要关注环境污染物与 T1DM 或 T2DM 关系，而对 GDM 结局关注较少，直到近年来呈现逐渐递增趋势，同时人群流行病学观察到的结果也逐渐推动体内和体外实验针对 POPs 潜在致糖尿病的可能机制研究。

21.3 非二噁英样多氯联苯暴露与妊娠糖尿病风险

非二噁英样 PCBs 作为合成化学品，曾被广泛用于电器绝缘油、冷却液、润滑材料等领域，直到 20 世纪 80 年代才在全球范围内得到禁止生产和使用。尽管近几十年来非二噁英样 PCBs 在一般人群中的机体负荷水平呈显著下降趋势，但低浓度水平的非二噁英样 PCBs 仍然能够在血液、母乳等非职业暴露人群样本中普遍检出[118-121]。PCBs 污染对环境和人类健康造成的危害长久以来备受关注，许多流行病学调查发现非二噁英样 PCBs 暴露与人类包括糖尿病在内的多种疾病发病率之间存在显著关系[68, 81, 83, 88, 122-126]。但是 PCBs 这种致糖尿病效应的机制并不十分清楚，而且在有些研究中并没有发现这种暴露和结局之间统计学意义上的显著关系[67, 95]。

目前，非二噁英样 PCBs 暴露和 GDM 风险关系的研究数据非常有限，并且仅有的几项研究中报道的结果也相冲突[76, 78, 127, 128]。鉴于此，国家食品安全风险评估中心在北京市开展了一项前瞻性巢式病例对照研究。该研究在招募的队列人群中，通过检测孕早期血清中主要的具有代表性的 6 种非二噁英样 PCBs（PCB-28，-52，-101，-138，-153 和-180）浓度水平，探讨非二噁英样 PCBs 暴露浓度和 GDM 风险之间的关系，并以空腹血糖、1h 餐后血糖和 2h 餐后血糖作为葡萄糖稳态指标，同时考察非二噁英样 PCBs 暴露对孕期葡萄糖代谢水平的影响。

21.3.1 指示性多氯联苯暴露水平与 GDM 发病风险关系

研究结果的指示性多氯联苯（mPCB）暴露水平及与 GDM 风险关系见表 21-1。总人群血清中 PCB-28, -153 和-138 为主要同系物, 其中位数浓度分别为 14.8 (IQR: 10.2～22.0), 11.9 (IQR: 9.2～16.1) 和 10.7 (IQR: 7.5～16.1) pg/mL。在 GDM 组与对照组血清中, PCB-52 和-101 暴露水平有显著性差异 ($P<0.1$), 且 GDM 组显著高于对照组。PCB-28, -138, -153, 和 PCB-180 在两组间的差异不显著, 但 GDM 组浓度水平仍然高于对照组。比较不同氯代水平同系物暴露水平发现, 高氯代 mPCB 人群暴露水平要高于低氯代 mPCB 水平, 然而低氯代 mPCB 的血清浓度水平在 GDM 与对照组间有差异, 即 GDM 组显著高于对照组 ($P<0.01$)。对于总 mPCB 暴露水平, GDM 组要高于对照组, 两组间差异不显著,

表21-1 研究人群血清中指示性 PCB 含量水平与 GDM 发病风险

血清 mPCBs (pg/g 湿重)	病例组 ($n=77$)	对照组 ($n=154$)	P 值	粗 ORs	调整 ORs*
PCB-28	12.2 (9.8～16.9)	11.5 (8.8～15.6)	0.08	1.86 (1.05～3.27)	—
PCB-52	2.0 (1.4～2.9)	1.5 (0.9～2.4)	<0.01	1.90 (1.28～2.82)	1.97 (1.27～3.07)
PCB-101	1.4 (1.0～1.8)	1.0 (0.7～1.6)	<0.01	1.85 (1.22～2.82)	—
低氯代 PCB 加和	16.0 (13.3～22.1)	14.2 (10.7～19.3)	<0.01	2.28 (1.25～4.17)	—
PCB-138	11.2 (8.5～11.7)	11.4 (7.2～14.5)	0.14	1.51 (0.90～2.53)	—
PCB-153	15.1 (10.5～24.5)	14.7 (10.2～19.9)	0.18	1.45 (0.88～1.88)	—
PCB-180	7.7 (5.1～10.3)	6.6 (4.4～4.7)	0.27	1.25 (0.83～1.88)	—
高氯代 PCB 加和	34.8 (23.4～53.9)	31.6 (22.0～44.3)	0.16	1.45 (0.87～2.42)	—
$\sum$6mPCBs	53.2 (39.3～73.9)	49.1 (37.0～60.7)	0.08	4.70 (1.02～21.70)	—

注: 数据表示中位数（四分位距）; *模型调整年龄、BMI、TG、CHO。

条件 Logistic 回归分析考察 mPCB 暴露与 GDM 发病风险关系, 结果显示在未调整混杂因素（年龄、BMI、TG、CHO）情况下 PCB-28、52、101 和 $\sum$6mPCBs 水平显著增加 GDM 风险; 调整混杂因素后仅 PCB-52 水平仍显著增加 GDM 风险, 其 OR 值为 1.97（95%CI: 1.27～3.07）。

6 种 mPCB 暴露水平与 GDM 发病风险之间剂量-效应关系如图 21-2 所示。PCB-28 与 PCB-52 在低暴露水平表现出明显的剂量效应关系, 相反的 PCB-138 与 PCB-153 在达到一定的暴露水平后也开始呈现出显著的剂量-效应关系, 而 PCB-101 在一定的暴露水平区间内呈现近似倒"U"型剂量反应关系, PCB180 在测量的暴露水平内并未观察到剂量反应。

21.3.2 指示性多氯联苯暴露水平与血糖稳态关系

mPCB 暴露水平与 OGTT 三种血糖值之间的关系如表 21-2 所示。在单变量模型（SLR）中 6 种 mPCB 均与空腹血糖（FBG）呈正相关, 且 PCB-28、-52 和 PCB-101 暴露水平显著增加空腹血糖（$P<0.05$）。PCB-28、-52 和-101 与 1h 血糖（PBG）呈正相关关系, PCB-52 暴露浓度每增加一个单位 1h 血糖平均水平增加 0.31mmol/L; 而 PCB-138、-153 和 180 却与 1h 血糖呈负相关, 但回归系数均无统计学意义（$P>0.05$）。同样观察到 PCB-138 和-180 与 2h 血糖呈负相关性, 回归系数也无统计学意义, 其余 mPCB 与 2h 血糖呈正相关, 但均未发现有显著影响。

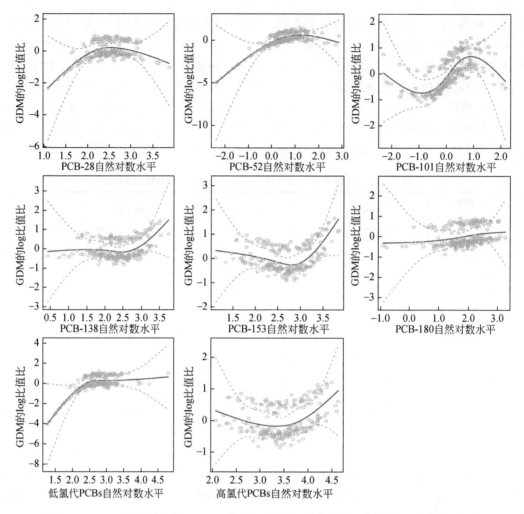

图 21-2 mPCB 暴露浓度与 GDM 风险之间的剂量-效应关系（虚线为 95%置信区间）

多变量线性回归模型（MLR）在调整年龄、BMI 和总血脂后观察到 PCB-52 与-101 水平显著增加空腹血糖，其β系数均为 0.1，且有统计学意义。而 PCB-52 仍然对 1h 血糖产生显著影响，其暴露浓度每增加一个单位，1h 血糖平均水平增加 0.3mmol/L。多元回归中未发现有 mPCB 对 2h 血糖产生显著影响。综上可知 mPCB 中，PCB-52 暴露能够对血糖稳态产生较大影响。

表 21-2 血清 mPCB 水平与血糖值之间线性回归结果

PCB 同系物	空腹血糖		1h 血糖		2h 血糖		多变量回归 P 值
	单变量回归	多变量回归	单变量回归	多变量回归	单变量回归	多变量回归	
PCB-28	0.14（$P<0.05$）	0.11（$P=0.10$）	0.31（$P=0.19$）	0.25（$P=0.28$）	0.34（$P=0.08$）	0.29（$P=0.13$）	0.16
PCB-52	0.11（$P<0.01$）	0.10（$P<0.01$）	0.31（$P<0.05$）	0.30（$P<0.05$）	0.21（$P=0.06$）	0.20（$P=0.07$）	0.02

续表

PCB 同系物	空腹血糖		1h 血糖		2h 血糖		多变量回归 P 值
	单变量回归	多变量回归	单变量回归	多变量回归	单变量回归	多变量回归	
PCB-101	0.12 ($P<0.01$)	0.10 ($P<0.05$)	0.20 ($P=0.19$)	0.16 ($P=0.28$)	0.20 ($P=0.10$)	0.17 ($P=0.17$)	0.09
PCB-138	0.06 ($P=0.36$)	0.03 ($P=0.65$)	-0.04 ($P=0.86$)	-0.14 ($P=0.51$)	-0.02 ($P=0.92$)	-0.15 ($P=0.39$)	0.67
PCB-153	0.07 ($P=0.31$)	0.05 ($P=0.42$)	-0.05 ($P=0.80$)	-0.15 ($P=0.50$)	0.11 ($P=0.53$)	-0.01 ($P=0.98$)	0.42
PCB-180	0.05 ($P=0.33$)	0.03 ($P=0.49$)	-0.01 ($P=0.93$)	-0.08 ($P=0.63$)	-0.01 ($P=0.99$)	-0.10 ($P=0.49$)	0.68

注：多变量回归中调整因素：年龄、BMI 和总血脂。

虽然早在20世纪80年代PCBs在全球范围就被禁止生产和使用，并且环境监测结果也显示野生动物和人体中PCBs的污染水平已显著的降低。然而该项研究发现孕早期极低暴露水平的非二噁英样PCBs和GDM发病率及孕期葡萄糖稳态参数均存在显著的正相关关系。

尽管早期针对非孕妇普通人群的多项研究发现了包含二噁英样和非二噁英样PCB的暴露均与T2DM发病率之间的显著关系[68, 81, 83, 88, 122-126, 129]，但PCBs暴露和GDM风险之间的潜在联系还不十分明确。两项针对希腊和加拿大人群的前瞻性研究中，均考察了孕早期PCBs暴露水平和GDM风险之间的关系。其中加拿大母婴队列研究中，并未发现PCBs（PCB-118、-138、-153、-180）和GDM之间的显著关系[127]。而希腊队列研究发现，GDM人群显示出更高的PCBs暴露水平，Logistic回归分析显示二噁英样PCBs(-118、-156和-170)与GDM风险存在显著正相关性，而非二噁英样PCB不存在这种关系[128]。美国一项LIFE研究中则发现GDM风险和孕前二噁英PCBs(-156、-167和170)及非二噁英样PCBs(-138、-153、-172、-178、-180和194)之间的负相关性[78]。在针对伊朗人群的横断面调查中，研究人员报道了在PCB-118、153和187与GDM之间的正相关关系以及PCB-28与GDM之间的负相关关系[76]。

在北京这项巢式病例对照研究中，比较不同氯代水平的PCB同系物与GDM之间的关系发现，显著性关系仅存在于低氯代的非二噁英PCBs和GDM之间。同样在针对PCBs和糖尿病风险关系研究中，研究者发现低氯代的PCBs高暴露组显著增加糖尿病风险，而在高氯代PCBs的各暴露分组中未观察到同样的显著关系[129]。该项研究发现与该结果相一致，由此说明低氯代的PCBs可能对高血糖有害结局作用更强。相关研究表明，PCBs的低氯代同系物比高氯代同系物在机体内更容易吸收和代谢[130-132]，然而不同类型PCBs代谢物的毒性大小和机制是否存在较大差异还未有研究报道。高氯代PCBs在血液中被发现主要生成羟基化PCBs代谢产物，而低氯代PCBs主要以硫酸盐形式代谢。因此不同氯代水平PCBs和糖尿病之间关系的区别可能是由代谢差异引起。由此可见，今后在探索PCBs暴露与糖尿病的关系研究中有必要同时考察比较PCBs本体和其代谢物与糖尿病的关系。另一方面，部分研究表明POPs暴露和糖尿病之间存在非线性剂量效应关系[90, 133]，这与该项研究中的发现相一致。从高氯代PCBs同系物的剂量反应曲线中可以看出，PCB-138和-153呈现出增加的趋势，尽管统计学并无显著性，但表明该项研究暴露浓度范围已能观察到剂量反应关系。部分研究中已发现，PCBs 在较高暴露水平时与糖尿病之间存在显著关系[68, 85]。

GDM 的部分风险因素已得到明确[134, 135]。传统风险因素，如年龄和 BMI，经常作为混杂变量在研究 POPs 暴露和 GDM 关系的回归模型中进行调整。此外，为方便比较血清 POPs 浓度水平通常采用血脂水平进行标准化校正。然而有学者提出，利用污染物浓度除以血脂水平进行血脂标准校正很可能带来较大偏差[136]。早期研究发现，孕早期血脂水平与 GDM 风险显著正相关[137]。在该项研究中，血清甘油三酯水平在 GDM 与健康孕妇血清中存在显著差异，并且与 GDM 风险存在显著关系（OR=3.32，$P<0.01$）。因此，血脂也是研究 POPs 暴露和 GDM 关系中的重要混杂变量。而该项研究中，血脂和 BMI 之间的相关性较弱（$R<0.4$），并且回归模型中纳入的所有变量间无共线性问题（VIF<5），表明血脂和 BMI 在统计模型中并不会带来过矫正问题。最终，BMI、血脂和 PCB-52 被确定为 GDM 风险因素。采用 Z 均值标准化的分析结果显示，BMI、血脂和 PCB-52 与 GDM 关系的 tOR 值分别为 2.19（$P<0.05$），1.53（$P<0.01$）和 1.76（$P<0.01$），表明 PCB-52 与 GDM 之间的关系小于 BMI 而大于血脂分别与 GDM 之间的关系。

GDM 孕妇与正常孕妇相比 T2DM 患病风险显著增加（RR=7.43）[138]。研究发现，T2DM 风险等位基因在先前患有 GDM 的孕妇中携带率与在 T2DM 患者中的携带率相当，这表明 GDM 和 T2DM 本质上相同，二者可能是葡萄糖耐受导致高血糖的两种临床表现[139]。目前，PCBs 暴露可能导致高血糖的生物学机制还不十分明确，大部分研究主要集中在二噁英样 PCBs 可能通过激活 AhR 受体抑制 PPARγ 从而导致胰岛素抵抗的潜在机制方面[140, 141]。许多研究发现，非二噁英样 PCBs 能够直接激活雄烷受体（CAR）和孕烷受体（PXR），而这些受体的激活与有害作用效应如代谢功能紊乱和炎性反应相关联。此外，流行病学调查结果也支持非二噁英样 PCBs 暴露和葡萄糖代谢障碍之间存在关系。还有发现非二噁英样 PCBs 暴露和β细胞功能之间存在负相关关系[66]，表明 PCBs 可能影响胰岛素分泌。一项横断面调查也发现，非二噁英样 PCBs 与胰岛素抵抗和餐后血糖之间存在显著的正相关性[142]。这一发现进一步支持了该项研究中非二噁英样 PCBs 和 OGTT 之间的显著正相关关系。因此，尽管目前数据可能由于研究设计，研究人群，暴露水平的不同而存在差异，但综合研究结果暗示非二噁英样 PCBs 可能通过影响葡萄糖稳态发挥致糖尿病效应。

该项研究结果表明低剂量的非二噁英样 PCBs 暴露影响葡萄糖稳态，导致 GDM 风险增加。这一探索性研究结果需要来自更大人群样本和更广泛暴露水平的进一步研究确证。

21.4 多溴二苯醚暴露与妊娠糖尿病风险

多溴二苯醚（PBDEs）因具有良好的阻燃性能，自 20 世纪 60 年代开始被广泛用作防火材料添加到各种商业和家庭消费品中。中国曾经是 PBDEs 产品主要生产国之一，并且在过去的几十年中随着经济的迅速发展其市场需求量逐年增加。2009 年 5 月在日内瓦公布的《关于持久性有机污染物的斯德哥尔摩公约》（修正案）将四溴至八溴二苯醚增列到 POPs 附录中，中国接受该修正案后直到 2014 年才完全禁止对 PBDEs 的生产、流通、使用和进口[121]。然而日常中家具生活用品还在通过逸散释放 PBDEs[143]，电子垃圾处理场的废水渗漏导致 PBDEs 还在继续进入环境[144]。再加上 PBDEs 具有难降解性和生物蓄积性，最后在食物链富集，导致普通人群仍然处于长期暴露状态，由此引发的环境与人类健康问题备受关注。

近年来，越来越多的研究报道了包括 PBDEs 在内的多种环境污染物与 1 型或 2 型糖尿病之间的关系。这些发现为探索 PBDEs 暴露与 GDM 风险关系提供了线索，但是有关 PBDEs 暴露和 GDM 风险关系的研究数据非常有限。虽然也有零星研究报道了 PBDEs 与 T2DM 或 GDM 之间的关系[67, 90, 91, 94, 145]，但这些研究大多为横断面调查，暴露和结局数据皆在同一时间点上获得，因此无法解释二者之间的因果关系。由此可见，开展 PBDEs 暴露与糖尿病风险关系的纵向研究仍然具有重要意义。国家食品安全风险评估中心在所开展的巢式病例对照研究中也探讨了 PBDEs 暴露和 GDM 风险以及葡萄糖稳态之间的关系。

21.4.1　多溴二苯醚人群暴露水平

多溴二苯醚（PBDEs）在 GDM 与对照组人群中的分布情况如表 21-3 所示。在研究的总人群中，BDE-28、47、100、153 检出率 100%，而 BDE-154 和-183 检出率也大于 90%。在总体人群血清检出的 PBDEs 含量中，BDE-47 和-99 浓度水平相当，且为主要同系物，其中位数浓度水平分别为 27.5（IQR：18.9～40.8）和 28.1（20.0～39.4）pg/g 脂肪。对比两组人群中 7 种 PBDEs 暴露水平发现，GDM 病例组血清中 PBDEs 的中位数水平均要高于对照组，且 BDE-28、-100、-153、-154 和 BDE-183 中位数水平在两组间差异非常显著（$P<0.05$）。而两种主要的同系物中 BDE-47 在两组间差异达到显著性临界水平（$P=0.05$），BDE-99 在两组间的差异无统计学意义。

表 21-3　研究人群血清中 PBDEs 含量水平与 GDM 发病风险（$n=231$）

血清 PBDEs（pg/g 湿重）	>LOD（%）	病例组（$n=77$）	对照组（$n=154$）	P 值*
BDE-28	100	1.66（1.15，2.46）	1.26（0.87，2.00）	0.01
BDE-47	100	30.45（22.35，47.29）	26.36（18.03，39.07）	0.05
BDE-99	100	30.92（21.18，41.72）	26.85（19.57，37.5）	0.08
BDE-100	100	4.99（3.36，6.34）	4.07（2.60，6.02）	0.04
BDE-153	100	8.24（6.72，10.44）	7.21（5.05，8.63）	<0.01
BDE-154	99.5	2.41（1.61，3.22）	1.79（1.28，2.94）	0.02
BDE-183	94.8	2.08（1.44，3.28）	1.42（0.90，2.18）	<0.01
总 PBDEs	—	87.37（62.01，122.29）	71.69（53.52，96.71）	<0.01

注：数据表示中位数（四分位距）；Logistic 回归估计 OR 值，模型调整年龄，BMI, TG, CHO；*统计检验均为双侧，显著性检验水平 $\alpha=0.05$。

21.4.2　多溴二苯醚暴露与妊娠期糖尿病发病风险关系

采用单变量和多变量条件 Logistic 回归考察不同 PBDEs 同系物暴露和 GDM 风险关系结果如图 21-3 所示。在单变量回归模型，血清 BDE-153、-154 和 BDE-183 水平升高均显著增加 GDM 发病风险，其调整协变量 BMI、TG 和 CHO 后 OR 估计值分别为 4.04（95%CI：1.92，8.52），1.88（95%CI：1.15，3.09）和 1.91（95%CI：1.31，2.08）。将 7

种同系物同时进行多变量回归后发现，BDE-153（OR=2.76，95%CI：1.07，7.11）和 BDE-183（OR=1.56，95%CI：1.02，2.40）仍然显著增加 GDM 风险，而 BDE-154 的 OR 衰减不再具有统计学意义。

将 PBDEs 水平按四分位数分段纳入 Logistic 回归，考察 PBDEs 的不同暴露水平与 GDM 关系，并检验剂量-效应关系。从表 21-4 中可以看出，模型 1（调整 BMI）和模型 2（调整 BMI，TG 和 CHO）中 BDE-28，-153 和 BDE-183 最高暴露组较最低暴露组均显著增加 GDM 风险。值得注意的是，较最低暴露组相比，BDE-154 第三分位暴露组增加 GDM 风险最高（OR=2.58；95%CI：1.16，5.72），而第四分位暴露组的 GDM 发病风险 OR 值减小为 1.70（95%CI：0.73，3.99）。这种趋势暗示 BDE-154 暴露与 GDM 风险存在倒"U"剂量效应-关系。在四分位数分段回归的线性趋势性检验中，BDE-28、-100、-153、-183 和总 PBDEs 暴露各分组水平和 GDM 风险线性趋势均有统计学显著性（$P<0.05$）。

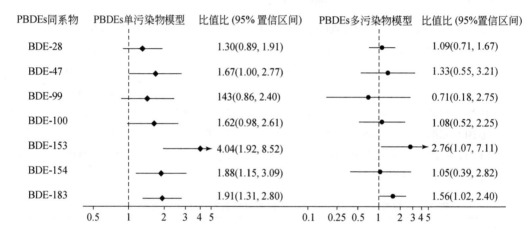

图 21-3　PBDEs 暴露与 GDM 发病风险关系的回归分析

模型均调整 BMI，TG 和 CHO

表 21-4　**PBDEs 四分位数分组暴露水平与 GDM 风险关系**

同系物	四分位数			
	1	2	3	4
BDE-28				
病例/对照人数	13/44	17/42	21/37	26/31
模型 1	1.00	1.41（0.61，3.27）	2.04（0.89，4.65）	2.72（1.2，6.17）
模型 2	1.00	1.46（0.62，3.43）	2.25（0.97，5.23）	2.58（1.12，5.95）
BDE-47				
病例/对照人数	14/43	19/39	20/39	24/33
模型 1	1.00	1.47（0.65，3.34）	1.62（0.72，3.66）	2.19（0.98，4.89）
模型 2	1.00	1.46（0.63，3.36）	1.69（0.74，3.86）	2.21（0.97，5.00）
BDE-99				
病例/对照人数	15/42	17/42	22/36	23/34

续表

同系物	四分位数			
	1	2	3	4
模型1	1.00	1.13（0.5，2.56）	1.69（0.76，3.76）	1.90（0.86，4.22）
模型2	1.00	1.30（0.56，3.01）	1.81（0.8，4.1）	2.09（0.93，4.72）
BDE-100				
病例/对照人数	14/44	16/41	24/35	23/34
模型1	1.00	1.16（0.50，2.69）	2.12（0.96，4.72）	2.22（0.99，5.00）
模型2	1.00	1.14（0.48，2.72）	2.31（1.02，5.25）	2.32（1.02，5.29）
BDE-153				
病例/对照人数	13/45	18/40	16/41	30/28
模型1	1.00	1.46（0.63，3.4）	1.43（0.61，3.37）	4.01（1.77，9.1）
模型2	1.00	1.48（0.63，3.47）	1.48（0.62，3.52）	3.79（1.66，8.68）
BDE-154				
病例/对照人数	14/43	17/42	26/31	20/38
模型1	1.00	1.37（0.59，3.15）	2.74（1.22，6.14）	1.70（0.75，3.86）
模型2	1.00	1.48（0.63，3.47）	2.88（1.26，6.57）	1.83（0.79，4.23）
BDE-183				
病例/对照人数	11/47	15/42	22/36	29/29
模型1	1.00	1.42（0.59，3.46）	2.53（1.08，5.92）	4.13（1.78，9.55）
模型2	1.00	1.41（0.57，3.48）	2.54（1.06，6.08）	3.98（1.71，9.26）
总PBDEs				
病例/对照人数	15/42	16/43	20/38	26/31
模型1	1.00	1.00（0.44，2.30）	1.48（0.66，3.31）	2.38（1.07，5.26）
模型2	1.00	1.05（0.45，2.43）	1.50（0.66，3.40）	2.32（1.03，5.22）

注：模型1调整年龄，BMI；模型2调整年龄，BMI，TG，CHO。

通过自然样条回归拟合暴露-剂量效应曲线（图21-4）印证了BDE-154暴露与GDM风险倒"U"剂量效应-关系趋势。同样地，采用自然样条回归对BDE-28、-100、-153、-183和总PBDEs暴露和GDM风险关系进行剂量-效应关系可视化结果与各自的线性趋势性检验结果相一致。

孕期BMI值过大或体重增长过快均是GDM的显著风险因素，而PBDEs又容易在脂肪组织中蓄积，因此BMI可能是PBDEs暴露和GDM之间关系的修饰因子。根据中国人群体重划分依据，将该项研究人群分为正常体重组（18.5kg/m²＜BMI＜23.9kg/m²）和超重或肥胖组（BMI≥24kg/m²），进行分层分析，考察BMI对暴露和结局之间的修饰效应，结果发现BDE-153、-154、-184和总PBDEs在正常体重中人群中仍然显著增加GDM风险，而在超重/肥胖组人群中这些污染物与GDM之间的显著关系不再存在，可能是由该组研究对象较少（n=44），估计误差偏大引起。BMI与这些污染物之间的交互作用检验结果均不显著，说明在该项研究人群中BMI并不修饰污染物和GDM之间的关系（表21-5）。

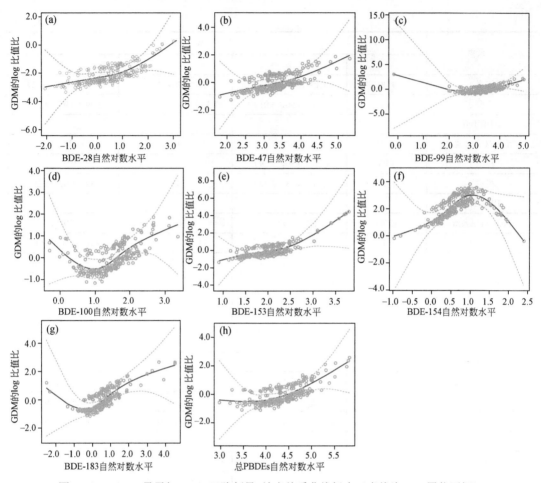

图 21-4　PBDEs 暴露与 GDM 风险剂量-效应关系曲线拟合（虚线为 95% 置信区间）

表 21-5　不同 BMI 人群的 PBDEs 与 GDM 之间关系的分层分析

PBDEs 同系物	孕早期 BMI（kg/m²）		交互作用 P 值
	正常体重组 （18.5＜BMI＜23.9，n=168）	超重/肥胖组 （BMI≥24，n=44）	
BDE-28	1.40（0.92，2.12）	1.20（0.61，2.36）	0.93
BDE-47	1.67（0.98，2.83）	1.27（0.53，3.05）	0.87
BDE-99	1.55（0.88，2.71）	1.07（0.47，2.42）	0.76
BDE-100	1.50（0.94，2.38）	1.40（0.57，3.42）	0.92
BDE-153	3.40（1.64，7.07）	2.40（0.71，8.10）	0.89
BDE-154	1.71（1.04，2.80）	1.81（0.73，4.49）	0.89
BDE-183	1.92（1.26，2.94）	2.23（0.96，5.22）	0.25
总 PBDEs	2.01（1.09，3.70）	1.57（0.55，4.48）	0.91

21.4.3 多溴二苯醚暴露与血糖稳态关系

PBDEs暴露和OGTT结果各血糖水平之间的关系见表21-6。BDE-153，-154和BDE-183和空腹血糖（FBG）显著正相关，且Ln转换后的暴露浓度每增加一个单位，空腹血糖水平分别增加3.20%、1.91%和1.12%。除BDE-28和BDE-183外，各PBDEs同系物均与1h血糖显著正相关。此外，BDE-153暴露水平每增加一个单位导致2h血糖增加6.41%[（95%CI：1.97，11.05）；$P=0.004$]；BDE-154暴露每增加一个单位可导致2h血糖增加3.59%[（95%CI：0.37，6.92）；$P=0.029$]。

表 21-6　PBDEs 暴露和 OGTT 结果各血糖指标之间的关系

同系物	空腹血糖 变化百分比（95% CI）	P值	1h 血糖 变化百分比（95% CI）	P值	2h 血糖 变化百分比（95% CI）	P值
BDE-28	0.39 (−0.90, 1.70)	0.552	2.17 (−0.49, 4.91)	0.110	0.81 (−1.79, 3.48)	0.543
BDE-47	1.55 (−0.11, 3.24)	0.067	3.95 (0.51, 7.50)	0.024	3.16 (−0.22, 6.65)	0.067
BDE-99	1.50 (−0.19, 3.22)	0.082	4.31 (0.80, 7.94)	0.016	3.41 (−0.03, 6.98)	0.052
BDE-100	0.72 (−0.80, 2.27)	0.352	5.54 (2.38, 8.80)	0.001	1.46 (−1.61, 4.63)	0.353
BDE-153	3.10 (0.95, 5.31)	0.005	8.91 (4.37, 13.65)	0.000	6.41 (1.97, 11.05)	0.004
BDE-154	1.91 (0.33, 3.52)	0.018	5.62 (2.34, 9.01)	0.001	3.59 (0.37, 6.92)	0.029
BDE-183	1.12 (0.03, 2.23)	0.044	1.74 (−0.52, 4.04)	0.131	2.17 (−0.06, 4.44)	0.056
总 PBDEs	2.21 (0.23, 4.22)	0.029	6.06 (1.93, 10.35)	0.004	4.59 (0.54, 8.80)	0.026

注：PBDEs浓度和血糖水平之间回归系数（β）按百分比变化表示：$[(2^{\beta})-1]\times100$；所有模型调整BMI，TG，CHO。

研究结果显示，孕妇血清BDE-153，-154和-183水平与GDM风险和葡萄糖稳态存在显著正相关性。这一结果表明，PBDEs暴露也可能是GDM的风险因素。

近年来，有关POPs暴露与糖尿病风险的研究引起了广泛关注，而有关PBDEs暴露和糖尿病的关系数据还相对较少。仅有的人群研究报道了PBDEs暴露和T2DM发病率之间存在显著的正相关性[90, 91]，但也有其他人群研究未发现二者之间的显著关系[95, 146]。GDM的发生和发展与T2DM的相类似，往往是由生活方式、基因易感性和环境因素共同作用的结果。目前为止，仅有两项人群研究报道了PBDEs暴露水平和GDM风险之间的关系。在一项回顾性病例对照研究中，研究人员观察到8种PBDEs同系物加和水平与GDM风险显著正相关（OR=2.21，95%CI：1.48～3.30）[76]，并且还发现BDE-99和-28单体血清水平（ln转换后）与GDM风险也存在显著关系。类似的，在一项针对258名美国孕妇的前瞻性研究分析中发现，在调整不同的混杂因素模型中BDE-153暴露导致GDM风险显著增加37%～79%[145]。而在此项研究中，GDM数据资料收集依靠的是患者自我报告方式，同时分析的其他PBDEs同系物未观察到和GDM风险之间的显著关系。在以上两个研究中，均检测了8种及以上PBDEs同系物，但其中有些同系物尤其是BDE-154和-183在人群中的检出率比较低（<50%）。较低的检出率带来较多的缺失值，这在进行回归分析时会造成效应系数和区间估计的较大偏差，可能使本来存在的显著关系变得不再显著，反之亦然。该项研究PBDEs测定中采用了HRGC-HRMS的高灵敏度检测方法，BDE-153和BDE-183的检出率

分别为 99.5%和 94.8%。在该项研究人群中除了观察到 BDE-153 暴露水平与 GDM 风险正相关外，还发现了 BDE-154 和 BDE-183 暴露同样也显著增加 GDM 风险。

由于不同人群环境污染物暴露水平或暴露种类的差异，不同的研究中环境污染物暴露可能表现出不同剂量效应模式。在传统流行病学调查中，线性剂量反应模式被认为是判断因果关系证据的重要标准，然而随着内分泌干扰物的发现，现代流行病学家认为单调的剂量反应曲线在因果关系推论中已不再适用。多项研究已报道了溴系阻燃剂暴露和糖尿病风险之间非单调形式的剂量反应关系。例如，在一项针对美国青年人冠状动脉发病风险的队列中，研究者将多溴联苯-153 暴露水平按五分位数分组后发现第二分位数暴露人群的发病风险最高[133]。同样在美国 NHANES 的横断面分析中，研究人员报道了 BDE-153 与 T2DM 风险之间的非单调剂量反应关系，分析结果显示 BDE-153 四分位数的暴露水平与 T2DM 风险的调整 OR 分别为 1.0、1.6、2.6、2.7 和 1.8[90]。同样的，这种倒 U 型的剂量反应关系存在于 BDE-153 和代谢综合征风险之间。而倒 U 型的剂量反应关系被认为是内分泌干扰物生物学反应[147]，这一观点同样在动物实验研究中得到支持[148]。两项考察 PBDEs 暴露和糖尿病风险的剂量效应关系研究表明，PBDEs 在低暴露水平时致糖尿病效应更强，而在较高暴露水平时这种作用可能减弱或消失。在该项研究中，按四分位数分组后的回归分析和平滑样条拟合曲线均表明 BDE-154 和 GDM 之间呈现倒 U 型剂量效应曲线。这一结果同样也需要更多的不同暴露背景的人群研究来确认，以便明确 PBDEs 暴露和糖尿病风险之间的剂量效应关系。

孕期葡萄糖代谢障碍表出的持续高血糖症状是 GDM 主要病理生理学反应[149]。在该项研究中，BDE-153、-154 和 183 与 FBG 显著的正相关（$P<0.05$）。同时，监测的 7 种 PBDEs 同系物除 BDE-28 和-183 外，其余几种也均与 1h 血糖呈显著正相关。此外，BDE-153 和-154 暴露水平每增加一个单位（pg/g，自然对数转换）分别导致 2h 血糖增加 6.41%和 3.59%。以上结果表明孕期 PBDEs 暴露可能影响孕期糖代谢稳态。与该项研究结果相一致的其他人群和动物、细胞实验发现，PBDEs 暴露能够损害机体脂肪和葡萄糖代谢，可能与糖尿病风险增加有关。一项大鼠体内实验发现，雄性大鼠暴露多种溴代阻燃剂后导致高血糖发生以及出现代谢功能障碍[150-152]。GDM 的发病可能是持续的高血糖最终发展为胰岛素抵抗或分泌受损。目前，PBDEs 暴露导致高血糖的生物学机制还未十分明确，有待于深入研究分析。部分细胞实验研究结果表明，溴代阻燃剂能够影响β细胞中胰岛素的形成。例如，BDE-47 和-85 被发现能够通过甲状腺受体和苏氨酸激酶（Akt）激活来干扰β细胞胰岛素的分泌[153]。类似地，大西洋鲑鱼体外细胞肝毒性评估实验显示，BDE-47、-153 和-154 暴露干扰与血糖控制相关的通路[154]。此外，有研究者观察到 Penta-BDE 处理的大鼠脂肪细胞表现出胰岛素刺激的葡萄糖氧化[155]。以上研究表明，PBDEs 暴露可能通过影响机体葡萄糖稳态促进 GDM 的发生发展。

综上所述，孕妇在孕早期暴露 PBDEs 可能干扰血糖稳态，增加 GDM 发病风险。这一发现亟需在其他不同暴露背景的人群中进行确证，同时开展体内体外实验明确 PBDEs 可能的致糖尿病机制。

21.5 全氟烷基酸类化合物暴露与妊娠糖尿病风险

全氟烷基酸（PFAAs）是自 20 世纪 50 年代开始就被广泛生产和使用的有机氟化物。

以往工业上主要通过电化学氟化法（ECF）和调聚合成法生产 PFAAs。ECF 法主要被用来生产 PFOS 和少量的 PFOA，该法生产出的是直链和支链异构体混合物（一般来说，直链占 70%～80%，支链占 20%～30%）；调聚合成法主要用来生产 PFOA，其产品是纯直链 PFOA 但包含 C4-C14 不同链长的异构体副产物[156]。因此，环境中排放的全氟烷基酸化合物往往是由不同 C 链长、不同头部官能团以及直链和支链的异构体混合物。这些 PFOS 和 PFOA 的异构体由于结构上的差异而呈现出不同的环境行为（如转移、转化、降解）、生物富集性、毒代动力学以及毒性等[157]。据报道，PFAAs 的生物蓄积性和生物体内浓度就与其 C 链的长度有直接联系[158]。因此，忽视种类繁多的 PFAAs 结构特性可能会造成环境和人类健康评估中的不确定性。

大部分的 PFAAs，尤其是长链化合物（≥C8），往往具有环境持久性、生物累积性和难降解性。近年来，PFAAs 被发现还具有内分泌干扰性，由此引发 PFAAs 暴露导致人类代谢性疾病高发的担忧[159]。先前已有动物实验发现，PFAAs 暴露能够显著增加动物体重、提高血清胰岛素水平[160]，影响葡萄糖代谢，促进脂肪在肝组织中积累[161]。大量流行病学调查也报道了 PFAAs 高暴露人群中肥胖[162]、代谢综合征[105]、1 型或 2 型糖尿病[112,115]以及 GDM[127,163,164]的发生率显著增加。然而这些研究主要关注的都是 PFOA 和 PFOS 两类曾被广泛生产的 PFAAs，同时也存在研究结果不一致的报道[165,166]。这些结果的不一致性可能是由研究人群所暴露的 PFAAs 混合物轮廓差异导致，另外鉴于 PFAAs 结构众多，生物活性机制等方面存在差异，不同结构的 PFAAs 可能对糖、脂代谢产生不同的影响。

为深入了解全氟化合物暴露与糖尿病风险的关系，在国家食品安全风险评估中心于北京开展的巢式病例对照人群中，通过检测 25 种不同 C 链长、不同头部官能团以及直链和支链结构的 PFAAs，比较不同结构分组后的 PFAAs 与 GDM 发病风险的关系，考察基于 PFAAs 结构特性的致 GDM 风险的效应差异。

21.5.1　全氟化合物研究人群暴露水平

研究人群血清中不同结构的全氟烷酸类化合物（PFAAs）测定水平如表 21-7 所示。测定的 25 种 PFASs 中 6 种不同 C 链长度的直链（L-PFOA、PFNA、PFDA、PFUdDA、L-PFOS 和 PFHxS）同系物和 5 种 PFOS 支链同分异构体（1m-、3m-、4m-、5m-和 6m-PFOS）检出率均约 100%。就总体人群的暴露水平，PFOS 是主要同系物，其浓度水平分布中位数为 4.16（IQR：2.79～6.39）ng/mL；其次是 PFOA［中位数：2.29（IQR：1.78～3.12）ng/mL］。PFOS 共检出 5 中支链同分异构体，占总 PFOS 含量水平 25%，与 3M 公司生产的 PFOS 工业化学品支链比例（20%～30%）类似。直链 PFOA 和 C9-C14 的长链全氟羧酸为主要 PFCAs，占 PFCAs 总量 89%。对比 GDM 组与对照组暴露水平可以看出，4m-PFOS 在两组间浓度中位数水平的差异有显著性（$P=0.043$）。C5 的 PFPeA 和 C6 的 PFHxA 为短链 PFCAs（C4-C7）主要同系物，且 GDM 组中浓度水平均显著高于对照组。长链的 PFTrDA 在两组间的中位数浓度差异达到显著性临界水平（$P=0.051$）。其余各同系物中位数浓度水平在 GDM 组和对照组间无显著性差异。

表 21-7 研究人群不同结构的全氟化合物暴露特征

PFASs	总人群（n=189）	对照组（n=126）	病例组（n=63）	P 值*
PFOS/PFOA 支链和直链同分异构体（ng/mL）				
PFOS/PFOA 支链异构体				
1m-PFOS	0.13（0.07～0.22）	0.12（0.07～0.22）	0.14（0.08～0.25）	0.259
3m-PFOS	0.14（0.08～0.25）	0.13（0.08～0.24）	0.15（0.10～0.25）	0.065
4m-PFOS	0.18（0.10～0.34）	0.17（0.10～0.33）	0.21（0.12～0.36）	0.043
5m-PFOS	0.33（0.18～0.59）	0.32（0.17～0.58）	0.34（0.20～0.59）	0.168
6m-PFOS	0.25（0.18～0.43）	0.25（0.17～0.43）	0.28（0.18～0.45）	0.183
6m-PFOA	0.03（<LOD～0.06）	0.03（<LOD～0.05）	0.03（<LOD～0.07）	0.054
PFOS/PFOA 直链异构体				
L-PFOS	3.13（2.13～4.59）	3.05（2.08～4.54）	3.27（2.27～4.56）	0.209
L-PFOA	2.25（1.77～3.06）	2.18（1.68～2.93）	2.44（1.87～3.24）	0.096
PFAS 不同链长同系物（ng/mL）				
短链 PFCAs				
PFBA（C4）	0.32（0.13～0.41）	0.29（0.11～0.42）	0.35（0.24～0.41）	0.060
PFPeA（C5）	0.06（0.03～0.13）	0.05（0.03～0.10）	0.07（0.04～0.21）	0.020
PFHxA（C6）	0.02（0.01～0.03）	0.01（<LOD～0.02）	0.02（0.02～0.03）	0.031
PFHpA（C7）	0.02（<LOD～0.03）	0.01（<LOD～0.03）	0.02（<LOD～0.03）	0.114
长链 PFCAs				
PFOA（C8）	2.29（1.78～3.12）	2.19（1.71～2.96）	2.47（1.88～3.27）	0.090
PFNA（C9）	0.46（0.35～0.57）	0.43（0.32～0.57）	0.50（0.37～0.59）	0.610
PFDA（C10）	0.35（0.27～0.49）	0.35（0.25～0.48）	0.36（0.29～0.51）	0.989
PFUnDA（C11）	0.31（0.23～0.45）	0.31（0.21～0.43）	0.33（0.26～0.50）	0.614
PFDoDA（C12）	0.04（0.02～0.06）	0.04（0.01～0.06）	0.05（0.02～0.07）	0.655
PFTrDA（C13）	0.05（0.02～0.07）	0.05（<LOD～0.07）	0.06（0.04～0.07）	0.051
短链 PFSAs				
PFBS（C4）	0.005（<LOD～0.006）	0.005（<LOD～0.006）	0.005（<LOD～0.006）	0.771
PFHxS（C6）	0.29（0.18，0.45）	0.28（0.17～0.45）	0.30（0.20～0.46）	0.358
长链 PFSAs				
PFOS（C8）	4.16（2.79～6.39）	4.15（2.71～6.37）	4.70（3.01～6.34）	0.147

注：结果表示中位数（四分位距）；Mann-Whitney U test 检验两组间差异；*统计检验均为双侧，显著性检验水平 α=0.05。

对检测的 25 种 PFAAs 浓度水平进行相关性分析发现，PFOS 各同分异构体之间，长链 PFCAs 同系物之间，以及 PFOS 同分异构体和长链 PFCAs 同系物之间均存在较强的相关性（见图 21-5）。主要是这些类化合物为 PFAAs 工业产品的主要成分，普通人群易出现同时暴露的情况。由于存在较强的相关性容易导致多污染物回归分析产生多重共线性问题，而采用结构类分组加和暴露在考察与结局关系时也能避免共线性问题。

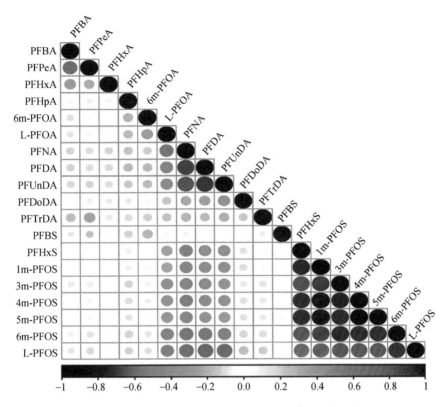

图 21-5　检测的 25 种 PFAAs 同系物浓度相关性矩阵

21.5.2　全氟化合物暴露与妊娠期糖尿病风险

根据 PFAAs 的结构特点，即同分异构体、C 链长和链头功能基团将 PFAAs 进行结构特异性分组，分别考察各特性结构组的 PFAAs 暴露水平和 GDM 风险之间的关系，结果如表 21-8 所示。PFOA 和 PFOS 同分异构体组中，各支链 PFOA 和 PFOS 及直链 PFOS 均与 GDM 关系不显著，除了 L-PFOA 连续性暴露水平与 GDM 关系处于边缘显著性水平［每个自然对数单位改变量：OR=2.04（95% CI：0.99~4.21）］。

尽管 L-PFOA 各三分位数的 ORs 均无统计学意义，但在模型 2 中观察到随着暴露等级的增加 GDM 风险增加的显著线性趋势（P=0.048），由此暗示 L-PFOA 和 GDM 之间可能的剂量效应关系存在。在不同链长的同系物分组中，调整年龄、BMI、婴儿性别和血脂后，短链 PFCAs 浓度每增加一个单位（自然对数转换），GDM 风险增加 1.99（95%CI：1.29，3.09），并且随着短链 PFCAs 的三分位数暴露等级的增加，GDM 风险也呈显著线性趋势增加［OR：低暴露组=1.0；中暴露组=1.82（95%CI：0.80，4.16）；高暴露组=3.01（95%CI：1.31，6.94）；趋势性 P =0.011］。这种线性增加的剂量-效应关系趋势同样在自然样条回归曲线拟合中体现（图 21-6b）。同时对比长链 PFCAs、短/长链 PFSAs 的剂量反应曲线图［图 21-6（a，c，d）］发现，三者与 GDM 之间没有显著的剂量-效应关系，这也与各自的三分位数线性趋势检验结果一致。此外，在烷酸和磺酸基团分组中，总 PFCAs 的最高分位数暴露组较最低分位数暴露组的 GDM 风险显著增加（OR=2.47；95%CI：1.06，5.74），且三分位数的暴露水平与 GDM 风险关系的线性趋势达到显著性临界水平（P=0.057）。各 PFSAs 结构分组暴露水平与 GDM 风险均无显著性水平。

表 21-8　不同结构分组的全氟化合物暴露水平与 GDM 风险关系

PFAS 同系物	每个自然对数单位改变量	第 1 三分位数	第 2 三分位数	第 3 三分位数	趋势性 P 值
A. 直链和支链同分异构体					
Σm-PFOS 浓度		<0.73	0.73～1.54	≥1.54	
病例/对照	63/126	18/45	23/40	22/41	
模型 1*	1.36（0.90，2.06）	1.0（Ref）	1.43（0.68，3.03）	1.34（0.63，2.84）	0.569
模型 2†	1.36（0.88，2.11）	1.0（Ref）	1.53（0.70，3.34）	1.23（0.56，2.72）	0.799
L-PFOS 浓度		<2.35	2.35～3.98	≥3.98	
病例/对照	63/126	19/44	22/41	22/41	
模型 1	1.47（0.87，2.49）	1.0（Ref）	1.37（0.65，2.90）	1.31（0.61，2.79）	0.613
模型 2	1.58（0.89，2.79）	1.0（Ref）	1.34（0.62，2.93）	1.37（0.62，3.02）	0.480
Σm-PFOA 浓度		<0.02	0.02～0.05	≥0.05	
病例/对照	63/126	19/44	16/45	28/37	
模型 1	1.18（0.90，1.54）	1.0（Ref）	0.82（0.38，1.80）	1.75（0.84，3.61）	0.096
模型 2	1.23（0.92，1.64）	1.0（Ref）	0.91（0.40，2.07）	2.01（0.92，4.37）	0.059
L-PFOA 浓度		<1.90	1.90～2.73	≥2.73	
病例/对照	63/126	18/45	18/45	27/36	
模型 1	1.91（0.97，3.79）	1.0（Ref）	1.00（0.46，2.16）	1.87（0.89，3.91）	0.064
模型 2	2.04（0.99，4.21）	1.0（Ref）	1.04（0.47，2.34）	2.04（0.94，4.46）	0.048
B. 不同链长同系物					
短链 PFCAs 浓度		<0.28	0.28～0.52	≥0.52	
病例/对照	63/126	14/49	21/42	28/35	
模型 1	1.85（1.24，2.75）	1.0（Ref）	1.75（0.79，3.85）	2.78（1.29，6.03）	0.011
模型 2	1.99（1.29，3.09）	1.0（Ref）	1.82（0.80，4.16）	3.01（1.31，6.94）	0.011
长链 PFCAs 浓度		<3.04	3.04～4.17	≥4.17	
病例/对照	63/126	18/45	20/43	25/38	
模型 1	1.94（0.91，4.12）	1.0（Ref）	1.16（0.54，2.48）	1.64（0.78，3.44）	0.180
模型 2	2.15（0.97，4.77）	1.0（Ref）	1.24（0.56，2.76）	1.88（0.85，4.15）	0.465
短链 PFSAs 浓度		<0.21	0.21～0.39	≥0.39	
病例/对照	63/126	19/44	23/40	21/42	
模型 1	1.25（0.81，1.95）	1.0（Ref）	1.33（0.63，2.79）	1.16（0.55，2.45）	0.813
模型 2	1.20（0.75，1.91）	1.0（Ref）	1.30（0.60，2.80）	1.02（0.46，2.26）	0.922
长链 PFSAs 浓度		<3.11	3.11～5.79	≥5.79	

续表

PFAS 同系物	每个自然对数单位改变量	第1三分位数	第2三分位数	第3三分位数	趋势性 P 值
B. 不同链长同系物					
病例/对照	63/126	18/45	23/40	22/41	
模型 1	1.47（0.89，2.44）	1.0（Ref）	1.43（0.68，3.03）	1.34（0.63，2.84）	0.540
模型 2	1.55（0.90，2.66）	1.0（Ref）	1.57（0.72，3.42）	1.45（0.65，3.20）	0.465
C. 不同官能基团同系物					
总 PFCAs 浓度		<3.50	3.50~4.72	≥4.72	
病例/对照	63/126	15/48	23/40	25/38	
模型 1	2.38（1.07，5.30）	1.0（Ref）	1.83（0.85，3.97）	2.10（0.97，4.51）	0.078
模型 2	2.73（1.17，6.40）	1.0（Ref）	2.22（0.96，5.12）	2.47（1.06，5.74）	0.057
总 PFSAs 浓度		<3.41	3.41~6.05	≥6.05	
病例/对照	63/126	19/44	23/40	21/42	
模型 1	1.46（0.87，2.42）	1.0（Ref）	1.33（0.63，2.79）	1.16（0.55，2.45）	0.808
模型 2	1.52（0.88，2.62）	1.0（Ref）	1.54（0.71，3.35）	1.25（0.57，2.76）	0.731

注：PFCAs，全氟烷酸类；PFSAs，全氟磺酸类；* 模型 1，配对变量年龄；† 模型 2，模型调整 BMI、婴儿性别、TG 和 CHO。

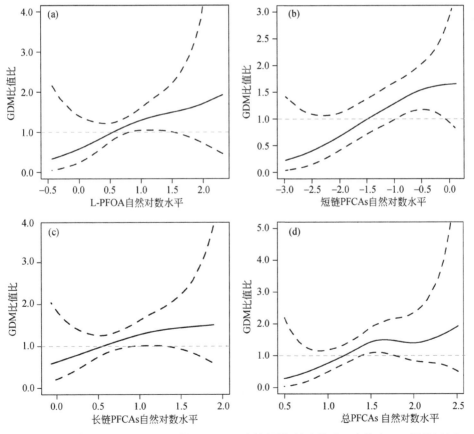

图 21-6　不同结构分组 PFAAs 暴露与 GDM 风险的剂量-效应关系（虚线为 95% 置信区间）

对以上观察到的单类别污染物暴露与结局之间显著关系进行敏感性分析考察二者关系在多结构类别污染物同时暴露分析时的稳定性,结果如图 21-7 所示。在进行多重 Logistic 回归时,所有变量 VIF＜5 可以说明考察的变量之间不存在共线性问题。从图 21-7 中可以看出短链 PFCAs 与 GDM 之间的关系在考虑多污染物共同暴露并调整不同混杂因素时(模型 1,调整 BMI、婴儿性别、TG、CHO;模型 2,进一步调整 PCB-52、-101 和 BDE-153、154、183)仍然非常显著($P<0.05$)。

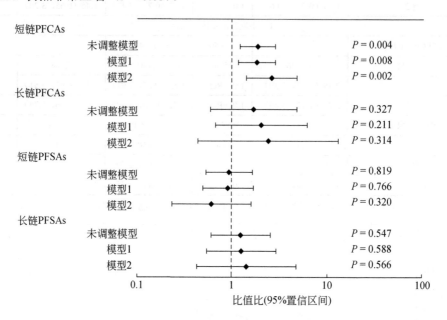

图 21-7　多结构类别 PFAAs 共同暴露的多重回归分析

进一步的通过对 BMI 和婴儿性别分层分析(表 21-9)发现,这两个混杂因素和短链 PFCAs 之间并无显著交互作用($P=0.224\sim0.443$),二者对短链 PFCAs 和 GDM 之间的关系无显著修饰效应。

表 21-9　短链 PFCAs 关于 BMI 和婴儿性别因素的分层分析

	亚组	病例/对照	未调整模型	调整模型
孕期 BMI (kg/m^2)	18.5＜BMI＜23.9	45/96	1.70（1.10, 2.65）	1.68（1.06, 2.66）
	BMI≥24	15/19	4.44（1.15, 17.07）	5.24（1.30, 21.22）
交互作用 P 值			0.332	0.224
婴儿性别	男孩	33/75	1.60（0.95, 2.68）	1.60（0.92, 2.80）
	女孩	30/51	2.20（1.19, 4.06）	2.61（1.33, 5.14）
交互作用 P 值			0.433	0.260

21.5.3　全氟化合物暴露与血糖稳态

各结构分组后的 PFASs 暴露水平与各血糖指标之间的关系如表 21-10 所示。在直链和支链分组中，L-PFOA 与餐后血糖（1h 和 2h）之间的回归系数有统计学意义[1h 血糖：β=0.55（95% CI：0.01~1.10），P=0.049；2h 血糖：β=0.73（95% CI：0.27，1.18），P=0.002]。不同 C 链长分组中，短链 PFCAs 的暴露水平显著增加 1h 血糖[β=0.42（95% CI：0.14，0.69）]和 2h 血糖[β=0.26（95% CI：0.03，0.50）]。此外，长链 PFCAs 每增加一个单位，2h 血糖增加 0.85（95%CI：0.35，1.35）mmol/L。对于不同的官能基团分组，总 PFCAs 暴露与餐后血糖均显著正相关。而不同的 PFSAs 组，包括长链和支链分组，长链和短链分组，以及总 PFSAs 均与血糖各指标无显著关系。

表 21-10 不同结构分组的全氟羧酸类化合物暴露浓度与血糖水平关系的线性回归分析

PFAS 同系物	葡萄糖稳态					
	空腹血糖		1 h 血糖		2 h 血糖	
A. PFASs 直链和支链异构体与葡萄糖水平						
Σm PFOS	−0.02 (−0.11, 0.06)	0.623	0.24 (−0.09, 0.57)	0.161	0.02 (−0.26, 0.31)	0.864
L-PFOS	−0.07 (−0.17, 0.04)	0.222	0.30 (−0.12, 0.71)	0.162	0.32 (−0.03, 0.67)	0.072
Σm PFOA	0.03 (−0.03, 0.08)	0.352	−0.01 (−0.24, 0.21)	0.903	0.11 (−0.07, 0.30)	0.236
L-PFOA	0.07 (−0.08, 0.21)	0.364	0.55 (0.01, 1.10)	0.049	0.73 (0.27, 1.18)	0.002
B. PFASs 不同链长同系物与葡萄糖水平						
短链 PFCAs	0.002 (−0.07, 0.07)	0.946	0.42 (0.14, 0.69)	0.003	0.26 (0.03, 0.50)	0.028
短链 PFCAs	−0.01 (−0.17, 0.15)	0.898	0.58 (−0.03, 1.18)	0.063	0.85 (0.35, 1.35)	0.001
短链 PFSAs	−0.01 (−0.12, 0.09)	0.973	−0.03 (−0.46, 0.39)	0.185	0.10 (−0.26, 0.46)	0.580
短链 PFSAs	−0.05 (−0.16, 0.05)	0.306	0.28 (−0.13, 0.69)	0.145	0.24 (−0.11, 0.58)	0.201
C. PFASs 不同官能基团同系物与葡萄糖水平						
总 PFCAs	−0.01 (−0.18, 0.15)	0.879	0.73 (0.10, 1.37)	0.025	0.95 (0.43, 1.48)	<0.001
总 PFSAs	−0.06 (−0.16, 0.05)	0.295	0.30 (−0.11, 0.7)	0.153	0.21 (−0.13, 0.55)	0.233

注：回归模型调整变量：BMI、婴儿性别、TG 和 CHO。

随着 PFOS 和 PFOA 被禁用，调聚合成法产生的短链 PFAAs（如 PFBA、PFPeA、PFBS 等）开始逐渐进入市场成为替代品进行工业生产和使用。然而目前有关短链 PFAAs 的生态毒性以及对人类健康影响知之甚少。该项研究发现，GDM 风险与孕早期短链 PFCAs（C4-C7）的暴露水平存在显著的正相关关系，并且 GDM 风险随着短链 PFCAs 浓度的三分位数暴露等级的增加而增加。与此发现相一致的是短链 PFCAs 的暴露还与餐后血糖水平显著正相关，表明该类化合物也可能影响孕期妇女葡萄糖稳态。

PFAAs 种类繁多，结构多种多样，然而到目前为止有关 PFAAs 结构各异的同系物尤其是短链 PFAAs 与 GDM 风险之间关系的研究还未得到广泛开展。先前有关 PFAAs 的单体与 GDM 风险的个别研究主要关注 C8 及以上的长链同系物，并且研究结果也未得到一致性结论。在一项针对美国 258 名孕妇的前瞻性分析中，研究人员报道了血清 PFOA 水平[几何均值（GM）：3.07ng/mL]与孕妇自报的 GDM 存在显著正相关关系[164]，然而同时分析的 PFOS、PFNA 及其他四种 PFAAs 的 ORs 无统计学意义。还有研究者分析了加拿大妇女怀孕前血清PFAAs水平与孕期葡萄糖耐受（IGT）和GDM之间的关系发现，PFHxS暴露水平四分位数分组后第二分位数暴露组（浓度范围：0.67~1.0ng/mL）较对照组IGT风险显著增加（OR=3.5，95%CI：1.4~8.9）[127]。然而研究人员并未观察到该人群中同时分析的PFOS（GM：1.68ng/mL）和PFOA（GM：4.58ng/mL）浓度水平和IGT或GDM之间的显著关系。类似地，在一项针对西班牙妇女的研究中，发现PFHxS（GM：0.55ng/mL）和PFOS（GM：5.77ng/mL）暴露均显著增加IGT风险，并且观察到PFHxS和PFOS水平与GDM风险之间的显著性正相关的趋势关系[163]。一项最新的同样针对美国孕妇的多中心前瞻性队列研究发现，PFAAs四种同系物，即PFHpA、PFOA、PFNA和PFDoDA，在有T2DM家族史的孕妇中与GDM风险显著相关（RRs范围：1.22~3.18）[167]。然而，在一项法罗人的观察性研究中，调查的PFOS（median：27.2ng/mL），PFOA（3.31ng/mL），PFHxS（4.54ng/mL），PFNA（0.59ng/mL），PFDA（0.28ng/mL）以及总PFASs加和水平均未发现与GDM风险之间的显著关系。一项通过采用基于重复测量的前瞻性分析方法在中国妇女人群中也未发现PFOA和PFOS与GDM风险之间的显著关系[166]。在一项回顾性病例对照研究中，有学者分析了多种直链结构的PFASs（包括L-PFOA，PFNA，PFDA，PFUnDA，L-PFOS，PFHxS）和5种支链结构的PFOS同分异构体（1m-，3m+4m-，5m-，6m-PFOS）分别与GDM风险之间的关系，结果也没有发现暴露与结局之间的显著关系[168]。这些研究结果的差异性可能归因于研究设计（横断面或前瞻性）、人口学信息、人群样本大小、研究结局测量方法、PFAAs暴露浓度水平等因素差异。目前研究中主要调查的几类PFAAs同系物，如PFOA、PFNA、PFHxS和PFOS，在该项研究人群中的暴露水平与前述报道的中国其他地区人群[166]以及其他国家地区人群[127,163,167,169,170]的暴露水平相当，除了在两项针对美国人群研究[128,164]中发现了相对较高的暴露水平。在所有的研究报道中，PFOA和PFOS是被发现在人群血液中浓度最高的两种同系物，主要是因为二者是曾经被大量工业化生产和广泛使用两种商业化全氟化合物产品。

在该项研究中，短链PFCAs暴露与GDM风险显著正相关，而长链PFCAs和PFSAs分组并未观察到与GDM之间显著关系。同样，按同分异构体支链和直链分组后的PFOA和PFOS各组暴露水平也与GDM之间不存在显著性关系。值得注意的是，短链PFAAs正在工业化生产中逐步替代长链PFAAs被广泛使用在各种生活用品中。已有相关研究报道了部分地区的环境和人群样本中短链PFAAs水平正在上升[171]。尽管短链PFCAs和PFSAs被认为具有相对较低毒性和蓄积性，但这类化合物与长链同系物一样具有环境持久性，并且在环境中表现出较高的迁移性。研究发现短链PFCAs浓度增加与1h和2h餐后血糖浓度上升存在显著关系，表明短链PFCAs暴露可能干扰血糖稳态。同样长链PFCAs浓度水平的增加也与2h餐后血糖显著相关。这一发现为不同C链长的PFCAs可能对葡萄糖代谢产生不同的影响提供了新的证据。类似的多项流行病学数据也支持PFAAs暴露与孕期葡萄糖之间的显著关系[168,170,172]。实验室研究发现，PFAAs的毒性有害效应差异除了与动物品系、种类、性别有关外还与其C链长度和头部官能基团密切相关[173]。有趣的是，该项研究观察到PFCAs所有结构分类组，包括L-PFOA，长/短链PFCAs，总PFCAs的水平均与餐后血糖值正相关，由此暗示PFCAs影响血糖稳态的能力比PFSAs更强。而这一结果也支持实验室发现PFCAs比PFSAs更容易结合糖代谢调节因子——PPAR[174]。综合以上结果，PFAAs

不同结构可能引起的不同效应机制亟需得到实验研究数据揭示,并且需同时考虑不同种类的短链PFCAs共同暴露的问题。

不同PFAA的同系物与GDM风险关系的差异原因,以及结构各异PFAAs与血糖稳态之间关系的作用机制还未明确。大部分的体内体外研究主要关注长链PFAAs如PFOA和PFOS,目前研究得出的可能机制是PFOA和PFOS通过激活PPARs影响胰岛素分泌或导致胰岛素抵抗和葡萄糖代谢功能紊乱[175,176]。而在人群研究中胰岛素和糖代谢通路紊乱被发现是GDM发生发展的相关风险因素[177-179]。分子对接实验结果表明,PFACs与PPARs结合活性在4~11的C链长范围时随着PFCAs碳链长度增加而增加,而C>11时二者结合活性反而下降[180]。然而PPAAs和PPARs结合不仅仅依赖于PFAAs结构特点还与细胞中PFAAs含量水平以及生物利用度有关。PFCAs分布在人血液中时趋向于与血清蛋白结合,并且PFAAs的C4~C10同系物与血清蛋白结合活性随着链长增加而增加[181]。与蛋白的动力学结合性能同样也可能影响到PFCAs向靶细胞和组织转移,长链C8~C14的PFCAs生物利用度可能会因此而受到影响,从而最终影响到长链PFCAs与PPARs结合数目[182]。在该项研究中发现,短链PFCAs与GDM关系较强,而长链PFAAs包括暴露水平较高的PFOA和PFOS均与GDM关系较弱或者关系不显著。最近研究发现,短链PFAAs与长链PFAAs相比能在更低浓度水平激活HepG2细胞中的PPARα。此外,考虑到分子结构影响,长链PFAAs在与PPARα结合时较短链PFAAs可能会产生更大的位阻从而导致相对较低的结合数量[173]。因此,该项研究中观察到的PFAAs与GDM关系的结构效应差异可能是短链和长链异构体与PPARs结合力和结合效率差异引起的。此外,PFAAs在PPARα缺陷型小鼠体内也能引起一系列与脂肪酸和糖代谢相关的基因差异表达,暗示PFAAs可能还有另外的作用通路[183]。因此在该项研究中观察到的PFAAs结构不同而与GDM关系存在效应差异的结果也可能是短链PFCAs通过非PPARs以外的一种或多种信号通路发挥致糖尿病作用。短链和长链PFASs不同的潜在生物学机制和二者共同暴露时是否存在加和亦或拮抗效应还需要更多实验室研究数据探明。

该项研究发现的短链PFCAs与GDM和血糖稳态之间的显著关系提示短链PFAAs可能并不是长链PFAAs的安全替代品,应考虑将短链PFAAs作为长链PFAAs替代品生产使用时可能存在的潜在风险,这一结果也亟需进一步更大人群样本对该项研究进行确证,同样也需要实验室数据揭示暴露-结局可能的机制。

(撰稿人:柳 鑫 张 磊 李敬光 吴永宁)

参 考 文 献

[1] Zhang L, Yin S, Li J, Zhao Y, Wu Y. Increase of polychlorinated dibenzo-p-dioxins and dibenzofurans and dioxin-like polychlorinated biphenyls in human milk from China in 2007-2011. International Journal of Hygiene and Environmental Health, 2016, 219: 843-849.

[2] WHO. Global report on diabetes. 2016 [2017-10-12]. http://www.who.int/diabetes/global-report/en/.

[3] Neel B A, Sargis R M. The paradox of progress: Environmental disruption of metabolism and the diabetes epidemic. Diabetes, 2011, 60: 1838-1848.

[4] Grün F, Blumberg B. Environmental obesogens: Organotins and endocrine disruption via nuclear receptor signaling. Endocrinology, 2006, 147: s50-s55.

[5] Howell III G, Mangum L. Exposure to bioaccumulative organochlorine compounds alters adipogenesis, fatty acid uptake, and adipokine production in NIH3T3-L1 cells. Toxicology in Vitro, 2011, 25: 394-402.

[6] Lyche J L, Nourizadeh-Lillabadi R, Almaas C, Stavik B, Berg V, Skåre J U, Alestrøm P, Ropstad E. Natural mixtures of persistent organic pollutants (POP) increase weight gain, advance puberty, and induce changes in gene expression associated with steroid hormones and obesity in female zebrafish. Journal of Toxicology and Environmental Health, Part A, 2010, 73: 1032-1057.

[7] Lyche J L, Nourizadeh-Lillabadi R, Karlsson C, Stavik B, Berg V, Skåre J U, Alestrøm P, Ropstad E. Natural mixtures of POPs affected body weight gain and induced transcription of genes involved in weight regulation and insulin signaling. Aquatic Toxicology, 2011, 102: 197-204.

[8] Suvorov A, Battista M, Takser L. Perinatal exposure to low-dose 2, 2', 4, 4'-tetrabromodiphenyl ether affects growth in rat offspring: What is the role of IGF-1? Toxicology, 2009, 260: 126-131.

[9] Iszatt N, Stigum H, Govarts E, Murinova L P, Schoeters G, Trnovec T, Legler J, Thomsen C, Koppen G, Eggesbø M. Perinatal exposure to dioxins and dioxin-like compounds and infant growth and body mass index at seven years: A pooled analysis of three European birth cohorts. Environment International, 2016, 94: 399-407.

[10] Lee D, Porta M, Jacobs Jr D R, Vandenberg L N. Chlorinated persistent organic pollutants, obesity, and type 2 diabetes. Endocrine Reviews, 2014, 35: 557-601.

[11] Lee D. Persistent organic pollutants and obesity-related metabolic dysfunction: Focusing on type 2 diabetes. Epidemiology and Health, 2012: 34.

[12] Lee Y M, Kim K S, Jacobs Jr D R, Lee D H. Persistent organic pollutants in adipose tissue should be considered in obesity research. Obesity Reviews, 2017, 18: 129-139.

[13] Thayer K A, Heindel J J, Bucher J R, Gallo M A. Role of environmental chemicals in diabetes and obesity: A National Toxicology Program Workshop Review. Environmental Health Perspectives, 2012, 120: 779-789.

[14] Gregoraszczuk E L, Zabielny E, Ochwat D. Aryl hydrocarbon receptor (AhR)-linked inhibition of luteal cell progesterone secretion in 2, 3, 7, 8-tetrachlorodibenzo-p-dioxin treated cells. Journal of Physiology and Pharmacology: An Official Journal of the Polish Physiological Society, 2001, 52: 303.

[15] Mercado-Feliciano M, Bigsby R M. The polybrominated diphenyl ether mixture DE-71 is mildly estrogenic. Environmental Health Perspectives, 2008, 116: 605-611.

[16] Zhou T, Taylor M M, DeVito M J, Crofton K M. Developmental exposure to brominated diphenyl ethers results in thyroid hormone disruption. Toxicological Sciences, 2002, 66: 105-116.

[17] Stoker T E, Laws S C, Crofton K M, Hedge J M, Ferrell J M, Cooper R L. Assessment of DE-71, a commercial polybrominated diphenyl ether (PBDE) mixture, in the EDSP male and female pubertal protocols. Toxicological Sciences, 2004, 78: 144-155.

[18] Karpeta A, Rak-Mardyła A, Jerzak J, Gregoraszczuk E L. Congener-specific action of PBDEs on steroid secretion, CYP17, 17β-HSD and CYP19 activity and protein expression in porcine ovarian follicles.

Toxicology Letters, 2011, 206: 258-263.

[19] Ren X, Zhang Y, Guo L, Qin Z, Lv Q, Zhang L. Structure–activity relations in binding of perfluoroalkyl compounds to human thyroid hormone T3 receptor. Archives of Toxicology, 2015, 89: 233-242.

[20] Ren X, Qin W, Cao L, Zhang J, Yang Y, Wan B, Guo L. Binding interactions of perfluoroalkyl substances with thyroid hormone transport proteins and potential toxicological implications. Toxicology, 2016, 366: 32-42.

[21] Alonso-Magdalena P, Morimoto S, Ripoll C, Fuentes E, Nadal A. The estrogenic effect of bisphenol A disrupts pancreatic β-cell function in vivo and induces insulin resistance. Environmental Health Perspectives, 2005, 114: 106-112.

[22] Kerkvliet N I. Immunological effects of chlorinated dibenzo-p-dioxins. Environmental Health Perspectives, 1995, 103: 47-53.

[23] Davis D, Safe S. Dose-response immunotoxicities of commercial polychlorinated biphenyls (PCBs) and their interaction with 2, 3, 7, 8-tetrachlorodibenzo-p-dioxin. Toxicology Letters, 1989, 48: 35-43.

[24] Corsini E, Luebke R W, Germolec D R, DeWitt J C. Perfluorinated compounds: Emerging POPs with potential immunotoxicity. Toxicology Letters, 2014, 230: 263-270.

[25] Fukuyama T, Tajima Y, Ueda H, Hayashi K, Shutoh Y, Harada T, Kosaka T. Apoptosis in immunocytes induced by several types of pesticides. Journal of Immunotoxicology, 2010, 7: 39-56.

[26] Konkel L. Focusing on the ahr: A potential mechanism for immune effects of prenatal exposures. Environmental Health Perspectives, 2014, 122: A313.

[27] Quintana F J, Sherr D H. Aryl hydrocarbon receptor control of adaptive immunity. Pharmacological Reviews, 2013, 65: 1148-1161.

[28] Dietert R R. Developmental immunotoxicology: Focus on health risks. Chemical Research in Toxicology, 2008, 22: 17-23.

[29] Holladay S D. Prenatal immunotoxicant exposure and postnatal autoimmune disease. Environmental Health Perspectives, 1999, 107: 687-691.

[30] Gogal Jr R M, Holladay S D. Perinatal TCDD exposure and the adult onset of autoimmune disease. Journal of Immunotoxicology, 2008, 5: 413-418.

[31] Duncan B B, Schmidt M I, Pankow J S, Ballantyne C M, Couper D, Vigo A, Hoogeveen R, Folsom A R, Heiss G. Low-grade systemic inflammation and the development of type 2 diabetes: The atherosclerosis risk in communities study. Diabetes, 2003, 52: 1799-1805.

[32] Plomgaard P, Nielsen A R, Fischer C P, Mortensen O H, Broholm C, Penkowa M, Krogh-Madsen R, Erikstrup C, Lindegaard B, Petersen A. Associations between insulin resistance and TNF-α in plasma, skeletal muscle and adipose tissue in humans with and without type 2 diabetes. Diabetologia, 2007, 50: 2562-2571.

[33] Csehi S, Mathieu S, Seifert U, Lange A, Zweyer M, Wernig A, Adam D. Tumor necrosis factor (TNF) interferes with insulin signaling through the p55 TNF receptor death domain. Biochemical and Biophysical Research Communications, 2005, 329: 397-405.

[34] Kern P A, Dicker-Brown A, Said S T, Kennedy R, Fonseca V A. The stimulation of tumor necrosis factor

and inhibition of glucose transport and lipoprotein lipase in adipose cells by 2, 3, 7, 8- tetrachlorodibenzo-p-dioxin. Metabolism-Clinical and Experimental, 2002, 51: 65-68.

[35] Kim M J, Pelloux V, Guyot E, Tordjman J, Bui L, Chevallier A, Forest C, Benelli C, Clément K, Barouki R. Inflammatory pathway genes belong to major targets of persistent organic pollutants in adipose cells. Environmental Health Perspectives, 2012, 120: 508-514.

[36] Goldberg R B. Cytokine and cytokine-like inflammation markers, endothelial dysfunction, and imbalanced coagulation in development of diabetes and its complications. The Journal of Clinical Endocrinology & Metabolism, 2009, 94: 3171-3182.

[37] Lim J, DeWitt J C, Sanders R A, Watkins J B, Henshel D S. Suppression of Endogenous Antioxidant Enzymes by 2, 3, 7, 8-Tetrachlorodibenzo-p-dioxin–Induced Oxidative Stress in Chicken Liver During Development. Archives of Environmental Contamination and Toxicology, 2007, 52: 590-595.

[38] Mariussen E, Myhre O, Reistad T, Fonnum F. The polychlorinated biphenyl mixture aroclor 1254 induces death of rat cerebellar granule cells: The involvement of the N-methyl-D-aspartate receptor and reactive oxygen species. Toxicology and Applied Pharmacology, 2002, 179: 137-144.

[39] Schlezinger J J, Struntz W D, Goldstone J V, Stegeman J J. Uncoupling of cytochrome P450 1A and stimulation of reactive oxygen species production by co-planar polychlorinated biphenyl congeners. Aquatic Toxicology, 2006, 77: 422-432.

[40] Hassoun E A, Li F, Abushaban A, Stohs S J. The relative abilities of TCDD and its congeners to induce oxidative stress in the hepatic and brain tissues of rats after subchronic exposure. Toxicology, 2000, 145: 103-113.

[41] Howard A S, Fitzpatrick R, Pessah I, Kostyniak P, Lein P J. Polychlorinated biphenyls induce caspase-dependent cell death in cultured embryonic rat hippocampal but not cortical neurons via activation of the ryanodine receptor. Toxicology and Applied Pharmacology, 2003, 190: 72-86.

[42] Kumar J, Lind P M, Salihovic S, van Bavel B, Lind L, Ingelsson E. Influence of persistent organic pollutants on oxidative stress in population-based samples. Chemosphere, 2014, 114: 303-309.

[43] Haskins K, Bradley B, Powers K, Fadok V, Flores S, Ling X, Pugazhenthi S, Reusch J, Kench J. Oxidative stress in type 1 diabetes. Annals of the New York Academy of Sciences, 2003, 1005: 43-54.

[44] Liu C, Bramer L, Webb-Robertson B, Waugh K, Rewers M J, Zhang Q. Temporal expression profiling of plasma proteins reveals oxidative stress in early stages of Type 1 Diabetes progression. Journal of Proteomics, 2018, 172: 100-110.

[45] Rains J L, Jain S K. Oxidative stress, insulin signaling, and diabetes. Free Radical Biology and Medicine, 2011, 50: 567-575.

[46] Vanessa Fiorentino T, Prioletta A, Zuo P, Folli F. Hyperglycemia-induced oxidative stress and its role in diabetes mellitus related cardiovascular diseases. Current Pharmaceutical Design, 2013, 19: 5695-5703.

[47] King G L, Loeken M R. Hyperglycemia-induced oxidative stress in diabetic complications. Histochemistry and Cell Biology, 2004, 122: 333-338.

[48] Nishiumi S, Yoshida M, Azuma T, Yoshida K, Ashida H. 2, 3, 7, 8-Tetrachlorodibenzo-p-dioxin impairs an insulin signaling pathway through the induction of tumor necrosis factor-α in adipocytes. Toxicological

Sciences, 2010, 115: 482-491.

[49] Marchand A, Tomkiewicz C, Marchandeau J, Boitier E, Barouki R, Garlatti M. 2, 3, 7, 8- Tetrachlorodibenzo-p-dioxin induces insulin-like growth factor binding protein-1 gene expression and counteracts the negative effect of insulin. Molecular Pharmacology, 2005, 67: 444-452.

[50] Crossey P A, Jones J S, Miell J P. Dysregulation of the insulin/IGF binding protein-1 axis in transgenic mice is associated with hyperinsulinemia and glucose intolerance. Diabetes, 2000, 49: 457-465.

[51] Henley P, Hill J, Moretti M E, Jahedmotlagh Z, Schoeman K, Koren G, Bend J R. Relationships between exposure to polyhalogenated aromatic hydrocarbons and organochlorine pesticides and the risk for developing type 2 diabetes: A systematic review and a meta-analysis of exposures to 2, 3, 7, 8-tetrachlorodibenzo-p-dioxin (TCDD). Toxicological & Environmental Chemistry, 2012, 94: 814-845.

[52] De Tata V. Association of Dioxin and Other Persistent Organic Pollutants (POPs) with Diabetes: Epidemiological Evidence and New Mechanisms of Beta Cell Dysfunction. International Journal of Molecular Sciences, 2014, 15: 7787-7811.

[53] Yang C, Kong A P S, Cai Z, Chung A C K. Persistent Organic Pollutants as Risk Factors for Obesity and Diabetes. Current Diabetes Reports, 2017, 17: 132.

[54] Henriksen G L, Ketchum N S, Michalek J E, Swaby J A. Serum dioxin and diabetes mellitus in veterans of Operation Ranch Hand. Epidemiology, 1997: 252-258.

[55] Longnecker M P, Michalek J E. Serum dioxin level in relation to diabetes mellitus among Air Force veterans with background levels of exposure. Epidemiology, 2000: 44-48.

[56] Steenland K, Calvert G, Ketchum N, Michalek J. Dioxin and diabetes mellitus: An analysis of the combined NIOSH and Ranch Hand data. Occupational and Environmental Medicine, 2001, 58: 641-648.

[57] Fujiyoshi P T, Michalek J E, Matsumura F. Molecular epidemiologic evidence for diabetogenic effects of dioxin exposure in US Air force veterans of the Vietnam war. Environmental Health Perspectives, 2006, 114: 1677.

[58] IOM. Veterans and Agent Orange: Update 2010. Washington, DC: The National Academies Press, 2012.

[59] Zober A, Ott M G, Messerer P. Morbidity follow up study of BASF employees exposed to 2, 3, 7, 8-tetrachlorodibenzo-p-dioxin (TCDD) after a 1953 chemical reactor incident. Occupational and Environmental Medicine, 1994, 51: 479-486.

[60] Vena J, Boffetta P, Becher H, Benn T, Bueno-de-Mesquita H B, Coggon D, Colin D, Flesch-Janys D, Green L, Kauppinen T. Exposure to dioxin and nonneoplastic mortality in the expanded IARC international cohort study of phenoxy herbicide and chlorophenol production workers and sprayers. Environmental Health Perspectives, 1998, 106: 645-653.

[61] Sweeney M H, Calvert G M, Egeland G A, Fingerhut M A, Halperin W E, Piacitelli L A. Review and update of the results of the NIOSH medical study of workers exposed to chemicals contaminated with 2, 3, 7, 8-tetrachlorodibenzodioxin. Teratogenesis, Carcinogenesis, and Mutagenesis, 1997, 17: 241-247.

[62] Calvert G M, Sweeney M H, Deddens J, Wall D K. Evaluation of diabetes mellitus, serum glucose, and thyroid function among United States workers exposed to 2, 3, 7, 8-tetrachlorodibenzo-p-dioxin. Occupational and Environmental Medicine, 1999, 56: 270-276.

[63] Cranmer M, Louie S, Kennedy R H, Kern P A, Fonseca V A. Exposure to 2, 3, 7, 8- tetrachlorodibenzo-p-dioxin(TCDD)is associated with hyperinsulinemia and insulin resistance. Toxicological Sciences, 2000, 56: 431-436.

[64] Chang J, Chen H, Su H, Liao P, Guo H, Lee C. Dioxin exposure and insulin resistance in Taiwanese living near a highly contaminated area. Epidemiology, 2010: 56-61.

[65] Wang S, Tsai P, Yang C, Guo Y L. Increased risk of diabetes and polychlorinated biphenyls and dioxins: A 24-year follow-up study of the Yucheng cohort. Diabetes Care, 2008, 31: 1574-1579.

[66] Jørgensen M E, Borch-Johnsen K, Bjerregaard P. A cross-sectional study of the association between persistent organic pollutants and glucose intolerance among Greenland Inuit. Diabetologia, 2008, 51: 1416-1422.

[67] Turyk M, Anderson H A, Knobeloch L, Imm P, Persky V W. Prevalence of diabetes and body burdens of polychlorinated biphenyls, polybrominated diphenyl ethers, and p, p′-diphenyldichloroethene in Great Lakes sport fish consumers. Chemosphere, 2009, 75: 674-679.

[68] Lee D H, Lee I K, Song K, Steffes M, Toscano W, Baker B A, Jacobs D R. A strong dose-response relation between serum concentrations of persistent organic pollutants and diabetes: Results from the national health and examination survey 1999-2002. Diabetes Care, 2006, 29: 1638-1644.

[69] Lee D, Lee I, Steffes M, Jacobs D R. Extended analyses of the association between serum concentrations of persistent organic pollutants and diabetes. Diabetes Care, 2007, 30: 1596-1598.

[70] Everett C J, Frithsen I L, Diaz V A, Koopman R J, Simpson W M, Mainous A G. Association of a polychlorinated dibenzo-p-dioxin, a polychlorinated biphenyl, and DDT with diabetes in the 1999-2002 National Health and Nutrition Examination Survey. Environmental Research, 2007, 103: 413-418.

[71] Everett C J, Thompson O M. Associations of dioxins, furans and dioxin-like PCBs with diabetes and pre-diabetes: Is the toxic equivalency approach useful? Environmental Research, 2012, 118: 107-111.

[72] Uemura H, Arisawa K, Hiyoshi M, Satoh H, Sumiyoshi Y, Morinaga K, Kodama K, Suzuki T, Nagai M, Suzuki T. Associations of environmental exposure to dioxins with prevalent diabetes among general inhabitants in Japan. Environmental Research, 2008, 108: 63-68.

[73] Warner M, Mocarelli P, Brambilla P, Wesselink A, Samuels S, Signorini S, Eskenazi B. Diabetes, metabolic syndrome, and obesity in relation to serum dioxin concentrations: The seveso women's health study. Environmental Health Perspectives, 2013, 121: 906-911.

[74] Turyk M, Anderson H, Knobeloch L, Imm P, Persky V. Organochlorine exposure and incidence of diabetes in a cohort of Great Lakes sport fish consumers. Environmental Health Perspectives, 2009, 117: 1076.

[75] Robledo C A, Romano M E, Alonso-Magdalena P. Review of current evidence on the impact of environmental chemicals on gestational diabetes mellitus. Currewt Epidemiology Reports, 2016, 3: 51-62.

[76] Eslami B, Naddafi K, Rastkari N, Rashidi B H, Djazayeri A, Malekafzali H. Association between serum concentrations of persistent organic pollutants and gestational diabetes mellitus in primiparous women. Environmental Research, 2016, 151: 706-712.

[77] Vafeiadi M, Roumeliotaki T, Chalkiadaki G, Rantakokko P, Kiviranta H, Fthenou E, Kyrtopoulos S A, Kogevinas M, Chatzi L. Persistent organic pollutants in early pregnancy and risk of gestational diabetes

mellitus. Environment International, 2016, 98: 89-95.

[78] Jaacks L M, Barr D B, Sundaram R, Maisog J M, Zhang C, Buck L G. Pre-pregnancy maternal exposure to polybrominated and polychlorinated biphenyls and gestational diabetes: A prospective cohort study. Environ mental Health, 2016, 15: 11.

[79] Committee to Review the Health Effects in Vietnam Veterans of Exposure to Herbicides (Tenth Biennial Update); Board on the Health of Select Populations; Institute of Medicine; National Academies of Sciences, Engineering, and Medicine.Veterans and Agent Orange: Update 2014. Washington DC: The National Academies Press, 2016.

[80] Safe S H. Polychlorinated biphenyls (PCBs): Environmental impact, biochemical and toxic responses, and implications for risk assessment. Critical Reviews in Toxicology, 1994, 24: 87-149.

[81] Silverstone A E, Rosenbaum P F, Weinstock R S, Bartell S M, Foushee H R, Shelton C, Pavuk M, Consortium A E H R. Polychlorinated biphenyl (PCB) exposure and diabetes: Results from the Anniston Community Health Survey. Environmental Health Perspectives, 2012, 120: 727-732.

[82] Ukropec J, Radikova Z, Huckova M, Koska J, Kocan A, Sebokova E, Drobna B, Trnovec T, Susienkova K, Labudova V. High prevalence of prediabetes and diabetes in a population exposed to high levels of an organochlorine cocktail. Diabetologia, 2010, 53: 899-906.

[83] Codru N, Schymura M J, Negoita S, Rej R, Carpenter D O, Environment A T F O. Diabetes in relation to serum levels of polychlorinated biphenyls and chlorinated pesticides in adult Native Americans. Environmental Health Perspectives, 2007, 115: 1442-1447.

[84] Vasiliu O, Cameron L, Gardiner J, DeGuire P, Karmaus W. Polybrominated biphenyls, polychlorinated biphenyls, body weight, and incidence of adult-onset diabetes mellitus. Epidemiology, 2006, 17: 352-359.

[85] Rylander L, Rignell-Hydbom A, Hagmar L. A cross-sectional study of the association between persistent organochlorine pollutants and diabetes. Environmental Health, 2005, 4: 28.

[86] Rignell-Hydbom A, Rylander L, Hagmar L. Exposure to persistent organochlorine pollutants and type 2 diabetes mellitus. Human & Experimental Toxicology, 2007, 26: 447-452.

[87] Lee D H, Lee I K, Jin S H, Steffes M, Jacobs D R. Association between serum concentrations of persistent organic pollutants and insulin resistance among nondiabetic adults: Results from the national health and nutrition examination survey 1999-2002. Diabetes Care, 2007, 30: 622-628.

[88] Patel C J, Bhattacharya J, Butte A J. An environment-wide association study (EWAS) on type 2 diabetes mellitus. PLoS One, 2010, 5: e10746.

[89] Longnecker M P, Daniels J L. Environmental contaminants as etiologic factors for diabetes. Environmental Health Perspectives, 2001, 109 (Suppl 6): 871-876.

[90] Lim J S, Lee D H, Jacobs D R. Association of brominated flame retardants with diabetes and metabolic syndrome in the U.S. population, 2003-2004. Diabetes Care, 2008, 31: 1802-1807.

[91] Zhang Z, Li S, Liu L, Wang L, Xiao X, Sun Z, Wang X, Wang C, Wang M, Li L, Xu Q, Gao W, Wang S. Environmental exposure to BDE47 is associated with increased diabetes prevalence: Evidence from community-based case-control studies and an animal experiment. Scientific Reports, 2016, 6: 27854.

[92] Helaleh M, Diboun I, Al-Tamimi N, Al-Sulaiti H, Al-Emadi M, Madani A, Mazloum N A, Latiff A,

Elrayess M A. Association of polybrominated diphenyl ethers in two fat compartments with increased risk of insulin resistance in obese individuals. Chemosphere, 2018, 209: 268-276.

[93] Ongono J S, Dow C, Gambaretti J, Severi G, Boutron-Ruault M, Bonnet F, Fagherazzi G, Mancini F R. Dietary exposure to brominated flame retardants and risk of type 2 diabetes in the French E3N cohort. Environment International, 2019, 123: 54-60.

[94] Turyk M, Fantuzzi G, Persky V, Freels S, Lambertino A, Pini M, Rhodes D H, Anderson H A. Persistent organic pollutants and biomarkers of diabetes risk in a cohort of Great Lakes sport caught fish consumers. Environmental Research, 2015, 140: 335-344.

[95] Airaksinen R, Rantakokko P, Eriksson J G, Blomstedt P, Kajantie E, Kiviranta H. Association between type 2 diabetes and exposure to persistent organic pollutants. Diabetes Care, 2011, 34: 1972-1979.

[96] Lee D H, Steffes M W, Sjodin A, Jones R S, Needham L L, Jacobs D J. Low dose of some persistent organic pollutants predicts type 2 diabetes: A nested case-control study. Environmental Health Perspectives, 2010, 118: 1235-1242.

[97] Vandenberg L N, Colborn T, Hayes T B, Heindel J J, Jacobs D R, Lee D, Shioda T, Soto A M, Vom Saal F S, Welshons W V, Zoeller R T, Myers J P. Hormones and endocrine-disrupting chemicals: Low-dose effects and nonmonotonic dose responses. Endocrine Reviews, 2012, 33: 378-455.

[98] Lau C. Perfluorinated compounds: An overview//DeWitt J C. Toxicological effects of perfluoroalkyl and polyfluoroalkyl substances.Geneva: Springer, 2015: 1-21.

[99] Lau C, Anitole K, Hodes C, Lai D, Pfahles-Hutchens A, Seed J. Perfluoroalkyl acids: A review of monitoring and toxicological findings. Toxicological Sciences, 2007, 99: 366-394.

[100] Chen S, Jiao X, Gai N, Li X, Wang X, Lu G, Piao H, Rao Z, Yang Y. Perfluorinated compounds in soil, surface water, and groundwater from rural areas in eastern China. Environmental Pollution, 2016, 211: 124-131.

[101] Lundin J I, Alexander B H, Olsen G W, Church T R. Ammonium perfluorooctanoate production and occupational mortality. Epidemiology, 2009, 20: 921-928.

[102] Frisbee S J, Brooks Jr A P, Maher A, Flensborg P, Arnold S, Fletcher T, Steenland K, Shankar A, Knox S S, Pollard C. The C8 health project: Design, methods, and participants. Environmental Health Perspectives, 2009, 117: 1873-1882.

[103] MacNeil J, Steenland N K, Shankar A, Ducatman A. A cross-sectional analysis of type II diabetes in a community with exposure to perfluorooctanoic acid (PFOA). Environmental Research, 2009, 109: 997-1003.

[104] Karnes C, Winquist A, Steenland K. Incidence of type II diabetes in a cohort with substantial exposure to perfluorooctanoic acid. Environmental Research, 2014, 128: 78-83.

[105] Lin C, Chen P, Lin Y, Lin L. Association among serum perfluoroalkyl chemicals, glucose homeostasis, and metabolic syndrome in adolescents and adults. Diabetes Care, 2009, 32: 702-707.

[106] Nelson J W, Hatch E E, Webster T F. Exposure to polyfluoroalkyl chemicals and cholesterol, body weight, and insulin resistance in the general US population. Environmental Health Perspectives, 2009, 118: 197-202.

[107] He X, Liu Y, Xu B, Gu L, Tang W. PFOA is associated with diabetes and metabolic alteration in US men: National Health and Nutrition Examination Survey 2003–2012. Science of the Total Environment, 2018, 625: 566-574.

[108] Christensen K Y, Raymond M, Meiman J. Perfluoroalkyl substances and metabolic syndrome. International Journal of Hygiene and Environmental Health, 2019, 222: 147-153.

[109] Liu H, Wen L, Chu P, Lin C. Association among total serum isomers of perfluorinated chemicals, glucose homeostasis, lipid profiles, serum protein and metabolic syndrome in adults: NHANES, 2013–2014. Environmental Pollution, 2018, 232: 73-79.

[110] Lind L, Zethelius B, Salihovic S, van Bavel B, Lind P M. Circulating levels of perfluoroalkyl substances and prevalent diabetes in the elderly. Diabetologia, 2014, 57: 473-479.

[111] Salihovic S, Fall T, Ganna A, Broeckling C D, Prenni J E, Hyötyläinen T, Kärrman A, Lind P M, Ingelsson E, Lind L. Identification of metabolic profiles associated with human exposure to perfluoroalkyl substances. Journal of Exposure Science & Environmental Epidemiology, 2019, 29: 196-205.

[112] Su T, Kuo C, Hwang J, Lien G, Chen M, Chen P. Serum perfluorinated chemicals, glucose homeostasis and the risk of diabetes in working-aged Taiwannese adults. Environment International, 2016, 88: 15-22.

[113] Wang X, Liu L, Zhang W, Zhang J, Du X, Huang Q, Tian M, Shen H. Serum metabolome biomarkers associate low-level environmental perfluorinated compound exposure with oxidative/nitrosative stress in humans. Environmental Pollution, 2017, 229: 168-176.

[114] Yang Q, Guo X, Sun P, Chen Y, Zhang W, Gao A. Association of serum levels of perfluoroalkyl substances(PFASs)with the metabolic syndrome(MetS) in Chinese male adults: A cross-sectional study. Science of the Total Environment, 2018, 621: 1542-1549.

[115] Sun Q, Zong G, Valvi D, Nielsen F, Coull B, Grandjean P. Plasma concentrations of perfluoroalkyl substances and risk of type 2 diabetes: A prospective investigation among US women. Environmental Health Perspectives, 2018, 126: 37001.

[116] Mancini F R, Rajaobelina K, Praud D, Dow C, Antignac J P, Kvaskoff M, Severi G, Bonnet F, Boutron-Ruault M, Fagherazzi G. Nonlinear associations between dietary exposures to perfluorooctanoic acid (PFOA) or perfluorooctane sulfonate (PFOS) and type 2 diabetes risk in women: Findings from the E3N cohort study. International Journal of Hygiene and Environmental Health, 2018, 221: 1054-1060.

[117] Everett C J, Thompson O M. Associations of dioxins, furans and dioxin-like PCBs with diabetes and pre-diabetes: Is the toxic equivalency approach useful? Environmental Research, 2012, 118: 107-111.

[118] Agudo A, Goñi F, Etxeandia A, Vives A, Millán E, López R, Amiano P, Ardanaz E, Barricarte A, Chirlaque M D. Polychlorinated biphenyls in Spanish adults: Determinants of serum concentrations. Environmental Research, 2009, 109: 620-628.

[119] Bjerregaard P, Pedersen H S, Nielsen N O, Dewailly E. Population surveys in Greenland 1993-2009: temporal trend of PCBs and pesticides in the general Inuit population by age and urbanisation. Science of the Total Environment, 2013, 454: 283-288.

[120] Schoeters G, Govarts E, Bruckers L, Den Hond E, Nelen V, De Henauw S, Sioen I, Nawrot T S, Plusquin M, Vriens A. Three cycles of human biomonitoring in Flanders-Time trends observed in the

Flemish Environment and Health Study. International Journal of Hygiene and Environmental Health, 2017, 220: 36-45.

[121] Zhang L, Yin S, Zhao Y, Shi Z, Li J, Wu Y. Polybrominated diphenyl ethers and indicator polychlorinated biphenyls in human milk from China under the Stockholm Convention. Chemosphere, 2017, 189: 32-38.

[122] Esser A, Schettgen T, Gube M, Koch A, Kraus T. Association between polychlorinated biphenyls and diabetes mellitus in the German HELPcB cohort. International Journal of Hygiene and Environmental Health, 2016, 219: 557-565.

[123] Faroon O, Ruiz P. Polychlorinated biphenyls: New evidence from the last decade. Toxicology and Industrial Health, 2016, 32: 1825-1847.

[124] Ngwa E N, Kengne A, Tiedeu-Atogho B, Mofo-Mato E, Sobngwi E. Persistent organic pollutants as risk factors for type 2 diabetes. Diabetology & Metabolic Syndrome, 2015, 7: 41.

[125] Rylander C, Sandanger T M, Nøst T H, Breivik K, Lund E. Combining plasma measurements and mechanistic modeling to explore the effect of POPs on type 2 diabetes mellitus in Norwegian women. Environmental Research, 2015, 142: 365-373.

[126] Singh K, Chan H M. Persistent organic pollutants and diabetes among Inuit in the Canadian Arctic. Environment International, 2017, 101: 183-189.

[127] Shapiro G D, Dodds L, Arbuckle T E, Ashley-Martin J, Ettinger A S, Fisher M, Taback S, Bouchard M F, Monnier P, Dallaire R, Morisset A, Fraser W. Exposure to organophosphorus and organochlorine pesticides, perfluoroalkyl substances, and polychlorinated biphenyls in pregnancy and the association with impaired glucose tolerance and gestational diabetes mellitus: The MIREC Study. Environmental Research, 2016, 147: 71-81.

[128] Valvi D, Oulhote Y, Weihe P, Dalgård C, Bjerve K S, Steuerwald U, Grandjean P. Gestational diabetes and offspring birth size at elevated environmental pollutant exposures. Environment International, 2017, 107: 205-215.

[129] Aminov Z, Haase R, Rej R, Schymura M J, Santiago-Rivera A, Morse G, DeCaprio A, Carpenter D O. Diabetes Prevalence in Relation to Serum Concentrations of Polychlorinated Biphenyl(PCB)Congener Groups and Three Chlorinated Pesticides in a Native American Population. Environmental Health Perspectives, 2016, 124: 1376-1383.

[130] Grimm F A, Hu D, Kania-Korwel I, Lehmler H, Ludewig G, Hornbuckle K C, Duffel M W, Bergman Å, Robertson L W. Metabolism and metabolites of polychlorinated biphenyls. Critical Reviews in Toxicology, 2015, 45: 245-272.

[131] Öberg M, Sjödin A, Casabona H, Nordgren I, Klasson-Wehler E, Håkansson H. Tissue distribution and half-lives of individual polychlorinated biphenyls and serum levels of 4-hydroxy-2, 3, 3, 4, 5-pentachlorobiphenyl in the rat. Toxicological Sciences, 2002, 70: 171-182.

[132] Juan C, Thomas G O, Sweetman A J, Jones K C. An input-output balance study for PCBs in humans. Environment International, 2002, 28: 203-214.

[133] Lee D, Steffes M W, Sjödin A, Jones R S, Needham L L, Jacobs Jr D R. Low dose of some persistent

organic pollutants predicts type 2 diabetes: a nested case–control study. Environmental Health Perspectives, 2010, 118: 1235-1242.
[134] Ben Haroush A, Yogev Y, Hod M. Epidemiology of gestational diabetes mellitus and its association with Type 2 diabetes. Diabetic Medicine, 2004, 21: 103-113.
[135] Petry C J. Gestational diabetes: risk factors and recent advances in its genetics and treatment. British Journal of Nutrition, 2010, 104: 775-787.
[136] Schisterman E F, Whitcomb B W, Buck Louis G M, Louis T A. Lipid adjustment in the analysis of environmental contaminants and human health risks. Environmental Health Perspectives, 2005, 113: 853-857.
[137] Enquobahrie D A, Williams M A, Qiu C, Luthy D A. Early pregnancy lipid concentrations and the risk of gestational diabetes mellitus. Diabetes Research and Clinical Practice, 2005, 70: 134-142.
[138] Bellamy L, Casas J, Hingorani A D, Williams D. Type 2 diabetes mellitus after gestational diabetes: a systematic review and meta-analysis. The Lancet, 2009, 373: 1773-1779.
[139] Lauenborg J, Grarup N, Damm P, Borch-Johnsen K, Jørgensen T, Pedersen O, Hansen T. Common type 2 diabetes risk gene variants associate with gestational diabetes. The Journal of Clinical Endocrinology & Metabolism, 2009, 94: 145-150.
[140] Neel B A, Sargis R M. The paradox of progress: Environmental disruption of metabolism and the diabetes epidemic. Diabetes, 2011, 60: 1838-1848.
[141] Remillard R B J, Bunce N J. Linking dioxins to diabetes: Epidemiology and biologic plausibility. Environmental Health Perspectives, 2002, 110: 853-858.
[142] Arrebola J P, Gonz Lez-Jim Nez A, Fornieles-Gonz Lez C, Artacho-Cord N F, Olea N S, Escobar-Jim Nez F, Fern Ndez-Soto M A L. Relationship between serum concentrations of persistent organic pollutants and markers of insulin resistance in a cohort of women with a history of gestational diabetes mellitus. Environmental Research, 2015, 136: 435-440.
[143] Besis A, Samara C. Polybrominated diphenyl ethers (PBDEs) in the indoor and outdoor environments—A review on occurrence and human exposure. Environmental Pollution, 2012, 169: 217-229.
[144] Li Y, Duan Y, Huang F, Yang J, Xiang N, Meng X, Chen L. Polybrominated diphenyl ethers in e-waste: level and transfer in a typical e-waste recycling site in Shanghai, Eastern China. Waste Management, 2014, 34: 1059-1065.
[145] Smarr M M, Grantz K L, Zhang C, Sundaram R, Maisog J M, Barr D B, Louis G M B. Persistent organic pollutants and pregnancy complications. Science of the Total Environment, 2016, 551: 285-291.
[146] Lee D, Lind P M, Jacobs D R, Salihovic S, van Bavel B, Lind L. Polychlorinated biphenyls and organochlorine pesticides in plasma predict development of type 2 diabetes in the elderly. Diabetes Care, 2011, 34: 1778-1784.
[147] Welshons W V, Thayer K A, Judy B M, Taylor J A, Curran E M, Vom Saal F S. Large effects from small exposures. I. Mechanisms for endocrine-disrupting chemicals with estrogenic activity. Environmental Health Perspectives, 2003, 111: 994.
[148] Welshons W V, Nagel S C, Vom Saal F S. Large effects from small exposures. III. Endocrine mechanisms

mediating effects of bisphenol A at levels of human exposure. Endocrinology, 2006, 147: s56-s69.

[149] Harlev A, Wiznitzer A. New insights on glucose pathophysiology in gestational diabetes and insulin resistance. Current Diabetes Reports, 2010, 10: 242-247.

[150] Cowens K R, Simpson S, Thomas W K, Carey G B. Polybrominated diphenyl ether (PBDE)-induced suppression of phosphoenolpyruvate carboxykinase (PEPCK) decreases hepatic glyceroneogenesis and disrupts hepatic lipid homeostasis. Journal of Toxicology and Environmental Health, Part A, 2015, 78: 1437.

[151] Nash J T, Szabo D T, Carey G B. Polybrominated diphenyl ethers alter hepatic phosphoenolpyruvate carboxykinase enzyme kinetics in male Wistar rats: Implications for lipid and glucose metabolism. Journal of Toxicology and Environmental Health, Part A, 2013, 76: 142-156.

[152] Suvorov A, Battista M, Takser L. Perinatal exposure to low-dose 2, 2', 4, 4'-tetrabromodiphenyl ether affects growth in rat offspring: What is the role of IGF-1? Toxicology, 2009, 260: 126-131.

[153] Karandrea S, Yin H, Liang X, Heart E A. BDE-47 and BDE-85 stimulate insulin secretion in INS-1 832/13 pancreatic β-cells through the thyroid receptor and Akt. Environmental Toxicology and Pharmacology, 2017, 56: 29-34.

[154] Søfteland L, Petersen K, Stavrum A, Wu T, Olsvik P A. Hepatic in vitro toxicity assessment of PBDE congeners BDE47, BDE153 and BDE154 in Atlantic salmon (*Salmo salar* L.). Aquatic Toxicology, 2011, 105: 246-263.

[155] Hoppe A A, Carey G B. Polybrominated diphenyl ethers as endocrine disruptors of adipocyte metabolism. Obesity (Silver Spring), 2007, 15: 2942-2950.

[156] Buck R C, Franklin J, Berger U, Conder J M, Cousins I T, de Voogt P, Jensen A A, Kannan K, Mabury S A, van Leeuwen S P. Perfluoroalkyl and polyfluoroalkyl substances in the environment: Terminology, classification, and origins. Integrated Environmental Assessment and Management, 2011, 7: 513-541.

[157] De Voogt P. Reviews of environmental contamination and toxicology volume 208: Perfluorinated Alkylated Substances. New York: Springer, 2010.

[158] Conder J M, Hoke R A, Wolf W D, Russell M H, Buck R C. Are PFCAs bioaccumulative? A critical review and comparison with regulatory criteria and persistent lipophilic compounds. Environmental Science & Technology, 2008, 42: 995-1003.

[159] Blum A, Balan S A, Scheringer M, Trier X, Goldenman G, Cousins I T, Diamond M, Fletcher T, Higgins C, Lindeman A E. The Madrid statement on poly-and perfluoroalkyl substances (PFASs). Environmental Health Perspectives, 2015, 123: A107-A111.

[160] Hines E P, White S S, Stanko J P, Gibbs-Flournoy E A, Lau C, Fenton S E. Phenotypic dichotomy following developmental exposure to perfluorooctanoic acid (PFOA) in female CD-1 mice: Low doses induce elevated serum leptin and insulin, and overweight in mid-life. Molecular and Cellular Endocrinology, 2009, 304: 97-105.

[161] Wang L, Wang Y, Liang Y, Li J, Liu Y, Zhang J, Zhang A, Fu J, Jiang G. PFOS induced lipid metabolism disturbances in BALB/c mice through inhibition of low density lipoproteins excretion. Scientific.

[162] Halldorsson T I, Rytter D, Haug L S, Bech B H, Danielsen I, Becher G, Henriksen T B, Olsen S F. Prenatal exposure to perfluorooctanoate and risk of overweight at 20 years of age: A prospective cohort study. Environmental Health Perspectives, 2012, 120: 668-673.

[163] Matilla-Santander N, Valvi D, Lopez-Espinosa M, Manzano-Salgado C B, Ballester F, Ibarluzea J, Santa-Marina L, Schettgen T, Guxens M, Sunyer J, Vrijheid M. Exposure to perfluoroalkyl substances and metabolic outcomes in pregnant women: Evidence from the Spanish INMA Birth Cohorts. Environmental Health Perspectives, 2017, 125: 117004.

[164] Zhang C, Sundaram R, Maisog J, Calafat A M, Barr D B, Buck Louis G M. A prospective study of prepregnancy serum concentrations of perfluorochemicals and the risk of gestational diabetes. Fertility and Sterility, 2015, 103: 184-189.

[165] Conway B, Innes K E, Long D. Perfluoroalkyl substances and beta cell deficient diabetes. Journal of Diabetes and its Complications, 2016, 30: 993-998.

[166] Wang H, Yang J, Du H, Xu L, Liu S, Yi J, Qian X, Chen Y, Jiang Q, He G. Perfluoroalkyl substances, glucose homeostasis, and gestational diabetes mellitus in Chinese pregnant women: A repeat measurement-based prospective study. Environment International, 2018, 114: 12-20.

[167] Rahman M L, Zhang C, Smarr M M, Lee S, Honda M, Kannan K, Tekola-Ayele F, Buck Louis G M. Persistent organic pollutants and gestational diabetes: A multi-center prospective cohort study of healthy US women. Environment International, 2019, 124: 249-258.

[168] Wang Y, Zhang L, Teng Y, Zhang J, Yang L, Li J, Lai J, Zhao Y, Wu Y. Association of serum levels of perfluoroalkyl substances with gestational diabetes mellitus and postpartum blood glucose. Journal of Environmental Sciences, 2018, 69: 5-11.

[169] Jensen R C, Glintborg D, Timmermann C A G, Nielsen F, Kyhl H B, Andersen H R, Grandjean P, Jensen T K, Andersen M. Perfluoroalkyl substances and glycemic status in pregnant Danish women: The Odense Child Cohort. Environment International, 2018, 116: 101-107.

[170] Starling A P, Adgate J L, Hamman R F, Kechris K, Calafat A M, Ye X, Dabelea D. Perfluoroalkyl substances during pregnancy and offspring weight and adiposity at birth: Examining mediation by maternal fasting glucose in the healthy start study. Environmental Health Perspectives, 2017, 125: e067016.

[171] Wang Z, Cousins I T, Scheringer M, Hungerbühler K. Fluorinated alternatives to long-chain perfluoroalkyl carboxylic acids (PFCAs), perfluoroalkane sulfonic acids (PFSAs) and their potential precursors. Environment International, 2013, 60: 242-248.

[172] Skuladottir M, Ramel A, Rytter D, Haug L S, Sabaredzovic A, Bech B H, Henriksen T B, Olsen S F, Halldorsson T I. Examining confounding by diet in the association between perfluoroalkyl acids and serum cholesterol in pregnancy. Environmental Research, 2015, 143: 33-38.

[173] DeWitt J C. Toxicological effects of perfluoroalkyl and polyfluoroalkyl substances. Geneva: Springer, 2015.

[174] Wolf C J, Takacs M L, Schmid J E, Lau C, Abbott B D. Activation of mouse and human peroxisome

proliferator-activated receptor alpha by perfluoroalkyl acids of different functional groups and chain lengths. Toxicological Sciences, 2008, 106: 162-171.

[175] Lau C, Anitole K, Hodes C, Lai D, Pfahles-Hutchens A, Seed J. Perfluoroalkyl acids: A review of monitoring and toxicological findings. Toxicological Sciences, 2007, 99: 366-394.

[176] Lind L, Zethelius B, Salihovic S, van Bavel B, Lind P M. Circulating levels of perfluoroalkyl substances and prevalent diabetes in the elderly. Diabetologia, 2014, 57: 473-479.

[177] Bowes S B, Hennessy T R, Umpleby A M, Benn J J, Jackson N C, Boroujerdi M A, Sönksen P H, Lowy C. Measurement of glucose metabolism and insulin secretion during normal pregnancy and pregnancy complicated by gestational diabetes. Diabetologia, 1996, 39: 976.

[178] Catalano P M, Huston L, Amini S B, Kalhan S C. Longitudinal changes in glucose metabolism during pregnancy in obese women with normal glucose tolerance and gestational diabetes mellitus. American Journal of Obstetrics and Gynecology, 1999, 180: 903-916.

[179] Persson B, Edwall L, Hanson U, Nord E, Westgren M. Insulin sensitivity and insulin response in women with gestational diabetes mellitus. Hormone and Metabolic Research, 1997, 29: 393-397.

[180] Zhang L, Ren X, Wan B, Guo L. Structure-dependent binding and activation of perfluorinated compounds on human peroxisome proliferator-activated receptor γ. Toxicology and Applied Pharmacology, 2014, 279: 275-283.

[181] Chen Y, Guo L. Fluorescence study on site-specific binding of perfluoroalkyl acids to human serum albumin. Archives of Toxicology, 2009, 83: 255-261.

[182] Zhang T, Sun H, Lin Y, Qin X, Zhang Y, Geng X, Kannan K. Distribution of poly- and perfluoroalkyl substances in matched samples from pregnant women and carbon chain length related maternal transfer. Environmental Science & Technology, 2013, 47: 7974-7981.

[183] Rosen M B, Abbott B D, Wolf D C, Corton J C, Wood C R, Schmid J E, Das K P, Zehr R D, Blair E T, Lau C. Gene profiling in the livers of wild-type and PPARα-null mice exposed to perfluorooctanoic acid. Toxicologic Pathology, 2008, 36: 592-607.

第22章 干细胞毒理学在典型环境污染物健康风险评估中的应用

近年来，由于新型化合物合成、制造、使用量巨大，很多未经过毒理学评估的化学品已被广泛用于多种产品生产中。这些新型化合物暴露途径多样，导致各种危害环境和人体健康的污染事件频繁发生。经济全球化通过资源的交换增强了各国经济之间的相互依赖性，同时也使环境问题不再局限于一个国家。随着经济的迅速发展和人口增加，中国面临着越来越复杂的环境问题，特别是目前我国正经历着一个重要的社会经济转型时期，对工业化学品、药品、食品等的安全性评估的需求与日俱增。为了应对全球范围的这一问题，亟需找到高灵敏度且高通量的毒理学评价体系，用以快速且准确的评估环境污染物的毒性。

毒理学是研究化学物质对生物体不良影响的学科。毒理学研究中的"毒性效应"，可能是急性或慢性的、来自不同接触途径的、不同器官之间的生物反应，并根据生物体年龄、遗传背景、性别、饮食、生理条件等不同，表现千差万别。目前，毒理学研究依然部分依赖于活体动物模型，而动物实验往往存在实验周期长、实验花费高并潜在动物福利伦理等问题。20世纪50年代，伴随着3R原则的倡导与实施，"替代、减少、优化"（replacement, reduction and refinement）使得动物实验面临严峻挑战。事实上，除实验通量较低，动物实验中由于存在物种间的差别，在一些药物前期评估时出现了严重的偏差，造成药物毒副作用恶性事件，例如由沙利度胺引起的"海豹肢"胎儿事件。在如今，人们普遍追求高质量生活品质，如何从源头上把控新型污染物对环境、健康等造成影响，如何利用高效、准确的评估手段评价化合物风险，是现代毒理学家关注的重点。

毒理学中体外细胞实验实现了动物实验无法达到的高通量筛选化合物的要求。利用成熟的细胞培养方案和多种多样的生物学检测终点促使体外细胞模型成为毒理学研究的中坚力量。细胞是生物有机体进行新陈代谢活动的基本单位，环境中各种物理、化学和生物因素作用于机体，引起器官组织等结构与功能的改变，这些改变均是细胞结构和功能变化的直接反映。由此可见，体外细胞模型具备评估外界因素造成人体健康风险效应的能力。因此，本章节详细介绍了体外毒理学的一个新兴分支——干细胞毒理学，从环境污染物毒性评估数据出发，例举干细胞毒理学的应用，阐述它为传统毒理学评估提供的补充和帮助。本章重点介绍多种基于人多能干细胞毒性研究的成果，希望为未来毒理学的发展和革新贡献绵薄之力。

22.1 干细胞毒理学发展及简介

从功能方面考虑，干细胞是一类具有自我更新能力和产生分化细胞能力的细胞[1]。目前受到普遍认可的定义为：干细胞既能产生和亲代细胞相同的子代细胞（自我更新），又能产生分化潜能有限的子代细胞（分化细胞）。1981年，小鼠胚胎干细胞（mouse embryonic stem cells，mESCs）的成功分离，为随后的基于胚胎干细胞毒性测试和致畸化合物筛选提供了实验模型[2]，后续发展出的胚胎干细胞测试准则（embryonic stem cell test，EST）详细阐释了使用小鼠胚胎干细胞测试的规范流程，将胚胎干细胞的应用在原来的基础上更上一个台阶。在干细胞发展的历史长河中，最为瞩目的事件当属人胚胎干细胞（human Embryonic Stem Cells，hESCs）的成功分离及体外培养体系的建立，研究人员利用hESCs的特性开展了多方面的研究，特别是在发育生物学、再生医学、细胞治疗以及药物毒物风险评估等研究领域（图22-1）。与常规体外培养使用的癌细胞/原代细胞不同，干细胞不仅仅满足基础毒理学数据评估，由于其具有多向/定向分化的特性，可经条件诱导产生多种多样的正常体细胞，为评定受试物的毒性提供多种可能。虽然目前干细胞毒理学仍处于发展阶段，但干细胞有望成为未来预测受试化合物的毒性效应体外最佳替代实验模型之一[3-5]。

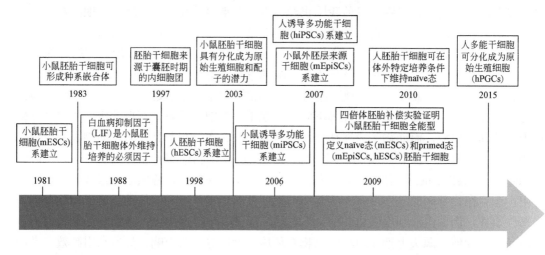

图22-1 干细胞生物学发展历史事件

干细胞毒理学发展基于干细胞在毒理学各个方面的应用。目前，主要应用于环境污染物风险评估、新药毒副作用研究等方面。与动物实验相比，干细胞体外实验模型具有更高的灵敏性和准确性，并减少实验动物的使用[6]。此外，利用干细胞与其他技术相结合的实验方法预测靶器官的毒性效应已得到广泛的应用[7]。欧洲替代方法研究中心ECVAM（European Centre for the Validation of Alternative Methods）从约360种受试化合物中挑选出30种具有明确胚胎发育毒性的化合物，对EST模型进行验证。结果显示，胚胎干细胞体外测试与体内实验数据吻合率达到82%，特别是强胚胎毒性的数据一致性达到100%[8]。由此可见，基于干细胞的体外实验模型检测不仅简便，数据准确性也很高。

22.1.1 干细胞用于评估基础细胞毒性

利用体外细胞实验作为一般化合物的基础毒性数据评估是毒理学中较为普遍的实验方法。与动物实验不同，体外细胞培养可严格控制实验条件，并排除由于内分泌、神经等系统引起的间接实验误差。在基础毒性测试中，干细胞由于其特殊性质，具备独特的优势：①胚胎干细胞，特别是人胚胎干细胞，是由胚胎发育早期内细胞团（Inner Cell Mass，ICM）分离而来，是正常的胚胎体细胞，在毒性测试中可直观反映化合物与胚胎细胞之间的作用；②干细胞增殖速度快，可用于快速评估受试化合物对细胞增殖的影响；③干细胞具有分化特性，可用于测试受试化合物对分化过程的影响进而评估毒物靶向性；④临床上分离的来自于不同病人的干细胞，有助于分析遗传背景和其他因素对毒物和疾病的易感性。目前使用干细胞评估基础细胞毒性，主要包括细胞活力、增殖能力、多向分化/定向分化能力等方面的评价。

自小鼠胚胎干细胞、人胚胎干细胞成功分离，基于 ESCs 的基础毒理学评估得到广泛应用。早在 1991 年，mESCs 已被用于测试多种化合物的细胞毒性，用以筛选化合物的潜在致畸效应，相关测试结果不仅与之前活体动物实验高度吻合，与其他细胞系相比，mESCs 显示出对不同化合物更高的敏感性[2, 9]。进一步发展的干细胞测试准则 EST，将小鼠胚胎干细胞 D3 与小鼠成纤维细胞 3T3 进行为期 10 天的化合物给药处理，测定两种细胞的半数抑制浓度 IC_{50} 值，结合化合物对 D3 细胞心脏分化过程半数抑制浓度 ID_{50} 值，用于预测化合物的胚胎毒性[10]。基于人胚胎干细胞的基础毒性研究，在小鼠胚胎干测试水平上更提升一个层次，实验不仅关注细胞自我更新、增殖是否受到化合物干扰，更为重要的是关注化合物是否对 hESC 的多能性造成影响。一些抗癌药物如 5-FU 在基础毒性测试中表现出抑制多能性因子 *OCT4* 和 *NANOG* 的表达，同时对于 hESC 分化过程中不同组织的标志信号表达也产生影响，如 5-FU 显著影响与神经元/骨骼肌/脂肪分化相关的 *HDAC9*、与间充质干细胞向软骨细胞分化相关的 *DLK1*、与炎症、心脏发育相关的 *NFE2L3*[11]。一些相似研究更是将基因网络引入到测评基础毒性研究中，这为更广泛且系统的评估化合物的胚胎毒性提供较为全面的数据[12]。因此，利用干细胞评估基础毒性的相关研究，将有助于理解化合物如何影响多能干细胞的谱系命运决定过程，继而预测化合物的胚胎毒性风险。

22.1.2 干细胞用于评估器官毒性

目前体外细胞实验常使用二维单层细胞培养的方法，实验操作简便、细胞稳定性高、数据重现性良好。但单层细胞培养所反映的生理生化特性与体内正常组织细胞仍具有差别。三维培养体系为细胞提供类似体内组织的生长环境，细胞与细胞之间的沟通交流与体内组织器官更加吻合。干细胞通过定向分化诱导，结合组织工程技术可基本上实现体外构建三维类器官结构。已有实验证实，三维培养细胞的基因表达、细胞外基质分泌以及细胞的功能活动与体内器官十分类似，利用干细胞诱导分化产生的体细胞，在特定时间阶段可构建出较为接近真实生理水平的组织器官[13, 14]。虽然目前利用干细胞在体外发育成一套完整的器官脏器还需要技术上的突破，但在不久的将来，体外组建类似于人体的完整脏器系统是生物学、毒理学发展的趋势。

目前，体外利用干细胞构建类器官已被用于多种多样的实验评估中。类器官是由从干细胞或器官前体细胞发展而来的特定细胞类型的集合，通过细胞筛选以及谱系限定，以类似于体内的方式自我组装形成的三维结构[15]。目前的技术，可以使用人胚胎干细胞或诱导多能干细胞制备多种不同组织类器官，如输卵管[16]、小肠[17]、视网膜[18]、角膜[19]、大脑[20]、肝脏[21, 22]、胰腺[23]、前列腺[24]、唾液腺[25]、肺[26]、肾[27]、子宫内膜[28]。在精准医学研究过程中，利用成体干细胞、器官前体细胞或诱导多能干细胞，可开发出代表不同疾病背景的类器官，是个体医疗研究中不可缺少的实验模型。特别是人诱导多能干细胞分化成特定的组织类器官，已用于研究疾病的发生发展[14]、癌症[29]、大脑和肠道微生物群的感染[30]等。我国的研究学者将 3D 类器官与高内涵成像技术结合，应用于临床药物肝毒性的评价中[31]，肝脏 3D 类器官模型可准确的评估出阳性药物胺碘酮、环孢霉素的毒性效应，同时对阴性对照药物阿司匹林不产生反应，相关研究为进一步药物临床前肝毒性风险评估提供技术支持。

类器官芯片的出现，将干细胞类器官研究更提升一个高度。类器官芯片，是在类器官的基础上引入器官芯片的概念，将体外制备的多种类器官通过一定的方法组合在一起，形成模拟体内生理条件下的小环境，达到"仿生"的目的。类器官芯片在体外近乎真实地模拟人体的内部状态，从而能准确预测药物或毒物所产生的应答，在基础生命科学、临床疾病以及新药研发过程中具有极大的应用价值。类器官芯片作为人类健康领域的前沿技术，未来在疾病研究、个体化医疗、毒理学测试等领域都会起到重要作用，它的发展前景一直吸引各方面的关注。伴随着该技术的发展，未来有望在体外构建出一套完整的生命模拟系统，这将彻底改变人类了解自身的方式，为多学科提供整体性和系统性的研究方案。

22.2 干细胞毒理学在环境污染物风险评估中的应用

自干细胞毒理学学科出现以来，国内外相关学者开展了多种基于多能干细胞的环境污染物健康风险效应评估，旨在利用多能性干细胞发育分化系统阐释传统、新型环境污染物的健康效应问题，为预测污染物风险提供有力帮助。目前，通过使用多能干细胞，已构建胚胎毒性、发育毒性、生殖毒性和细胞功能测试相关的体外实验模型，在目前环境污染物的健康危害及致毒机制研究中得到应用。

22.2.1 环境污染物的胚胎发育毒性评估

胚胎时期是生物个体对环境污染物比较敏感的时期，各系统尚未发育完全更易受到污染物的影响。近年来，新型污染物由于暴露途径的多样，其健康风险引起人们的广泛关注。其中，双酚类化合物作为典型的内分泌干扰物，受到国内外毒理学研究的格外关注[32]。基于干细胞毒理学模型的相关研究证实了以双酚 A（BPA）为代表的内分泌干扰物的毒性效应。通过拟胚体分化模型获得的实验数据显示，BPA 对三胚层分化过程中内胚层和外胚层均有影响，特别是对神经外胚层的影响格外显著。进一步免疫荧光染色实验中，发现 BPA 暴露后的胚胎干细胞不能形成正常的神经前体细胞（NPC），虽然发育过程中的细胞数目未发生显著变化，但产生的前体细胞轴突形态明显改变（图 22-2），这意味着 BPA 造成神经发育毒性可能是由于影响了轴突导向过程，轴突导向过程直接影响到神经前体细胞是否有能力迁移至特定脑区形成功能化细胞，在神经发育过程中起到至关重要的作用[33]。相关实验结果均证实双酚类化合物具有潜在的神经系统发育影响[34]。

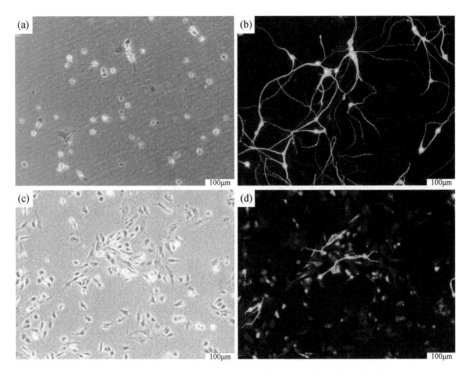

图 22-2 BPA 给药后的胚胎干细胞不能形成正常的神经前体细胞

(a) 正常小鼠胚胎干细胞神经定向分化 10 天, 明场; (b) 正常小鼠胚胎干细胞神经定向分化 10 天, 免疫荧光 (MAP2);
(c) BPA 给药小鼠胚胎干细胞神经定向分化 10 天, 明场; (d) BPA 给药小鼠胚胎干细胞神经定向分化 10 天, 免疫荧光 (MAP2)

四溴双酚 A (TBBPA) 作为使用广泛的溴代阻燃剂, 多添加在建筑材料、纺织品以及塑料制品中, 目前在环境和生物体中均有高度检出[35-38]。TBBPS 和 TCBPA 与 TBBPA 具有类似的结构, 常作为替代物使用[39]。研究发现, 1~500nmol/L 的 TBBPA、TBBPS 和 TCBPA 不会引起胚胎干细胞的急性细胞毒性, 但对神经发育过程却可产生明显干扰, 表现为 TBBPA 和 TBBPS 显著上调神经前体细胞标志基因 (*Sox1*、*Sox3* 和 *Pax6*) 以及神经元标志基因 (*Map2* 和 *NeuroD*) 的表达水平, 但 TCBPA 显著地抑制这些基因表达 (图 22-3)。进一步测试由胚胎干细胞分化而来的神经前体细胞的细胞活力, 三种污染物均未产生显著干扰, 说明三种污染物对神经相关基因表达的影响是由于三种化合物对胚胎发育过程的影响, 不是由于细胞毒性造成。更进一步的研究证实三种污染物的毒性是通过干扰神经分化过程中 Notch 和 Wnt 信号通路实现的, TBBPA 处理促进 Notch 通路效应因子的表达, 但不显著影响 Wnt 通路靶基因 *Axin2* 和 *Lef1* 的表达, 暗示 TBBPA 可能通过上调 Notch 信号通路促进神经分化。与上述结果相反的是 TBBPS 显著下调 *Axin2* 和 *Lef1* 的表达, 但是对 Notch 通路效应因子的影响不显著, 因此 TBBPS 可能通过抑制 Wnt 通路从而促进神经分化。TCBPA 促进 *Hes1* 和 *Hes5* 的表达并且同时抑制 *Axin2* 和 *Lef1* 的表达, 却最终抑制了神经分化[40]。

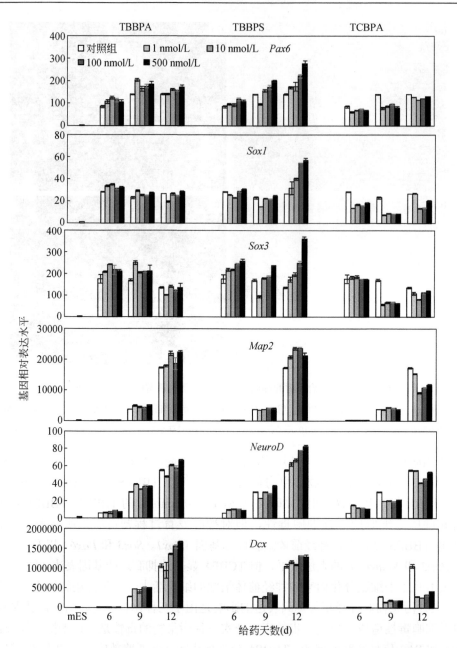

图 22-3 小鼠胚胎干细胞神经分化过程中 TBBPA、TBBPS 和 TCBPA 处理显著干扰神经相关标志基因的表达水平

邻苯二甲酸二乙酯（DEP）和邻苯二甲酸二丁酯（DBP）广泛应用于塑料制品及个人护理用品和化妆品中，可通过呼吸、饮食和皮肤接触等途径进入人体内，产生毒性效应[41-46]。基于干细胞毒理学的相关研究表明，高浓度的 DEP/DBP 可降低胚胎干细胞活力，并引起胞内 ROS 累积；DBP 还可损伤细胞膜完整性并激活 Caspase-3/7。低浓度 DEP/DBP（非细胞急性毒性剂量）可干扰胚胎干细胞分化，外、中、内三个胚层的标记基因表达水平均受到

了影响，且 DEP 和 DBP 对神经外胚层基因的表达水平影响最为显著，具体表现为 *Fgf5*、*Otx2*、*Pax6*、*Nestin*、*Sox1*、*Sox3* 等神经发育相关的基因都显著上调。因此，以干细胞毒理学研究为基础的实验数据，为明确 DEP/DBP 的发育神经毒性提供了可靠的科学依据[47]。

多溴联苯醚是典型的持久性有机污染物，作为溴代阻燃剂被大量应用。近年来，由于其对人和自然环境的有害作用，被收入《斯德哥摩尔公约》，限制或禁止使用。BDE-47（四溴联苯醚）和 BDE-209（十溴联苯醚）是两种常见的多溴联苯醚，在动物和细胞实验中均被证实具有肝脏发育毒性。多溴联苯醚结构与甲状腺激素类似，且一些研究发现溴代阻燃剂暴露可能干扰人体甲状腺激素水平，但溴代阻燃剂是否具有人肝脏发育毒性以及是否是通过影响甲状腺激素的调控机制而产生毒性尚不清楚[48]。干细胞毒理学研究显示，BDE-47 和 BDE-209 处理显著上调 *HNF4A*、*PPARA*、*APOA1* 和 *CYP* 家族（*CYP1A1*、*CYP2C8*、*CYP2C9*、*CYP3A4* 和 *CYP3A7*）等肝脏发育相关基因的表达，推测 BDE-47 和 BDE-209 可干扰人肝脏细胞分化过程（图 22-4）。进一步的研究中，比较了 BDEs 处理组与甲状腺激素处理组中肝脏标志基因的表达水平，发现 BDEs 和甲状腺激素均促进 *CYP* 家族基因的表达，但对 *PPARA* 和 *HNF4A* 等基因的作用结果相反。说明 BDEs 和甲状腺激素对肝脏发育的影响有类似之处，但又不完全相同，暗示肝脏分化过程中 BDEs 可能还作用于其他关键靶点[49]。

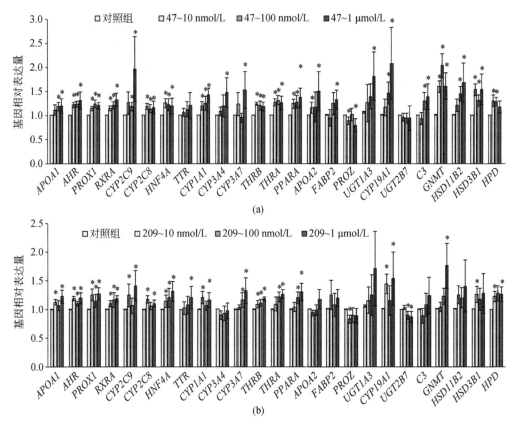

图 22-4　BDE-47 和 BDE-209 处理影响人胚胎干细胞肝脏分化过程中标志基因的表达

（a）qRT-PCR 检测 BDE-47 对肝脏相关标志基因表达的影响；（b）qRT-PCR 检测 BDE-209 对肝脏相关标志基因表达的影响

$*P \leqslant 0.01$

低剂量纳米银的潜在生物安全性在以往的研究中，只得到了很少的关注，但其毒性，尤其是发育毒性不可忽视。基于胚胎干细胞的毒理学研究结果显示，1μg/mL 以下的纳米银或银离子不会导致细胞死亡且不会引起显著的活性氧的产生。在神经分化模型中，相较于银离子，相同浓度的纳米银在分化早期即产生毒性效应。同时，0.1μg/mL 的纳米银或银离子即可导致神经前体细胞标志基因的表达显著上调，银离子将导致突触的异常生长，相同浓度下纳米银对突触生长干扰效应不显著（图 22-5）[50]。

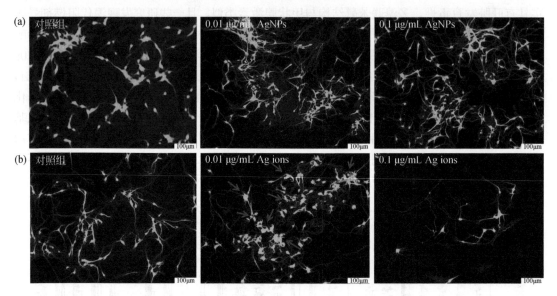

图 22-5 纳米银和银离子处理导致小鼠胚胎干细胞分化而来神经前体细胞突触生长异常
（a）正常小鼠胚胎干细胞神经定向分化纳米银处理组；（b）正常小鼠胚胎干细胞神经定向分化银离子处理组

全氟及多氟化合物（PFCs）是一类以氟原子取代所有或大多数氢原子的有机化合物，PFCs 具有疏水、疏油、耐热、高稳定性和低表面张力等特性，被广泛应用于航天、石油、化工、机械、电子、建筑、农药、医药以及生活材料等领域[51-53]。在我国，电镀工业中 F-53B 的使用已超过 40 年[54]。F-53B 是持久性有机污染物 PFOS 的类似物，虽然 PFOS 已由于其 POPs 的特性及其毒性而被斯德哥尔摩公约收录并被限制使用，而 F-53B 却由于受到关注较少仍未被限制。在干细胞毒性测试中，研究人员发现，接近职业暴露浓度的 F-53B 和 PFOS 不会对干细胞增殖产生显著影响，但却显著抑制胚胎干细胞心脏分化过程中 NKX2.5（编码心脏分化关键转录因子）和 TNNT2（编码心肌细胞结构蛋白）mRNA 的转录，导致心脏分化第 12 天 NKX2.5 和 TNNT2 阳性心肌细胞减少。进一步蛋白免疫印迹实验证实两种污染物对心脏分化相关关键蛋白产生抑制作用（图 22-6）。进一步深入研究 F-53B 和 PFOS 对心脏分化过程的影响，测序分析和验证的结果均显示 F-53B 和 PFOS 的处理会抑制 hESCs 心脏分化，表现为 *NKX2.5*、*TNNT2* 和 *MYH6* 等心肌相关基因表达水平的显著下调和 TNNT2 阳性细胞的明显减少。同时，F-53B 和 PFOS 的处理还会促进 hESCs 向心外膜分化，表现为 *WT1* 和 *TBX18* 等典型心外膜标志基因的上调和 WT1 阳性细胞的显著增多（图 22-7）。相关研究结果同时还显示，与心外膜分化相关的 Wnt 通路底物结合蛋白 SFRP2、FRZB

（SFRP3），IGF 通路的底物结合蛋白 IGFBP3、IGFBP5 和底物 IGF2 表达水平在 F-53B 和 PFOS 处理组中显著上升，SFRP2 以及 Wnt 靶基因 *c-JUN* 和 *RUNX2* 的转录水平在 F-53B 和 PFOS 处理组中明显上升，进一步证明了两种污染物处理均可激活 Wnt 信号通路（图 22-8）。相关研究及近期最新成果均显示 F-53B 和 PFOS 可能主要通过激活 Wnt 通路来抑制心脏分化并且促进心外膜分化。

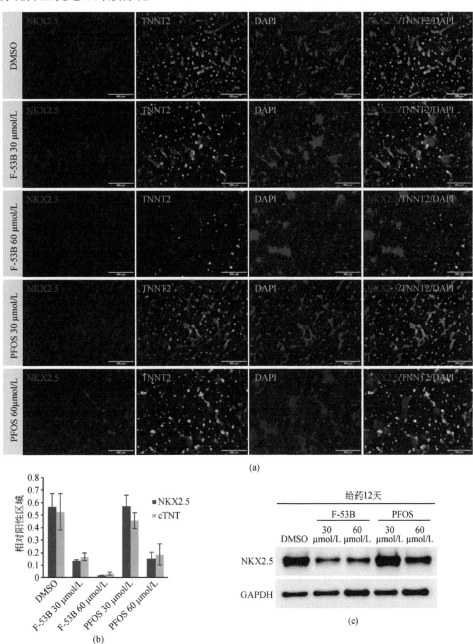

图 22-6　F-53B 和 PFOS 暴露抑制心脏分化

（a）人胚胎干细胞心脏分化第 12 天，免疫荧光；（b）免疫荧光照片定量结果；（c）Western blot

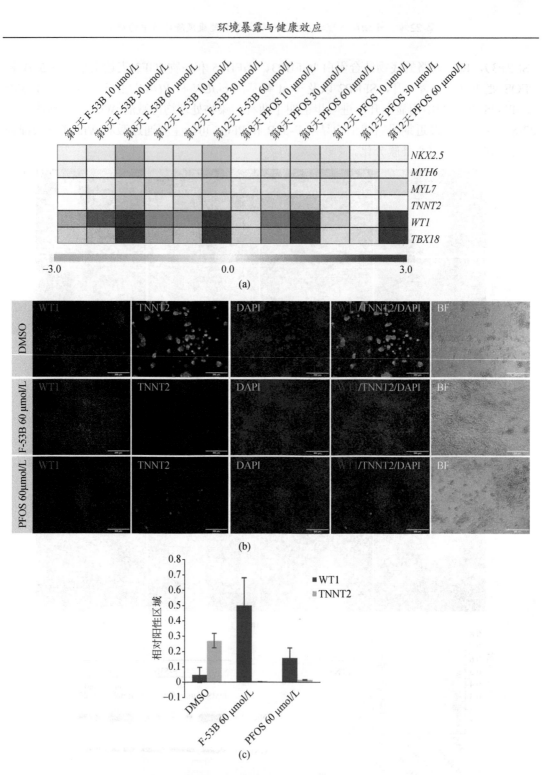

图 22-7　F-53B 和 PFOS 暴露抑制心肌分化的同时促进 hESCs 向心外膜细胞分化

(a) qRT-PCR 检测心肌细胞和心外膜细胞标志基因的转录水平；(b) 人胚胎干细胞心脏分化第 12 天，免疫荧光；(c) 免疫荧光照片定量结果

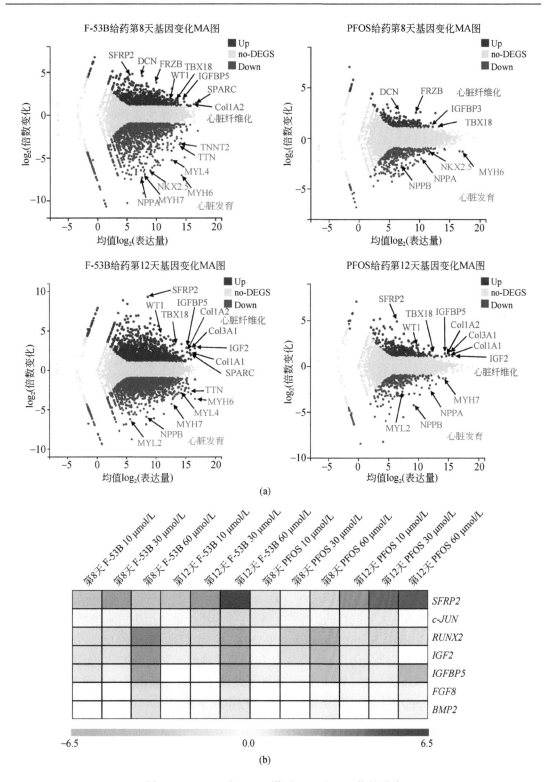

图 22-8 F-53B 和 PFOS 激活 Wnt 和 IGF 信号通路

（a）基于转录组测序分析的差异基因 MA 图；（b）qRT-PCR 检测心脏分化过程中关键信号通路相关基因的转录水平

目前的一些流行病学研究显示，PFOA 和 PFOS 暴露与糖代谢紊乱和糖尿病发生之间具有相关性，并且一些动物实验的结果显示 PFOS 暴露会影响胰腺器官的形成，可能导致 1 型糖尿病的发生[55-59]。然而，由于在哺乳动物中很难追踪研究环境污染物对胰腺发育的影响，因此目前已报到的研究中能够证明 PFOA 和 PFOS 暴露可以干扰胰腺发育的证据并不充足。近年来，人类胚胎干细胞胰腺分化模型的出现为研究环境污染物对胰腺的影响提供了新方法。实验基于体外建立的人胰腺分化模型，随后在胰腺分化的过程中加入 PFOA 和 PFOS 处理分化过程中的细胞，后期通过检测胰腺分化过程中不同阶段标志基因的表达水平来判断胰腺分化是否受到影响。实验结果显示，经过 13 天诱导和污染物暴露后，人胚胎干细胞 H1 向胰腺前体分化过程中 PFOA 和 PFOS 抑制胰腺发育相关基因表达，限定性内胚层标志基因（*FOXA1*、*FOXA2*、*SOX7*、*SOX17*）、原肠期共同介导胰腺前体形成的转录因子（HNF1b、HNF4a、HNF6）、胰腺前体细胞的转录因子（PDX1、SOX9）表达水平均显著下降。该实验结果表明，与人体暴露剂量相接近的 5 nM PFOA 或 PFOS 对胰腺发育具有显著的抑制作用。干细胞毒理学模型研究成果与已有动物实验结果相吻合，暗示 PFOA 和 PFOS 可能在胚胎发育早期阶段干扰胰腺的正常发育[60]。

22.2.2　环境污染物的器官功能毒性评估

多能干细胞体外构建的类器官模型是将干细胞生物学、组织工程、生物信息学等相结合，构建出体外模拟人体生理学条件的实验模型，可提高药物在临床测试中的数据有效性，并为评估多种化学品安全性提供经济有效的方法[61-63]。胚胎干细胞成功分离后，实验人员通过多种方式将由胚胎干细胞衍生出的多种细胞进行组合，最先构建出类器官——人脑模型[64]。通过采用标准化培养技术，诱导人胚胎干细胞分化为神经前体细胞、内皮细胞、间充质干细胞和小胶质/巨噬细胞前体，将上述细胞在人工水凝胶条件下相结合，模拟发育中大脑内的细胞相互作用。在此条件下，神经前体自组装成三维神经结构，具有不同的神经元和胶质细胞群、相互连接的血管网络以及小胶质细胞。利用 Machine Learning 技术建立了 60 种毒性和非毒性的化合物预测模型，其中 34 种化合物有毒，26 种化合物无毒。进一步利用该类器官模型进行盲筛实验，该模型正确地将 10 种化合物中的 9 种准确的进行分类，证明了体外人脑类器官对预测毒理学的价值。人脑类器官的成功构建，为毒理学研究中最为复杂的神经毒性研究开辟了崭新的思路。我国研究学者在此基础上，研究了最为常见的环境因素——乙醇对胎儿大脑发育的影响[65]。研究中利用干细胞衍生的脑类器官进行胎儿酒精综合征（fetal alcohol spectrum disorder，FASD）疾病预测，实验发现，乙醇可导致妊娠期谷氨酰胺能神经元过度分化，导致兴奋性和抑制性神经元失衡，这是 FASD 发病出现神经功能障碍的根本原因。进一步转录组分析还发现了一系列新的基因、通路变化，如 *GSX2*、*RSPO2* 和 Hippo 通路等，均在毒性发生过程中起重要作用，该研究为酒精作为环境因素致使的胎儿神经紊乱提供理论依据，同时也为后续寻找解毒方法提供有利帮助。

目前，体外制备三维类器官已初步用于探索环境污染物毒性效应研究中。常见的环境污染物，如双酚类、邻苯二甲酸盐、多氯联苯等，被认为主要是通过干扰内分泌功能来影响组织的稳态并产生致癌作用。研究人员将双酚 A（BPA）、邻苯二甲酸一正丁酯（PHT）和多氯联苯 153（PCB153）暴露于小鼠离体乳腺类器官中，发现在低剂量 nmol/L 水平，每种化合物都对离体类器官的蛋白质组产生直接影响。尽管双酚 A 被认为是与雌二醇具有类似效果的化合物，但组学检测说明 BPA 仍存在作用的特异性，这包括视网膜母细胞相关蛋白水平下降、Rho-GTPases Ras 相关的 C3 肉毒杆菌毒素底物 1（Rac1）和细胞分裂周期蛋白 CDC42 的增加。PHT 和 PCB153 都会产生不同于雌激素诱导的变化，包括转录辅阻遏物 C 末端结合蛋白 1 水平的降低。有趣的是，这三种化合物似乎改变了许多蛋白质独特的剪接形式的丰度以及调节 RNA 剪接的几种蛋白质的丰度[66]。相关结果证实，在三维类器官水平，以往认为类雌激素效应的化合物还存在非雌激素效应，这些数据是二维平面细胞培养所不能获得的，对于正确且直观的观测环境污染物毒性，三维类器官更有助于获得更全面且较真实的数据。

22.3　相关问题及发展趋势

随着干细胞技术的发展，为毒理学相关研究提供了崭新的思路。基于干细胞技术的环境毒理学研究方法更为贴近实际人体生理水平状态，相较于动物模型或癌细胞系模型更具有研究优势，其主要原因是干细胞相关实验模型，特别是基于人源干细胞开发的实验模型，与正常人体具有较高的相关性。此外，诱导多能干细胞 iPS 技术可用于检测个体的遗传背景对环境因素产生的毒性效应应答。虽然干细胞相关技术对于毒理学发展至关重要，但目前仍存在一些瓶颈亟需克服。在建立基础毒理学检测方法过程中，首先需要获得大量的高质量干细胞。维持干细胞在体外培养过程中的自我更新能力及确保不出现自发分化情况，是干细胞技术应用于毒理学评估中的第一道门槛。虽然目前实验条件已基本确保体外培养干细胞可较好的维持其多能性，但对于技术水平欠佳的实验者，干细胞基础培养仍然是"卡脖子"问题，这使得大范围推广干细胞毒理学技术受到一定限制。其次，在诱导干细胞分化成为不同组织脏器细胞过程中，如何确保分化效率，是干细胞毒理学应用中的另一问题。干细胞分化是多种细胞因子相互共同作用引起的一系列复杂的分子水平变化，要诱导产生某种类型的成熟功能细胞，需要了解各种因子的作用时间作用水平及作用靶点，并且还需调控各因子间的协同、拮抗等相互作用。虽然在体外培养过程中已基本上获得各种不同脏器细胞定向诱导条件，但对于更为精准的控制干细胞分化过程，仍需进一步研究。

干细胞毒理学的应用，克服了体内动物实验的不足，也使得研究环境污染物的毒性效应变得更为简便。因此，干细胞毒理学在未来的发展是具有广阔前景的。干细胞毒理学模型将为环境污染物的毒性筛选提供全新的研究思路，特别是其中基于人源多能干细胞的分化模型，可通过体外条件诱导获得几乎所有人体组织细胞，不仅能用于模拟胎儿的发育过程，还可结合三维类器官条件性筛选环境污染物的潜在靶器官，实现了人体生理条件的体外模拟，对健康风险评估提供有利帮助。目前，干细胞毒理学学科虽刚刚起步，在毒理学应用过程中仍处在不断发展、完善的阶段，相信随着研究的不断深入，干细胞毒理学不仅将成为探索环境污染物健康风险的理想平台之一，而且有可能成为未来毒理学研究的基本格局。

（撰稿人：Francesco Faiola　殷诺雅　杨仁君　梁小星）

参 考 文 献

[1] Reya T, Morrison S J, Clarke M F, Weissman I L. Stem cells, cancer, and cancer stem cells. Nature, 2001, 414 (6859): 105-111.

[2] Laschinski G, Vogel R, Spielmann H. Cytotoxicity test using blastocyst-derived euploid embryonal stem cells: A new approach to in vitro teratogenesis screening. Reproductive Toxicology, 1991, 5 (1): 57-64.

[3] Spielmann H, Pohl I, Doring B, Liebsch M, Moldenhauer F. The embryonic stem cell test (EST), an in vitro embryotoxicity test using two permanent mouse cell lines: 3T3 fibroblasts and embryonic stem cells. In Vitro Toxicology: Journal of Molecular and Cellular Toxicology, 1997, 27: 663-669.

[4] Thomson J A, Itskovitz-Eldor J, Shapiro S S, Waknitz M A, Swiergiel J J, Marshall V S, Jones J M. Embryonic stem cell lines derived from human blastocysts. Science, 1998, 282 (5391): 1145-1147.

[5] Rowe R G, Daley G Q. Induced pluripotent stem cells in disease modelling and drug discovery. Nature Reviews: Genetics, 2019, 20 (7): 377-388.

[6] Scholz G, Genschow E, Pohl I, Bremer S, Paparella M, Raabe H, Southee J, Spielmann H. Prevalidation of the Embryonic Stem Cell Test (EST) -A new in vitro embryotoxicity Test. Toxicology in Vitro, 1999, 13 (4-5): 675-681.

[7] Chaudhary K W, Barrezueta N X, Bauchmann M B, Milici A J, Beckius G, Stedman D B, Hambor J E, Blake W L, McNeish J D, Bahinski A, Cezar G G. Embryonic stem cells in predictive cardiotoxicity: Laser capture microscopy enables assay development. Toxicological Sciences, 2006, 90 (1): 149-158.

[8] Scholz G, Pohl I, Genschow E, Klemm M, Spielmann H. Embryotoxicity screening using embryonic stem cells in vitro: Correlation to in vivo teratogenicity. Cells Tissues Organs, 1999, 165 (3-4): 203-211.

[9] Seiler A E, Spielmann H. The validated embryonic stem cell test to predict embryotoxicity in vitro. Nature Protocols, 2011, 6 (7): 961-978.

[10] Estevan C, Vilanova E, Sogorb M A. Chlorpyrifos and its metabolites alter gene expression at non-cytotoxic concentrations in D3 mouse embryonic stem cells under in vitro differentiation: Considerations for embryotoxic risk assessment. Toxicology Letters, 2013, 217 (1): 14-22.

[11] Jung E M, Choi Y U, Kang H S, Yang H, Hong E J, An B S, Yang J Y, Choi K H, Jeung E B. Evaluation of developmental toxicity using undifferentiated human embryonic stem cells. Journal of Applied Toxicology, 2015, 35 (2): 205-218.

[12] Yamane J, Aburatani S, Imanishi S, Akanuma H, Nagano R, Kato T, Sone H, Ohsako S, Fujibuchi W. Prediction of developmental chemical toxicity based on gene networks of human embryonic stem cells. Nucleic Acids Research, 2016, 44 (12): 5515-5528.

[13] Haycock J W. 3D cell culture: A review of current approaches and techniques. Methods in Molecular Biology, 2011, 695: 1-15.

[14] Lancaster M A, Knoblich J A. Organogenesis in a dish: Modeling development and disease using organoid technologies. Science, 2014, 345 (6194): 1247125.

[15] Truskey G A. Human microphysiological systems and organoids as in vitro models for toxicological studies. Front Public Health, 2018, 6: 185.

[16] Kessler M, Hoffmann K, Brinkmann V, Thieck O, Jackisch S, Toelle B, Berger H, Mollenkopf H J, Mangler M, Sehouli J, Fotopoulou C, Meyer T F. The Notch and Wnt pathways regulate stemness and differentiation in human fallopian tube organoids. Nature Communications, 2015, 6: 8989.

[17] In J G, Foulke-Abel J, Estes M K, Zachos N C, Kovbasnjuk O, Donowitz M. Human mini-guts: New insights into intestinal physiology and host-pathogen interactions. Nature Reviews: Gastroenterology & Hepatology, 2016, 13 (11): 633-642.

[18] Zhong X, Gutierrez C, Xue T, Hampton C, Vergara M N, Cao L H, Peters A, Park T S, Zambidis E T, Meyer J S, Gamm D M, Yau K W, Canto-Soler M V. Generation of three-dimensional retinal tissue with functional photoreceptors from human iPSCs. Nature Communications, 2014, 5: 4047.

[19] Foster J W, Wahlin K, Adams S M, Birk D E, Zack D J, Chakravarti S. Cornea organoids from human induced pluripotent stem cells. Scientific Reports, 2017, 7: 41286.

[20] Pasca S P. The rise of three-dimensional human brain cultures. Nature, 2018, 553 (7689): 437-445.

[21] Huch M, Gehart H, van Boxtel R, Hamer K, Blokzijl F, Verstegen M M, Ellis E, van Wenum M, Fuchs S A, de Ligt J, van de Wetering M, Sasaki N, Boers S J, Kemperman H, de Jonge J, Ijzermans J N, Nieuwenhuis E E, Hoekstra R, Strom S, Vries R R, van der Laan L J, Cuppen E, Clevers H. Long-term culture of genome-stable bipotent stem cells from adult human liver. Cell, 2015, 160 (1-2): 299-312.

[22] Leite S B, Roosens T, El Taghdouini A, Mannaerts I, Smout A J, Najimi M, Sokal E, Noor F, Chesne C, van Grunsven L A. Novel human hepatic organoid model enables testing of drug-induced liver fibrosis in vitro. Biomaterials, 2016, 78: 1-10.

[23] Boj S F, Hwang C I, Baker L A, Chio I I, Engle D D, Corbo V, Jager M, Ponz-Sarvise M, Tiriac H, Spector M S, Gracanin A, Oni T, Yu K H, van Boxtel R, Huch M, Rivera K D, Wilson J P, Feigin M E, Öhlund D, Handly-Santana A, Ardito-Abraham C M, Ludwig M, Elyada E, Alagesan B, Biffi G, Yordanov G N, Delcuze B, Creighton B, Wright K, Park Y, Morsink F H, Molenaar I Q, Borel Rinkes I H, Cuppen E, Hao Y, Jin Y, Nijman I J, Iacobuzio-Donahue C, Leach S D, Pappin D J, Hammell M, Klimstra D S, Basturk O, Hruban R H, Offerhaus G J, Vries R G, Clevers H. Organoid models of human and mouse ductal pancreatic cancer. Cell, 2015, 160 (1-2): 324-338.

[24] Karthaus W R, Iaquinta P J, Drost J, Gracanin A, van Boxtel R, Wongvipat J, Dowling C M, Gao D, Begthel H, Sachs N, Vries R G J, Cuppen E, Chen Y, Sawyers C L, Clevers H C. Identification of multipotent luminal progenitor cells in human prostate organoid cultures. Cell, 2014, 159 (1): 163-175.

[25] Maimets M, Rocchi C, Bron R, Pringle S, Kuipers J, Giepmans B N, Vries R G, Clevers H, de Haan G, van O R, Coppes R P. Long-term in vitro expansion of salivary gland stem cells driven by Wnt signals. Stem Cell Reports, 2016, 6 (1): 150-162.

[26] Barkauskas C E, Chung M I, Fioret B, Gao X, Katsura H, Hogan B L. Lung organoids: Current uses and future promise. Development, 2017, 144 (6): 986-997.

[27] Taguchi A, Nishinakamura R. Higher-order kidney organogenesis from pluripotent stem cells. Cell Stem Cell, 2017, 21 (6): 730-746.

[28] Turco M Y, Gardner L, Hughes J, Cindrova-Davies T, Gomez M J, Farrell L, Hollinshead M, Marsh S G E, Brosens J J, Critchley H O, Simons B D, Hemberger M, Koo B K, Moffett A, Burton G J.

Long-term, hormone-responsive organoid cultures of human endometrium in a chemically defined medium. Nature Cell Biology, 2017, 19 (5): 568-577.

[29] Vlachogiannis G, Hedayat S, Vatsiou A, Jamin Y, Fernández-Mateos J, Khan K, Lampis A, Eason K, Huntingford I, Burke R, Rata M, Koh D M, Tunariu N, Collins D, Hulkki-Wilson S, Ragulan C, Spiteri I, Moorcraft S Y, Chau I, Rao S, Watkins D, Fotiadis N, Bali M, Darvish-Damavandi M, Lote H, Eltahir Z, Smyth E C, Begum R, Clarke P A, Hahne J C, Dowsett M, de Bono J, Workman P, Sadanandam A, Fassan M, Sansom O J, Eccles S, Starling N, Braconi C, Sottoriva A, Robinson S P, Cunningham D, Valeri N. Patient-derived organoids model treatment response of metastatic gastrointestinal cancers. Science, 2018, 359 (6378): 920-926.

[30] Dutta D, Heo I, Clevers H. Disease modeling in stem cell-derived 3D organoid systems. Trends in Molecular Medicine, 2017, 23 (5): 393-410.

[31] 李朋彦,李春雨,陆小华,石伟,高源,崔鹤蓉,李婷婷,柏兆方,肖小河,王韫芳,王伽伯. 基于类器官 3D 培养和高内涵成像的药物肝毒性评价模型研究. 药学学报, 2017, 52 (7): 1055-1062.

[32] Rochester J R. Bisphenol A and human health: A review of the literature. Reproductive Toxicology, 2013, 42: 132-155.

[33] Yin N, Yao X, Qin Z, Wang Y L, Faiola F. Assessment of Bisphenol A (BPA) neurotoxicity in vitro with mouse embryonic stem cells. Journal of Environmental Sciences (China), 2015, 36: 181-187.

[34] Yin N, Liang X, Liang S, Liang S, Yang R, Hu B, Cheng Z, Liu S, Dong H, Liu S, Faiola F. Embryonic stem cell- and transcriptomics-based in vitro analyses reveal that bisphenols A, F and S have similar and very complex potential developmental toxicities. Ecotoxicology and Environmental Safety, 2019, 176: 330-338.

[35] Ding K, Zhang H, Wang H, Lv X, Pan L, Zhang W, Zhuang S. Atomic-scale investigation of the interactions between tetrabromo- bisphenol A, tetrabromobisphenol S and bovine trypsin by spectroscopies and molecular dynamics simulations. Journal of Hazardous Materials, 2015, 299: 486-494.

[36] Ni H G, Zeng H. HBCD and TBBPA in particulate phase of indoor air in Shenzhen, China. Science of the Total Environment, 2013, 458-460: 15-19.

[37] Kotthoff M, Rudel H, Jurling H. Detection of tetrabromobisphenol A and its mono- and dimethyl derivatives in fish, sediment and suspended particulate matter from European freshwaters and estuaries. Analytical and Bioanalytical Chemistry, 2017, 409 (14): 3685-3694.

[38] Cariou R, Antignac J P, Zalko D, Berrebi A, Cravedi J P, Maume D, Marchand P, Monteau F, Riu A, Andre F, Le Bizec B. Exposure assessment of French women and their newborns to tetrabromobisphenol-A: Occurrence measurements in maternal adipose tissue, serum, breast milk and cord serum. Chemosphere, 2008, 73 (7): 1036-1041.

[39] Horikoshi S, Miura T, Kajitani M, Horikoshi N, Serpone N. Photodegradation of tetrahalobisphenol-A (X=Cl, Br) flame retardants and delineation of factors affecting the process. Applied Catalysis B: Environmental, 2008, 84 (3-4): 797-802.

[40] Yin N, Liang S, Liang S, Yang R, Hu B, Qin Z, Liu A, Faiola F. TBBPA and its alternatives disturb the early stages of neural development by interfering with the NOTCH and WNT pathways. Environmental

Science & Technology, 2018, 52 (9): 5459-5468.

[41] Al-Saleh I, Elkhatib R. Screening of phthalate esters in 47 branded perfumes. Environmental Science and Pollution Research International, 2016, 23 (1): 455-468.

[42] Guo Y, Kannan K. A survey of phthalates and parabens in personal care products from the United States and its implications for human exposure. Environmental Science & Technology, 2013, 47 (24): 14442-14449.

[43] Guo Y, Zhang Z, Liu L, Li Y, Ren N, Kannan K. Occurrence and profiles of phthalates in foodstuffs from China and their implications for human exposure. Journal of Agricultural and Food Chemistry, 2012, 60 (27): 6913-6919.

[44] Hauser R, Duty S, Godfrey-Bailey L, Calafat A M. Medications as a source of human exposure to phthalates. Environmental Health Perspectives, 2004, 112 (6): 751-753.

[45] Huang P C, Liao K W, Chang J W, Chan S H, Lee C C. Characterization of phthalates exposure and risk for cosmetics and perfume sales clerks. Environmental Pollution, 2018, 233: 577-587.

[46] Weschler C J, Beko G, Koch H M, Salthammer T, Schripp T, Toftum J, Clausen G. Transdermal uptake of diethyl phthalate and di (n-butyl) phthalate directly from air: Experimental verification. Environmental Health Perspectives, 2015, 123 (10): 928-934.

[47] Yin N, Liang S, Liang S, Hu B, Yang R, Zhou Q, Jiang G, Faiola F. DEP and DBP induce cytotoxicity in mouse embryonic stem cells and abnormally enhance neural ectoderm development. Environmental Pollution, 2018, 236: 21-32.

[48] Boas M, Feldt-Rasmussen U, Skakkebaek N E, Main K M. Environmental chemicals and thyroid function. European Journal of Endocrinology of the European Federation of Endocrine Societies, 2006, 154 (5): 599-611.

[49] Liang S, Liang S, Yin N, Faiola F. Establishment of a human embryonic stem cell-based liver differentiation model for hepatotoxicity evaluations. Ecotoxicology and Environmental Safety, 2019, 174: 353-362.

[50] Yin N, Hu B, Yang R, Liang S, Liang S, Faiola F. Assessment of the developmental neurotoxicity of silver nanoparticles and silver ions with mouse embryonic stem cells in vitro. Journal of Interdisciplinary Nanomedicine, 2018, 3 (3): 133-145.

[51] Arvaniti O S, Stasinakis A S. Review on the occurrence, fate and removal of perfluorinated compounds during wastewater treatment. Science of the Total Environment, 2015, 524-525: 81-92.

[52] Prevedouros K, Cousins I T, Buck R C, Korzeniowski S H. Sources, fate and transport of perfluorocarboxylates. Environmental Science & Technology, 2006, 40 (1): 32-44.

[53] Hekster F M, Laane R W, de Voogt P. Environmental and toxicity effects of perfluoroalkylated substances. Reviews of Environmental Contamination and Toxicology, 2003, 179: 99-121.

[54] Wang S, Huang J, Yang Y, Hui Y, Ge Y, Larssen T, Yu G, Deng S, Wang B, Harman C. First report of a Chinese PFOS alternative overlooked for 30 years: Its toxicity, persistence, and presence in the environment. Environmental Science & Technology, 2013, 47 (18): 10163-10170.

[55] Lind L, Zethelius B, Salihovic S, van Bavel B, Lind P M. Circulating levels of perfluoroalkyl substances and prevalent diabetes in the elderly. Diabetologia, 2014, 57 (3): 473-479.

[56] Karnes C, Winquist A, Steenland K. Incidence of type II diabetes in a cohort with substantial exposure to perfluorooctanoic acid. Environmental Research, 2014, 128: 78-83.

[57] Domazet S L, Grøntved A, Timmermann A G, Nielsen F, Jensen T K. Longitudinal associations of exposure to perfluoroalkylated substances in childhood and adolescence and indicators of adiposity and glucose metabolism 6 and 12 years later: The European youth heart study. Diabetes Care, 2016, 39 (10): 1745-1751.

[58] Conway B, Innes K E, Long D. Perfluoroalkyl substances and beta cell deficient diabetes. Journal of Diabetes and Its Complications, 2016, 30 (6): 993-998.

[59] Cardenas A, Gold D R, Hauser R, Kleinman K P, Hivert M F, Calafat A M, Ye X, Webster T F, Horton E S, Oken E. Plasma concentrations of per- and polyfluoroalkyl substances at baseline and associations with glycemic indicators and diabetes incidence among high-risk adults in the diabetes prevention program trial. Environmental Health Perspectives, 2017, 125 (10): 107001.

[60] Liu S, Yin N, Faiola F. PFOA and PFOS disrupt the generation of human pancreatic progenitor cells. Environmental Science & Technology Letters, 2018, 5 (5): 237-242.

[61] Clevers H. Modeling development and disease with organoids. Cell, 2016, 165 (7): 1586-1597.

[62] Fatehullah A, Tan S H, Barker N. Organoids as an in vitro model of human development and disease. Nature Cell Biology, 2016, 18 (3): 246-254.

[63] Lancaster M A, Knoblich J A. Organogenesis in a dish: Modeling development and disease using organoid technologies. Science, 2014, 345 (6194): 1247125.

[64] Schwartz M P, Hou Z, Propson N E, Zhang J, Engstrom C J, Santos Costa V, Jiang P, Nguyen B K, Bolin J M, Daly W, Wang Y, Stewart R, Page C D, Murphy W L, Thomson J A. Human pluripotent stem cell-derived neural constructs for predicting neural toxicity. Proceedings of the National Academy of Sciences of the United States of America, 2015, 112 (40): 12516-12521.

[65] Zhu Y, Wang L, Yin F, Yu Y, Wang Y, Shepard M J, Zhuang Z, Qin J. Probing impaired neurogenesis in human brain organoids exposed to alcohol. Integrative Biology: Quantitative Biosciences from Nano to Macro, 2017, 9 (12): 968-978.

[66] Williams K E, Lemieux G A, Hassis M E, Olshen A B, Fisher S J, Werb Z. Quantitative proteomic analyses of mammary organoids reveals distinct signatures after exposure to environmental chemicals. Proceedings of the National Academy of Sciences of the United States of America, 2016, 113 (10): E1343-E1351.